韓国近代都市景観の形成

日本人移住漁村と鉄道町

布野修司・韓三建・朴重信・趙聖民［共著］

京都大学学術出版会

本書は「財団法人 住宅総合研究財団」の2009年度出版助成金を得て出版されたものである。

口絵1　慶州邑内全図（18世紀末）　出典：韓国精神文化中央研究院図書館
儒教を統治理念とした中央集権的朝鮮王朝において，各地方郡県に建設された「邑城」は，基本的に同一の政治的，空間的構造をもっていた．「邑城」は「地方の中の中央」だった．しかしその「邑城」は，日本統治下において解体されていくことになる．

口絵2　京城市街全景　出典:朝鮮名所絵葉書

山麓の白い巨大な建物(白洋館)が朝鮮総督府新庁舎,その後部が景福宮,京城の軸線(龍脈)が斜め左下に走る.写真ほぼ中央を左(西)から右(東)へ清渓川が流れる.

口絵3　漢城南大門　出典:朝鮮名所絵葉書

「壬辰倭乱」「丁酉再乱」,日本植民地期における市区改正,そして朝鮮戦争をくぐり抜けてきた漢城の正門「南大門」は,韓国の「国宝第1号」に指定された.2008年2月10日,放火によって炎上.現在復元工事が行われている.

口絵 4　京城南大門通り　出典：朝鮮名所絵葉書
南大門通り，三丁目，南より北，郵便局を望む．1900 年 4 月に城外から電気軌道が開通したが，城壁を破壊せずに大門（東大門，西大門）を通過させていた．

口絵 5　京城本町通り　出典：朝鮮名所絵葉書
南大門通りから東に入る本町通り一丁目入口．朝鮮半島の主要な都市の中心街に，日本人街の中心に「本町通り」が形成されていった．

口絵 6　平壌 1993　撮影：布野修司

主体（ジュチェ）塔から俯瞰する平壌南郊（大同江南岸）．米軍によって徹底的に破壊された北岸に対して，南岸はソビエト・ロシア流の社会主義的都市計画が実施された．

口絵 7　開城 1993　撮影：布野修司

子男山から俯瞰するかつての高麗の都開京（開城）中心部．北緯 38 度以南に位置するこの古都は，朝鮮戦争の帰趨が不明であったために破壊を免れた．南北の離散家族の比率は最も高い．

口絵 8　慶州邑本町通り　出典：郵便はがき

「開港場」でも「開市場」でもなかった内陸部に日本人の居住が本格化するのは日露戦争以降であるが，韓国併合以前にも，慶州に既に日本人が居住していたことがわかっている．

a　朝鮮古都慶州交通鳥瞰図

b　邑内古蹟遊覧自動車部　出典：郵便はがき

c　慶州古蹟　佛國寺　出典：郵便はがき

口絵 9　古都慶州

今日にみる慶州の観光都市化は，日本による植民地時代に始まった．総督や統監以外にも，皇族，王族，スウェーデンの皇太子などが慶州を訪問する．

口絵10　1930年代の九龍浦　出典：郵便はがき

日本人移住漁村は，全く新たな景観を朝鮮半島にもたらすことになる．日式住宅が宅地を接して建ち並ぶ景観は，朝鮮時代の漁村とは全く異なっていた．

口絵11　日本人移住漁村の現在　ab：九龍浦　c：巨文島　d：外羅老島　撮影：朴重信

日本の植民地時代（日帝時代）から朝鮮戦争（韓国動乱）半ばまでを背景とした韓国のTVドラマ『黎明の瞳（여명의　눈동자）』のいくつかのシーンは九龍浦で撮影された．九龍浦では現在「日本人村」整備計画が進められつつある．

口絵 12　三浪津の旧鉄道官舎地区　撮影：趙聖民

「鉄道町」は，半島内部に高密度な居住地が形成される大きなきっかけになった．地方に近代的都市施設と街路構造をもたらしたのが「鉄道町」であり，その核としての「鉄道官舎」地区である．

口絵 13　三浪津本町通りの日式住居　撮影：趙聖民

三浪津の旧「本町通り」である駅前商店街には，数多くの「日式住宅」が残されている．多くが部分的には改造されているけれど，道路の幅，町並などの町の構成は当時の状態のままである．

口絵14 日式住居のインテリア 撮影 朴重信,趙聖民
「日式住宅」の導入によって,韓国の住居は大きく変化した.玄関の出現,便所と浴室の屋内化,台所の変化,押入と続き間の設置などには,「日式住宅」が大きな影響を与えている.

韓国近代都市景観の形成

目　次

口　絵　i
図表一覧　xv

序　章　韓国の中の日本と景観の日本化 ─── 3

何故，韓国の日本人町か？　5

1　朝鮮の開国と植民地化　7

2　植民地朝鮮と日本人　18

3　日本植民地都市　32

4　オンドルとマル，そして日式住宅　36

第Ⅰ章　韓国近代都市の形成 ─── 41

Ⅰ-1　韓国都市の原像　43

1-1　朝鮮の都城　43
1-2　朝鮮王朝社会と地方制度　48
1-3　邑城　56

Ⅰ-2　開港場と開市場　62

Ⅰ-3　近代都市計画の導入　78

3-1　地方制度改革　78
3-2　土地調査事業　83
3-3　市区改正と朝鮮市街地計画令　86
3-4　土木・営繕組織　93
3-5　邑城の解体　97
3-6　古蹟調査　101

第Ⅱ章　慶州邑城 ─────────────────── 113

Ⅱ-1　慶州邑城の空間構成　119

　1-1　慶州邑城の築城　122
　1-2　慶州邑城の街路体系　126
　1-3　慶州邑城の諸施設　130

Ⅱ-2　慶州邑城と地域祭礼空間　139

　2-1　三壇　142
　2-2　郷校・文廟　144
　2-3　書院　147
　2-4　小学堂・育英斎・司馬所　150
　2-5　鎮山　152
　2-6　三殿　153
　2-7　味鄒王陵　158

Ⅱ-3　邑城空間の変容　160

　3-1　邑城の解体　160
　3-2　日本人の移住　171
　3-3　古蹟調査と保存活動　178
　3-4　観光地慶州　183

Ⅱ-4　土地所有の変化　188

　4-1　地籍図による邑城内部の復元　188
　4-2　査定時の土地所有状況　193
　4-3　里別土地所有形態　198
　4-4　日本人所有地と朝鮮人所有地　203

Ⅱ-5　慶州─新羅と植民地遺産の挟間で　207

Appendix 1　慶州の地域祭礼　212

　1　龍山書院の祭祀と地域コミュニティ　212
　2　崇恵殿の祭礼　215
　3　味鄒王陵の祭礼　219

第Ⅲ章　韓国日本人移住漁村 ─── 223

Ⅲ-1　日本人移住漁村の成立と発展　227
- 1-1　日本人移住漁村成立の背景　227
- 1-2　漁業の近代化と主要漁港　233
- 1-3　日本人移住漁村の空間構造　239
- 1-4　日本人移住漁村と日式住宅　243

Ⅲ-2　「離れ島」の移住漁村：巨文島　246
- 2-1　巨文島　247
- 2-2　集落の空間構造　252
- 2-3　巨文島の「日式住居」　256
- 2-4　「日式住宅」の変容　263

Ⅲ-3　「沿岸」の移住漁村：九龍浦　265
- 3-1　九龍浦の日本人移住漁村　267
- 3-2　集落の空間構造　277
- 3-3　住居類型とその変容プロセス　279

Ⅲ-4　「河口」の移住漁村：外羅老島　283
- 4-1　外羅老島の日本人移住漁村　296
- 4-2　集落の空間構造　298
- 4-3　住居類型とその変容プロセス　300

Ⅲ-5　日本人移住漁村のもたらしたもの　304

Appendix 2　著名漁港の発展過程　307

第Ⅳ章　韓国鉄道町 ─── 317

Ⅳ-1　鉄道の敷設と鉄道町の形成　320
- 1-1　鉄道の敷設　320
- 1-2　鉄道町　327
- 1-3　鉄道官舎　335

IV-2　三浪津の鉄道町　355

2-1　密陽市三浪津　356
2-2　三浪津（松旨里）の土地所有　359
2-3　三浪津鉄道町の空間構造　366
2-4　三浪津鉄道官舎　368
2-5　三浪津鉄道官舎の変容　373
2-6　旧本町通り（駅前商店街）地区の「日式住宅」　380

IV-3　慶州の鉄道町　391

3-1　慶州鉄道町　393
3-2　慶州鉄道官舎地区　394
3-3　慶州鉄道官舎の変容　397

IV-4　安東の鉄道町　408

4-1　安東鉄道町　409
4-2　安東鉄道官舎地区　412
4-3　安東鉄道官舎の変容　416

IV-5　日式住宅と韓国住宅　425

5-1　改良オンドルと断熱壁　426
5-2　韓国住宅の変容　430
5-3　「日式住宅」の変容　433

IV-6　鉄道町のもたらしたもの　435

終　章　植民地遺産の現在　439

1　平壌―開城　442
2　ソウル　454
3　慶州　467
4　九龍浦・栄山浦・群山　472
5　ウトロ　474

あとがき　479
参考文献　483

関連論文　518
会議論文　519
年　表　523
索　引　529

図表一覧

口　絵

口絵 1　慶州邑内全図（18 世紀末）　韓国精神文化中央研究院図書館
口絵 2　京城市街全景　朝鮮名所絵葉書
口絵 3　漢城南大門　朝鮮名所絵葉書
口絵 4　京城南大門通り　朝鮮名所絵葉書
口絵 5　京城本町通り　朝鮮名所絵葉書
口絵 6　平壌 1993　撮影：布野修司
口絵 7　開城 1993　撮影：布野修司
口絵 8　慶州邑本町通り　郵便はがき
口絵 9　古都慶州　a：朝鮮古都慶州交通鳥瞰図　b：邑内古蹟遊覧自動車部　c：慶州古蹟佛國寺　郵便はがき
口絵 10　1930 年代の九龍浦　郵便はがき
口絵 11　日本人移住漁村の現在　ab：九龍浦　c：巨文島　d：外羅老島　撮影：朴重信
口絵 12　三浪津の旧鉄道官舎地区　撮影：趙聖民
口絵 13　三浪津本町通りの日式住居　撮影：趙聖民
口絵 14　日式住居のインテリア　撮影　朴重信，趙聖民

序　章

図序-1　朝鮮時代の日中朝の交通路　作図：渡辺光一郎
図序-2　朝鮮半島開国前後の外国船の出没　作図：外池実咲
図序-3　列強の朝鮮半島利権争奪　作図：中島佳
図序-4　憲兵と警察の配置　作図：飯田敏史
図序-5　東洋拓殖会社の所有地面積　作図：飯田敏史
表序-1　在朝日本人の人口推移
表序-2　水産業における日本人と朝鮮人の比較
表序-3　日本人所有耕地面積の変化

第 I 章

図 I-1　王京復元図　藤島亥治郎（1930）
図 I-2　邑治と王都の施設比較　金憲奎（2007）
図 I-3　朝鮮時代における地方郡県制　金憲奎（2007）
図 I-4　邑城の街路パターン　李相栻（1984）
図 I-5　韓半島における居留地（租界）
図 I-6　釜山龍頭山神社　朝鮮名所絵葉書
図 I-7　釜山弁天町　朝鮮名所絵葉書
図 I-8　元山本町通　元山名勝絵葉書

図 I-9　仁川港全景　絵葉書
図 I-10　18 世紀半ばの漢陽　都城大地図（1754-64）　ソウル歴史博物館所蔵
図 I-11　朝鮮神宮全景　京城名所絵葉書
図 I-12　京城・大和新地　京城名所絵葉書
図 I-13　「朝鮮第一の良港　木浦内の盛観」　郵便絵葉書
図 I-14　群山全景　群山府発行
図 I-15　鎮海全景　鎮海石川写真館発行
図 I-16　大邱全景日本人街　大邱名所絵葉書
図 I-17　「朝鮮市街地計画令」の適用都市
図 I-18　旧韓国時代の政府組織　李綿度（2007）
図 I-19　関野貞の調査地（1909-1915 年）
表 I-1　都市・農村の身分別住民構成比率推移
表 I-2　開港場と開市場
表 I-3　12 個府と人口 1 万人以上の都市的な面の市街地人口数比較
表 I-4　第 1 次指定面韓・日人戸口数（1916 年末現在）
表 I-5　朝鮮市街地計画令適用・準用市街地および主要計画決定内容
表 I-6　関野貞による建築物類型別等級（1909）
表 I-7　関野貞による建築物類型別等級（1910）
表 I-8　関野貞による建築物類型別等級（1911）
表 I-9　関野貞による建築物類型別等級（1912）

第 II 章および Appendix 1

図 II-1　邑城の空間構造　韓三建（2006）
図 II-2　朝鮮半島の邑城の分布　作図：韓三建
図 II-3　慶州邑内全図（18 世紀末）　韓国精神文化中央研究院図書館（口絵 1 と同じ）
図 II-4　慶州客舎（東京館）　慶州名勝絵葉書
図 II-5　「客舎」の中心的性格　韓三建（1993）
図 II-6　慶州東軒「一勝閣」　絵葉書朝鮮風俗
図 II-7　朝鮮末期における慶州邑城の主な施設
図 II-8　月城場市　韓三建（1993）
図 II-9　慶州の周辺　大東輿地図
図 II-10　戦前の崇恵殿　慶州名勝絵葉書
図 II-11　慶州邑城の城壁（1902）と南門（1908）
図 II-12　城壁撤去と道路開設
図 II-13　郡庁舎となった一勝閣
図 II-14　1926 年の慶州駅と鉄道路線
図 II-15　初期の慶州駅　慶州名勝絵葉書
図 II-16　慶州邑水道一般平面図　国家記録院「慶州水道国庫補助書類」
図 II-17　植民地時代の重要施設
図 II-18　修理前の石窟庵
図 II-19　慶州古蹟地図　新羅旧都慶州古跡圖衆
図 II-20　土地台帳（路西里 237 番地）
図 II-21　1912 年査定時土地所有者（慶州）

図 II-22　1945 年 8 月 15 日現在の土地所有者
表 II-1　邑城等城郭の数
表 II-2　慶州の行政区域の名称変化
表 II-3　朝鮮末期における慶州府の書院・祠堂
表 II-4　慶州邑の教育施設
表 II-5　慶州邑の宗教施設
表 II-6　慶州の日本人人口推移
表 II-7　行政区域別日本人人口
表 II-8　慶州邑住民の職業別構成
表 II-9　慶州博物館の入場者数
表 II-10　重要人物の慶州訪問
表 II-11　慶州への修学旅行例
表 II-12　査定時の邑城内部の土地所有者別筆数および面積
表 II-13　査定時の土地所有者別筆数および面積
表 II-14　所有者別土地の面積変化
図 A1-1　龍山書院配置図　韓三建（1993）
図 A1-2　春亭大祭の空間利用
図 A1-3　味鄒王陵での祭祀

第 III 章

図 III-1　蔚山湾の漁村　郵便はがき（日本航空輸送株式会社）
図 III-2　釜山西部南浜海岸　釜山呉竹堂書店
図 III-3　日本人移住漁村の分布　吉田敬市（1954）
図 III-4　1930 年代の著名漁港の分布
図 III-5　漁村の立地別類型
図 III-6　著名漁港の類型
図 III-7　木村一家と開拓当時の小屋
図 III-8　巨文島・集落の形成と発展過程
図 III-9　巨文島の施設分布（2005 年）
図 III-10　巨文島の井戸の位置とその種類
図 III-11　巨文島の住居類型と調査住居
図 III-12a〜d　巨文島・調査対象の平面と立面概要-1〜4
図 III-13　巨文島・間口と接道形式による住居類型
図 III-14　住宅の統合化による変容プロセス
図 III-15　旧本町通沿い（九龍浦 5・6 里）の建物分布と調査対象住宅
図 III-16a〜g　九龍浦・調査対象の平面と立面-1〜7
図 III-17　九龍浦・街区構成と街路体系
図 III-18　九龍浦・「出入動線」と「道路と母屋の関係」による住居類型
図 III-19　九龍浦・住居類型相互の関係
図 III-20　九龍浦・専用住宅の分離化のプロセス
図 III-21　外羅老島の施設分布
図 III-22a〜i　外羅老島・調査対象の平面と立面概要-1〜9
図 III-23　外羅老島・調査対象住宅と街並み

図 III-24　外羅老島・間口と奥行きによる住居類型
図 III-25　並列統合と直列統合のプロセス
表 III-1　日本漁民の朝鮮通魚に対する保護奨励策
表 III-2　府・県別通漁および移住漁村の建設奨励費
表 III-3　日本植民地期の漁船数
表 III-4　日本植民地期の著名漁港（1929年末基準，北朝鮮を除く）
表 III-5　巨文島・調査住宅の概要
表 III-6　九龍浦・調査対象住宅の概要
表 III-7　外羅老島・調査対象住宅の概要

第 IV 章

図 IV-1　朝鮮半島における鉄道敷設
図 IV-2　京元線・咸鏡線沿いに建設された鉄道官舎
図 IV-3　中央線沿いに建設された鉄道官舎
図 IV-4　港湾型鉄道町の類型
図 IV-5a, b　韓半島における港湾型鉄道町
図 IV-6a, b, c　韓半島における内陸型鉄道町（既存集落内側型）
図 IV-7a, b　韓半島における内陸型鉄道町（既存集落隣接型）
図 IV-8　韓半島における内陸型鉄道町（非居住地開拓型）
図 IV-9　鉄道官舎の類型
図 IV-10　3等級鉄道官舎　朝鮮建築会（1927）
図 IV-11　4等級鉄道官舎　朝鮮建築会（1927）
図 IV-12　龍山と安東に建設された4等級官舎
図 IV-13　5等級官舎
図 IV-14　安東と順川の5等級官舎
図 IV-15　6等級官舎
図 IV-16　7等級官舎の類型
図 IV-17　7等級甲官舎の平面図
図 IV-18　7等級乙官舎の平面図
図 IV-19　8等級官舎の類型
図 IV-20　8等級官舎の平面図
図 IV-21　7等級甲官舎の分布
図 IV-22　7等級乙官舎の分布
図 IV-23　8等級官舎の分布
図 IV-24　三浪津の居住地分布
図 IV-25　松院・内松の土地所有者の変化
図 IV-26　三浪津鉄道町の施設分布
図 IV-27　三浪津鉄道官舎の配置
図 IV-28　三浪津鉄道官舎の標準型
図 IV-29　三浪津鉄道官舎居住空間変容のパターン
図 IV-30　マダンの形成と動線の変化
図 IV-31　三浪津鉄道官舎・動線の変化による増築パターン
図 IV-32　三浪津駅前商店街の基本型

図 IV-33　三浪津鉄道官舎地区と調査対象官舎
図 IV-34　三浪津・街区変化のパターン
図 IV-35　「出入口動線」と「道路と母屋の関係」による類型
図 IV-36　鉄道敷設以前の慶州市街地図
図 IV-37　慶州鉄道官舎の配置
図 IV-38　慶州旧鉄道官舎の各等級別平面構成
図 IV-39　「トッパッ」の形成
図 IV-40　副道路の「ゴサッ」化
図 IV-41　マダンとリビングによる動線
図 IV-42　居住空間変容のパターンによる類型
図 IV-43　慶州鉄道官舎・増改築のプロセス
図 IV-44　日本人によって提案されたオンドル
図 IV-45　安東地域の伝統的住居・L字型・ロ字型の例
図 IV-46　安東駅周辺の変遷過程
図 IV-47　安東旧鉄道舍地区の配置
図 IV-48　安東鉄道官舎の各等級別建築概要
図 IV-49　鉄道官舎の現況
図 IV-50　安東鉄道官舎・敷地分割のプロセス
図 IV-51　居住空間変容のパターン
図 IV-52　押入の変容
図 IV-53　マダンとリビングによる動線構造
図 IV-54　安東鉄道官舎・増改築のプロセス
図 IV-55　官舎に採用されたオンドル
図 IV-56　YX生氏による実験壁　『朝鮮と建築』第三輯第十一号 (1924)
図 IV-57　朝鮮住宅営団の標準設計図　『朝鮮と建築』1941年
表 IV-1　朝鮮半島における鉄道敷設
表 IV-2　三浪津邑松旨里の土地所有者・地目・面積変化 (1912～1945年)
表 IV-3　三浪津鉄道官舎の概要
表 IV-4　三浪津鉄道官舎増改築の現状
表 IV-5　三浪津・旧本町通り・調査対象の概要
表 IV-6　実測した慶州旧鉄道官舎
表 IV-7　慶州鉄道官舎・増改築の現状
表 IV-8　安東鉄道官舎・調査住戸の概要

終　章

図終-1　開城略図
図終-2　開城地図　『海東地図』
図終-3　開城善竹橋　撮影：布野修司
図終-4　開城普通門　撮影：布野修司
図終-5　平壌大城山城南門　撮影：布野修司
図終-6　平壌中心部　作図：韓三建
図終-7　平壌大同門　撮影：布野修司
図終-8　高麗ホテル (平壌)　撮影：布野修司

xix

図終-9　柳京ホテル（平壌）　撮影：布野修司
図終-10　羊角島国際ホテル（平壌）　撮影：布野修司
図終-11　主体塔から南を俯瞰する　撮影：布野修司
図終-12　人民学習堂（平壌）　撮影：布野修司
図終-13　地下鉄復興駅（平壌）　撮影：布野修司
図終-14　平壌駅　撮影：布野修司
図終-15　漢陽地図　魏伯珪画
図終-16　鮮人町大部楽の全景　京城名所絵葉書
図終-17a, b, c　朝鮮総督府　撮影：布野修司
図終-18　再生された清渓川　撮影：布野修司
図終-19　慶州の史蹟地区と国立公園
図終-20　統一殿　撮影：韓三建
図終-21　花郎教育院　撮影：韓三建
図終-22a, b　ウトロ地区

韓国近代都市景観の形成

日本人移住漁村と鉄道町

Formation of Modern Korean Urban Landscape
Spatial Formation and Transformation of Japanese Colonial Settlements in Korea

布野修司　韓三建　朴重信　趙聖民

序　章

韓国の中の日本と景観の日本化

何故，韓国の日本人町か？

　本書が対象とするのは，朝鮮（韓）半島の古都慶州경주，そして日本植民地期に形成された「日本人町」「日本人村」일본인마을である．朝鮮王朝時代に各地方におかれていた，慶州に代表される「邑城읍성」が植民地化の過程でどのように解体されていったのか，その伝統的な景観をどのように失ってきたのかを明らかにすること，そして「日本人町」「日本人村」がどのように形成され，解放後どのように変容していったのかを明らかにすることをテーマにしている．

　具体的に取り上げるのは，かつての王都であり，朝鮮時代に「邑城」が置かれていた慶州の他，日本植民地期に形成された「鉄道官舎철도관사」を核として形成された「鉄道町철도마을(도시)」(三浪津삼랑진，安東안동，慶州)，そして「日本人移住漁村일본인이주어촌」として発展してきた巨文島거문도，九龍浦구룡포，外羅老島외나로도である．

　本書が大きく問うのは韓国における近代都市景観の形成である．焦点を当てるのは，街並み景観，都市施設のあり方，街区構成，居住空間の構成であり，その変容について臨地調査を基に明らかにしている．

　何故，慶州，また「邑城」なのか．何故，韓国の地方都市なのか．
　何故，「日本人移住漁村」なのか．
　何故，「鉄道町」なのか．
　何故，身近な街並み景観や，居住空間，街区に眼を向けるのか．
　19世紀後半，急速に進んだ「開国」によって，朝鮮半島の社会は大きく変動していくことになる．近代都市の形成もその社会変動の一環である．

　朝鮮半島における都市の原像はどのようなものであったのか，朝鮮時代の都市あるいは集落がどのように今日の都市へと変化してきたのかを空間編成をめぐって明らかにすることが本書の第1の狙いである．

　朝鮮時代の地方に置かれた「邑城」は，開国以降の過程で解体される．
　もともと，「邑城」は，儒教を国教とした中央集権国家を打ち立て，維持する上で，地方統治の装置として設置された．中心に置かれたのは「客舎객사」[1]であり，「東軒동헌」といった官衙施設であり，その他の宗教施設も商業施設も城壁内には置かれなかった．城壁内に住んだのは，中央から送られてきた「守令」であり，地元「両班

---

1)　客舎は，高麗時代に出現したと考えられている．

序章
韓国の中の日本と景観の日本化

「両班ヤンバン」[2]階層の官吏であり，それを支えた下層の人びとのみである．都市としては「奇形」であった．そして，「邑城」は「地方の中の中央」であった．

その「邑城」に植民地化に相前後して日本人が居住し始めると，日本の統治機構のために朝鮮時代の官衙施設などを改築し，あるいは解体新築することになる．そして，土地を取得して，「日式住宅일식주택イルシックズテック」を建て，商店街を形成するようになる．

「邑城」は，こうして「韓国の中の日本」となった．

「江華島条約（丙子修好条約・日朝（韓日）修好条規）」（1876 年 2 月 27 日）によって，釜山부산ブサンを開港させられ，「日本専管居留地」が設置されて以降，元山원산ウォンサン（1879 年），漢城한성ハンソン，龍山용산ヨンサン（1982 年），仁川인천インチョン（1883 年），慶興경흥キョンフン（1888 年），木浦목포モッポ，鎮南浦진남포ジンナンポ（1897 年），群山군산クンサン，城津성진ソンジン，馬山마산マサン，平壌평양ピョンヤン（1899 年），義州의주ウイズ，龍巌浦용암포ヨンアンポ（1904 年），清津청진チョンジン（1908 年）と次々に「開港場개항장ケハンザン」「開市場개시장ケシザン」が設けられた．そして，「開港場」「開市場」に設けられた「日本専管居留地」「共同租界」は，朝鮮半島にそれまでになかった景観（都市形態，街並み，建築様式）を持ち込むことになった．

しかし，その新たな景観も，主要都市あるいは港湾地域に限定して設置された居留地（「日本専管居留地」「共同租界」）のみにとどまったのであれば，朝鮮半島全域に大きな影響を与えることはなかったであろう．朝鮮時代の伝統的都市や集落の景観と異なる景観がより広範囲に導入されたのは，半島全域を鉄道線路で結んだ鉄道駅とその周辺に形成された「鉄道町」を通じてである．「開港場」「開市場」が置かれ，その後韓国の主要都市となった都市も含めて，半島の各地域の中心都市となった都市のほとんどは，鉄道駅を中心とする「鉄道町」を核として形成された都市である．「鉄道町」は，朝鮮時代以来の集落や街区とは異なるグリッド・パターン（格子状）の街区をもとにした新たな町として整備された．そして，「鉄道町」の中心には，「鉄道官舎」地区など日本人居住地が形成され，日本人が建てた建物が街並みを形成することになった．

そしてもう一つ，「日本人移住漁村」もまた，「開港場」とは別に，はるかに一般的なレヴェルで，新たな景観を朝鮮半島にもたらすことになった．海岸部に接して密集する形態を取る日本の漁村と丘陵部に立地し半農半漁を基本とする朝鮮半島の漁村とはそもそも伝統を異にしていた．「日本人移住漁村」の出現は，伝統的な集落景観に大きなインパクトを与えるのである．

開港期につくられた居留地（租界）の都市構造やそれを構成した建築様式を眼にすることは，朝鮮人にとって「近代」との最初の接触経験である．そして，全国的に広く形成された「鉄道町」や「日本人移住漁村」の「日式住宅」やそれが建ち並ぶ街並み

---

[2] 高麗聖宗王 14 年（995 年）によって実施された身分制度．「文班」と「武班」の職を持っている人の統称．以後，朝鮮世宗王 18（1436）年に「両班」制度が確立され，成文化された．文武の職を持つ人だけではなくその家族，家門までも「両班」と呼ばれることになった．

は，朝鮮人の都市，建築に関わる理念の変化に最も大きな影響を与えることになる．そして，朝鮮半島の居住空間のあり方そのものを大きく変えることになる．

このような視点に立って，本書では，「邑城」の中に形成された「日本人町」，そして，「日本人移住漁村」のような「日本人村」に焦点を当てて，韓国における近代都市の形成過程を問いたい．すなわち，韓国近代都市景観の形成における「日本人町」「日本人村」のインパクトが切り口である．キーワードは，「景観の日本化」，そして「日式住宅」である．

朝鮮時代の「邑城」の典型が慶州邑城である．儒教を統治理念とし，身分制度に支えられた中央集権的王朝であり，「邑治ウプチ」とその中心に建設された「邑城」は，基本的に同一の政治的，空間的構造を持っていたが，慶州邑城はその代表である．上述のように，その慶州邑城は，植民地化の過程で解体され，「韓国の中の日本」になっていった．そして，古都慶州にもまた鉄道駅が設置され，その周辺には「日本人町」が形成された．慶州の変貌は，韓国における街並み景観の変貌をくっきりと浮かび上がらせている．

「景観の日本化」は，日本による植民地化の象徴である．そして，朝鮮半島における「近代化」の象徴ともなる．もちろん，韓国の近代化にとっての「日本」そして「日本」による植民地化をめぐっては大きな議論がある．

朝鮮半島の場合，近代化が日本による植民地化と都市化と併せて二重，三重の過程として進行したことは，少なくとも日本と比較した場合，特異である．しかし一方，日本の近代化にとって，日本の海外進出，朝鮮半島，台湾の植民地化をどう捉えるかについて，その特異性が同時に問われることになる．

本書の位置付けと背景について，既往の研究を振り返りながら以下に確認しておきたい．

1　朝鮮の開国と植民地化

朝鮮半島の植民地化，そして日本統治下（「日帝強占期」）の朝鮮をめぐっては，本書の範囲をはるかに越える大きな問題がある．そもそも「韓国併合（韓日合邦）」[3]をめぐ

3）　日本では，かつては「日韓併合」が一般的に用いられてきた．しかし，日本が韓国を併呑した併合条約の名称は「韓国併合に関する条約」であり，日本による「韓国併合」というのが的確である．韓国では「韓日合邦」が用いられる．「韓日強制併合」という言葉も使われる．一般には，「強占」（軍事占領）と意識されている．

る歴史認識について，日韓（そして北朝鮮）の間で容易に埋め難い溝が依然としてある．韓国併合の正当性をめぐっては，日露戦争前後から韓国併合に至る日本の侵略過程を，日本が韓国と締結したとする諸条約を中心に考察する海野福寿による『韓国併合史の研究』(2000)など一連の研究があるが，ソウル大学の李泰鎮[4]との間で論争が続けられている．条約そのものをめぐって，韓国における「韓国併合条約等無効論」(「旧条約無効・植民地支配不法論」)の歴史と伝統は根強いのである．

1980年代を通じて韓国では「韓国資本主義論争」[5]と呼ばれる論争が展開された．そこでは，植民地朝鮮そして解放後の韓国の社会構成体を資本主義に既に包摂されたものと捉えるか，一定の発展段階の，ある（遅れた）段階に位置付けるかが大きな争点となっていた．その基本的問題構制は，日本の1930年代（そしてそれを引き継いだ1950年代）における「日本資本主義論争」[6]とほぼ同じ位相のようにも思える．しかし，いち早く国民国家をベースとして資本主義システムを確立してきた西欧の先発資本主義国に対する日本のように，その確立に遅れをとった後発資本主義国という単純な図式ではなく，後発資本主義国（つまり日本）による植民地経済体制下の朝鮮半島を位置付ける図式は重層的とならざるをえない．さらに，解放後，朝鮮人民共和国（北朝鮮）と大韓民国（韓国，南朝鮮）に分断されたという歴史的経緯がある．この歴史的経緯は，世界史的に見てもきわめて特異である．

朝鮮戦争後の冷戦体制の中で，朝鮮半島には二つの社会モデルが併存してきた．ドイツ，ヴェトナムも同様であったが，ヴェトナム戦争が終結し，ベルリンの壁が崩壊して以降は，朝鮮半島のみが，世界唯一の特異な空間として存続しつつあるのである．

しかし，韓国における目指すべき社会像を基礎に置いた「韓国資本主義論争」が，韓国社会の近代資本主義化（世界資本主義システムへの包摂）の進展とともに変化していくのは当然である．ソ連邦（冷戦構造）の崩壊が大きな転機である．1990年代に入ると，韓国の学会では，植民地期の経済成長を高く評価する「植民地近代化論」と近代化が植民地権力によって抑圧されたとする「収奪論」が戦わされることになる．分

---

[4] 李泰鎮「韓国侵略に関連する諸条約だけが破格であった」『世界』1998年3月号，1998．李泰鎮「韓国併合は成立していない（上・下）」『世界』1998年7・8月号，1998．李泰鎮「略式条約で国権を移譲できるのか（上・下）」『世界』2000年5・6月号，2000．李泰鎮『日本の大韓帝国強占──「保護条約」から「併合条約」まで）』(1995)……他．

[5] 本多健吉監修(1990)，滝沢秀樹(1992)など．

[6] 『日本資本主義発達史講座』(1932年5月-1933年8月)の刊行を機に起こった日本の社会体制と将来をめぐる論争．『講座』の史観に依拠する日本共産党の「講座派」は，明治維新後の日本を絶対主義国家と規定し，まず民主主義革命が必要であると主張した(「二段階革命論」)．これに対し，「労農派」は明治維新をブルジョア革命，維新後の日本を近代資本主義国家と規定し，社会主義革命こそが課題であることを主張した．この日本の社会主義革命をめぐる論争は，「封建論争」「地代論争」「新地主論争」「マニュファクチュア論争」などの多くの論争を引き起こしたが，多くの論点は第2次世界大戦後に引き継がれることになった．

かりやすく単純化すれば，韓国において，日本による植民地化を大きく近代化の推進要因と捉えるか阻害要因と捉えるか，植民地期と解放後の韓国社会を連続的に捉えるか，非連続と捉えるかという点が大きな争点となるのである．

宮嶋博史・李成市・尹海東・林志弦編『植民地近代の視座 ―― 朝鮮と日本』(2004)は，いわゆる「教科書問題」を契機に発足した「批判と連帯のための東アジア歴史フォーラム」[7]の「植民地主義と近代」あるいは「植民地的近代 colonial modernity」をめぐる議論[8]をもとにした諸論考をまとめている．冒頭，都冕會の「自主的近代と植民地的近代」は，解放後の韓国歴史学会においては「韓国が「自主的近代」社会として発展したが日帝によって挫折させられたという命題を，絶対的な解釈の枠とみなして」「植民地朝鮮に日本帝国主義が樹立した社会構造は収奪と抑圧のためのものに他ならず，朝鮮社会の発展にはほとんど寄与しなかった」としてきたと総括する．そして，「日本の朝鮮植民地支配下において，朝鮮人は肯定的であれ否定的であれ，移植された近代的制度が与えた効果を経験するほかなかった」とし，「自主的近代」と「植民地的近代」の本質的差異について「その違いは，近代的な社会経済構造をつくりだす主体である国家の権力構成と既存の支配エリートとの権力配分の問題からくるものと把握される」とする．しかしもちろん，「日本による大韓帝国の強占は国際法に違反する国家的な犯罪であり，日本は強占以降も「一視同仁」というスローガンにより同化政策を実施しながらも，朝鮮人を日本の憲法適用から排除し，政治的権利を否定し，朝鮮人を民族的に差別するなど，きわめて欺瞞的，暴圧的な統治政策で一貫していた」というのが前提である．「収奪論」の克服をうたう許粹烈『植民地朝鮮の開発と民衆 ―― 植民地近代化論，収奪論の超克』(2008)も，日帝時代になされた各種の制度的な変化と近代的諸要素の導入が解放後の韓国社会の展開過程に肯定的な役割を果たした側面もあるとしながらも，結局は日本による「開発」は朝鮮人にとって無意味であったとし，帝国主義的侵略を正当化するために掲げる「開発」の実際は，「従属」と「差別」の強要であり，野蛮化，反文明化の過程であったこと，日帝時代になされた「開発」の遺産は，解放後の韓国の工業化過程で非常に制限的な役割しか果たすことが出来なかったと，「開発無き開発」であったと主張する．

『植民地近代の視座 ―― 朝鮮と日本』の中には，研究動向をレビューする松本武祝の「「植民地的近代」をめぐる近年の朝鮮史研究」が収められていて分かりやすい．また，李成市の「朝鮮王朝の象徴空間と博物館」のように，本書で問題にする慶州における古蹟調査に関わる興味深い論考も含まれている．

---

7) 2001年9月にソウルで第1回のワークショップが開かれて以降，年2回のペースで開かれてきた．これとは別に「日韓歴史家会議」が同じく2001年に立ち上げられ，ソウルと東京で交互に開催されてきている．その成果の一つが木畑洋一・車河淳編 (2008) である．
8) 第2回，第3回のワークショップをもとにしている．

松本武祝は，1990年代以降，植民地期と解放後を「近代」という視点において連続的に捉える研究，また「植民地近代化論」を批判的に分析する研究の流れが支配的になりつつあること，そして，「ヘゲモニー」「規律権力」「ジェンダー」といった新たな概念をもとに日常生活レヴェルでの分析が進められつつあること，さらに，「韓国」「朝鮮」における「民族主義」を相対化する研究が深められつつあることを指摘する[9]．

　本書が問うのは空間編成の問題であり，景観形成の問題である．日常生活の器としての住まい，そして都市空間を扱う本書も，新たな研究動向の一環ということになるであろう．

　しかし，日本による統治が朝鮮半島の「近代化」の流れに大きく作用している以上，日本統治下の朝鮮を様々な側面から考察する必要があることは明らかである．日本植民地下の朝鮮半島をめぐって，本書に関わる基本事項をまず確認したい．以下に，開国から韓国併合までの歴史的経緯を簡単に振り返っておきたい．

近代の起点

　朝鮮半島・韓国の近代化の起点をどの時点に求めるかについては議論がある．2004年に出版された韓国教員大学歴史教育科編『韓国歴史地図』(2006)[10]が，「5章近代」を「開港と不平等外交の拡大」から始めるように，これまでは，1876年2月の「江華島条約」の締結による開国を大きな画期とみなす見方が一般的であった．しかし，日本の近代化の起点について，かつては開国そして明治維新を決定的画期とするのが一般的であったけれども，近代化の諸動因は既に開国以前の江戸時代に用意されていたと考えられるようになったのと同じように，近代国家をめざす朝鮮社会の内在的発展の歩みは開国前から既に始動しており，朝鮮近代史を規定する内外の諸要因は，1860年代初めまでには形成されていたという見方が，現在は支配的になりつつある[11]．韓永愚の『取り戻す私たちの歴史（韓国社会の歴史）』(1997)[12]は，1997年に韓国で出版され多くの読者を得た通史[13]であるが，興宣大院君[14]（李昰応，1820-98）政権

---

9) 松本武祝 (2005) の「序章　研究史の整理と課題の呈示」(2005) にも同様の研究動向の総括が示されている．
10) 吉田光男監訳，平凡社．
11) 1960年代ぐらいまでは，日朝（韓日）修好条規を画期とする見方が一般的であったが，外的要因を重視するそうした見方に対して，南北朝鮮の歴史学会での学術論争の結果，内的諸条件は1860年初頭には用意されていたとする見方が定着することになった．日本で上梓された通史である朝鮮史研究会 (1974)，梶村秀樹 (1977)，田中俊明 (2008) も1860年代以降を近代としている．
12) 日本語訳は，吉田光男訳，明石書店，2003．
13) 韓永愚以前の個人通史として，李基白 (1976)，韓佑劤 (1970) がある．
14) 大院君とは，国王に直系の継承者がない場合，王族内の他の系統から次の継承者を選び，その実父を尊称していう．第25代哲宗 (1831-63年，在位1849-63年) が嗣子なく死去した後，興

(1863-73年)の登場をもって「近代」の始まりとする．第五編が「近代産業国家 ―― 夢と挫折」と題され，1863-1945年が扱われている．日本による植民地化の前史と植民統治時代が近代産業国家形成の「夢と挫折」の時代とされるのである．

西学の受容

もちろん，朝鮮半島におけるより大きな歴史的社会変動という視点からは，「倭乱」（「壬辰倭乱」(1592年)「丁酉再乱」(1597年)）と「胡乱」（「丙子胡乱」(1636年)）に遡って，構造変化をみる必要がある．近代化にとって西洋の学術，文化の受容，ウエスタン・インパクトは大きいが，その起源は17世紀初頭に遡る（図序-1）．

マテオ・リッチ Matteo Ricci（利瑪竇 Lì Mǎdòu 1552-1610年）[15] が北京入りしたのは1601年である．その『交友論（重友論）』(1595)，『天主実義』(1603)，『坤輿万国全図』(1602)，『幾何原本』(1607)，『測量法義』(1607) などをはじめとして，イエズス会士たちの著作[16]は，徐光啓(1562-1633年)，李之藻(1565-1630年)らによって漢訳され，北京に派遣された勅使たちを通じて朝鮮にもたらされ，知識階層には広く読まれ，参照された．西教（天主教），西学の受容については，姜在彦や山口正之がおよその流れを論じている[17]．1577年に来日し，33年滞在して通事として活躍，秀吉，家康の知遇も受け，『日本文典』『日葡辞書』『日本教会史』などをものしたJ．ロドリゲス João "Tçuzu" Rodrigues (1561-1634年)[18] が，山東半島の登州で朝鮮から派遣された鄭斗源に会い，漢訳西洋書や西洋文物を朝鮮国王に送ったこと，王位継承者であった昭顕世子(1612-45)とイエズス会士アダム・シャール Johann Adam Schall von Bell (1591-1666年)[19] が北京で交流があったこと，長崎に向かうオランダ船スペルウェール号が済州島제주도に漂着(1653年)し，書記として乗船していたヘンドリック・ハメル

宣君の第2子李載晃（高宗(1852-1919年，在位1863-1907年)）が王位についた．大院君政権というのが一般化するように，大院君は通常興宣君をいう．
15) 平川祐弘(1969-97)．
16) 岡本さえ(2008)に，イエズス会士関係著訳書一覧がある．
17) 姜在彦(2008)．山口正之(1967；1985)．
18) ポルトガル，セルナンセーリェ Sernancelhe 生まれで日本に来て1580年にイエズス会に入会した．中国名陸若漢．同名の司祭（ジョアン・ジラン・ロドリゲス João "Girão" Rodrigues, 1559-1629年）と区別してツズ（通事の意）と呼ばれた．また，イエズス会の会計責任者（プロクラドール）として生糸貿易に大きく関与した．陰謀とされるが，1610年にマカオに追放され，以降，マカオ市政にも携わり，明の朝廷にも派遣されたが，マカオで歿した．
19) ドイツ人のイエズス会宣教師．中国名は湯若望．1622年明末に中国に渡り，明朝の信任を得て陝西中心に布教を行う．暦書の改訂や望遠鏡製造・大砲の鋳造・砲術の教授なども行った．崇禎帝の命を受け徐光啓らと編訳書『崇禎暦書』を完成させた．清朝になると，順治帝の信任を得て，北京の欽天監正（天文台長）に任ぜられ，天文・暦書（『時憲暦』）に関し多くの貢献を行った．のちキリスト教排斥運動のため，1665年洋暦敵視者により死刑を宣告され，釈放されるが，間もなく病死した．

序章

韓国の中の日本と景観の日本化

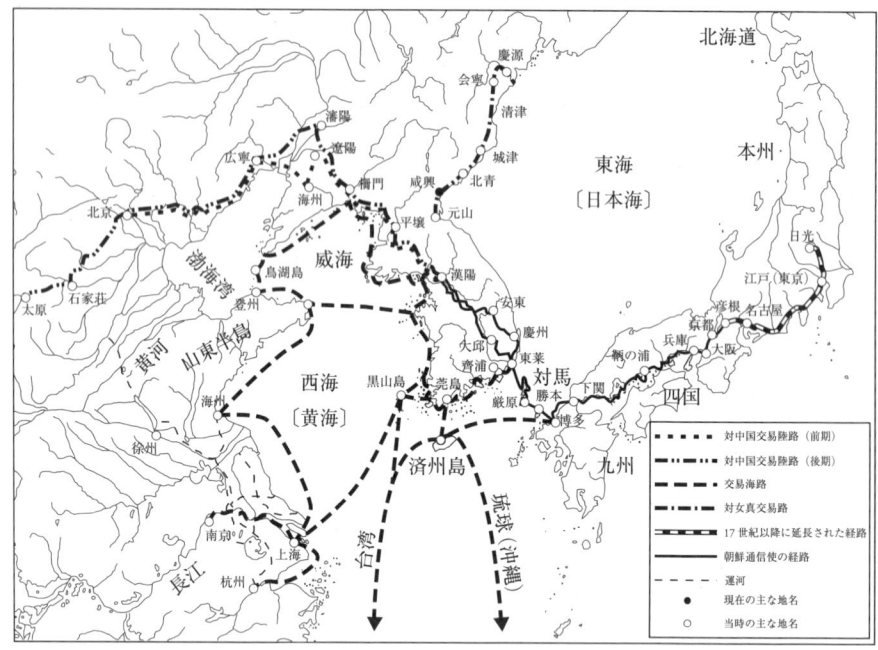

図序-1　朝鮮時代の日中朝の交通路（作図　渡辺光一郎）

Hendrick Hamel（1630-1692 年）[20] が，後に『朝鮮幽囚記』[21] を書いてオランダのみならずロンドン，パリでも出版されたことなど，西洋と朝鮮の最初期の接触に関わるエピソードは興味深い．西学の受容を担ったのは李瀷（1681-1763 年）[22] を祖とする星湖学派であるが，李瀷の死後，儒教を固守する星湖右派と西学研究のみならず西教（天主教）信仰に走った星湖左派に分裂し，1801 年に権力を掌握した老論僻派[23] によって後

---

20) オランダ・ホリンケムの生まれ．オランダ東インド会社の書記として長崎へ向かう途中，済州島付近で難破し，乗組員 64 人のうち，ハメルを含む 36 人が生き残り，漢陽に送られた．13 年後の 1666 年 8 月，ハメルと 7 人の乗組員は日本へ脱出し，長崎を経由して故国オランダへ帰還した．オランダ領東インド総督および 17 人委員会に宛てたその報告書が『朝鮮幽囚記』である．
21) 生田滋訳，東洋文庫，平凡社．
22) 『星湖僿説』など多数の著作を残している．基本的に六経に基礎を置いていたが，儒学，天主教，民間宗教など関心は広く，百科全書派とされる．主な関心は農村再建にあり，一戸ごとに永業田を所有させ，土地の均等配分を主張した．
23) 朝鮮王朝を支える性理学は「南人」「北人」「西人」などの学派に分かれるが，「西人」が 17 世紀末に 2 派に分裂した．大義名分と民政安定・自治自強を強調する「老論」と実利を重視する「少論」である．また，「老論」は 18 世紀に「湖派」（忠清道）と「洛派」（漢城）に分かれる．さらに，英祖（1724-1776 年）による世子殺害に絡んで，英祖をよしとしたのが「時派」，世子に同情したのが「僻派」である．

者は全滅させられる．すなわち，西学，西教は，朝鮮社会に深く根を下ろすことはなかったと考えられる．

大院君の内政改革

朝鮮社会は，「壬辰倭乱」以後の改編以降，商業，工業の発達とともに変化していく．「封建体制」を支えた身分制も動揺していく．そして19世紀になると，「封建的支配」に反対する民衆の反乱が続出することになった．その嚆矢は，洪景来に率いられた平安道の大農民反乱（1812年）である．そして1862年には，朝鮮南部で貧農を中心とする大規模な農民反乱「壬戌民乱」[24]が勃発する．一方，中国が1842年の南京条約，1858年の天津条約，1860年の北京条約によって，次々に開港，開国を求められ，日本が1854年の米日和親条約，1858年の日米修好通商条約によって開国を強いられたことが，朝鮮にとって大きな外圧となっていた．さらに言論・思想界も大きく揺れ，1860年には，崔済愚が反封建・反侵略の民衆宗教・思想である「東学」[25]を創出する

---

24) 慶尚道晋州の民衆反乱に始まり，同年11月にかけて朝鮮南部（慶尚，全羅，忠清各道）の各地で相次いだ農民を主体とする1862年（壬戌）2月の反乱．「晋州民乱」ともいう．発生期の東学の活動時期および地域にほぼ重なる．反乱の直接的原因は地方長官や吏属の不当収奪（重税）にあり，地方の新興勢力（富民など）が反乱を指導した場合もみられるが，多くの「民乱」は地方の役人たちだけでなく，新興勢力を含む地方の有力者（地主，富民など）をも襲撃の対象とした．「晋州民乱」はその典型であり，農村に滞留し賃労働などで生活を維持している貧民階層が民乱の中心勢力となっていた．

25) 慶州出身の崔済愚は，1860年，内外の危機をのり越える「保国安民」の策として，民間信仰を基礎に儒教，仏教，仙教を取り入れた独自の宗教，東学を創始した．東学とは西学（キリスト教）に対決する東方すなわち朝鮮の学を意味し，欧米人の侵入に備えて剣舞を奨励するなど民族的な自覚の高まりを背景としていた．また，基本宗旨である〈人乃天〉（人すなわち天）の思想は，人間の平等と主体性を求める反封建的な民衆意識を反映するものであった．天とは宇宙万物の本源であるが，人はそれぞれ内に有する神霊なる心の修養に努めることによって天心に感応し，天と融合一体化することが出来る．聖賢が天に代わって人びとを教え導いた時代が過ぎ去り，東学の創教によって開闢した後天の世には，天霊の直接降臨により天心一如が実現し，全ての人間が神仙と化した「地上天国」の建設が可能であるという．具体的な修養方法は21文字からなる呪文の口誦が中心で，この平易な教えは圧政に苦しむ農民の間に急速に広まった．天との結合の可能性において万人が平等だとする教理が封建的な身分秩序と相いれないのはもちろん，「後天開闢」の思想は，李氏王朝の終末を予言する『苦鑑録』の運命観とも結びついて，李朝支配そのものへの批判を内包していた．政府は1864年，崔済愚を処刑して厳しい弾圧を加えたが，第2代教主となった崔時亨は教祖の思想を表現した『東経大全』や『竜潭遺詞』を復元刊行し，教義の体系化を図るとともに，南部朝鮮一帯への布教に力を注いだ．各地域の教徒集団を〈包〉と呼んで接主がこれを統率し，その上に都接主，中央に道主を置くという教団組織が確立するのはこの時期である．

さらに，92年から翌年にかけ全羅道の参礼や忠清道の報恩に教徒を集めて，教祖の嘘罪を晴らし東学の合法化を得るための運動をくりひろげ，94年の甲午農民戦争（「東学党の乱」とも呼ばれた）への気運が急速に醸成されていった．この農民反乱において東学は，民衆の現状打開の意欲を鼓舞するとともに変革への一定のビジョンを与え，従来の民乱がもっていた地域的分散

一方，呉慶錫，劉大致らによって「開化」[26] 思想が唱えられていた．こうした「東学」の創出（1860 年），「壬戌民乱」（1862 年）に象徴される外圧を背景として登場したのが大院君である．

大院君が執ったのは，しかし，開国ではなく徹底した鎖国政策であった．大規模な内政改革によって中央集権化を強力に推し進めるとともに「衛正斥邪」[27] 政策によって危機の克服を図ろうとするのである．大院君の内政改革は，「勢道政治」[28] と「門閥政治」[29] の打破是正，免税や免役の特権を享受して国家財政を圧迫させ，党派を形成して王権を牽制していた「書院」[30] の撤廃[31]，「量田」[32] 事業による財政再建を柱としていた．改革は一定の効果を上げ評価される．「景福宮경복궁」を再建し，「光化門」前の六曹街を復元したのも朝鮮王朝の宿願として評価されている．

大院君は，内政改革についての一定の評価を背景に，外国勢力には強硬路線をとり続けた．1865 年にロシアが，翌年にドイツが 2 度にわたって来航し通商を求めるが拒否する．さらに大同江を遡って平壌にまで侵入してきたアメリカの商船ゼネラル・シャーマン号と交戦，乗組員全員を殺害する（丙寅洋擾）．1868 年には，日本使節・対馬藩家老樋口鉄四郎らが釜山に入港し，明治新政府の樹立を通告するが，国書の受け取りを拒否している．1871 年には，シャーマン号事件の真相究明を求めるアメリカ艦隊が軍艦 5 隻で江華島を占領するが，最終的には引き上げさせている（辛未洋擾）（図序-2）．

大院君政権は，しかし，こうした外国勢力の圧力に対するための軍備増強，「景福宮」再建事業による財政悪化，さらに王権強化のための重税や悪貨鋳造によって，人心を

性を克服する組織的媒体としての役割を果たした．農民軍敗北ののち東学は大弾圧を受けたが，第 3 代教主孫秉熙は 1905 年，東学の正統を継ぐ宗教として天道教を宣布，今日に至っている．

26) 「開化」は儒教経典にある「開物成務　化民成俗」を縮小したもので，改革促進を意味する．
27) 正を衛り，邪を斥ける．正とは中華（中国文明）であり，李朝の小中華主義がこのスローガンに示されている．邪とは中華に従属しないものをいう．端的には，朱子学の正統性を守り，キリスト教＝欧米勢力を排除することを意味した．西洋の影響を受けた日本も邪とされた．
28) 「世道政治」とは，学と徳のある者が世の正しい道に政治を導くことをいう．しかし，19 世紀に入っての，純祖（1800-1834 年），憲宗（1834-1849 年），哲宗（1849-1863 年）の 3 代は，ソウルの名門（「勢道」家）が政権を牛耳り，不正に勢力を奮ったという意味で「勢道政治」と呼ばれる．
29) 安東金氏，豊壌趙氏など老論出身の外戚家門が権力を掌握した．大院君は，老論一派を排除し，「南人」「北人」を積極的に登用した．
30) 朝鮮王朝においては，教育機関として全ての郡県に「郷校」が設けられたが，一方，マウル単位で私立学校として設けられたのが，当初は書斎，書堂と呼ばれた書院である．最初の書院は，1542 年に慶尚道豊基郡守であった周世鵬よって設立された白雲洞書院である．
31) 1865 年，老論の精神的支柱であった万東廟を撤廃したのを皮切りに，1871 年には賜額書院 47 箇所を除いて，1000 を越えた書院を撤廃した．
32) 量田とは，すなわち検地のことであり，財政改善のために隠田を登録させるなど税負担を均等にすることを意図するものであった．

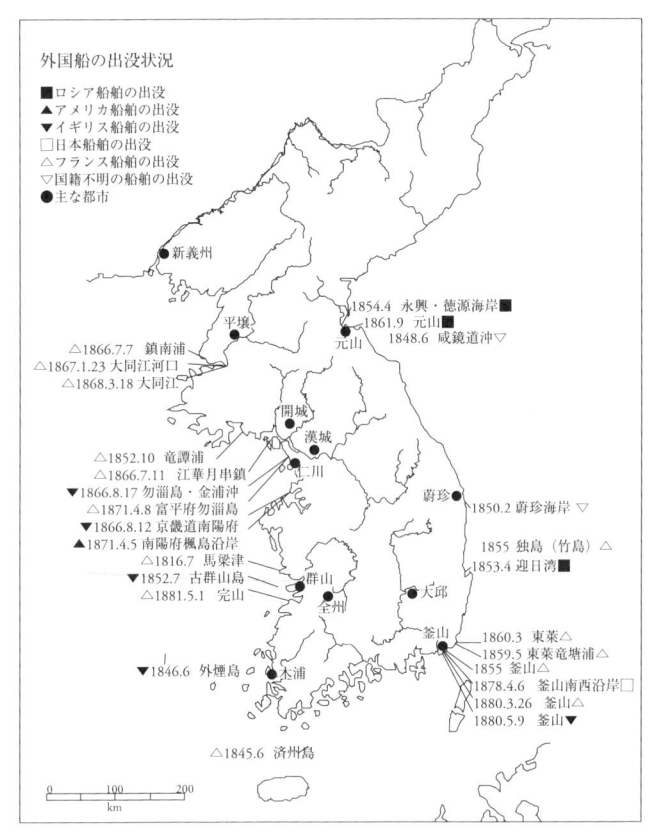

図序-2 朝鮮半島開国前後の外国船の出没（韓国教員大学歴史教育科（2006）をもとに作図．作図 外池実咲）

失うことになった．そして，結局失脚することになる（1873年）．

閔氏政権と開国

変わって登場したのが，高宗（1852-1919年，在位1863-1907年）とその王妃（閔妃，明成皇后）一族を中心とする「閔氏[33]政権」（1873-1894年）である．「閔氏政権」は，大院君の復古主義政策，鎖国攘夷政策を変更，日朝修好条規（日韓修好条規）を締結して開国する（1876年）．「閔氏政権」は，82年の「壬午軍変（壬午軍乱）」，84年の「甲申政変」で倒されるが，いずれも清国の支援ですぐに復活し，94年に日本軍によって

---

[33] 皇后閔妃一族は「老論」北学を継承し，開化思想に立って対外通商を支持していた．

倒されるまで約20年間続くことになる.

　高宗周辺の開化政策は，中国における「中体西用」，洋務運動と同様，西洋の科学技術を借りて朝鮮王朝を富強にしようという自強政策であり，全面的に西洋化を目指すものではなかった．しかし，朝鮮における開化思想は，やがて「東道西器」（「東道開化」）論へと具体化し，大韓帝国期の「旧本新参」（旧きを根本とし新しきを参考にする）論として定着していくのである．また，日本の圧力が強まるにつれて勢力を増したのが，日本の明治維新，立憲君主制をモデルに，あらゆる制度を一気に西洋式に転換しようとする「変法開化」論である．

　ところで，日本の明治新政府は，400年続いてきた対馬藩宗氏の世襲職権である対朝鮮外交権を接収し（1871年），釜山の「草梁倭館」を外務省に移管して日本公館（後の日本領事館）とした（1872年）上で，大院君に対して強く開国修好を求めていた．しかし大院君政権は，明治新政府の外交権一元化を認めず，全ての交渉を以上のように拒否する．「閔氏政権」となって，ようやく交渉開始にこぎつけ（1874年），正式な代表使節を派遣することになる（1875年）．しかし，交渉は暗礁に乗り上げ，日本は打開策として発砲演習など露骨な示威行動（「砲艦外交」）に出る．そして，1875年5月，沿海測量の目的で江華水道へ進入，衝突が起こる．翌年2月，全権特派大使黒田清隆が江華島へ上陸，一触即発の緊張関係の中で交渉が再開され，そこで締結されたのが「江華島条約」である．

　「江華島条約」（1876年2月27日）によって，釜山をはじめとして三つの港口を開港して，「日本専管居留地」を設置することが決定された．そして釜山（1876年）に続いて，元山（1879年），さらに仁川（1883年）に「日本専管居留地」が設けられる．一方，高宗「閔氏政権」は日本を牽制し，勢力均衡をとるために，1882年に「朝米修好通商条約」「朝清商民水陸貿易章程」を締結し，さらに1883年にイギリス・ドイツと，1884年にイタリア・ロシアと，1886年にフランス・オーストラリアと通商条約を結んでいる．

東道開化

　こうした「東道開化」政策に対して，近代化，産業化を前面に押し立てる西洋も日本も同じであり（倭洋一体論），非道徳的かつ野蛮なものとみなした「衛正斥邪」派は激しく反発し，上疏を繰り返した．また，大院君を再度擁立しようとするクーデター計画も発覚し，高宗「閔氏政権」は，「衛正斥邪」派を徹底的に弾圧することになる．また，軍隊の不満勢力が日本公使館を焼き討ちする暴動が起こり，この責任をとる形で大院君に政権を譲ったのが「壬午軍変」である．日本は居留民保護を口実に出兵し，修好条規続約を締結し，日本人の行動区域を拡大することになった．一方，「壬午軍変」を鎮圧した清は内政干渉を強めることになった．それに対して，日本軍の支

援を受けた「変法開化」派がクーデターを起こし，新政府を樹立する．この「甲申政変」(1884年)を鎮圧したのは清軍である．日本は，謝罪と賠償を要求，漢城条約を締結(1885年)，朝鮮半島への圧力をさらに強めることになった．朝鮮半島の支配をめぐる日清の対立は，天津条約(1885年)によって日清の両軍が撤収，しばらくは勢力均衡が保たれることになる．日清からの政治干渉を受ける中で，高宗「閔氏政権」は，国家主権を保守しながら，「東道開化」の道をさらに模索することになる．近代的な教育施設，病院の設立，電信システムの導入など，「甲午改革」とよばれる開化施策が採られることになる．しかし，日清両国による政治経済介入は，一貫して続くことになる．そして，その軋轢は，日清戦争(1894–95年)に至る．

日清戦争の直接のきっかけは「東学農民運動」である．反封建・反西学の「東学」の創始者崔済愚は大院君政権によって死刑に処せられるが，「東道開化」政策の中で疲弊していく農村社会に浸透していく．そして，ついに穀倉地帯全羅道で大規模な暴動が発生したのが1894年2月である(第1次東学農民戦争，甲午農民戦争)．自力で農民軍を制圧出来なかった朝鮮政府が清軍に出兵を要請すると，日本軍も居留民保護を口実に出兵し仁川から漢城に入城する．「全州和約」(6月11日)によって反乱が収束されると，日清両軍の撤退が問題となった．同時撤退が朝鮮政府のみならず英露公使などから提案されるが，それを拒否して，日本軍は，王宮を占拠(7月23日)，閔氏一派を追放，大院君を押し立てる暴挙にでる．この事件とともに連合艦隊が佐世保を発進し，牙山湾で清国軍艦に遭遇(24日)，交戦する．日清戦争の開戦の狼煙である．明治天皇は，8月1日，宣戦の詔勅を「渙発」する．

朝鮮政府も含めて世界が清国の優勢を予想する中で，戦局は日本軍優位のもとに進展した．戦線は清国領に及び，連合艦隊は黄海の制海権を掌握，遼東半島を制圧(11月)して，1895年2月には南進して澎湖島までも押さえる．この間，日本軍の王宮占拠に憤った農民は「斥倭」を掲げて再び立ち上がるが鎮圧されている(1894年10月，第2次東学農民戦争)．

日清戦争の結果，清は遼東半島と台湾を日本に譲り渡すことになる(下関条約)．日本は朝鮮支配を強め，親日政権の樹立のために圧力を加える(「甲午更張」)．そして，閔妃(明成皇后)が殺害される事件(1895年)も起きる．この国母殺害に全国儒生が立ち上がったのが「乙未義兵」である．そして，高宗は1年の間ロシア公使館に身を隠す(「俄館播遷」，1896年)．この朝鮮半島におけるロシアと日本の均衡は日露戦争(1904–05年)まで続くことになる．

大韓帝国の成立と朝鮮王朝の終焉

1897年にロシア公使館を出て慶運宮(徳寿宮)に戻ると，高宗は，年号を光武と改め，国号を大韓帝国として皇帝に即位する．高宗皇帝の一連の改革は「光武改革」と

呼ばれる．その殖産興業策は一定の成果を収めたと評価されている．しかし，列強の圧力が強まる中，産業振興は外国勢力に委ねられることになり，最も利権を得たのが日本である．IV章で詳述するが，日本は京釜線と京義線の二つの鉄道路線の敷設権を獲得し，朝鮮半島を東西南北に繋ぐ鉄道網を手に入れた他，各地の金鉱採掘権と漁業権を獲得して，大韓帝国の輸出入[34]総額の過半を手中に収めるようになるのである．日本は，最も強力な対抗者となったロシアに対して，「日露議定書」(1896年)，「日露協約」(1898年) など外交圧力を加え続けるが，日英同盟 (1902年) を背景に強硬姿勢を強め，日露戦争に突入するのである．

1904年，日露戦争が開戦すると，日本は，大韓帝国の独立と領土を保全するという口実によって，政治的干渉と軍事的占有を行うことが出来るように規定する「日韓議定書」(第1次「日韓協約」) を強制的に締結させる．この「日韓議定書」は，両国政府が交渉に基づいて合意の上締結したものではない．また，当面の日韓関係のあり方を規定した基礎条約に過ぎなかった．そこで日露戦争終戦後に保護条約として締結されたのが，第2次「日韓協約」(「乙巳条約」，1905年) である．日本は，この「乙巳条約」の無効を主張する高宗皇帝を強制的に退位させて皇太子純宗を即位させ，年号を隆熙と改めさせると (1907年)，日本人の統監を置いた．初代の統監伊藤博文は，「韓日新協約」(第3次「日韓協約」，「丁未条約」，1907年) を締結し，内政に干渉する権限を手に入れ，大韓帝国政府の各部 (省庁) 次官ポストに日本人を起用する．こうして，日本は大韓帝国から内政，軍事，外交の権限を次々に奪い，皇帝までも退位に追い込む．1910年5月，統監に任命された陸軍大臣寺内正毅によって締結されたのが「韓国併合条約」である．朝鮮半島はついに日本の完全植民地とされ，李氏朝鮮王朝権力は消滅するのである (図序-3)．

2　植民地朝鮮と日本人

植民地朝鮮について考察する際，第1に前提とすべきは，朝鮮半島の植民地化，日本による朝鮮侵略が軍人や政治家，あるいは官僚や経済人のみによって主導され行われたのではないということである．「日朝修好条規 (日韓修好条規)」(1876年) によって釜山が開港されると，日本政府は，長崎，五島，対馬，釜山の航路開設に助成金を下付し，渡航や貿易を奨励した．そして，多くの日本人が朝鮮半島に移住すること

---

[34] 日本は主として綿製品を持込み，米，大豆など食糧を日本に運んだ．

図序-3　列強の朝鮮半島利権争奪（韓国教員大学歴史教育科（2006）をもとに作図．作図　中島佳）

になる．植民地化を支えたのは，朝鮮半島に渡った数多くの日本人たちであり，日本の植民地支配の強靱性の根拠となった．高崎宗司は，これを，名もない人びとによる「草の根の侵略」「草の根の植民地支配」という[35]．

日本人たちは，条約に基づく居留地のみならず，朝鮮半島各地に移り住んだ．そして，「日式住宅」を建てて住み着いた．「景観の日本化」を象徴するのが「日式住宅」である．そして一方，近代的都市計画の手法が導入され，朝鮮半島の風景を大きく変え

---

35)　高崎宗司（2002）．

ていくことになる[36].

　日本が釜山を開港させた1876年，釜山に移住した日本人は54人である[37]．以降，植民地化へ向かう19世紀における在朝日本人の人口増加の推移は，諸文献をまとめると，表序-1のようである．

　4半世紀の間に1万5000人の日本人が朝鮮半島に渡ったことになるが，その後，数年で3万人近くが移住し，1905年末には，在朝日本人は4万2460人になる．さらに，韓国併合に向けて一気に膨れあがり，その年(1910年)の末には17万1543人に達する．以来35年，多くの日本人が移住し，第2次世界大戦敗戦時に朝鮮半島に在住していた日本人は約77万人であったとされる．

　高崎宗司『植民地朝鮮の日本人』(2002)，木村健二『在朝日本人の社会史』(1989)などに依りながら，在朝日本人の動向を中心に，日本による朝鮮植民地化の流れを振り返ると以下のようになる．

釜山開港—甲申政乱　1876-84

　釜山開港(1876年)によって，朝鮮への渡航規則が撤廃され，商船が月1回長崎・釜山間を往復するようになる．「日本人移住漁村」が形成されるのもこの年以降である．釜山の牧之島(絶影島)が最初の漁村[38]で，やがて漁業従事者の最大の根拠地，また，移住者の第1次的足溜地となる．1877年1月には，「釜山港日本人居留地租借条約」が締結され，倭館の敷地がそのまま専管居留地とされた．家族連れの渡航は条約違反であったが，この年既に13人の児童を対象とした「共立学校」が設置されている．居留民の多くは仲買業に従事した．貿易商として，布海苔を買い占め，巨富を築いた対馬出身の福田増兵衛，漁業，製塩業，旅館業に従事した大池忠介，鉄砲商人であった大倉喜八郎などが知られる．大倉は移住することはなかったが，大倉組商会の支店を釜山において，様々な事業を展開した．

　元山開港(1880年5月)によって，日本は約10万坪の専管居留地を設定し，領事館を開庁する．月1回の定期航路を開き，有力商店に支店を開設し，移住を奨励したが，「壬午軍変」などもあって，200人程度の在留にとどまる．

　1880年4月，漢城に日本公使館が設置された．全権公使・花房義質以下30余人が入京するが一般居留民はいない．日本公使館が襲撃され13人が殺害された「壬午軍

---

36) 上述のように，都市計画制度が導入されたのは，「開港場」・「開市場」，「指定面」が中心であり，すぐさま都市計画事業が展開され，大きく景観が転換したわけではない．
37) 高崎宗司(1993)．
38) 主として居住地となったのは厳南浦と洲鼻で，前者は，1903年三重県人中村某が来住し，1907年頃志摩の海女数十名が移住してその根拠地となった．また，後者は，日露戦争頃，各地から漁民が来住し，一漁村を形成した．

表序-1　在朝日本人の人口推移

年	人	漢城	仁川	釜山	元山	
1876	54			54		釜山開港　日朝修好条規（日韓修好条規）（江華島条約）締結
1877	345			345		
1878	117			117		
1879	169			169		
1880	835			2,066	235	元山開港
1881	3,417			1,925	281	
1882	3,622			1,588	260	日朝修好通商条規続約締結
1883	4,003		400	1,740	199	仁川開港　壬午軍変
1884	4,356	100	116	1,750	173	漢城開市　甲申政変
1885	4,521	81	562	1,896	235	英艦隊巨文島占領　天津条約
1886	609	163		1,957	279	
1887	641		855	2,006	375	
1888	1,231			2,131	433	
1889	5,589	527		3,033	598	
1890	7,245	522	1,612	4,344	680	
1891	9,021	698	2,331	5,254	655	
1892	9,137	715	2,540	5,110	705	
1893	8,871	779	2,504	4,750	795	
1894	9,354	848	3,201	4,028	903	日清戦争
1895	12,303	1,839	4,148	4,953	1,362	日清講和条約
1896	12,571	1,749	3,904	5,423	1,299	
1897	13,615	1,588	3,949	6,065	1,423	大韓帝国建国　木浦, 鎮南浦開港 木浦 206　鎮南浦 27　平壌 76
1898	15,304	1,734	4,301	6,260	1,560	木浦 981　鎮南浦 154　平壌 84
1899	15,068	1,985	4,218	6,326	1,600	群山, 城津, 馬山, 平壌開港・開市 木浦 872　鎮南浦 311　平壌 127　馬山 203　群山 249　城津 21
1900		2,115	4,208	5,758	1,578	木浦 894　鎮南浦 339　平壌 159　馬山 252　群山 488
1910	171,543	38,397	11,126	24,936	4,636	木浦 3,612　鎮南浦 4,199　平壌 6,917　馬山 7,081 群山 3,737　大邱 6,492　新義州 2,742　清津 2,182
1920	173,183	65,617	11,281	33,085	7,134	木浦 5,273　鎮南浦 4,793　平壌 16,289　馬山 4,172 群山 5,659　大邱 11,942　新義州 3,824　清津 4,114
1930		105,639	11,758	47,761	9,260	木浦 7,922　鎮南浦 5,333　平壌 20,073　馬山 5,587 群山 8,707　大邱 19,426　新義州 7,526　清津 9,016
1940		124,155	13,359	52,003	11,121	木浦 9,174　鎮南浦 5,967　平壌 25,115　馬山 5,966 群山 9,400　大邱 21,455　新義州 8,916　清津 26,746
1944 (5月1日)	710,383	158,713	21,740	61,081	14,590	木浦 7,697　鎮南浦 7,598　平壌 31,804　馬山 6,352 群山 8,261　大邱 20,640　新義州 10,430　清津 29,581

『日本帝国統計年鑑』『韓国統監府統計年報』『朝鮮総督府統計年報』『国勢調査報告』等各年より作製（1940→孫禎睦（1982），pp. 82-83．1944→国勢調査報告と孫禎睦（1982），pp. 255-256．）

変」によって，日本軍が漢城内に駐留するようになり，埠頭から10里（朝鮮里[39]）以内であった日本人の自由通行区域は50里（約20km）以内に拡大されることになる．一般の日本人が漢城居住を許されるようになるのは漢城開市以降である．1884年10月に，日本は領事館を置き，南山下麓一体を日本居留地とする．

　仁川開港（1883年1月）によって約7000坪の専管居留地が設定された．仁川には，さらに14万坪の「共同租界」が設置された（1884年）．仁川に移住した商人として，軍需品の輸送に携わった樋口平吾，石油業・米穀業の和田常吉，建設業の廣田利吉等が知られる．

甲申政変―日清戦争　1884-94

　「甲申政変」によって日本人40人が犠牲になると，公使らは日本に逃げ帰り，日本の商船は仁川への出入りをしばらく取りやめることになった．漢城に居住する日本人は100名程度で，89年になって527人に増え，94年に848人となる．当初漢城で活躍した日本人として，「京城の三元老」と呼ばれるようになる中村再造，山口太兵衛，和田常吉，日韓貿易会社を起こした淵上休兵衛，浜田辰之助，最初に質屋を開いた森勝次などがいる．

　釜山の日本人居留民は，「甲申政変」の影響を受けて2000人を越えないが，1880年代末から90年代初頭にかけて，5000人程度に増加する．大阪―釜山航路が開設されたことが大きい．釜山居留民約5000人の出身地は，長崎，山口，大分，広島，福岡といった順であったが，長崎・山口が圧倒的に多く，とりわけ山口県出身者が大阪―釜山の交易[40]を担う．この間，土地を買い占めた不動産業者として，釜山居留地の3分の1を所有した迫間房太郎や萩野弥一が知られる．

　元山，仁川の日本人居留民も1880年代末から90年代初頭にかけて徐々に増え，1894年にはそれぞれ903人，3201人となる．朝鮮から日本への主要な輸入品は，穀物，とりわけ米であった．朝鮮政府の「観察使（監司）」[41]は穀物価格の高騰を防ぐために穀物の輸出禁止を定めた防穀令を定めた．そのため繰り返し衝突が起こっている（「防穀令事件」）．

　1890年代に入ると，清商の数と力の増大が日本人居留民の脅威として意識されるようになる．結局は，これが日清戦争の引き金になる．日清戦争を前にして，「開港場」「開市場」以外の「内地」に日本人が「法を犯して」居住し始めている．本書が対象とする慶州，「日本人移住漁村」も例外ではない．

---

39) 1里は，およそ400m．日本の1里（4km）が10里となる．
40) 大阪から雑貨，綿布を仕入れ，米，大豆を大阪へ運んだ．
41) 朝鮮八道の道長官．様々な名称で呼ばれたが，観察使と定着したのは1466年からである．地方官としては最高位職で郡県の守令を直接指揮した．

日清戦争—韓国保護国化　1894-1905

　日清戦争に在朝日本人は全面協力することになる．そして，戦争とともに日本による朝鮮半島の植民地化の深度は深まることになる．まず，戦争特需で「豪商」と呼ばれる商人たちが出現する．また，戦中に渡航し，戦争を様々に支えるとともにそのまま定住した人びとがいる．その中には，軍の北上とともに，「開港場」「開市場」ではない平壌，開城개성・鎮南浦，義州などに進出し，そのまま定住した人びとも含まれている．

　日清戦争の遂行と並行して，移民奨励策がとられた．朝鮮貿易への関心から日韓通商協会が設立されたのは戦時中のことである．戦後渡航者が急増したことは表序-1からはっきり窺える．ただ，閔妃暗殺事件，「俄館播遷」が起こり，1895 年末に 1839人に達していた漢城の居留民数は，1896 年末に 1749 人[42]，97 年末に 1588 人に減っている．

　大韓帝国は建国とともに木浦，鎮南浦に各国「共同租界」を設置した．日本人以外の外国人はほとんど居住せず，事実上は日本の専管租界であった．木浦には，既に 83 人が居住していたとされるが，1998 年末には 907 人に達している．職業は大工が1 番多く（100 戸），新しく家（「日式住宅」）を建てる人が多かったことが分かる．大工の出身地で多いのは長州大工など山口県である．

　鎮南浦はもともと 500 人程度の小漁村であり，開港当時居住した日本人は 5 戸 32人であり，98 年末でも 154 人が居住したに過ぎない．日本人居留民が急増するのは日露戦争を契機としてであり，1904 年末に 1786 人であった在朝日本人は，1905 年末に 3002 人になる．

　1898 年 5 月に，馬山，城津，群山に各国「共同租界」が設定される．また，平壌が日本人に開放される．

　馬山は，対露戦略上重要な地点に位置しており，日露戦争に際して本書で扱う三浪津と馬山を結ぶ鉄道がこの時期に敷設されている．戦後はロシアの専管租界地を買収して，馬山は急速に発展することになる．

　城津は，開港当時は一寒村に過ぎず，日本人居留民は 30 人に満たなかったが，ロシア船が出入りすることから注目されるようになる．日本政府は，元山領事館の分館を設置している．

　群山は，朝鮮半島随一の沃野全北平野を後背地とする錦江流域の米の集散地であり，すぐさま米屋や地主が進出し，まもなく「米の群山」と呼ばれるようになる．米屋としては，対馬出身の扇安太郎や中島善吉，釜山から移住してきた下田吉太郎，農

---

[42]　このうち一番多かったのは酌婦の 140 人であった．1902 年に釜山，仁川に，1904 年に元山に遊郭が誕生しているが，1904 年に漢城にも遊郭がつくられ，1929 年には 55 件の妓楼が新町で営業していたという．

業経営者としては，宮崎佳太郎，大倉喜八郎，藤井寛太郎，細川護成などが知られる．

平壌開市は実態を追認するものであったが，98年末には84人，99年末には119人が居住していたに過ぎない．しかし，「開港場」と同様，日露戦争後に人口は急増する．1905年末に1839人であった人口は翌年末には4800人になっている．

「日本人移住漁村」は，釜山開港と同時に建設され始めるが，数多く建設されるようになるのは日露戦争前後である．瀬戸内海あるいは九十九里沿岸での漁獲量が減ったこと，瀬戸内海の回船業者の没落などがその背景にある．そして海軍は，当初から移住漁村を将来の兵站基地と位置付けていた．先駆的な移住漁村として，巨済島の長承浦の愛媛村（1899年）がある．愛媛村は，日本海軍が鎮海진해に軍事基地を建設するに当たっての基地としたところで，その名が示すように愛媛県の支援による移住漁村である．県の支援を受けた移住漁村は少なくないが，千葉県の支援によって馬山のロシア専管租界に建設された千葉村（1905年）のように，漁獲量に恵まれず失敗したものも少なくない．

朝鮮半島で最初に開通した鉄道は，日本資本による京仁鉄道合資会社による漢城と仁川を結ぶ（33km）京仁鉄道である（1899年）．朝鮮半島における鉄道敷設については，近年では高成鳳の著作[43]がある．朝鮮半島を縦貫する鉄道建設は1885年頃からその必要性が主張され，日本政府・陸軍は，1892年頃から釜山と漢城を結ぶ鉄道（京釜鉄道）建設を具体的に計画して測量を行っている．京仁鉄道，京釜鉄道の建設をめぐっては，日本の敷設権獲得への英米独露からの牽制があり紆余曲折があったが，京釜鉄道については1898年にようやく敷設権を得て，1904年に着工し翌年全通する．この間，鉄道の通過が予定された地域には居留民が次々と入植し，鉄道の開通に伴って沿線には新しい日本人街が形成されることになった．鳥致院조치원，大田대전などは「京釜鉄道が産んだ新日本村」と呼ばれる．本書の第III章が焦点を当てる「鉄道町」とは，鉄道敷設とともに鉄道駅周辺に形成された日本人街のことである．

韓国保護国化―韓国併合　1905-10

日本は「統監府」開設と同時に10箇所[44]に理事庁を設置し，また翌年には各地に支庁を設置した．そして，理事庁のもとには，「居留民団法施行規則」（1906年7月）に基づいて，馬山居留民団，元山居留民団を皮切りに次々に居留民団が組織された．一方，これとは別に第3次「日韓協約」（1907年）に基づいて，韓国政府の各部署に，高等官，判任官など日本人を送り込んでいる．朝鮮時代末期から日本植民地期にかけての地方制度の転換については第II章で触れるが，包括的な論考として姜再鎬『植民地

---

43) 高成鳳（1999）．高成鳳（2006）．
44) その後，大邱대구，新義州신의주，清津청진が追加された．

朝鮮の地方制度』(2001) がある．

　1865 年に編纂された『大典会通』によれば，朝鮮の地方区画は，漢城府，4「留守府」[45]8「道」からなり，その下位区分である 5「府」5「大都護府」[46]20「牧」[47]75「都護府」77「郡」148「県」からなっていた．「道」と 330 の「府」「牧」「郡」「県」の 2 層の構造からなる，いわゆる「府牧郡県」体制である．そして，「郡」以下の地方区画，近隣組織は，いくつかの「戸」からなる「統」，いくつかの「統」からなる「里」，いくつかの「里」からなる「面」[48]というヒエラルキカルな構造を取っていた．開国以降，東学農民の蜂起といった内乱，日本による外圧によって，この地方制度は大きく揺さぶられることになる．「牧」「府」「郡」を併せ，さらに合郡するなど「郡県制」が確立されていくことになる．

　1899 年に 1 万 5068 人であった在朝日本人は，日露戦争終結時の 1905 年末に 4 万 2460 人に膨らんでいたが，翌 1906 年には一気に 8 万 3315 人になる．1902 年頃から韓国は未開地である[49]という「韓国移民論」が流布し，土地購入と農場経営を事業内容とする山陰道産業株式会社を設立した島根県[50]のように各県が移民を送り込むようにもなっていた[51]．日露戦争が終わると，移民に拍車がかかった．また，除隊した日本兵の中には，朝鮮半島にとどまるものが少なくなかったのである．1909 年末現在，約 15 万人の在朝日本人たちは，12 の居留民団（京城，龍山，仁川，釜山，平壌，鎮南浦，群山，木浦，馬山，元山，大邱，新義州）の他，74 の日本人会，6 つの居留民総代役場，9 つの学校組合の自治組織をコミュニティの核としていた．

　1908 年には，農業拓殖を目的とする国策会社である「東洋拓殖会社」が設立される．事業は 1910 年から開始されたが，初年度応募戸数は 1235 戸，確定戸数は 116 戸であり，予想より少なかったとされる．17 期，1926 年まで行われた事業であるが入植した戸数は年平均 115 戸に過ぎない．「東洋拓殖会社」の主要事業は，移民事業から地主的農場経営へ，さらに長期金融機関から持株会社へ変転していく．そうした「東洋拓殖会社」の歴史については，朝鮮半島のみならず満州，太平洋各地を含めて黒瀬郁二の『東洋拓殖会社 ― 日本帝国主義とアジア太平洋』など[52]が詳しい．

---

45) これは行政区域ではなく，留守という長官が派遣されたことを示す．高麗時代には慶州など地方の三京に三品以上の官職として留守を置いた．
46) 高麗，朝鮮時代の地方行政機関．1018 年に初めて設置された．
47) 朝鮮時代の地方郡県の一つ，責任者は正三品官．
48) 韓国における行政区域の単位で，日本の「村」に当る．
49) 加藤増雄「韓国移民論」『太陽』1901 年 1 月号，1901．加藤末郎「韓国移民論」『太陽』1901 年 9 月号，1901．青柳網太郎『韓国殖民策』（輝文館・日韓書房，1908）．
50) 内藤正中（1993）．
51) 府県単位で設立された会社，組合は 11 にのぼる（木村健二「近代日本の地方経済と朝鮮」（朝鮮問題懇話会，1983））．
52) 黒瀬郁二（2003）．黒瀬郁二監修（2001）．

表序-2　水産業における日本人と朝鮮人の比較

年	水産業者戸数		一戸当たり漁具見積価格（円）		生産額（1000円）		一戸当たり生産額	
	日本人	朝鮮人	日本人	朝鮮人	日本人	朝鮮人	日本人	朝鮮人
1912	2,978	60,455	188	18	5,124	7,948	1,721	131
1916	2,984	82,389	409	23	12,226	13,511	4,097	164
1921	3,358	93,297	1,527	69	34,074	37,296	10,147	400
1926	4,177	108,001	1,543	65	42,218	48,136	10,107	446
1931	3,866	124,144	1,112	56	31,228	46,335	8,078	373
1933	3,125	111,282	1,652	62	35,526	54,345	11,368	488
1935	3,074	120,801	1,394	76	55,922	77,961	18,192	645
1937	3,073	130,776						

出典：嬉野実編（1940）『朝鮮経済図表』朝鮮統計協会 p.322

「日本人移住漁村」もこの間拡大し続ける．本書で扱う巨文島に入植が開始されるのは1905年である．巨文島の漁業で成功した木村忠太郎が山口県豊浦郡から移住したのは1906年であるが，既に20名が前年に移住していたという[53]．韓国併合後には，釜山水産株式会社の大野栄太郎・栄吉親子も巨文島に移住する．1915年には50戸200人が居住していた．個人で移住した漁民として，慶尚南道統営郡の入左村に移住した福岡出身の太田種次郎や済州島北方の楸子島で成功した山口県牛島出身の西崎与三郎などが知られるが，県による移住漁村建設も，慶尚南道統営郡弥勒島の岡山村，全羅南道海南の吉備村などいくつかの例がある．1907年に朝鮮に進出した魚仲買商林兼商店は，大洋漁業の前身である．1908年11月に大韓帝国政府は漁業法を公布し，「両班」階層が独占していた漁場を日韓両国民に開放するが，資格を韓国居住者に限っていたことが，移住漁村建設が急増した理由である．水産業者は，韓国併合の段階で3000戸近くに達し，昭和の初めには4000戸を越えている（表序-2）．朝鮮人水産業従事戸数は6万から13万に増加するのであるが，生産額の4割を日本人が占めるのが実態であった．

在朝日本人は，こうして激増する．そして，韓日併合直後の1910年末には17万1543人になる．内訳は，漢城2万9563人，釜山2万1955人，仁川1万2369人，平壌9646人，元山9447人，馬山5554人，群山4591人，木浦4572人，大邱4523人，新義州4119人，鎮南浦2661人である（表序-1）．

53）崔吉成編『日本植民地と文化変容　韓国・巨文島』（お茶の水書房，1994）．

韓国併合―三・一運動　1910-19

　韓国併合に伴って統治機構として「朝鮮総督府」が設置される．日本人官吏，雇員は大幅に増員され，1911年末には1万5000人を越える規模となる．

　「朝鮮総督府」は，第1に「土地調査局」を設置し，全国の土地を測量して地積を確定し，所有権と価格を決定するために「土地調査事業」を展開する (1910-18年)．1912年には「土地調査令」が出され，国有地や集落の共有地は申告主体がいない無主地として「朝鮮総督府」の所有地とされた．また，複雑な申告方法を定め，一般農民が手続きをとらなかったために土地を奪い取られる例が多発した．1930年までに「朝鮮総督府」が所有する土地は全国土の40%にものぼった．この間，10万件を越える所有権紛争が起きたが，「朝鮮総督府」は強権をもって黙殺してしまう．当時の憲兵警察の配置は明らかにされている (図序-4)．東洋拓殖会社の所有地は図序-5のようである．

　日本人所有の耕地面積は，1910-1915年については「朝鮮総督府」の『統計年譜』(1910-15年版) によって，田畑別に分かる．また，1922年と1928年については「朝鮮総督府」殖産局の『朝鮮の農業』(1924年版，1928年版) に面積が示されている．さらに，『日本人の海外活動に関する歴史的調査』(大蔵省管理局，1947年) に，1932年についての資料がある．以上をまとめると表序-3のようになる．許粋烈『植民地朝鮮の開発と民衆』(2008) は，以上のような資料をもとに，1910-1942年の各年について日本人所有耕地面積，朝鮮全体の耕地面積について推計を行っている．この推計によれば，韓国併合の段階で朝鮮の全耕地面積に対する日本人所有の耕地面積は，田畑併せて1.6%であったが，土地調査事業が終了した1918年には4.6%に達しており，1928年までほぼ5%で推移するが，1935年には10.5%に増え，1942年段階では9.5%程度となっている．慶州などにおける土地所有の転換については，次章以降，本書で詳しく見るところである．

　「東洋拓殖会社」は，上述のように移民事業を主として設立されるのであるが，設立数年後にして経営危機に陥り，結果として，植民地型巨大地主へ転化を遂げることになる．その所有地は一貫して増加を続け，第2次世界大戦後の解体時には25万町歩を所有する，朝鮮最大の地主となっていたのである．所有地が急激に増加するのは，耕地集積に事業の基礎を置いていた1910年代である．土地調査事業と並行して日本人の農業移民が大量に増え，地主として成長していく一方，少数の朝鮮人地主は所有権を獲得したものの多くの自作農など小農は小作農や農業労働者へと転落していくことになる．1918年段階ではわずか3%の地主が全農地の過半を占める状況であった．

　「朝鮮総督府」は，山林についても，1908年の山林法，1911年の山林令に基づいて，1918年に林野調査事業を実施し，国有林を日本人に払い下げた．その結果，全山林

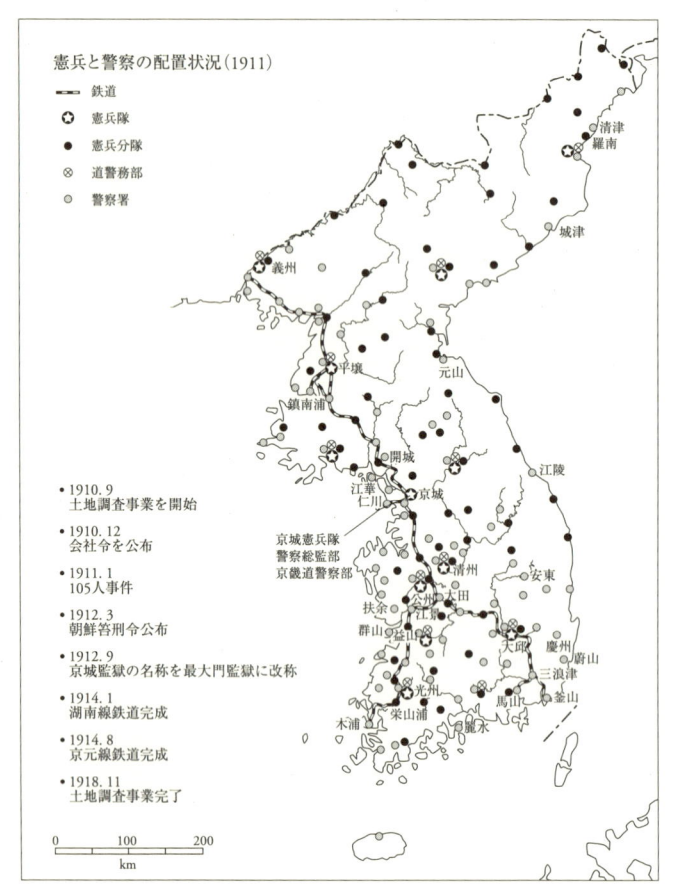

序章
韓国の中の日本と景観の日本化

図序-4　憲兵と警察の配置（韓国教員大学歴史教育科（2006）をもとに作図．作図　飯田敏史）

の50％以上が「朝鮮総督府」と日本人の所有するところとなった．1915年には「朝鮮鉱業令」を制定し，朝鮮人の鉱業経営を抑制し，三井や古河など日本の鉱業資本が重要鉱山を押さえることになる．1920年には，全鉱山の80％を日本人が所有することになった．

「朝鮮総督府」は1910年に会社令を再公布し，会社設立を許可制にする．薬用人参，塩，阿片は専売にし，電気，金融，鉄道などは，三井，三菱など日本の大企業の手に委ねられるようになる．朝鮮人の企業活動の範囲は，精米業，皮革業，窯業，紡績業，農水産物加工業など軽工業に限られることになる．

交通インフラストラクチャーとしては，1912年に朝鮮沿岸航路を独占する朝鮮郵

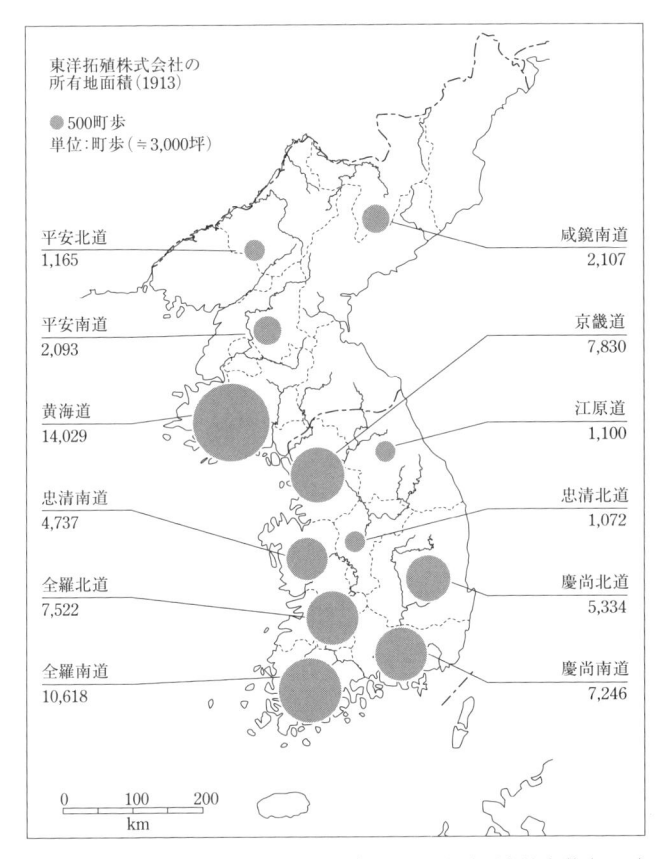

図序-5 東洋拓殖会社の所有地面積（韓国教員大学歴史教育科（2006）をもとに作図．作図 飯田敏史）

船株式会社が設立された．そして，京仁線（1899年），京釜線（1904年），京義線（1904年）に続いて，韓国併合以後，京元線（1913年），湖南線（1913年）が開通する．朝鮮半島は日本列島の延長として結びつけられるようになるのである．

1910年末に17万2543人であった在朝日本人は，1914年末に29万1217人となる．そして，1919年末には，34万6619人に達する．

三・一運動―満州事変　1919-31

　1919年3月1日，京城で独立を求める平和的なデモが展開される．三・一運動である．第1次世界大戦（1914-18年），ロシア革命（1917年）という大きな世界史の転換点で，高宗の死をきっかけとした非暴力，無抵抗をうたったこの独立運動は，中国

表序-3　日本人所有耕地面積の変化

年	日本人所有耕地面積(町歩) 田	畑	計	朝鮮の耕地面積に占める割合(%) 田	畑	計
1910	42,585	26,727	69,312	5.1	1.7	2.9
1911	58,044	35,337	93,381	5.7	2.0	3.4
1912	68,376	39,605	107,981	6.7	2.2	3.8
1913	89,624	60,403	150,027	8.8	3.3	5.2
1914	96,345	63,517	159,862	8.8	3.4	5.4
1915	107,846	61,162	169,008	9.2	3.1	5.3
1922	137,000	77,000	214,000	8.9	2.8	5.0
1928	145,000	78,000	223,000	9.1	2.8	5.1
1932	264,742	128,797	393,539	16.1	4.7	9.0

出典：朝鮮総督府『統計年譜』(1910～15年版)：朝鮮総督府殖産局『朝鮮の農業』(1924年版，1928年版)：『日本人の海外活動に関する歴史的調査』(大蔵省管理局，1947年)

の五・四運動，ガンジーの非暴力無抵抗運動などに影響を与えたとされるが，その拡大とともに急進化し，「朝鮮総督府」は徹底した弾圧を行うことになる．

1919年，新総督に斉藤実が着任し，日本の植民地支配を批判する大正デモクラシーの思想潮流[54]も背景となって，武断政治から「文化政治(統治)」への転換が標榜される．実際，制限付きではあるが，言論，出版，集会，結社の自由を認めるなどいくつかの改良措置が採られた．1922年には新教育令を発布し，日本人と韓国人を同等に教育することをうたい，1924年には京城帝国大学が開設される．しかし一方，1925年には治安維持法が制定され，社会主義団体の結成と集会には仮借ない弾圧が加えられた．

経済政策としては，内地の食糧供給が大きな問題となっており，土地改良，農事改良によって朝鮮の農民の生活を安定させるために，「産米増殖計画」(第1次計画1920-05，第2次計画1926-30)が採られた．米を中心とする食糧増産は一定程度達成されるが，その約5割[55]は群山を通じて日本に送られた．朝鮮では不足する食糧を満州から調達する雑穀で補う状況となる．

朝鮮の農村は食糧事情の悪化に苦しみ，自作農から小作農への没落はさらに進展する．そして多くの農民は満州あるいは日本に移住せざるをえなくなる．1920年に約3万人であった在日朝鮮人は，1930年には約30万人へと激増することになるのである．一方，在朝日本人は，1920年の約35万人から1930年には約53万人へと増加

---

54) 吉野作造，柳宗悦らが植民地支配批判を展開した．
55) 1932-36年の平均米生産量は1700万石であり，日本に持ち出されたのは876万石であった．

することになった.

満州事変―日本の敗戦　1931-45

　満州事変の勃発によって，日本は15年戦争期に突入する.

　盧溝橋事件（1937年）によって，日中戦争が全面化すると，日本兵は次々に釜山に上陸し，北上した．そして，朝鮮でも戦時体制が確立される．朝鮮が軍需物資の生産を担う「兵站基地」化されることによって朝鮮の社会経済構造は大きく転換することになる．1940年には，工業生産額が4割を越え，農業生産額とほぼ同じになる．農村から工業地帯への人口移動によって工業人口も次第に増加し，朝鮮社会の流動化が加速されるのである．

　また，「内鮮一体」をスローガンとして，志願兵制度の実施，日本語教育の強化など朝鮮人を戦争に動員する施策が採られる．1938年の「皇国臣民の誓詞」を全住民に日本語で覚えさせ，宮城へ向かって礼拝する「東方遙拝」を強制することを皮切りにする「皇民化（皇国臣民化）政策」が開始されたのである．学校教育と官公署における韓国語の使用も禁止された．「皇民化政策」[56]をめぐっては，宮田節子が詳しく論じている[57].

　「国家総動員法」の公布（1938年），「国民徴用令」の公布（1939年）に伴い，1939年になると強制連行が開始される．1939年の動員計画数110万人のうち，8万5000人が朝鮮人に割り当てられている．強制連行は，1945年までに約73万人にのぼった．

　1939年にはいわゆる「創氏改名」[58]（朝鮮民事令改正）が行われる．「創氏改名」については，金英達が詳しく論じている[59]．「家」制度を基礎にする日本の「氏」の制度と，男系血統を基礎にして婚姻によっても姓を変えない朝鮮の「姓」の制度には大きな違いがあり，朝鮮の社会構造そのものを大きく揺さぶるものであった．

　また，1931年末に約51万人であった在朝日本人は，1942年末に約75万人に達し，1945年5月の段階では約71万人であった．

---

56) 台湾については，蔡錦堂『日本帝国主義下台湾の宗教政策』（同成社，1994）など．
57) 宮田節子（1985）．
58) 朝鮮人に日本式の姓名への改名を強制する政策．施行は1940年．
59) 金英達（1997）．

3　日本植民地都市

　朝鮮半島の都市の「近代化」に大きな影響を及ぼしたのは，以上のように，日本による植民地化の過程である．本書は日本植民地研究の一環としても位置付けられる．
　日本は近代において欧米以外の国で植民地を持った唯一の国である．近代日本と植民地をめぐる諸問題について包括的な視野が示されたのは，冷戦構造が大きく転換していく 1990 年代初頭のことである．
　大江志乃夫他編 (1992-93) 岩波講座『近代日本と植民地』全 8 巻 (1992-93 年) は，近代世界と植民地, 近代日本帝国と植民地, 帝国主義論をめぐる総論に引き続いて,「統治の構造」「産業化」「支配イデオロギー」「人的移動」「抵抗運動」「文化」「脱植民地化」を切り口とする諸論考を編んでいる．
　日本における日本植民地研究，そしてポスト・コロニアル論の基礎を用意したこの講座の中で，植民地都市に関する論考としては，大江志乃夫他編 (1993b)『3　植民地化と産業化』の「III　産業基盤の構築と都市計画」の中に，越沢明の「台湾・満州・中国の都市計画」，橋谷弘の「釜山・仁川の形成」があり，本書の「鉄道町」に関わって，高橋泰隆の「植民地の鉄道と海運」が収められている．「人的移動」という局面については，大江志乃夫他 (1993d)『5　膨張する帝国の人流』の「I　「内地人」「外地人」の人流」の中に，高崎宗司の「在朝日本人と日清戦争」，木村健二の「在外居留民の社会活動」が収められている．
　越沢明は，後藤新平の台湾，満州での都市計画を概観し，満州国の新京，大東港，そして華北 (済南，北京) および上海の都市計画を扱っている．朝鮮半島については，他に土地区画整理に関して「朝鮮半島における土地区画整理の成立起源」[60]があり，実施時期を「朝鮮市街地計画令」公布の前後に分け，京城，羅津など地域別の適用の状況について概観し，特徴として①計画区域，街路網とセットで計画決定されていること，②新市街地創設の主要な手法として採用されていること，③行政庁施行を主に想定しており，強力な行政主導型であったことなどを指摘している．
　朝鮮半島から釜山，仁川を取り上げた橋谷弘は，それに先だって，ソウル Seoul 서울について論じ[61]，また，朝鮮社会の変動について考察している[62]．「植民地都市としてのソウル」は，植民地期ソウルへの人口集中を，農村よりのプッシュ要因による

---

60) 越沢明 (1986), pp. 115-120.
61) 橋谷弘 (1990b).
62) 橋谷弘 (1990a).

ものといい，植民地支配の負の遺産の一つとして注目しながら，居住地域・商圏・娯楽施設などに「二重性」が見られること，具体的に，町と洞の二重の地域支配構造などについて指摘している．また，「1930・40 年代の朝鮮社会の性格をめぐって」は，1930・40 年代の工業化・都市化のプロセスについて論じている．橋谷は，この二つの論文と「釜山・仁川の形成」を包摂しながら「帝国日本」の植民地都市に視野を拡大して，それを概括する視点とフレームを示している[63]．釜山と仁川の比較は，解放後以降現在に至る都市の変転として興味深い．

植民都市の二重構造については，両都市についても，ソウル同様，一般的に指摘されるところであるが，釜山に関して特に橋谷は，日朝双方の過剰人口の「吹き溜まり」であったという．この釜山「吹き溜まり」論に触発されながら，人の移動に焦点を当てるのが，坂本悠一と木村健二である[64]．日本人渡航と経済団体，関釜連絡線の輸送実績，朝鮮鉄道と軍事輸送などが具体的に明らかにされている．これに先駆けて木村健二は『在朝日本人の社会史』(1989) を発表している．

橋谷によれば，日本植民地都市は，①日本の植民地支配とともにまったく新たに形成された都市すなわち港湾都市の釜山，仁川，元山，高雄，基隆，大連と，工業都市の撫順，鞍山，本渓湖，興南，高雄，②在来社会の伝統的都市の上に形成された都市，すなわち京城，開城，平壌，台北，台南，③既存の大都市の近郊に新市街として形成された都市すなわち奉天，新京 (長春)，ハルピン，の三つに分けられる．分かりやすい分類であるが，本書で扱う都市は①②③の要素をそれぞれもっている．慶州，蔚山울산,安東は②であるが，日本人移住漁村や「鉄道町」の多くは①である．共通なのは，いずれも地方の小規模な都市であることで，上述のような植民地都市の拠点としての「開港場」「開市場」とは異なり，また，「朝鮮市街地計画令」などが公式に施行された都市ではない．

植民都市の一般的特性，とりわけ近代植民都市の特性については，本書著者らが『近代世界システムと植民都市』[65]において議論するところである．植民都市は，宗主国と植民都市，植民都市と土着社会の二重の支配―被支配関係を成立させている．また，植民地と植民都市の関係，植民帝国における諸植民都市との関係，さらには最終的には世界経済システムに包摂される諸関係の網目の核に位置する．そうした様々な関係は，植民都市内部の空間編成として表現される．西欧世界と非西欧世界 (文明と野蛮)，宗主国と植民地 (中心と周縁) の支配―非支配関係を媒介 (結合―分離) するのが植民都市である．

---

63) 橋谷弘 (2004)．
64) 坂本悠一・木村健二 (2007)．
65) 布野修司編 (2005a)「序章　植民都市論―全ての都市は植民都市である　1　植えつけられた都市」．

植民都市においては，一般に複合社会 plural society[66] が形成される．植民がその本質である．そして，植民都市においては，西欧人と現地民，エリート層と一般住民とが大きく二分化される．さらに，経済構造も二重化される．ファーム・セクターとバザール・セクター，あるいはフォーマル・セクターとインフォーマル・セクターといった対概念で捉えられるが，西欧社会と現地世界，支配層と被支配層の二分化に対応して，世界経済システムと現地経済システムが併存する，二重経済構造[67]が特徴となるのである．

　そして，植民都市における以上のような支配—被支配関係を第一原理とする二重構造は，空間的分離（居住地分離）＝セグリゲーションとして表現される．

　橋谷は，上述のように，ソウルに即してであるが，日本植民地にも二重性（経済の二重構造と居住地分化）が見られることを指摘している．しかし一方，複合性という点では，西欧の植民都市とは異なり，日本人および朝鮮人以外の居住者がきわめて少ないことを指摘する．確かに，仁川を除いてチャイナタウン（中華街）の形成が見られなかったのは朝鮮半島の都市の一つの特性である．また，植民地における日本人社会と日本社会との同質性を指摘している．西欧の植民都市の場合，軍人・兵士，官僚，単身男性の比率が高いのに対して，日本植民地の場合，家族を単位として日本社会の構造をそのまま移植したところに特徴がある．

　さらに橋谷は，日本植民地のシンボルとして遊郭と神社をあげる．第1に，日本植民地が日本社会そのもの，そのミニチュアをそのまま持ち込むものであったことがその背景にある．日本植民地は日本国内の延長であり，日本人売春婦もまた海を渡ったのであり，入植地の宗教精神の核として神社も建設されたのである．第2に，とりわけ神社は，現地住民の同化政策としての皇民化教育を担うものであった．興味深い指摘である．

　植民都市が媒介するのは，単に経済的な関係だけではない．西欧の植民都市の場合，媒介するのは，軍事技術，経済システム，キリスト教……すなわち，生活様式の全体に関わる西欧的な諸価値であり，西欧文明の全体である．植民地化を正当化する最大の根拠は「文明化」であった．西欧世界の規範やモデルは植民都市を通じて植民

---

66) オランダの社会学者 J. S. ファーニバル（J. S. Furnival (1878-1960年)．イギリスの東南アジア研究者．1902-23年ビルマの駐在官として勤務．1924-31年，ラングーン大学講師．1933-35年ジャワを訪問，『蘭インド経済史』(1967) (J. S. Furnival, "Netherlands India: A Study of Plural Economy", London, 1939) を刊行．戦後もラングーン大学で経済学を講じた．）は，同一の政治単位内に二つ以上の，人種的要素，宗教的要素など様々な要素，あるいは社会体制が隣接して存在しながら，互いに混合・融合することがないような社会を複合社会と呼んだ．

67) 二重経済論を最初に提唱したのはブーケ Julius Herman Boeke (1884-1956年) である．ブーケはオランダのインドネシア経済研究者でファン・フォーレンホーフェンの後継者として知られる．1924-28年，バタヴィア法律学校で経済学を教え，1929年，ライデン大学教授となっている．J. H. Boee (1900). J. H ブーケ（奥田他訳）(1943).

地にもたらされる．植民都市の景観は，西欧都市の複写（コピー）として，西欧の都市計画理念と技術に基づいて形づくられるのである．

先に述べたように，日本の場合は，日本植民地支配のイデオロギーとしての皇国史観を植えつける「皇民化政策」が採られ，神社参拝が強制された．「創氏改名」など強制的な同化政策がとられた．西欧列強の場合，香辛料などの資源の獲得を第1の目的とする一方で布教を大きな目的としていた．各地の植民都市には，商館とともにまず教会が建てられた．そして，実際多くの住民がキリスト教に改宗していくことになる．しかし，日本の神社を核とする「皇民化政策」は，同化，統合政策として受けいれられることなく，大きな歴史的亀裂，しこりを今日にまで残すことになった．神社の多くは建て替えられたり，キリスト教の教会に転用されたりしている．

皇民化教育・政策については，また海外神社については様々な論考があるが[68]，神社建築については，青井哲人の『植民地神社と帝国日本』(2005)がある．植民地建築については，日本植民地の三都―大連・ソウル・台北―を中心として総覧する，西澤泰彦の『日本植民地建築論』(2008)がある．

その他，植民地都市関連の論考としては，五島寧による「京城の行政区域名に関する平壌，台北との比較研究」[69]がある．これは，植民地統治期とその前後におけるソウルの行政区域名称の変遷に着目し，それを平壌と台北のそれと比較したものである．また，戦前の朝鮮で，都市計画立案と計画の実施に関わった実務者らによる一連の論文も見られる．これらは，昭和13年に京城で開かれた「全国都市問題会議」第6回総会[70]の研究報告として出された『都市計画の基本問題（上・下）』に掲載されている．

本書が焦点を当てるのは，都市空間といってもごく身近な近隣空間，居住地の景観，居住空間の変化である．帝国日本による植民地化によって，朝鮮半島に新たな居住形式と居住地の景観が持ち込まれた．その点で，本書は，世界的な植民都市研究の一環であり，空間の構成理念とその変容に関する，一連の植民都市研究，アジア都市研究，都市組織研究[71]の一環でもある．

---

68) 岩波講座『近代日本と植民地 4 統合と支配の論理』には，磯田一雄，「皇民化教育と植民地の国史教科書」がある．菅浩二 (2005)．
69) 『日本都市計画学会学術研究論文集』，1992，pp. 1-6．
70) 10月9日の，会議に参加した代表者による朝鮮神宮と京城神社への参拝より始まり，10日から12日の午前までの会議，12日午後と13日の参観および視察などの日程で行われた．場所は，京城府民館の大講堂．(全国都市問題会議事務局『第6会総会要録』昭和14年，pp. 4-9，1939)．
71) 布野修司編 (2005a)．布野修司 (2006)．Shuji Funo & M. M. Pant, (2007)．布野修司・山根周 (2008)．

4 オンドルとマル，そして日式住宅

　朝鮮半島の住居というと，すぐさま，「オンドル온돌（溫突，温突）」が想い起こされる．「プオク부엌（釜屋＝台所）」で煮炊きする時に発生する煙（熱）を「煙道연도」を廻らした床下に導いて部屋を暖める，「オンドル」という世界に類例をみない実にユニークな床暖房装置（システム）は，高句麗時代，その版図において，すなわち朝鮮半島北部で考案されたと考えられている．それが中国北部に伝わったものを「炕（kang, カン）」というが，床全体を温める「オンドル」と違って，炕はベッドなど一部を暖める方式である．

　床全体を暖める方式と寝る場所のみを暖める方式は起居様式の違いよる．起居様式とは，椅子座か床座か，生活面を床面に置くか，床上に置くか，の違いに関わる．

　この「オンドル」が日本にも伝わっていることは，滋賀県日野町の野田道遺跡などの遺構が示している．滋賀県では大津の穴太遺跡からも 7 世紀前半ころの 3 基が見つかっている．日本で最古と言われているのは，奈良県高取町の清水谷遺跡で発掘された大壁建物 3 棟の中の「オンドル」を伴う 1 棟で，5 世紀後半頃のものとされる．大壁建物と「オンドル」が渡来系であることは，韓国でも同じ遺構が多く見つかるようになって確認されている．L 字型カマドと称するものも含めると[72]「オンドル」遺構は日本の全国各地で出ているが，必ずしも日本には定着しなかったとみていい．日本の暖房方式は，炬燵であり火鉢である．

　もう一つ，朝鮮半島の住居というと，「マル마루（抹楼）」[73]あるいは「デーチョン대청（大庁）」という空間が思い浮かぶ．「マル」は板張りの床をいい，「オンドル」（床）と「フクパタク흙바닥（土間床）」と並んで 3 種の床が区別されるが，一般的に「マル」というと「高床」の吹きさらしの板の間を意味する．「デーチョン」も，板張りの吹きさらしの部屋であるが，家の中心となる部屋をいう．今日では，「デーチョンマル대청마루」[74]と重ねて用いられることが多い．

72）　石川県小松市の額見町遺跡は，およそ 7 世紀から 12 世紀の集落遺跡で，600-700 棟の住居址が確認され，23 棟から L 字型カマドが見つかっている．
73）　マルは板の間のこと．「アンバン（内房）」と「コンノンバン（越房）」を繋ぐ吹きさらしの板の間を「デーチョン」といい，「デーチョンマル」という言い方もなされる．
74）　「アンバン（クンバン）」と「コンノンバン（ジャグンバン）」の間に設けられている「高床」の板の間のこと．「マダン」（外部空間）と部屋（内部空間）を円満に繋げる中間領域の空間で「マダン」側の壁がない半外部空間である．「オンドル」が冬のためのものであるとすると，「マル」は夏のためのものである．「マル」は日本の縁側にあたる空間で，形態や場所によって「ヌマル」「テッ

「マル」は，外部と内部を仕切る扉や戸，障子のような可動の間仕切りを持たない．それに対して，「アンバン안방（内房）」[75]，「コンノンバン건넌방（越房）」[76]，「サランバン사랑방（舎廊房）」[77] のような「バン방（房）」は「オンドル・バン」とするため閉鎖的で，床，壁，天井は「オンドル」紙（油紙）が隙間無く貼られて一体的に仕上げられる．開口部には開きの障子が用いられるが，日本とは逆に室内側に紙（韓紙）が貼られる．この「アンバン」や「コンノンバン」の前に日本の縁側によく似たスペースが設けられるが，これを「ティ퇴（褪）」あるいは「テッマル（褪抹楼）」という．中国では「一明両暗」というが，吹きさらしで明るい空間を壁で囲われた暗い空間で挟む構成は韓国でも伝統的住居の基本である．すなわち，「デーチョン」を挟んで左右に「アンバン」「コンノンバン」が設けられるのが一般的である．

この「マル」という「高床」の空間の起源をめぐっては2説ある．「高床」といっても，日本とほぼ同じで地面から1尺5寸（45cm）ほどの高さだから，「揚げ床」と言った方がいいかもしれない．この「高床式住居」は一般的には南方系と考えられる．日本も含めて，東はイースター島から西はマダガスカル島までオーストロネシア語文化圏とされる広大な地域の住居は「高床式」であったと考えられている[78]．吹きさらしの空間は寒冷地には相応しくない．

しかし一方，「高床式」住居の伝統は，南に限定されるわけではない．穀物などの貯蔵庫としての倉は，湿気を防ぐために，また，鼠や害虫の進入を避けるために高倉となる場合が多い．「校倉造」（井籠組）の正倉院の倉は北方系と考えられている．加えて，北方のツングース系の民族の一段高い床を持つ宮室を「マル」と呼ぶということを一つの根拠として，北方系という説も出されている．南方説を主張するのが藤島亥治郎，北方説を主張したのが村田治郎である．二人は，日本建築史学とともに東洋建築史学を創始した伊東忠太（1867-1954年），関野貞（1868-1935年）を継いだ，東洋建築史学の泰斗である．村田治郎（1895-1985年）は京都帝国大学を卒業後，南満州鉄

マル」「ゴルマル」「ノルマル」「デーチョンマル」など様々な名称を持っている．「デーチョンマル」は部屋と部屋の間に位置する最も広いマルで，厚い夏場の食事や作業スペースとして使われ，プライバシー度の最も高い「アンバン」への進入をコントロールする機能を持っている．

75) 家長の部屋，主寝室として用いられる面積や位置は関わらないが，普段南側のリビングと台所と隣接している．両親と同居している場合は両親部屋が「アンバン」となる．伝統的な住宅では，お母さんの部屋を「アンバン」，その向かい側にある嫁の部屋を「コンノンバン」としその間に「デーチョンマル」を設けてその領域を区別している．本来は女性が居住する棟であるが，現在は両親の寝室の通称として使われているところもある．儒教的な意味合いが高い名称で，現在も慶州，安東などの伝統文化が重要視されている地域では「アンバン」「コンノンバン」の呼び方が多く残されている．

76) 子女室として用いられる．
77) 接客，団らんなどのための部屋．
78) 布野修司編（2003）「I ヴァナキュラー建築の世界02 オーストロネシア世界」．

道，南満州工業専門学校（1924-37年）に，藤島亥治郎（1899-2002年）は東京帝国大学卒業後，「朝鮮総督府」，京城工業学校（1923-1929年）にそれぞれ赴任し，後に母校の教授となった．

朝鮮半島の伝統的住居について，最初にその全体概要を明らかにしたのは，藤島と同じく京城工業学校で教鞭をとった日本人研究者の野村孝文（1929-45年に在鮮）である．野村は，朝鮮半島各地の民家を数多く見聞した上で，その「平面発展の系統」を想定している[79]．炉を持った一室住居に「バン」が併設されて2室住居となる．「オンドル」が導入されて，「プオク」と「バン」の2室構成となる．そして，さらに「バン」が横一列に加えられていく．南面して，東西に一列に部屋が並ぶ構成を「一列住居」という．この原型に，「ティ」が前（南），そして後（北）に付加されたものが一般型であり，朝鮮半島全体で見られた．

一方，住居の構成には地域差がある．野村に依れば，北鮮型，西鮮型，都市型，南鮮型，そして，済州島型に五つに分類される．北鮮型には，吹きさらしの空間である「マル」あるいは「ティ」は見られない．都市型というのは，李氏朝鮮の都ソウルの典型的住宅，いわゆる「韓屋（ハンオク한옥）」である．

朝鮮半島における伝統的住宅については，その後，多くの書物が書かれてきた．野村孝文による翻訳として朱南哲の『韓国の伝統的住宅』（1981）がある．最近書かれたものとしては申栄勲・金大璧・西垣安比古の『韓国の民家』（2005）がある．

「オンドル」と「マル」に象徴される朝鮮半島の伝統的住居が大きく変わっていくのは，日本と同様，海禁政策を採ってきた李氏朝鮮が開港して以降である．「開港場」を通じて，西欧文明が流入することになるのである．しかし，朝鮮半島の場合，開港とともに日本の統治が開始されることによって，その変化の過程はより複雑である．日本を通じて「近代」がもたらされるのである．

朝鮮半島を植民地化する過程で，日本の伝統的住居もまた大きく変化しつつあった．日本の近代住宅史としてその過程は書かれるが，武家住宅を基礎にして洋室を玄関脇に置いた洋館や中廊下住宅などが生まれてくる．大正期に入ると家族団らんの場として居間が成立するとされる．いわゆる近代住宅，四角い箱形のフラットルーフ（陸屋根）の住宅が導入されるのは1930年代前半である．具体的にどのような住宅形式が持ち込まれたのかについては，後の本文に譲ろう．

日本人渡航者たちは，それぞれ本国と同じ住宅を建てて住んだ．すなわち，居住空間のレヴェルでも本国そのままを持ち込むのである．分かりやすく一般的に言えば，瓦屋根や畳をそのまま持ち込んだ．それが「日式住宅」と呼ばれる．

この「日式住宅」について初めて焦点を当てたのが都市住居研究会の『異文化の葛

---

79) 野村孝文 (1981).

藤と同化 —— 韓国における日式住宅』(1996) である．
　研究会を主宰組織した朴勇煥は，その「まえがき」に次のように書いている．
　「どっと押し寄せた外来文化を前にして，伝統文化は自らの活力を失い，続く植民地時代には異文化の圧力に押されてますます断絶を深めていく．この間に移植された「タタミ」＝「日式住宅」は，「強いられた文化」という意味において伝統的文化との衝突を起こしながらも，その影響力はきわめて大きなものであった．これが住居に対し従来とは異なる新しい規範と価値観を形成したことは間違いない．こうして広められた「日式」は，直接の支配から脱した解放以降も，その名残は韓国の都市住居の形態の一つとして場を占めるとともに，韓国人の住居観に対しても大きな影を落としてきたのである．」
　「都市住居研究会」がその成果を発表した1990年代前半は，今日のいわゆる「韓流ブーム」に象徴されるような日韓関係ではなかった．「日式住宅」を取り上げること自体，韓国国内では大きな抵抗があったと思われる．しかし，韓国近代住居史における「日式住宅」の重要性は次のようにしっかり見据えられていた．
　「15年間に亘る社会・政治の不安定と戦争による破壊から立ち直って，国土再建のスローガンのもとに，1960年代の初めからは急激に「近代化」政策が進められてきたが，今度は「日式」に代わって「西欧式」が登場し，これが今日，伝統的住文化に対し新たな歪みを加えている．これにより都市住居はますます複雑かつ多様になり，この国の住生活と住文化の規範や価値観にまで変化を及ぼそうとしているのである．ここにおいて今日の都市生活に関わるさまざまな問題を，その出発点に立ち戻って見つめ，その変遷の過程をたどり，その視点であらためて根本的に考える必要がある．そのために日式住宅は重要な鍵である．」
　本書は，『異文化の葛藤と同化』が大きく明らかにした内容を，具体的な都市について，また具体的な地区の拡がりにおいて明らかにするものである．
　「日式住宅」が数多く建設されたのは，日本人が多く居住した「開港場」「開市場」である．1910年に約2万人であった日本人居住者は，1945年には80万人を越えていたが，その大半は京城と釜山に居住していた．『異文化の葛藤と同化』が扱っているのは，京城（漢城），釜山の他，仁川，木浦，群山，龍山，鎮海などの日本人居留地である．また，「朝鮮住宅営団」[80]が建設した計画団地（住宅団地）である．それに対して，本書が扱うのは，上述のように「開港場」「開市場」以外の地方都市である．ソウ

---

80) 現「大韓住宅公社」の全身で，「日本住宅営団」(1940年設立) に続いて既存の「朝鮮建築会」を母胎として1941年5月に韓国の住宅普及事業として設立された団体である．営団住宅は全て標準化されたもので，日式住宅にオンドル間を設けた形態であった．その種類には，甲 (20坪)，乙 (15坪)，丙 (10坪)，丁 (8坪)，武 (6坪) の五つがあった．甲は分譲が原則で，他は全て賃貸であり，主に労務者の社宅として利用された．

ル，釜山が大都市へ発展していく過程で「日式住宅」が建て替えられていくのは当然であった．かつての「開港場」「開市場」の「日式住宅」も次第に失われていくことになるが，『異文化の葛藤と同化』がまとめられるころには，まだ，地方都市には多くの「日式住宅」が残されていた．しかし，解放後半世紀を経て，それらも次第に失われつつある．

　この時期，「日式住宅」を含む解放以前の都市住居を近代化遺産として精力的に調査したのが金泰永（清州大学）を中心とするグループである[81]．本著の共著者の一人，朴重信はその研究グループのリーダーであった．そして，「日本人移住漁村」に焦点を当てることになるのである．

---

81) 金泰永（1991），金泰永（2003a），金泰永（2003b）など．

第Ⅰ章

韓国近代都市の形成

朝鮮半島に固有な都市はあるのか．本書の基底にある問いである．

　朝鮮半島における都市の起源は，日本同様，中国に求められる．朝鮮半島最初の都市[82]は，三国，すなわち高句麗・百済・新羅の王都に始まると考えられる．日本同様，中国における都城の理念が輸入されたものといえるのではないか．そうした意味では，日本に固有な都市はあるのか，という問いもまた同様に本書の基底にある．

　日本の今日に至る都市の基礎は，近世城下町にあるとされるが，そういう意味では朝鮮半島の都市の伝統は，朝鮮王朝時代の都城および「邑城」に遡ることが出来るだろう[83]．しかし，「邑城」のあり方は必ずしも明らかにされてこなかったし，明らかに現在の都市との間に断絶がある．その断絶を引き起こした大きな要因が日本による植民地化である．

　植民地化以前の朝鮮半島の都市は，それでは，どのようなものであったのか，日本植民地都市が何をもたらしたのかについては，韓国都市史に関わるパースペクティブが必要となるであろう．慶州を対象として，本書の第II章が問うのは，「邑城」の変容である．本章では，まずは，朝鮮半島における都城研究の流れを振り返った上で，開国前後における朝鮮時代の「邑城」の景観について振り返っておきたい．そして続いて，開国とともに出現することになる「開港場」「開市場」の景観に触れたい．さらに，日本植民地期における近代都市計画導入の概要をまとめておきたい．

I-1　韓国都市の原像

1-1 │ 朝鮮の都城

　朝鮮半島の王都（都城）については，王都そのものが各時代における政治・経済・文化の中心地であったことから，研究史料の面からも地方都市より恵まれており，多くの研究がある．朝鮮の都である漢城の宮殿を調査し，中国北京の紫禁城と比較を試

---

82) 朝鮮半島において城郭（羅城）が初めてつくられたのは，楽浪郡などの中国郡県の県城である．漢の武帝が衛氏朝鮮を滅ぼし，楽浪郡・臨屯郡・真番郡（前108年），玄菟郡（前109年）を設置したがそれぞれ県城を持っており，玄菟郡の1，2を除けば，ほとんど朝鮮半島北半に置かれていた．しかし，それらは中国の城郭と考えるべきであろう．

83) 興味深いことに，日本の近世城下町の成立に当たっては，秀吉の朝鮮侵略の際の，朝鮮半島各地における「倭城」築城の経験がある．

みたのは関野貞である[84]．しかし，本格的な都城研究は，藤島亥治郎によって開始される．その最初の論考が「新羅王京復元論」である．藤島は戦前の『建築雑誌』に発表した「朝鮮建築史論」の中で，第8章，9章，10章，11章を新羅の王京の復元と王京の建築・仏寺，王京と支那・日本都城との関係に当てている．そして，藤田元春の「條里が80間正々方々」であるとの説[85]を批判して，「寺址より観察すれば條坊または條里は東魏尺400尺を以て一町としたもの」[86]と結論付けている[87]．その「王京復元図」（図I-1）は，「千二百分の一地籍図を手にして王京址らしい田畑部落のほとんど大部分を精査し廻り，遺址らしい遺址を悉く図中に記入し」，「能ふ限り遺物により製作した」という表現通り，自分の足で行った臨地調査の末につくり上げたものである．

『三国史記』『三国遺史』などの古文献と臨地調査による藤島の復元図は，戦後，韓国人学者の発掘による考古学的成果によって批判[88]されるが，新羅都城に関する研究としては最も優れたものであった．

ただ，都城に関する研究は，戦後，新たな発掘成果を得ながらも，学問的成果はそれほど上がっていない．その理由としては，①南北分断による高句麗，高麗の都城（平壌，開城）研究の限界，②百済都城についての資料の欠如，③慶州のように発掘が絶えず行われても，古墳・寺院址・個々の建物が専ら対象とされるだけである，ことなどがあげられる．研究の主力は歴史学者と考古学者であり，古文献・地形図・地籍図・航空写真を利用したものが主流となっている．また，一部の遺跡や遺物は発掘され，復元整備が行われてきているが，戦前の状態に比べると著しく破壊・変形されており，発掘調査が本格化しない限り，新たな研究成果は望めないのが現状である．慶州以外に，平壌，扶餘，ソウルを対象にした研究も散見されるが，いずれも都城そのものの研究というより，他のテーマの関連として取り扱われているに過ぎない．そうした中で貴重なのが高裕燮の高麗の王都開城に関する研究である．慶州に藤島がいたとすれば，開城については高裕燮がいたのである．高は開京博物館長を務めた人物で，「開城の城郭」を『高麗時報』に発表する（1936年5月）など35編に及ぶ研究論文を残している．高裕燮の研究は，藤島同様，開城を自ら踏査したもので，高麗時代の開城の各種施設物の位置の考証を行っており，その論文は開城の都市空間を復元するために重要な資料となっている．

---

84) 関野貞（1904）．
85) 藤田元春（1929）．
86) 藤島亥治郎「朝鮮建築史論」『建築雑誌』昭和5年3月，p. 92, 1930.
87) 藤田は，1万分の1の地形図と昭和3年の慶州調査の結果として80間説を出し，関野貞の「韓国慶州における新羅時代の遺跡」という報告書の結論部分を引用し，「奈良の條里を研究された博士が慶州の條里について一言も言及しないのは，新羅時代の建築物を主に調査した結果であり，條里を軽視したのではないと考える」と意見を述べている．
88) 東潮・田中俊明（1988），pp. 258-267, 孫禎睦（1990），pp. 54-63 など．

韓国都市の原像

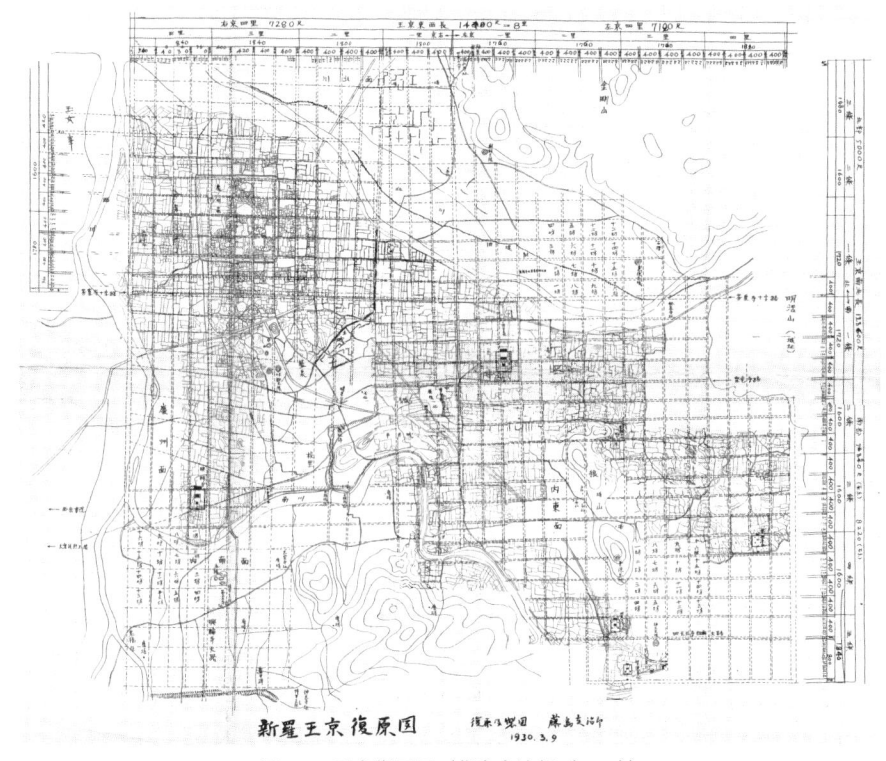

図 I-1　王京復原図（藤島亥治郎（1930））

　戦後の都城に関する研究としては新羅の都慶州に関するものが最も多い．上述のように，平壌と開城については研究が難しいのが現実であるが，百済については，初期の漢城や中期の熊津（公州），末期の扶餘について，それぞれ度重なる発掘調査の成果によって少しずつ研究が進められている．日本では，田中俊明が精力的に新たな情報を集め，論考を重ねつつある[89]．
　慶州に関する研究として，文献史料以外に考古学的発掘成果や航空写真などを用い

---

89) 田中俊明の以下の著作を参照のこと．「高句麗長安城城壁石刻の基礎的研究」『史林』68巻4号，1985．「朝鮮三国の都城制と東アジア」『古代の日本と東アジア』1988．「王都としての泗沘城に対する予備的考察」『百済研究』21輯，1990．「高句麗の興起と玄菟郡」『朝鮮文化研究』（東京大学朝鮮文化研究室紀要）創刊号，1994年．「百済後期王都泗沘城をめぐる諸問題」堅田直先生古希記念論文集刊行会編『堅田直先生古希記念論文集』（真陽社，1997）．「百済漢城時代における王都の変遷」『朝鮮古代研究』1号，1999．「高句麗の平壌遷都」『朝鮮学報』190輯，2004．「高句麗長安城の築城と遷都」『都市と環境の歴史学第1集』（2006）．

た尹武炳[90]，張順鏞 (1976)，金秉模[91]，閔德植[92]，禹成勲 (1996) そして朴方龍 (1997) などがある．また，田中俊明や亀田博[93] など日本人研究者による成果もある．尹武炳は，城東洞建物址を統一新羅の正宮とみてこれと「月城」を結ぶ朱雀大路の存在を主張している．また，尹武炳 (1987) は，王京の規模を東西と南北をそれぞれ 3.9km とみて東魏尺 460×460 尺の 36 坊があったと推測している．張順鏞 (1976) は，航空写真を分析して王京の範囲を既往の研究より広いと主張し，3 回にわたる拡張があったとみている．田中俊明は 7 世紀末と時期を限定して朱雀大路を持つ王京復元図を示している．禹成勲 (1996) は，藤島のように 1912 年に作成された地籍図を用いて各坊の形態や大きさが一定ではないことを主張している．朴方龍 (1997) は，考古学の研究成果を駆使し，新羅都城を城郭，寺刹造営，王京の復元という視点から分析し，6 世紀以前は王京の周囲につくられた城郭は土城が中心で，6 世紀以降のものは石城であることを明らかにしている．そして，新羅の三国統一後について，都と蔚山地域の間に築城された関門城などの存在をもとに王京の拡大について論じ，寺院も，統一後は慶州盆地の外郭への拡大がみられるとしている．その主張で注目されるのは朱雀大路の存在を否定している点である．

　高麗の都や朝鮮の都城に関する研究については，まず，金東旭の研究がある[94]．開城について，『高麗図経』を中心に建物の機能，建物構成の特徴を整理して配置を復元している．李丙燾[95] は，風水地理説を基盤として高麗時代と朝鮮時代初期の首都および地方都市について論究している．1990 年代半ば以降，韓国・北朝鮮間の緊張緩和によって開城に対する研究が本格化するが，中でも朴龍雲 (1996) が注目される．その研究は開城の都市施設，構造，行政や機能に対する歴史的史実と位置などを綜合的かつ総括的に論じた最初の研究といってよい．そして開城に対する研究を本格化させたのが韓国史研究会の開京史研究班である．主に若い中世史研究者を中心に 1996 年から開始された開城研究の成果が発表されたのは 2000 年のことである[96]．

　しかし，都城開城の重要な都市施設である官庁や「社稷」，そして「宗廟」に関する研究は現在に至るまできわめて少ない．『高麗図経』の内容を考証する以上の研究展

---

90) 尹武炳「歴史都市慶州の保存に関する調査」(科学技術処，1972)．尹武炳「新羅王京の坊制」『斗渓李丙燾博士九旬記念韓国史学論叢』(1987)．
91) 金秉模「新羅王京の都市計画」『歴史都市慶州』悦話堂，1984．
92) 閔德植「新羅王京の都市計画に関する試考 (上)」『史叢 35』高大史学会，1989．
93) 亀田博「新羅王京の地割り」『関西大学考古学研究室 40 周年記念行為古学論叢』(1993)．
94) 金東旭「11，12 世紀高麗正宮の建物構成と配置」『建築歴史研究』6-3，韓国建築歴史学会，1997.12．
95) 著書は 1947 年初版が刊行され，以後 1980 年に『高麗時代の研究 —— 特に図讖思想の発展を中心に』という著名で改訂版が刊行された．この他，「高麗南京建置に就いて」『青丘学叢』2，青丘学会，1930，および「朝鮮初期の建都問題」『震檀学報』9，震檀学会，1938，などがある．
96) 「高麗時代開京の構造と機能」というシンポジウムが開催された．

開が難しい中で，金昌賢(2002)が風水地理説と陰陽五行説を基に，開城の都市施設の建設過程や変遷を明らかにしている．特に宮城の内部構造と宮闕の位置などを詳しく検討している．また，禹成勲(2007)は，風水地理説あるいは仏教思想と関連付けて初期高麗における都城の建設について解明し，中国を中心とする国際秩序の中での開城の変容を明らかにしている．また，王宮，「宗廟」，官庁の役割を果たしていた寺院の機能や王都のシンボルとしての機能を持っていた市場，さらに宮殿の配置が都城の空間構造を大きく規定していた点などを明らかにしている．

朝鮮時代の都，漢城は現在も韓国の首都ソウルであり，関連史料も比較的豊富である．ソウル研究は他の王城研究に比べて多いが，風水地理説や中国の都城制度をもとにその空間構成を解釈しようとする傾向が一般的である．そうした中で，李相海[97]や李相䫆[98]は，儒教的観念や歴代の王都建設の経験もソウルの立地を決定した重要な要因であったと主張している．一方，李愚鍾[99]は『周礼』「考工記」を土台として中国と韓国の都城をその制度，立地および平面形態，街路の形態や施設の位置などについて比較を試みている．

この他，古地図などの史料を用いた朱鍾元と梁承雨[100]，裵賢美[101]，楊普景[102]などの論考がある．同じ史料を用いながら李揆穆[103]，張東洙[104]，康炳基[105]，金東旭[106]などはソウル都城の都市景観や都市イメージの変化について論じている．また，李相

---

97) 李相海「朝鮮初期漢陽都城の風水地理的特性」『忘れたソウル，取り戻すソウル』(ソウル学研究所，1994．
98) 李相䫆「ソウルの都市形成 ── 朝鮮時代ソウルの都市立地・都市構造・都市組織の形成背景」『東洋都市史の中のソウル』ソウル市政開発研究院，1994．
99) 李愚鍾「中国と我が国の都城の計画原理および空間構造の比較に関する研究」『ソウル学研究』5，ソウル学研究所，1995．
100) 朱鍾元・梁承雨「ソウル市都心部都市形態変化過程に関する研究(I)」『国土計画』26-4，大韓国土都市計画学会，1991.11，「朝鮮後期ソウル都心部筆地の形態的特性に関する研究 ── 1912年完成された京城府地籍原図を中心に」『国土計画』30-4，大韓国土都市計画学会，1995.8．
101) 裵賢美「朝鮮後期の復元図作成を通じるソウル都市の原型再発見に関する研究」『ソウル学研究』5，ソウル学研究所，1995，「朝鮮後期ソウルの都市骨格復元に関する研究」『国土計画』32-6，大韓国土都市計画学会，1997.12．
102) 楊普景「ソウルの空間拡大と市民の暮らし」『ソウル学研究』1，ソウル学研究所，1994．
103) 李揆穆「朝鮮後期ソウルの都市景観とそのイメージ」『ソウル学研究』1，ソウル学研究所，1994，李揆穆・金漢倍「ソウル都市景観の変遷過程研究」『ソウル学研究』2，ソウル学研究所，1994，李揆穆・洪允淳「漢陽原形景観の二元的重層性考察」『ソウル学研究』19，ソウル学研究所，2002．
104) 張東洙「ソウル昔の森の形成背景と特性に関する研究」『ソウル学研究』6，ソウル学研究所，1995．
105) 康炳基・崔宗鉉・林東日「都城主要施設の立地・坐向において山の導入に関する視覚的特性解釈の試論」『国土計画』30-4，大韓国土都市計画学会，1995.8，「伝統空間思想に関する研究(1)/(2)」『国土計画』，大韓国土都市計画学会，1995.12/1996.2．
106) 金東旭「朝鮮後期ソウルの都市・建築」『ソウル学研究』1，ソウル学研究所，1994．

泰[107]は古地図と地誌を利用して18-19世紀におけるソウルの官庁施設や商業施設の位置を緻密に考証している．さらに，李泰鎮[108]と高東煥[109]，元載淵[110]，許永禄[111]などが経済史学的観点からのソウル研究として注目される．

1-2 朝鮮王朝社会と地方制度

統治イデオロギーとしての朝鮮儒学

1392年に儒教を国家理念とする朝鮮が建国される．朝鮮王朝は，自らが「高麗王朝を転覆したことに対して，合理性と正当性を与えてくれる名分的イデオロギーを「性理学」に求め，これを王朝建立のイデオロギーとしたのと同時に，統治理念として持ち出した」[112]のである．「儒教—朱子学—性理学は朝鮮王朝500年間を通じて，絶対的で唯一の価値体系となり，他のものの追従と並立を許さなかった．また，この性理学的倫理観は王朝を500年間も維持させた活力の元となった」[113]のである．そして，儒学を学んだ学者的官僚たちが国を支配するようになるのである．

朝鮮における儒学は，排他的で形式的な学問として絶対視され，非儒学つまり非「性理学」的なものの成長・発展を妨げる役割を果たした．支配層であった「両班」たちは，中国の古典を暗記することで「科挙」に合格し，国の官吏となることが個人と家門の栄誉に直結するという，自らがつくり出した枠組みの中に安住することになるのである．しかし，身分的に世襲される貴族とは異なり，「両班」自体は「科挙」を通して官吏になることで家門の威信を保ち続けないと地位を維持出来なくなり平民に没落する．そうした身分制度の仕組みが朝鮮社会を支え続けた．そして，儒教の中心概念としての「礼」を規定する「礼制」は，儒教理念の実践倫理として，儒学者はもちろん社会全般に影響を及ぼし続けた．

朝鮮王朝は，儒教の実践倫理としての「礼制」に基づいた国づくりを押し進める中で，国王を頂点に置く統治秩序を築き，土地制度から軍事制度に至る全てが国王を中心にする形を採る．その形は，首都のソウルから地方の「邑治」に至るまで，その空

---

107) 李相泰「古地図を利用した18-19世紀ソウルの姿の再現」『ソウル学研究』11, ソウル学研究所, 1998．
108) 李泰鎮「朝鮮時代ソウルの都市発達段階」『ソウル学研究』1, ソウル学研究所, 1994．
109) 高東煥「朝鮮後期ソウルの生業と経済活動」『ソウル学研究』9, ソウル学研究所, 1998, 「朝鮮後期のソウルの都市化とその構造」『年報都市史研究』9, 山川出版社, 2001.10．
110) 元載淵「1880年代門戸開放と漢城府南門内明礼坊一帯の社会・経済的変化」『ソウル学研究』14, ソウル学研究所, 2000．
111) 許永禄「朝鮮時代都市計画の基本要素としての市廛に対する研究」『ソウル学研究』6, ソウル学研究所, 1995．
112) 孫禎睦 (1984), p. 468．
113) 崔昌圭「朝鮮朝儒学と韓民族の主体性」『斯文論叢』1輯, 斯文学会, 1973, pp. 7-24．

間構造に反映されていく．儒教的統治秩序を表す空間編成を具体的に表すのが儀礼空間で，国都の場合，王宮の正殿「勤政殿」および「勤政門」「思政殿」，王の「内殿」などが君主の礼である「五礼」のうち「吉礼」を担う空間として，また，「宗廟」などは「享礼」の空間として，明の使節を接待する太平間などは「賓礼」の空間として設置されるのである．

各地方郡県の中心である邑にも，同様に「礼制」に基づいた一定の統治施設が設けられた．たとえば，「東軒」と「客舎」が吉礼や賓礼のための儀礼空間として全国共通に整備されていく．

「礼制」は，以上のように朝鮮の都市や建築のあり方全般に影響を及ぼし，「邑城」は，その中心施設である「客舎」「東軒」をはじめ，城壁外の「社稷壇」や「文廟」[114]，「書院」さらに，各「両班」家の家廟に至る空間が，朝鮮儒教の枠組みの中に組み込まれ，そこで絶えず行われる祭祀によって維持されてきたのである．すなわち，儒教理念に基づく都市施設からなる「邑城」そのものが，支配層から百姓に至る全ての人民の頂点に国王を置く中央集権体制を確立するための装置として，また手段として機能していたことを意味する（図I-2）．

結果として，朝鮮の都市は画一的な都市構造と空間構成を持つことになる．言い換えれば，朝鮮の都市は全てが儒教に基づいた「祭祀都市」となっていくのである．

身分制度とその変質

「両班」「郷吏」「常民」「賤民」という区分方法については異論がある[115]が，一般的に用いられるこの分類に即して身分制度について，李基白（1990）などによりながら，概観すると以下のようになる．

(1) 両班

朝鮮王朝を動かした支配層は「士大夫」[116]という学者的官僚であった．「士大夫」たちは「科挙」を通って官吏になると，「文班」または「武班」に属する．「両班」という言葉は，文武の官職に進出出来る社会的身分層に対する称号である．「両班」は，事実上，力役と軍役などの義務が免除された．様々な特権を持つ「両班」は自ら排他的になり，高麗時代には「郷吏」層にまで広く開かれていた社会的進出の門は次第に閉じられるようになる．「両班」同士で結婚を行い，したがって身分は世襲された．地方の「両班」は城壁外の村落に同族集落を形成して居住した．

---

114) 文廟は中国と朝鮮の著名な儒学者をまつる施設である．一般的に「郷校」とも呼ばれるが，文廟はこの「郷校」の一区画である．

115) 朝鮮時代の戸籍を用いた身分研究による分類については，武田幸夫編，朝鮮後期の慶尚道丹城県における社会動態の研究 (I)，学習院大学東洋文化研究所『調査研究報告』No. 27，1990.9，p. 29がある．

116) 李基白 (1990)，p. 218.

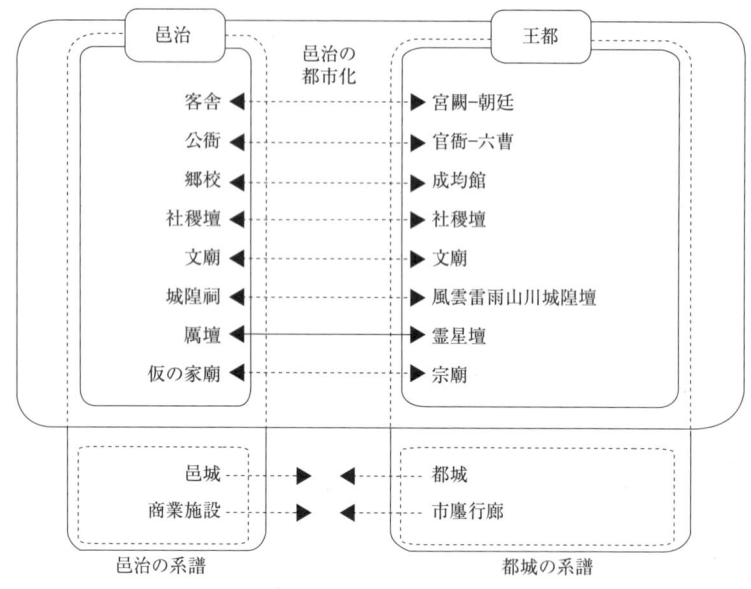

図 I-2 王都と邑治の行政機構（金憲奎 (2007)）

```
            ┌─ 邑治 ─┐   邑治の    ┌─ 王都 ─┐
            │ 客舎  │←─ 都市化 ─→│ 宮闕−朝廷 │
            │ 公衙  │←──────────→│ 官衙−六曹 │
            │ 郷校  │←──────────→│ 成均館  │
            │ 社稷壇 │←──────────→│ 社稷壇  │
            │ 文廟  │←──────────→│ 文廟   │
            │ 城隍祠 │←──────────→│ 風雲雷雨山川城隍壇 │
            │ 厲壇  │←──────────→│ 霊星壇  │
            │仮の家廟│←──────────→│ 宗廟   │
            └──────┘            └──────┘
            ┌──────┐            ┌──────┐
            │ 邑城  │←──────────→│ 都城   │
            │ 商業施設│←──────────→│ 市廛行廊 │
            └──────┘            └──────┘
             邑治の系譜           都城の系譜
```

　時代が下るに連れて，「両班」層の数は増加し，官吏の登用における「科挙」の重要性も増していった．「科挙」によって出世するためには，儒教に対する学問的教養が必須であって，この儒教的教養を備えるための様々な教育機関が設置されることになる．

　朝鮮前期の社会は「勲旧」勢力[117]が主導してきたが，第9代の成宗（1469-1494年）の時代になると，地方の「士林사림」勢力[118]が数多く中央の政治舞台に進出するようになる．そして，宣祖（1567-1608年）の時代にこの「士林」勢力が中央の政界を支配するようになるまで，両者は激しい闘いを展開した．その過程で，一時は破れた「士林」勢力が成長していく場所を提供したのが，教育と先哲を祭る廟の機能を持つ「書院」と「郷約」である．

　「郷約」は，16世紀頃から，「士林」勢力が目指した儒教道徳に基づく理想国家を実現するために郷村社会に設置されるようになった．「郷約」の幹部である「約正」など

---

[117] 李基白 (1990)，p. 269 参照．李朝の開国功臣または制度を整備した人物と7代王の世祖を王位に推戴した人物で，集権勢力でありながら畿内に居住する畿内派でもある．
[118] 李基白 (1990)，p. 272 参照．地方に根拠地を持っている在野の読書人群のことである．彼らは経済的には中・小地主層に属し，中央政界に進出するよりは地元で留郷所や郷庁を通して影響力を行使してきた勢力である．

には，地方の有力な「士林」が任命されて，一般農民らはこの組織に自動的に含み込まれた．「士林」は農民に対して中央から任命された地方官庁の役人たちよりも，むしろより強い支配力を持っていた．

「書院」が成立するのもやはり同じ16世紀半ば頃で，1543年に現在の慶尚北道栄州市に白雲洞書院が建てられたのが最初で，半世紀足らずでその数は100を越える．国から「書院」として役割を認められ，書籍，土地，「奴婢」などに関する特権を与えられる「賜額書院」[119]も増加していった．

「士林」たちの生活基盤は中央の官職にあることよりもむしろ地方の「農荘」にあった．彼らは官職をもらって中央に進出しても，地方の「農荘」から撤退しなかった．「農荘」には同族が住んでおり，この「農荘」を基盤にした同族が「書院」をつくり，「郷約」を運営していく土台となっていたのである[120]．

「士林」勢力は，やがて中央の政治舞台で権力争いをするようになる．そして，17世紀末からは中央の勲旧勢力を基盤とする「老論」という党派の少数家門が政権を牛耳る「門閥政治」として定着していくことになった．一方，政権への参与から排除された多くの「士林」出身儒学者は，同族と学問的縁を頼って地方に戻り，「書院」を建て，自分たちの根拠地にするようになる．その結果，粛宗（1674-1720年）の時代には，朝鮮全土に300近い「書院」が建てられるに至った．また，長期間官職をもらえなかった「両班」の中には，その体面が維持出来なくなるほど経済的に没落し，農業に従事する，いわゆる「残班」も現れた[121]．

1801年，朝鮮第23代王純祖（1800-1834年）がわずか11才で王位につくと，王妃の親戚である安東金氏らによって王権は完全に圧倒され，いわゆる「勢道政治」が始まった．政治は「両班」全体，または老論という党派の公論によるのではなく，一つの家門によって左右される時代へと変わっていくのである．

(2) 中人（「郷吏」）

行政その他に携わる実務者層であるが，身分的には最も制約が加えられた階層で，主にその地域の出身者によって占められた．その中で，「文班」に属する吏房は，あらゆる行政実務の総括者であり，戸長は民を代表する象徴的な存在として朝廷の正朝儀礼に参加し，また各郡県の祭儀を主宰した[122]．一方，「武班」職としては「軍校」がある．この職種には千総，把総など兵房掌務の軍官と討捕都將などの捕校があった．

朝鮮後期になると，商業活動などが禁じられていた「両班」にならず，実権を享有

---

119) 朝廷より認められ，扁額・図書・土地・「奴婢」を下賜されるとともに，その土地に対しても税金が免除された書院．
120) 李基白（1990），p. 275.
121) 李基白（1990），p. 291.
122) 李勛相「朝鮮後期の郷吏集団と仮面踊りの演行」『東亜研究』17，西江大東亜研究所，pp. 487-488, 1989.

しながら「両班」のように門閥化されて行く家門も現れた[123]．「郷吏」層はもともと朝鮮王朝の「両班」社会の自己淘汰作用で押し出された階層であったが，王朝の後期には，学問の分野にも進出するなど実力を積み重ね[124]，1894年の「甲午改革」による身分制度の打破を見るに至った[125]．

(3) 常民（平民）

主に農・工・商の実業に従事する庶民階層であるが，軍役（身役）と戸役の納税を課せられてきた農民が大半を占めていた．この「常民」階層に属する農民の中から，朝鮮末期になると農業技術の発展による生産量の増大，農業経営方式の発展，商業的農業生産によって富農として成長し，新しい平民地主が誕生するようになった．その結果，「両班」と「常民」の関係は，その身分の区分自体は残っていても，現実的な貧富の差に基づいて大きく変質して行った．平民地主の登場とともに，一方で土地から切り離されて賃金労働者化していく農民も現れ，農民層の分解も促進されて行く．「郷約」も，朝鮮後期には「両班」社会の崩壊とともにその意義を失っていったが，農民自身の経済的困難などを共同の力で打開しようとする「契」[126]が発達することになる[127]．

(4) 賎民

朝鮮前期の15世紀には，35万人にまで達していたとされる「公奴婢（官奴婢）」は，17世紀になると，その数は20万にも満たなかったとされる．「公奴婢」の数が減ったのは，戦争で「奴婢」の名簿である「奴婢案」が焼かれたのが大きな原因である．また，中央政府が「軍攻」[128]，「納粟」[129]などによって良民化する道を拡げたからである．「私奴婢」の場合も基本的に同じで，没落して行く「両班」らが自分たちの「私奴婢」を維持出来なくなって手放したことがその数が減った理由である．

こうした社会動向は，結局，「公奴婢」を国家自身が解放させる結果に至る．純祖元年（1801年）に奴婢案を処分する命令が出されるのである[130]．そして，地方官衙などに一部残存していた「公奴婢」と「私奴婢」は，1894年の改革で法的には完全に解放されることになる．

---

123) 李勳相「朝鮮後期慶州の郷吏と安逸房」『歴史学報第107輯』，歴史学会，1985，p. 105.
124) 姜萬吉（1989），pp. 117-118.
125) 李基白（1990），p. 378.
126) この起源は新羅にまで遡り，相互扶助のための組織を意味する．韓国社会では今も様々な「契」があり，国民生活に大きく影響している．
127) 李基白（1990），pp. 330-331.
128) 戦争での功績を指す．例え身分が賎民でも，戦争での著しい功績があると官職が与えられた例がある．
129) 凶作や兵乱の時に穀物を国へ献上すると，代わりに官職が与えられることをいう．
130) 李基白（1990），pp. 329-330.

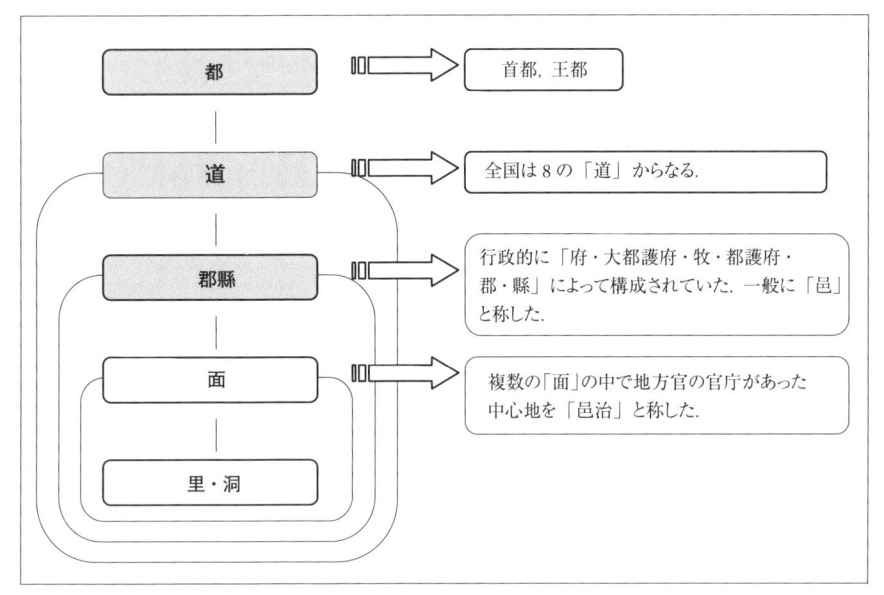

図 I-3　朝鮮時代における地方郡県制（金憲奎（2007））

地方行政制度

　朝鮮王朝は建国当初より強力な中央集権国家をつくるために郡県制を改編し，全国を8「道」にわけて[131]，その下に「府」「牧」「郡」「県」などを設置した（図 I-3）．

　地方官は「外官」と称し，各「道」には「観察使」が任命された．それを「方伯」といい，「府尹」[132]「牧使」「郡守」「県令（あるいは県監）」などの「守令」と察訪・教授など「道」内の全ての外官を統轄し監視した．つまり，「観察使」は一つの「道」の行政，軍事，司法を統轄する権限と責任を持つ存在であった．

　「守令」は一般国民を直接統治するいわゆる牧民官であり，その主な任務は税などを徴収し，中央に納めることにあった．地方官には，行政・司法などの広範な権限が委任されていたが，任期は「観察使」が1年，「守令」が5年（後に3年）に制限されており，また自分の出身地には任命されることが禁止されていた[133]．「守令」の中で，最も職位が高いのは「府尹」（従二品）で，「観察使」と同格であった．「府尹」の下は，「大都護府使」（正三品），「牧使」（正三品），「都護府使」（従三品），「郡守」（従四品），「県令」（従五品），「県監」（従六品）の順である．この他にも交通行政に関する特職として

---
131) 李相禄（1984），p. 5. 朝鮮3代王の太宗13（1413）年．
132) 朝鮮時代の従二品地方官．朝鮮時代の郡県の中で最も位の高い「府」の責任者．
133) 李基白（1990），p. 239.

「察訪」(駅丞　従六品),「渡丞」などがあった．また,「府」「牧」には「郷校」の指導のために,給与の支給されない教授[134]が,郡・県には訓導[135]が任命された.

「軍校」と「使令」は,「守令」の兵事および警察事務を担当し,「軍校」には將官,軍官,捕校の3種類があった[136]．以上の官職以外に,官奴[137]と官婢が「守令」のために使われていた．また,事務的な連絡のために首都の漢城に京邸吏(京主人)が,監営(道庁所在地)には営邸吏(営主人)が置かれていた[138]．

地方の各行政単位には,中央の六曹を模倣した吏・戸・礼・兵・刑・工の六房が置かれた[139]が,この六房の仕事に当たっていたのが地方土着の「郷吏」(外衙前)である.「郷吏」の職務を郷役といい,世襲であった．「郷吏」に地方官庁の実務を任せるのは高麗時代以降で,地方民に対する優遇策の一環であった．また,「守令」が地方事情に疎いという事情もあった．

六房の事務分担の境界は不分明なところはあるが,吏房は人事,出張命令および庶務を,戸房は収税,均役,戸口,農事,屯田,官牛,司倉,各穀,堤防および会計を,「礼房」は祭祀,礼節,賓客,儒生,改印,帖文および医院などに関する事務を,兵房は軍事および兵站の事務を,刑房は裁判,禁令,刑具,囚人および監獄などに関する事務を,工房は工匠,営繕などに関する仕事を各々分担した．六房は中央の六曹に従属するものではなかった．

地方自治と郷庁

朝鮮王朝は,高麗時代と同じく地方勢力の統制に悩み,「郷吏」などを押さえるために「留郷所」[140]を設立する．これは,同じ地方勢力である「両班」と「郷吏」を対立させる政策であると同時に,これら勢力の協力なしには地方統治は事実上難しかったため,彼らに民政参与の道を与えてその力を利用しようとするものであった．一方,

---

134) 従六品．この職以外にも,地方行政における責任者である守令から実務者の郷吏までの地方官衙勤務者には,中央から給与が支給されずにその地方の財政から支給,もしくは支給されるような形になっていた．
135) 従九品．
136) 茶山研究会(1979b) II,p. 100．
137) 茶山研究会(1979a) I,pp. 183-186 と,茶山研究会(1979b),p. 105 などを参考にすると,内衙の奴である内奴,物資購入を担当する首奴,工房の庫直で匠作を担当する工奴,房子とも呼ぶ部屋をあたためたり便所を掃除する房奴,そして及唱とも呼ぶ侍奴などがあった．
138) 李基白(1990),pp. 239-241．
139) 以下の六房の仕事に関する内容は,李相㭁(1984),p. 13．
140) 金龍徳「郷庁沿革考」『韓国史研究』21・22 輯,韓国史研究会,1978, p. 522 参照．郷庁は初め留郷所と呼ばれた．李朝前期にはたいてい留郷所の用例が多く,後期には郷庁の用例が多い．留郷所とは普通人的組織を指す言葉で,庁舎は郷射堂と呼んだが,留郷所が時には庁舎そのものを意味する場合もある．朝鮮後期における郷庁は「郷庁」以外に郷舎堂,郷堂,郷約堂など異称が多かった．

地方勢力も，王朝に協力することで王朝の支持のもとに，伝統的な地域社会支配を維持強化することが可能となった．

「留郷所」の「座首」，別監，風憲など「郷任」には，「郷案」に入録された者だけが任命された．地域の有力氏族らが「契」をつくり，契員の名簿を記録したのが郷案で，これは「郷庁」に保管された．郷案に入るのは難しく，地方の有力家門出身でなければ現職高官でも入れないほどであった[141]．

「留郷所」は郷権を代表する機構であるが，郷契幹部の郷先生・郷老・郷有司など郷執綱の監督を受けた．郷規は留郷所規を含む郷契の規約で，その最大の特徴は，郷約が住民の教化のためであるのに対し，官権に対して郷権を守るのが主目的であったところにある．

16世紀末から17世紀前半にかけての日本と清による侵略で，「郷庁」と「郷案」の多くは焼失し，郷員らが死亡することによって，結果的に地方勢力を大きく弱体化させた．また，首都漢城で，出身州郡の「留郷所」座首の選抜，その「留郷所」の管掌，「郷吏」糾察などの風俗の検察と，貢物を持って上京した「郷吏」を検察し，貢物の種類・数の点検を行っていた京在所が，不法，腐敗を理由に1603年に廃止されたのも「留郷所」の弱体化に繋がった．

そして，座首は，「守令」により任命されて，その補佐役となることになり，1654年に頒布された「営将事目」[142]により決定的な打撃を受けた．各「道」に5人ずつ武官の営将をおいて軍務を専管させる一方，各郡県における兵士の補充，訓練，軍器整備など軍務を，新たに座首の責任にした措置で，間違いが生じると営将の権限で処罰を下せるようにしたのである．これによって家門の威勢を誇ってきた「両班」層は，座首を忌避するようになり，「郷庁」は「郷族」という新しい「土豪之流」によって占拠されるようになった[143]．

以上のように，朝鮮時代の地方自治は，「郷庁」を舞台とする「両班」たちによって支配され，儒教道徳の実行を目標とした「郷約」のもとで行われた．しかし，後期になると，「郷庁」はもちろん「両班」階層も弱体化し，地方自治も行き詰まるようになる．「郷案」に入ると，子孫弟姪に至るまで兵役などが免除されたため[144]，「両班」には忌避された「郷庁」であっても，「両班」以外の勢力ある階層には義務回避の逃避処として，受け入れられるようになるのである．

---

141) 金龍徳（1978），p. 563．
142) 仁祖5（1627）年に制定されたもので，全国「道」ごとに鎮管区を五つに分けて五営を置き，各営営将1人を堂上武官より任命し，所属各邑を巡歴しながら兵士の訓練，軍器の整備を専管し，有事にはすぐ「領軍赴敵」させるのが主な内容である．特に，この制度によって郷庁の座首が軍事業務の責任者になって，座首の犯過については杖80以下の処罰は営将権限で可能になった．
143) 金龍徳（1978），p. 549．
144) 金龍徳（1978），p. 556．

以上のような組織の下に，「面」,「洞」または「里」,「統」などの組織が構成されていた．「面里制」は朝鮮初期の 15 世紀から始まり，次第に全国的に拡大実施され，それが確立された時期は朝鮮後期となる[145]．

18 世紀末，洪良浩によって編纂された『牧民大方』によると，各「面」には風憲・副憲・検督・都將・訓長・郷約正・武学訓長を各 1 人ずつおく一方，官吏訓長 2 人が置かれて，その総責は風憲であった[146]．「面」の長は住民の公選で選出され，必要に応じて住民側から経費を集め，財政的自主性も確立されていた．そして，「面」は，自治行政的性格とともに地方官庁からの命令を住民側に伝達し，租税を徴収するなど役所の役割も引き受けていた．しかしながら，「面」は役所側に属する「守令」の管轄よりは，「郷庁」または郷約系通に属していた．

一方，「面」の下の「里」には里監 1 人が置かれ，その里監は勧農・有司を兼任していた．これ以外にも各「里」には，里正 1 人が置かれ，里内の検納・差役・推捉などの仕事が任せられていた[147]．また，里正などは出生，死亡の戸籍を整理し，小規模の民事裁判を行い，泥棒逮捕などの事務補助，そして面長の諮問のために洞民を参与させ協議するなど，地方官庁の使い役から地方自治業務に至るまで広範な業務を遂行した．同じく洞里は，地理的にも歴史的，社会的にも地縁的共同体または血縁的共同体を形成し，結合力が強い集落自治体を形成していた[148]．

「里」の下には最下部単位としての「統」が置かれていた．この「統」とは「五家作統制」による単位で，五家の中で各々の地位と年齢を考慮し，統首を選任して統内の事務を担当させた．その職務内容は，統内の人物・生産・出家・退俗・水火・盗賊などに関する状況を常に調査・把握し，その内容を里監に報告することである．また，父母に対し不孝をなす者および男女無別する者がある場合にも，やはり里監にその事実を報告した[149]．また，2 「統」ごとに統首以外に稗長 1 人が置かれていた．

1-3 邑城

王都あるいは首都，王権の所在地としての都城と，「郡고을」の中心地として 1000 年以上の歴史を持つ，地域社会の政治，経済，文化の中心としての役割を果たしてきた「邑治」および「邑城」は，その性格を大いに異にする．「邑城」は高麗時代以降，朝鮮時代の初期にかけて建設された．最盛期には 190 の「邑城」が存在していたとさ

---

145) 李存熙 (1990), p. 215.
146) 李存熙 (1990), pp. 215-216.
147) 李存熙 (1990), p. 213.
148) 李相株 (1984), p. 16.
149) 李存熙 (1990), p. 213.

れる[150]．行政区域330箇所の半数以上に「邑城」があったことになる．城壁都市は，外敵からの防御とともに，都市と農村を法制的・精神的に区分する境界線としての機能を持つが，「邑城」築城の契機も，倭寇や北方民族の侵略を防御[151]することと，内外を身分によって住み分けさせることにあった[152]．

「邑城」に関する戦前の研究はほとんどない．地理学の調査報告書として「朝鮮総督府」嘱託の善生永助による『朝鮮の聚落』3巻があり，その前編に，都邑に関する記述が見える．また，京城帝国大学教授の四方博が，1941（昭和16）年に大丘[153]府の戸籍を基にした「李朝時代の都市と農村とに関する一試論」を書いている．人口密度・職業・身分などについて都市（大丘（大邱）邑城）と農村を比較している．戦後も，近世以前の地方都市に関する研究および論考はほとんどない．

こうした中で，「邑城」研究を開始したとされるのが孫禎睦の「華城（水原城）」[154]研究（1977）[155]である．しかし，「留守府」であり，18世紀に計画的に建設された「華城」を一般的な「邑城」とすることが出来るかどうかについては議論を要する．一般に「邑城」研究の嚆矢とされるのは，李相杺（1984）である．李相杺は，『輿地図書』[156]を主な分析資料とし，「邑城」の施設立地と城壁形態など，一般的な「邑城」の空間構造について論じた．また，李昶武（1988）は，金海と南原を事例として地籍図と戦前に発行された5万分の1の地形図を利用し，「邑城」の社会的・機能的・物理的空間構造について論じた．さらに，芮明海[157]が主に慶尚北道の「邑城」を研究対象にした論文を活発に書いている．これ以外に全州，羅州，順天，洪城，蔚山，東萊など朝鮮時代の地方都市を研究した論文が近年増加しつつある．

日本人による「邑城」研究としては，矢守一彦（1970）が，『世宗実録地理志』『新増東国輿地勝覧』『万機要覧』『輿載撮要』などを用い，「邑城」の発生・分布・形態について論じている．

建築学，都市計画学分野における地方都市に関する通史的研究としては金哲洙[158]

---

150) 申栄勲（1975），p. 229．
151) 矢守一彦（1970），p. 231，235．
152) 孫禎睦（1984），pp. 325–326．
153) 現在の大邱である．
154) 1794年から3年間の工事によって築城された．現在の京畿道水原市である．水原城ともいう．朝鮮正祖の時建設された新都市で全長約6km近い城壁と城門がよく残されている．世界遺産に登録されその保存と整備にさらに力を入れている．
155) 『朝鮮時代都市に関する研究』，壇国大学博士学位論文，1977．
156) 『輿地図書』は朝鮮王朝英祖朝に各道邑誌を収集，改修して本にしたものである．輿地図書というのは輿地図（各邑地図）と書（各邑邑誌）で出来た全国地理誌であることを意味する．全巻55冊で，東国輿地勝覧と編目上同じであるが，その内容は全国地理書の中では最も詳細である．
157) 芮明海「朝鮮時代の密陽邑城に関する基礎研究（1）」『国土計画』26-2，大韓国土都市計画学会，1991.5 など数編がある．
158) 金哲洙の下記の著作を参照のこと．「韓国城郭都市の発展と空間パターンに関する研究」『国土計

の研究がある．金哲洙は三国時代から朝鮮時代まで韓国の城郭都市の形式を分類し，時代別に形態と空間の構成について考察しながら日本および中国の都市との比較も試みている[159]．そして尹定燮と金善範[160]は地方の「邑城」を地域的文化遺産として再評価し，歴史的環境として保存すべきであることを主張している．この他に「邑城」をはじめとする諸城郭の防御施設そのものの建設過程とその内容についてまとめた研究として孫永植 (1987)，車勇杰 (1988)，沈正輔 (1995)，金憲奎 (2006) などがある．一方，金儀遠 (1983) は，国土開発という観点から，三国時代から 1970 年代までを通史的に整理している．

これまでの「邑城」研究は，地誌などを用いて「邑城」を取り囲む城壁の形，その中心である官庁街の配置，城門と城門を繋ぐ中心道路網の形態などに関して統計的な処理を行うものがその大多数を占めていた．最近になって個々の「邑城」の研究が進められるようになったが，地誌や古地図を主な分析資料として用いるのみで，使用尺や土地利用など，個々の「邑城」の物理的構造を明らかにするまでには至っていない．そうした中で，本書第 II 章を中核とする韓三建の研究以降，1990 年代半ばから，戦前に作成された地籍図と土地台帳を用いた「邑城」研究が一つの大きな流れとなっている．

邑城の成立

地方における築城については，新羅時代からその記録が残っている．高麗時代には東女真の海賊から地方を守るために沿海地域に「邑城」を築造するようになる[161]．『高麗史』には次のような築城の記録がある．(（ ）内は引用者注)

「穆宗 10 (1007) 年蔚珍，顕宗 2 (1011) 年清河・興海・迎日・蔚州・長鬐，顕宗 (1012) 3 年慶州，顕宗 12 (1021) 年修東莱郡城，徳宗 3 (1034) 年修溟州城，靖宗 6 (1040) 年金海府，文宗元 (1046) 年遣兵部郎中金瓊／自東海至南海／築沿辺城堡農場／以拒海賊之衝」

高麗末期，1350 年以降，倭寇の侵入に備えた沿海地域の築城が活発になる一方，

画』17-1，大韓国土都市計画学会，1982，「韓国城郭都市の形成発展過程と空間構造に関する研究」弘益大學校大學院博士學位論文，1984，「韓国城郭都市の空間構成原理と技法に関する研究」『国土計画』19-1，大韓国土都市計画学会，1984，「韓国城郭都市の空間構造に関する研究」『国土計画』20-1，大韓国土都市計画学会，1985．

159) 朴炳柱・金哲洙「韓国城郭都市の空間構成原理と技法に関する研究」『国土計画』19-1，大韓国土都市計画学会，1984．

160) 尹定燮・金善範「地方都市の伝統空間保存のための基礎的研究 (1) ── 蔚山・蔚州地方の城郭を中心に」『国土計画』22-3，大韓国土都市計画学会，1987.7，金善範「地方都市の伝統空間保存のための基礎研究 ── 蔚山邑城と彦陽邑城を中心に」『国土計画』24-2，大韓国土都市計画学会，1989.7．

161) 車勇杰 (1988)，pp. 13-14．

韓国都市の原像

高麗前期から存在していた「邑城」については修築が行われている．ただ，「女垣」「濠」「釣橋」等を建設した記録は窺えるが，高麗時代の「邑城」の内部構造については不明な点が多い．

朝鮮時代の築城の目的は，「有事則固門防御 / 無事則尽趨田野」[162]，すなわち，王より築城の命令を受けた判府事崔潤徳が慶尚道を視察した結果を王に報告したことによる，とされる．すなわち，防御にその重点がおかれていた．車勇杰（1988）によれば，「邑城」整備が本格化するのは世宗の時代（1419-1450年）で，「邑城」の防御のために「敵台」「女垣」「甕城」「濠」などが設けられ，城内にも「入保」[163]のために，水源，官舎，食料庫，軍事庫などが設けられていた．

15世紀には，「三浦」や，倭人が漢城に上京する上京路沿線の重要な邑には，「邑城」が設けられていた[164]．「邑城」は「府」・「郡」・「県」の庁舎など行政のための施設を中心に構成されていたのであるが，朝鮮時代中期以降になると，「場市」という商業機能が加わるようになる．儒学者中心の官僚にとって，都市は商業の繁栄する消費の場所ではなく，あくまで儒教的秩序の生きている「礼」のための場所であった．すなわち，商業は抑圧されてきた．しかし，16世紀末には全国的に「場市」が現れ始めるのである．

18世紀末期にはソウル近郊に「華城（水原城）」が計画的に築城されるが，城内に当初から商業施設を取り入れている．「華城」建設に当たって，それまでソウル都城を含む一部の地域以外では禁止されてきた商業活動が認められ，華城の完成にあわせて新しい邑の繁栄策がつくられる．商店街の造成，「場市」の開設，瓦の生産政策などは，高麗以来の「邑城」の歴史の中で最も画期的な措置であった．水原の「華城」築城の約1世紀前に，実学者柳馨遠は，「築城論」[165]の中で，城内に住民が少ないため防御し難い点と，山城に頼る従来の戦法を批判し，「邑城」を充実させることを提案している．「華城」築城は，この築城論を参考にしたとされている[166]．すなわち，「華城」は従来の朝鮮の築城手法に中国と日本の手法をも取り入れたものであるといわれている[167]．

住民構成

朝鮮時代における「邑城」がどのような住民によって構成されていたのかについて

---

162) 『世宗実録』巻54（1431年11月8日），王より築城の命令を受けた判府事崔潤徳が慶尚道の邑城を視察した結果を報告している．
163) 堡，すなわち，小規模の城の中に入って保護を受けるという意味．
164) 車勇杰（1988），p. 134.
165) 『磻渓随録』巻22．「城池」条では築城の方法について詳しく論じている．後に「華城」建設の関係者に大いに影響を与えた．
166) 車勇杰「壬辰倭乱以後の城制変化と水原城」『国訳華城々役儀軌（3）』，1979年，pp. 7-10．
167) 潘永煥，前掲書，p. 185.

は，必ずしも明らかにされてきていない．「戸口帳籍（戸籍）」による身分制の研究，または「戸長案」などによる「郷吏」階層に関する研究，「族譜」を利用した特定家門に対する研究は，歴史学の分野で活発に行われている．しかし，「邑城」内の住民に関する体系的な研究は少ない．その理由の一つは，地域全体について，時代別にまとまった「戸口帳籍」が残されていないからである．そうした中で，大丘（大邱），蔚山，丹城などの「戸口帳籍」はある程度完全な形で残っており，大きな手掛かりになっている．

朝鮮時代の「邑城」は，行政・軍事的機能を中心に編成され，「邑城」内の居住には制限があって，官衙の役人「郷吏」と，極く少数の役所が認めた「市廛」とその従事者，常人の中でも地主層が居住していたに過ぎない．四方博 (1976)[168] は，大丘（大邱）の戸口帳籍を時代別・地域別に考察し，朝鮮時代の都市は「農村に比べて異常に高き人口集中を示して」おり，「幼学・閑遊者など身分的に「両班」階層に近く，経済的にも所有階級の人は村落に多く定住している．次に，「常民」にあたる良役の担当者は都市，農村部に均等に分布しており，「賤民」と「常民」両方にあたる匠人には断然都市居住者が多い．そして，「中人」と「賤民」にあたる公衙属員も都市部に多数見出される」[169] としている．

資料の制約があって「中人」という区別はなされていないが[170]，住民構成を表にすると表 I-1 のようになる．I 期の都市部には，「常民」と「奴婢」が 87.2% を占めている．IV の時期になると「常民」が 77.7% と最も多く，農村には「両班」が最多数を占めている．また，後期に至るに従い，社会的原因による「両班」階層人口の激増，「常民」戸口の減退，「奴婢」戸口の激減がはっきりと窺われる．また，都市部には公衙属員の居住比率が高かった．その構成比率の最も高かった英祖時代（在位 1724-1776 年）には都市部人口の 31.6%，最低の哲宗時代にも 17.1% を占めており，村落部のそれぞれ 7% と 1% に比べると，きわめて大きい．「邑城」は，行政都市としての性格が強かったのである．

街路体系と施設配置

「邑城」内は，「入保」のための空地と役所関係の敷地，住宅，そして道路，池などによって構成されていた．空地は，平常時には畑として用いられるが，有事には城外の住民が避難するための余裕地となる．15 世紀末に全羅道で生まれた「場市」は，城

---

168) 四方博「李朝時代の都市と農村とに関する一試論 ── 大丘戸籍の観察を基礎として」昭和 15 年 (1940) 4 月．
169) 四方博 (1976)，pp. 293-299．
170) 四方によれば，「中人」は「有官職者」のうち現職の官吏を除外したグループである．地方官庁で「両班」階層に属する現役官吏を除くと「中人」と「賤民」に属するものがそのほとんどを占めていた．

韓国都市の原像

表I-1　都市・農村の身分別住民構成比率推移

	両班		常民		奴	
	都市	農村	都市	農村	都市	農村
I	12.8	2.1	46.8	61.7	40.4	27.2
II	6.6	23.4	65.5	63.0	27.9	13.6
III	9.5	40.3	84.6	56.0	5.9	3.7
IV	17.5	76.6	77.7	23.1	4.8	0.3

出典：四方　博，『朝鮮社会経済史研究』中巻，pp. 300-301 より作成

門の周辺や役所の前，あるいは城外の空地などで5日ごとに開かれた．常設の店舗や商店街が登場するのは19世紀以降である．

　朝鮮中期における「邑城」の街路パターンは城門の数によって4種類に分類される（図I-4）．つまり，慶州のように城門が東西南北の4箇所にある場合（I）と，3箇所の城門を持つ「邑城」（II），そして2箇所と1箇所の城門を持つものがある．最も一般的なのは3ないし4箇所の城門を持つものである．このパターンが全体数の75％を占めている[171]．その中でも特に三門式（II）が多い．その理由としては，「邑城」の北側に山が配置される地形上の理由があげられる．また，風水地理説との関連性も指摘される．

　「客舎」と「東軒」が「邑城」の中心部に位置し，その周辺に様々な役所関係の建物と倉庫が立地していた．また，城壁外に「郷校」や「書院」などの教育機関，また「社稷壇」「厲壇」「城隍壇」「文廟」などの祭祀施設が置かれていた．「厲壇」「城隍壇」「社稷壇」，朝鮮初期の中央集権化の流れの中で設置されるようになった．「社稷壇」は15世紀の初め頃から設けられるようになり，「厲壇」も1400年に中央と各地方に設置されている．

　『輿地図書』を用いた李相枴の研究によると，「社稷壇」は75％が「邑城」の西側に位置し，「厲壇」は80％が「邑城」の北側に位置している．ソウルでは「景福宮」の左，つまり東方向に「宗廟」が，西に「社稷壇」が位置する．『周礼』「考工記」の「左祖右社」の原理に基づいているとされ，「邑城」も同じであるが，常に南北を軸線とするわけではない．風水地理説の力が強いともされるが，東西軸線の場合には「社稷壇」は「西」ではなく，「南」に位置する．絶対方位より相対方位を優先するのは，「礼制」が優先されていると考えることが出来る．

　「厲壇」の場合はまた別の原理が作用する．「厲壇」とは厲祭壇のことで，厲祭とは「厲鬼」を祭る祭礼である．「厲鬼」とは子孫を残さないで死んだものをいう．この「厲壇」での祭祀の際には，他の施設での祭祀と同じように，地方郡県の支配者であり国

---
171) 李相枴（1984），p. 130.

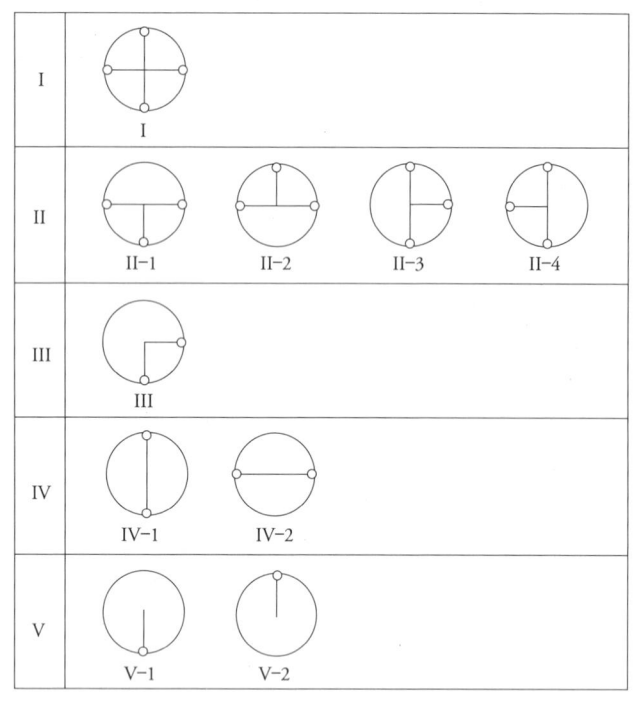

I	○ I
II	II-1　II-2　II-3　II-4
III	III
IV	IV-1　IV-2
V	V-1　V-2

図 I-4　邑城の街路パターン（李相株（1984））

王の使徒である「守令」が最も重要な役割を果たす．子孫のない住民の祭祀を国王が代行し，儒教の教えである「為民思想」を実践するという意味を持つ．「城隍壇」は，城郭と濠の神様を祀るが，同じように「守令」によって儒教式祭祀が行われた．

I-2　開港場と開市場

　韓国における近代都市の形成については，これまで，ソウル（京城），釜山，仁川といった「開港場」「開市場」を中心に明らかにされてきた．また，日本植民期の「市区改正」事業（1912 年-），「朝鮮市街地計画令」（1934 年）の施行，それに基づく「土地区画整理事業」など，都市計画事業の展開に即して明らかにされてきた．1876 年から 1908 年にかけて開かれた「開港場」「開市場」は図 I-5，表 I-2 に示す通りである．
　韓国の近代都市史，都市計画史についてまずあげるべきは孫禎睦による一連の研

究[172]である．すなわち，孫禎睦によって韓国の近代都市計画研究が開始され，その基礎が築かれてきた．その代表作である『韓国開港期都市変化過程研究 ── 開港場・開市場・租界・居住地』(1982) および『日帝強占期都市計画研究』(1990) は，それぞれ『韓国都市変化過程研究』(松田皓平訳，耕文社，2000)，『日本統治下朝鮮都市計画史研究』(西垣安比古・市岡実幸・李終姫訳，柏書房，2004) として日本語に訳されている．本書のベースも孫禎睦によって与えられているといってよい．孫禎睦の『日帝強占期都市計画研究』は，日本植民地期の都市計画に焦点を当てている．孫禎睦自身に依れば，これは韓国で発刊される最初の「都市計画史」であり，第１章では，古代に遡って開港期以前の都市計画についても簡単に触れられている．焦点が当てられるのは，「市区改正事業」「朝鮮市街地計画令」「地方計画」「土地区画整理」「防空計画」である．そして，扶余神宮建設と「扶余神都」建設が扱われている．孫禎睦に先立つ論考として，韓国国土開発研究院院長 (1982年当時) の金儀遠の「日帝下の韓国都市計画」[173]がある．主に「朝鮮市街地計画令」の適用と主要都市開発事業に関して述べた後，結論として市街地における朝鮮人商圏の没落と文化遺跡の意図的撤去[174]をあげている．また，韓鼎燮は，1876年の開港以来，1980年代までの韓国の都市計画の流れを，都市計画関連法令および法律による都市計画の変遷に基づいて論述している[175]．

「開港場」と「開市場」は，その立地，既存集落，都市との関係，設置時期，各国との関係 (「共同租界」か「日本専管居留地」か) などによって，その形態を異にする．以下にその概要をみておきたい．

『韓国開港期都市変化過程研究 ── 開港場・開市場・租界・居住地』は，東洋三国，すなわち中国・日本の「開港場」・租界 (居留地) にも視野を拡げた上で，「江華島条約」(1976年2月27日) によって，「日本専管居留地」を設置することが決められた三つの「開港場」，釜山 (1876年)，元山 (1879年)，そして仁川 (1883年) をまず取り上げている．そして，条約 (条規) の具体的内容，開港の経緯，専管居留地の設置過程とその概要をそれぞれ明らかにしている．

釜山

朝鮮半島と日本は古来密接な関係にあった．とりわけ，半島南部には，加耶と呼ばれる国々があり，倭国と深い 関わりを持っていたが，その中でも関係が深いとされるのが金官国で，その金官国が位置したのが，現在，釜山国際空港のある場所，金海

---

172) 孫禎睦 (1977；1982；1986；1989；1990；1992；1996) 等．
173) 雑誌『都市問題』17巻1号，1982.11．
174) 金儀遠 (1982), p. 24．
175) 韓鼎燮「開化期以降の韓国都市計画の変遷に関する研究」『大韓建築学会誌』27巻115号，1983.12, pp. 4-10．

63

第Ⅰ章
韓国近代都市の形成

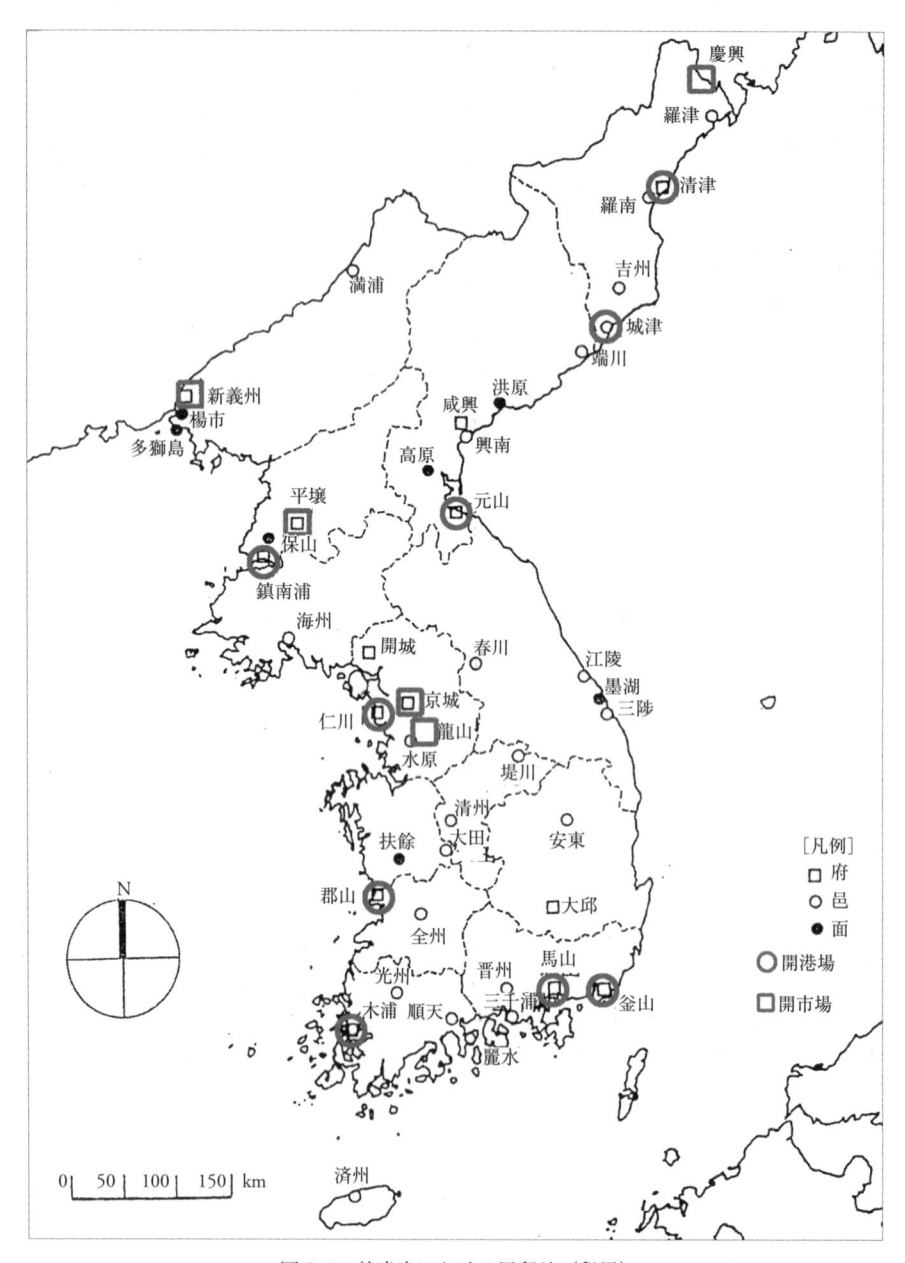

図Ⅰ-5　韓半島における居留地（租界）

表 I-2　開港場と開市場

種類	都市名	時期	居留地の種類	面積	日本人居留地の位置(現在)
開港場	釜山	1876年	日本専管居留地 清国専管租界	384,405m² 20,834m²	東光洞，光複洞，昌善洞，新昌洞
	元山	1880年	日本専管居留地 清国専管租界	235,363m² 233,266m²	
	仁川	1883年	日本専管居留地 清国専管租界 各国共同租界	32,595m² 26,763m² 462,812m²	官洞1・2街，中央洞1・2街，海岸洞1・2街，港洞3街
	木浦	1897年	各国共同租界	726,024m²	仲洞，京洞，中央洞，柳洞，大義洞
	鎮南浦	1897年	各国共同租界	480,060m²	
	群山	1899年	各国共同租界	336,669m²	錦洞，竹城洞，永和洞，新興洞，新昌洞，蔵米洞，海望路，月明洞，中央路1街
	城津	1899年	各国共同租界	97,698m²	
	馬山	1899年	日本専管居留地 各国共同租界	268,935m² 2993,832m²	
	龍岩浦	1904年	雑居		
	清津	1908年	雑居		
開市場	漢城	1882年	事実上居留区域存在		芸場洞，鑄字洞，忠武路1街，南山洞，筆洞，元暁路3・4街
	龍山	1884年	雑居		
	慶興	1888年	雑居		
	平壌	1899年	雑居		
	義州	1904年	雑居		

である[176]．そして，かつて富山浦と呼ばれた釜山も古来「倭館왜관」が置かれた場所であり，日本とは古くから関係が深い．

倭館とは，中世から近世にかけて朝鮮王朝時代に朝鮮半島南部に設定された日本人居留地をいう．李氏朝鮮王朝は，その建国(1392年)の当初は，日本人との交易や入港地に一切制限を加えなかった．しかし，倭寇の跋扈に手を焼き，1407年頃，朝鮮王朝は，国防上の見地から「興利倭船」[177]の入港地を慶尚左道都万戸の東莱県富山浦(釜山特別市東区子城台)と慶尚右道都万戸の金海府乃而浦(慶尚南道鎮海市薺徳洞槐井里)に限定する．そして，1410年には，日本の公式使者が乗船する「使送船」の入港地もこの2港に限定する．その後1426年に，塩浦(蔚山市北区塩浦洞)が入港地に追

---

176) 田中俊明(2009), pp. 18-19.
177) 日本から朝鮮へ交易のみを目的に訪れた商船．別名興利船．

加され[178]，この三つの倭館，富山浦倭館[179]，乃而浦（薺浦）倭館[180]，塩浦倭館[181]）を三浦倭館[182]という．

この三浦倭館のうちで最も長く維持された富山浦（釜山浦）倭館も，1592年に始まる「壬辰倭乱」「丁酉再乱」（文禄・慶長の役）による日朝国交断絶によって閉鎖される．その後，朝鮮人捕虜を送還するなど対馬藩[183]の働きかけによって，1607年に最初の朝鮮通信使が来日することになる．この年に新設された倭館は豆毛浦倭館[184]（釜山広域市東区佐川洞付近）と呼ばれる．朝鮮王朝は対馬藩主らに官職を与え，日本国王使としての特権を認めた（己酉条約，1609年）．この豆毛浦倭館には1647年に対馬藩が任命した館主が常駐するようになり，交易の発展に伴って手狭になると，移転することになる（1678年）．これが「草梁倭館」（釜山市中区南浦洞の龍頭山公園一帯）である．「草梁倭館」に居住することを許されたのは，対馬藩から派遣された館主，代官，横目，書記官，通詞などの官職者やその使用人，小間物屋，仕立屋，酒屋などの商人，さらに雨森芳洲[185]のように，医学や朝鮮語を学ぶ留学生もいた[186]．

釜山の「日本専管居留地」は，新倭館とも呼ばれ，この「草梁倭館」の土地を引き継ぐ形で，地租年額50円の拝借地として設けられた．広大な敷地には館主屋，開市大庁，

---

178) 朝鮮貿易に大きな利権を持っていた対馬の早田左衛門太郎が慶尚左右道各地で交易を自由化することを朝鮮王朝政府に訴えたことを配慮した結果という．
179) 後には釜山浦倭館とも呼ばれた．1494年には450人程度の日本人が居住．1510年の三浦の乱によって一時閉鎖，1521年に再開．釜山浦倭館は1592年の豊臣秀吉による朝鮮侵攻まで存続し，三浦倭館の中では最も長く日本人が居住した．
180) 三浦倭館のうち最大．1494年には日本人2500人が居住した．1510年の三浦の乱で一旦閉鎖されたが，1512年に対馬藩との協議で再開される．しかし，1544年の倭寇事件で再び閉鎖され，復活しなかった．
181) 蔚山旧市街から湾を隔てた南岸に位置する．現代自動車工場敷地となっている．当時は蔚山郡庁と慶尚左道兵馬節度使の管轄下にあった．1426年に開港，1494年には約150人の日本人が居住していた．1510年の三浦の乱によって閉鎖され，復活しなかった．
182) 三浦倭館には，多くの日本人が住み着いた．朝鮮半島に居住する日本人は「恒居倭」と呼ばれる．頭を立てて自治が行われた．「恒居倭」の中には倭館を越えて漁業や農業に従事するもの，密貿易を行うもの，倭寇化するものもおり，朝鮮王朝政府としばしば衝突した．1510年に，「恒居倭」が起こした，対馬からの援軍も加えて大規模な反乱を三浦の乱という．
183) 対馬藩は江戸幕府から朝鮮外交担当を命じられ，釜山に新設された倭館における朝鮮交易の独占権も付与された．しかし，日本使節のソウル上京は認められず，日本人が倭館から外出することも禁じられた．
184) 古倭館ともいい，約1万坪の面積があった．内部には宴享庁（使者の応接所）を中心に館主家，客館，東向寺，日本側の番所，酒屋，その他日本家屋が対馬藩によって建築された．
185) 上垣外憲一『雨森芳洲』（中央公論社，1986）．平井茂彦『雨森芳洲』（サンライズ出版社，2004）他．
186) 当時，朝鮮は医学先進国であり，内科・外科・鍼・灸などを習得するために藩医，町医が倭館に渡った．また，雨森芳洲が対馬府中に朝鮮語学校を設置（1727年）すると，その優秀者には倭館留学を認められた．住民は常時400人から500人滞在していたと推定されている．

裁判庁, 浜番所, 弁天神社や東向寺のような社寺があった[187]. 総面積は約11万坪とされ, 居留地条約附図には, 北が279間半余, 南が415間2号5勺, 東が340間7号5勺, 西が220間余とある. 東と南は海に接し, 東南部に龍頭山がある（図I-6).

　管理官庁舎として用いられたのは倭館時代の館守家である. 開港と同時に, 郵逓局と病院が設置され (1876年), 続いて, 日本人女子教育のために修斉学校が開設され (1877年), 日本第一銀行釜山支店も開設される (1878年). 1880年に領事館が設立され, 領事が「日本専管居留地」の一切を取り仕切るようになる. 居留地内の土地は日本人に限って貸与され, 地所借用者は, その権利を日本人に限って譲与, 貸与, 相続出来るとされ, 貸渡の手続きのために地券が発行された（「釜山日本帝国専管居留地地所貸渡規則」). また, 「家屋建築仮規則」(1880年7月19日示達) によって, 居留地内の家屋について, あらかじめ計画された道路に沿って方向を正しく建てること, 家屋は土塀で周囲を囲み道路に向かって門をひらくこと, 屋根には瓦, 亜鉛板を使用してわらや松板では葺かないこと, 便所の構造は堅緻なものとし糞汁が染み出さないようにすること, 下水も丈夫なものとし, 悪水が滲み出ないようにすることが定められた. 「瓦」「亜鉛塗鉄板」の使用は防火対策であり, 衛生が最大の関心事であったことが分かるが, この仮規則の内容は, 同じように, 元山, 仁川にも発布, 施行されていくことになる.

　居留民たちが通行出来る範囲（「間行里程」) は, 埠頭から10里（朝鮮里) とされ, 活動は限定されていたが, 居留地内については, 行政権は全て日本が掌握する形となった. 埠頭から10里という規定は, 当初直線距離か路程かをめぐって争われるが, 「朝日修好条規続約」(1882年) によって, 元山, 仁川も併せて50里とされ (1883年), さらに100里に拡大される (1884年). 日本領事館は「日本専管居留地」のほぼ半分を官用地・公用地・公園地・道路用地とし, 残り5万5350坪を民間人に貸与したが, 1881年に住戸数は426戸, 人口は1925人に達していたのである. 「間行里程」が拡大されると, 居留地外へ日本人が居住し始め, 周辺の土地を買い占めていくことになる[188]（図I-7).

元山

　元山が開港されたのは1879年5月である. 元山津は, 物資の集散する朝鮮半島有数の港市であったが, 「日本専管居留地」が設置されたのは, 元山村の北側6kmに位置する烽火遂洞で30数戸の一寒村に過ぎなかった. 約9万坪の土地が釜山に倣って

---

187) 草梁倭館の復元案については, 三宅理一 (1990), 許萬亨 (1993) などがある.
188) 釜山のその後の都市形成史については, 金義煥 (1973), 崔昌煥 (1985), 鄭晶仁 (1991), 李康旭 (1993), 金鉄権 (1999), 金槙夏 (2005), Chung, So-Yeon・Woo, Shin-koo (2007) などがある. 日本の植民地都市としての釜山については坂本悠一・木村健二 (2007) がある.

第Ⅰ章
韓国近代都市の形成

図Ⅰ-6　釜山龍頭山神社（朝鮮名所絵葉書）

図Ⅰ-7　釜山弁天町（朝鮮名所絵葉書）

区画され，行政権，土地貸与，往来・行商の範囲（「間行里程」）についても釜山と同様に定められた．1880年5月に，領事館員5名以下約200人の日本人が入植，居住地の建設が行われる．居留地内に立地した23戸の民家は領事館が買収し，湿地帯であったことから幅2間，長さ120間の排水溝がまず掘削された．そして，居住地の計画は以下のようにシステマティックに行われた．

埠頭から居留地へ幅6間の大路が建設され，1区1200坪の宅地が配された．1区は4分して4宅地分とされ，区の間には幅4間の道路が設置された．元山の場合，渡航，通商条件が悪く，また，朝鮮人との関係を含めた居住条件が安定的でなかったために，釜山，仁川のように大きく発展することはなかった．しかし，1892年頃以降，潜水器業者の根拠地となり，香川，山口，愛媛，長崎などから移住者を得て，北鮮屈指の漁港として発展することになる（図I-8）．

仁川

仁川が開港されるのは1883年1月1月である．翌年8月30日に「仁川港日本租界条約」が結ばれ，続いて「仁川港華商地界章程」（1884年4月2日），「仁川済物浦各国租界章程」（1884年11月7日）も結ばれる．各国「共同租界」が出来るのは1884年11月7日である．各国「共同租界」の中に第1に「日本専管居留地」が設置され，さらに「万が一，租界が満塞するに至れば，……租界を拡張することで，どんな外国人居留地を問わず，日本商民は随意に居住することが出来る」とされたのは，「日本人先来の報酬」という理由であった．

済物浦は，朝鮮時代の朝鮮府邑の中心から約7km西に位置する，十数戸の漁家が散在する寒村に過ぎなかった[189]．日本は開港に先立って領事館を設置（1882年4月），バラック建て2棟で雨露をしのいで居留地設置準備が開始される．1883年4月に十数名の日本商人，職工人夫が入植，「日本専管居留」が設置された段階では日本人は400名に達していた．当初敷地として設定されたのは7000坪であったが，翌1884年には約3800坪拡張されることになる．「日本専管居留地」の北側中央の2020坪の敷地，現在の仁川市庁舎の場所に，木造2階建ての日本領事館が竣工したのは1883年10月であり，韓国併合後には府庁となり，1932年には新府庁舎に建て替えられる．この日本領事館を中心とする日本租界は，きわめて単純なグリッド街区に区画されている．

釜山，元山と異なって，「共同租界」の中に設けられることによって，その後の拡

---

189) 開港と同時に条件付ではあるが，漁民の移住は許可され，漁港として，とりわけ対中国水産貿易の中心地としても発展することになる．1900年に共同市場が開設され，1909年には仁川水産会社が設立（改組）される．主な移住漁民は，熊本，長崎，佐賀，岡山，山口，大分からの移住者である．

第Ⅰ章

韓国近代都市の形成

図Ⅰ-8　元山本町通（元山名勝絵葉書）

張は海方向に向かうしかなかった．海面埋立ては，1898年10月に着工，翌年5月に竣工する．居留地会の共有地として幅258m，奥行57m，約4400坪が拡張され，倉庫，市場に当てられた．しかし，仁川への日本人入植者はさらに増え続け，日本人の多くは各国「共同租界」に居住するようになる（図Ⅰ-9）[190]．

孫禎睦は，釜山，元山，仁川に続いて，さらに，首都漢城への外国人の入京過程を明らかにし，楊花津に変わって「開市場」とされた（1884年）龍山に焦点を当てている．首都漢城における日本居住区の形成は，既存の都市（雑居）をベースとすることにおいて，倭館を引き継いだ釜山とも，一寒村に形成された元山とも，「共同租界」として日本租界が設定された仁川とも異なるケースである．

漢城

漢城（図Ⅰ-10）に日本公使館が設置されたのは1880年11月26日であり，日本軍人が漢城に駐屯するようになるのは1882年8月以降である．そして，日本の民間人が入京し居住し始めるのは，1884年3月に公使館新築のために職工70数名が入京し

---

[190] 仁川の都市形成史については，Lee, An (2005) などがある．また，仁川の清国租界地については，韓東洙「仁川の旧清国租界地にある建築の保存と再生」大里浩秋・貴志俊彦・孫安石編『中国・朝鮮における租界の歴史と建築遺産』（御茶の水書房，2010）がある．

図 I-9　仁川港全景（絵葉書）

て以来であるが，正式に入京・定住が朝鮮政府によって認められるのは 1885 年 2 月のことである．

　日本人居留区域として設定されたのは，南山の麓に置かれた日本公使館の敷地（緑泉亭のあった場所）に接する泥峴一帯（今日の中区芸場洞・銭字洞—忠武路一街）である[191]．漢城の場合は，「韓屋」を賃借あるいは買収して，あるいは空地を入手して日本風家屋を建てて住むことになる．表序-1 に示すように，1885 年に 89 人（13 戸）であった人口は徐々に増え，日本人居留民会（1885 年），日本人商業議会（1887 年）を中心に日本人街を形成していくことになる[192]（図 I-11，図 I-12）．

龍山

　当初予定されていた都城の入り口に位置する楊花津ではなく，龍山に「開市場」を置く変更がなされるのは 1884 年 10 月である．しかし，「甲申政変」「巨文島事件」などの動乱があったことから日本人が居住し始めるのは 1890 年以降であり，発展するのは 1905 年の新龍山の開発以降である．新龍山は，鉄道基地，軍事基地として発展していくことになる．孫禎睦は，続いて，日清戦争を経て開港された木浦，鎮南浦（1897 年），続いて開港・開市された群山，城津，馬山，平壌（1899 年），日露戦争の最中に開かれた義州，龍巌浦（1904 年）を順次見ていく．

　木浦，鎮南浦，群山，城津，馬山は「共同租界」である．そして，いずれも「日本

---

[191] 李氏朝鮮の都・漢城にも通交を求めて来る日本の大名や商人を接待するための施設「東平館」が存在し，倭館と通称された．これは純然たる接待施設で，日本人が常に在住する居留地ではない．この倭館があった場所は倭館洞としてソウルの地名となり，20 世紀初めまで続いた．植民地時代には大和町と改称され，現在のソウル特別市中区忠武路である．

[192] 漢城の都市形成史については，Choi, Woo-jin (1989), Yeom, Bok-kyu (2004), Lee, Tae-jin (2003), Lee, Kyu-mok & Kim, Han-bae (1994), Park, Se-honn (2000), Lee, Kyu-hwan (2002), Yoo, Kyoung-hee (1986), Kim, Seong-shin (1993), Kim, Baek-young (2005), Kim, Kwang-woo (1990), Kim, Ki-ho (1996) などがある．

第Ⅰ章
韓国近代都市の形成

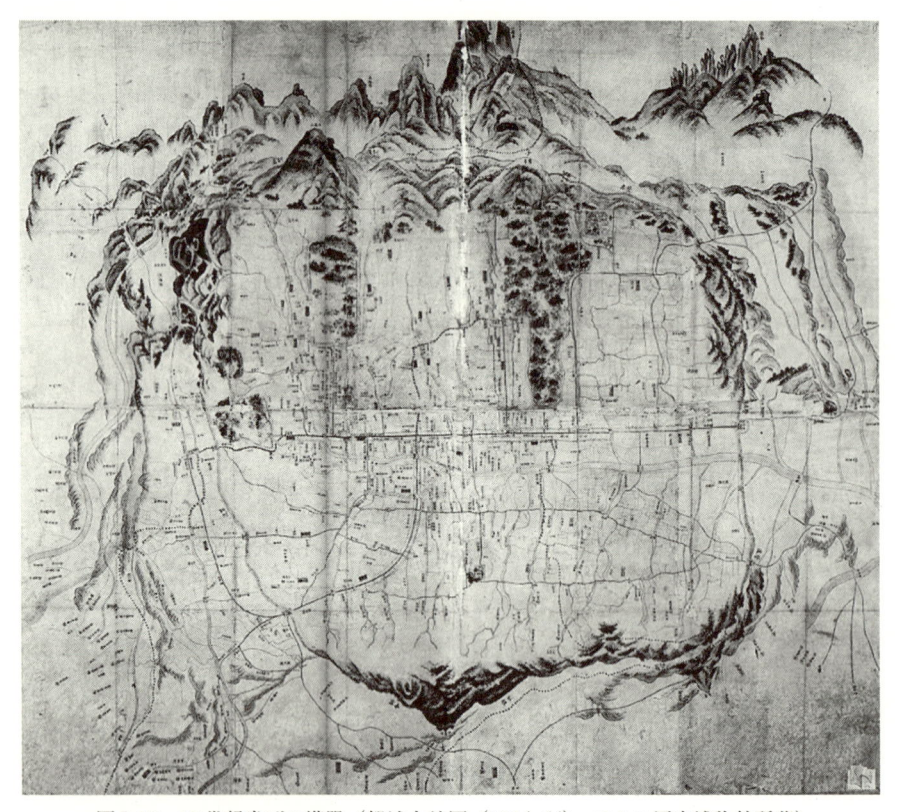

図 I-10　18世紀半ばの漢陽（都城大地図（1754-64），ソウル歴史博物館所蔵）

専管居留地」となっていく．平壌，義州，龍巌浦は，雑居の形を取る．

木浦・鎮南浦
　木浦[193]および鎮南浦の「開港場」は，日・米・仏・英・露・独と大韓帝国との間で，仁川における各国「共同租界」を原型として，それを改訂する形で新たに調印された「鎮南浦・木浦租界章程」（1897年）に基づいて建設される．
　「共同租界」の総面積は，鎮南浦が約14万5000坪，木浦が約22万坪である．それぞれの租界の土地は，甲（満潮点以上の低地）乙（高地）丙（埋立てを要する海浜地区）の3等級に分けられ，競売原価は100m^{2}当たり各6ドル，3ドル，5ドル，地租（1年）は100m^{2}当たり6ドル，2ドル，6ドルとするなど一定のルールは設定されていたけ

---
193) 木浦については，輩鐘茂（1987），Ko, Seok-kyu（2004），鄭昭然（2008），Yeum, Mi-gyeung（2008），Song, Seok-ki（2008）などがある．

図 I-11　朝鮮神宮全景（京城名所絵葉書）

図 I-12　京城・大和新地（京城名所絵葉書）

れど，領事館用地をはじめ土地の取得をめぐって熾烈な競争が起こる．しかし，両「開港場」とも，逸早く進出していた日本人によって土地は次々に買い占められ，結果的には，「日本専管居留地」と変わるところがなくなる．木浦には，開港とともに広島県の漁民が来住している．1898年に長浦福市という個人が経営する魚市場が開設されると，福岡県および瀬戸内方面から漁民が移住してきて，1910年には木浦水産会社が設立される．石森敬治等によって養蠣業も行われ，一方，鯛網，鮫鱇網通漁船の寄港地となる（図Ⅰ-13）[194]．

鎮南浦は，朝鮮時代までは小さな漁村に過ぎなかったが，1894年の日清戦争で日本軍の兵站基地となり，開港後，鉄道も敷設されて急速に発展することになる．開港と同時に，漁船5隻に限って居留民用の漁業が許可されたのが始まりである．1904年に漁区が拡張され，山口県の延縄業者が2隻，続いて福岡県，佐賀県の鮫鱇網業者が来港する．すなわち，漁業拠点となり，1907年には魚市場が開設され，1909年には鎮南浦水産会社が設立されている[195]．その後，平壌の外港として発展し，貿易額は釜山，仁川に次ぐ，朝鮮北部最大の貿易港となった．また，精錬所をはじめ，ガラス，造船，化学工業が発達し，漁業も継続して盛んであった．

木浦は，百済の勿阿兮郡で，新羅時代には務安郡が置かれていた（757年）．朝鮮時代には木浦万戸鎮が設置（1499年）されていたが，1885年に務安郡に編入，「鎮」を廃止，1887年の開港に至る．1910年に務安府が木浦府に改称され，湖南線開通（1914年）とともに発展していく．

群山，城津，馬山，平壌，義州，龍巌浦

群山[196]，城津，馬山の3港は，1899年5月1日に開港される．日・仏・英・露・独と大韓帝国との間で締結された「群山，馬山浦・城津各国租界章程」は，「鎮南浦・木浦租界章程」とほぼ同一であるが，木浦と鎮南浦での日本の買占めを許したことから，領事館敷地は「最大4500坪を越えることは出来ない」という条項が一つだけ付け加えられている．

群山には，西海岸における最初で最大の「日本人移住漁村」が建設される[197]（図Ⅰ-14）．城津は，開港当時に既に若干の移住漁民が存在していたというが詳細は不明である．1906年頃から福岡，岡山，青森，愛媛などから漁民の移住があり，明太，マイワシ漁業の発達とともに人口が増え，北鮮の大漁港となる．馬山は，高麗時代の合

---

194) 吉田敬市「朝鮮主要移住漁村年表」（1954），p. 465.
195) 吉田敬市「朝鮮主要移住漁村年表」（1954），p. 465.
196) 群山については，尹正淑（1985），柳光男（2002），Kim, Young-jeong（2006），Kim, Jung-kyu（2007），鄭昭然（2008）などがある．
197) 第Ⅲ章 Appendix2 参照．

図 I-13 「朝鮮第一の良港　木浦港内の盛観」（郵便絵葉書）

浦，元山，江景と並ぶ要津（港）で米の集散地であった．開港以前から通漁者の根拠地となっており，開港によって「日本人移住漁村」が形成される．移住漁民の出身地は，熊本，広島，愛媛，岡山，長崎などである．

　平壌の開市は，群山，城津，馬山の開港に少し遅れるが，同じ年の11月には開市され，平壌城内外は外国人の雑居地とされる．義州と龍巌浦もまた雑居地として公認されることになる．

　義州は，1906年に京義線が開通，新義州駅の建設とともに発達した．1911年に，鴨緑江鉄橋が開通し，対岸の中国・安東県（現丹東市）と結ばれた．1921年に，義州にあった平安北道の道庁が新義州に移転している．

　孫禎睦は，以上を踏まえた上で，「韓国併合」以降の租界（居留地）の閉鎖の経緯に触れている．すなわち，サブタイトルが示すように，「開港場」「開市場」における租界・居住地の設置とその帰趨を法的枠組みに着目して明らかにしたのが『韓国開港期都市変化過程研究　——　開港場・開市場・租界・居住地』である．同時に上梓された『韓国開港期都市社会経済史研究』は，甲午（1894）年改革より植民地に至るまでの都市制度の変化，都市施設の導入，日本人の経済的進出，朝鮮半島内の日本軍基地建設についてまとめている．「日韓議定書」（1904年）によって軍事権を掌握した日本は，軍を常駐させる拠点建設を行う．そして，「韓国併合」に先だって建設が開始されたのが

図 I-14　群山全景（群山府発行）

清津청진, 羅南나남, そして鎮海진해[198]である.

清津・鎮海

　清津・羅南は，古代には高句麗，渤海の領域で，その後，金や元の支配下に置かれた後,高麗末期,鏡城郡に編入された．朝鮮時代には富居県所属の小漁村に過ぎなかった．日露戦争時に日本軍の兵員や物資の引き揚げ基地として利用された後，日本側の要求によって万国通商港として開港する (1908年).「韓国併合」によって,清津は「府」に昇格し，清津府となる．隣接する羅南は 1940 年に清津府に併合され，日本陸軍の第19師団が置かれた．1930年代には，日本製鐵の清津製鉄所が建設されるなどして工業が発達する一方，「北鮮三港」（清津，羅津，雄基）の一つとして[199]，日本海経由で日本内地と満洲とを短絡するための港湾都市として整備が行われた．

　古代は伽耶の領域にあった鎮海には，新羅時代は熊只県，統一新羅さらに高麗時代は熊神県，朝鮮時代に熊川県[200]が置かれた．朝鮮時代には，上述のように，15世

---

198) 鎮海の近代建築については Kim, In-soo (2004) などがある．
199) 福井県水産組合は,1909年に清津栄町に土地を購入,漁舎を建設,翌年には入植させている．また，遅れて1930年石川県が移住漁村を建設している．
200) 李氏朝鮮時代に鎮海県（鎮海郡）が置かれたのは現在の馬山市の西部で，現在の鎮海市域ではない．

図 I-15　鎮海全景（鎮海石川写真館発行）

紀初頭から1544年まで乃而浦倭館（薺浦倭館）が置かれた（薺徳洞槐井里））．1494年には約2500人もの日本人が居住したとされる最大の日本人居留地であった[201]（図 I-15）．

　鎮海で，軍港建設と市街地整備のために強制収容された土地の総面積は43.52km^2（約1326万坪）に及ぶ．これは，以上に見てきた「開港場」「開市場」における「日本専管居留地」の規模をはるかに越える．羅南の場合は，約100万坪で鎮海より規模は小さいが，それでも釜山の「日本専管居留地」の10倍である．鎮海そして羅南（清津）は，全体計画がなされた植民都市ということになる．鎮海は，南北，東西の主要幹線を2軸として諸施設と居住地がグリッド状に配置される．日本最初の植民都市といってよい．都市建設と同時に，日本軍のシンボルである桜が大量に植えられ鎮海の桜として有名になった．港は日本海軍の軍港都市として発展した．1931年には昌原郡鎮海邑に昇格し，韓国独立後は，1955年市制が施行され，韓国最大の軍港都市となり海軍司令部や海軍士官学校が設置されている．毎年4月に軍港祭が開かれる．

---

201) 1544年以降，釜山のみに対日交易は限定された．

I-3　近代都市計画の導入

3-1　地方制度改革

　1894年に行われた「甲午更張」は，それまで維持されてきた朝鮮の政治・経済・社会の各方面に及ぶ大改革であった．その主な内容としては，中央の官制改革，内閣制度の導入，裁判制度の設立，税金の金納制，新しい度量衡の採用，「科挙」制度の廃止と新しい官吏任用法の採用，4個軍営の統合などがあげられる．

　社会的な改革としては，身分制度の撤廃があげられる．つまり，制度的に「両班」と「常民」の差別をなくし，身分を問わずに人材を登用し，駅丁，廣大，白丁など「賎民」を一般民化した．そして，高等官を歴任した人物でも官職を去った後は，自由に商業が営めるようにした．

　しかし，改革が日本の影響を受けていた勢力によって進められたこともあって，以下のような問題点も露呈された．「軍事制度の改革が考慮されなかったこと，貨幣が農村まで流通出来ていない状況での租税の金納化は，農民に苦痛を与えるようになったこと，日本のものと同質貨幣を使用し，その混用をも認め，結果的に日本の資本が浸透する平坦な道を開いたこと，度量衡の改正，統一が日本人商人の便宜を図るようになったことなどの波紋を起こした結果，内閣が変わるようになり，その新内閣により改革はさらに進められた」のである[202]．

　1895年の乙未年改革では，3月から5月にかけて147の法令が審議，公布された[203]．そのうち，地方制度改革は5月26日の勅令98号によって公布された．地方制度の改革内容は，①全国を23箇所の「府」に分け，337箇所の郡を「府」の管轄下に所属させ②従来，「留守府」「府」「牧」「大都護府」「都護府」「郡」「県」に分かれていた行政区域名称を一律的に「郡」と改め，「府」には「観察使」を，「郡」には「郡守」を置いて行政事務を統括させるというものであった[204]．「観察使」と「郡守」は，中央政府の「地方局」の管轄の下に配属された．そして，地方官から司法権と軍事権を剥奪した．司法権は行政機構から分離独立させ，裁判に関する一切の事務は裁判所の機能とした．それとともに警察権も一本化し，地方には各「観察使」の指揮下に警務官を置いて「郡守」の行政事務とは分離した．また，財政の一本化も図られ，度支部の下

---

202) 李基白（1990），pp. 377-381.
203) 孫禎睦（1986），p. 27.
204) 孫禎睦（1986），p. 47.

に徴税署などが設置され,税収事務を担当するようになった.

このような改革の結果,慶州は慶尚道の首府の地位から転落し,東萊府所属の慶州郡となった.ただ,慶州は,「面」の多少,土地および戸数の多少を基準にして5等級に分けた郡の等級の中では,1等郡に位置づけられた[205].

この改革では,1895年7月15日,各「道」の兵営・水営・鎮営と鎮堡を廃止している[206].これにより慶州邑城の西門を出たところにあった慶州鎮営も廃止された.この措置により,鎮営に属していた様々な機関は廃止された.この時,鎮営などに出仕していた慶州鎮管轄下の郡県の営吏達も出身地に帰されたと考えられる.これより先,同年閏5月7日には各「道」外営が閉鎖され,所属兵員は解散している.それに代わって,地方行政から分離された軍隊として,翌年の5月30日には大邱など全国9箇所に鎮衛隊の地方隊が設置されている[207].

そして1900年に大邱に第3連隊が置かれるに伴って慶州に大隊が置かれると,400人の兵卒が慶州に駐屯した[208].その位置は「客舎」東側にある元「府司」の場所であった.この鎮衛大隊は1907年まで存続し,同年10月からは同じ場所に日本軍の守備隊が置かれるようになる.

さらに,1896年の地方制度の改革では全国が1「府」13「道」になり,慶州は1等郡として慶尚北道に所属され,道庁所在地となった大邱の管轄下に所属された(図Ⅰ-16).

これらの一連の改革によって,「郡守」はただの行政の責任者として給与をもらう立場になった.また,郡の職員の定員は37人となり[209],それまで行政・軍事・司法・警察など全ての権限を握っていた「郡守」と,その実務者の「郷吏」階層の瓦解に繋がった.1896年8月に施行された新官制によると,慶州郡には郷長1人,巡校6人,首書記1人,書記8人,通引3人,使令8人,使備4人,使僮3人,客舎直1人,郷校直1人[210]を置いている.これは,鎮営と狼煙関係の役人を除いても381人[211]にのぼった旧官吏の大半が解職されたことを示している.この新官制は,使備に至るまで一定額の給与が決められるなど,民弊の根源をなくそうとした進歩的な措置だった[212].

郷長とは前述の座首のことで,首書記以下,巡校など職員の指揮監督権が付与され,

---

205)孫禎睦(1986),pp. 52-53.
206)孫禎睦(1986),p. 32.
207)孫禎睦(1986),p. 58.
208)慶州郡(1929),p. 9.
209)孫禎睦,前掲書,p. 60.
210)『東京通誌』巻六,官職條.
211)『慶州邑誌』巻三,属任條より算出.
212)田川孝三「郷憲と憲目」『郷庁沿革考』(韓国史研究21・22集),p. 560 より再引用.

第Ⅰ章

韓国近代都市の形成

図Ⅰ-16　大邱全景日本人街（大邱名所絵葉書）

郵便通信の事務も兼任していた．執務処は以前の「郷庁」であった．郷長は，「郡守」によって選ばれた者について，投票が行われ，多数決によって決められた．その郡に居住して7年未満の者には被選挙人としての資格が与えられなかったが，郷長の資格としてその地域に7年以上居住した者なら士・民・吏出身を問わずに被選挙権が与えられることになり，従来年長者に限られてきた条件が，根本的に革新されたことになる[213]．

郷長は，1906年9月より「郡主事」と名称が変わり，「郡守有故」の時に「郡守」の代理役をするものとされ，「郡守」が郡民の中から適任者を選んで，中央に推薦し，任命された．これによって，地方自治や地元住民の代表として，「守令」を牽制したり，「守令」の諮問に応じたりするだけであった郷長および「郷庁」は，完全に行政機関の中に飲み込まれることになった．

新官制における首書記は戸長，巡校は将校，書記は記官，使傭は官奴で，旧来の組織をそのまま維持しながら名称が変わるにとどまった．

また，「面」の場合は，1895年の郷約弁務規程の発布により「洞」「里」を統括する地域的団体となった[214]．「面」の長に当たる人は改正前と同じく執綱と呼ばれたが，

---

213)　金龍徳『郷庁沿革考』韓国史研究 21・22 集（韓国史研究会，1978），pp. 560-561.
214)　山道襄一『朝鮮半島』日韓書房，1911, p. 9.

1907年に「面長」と改定された[215]．当時の慶州郡には10「面」，261洞があった[216]．

併合前，韓国は1「首府」13「道」11「府」317「郡」からなっていた[217]が，併合以後には，「首府」がなくなり12「府」の体制となる．1910年10月1日の「朝鮮総督府令」8号の「面に関する規定」によって，それまで地方統治の末端機構でありながら確立されていなかった「面」の地位が定まった．同年11月には，官衙・府衙・県衙・面・社・坊・部……などの様々な名称で呼ばれていた地方官庁の名称が，「道庁」「府庁」「郡庁」「面事務所」に統一された．1913年12月29日の「朝鮮総督府令」第111号の「道の位置，管轄区域及び府郡の名称，位置，管轄区域」と1914年4月1日に施行された「府制実施と面区域改編」によって，行政区域の数は郡が317箇所から220箇所に「面」が4322箇所から2521箇所となった[218]．この編成は，現在の韓国の行政区域のもとになっている[219]（表I-3）．

「府制」の特徴としては，①都市と農村を併せ持っていた従来の「府」に比べて，市街地地域だけを「府」とした朝鮮半島の歴史で初めて実施された都市行政区域であり，②地方行政制度の面からみると，1888年に実施された日本の市制に対応するものであるということ，などがあげられる[220]．新しい「府」は，「日本人居留民団所在地，または多数の日本人が居住するところを中心に実施された．しかし，居留民団もなく，1913年末の人口がわずか4233人しかない清津と人口が5000人弱である新義州などは「府」にしながら，当時，韓国で4番目に人口の多かった開城や，道庁所在地でありながら人口が1万人を越えた，咸興，全州，光州，海州などは除外されている．府制の実施可否は，福祉的施設の新設・拡張に決定的な要因となる」[221]というもので，日本人優先の地方制度改革の一面が見える．

また，1917年10月1日からは，同年6月9日に公布された制令1号の「面制」とその「面制施行規則」によって「面制」が施行された．この中で注目すべきは，「指定面」制度の新設である．「指定面」は，①日本人，朝鮮人が多数集団的に居住し，その状況が「府」に近い，②「面長」は日本人の任命が可能，③「面長」の諮問機関として道長官が任命する相談役を置く，④財政借款（起債）が出来るといった基準で指定された[222]．孫禎睦の研究によると，「指定面」の基準は，①日本人居住者が250人以上

---

215) 山道襄一（1911），p. 114.
216) 山道襄一（1911），p. 7.
217) 孫禎睦（1992），p. 80.
218) 孫禎睦（1992），pp. 154-155.
219) 孫禎睦（1992），p. 158.
220) 孫禎睦（1992），pp. 129-154.
221) 孫禎睦（1992），pp. 130-131.
222) 孫禎睦（1992），p. 166.

第Ⅰ章
韓国近代都市の形成

表 I-3　12府と人口1万人以上の都市的な面の市街地人口比較

都市名		人口数	都市名		人口数	都市名		人口数
京城府（龍山含む）	韓	194,367	平壌府	韓	36,680	開城松都面	韓	40,166
	日	54,890		日	8,300		日	1,478
		(21.8%)			(18.2%)			(3.5%)
	計	251,379		計	45,541		計	41,730
仁川府	韓	13,442	鎮南浦府	韓	12,970	全州面	韓	16,734
	日	11,440		日	5,239		日	2,627
		(43.2%)			(26.9%)			(13.5%)
	計	26,453		計	19,458		計	19,495
群山府	韓	4,418	新義州府	韓	1,594	光州面	韓	8,044
	日	4,742		日	2,670		日	2,590
		(51.2%)			(48.1%)			(24.3%)
	計	9,262		計	5,548		計	10,667
木浦府	韓	7,552	元山府	韓	15,646	晋州面	韓	8,799
	日	5,628		日	6,936		日	2,226
		(43.2%)			(30.0%)			(20.1%)
	計	13,327		計	23,096		計	11,062
大邱府	韓	28,175	清津府	韓	2,036	統営面（忠武）	韓	13,284
	日	7,374		日	2,076		日	1,804
		(26.2%)			(49.0%)			(11.9%)
	計	35,726		計	4,233		計	15,109
釜山府	韓	83,505	12個府合計	韓	409,879	海州面	韓	13,833
	日	27,610		日	142,167		日	1,416
		(24.8%)			(25.4%)			(9.2%)
	計	111,356		計	560,176		計	15,328
馬山府（旧馬山含む）	韓	9,494	水原面	韓	9,822	咸興面	韓	21,452
	日	5,262		日	1,621		日	1,992
		(35.6%)			(14.1%)			(8.5%)
	計	14,797		計	11,467		計	23,517

1913年末現在，( ) の中は日本人比率，計は外国人を含む
出典：孫禎睦 (1992)

であること，②居住者に占める日本人の比率が30％以上であることとされている[223]．「指定面」に指定されなかった慶州や蔚山面の人口は6000人近かったが，日本人の数はそれぞれ183人，127人であった[224]（表 I-4）．

　慶州は1923年2月15日の「朝鮮総督府令」第25号により「指定面」となる．1920年代末に，「指定面」は，慶州の属する慶尚北道の5箇所を含め，全国に43箇所あった．

---

223) 孫禎睦 (1992), p. 167.
224) 孫禎睦 (1992), p. 167, p. 168 の註146.

82

表 I-4　第1次指定面韓・日人戸口数（1916年末現在）

面　名	戸　数 朝鮮人	戸　数 日本人	人口数 朝鮮人	人口数 日本人	日本人/朝鮮人(%)
水　原	1,627	334	7,898	1,314	16.6
松　都	9,133	473	42,638	1,486	3.5
永登浦	360	320	1,758	1,234	70.2
清　洲	679	423	3,359	1,486	44.2
公　州	983	474	5,135	1,759	34.3
大　田	361	1,080	1,800	4,958	275.4
江　景	885	329	4,672	1,734	37.1
鳥致院	433	208	2,112	816	38.6
全　州	2,538	933	11,188	3,126	27.9
益　山	305	443	1,401	1,434	102.3
光　州	1,752	762	8,267	2,569	31.1
金　泉	1,284	392	5,891	1,212	20.6
浦　項	571	289	2,836	1,198	42.2
晋　州	2,252	592	9,424	2,230	23.7
鎮　海	120	1,312	551	4,850	881.9
統　営	2,558	538	12,289	2,064	16.8
海　州	2,676	457	13,215	1,545	11.7
義　州	1,118	286	5,173	832	16.1
春　川	440	327	2,363	1,106	46.8
咸　興	2,926	692	13,655	2,503	18.3
羅　南	518	728	2,232	2,206	98.8

出典：孫禎睦（1992）

　1930年12月1日，制令12号により「面制」が「邑面制」に改正された．同じ日の制令11号により議決機関である「府会」の成立を基本とする府制の改正も行われた．邑にも「邑会」が構成され，「府」とともに邑も法人化されるようになる．慶州は，1930年12月29日の「朝鮮総督府令」第103号により，1931年4月1日付けで全国の41の「指定面」とともに「邑」に昇格した．朝鮮半島には，終戦まで124の「邑」があった[225]．

3-2 ｜ 土地調査事業

　韓国における近代的な土地測量事業は1898年に開始され1903年まで続くが，日露戦争の勃発によって中断する[226]．日本は，「統監部」を設置（1905年）すると，すぐさま日本人測量技師を招聘して韓国人技師を教育させる一方，大邱，全州，平壌に量

225) 孫禎睦（1992），pp. 258-259.
226) 孫禎睦（1986），pp. 72-73.

地出張所を設置して技術要員を養成した[227]．1910 年 3 月には韓国土地調査局を開設するなど，日本帝国による土地調査事業は既に「統監部」時代に準備されていた[228]．そして，韓国併合後の 1910 年 10 月に「朝鮮総督府臨時土地調査局」が発足[229]して事業は再開され，1910 年 11 月から 1917 年 11 月にかけて，2040 万円余りの予算を投入して全土にわたって実施された．調査の目的は，「朝鮮における土地制度・地税制度及び地図制度を完全に樹立し，土地に関する統治の基礎を建設」[230]することである．また，「付帯事務として地籍図を謄写して地籍略図を調製し之を各面に配備して地籍の運用に使用」[231]することがうたわれた．この事業によって，それまでの「量案」[232]に代わる地籍図が初めてつくられ，土地に関する台帳が整備された．また，近代的な測量方法による地形図も製作された．土地調査によって作製されたのは，地籍図 81 万 2093 枚，土地台帳 10 万 9998 冊，各種地形図 925 葉である[233]．

土地調査は，第 1 に土地所有権，第 2 に土地価格，第 3 に土地形貌，の大きくは三つの調査からなり[234]，所有権調査には一筆地調査，紛争地調査，測量，製図などが含まれていた．土地価格調査にはもちろん地価算定，帳簿作成，査定[235]が，形貌調査には地形測量が含まれていた．

慎鏞廈（1990）は，日本帝国による朝鮮における土地調査の目的を次のようにまとめている．

① 日本資本による土地占有に適合する土地所有の「証明制度」の確立
② 日本の植民地統治のために地税収入を増加させる租税収入体制の確立
③ 国有地の調査（創出）による「朝鮮総督府」所有地への転換
④ 土地調査事業実施前に行われた日本の商業高利貸資本による土地占有の合法化
⑤ 日本帝国の韓国強占後急増してきた日本移民に土地を払い下げる，日本植民に対する制度的支援対策の確立
⑥ 韓国内の広大な未開墾地[236]の「朝鮮総督府」による占有．

---

227) 度支部，「韓国財務経過報告」第 5 回，1910，pp. 657–659．『朝鮮土地調査事業研究』p. 19.
228) 慎鏞廈 (1991) p. 19.
229) 朝鮮総督府臨時土地調査局 (1918)，p. 15.
230) 朝鮮総督府臨時土地調査局 (1918)，p. 1.
231) 朝鮮総督府臨時土地調査局 (1918)，序文 p. 4.
232) 土地を測量して記録した台帳の意味．朝鮮時代の土地台帳．
233) 朝鮮総督府臨時土地調査局 (1918)，序文 p. 4.
234) 朝鮮総督府臨時土地調査局 (1918)，pp. 2–3.
235) 土地の所有者およびその疆界を確定する行政処分のこと．
236) 慎鏞廈 (1990) p. 22 註 18 によると，土地調査事業実施の直前に日本が調査した未墾地面積は，120 万 397 町歩で，総耕地可能面積の 39.9％，既墾地面積の 66.5％に相当する膨大なものであった．

⑦　食糧と原料，特に米穀の日本への輸出増加のための土地制度の整備
⑧　日本の工業化に伴う日本の産業資本の労働力不足問題を，韓国の小作農を賃金労働者化させて解決するための制度的かつ構造的基礎の確立

　また，慎鏞廈（1990）は上記のような目的で実施された土地調査事業による結果について以下のように述べている[237]．
①　小作農民の「慣習上の耕作権」の否定および消滅．小作農民の「賭地権」[238] の否定および消滅．
②　農民の荒蕪地開墾権の消滅．農民の入会権の消滅．
③　「朝鮮総督府」と朝鮮人地主の癒着構造の成立．すなわち，農民の諸権利が剥奪される一方，地主の私有権は一物一主の原則によって排他的私有権として再認され地主には利益と権益をもたらした．
④　「朝鮮総督府」の朝鮮最大の地主[239]化．すなわち「申告」されなかった多数の農民の土地が「朝鮮総督府」の所有となった．また，森林，山野および未墾地が「朝鮮総督府」の所有となった．さらに，農民の慣習的所有地であった河川沿いの空地・浦落地・泥生地が「朝鮮総督府」の所有となった．そして，従来，一部に存在していた村落共有地などが「朝鮮総督府」または，地方の権力者によって分割占領された．
⑤　地税収入の源泉を確保することによる植民地政策施行の財政基盤の構築
⑥　農民層の分解の加速化．すなわち小作農を没落させて流移民化し，賃金労働者化する契機となった．一方，半封建的寄生地主制度が保護され，小作料率が高騰した．
⑦　日本資本による朝鮮人農地占有の進行．

　また，土地調査事業を進めるにあたって，古建築調査の一環として「関野らにして地図に古蹟関係事項を丹念に記入させ，『国有地に編入』する名目で取り上げた．」[240] 事実もある．これは，後の古墳の発掘などのための調査と遺跡・遺物の収集において民間人との権利関係をはっきりさせるためであったと考えられる．

　結局，土地調査事業は市街地の中心部に日本人が入植出来る道を開くとともに，町

---
237) 慎鏞廈（1990），pp. 88-105.
238) 朝鮮時代の小作農の土地に対する権利で，一種の物権である．この権利の価格は，土地総価格の3分の1，地主の所有権価格の2分の1の水準に達していた（慎（1990），p. 91）．しかし，「土地調査事業」でこの権利は否定され，地主の所有権のみが土地の「申告主義」によって再法認された．
239) 東洋拓殖会社に出資したものを含めて，いわゆる国有地は13万7224.6町歩（慎（1990），pp. 96-97）．
240) 西川宏「日本帝国主義下における朝鮮考古学の形成」『古代東アジアにおける日朝関係』朝鮮史研究会論文集第7集，1970，p. 100.

の中心部の広大な地域に立地していた旧役所の敷地と建物を「朝鮮総督府」の所有財産とし，植民地統治期に行われた開発の基礎をつくり出すことになるのである．

3-3 市区改正と朝鮮市街地計画令

「韓国併合」(韓日合邦)とともに制定された諸官制[241]に基づいて新たに設置された「朝鮮総督府」は，1912年10月7日，各道長官に，市街地の「市区改正」を行う場合は，計画説明書および図面を添えてあらかじめ認可を受けるように示達する(官報第56号訓令第9号[242])．「市区改正」とは，今日の「都市計画」のことである．この訓令が朝鮮半島に近代都市計画が持ち込まれる端緒となる．

日本で初めての都市計画条例となる「東京市区改正条例」が成立するのは1888年であるが，強力な権限を持つ「朝鮮総督府」には必ずしも条例は必要なかった．「市区改正」といっても明治の東京計画がそうであるように，道路，河川，橋梁，港湾など土木スケールの基幹設備(インフラストラクチャー)を整備するのが主体であり，すぐさまそれを実施することが必要とされたのである．「朝鮮総督府」は，訓令示達の翌月，京城府の市区改修予定路線31路線を告示している．すなわち，幹線道路網の整備が第1に決定され，すぐさま実施されるのである．朝鮮時代の漢城の構造は大きく転換されていくことになる．

市区改正

以上のように，1912年10月7日の「市区改正」の訓令以来，1934年8月1日の「朝鮮市街地計画令」が実施されるまでの約20年間，この訓令に基づく「市区改正」が実施されることになった．

「市区改正」は，上述のように，まず，京城府で開始される．京城市区改正予定路線29線が発表された(「朝鮮総督府」告示第78号)のは1912年11月6日である．そして軍港となる鎮海については「政治または軍事上特別な事由を有する」[243]として，特に国費によって「市区改正」が進められることになった．京城の場合は，1929年までに約580万円の工事費をかけて，道路延長2万1325m，広場2箇所を造成している[244]．1928年までは「朝鮮総督府」直轄で，1929年度からは国庫補助工事として京城府が施行を担当している．

---

[241] 「朝鮮総督府官制」「朝鮮総督府地方官官制」など．
[242] 「地方ニ於テ枢要ナル市街地ノ市区改正又ハ拡張ヲ為サムトスルトキハ其ノ計画説明書及図面ヲ添ヘ予メ認可ヲ受クヘシ但シ一部ノ軽易ナル変更ニ此ノ限ニ在ラス」．
[243] 全国都市問題会議事務局「朝鮮における都市施設の概要」『都市計画の基本問題(下)』1938，p. 218．
[244] 朝鮮総督府臨時土地調査局(1918)，pp. 1036-1046．

近代都市計画の導入

　「朝鮮総督府」は，1914年10月に「地方市区改正に徹する件」（通牒第369号）を各道長官に示達し，「市区改正」は地方都市にも拡大される．ただ，「市区改正事業」は主に「府」と「指定面」になった都市に限定されていた．第1次指定の「指定面」は開城，大田，全州，光州，咸興で，このうち開城と咸興は1930年10月1日，羅津は1936年の10月1日付きで「府」に昇格している．「指定面」になると重点的に財政支援が得られ，「市区改正事業」も促進されたのである[245]．

　「指定面」指定を前後にして全州，鎮海，晋州，海州，咸興などに「市区改正」[246]が実施された．また，清州・公州・江景・全州・光州などに上水道事業[247]が，大田，裡里，全州，光州などに下水道事業[248]が，全州，開城，金泉，咸興，晋州，海州，公州，統営などに電気事業[249]が実施された．しかし，当時の朝鮮半島で第4番目の人口を擁していたかつての高麗の都開城では，慶州同様，本格的な「市区改正」および道路改修は実施されていない．

　「市区改正事業」の財源は，「府」の場合，「朝鮮総督府令」第3号（1914年1月25日）「府制施行規則」第3条3号による特別税と夫役，受恵地区住民の寄付用地，「朝鮮総督府」補助金であった．「面」の場合は，韓国時代の1909年4月1日付きの法律第12号「地方費法」によって各道が賦課する特別税および夫役によるものであった[250]．

　「韓国併合」以降1930年代初めにかけて「市区改正事業」を実施した地方都市は，大邱，釜山，平壌，鎮南浦，新義州の5「府」と全州，鎮海，晋州，海州，兼二浦，咸興の6「面」である．

市街地建築取締規則

　建築関係の法律としては，1913年2月25日の総府督令第11号の「市街地建築取締規則」9箇条があった．これは警察法令で，指定された市街地における建築許可，建築線，建蔽率，建築物の材料，付帯設備，災害防止などを規定した．この規定を受ける市街地は京城府のみであった．「朝鮮総督府」は，さらに翌1913年2月，「市街地建築取締規則」を発布する（「朝鮮総督府令」第11号）．全文9条からなるこの取締規則は，日本国内における同様の規則に倣うものであり，「市街地建築物法」（1919年）（「建築基準法」（1950年））に先立つものである．市街地内に建物および工作物を建設する時には警察署長に願い出，許可を得ること（第1条），また指定した場合は竣工後その検査を受けること（第2条）を定めており，建蔽率（10分の8以下），建築線（公共

---

245) 孫禎睦（1992），p. 170.
246) 朝鮮総督府（1918），pp. 1047-1105.
247) 朝鮮総督府（1918），pp. 1139-1239.
248) 朝鮮総督府（1918），pp. 1265-1279.
249) 孫禎睦（1990），p. 170.
250) 孫禎睦（1990），p. 112.

道路との境界から1尺5寸以上後退), 接道（公共道路に接しない場合には, 幅4尺以上の通路を設けること), 床高（地盤面より1尺5寸以上), 排水, 井戸, 厠, 糞尿溜, 煙突, 避雷針などの設備のあり方（第3条), 防火材料, 防火壁, 建物の高さ, 樋などのあり方（第4条), 工場の建設可能な地域（第6条) などを規定している. この「市街地建築取締規則」が適用されたのは, 京畿道京城府内の全域, 龍山面, 漢芝面の全域, そして仁昌面と崇信面の一部である.

朝鮮市街地計画令

こうして, 京城をはじめとして, 以上のような朝鮮半島の主要な都市は改造（市区改正) されていくのであるが,「市区改正」といっても, その具体的な内容は道路建設事業である. また, せいぜい下水道工事事業に過ぎない. より包括的な「都市計画」制度の制定の動きが起こってくる大きなきっかけになったのは日本内地における「都市計画法」の制定（1919年4月) である.

「京城都市計画研究会」が結成されたのは1920年1月であり, 元山, 大邱にも同様の動きが起こってくる. この過程も孫禎睦がその概要を明らかにするところであるが, さらに多くの地方都市に「都市計画」の動きが広まる. 京城において「区画整理」という新たな手法が導入されていく流れに大きな影響を及ぼしたのは関東大震災（1923年) である. 京城については, 1926年以降, 都市計画案が練られ, 1930年に『京城都市計画書』がまとめられる. 1920年代を通じて議論されてきた「都市計画法」の制定は, しかし, 日本政府も「朝鮮総督府」も, そして日本人居住者も都市計画事業施行のための財源を負担する意思がなく, 朝鮮人も経済的に余裕がなかったため[251], 結局は「時期尚早」[252]という理由で見送られてきた.

そして, ようやく, 朝鮮半島の都市全体を念頭に「朝鮮市街地計画令」が制定, 発布されたのは1934年6月である. その背景には満州事変があった.「満州事変の発生と満州国の建国に伴ひ北鮮羅津巷の都市建設の議」[253]が起こったのである. 羅津は, 満州の特産物を日本に大量輸送出来る港湾都市である. 1934年11月20日の「朝鮮総督府」告示第574号によって,「朝鮮市街地計画令」による朝鮮で最初の都市計画告示が行われたのが羅津なのである.

「朝鮮市街地計画令」は, 全3章（第1章「総則」, 第2章「地域及地区の指定並びに建築物等の制限」, 第3章「土地区画整理」) 50条からなる.

「都市計画法」ではなく「朝鮮市街地計画令」という用語が使われた理由について, 孫は, ①満州事変以降の日本国内および「朝鮮総督府」の軍国主義的雰囲気, ②日本

---

251) 孫禎睦 (1990), p. 175.
252) 日本大蔵省管理局『日本人の海外活動に関する歴史的調査 第8分冊 朝鮮編』1947, p. 130.
253) 全国都市問題会議事務局 (1938), p. 223.

と朝鮮の都市を同列で取り扱いたがらない官吏の発想，③この令の主旨が「既成市街地の改正よりもその拡張と新市街地の創設に重点が置かれていた」[254]という3点をあげている．そして，「朝鮮市街地計画令」の特質について，孫禎睦は，①日本（内地）の「都市計画法」「市街地建築物法」を一つにまとめたものであること，②地方行政庁の裁量の範囲を抹殺し，民間の権益をほとんど無視した強制性を帯びていること，③既成市街地の改良よりも，むしろその拡張と新たな市街地の創設に重きを置いていたこと，④朝鮮総督のみが立案することが出来たこと，⑤財源に関する規定がないこと，⑥土地区画整理に民間組合の施行を認めなかったこと，⑦建築物の規定について朝鮮の特殊事情（冬季寒いこと，地震がないこと）を考慮していること，⑧建築敷地造成という制度を設定していること，⑨高さ制限を街路幅との関係において規定していること，⑩条文がはなはだ難しいこと，を指摘している[255]．

その他の7割に近い都市は「朝鮮市街地計画令」の適用がないまま，市街地化が進められることになった．慶州にもこの令は適用されず，終戦後の1952年3月25日に内務部告示第25号によって「朝鮮市街地計画令」の計画が決定される．「朝鮮市街地計画令」は，1962年1月20日の新しい都市計画法と建築法が制定・公布されるまで韓国の都市に適用されていた．

条文は条文であり，法令がどう具体的に適用されるかは，個々の都市についてみる必要がある．ただ留意すべきは，「朝鮮市街地計画令」が全ての都市に適用されたのではないということである．孫禎睦は，官報を丹念に調べながら，金儀遠が『国土開発史研究』で『日本人の海外活動に関する歴史的調査』（大蔵省，1947）をもとに明らかにした38都市に加えて，官報で確認された「朝鮮市街地計画令」が適用された41都市と準用された2都市（吉州，高原）計43都市を明らかにしている（図Ⅰ-17，表1-5）．

43都市をその歴史的背景や都市の特性より分類してみると[256]，①「開港場」および「開市場」となった12都市，②道庁所在地9都市（大邱，全州，清州，光州，海州，咸興，羅南），③満州との関係，工業立地など特別戦略都市6都市（羅津，興南，洪原，端川，順天，満浦），④日本との関係で開発が必要とされた2都市（麗水，三千浦），そして⑤伝統的な都市で地域住民に対する懐柔策として市街地整備が必要とされた6都市（開城，晋州，吉州，江陵，安東，水原），⑥その他特殊目的の3都市（扶余，堤川，高原）などである[257]．

慶州はこれに含まれていない．本書が扱うのは，基本的にはこの43都市以外の都

---

254) 孫禎睦 (1990), pp. 186-194.
255) 孫禎睦 (1990), pp. 186-194.
256) 孫禎睦 (1990), pp. 196-200.
257) 扶餘は神宮が計画されたところで，高原は鉄道交通の新要衝地として，堤川は大水害の復旧のために市街地計画令が適用または準用された．

第Ⅰ章

韓国近代都市の形成

図Ⅰ-17 「朝鮮市街地計画令」の適用都市

市である[258]．第2次世界大戦の終戦当時，全国には124の「邑」[259]と22の「府」[260]，併せて146の自治体があった．結局，「朝鮮市街地計画令」は，当時の朝鮮半島における全都市の34％に適用または準用にとどまっていたのである．

　適用・準用といっても，法令の制定・施行によって，都市の形が直ちに変わっていくわけではない．韓国の諸都市は，徐々に変わっていくことになる．本書が対象とする都市は，「開港場」「開市場」や「朝鮮市街地計画令」が適用された都市以外の地方都市である．地方都市の変容に，韓国近代都市の形成の緩やかな方向を見ることが出来るのである．

　日本植民地における都市計画の歴史は，そのまま近代日本の都市計画の歴史である．

---

258) 鉄道町を扱う安東は「指定面」である．
259) 孫禎睦 (1992), pp. 258-259.
260) 孫禎睦 (1992), pp. 251-252.

90

近代都市計画の導入

表 I-5　朝鮮市街地計画令適用・準用市街地および主要計画決定内容

都市名	告示年月日	告示番号	区域面積 (㎡)	計画人口 (人)	計画事項および備考
羅津	34.11.20	第574号	37,300,000	300,000	街路, 区整
京城	36.3.26	第180号	135,355,032	1,100,000	街路, 区整, 地域制, 公園, 風致地区, 住宅
清津	〃	第181号	135,640,000 (181,190,000)	750,000 (900,000)	街路, 運河, 工業, 住宅 (41.428告示599号で区画拡張)
城津	36.4.20	第262号	12,650,000 (60,540,000)	40,000 (160,000)	街路, 区整, 工業, 住宅 (44.1.8告示18号で区域拡張, 公園, 緑地, 風致地区)
大邱	37.3.23	第186号	67,217,700	350,000	街路, 区整, 工業, 住宅
木浦	〃	第187号	15,138,000	140,000	街路, 区整
釜山	〃	第188号	84,156,000	400,000	街路, 区整(44.1.8告示14号で公園, 緑地, および風致地区)
新義州	〃	第189号	6,213,000 (51,900,000)	140,000 (250,000)	街路, 区整, 工業, 受託 (39.11.7告示923号で区域拡張)
仁川	37.4.12	第263号	27,588,400 (230,800,000)	150,000 (400,000)	街路, 区整, 工業, 住宅 (44.1.8告示13号で区画拡張および公園, 緑地, および風致地区指定)
平壌	37.4.30	第285号	92,050,000 (110,985,000)	500,000	街路, 区整, 工業, 住宅 (40.4.17告示391号区画拡張 41.1.8告示15号で公園, 緑地, 風致地区)
咸興	〃	第286号	17,134,000	110,000	街路, 建築敷地造成
羅南	38.2.16	第119号	45,350,000	180,000	街路, 区整 (41.4.28告示599号で清津市街地計画区域に編入)
元山	38.5.7	第400号	34,981,000	130,000	街路, 区整, 住宅
全州	38.5.9	第403号	19,756,000	100,000	街路, 区整
群山	〃	第404号	27,633,000	130,000	街路, 区整
春川	〃	第405号	9,734,000	40,000	街路, 区整
大田	38.5.12	第411号	34,426,000	110,000	街路, 区整
開城	38.11.11	第886号	30,402,000	110,000	街路, 区整
鎮南浦	39.6.17	第495号	18,513,000	120,000	街路, 区整, 工業, 住宅
清州	39.10.31	第899号	18,292,000	60,000	街路, 区整
扶余	〃	第900号	44,240,000	70,000	街路, 区整
光州	〃	第901号	34,905,000	150,000	街路, 区整
海州	〃	第902号	46,600,000	100,000	街路, 区整, 工業, 住宅
興南	〃	第903号	69,590,000	200,000	街路, 住宅
揚市	39.11.6	第913号	70,400,000	150,000	工業, 住宅のみ (街路, 区整無し)
多獅島	39.11.7	第924号	108,000,000	320,000	街路, 区整, 住宅
京仁	40.1.19	第25号	350,590,000 (220,750,000)	1,000,000	街路, 区整, 工業, 住宅 (44.1.8告示12号で地区中一部仁川区域に編入, 区域縮小計画令中建築規則一部条文のみ適用)
吉州	40.10.21	第1102号	面積表示　無	区画表示図面のみ	街路, 区整
江陵	40.12.10	第1391号	6,540,000	57,000	街路, 区整
晋州	41.1.27	第90号	20,250,000	80,000	街路, 区整
安東	41.1.28	第92号	34,200,000	78,000	街路, 区整
洪原	〃	第93号	24,850,000	160,000	街路, 区整
麗水	41.1.29	第97号	24,980,000	80,000	街路, 区整
堤川	41.2.19	第167号	5,360,000	50,000	街路, 区整
保山	41.4.5	第450号	24,850,000	200,000	工業, 住宅, 緑地地域 (街路, 区整無し)
順天	41.4.12	第520号	50,920,000	60,000	街路, 区整, 工業
馬山	〃	第556号	43,287,000	80,000	街路, 区整
三陟・墨湖	41.4.26	第594号	95,070,000	300,000	街路, 区整, 工業, 住宅
端川	〃	第595号	45,180,000	250,000	街路, 区整
高原	41.6.23	第913号	面積表示　無	区画表示図面のみ	計画令中建築規則一部条文のみ適用
満浦	42.7.8	第963号	4,000,000	60,000	街路, 区整
水原	44.8.10	第1053号	29,390,000	100,000	街路, 区整, 公園, 緑地および風致地区
三千浦	〃	第1054号	36,350,000	100,000	街路, 区整, 緑地

※計画事項中, 区整は土地区画整理地区, 工業は一団の工業用地造成地区, 住宅は一団の住宅地経営地区, 緑地は緑地地域.
※告示日と「朝鮮総督府」官報掲載日はすべて同一.
出典：孫禎睦 (1990)

孫禎睦の一連の作業とともに日本においても同様の作業が行われてきた．日本建築学会が設立80周年を記念して編んだ『近代日本建築学発達史』[261]には，「植民地および占領地の都市計画と建設」(第六編「都市計画」第八章) が収められている．しかし，近代日本の都市計画史の端緒とその概要がまとめられるのは，少し後のことで，石田頼房『日本近代都市計画史研究』(1982)，『日本近代都市計画の百年』(1982)，藤森照信の『明治の東京計画』(岩波書店，1982) においてである．また，渡辺俊一の一連の著作においてである．そして，近代日本の都市計画の歴史への関心が日本植民地の都市計画に向けられていくのは必然である．その先駆けとなったのが越沢明による満州の都市計画をはじめとする一連の研究である[262]．

孫禎睦がまず焦点を当てたのは，以上のように，「開港場」であり，「開市場」である．そして都市計画制度であり，都市計画事業である．孫禎睦があらかじめ中・日・韓の三国比較を出発とするように，また，越沢明が朝鮮半島，台湾にも作業を拡げていくように，近代都市計画制度，都市計画事業の相互比較が出発点である．

こうして，1970年代末から1980年代初頭にかけて基礎が築かれた日本の植民地における都市計画に関する研究は，中国，韓国，そして台湾からの日本への留学生が増加するとともに，その密度，深度，精度を上げていくことになる．また，韓国，台湾においても並行した研究が展開されることになる．

日本の建築学会，都市計画学会における韓国の近代都市計画史に関わる研究は，著者らの論文を除くとそう多いわけではない[263]．近年では，最初期の学位論文として，金龍河『東アジアにおける近代港湾都市の成立と展開に関する比較研究』(1987)，許萬亨『韓国釜山の都市形成過程と都市施設に関する研究』(1993) などがある．前者は，中国の上海，日本の横浜，韓国の仁川の三都市を，開港や租界制度，近代的港湾都市としての展開と変容，仁川における都市施設の形成について論じたものである．後者は，朝鮮王国の前期から日本による保護国の段階までの釜山を事例として，「倭館」の変容と近代都市としての釜山日本居留地においての都市施設の導入と整備について論じたものである．ソウル (京城) について，「朝鮮神宮の鎮座地選定」と日本人居住地の形成を扱った青井哲人 (1999) 論文[264]の他，新聞記事を材料にする金銀眞の一連

---

261) 丸善，1972年．
262) 越沢明 (1978；1982；1988；1989)．
263) 建築分野での研究としては，金一鎮他「大邱地域近代商業建築の流入と変遷に関する研究」『大韓建築学会誌』6巻2号，1990.4 と，尹一柱による一連の洋風建築，建築家とその作品に関する研究などがある (尹一柱 (1988))．
264) 青井哲人「朝鮮神宮の鎮座地選定 ── 京城における日本人居住地の形成および初期市区改正との関連から」『日本建築学会計画系論文集』No. 521, p. 211, 1999.7．

の論考[265]，郊外住宅地の形成を扱った砂本文彦の考察[266]がある．また，初田亨らが釜山[267]と大邱[268]の近代都市史を扱っている．

3-4 土木・営繕組織

併合以前

　朝鮮時代には，中央に工曹を置き（太祖元（1392）年），それを主管官庁とし，土木その他の事務に当てていた．また，工曹における事務公掌として営造司，攻冶司，山澤司を置き，営造司に，宮室・城池・公廨・屋宇・土木工設・革皮などの事務をとらせていた[269]．さらに，その所属官署として繕工監を置き，繕工監の下に炭色・鴨島色・鉄物色・工作色・竹色・長木色・索色・材木色・還下色・匠人色などを設けていた．「色」とは「課」あるいは「係」と同じで，各色は土木・営繕に関する材料および工人に関する事項を統括していた．繕工監は，専ら官衙の建築・修繕を掌り，宮闕の営繕・築城などの大工事の場合は臨時に「営建都監」を設置する．

　甲午（1894）年の7月に官制が改正され，工曹は工務衙門に改められ，国内一切の工作・営繕事務を総管し，その建築局において公廨建築・営繕などに当たることになる[270]．そして翌年（1895）3月に再び官制が改正され，工務衙門は農商衙門と併せて農商工部となる．工務衙門に属していた公廨建築・営繕の事務は農商工部に引き継がれた．また，土木に関する業務は，内部に設けられた土木局が業務を担当した．1905年の官制改正では，土木局を廃止し地方局に土木課が置かれる．1907年12月の官制改正によって，再び土木局が設置されるが，併合後には，内務部地方局土木課

---

265) 金銀眞の下記の著作を参照．「鍾路の変容を通してみるソウルの近代化に関する一考察 ── 大韓帝国期（1883-1910年）の新聞記事を題材に」『日本建築学会計画系論文集』No. 588, p. 251, 2005.2.「ソウルの中心地における都市の賑わい空間に関する考察 ── 植民地初期（1910-1919年）の新聞記事を題材に」『日本建築学会計画系論文集』No. 599, p. 197, 2006.1.「ソウルの中心地における街並みの変貌に関する一考察 ── 植民地中期以降（1920-1945）の新聞記事を題材に」『日本建築学会計画系論文集』No. 620, p. 215, 2007.10.
266) 砂本文彦「京城（現ソウル）の郊外住宅地形成の諸相」『日本建築学会計画系論文集』No. 613, p. 203, 2007.3.
267) 曹榮煥・初田亨「1870年代から1910年代（韓国併合以前）における釜山の拡大と商工業・都市施設の分布について ── 近代期の韓国・釜山における市街地の変遷に関する研究　その1」『日本建築学会計画系論文集』No. 587, p. 251, 2005.1.「1910年代から1940年代（韓国併合期）における釜山の拡大と商工業・都市施設の分布について ── 近代期の韓国・釜山における市街地の変遷に関する研究　その2」『日本建築学会計画系論文集』No. 594, p. 237, 2005.8.
268) 洪庸碩・初田亨「韓国・大邱における1876年から1910年までの日本人の活動と都市の近代化」『日本建築学会計画系論文集』No. 610, p. 229, 2006.12.
269) 朝鮮総督府（1937），p. 27.
270) 朝鮮総督府（1937），p. 28.

が土木事業の主管となった.

　新たに必要となった港湾の改良および税関設備の建設については，特に技術者を起用し，1905年12月に総税務司並びに財政顧問部の下に「税関工事部」が組織される[271]．その業務内容は，港湾設備を基本とする建築工事全般に及んでいた．直接建築事業に当たったのは，総税務司の管轄下の「海関燈台局」であった[272]．当初は，皇居に属する一部の工事も行いながら燈台および税関に関する建築工事を担当していたが，後には各種の庁舎および官舎・倉庫などの建築工事も担当するようなる．

　「統監部」が設置された1905年以降，税関工事部は，内閣庁舎，京城監獄，各地の農耕銀行庁舎および倉庫などを建築するようになり，税関工事部は国内の政府建築工事を担うようになった．新たな組織として同年度に度支部の下に「建築所」が設けられる．税関工事部も同じ度支部に属しており，建築所の工事課長は臨時税関工事部長を兼任するなど，両部署の職員は「相互兼勤」する「唇歯輔車」の関係[273]にあった．

　1908年8月には，業務内容がほとんど変わらない臨時税関工事部を「建築所」に吸収合併させ，完全なる「工事執行特設機関」が設置される[274]．「建築所」には工事部と経理課を置き，工事部には土木課と建築課が設置された．また，全国7箇所に建築出張所が置かれていた．

　朝鮮時代の地方における土木関連の制度は，法規として存在したわけではない．ただ，中央と同じく六曹制度による職務の区分が存在しており，その中の「工房」所属の吏員が各種公廨の営繕をはじめとする土木関連の事務に関わっていたと見られる．また，廟，碑閣などのような公共的工事は，儒林有志の寄付などによって行われた．

　1895年の地方制度改革以降，郡以下の土木事業に関しては閣議決定することが決められている．1906年には地方税規則が定められ，地方の土木と庁舎建築などに関する経費の支出について法規定が設けられたが，実施には至らなかった[275]．1909年に，地方税規則の代わりに地方費法が制定され，庁舎の建築および修繕と土木に関する経費執行の根拠が定められた．1908年の官制改正の時に各道に内務部が置かれ，土木に関する事業を担当した．1910年5月には事務分掌規定が定められ，内務部に土木係を設置，土木，公有水面，運輸交通に関する事務を行うこととなる（図I-18）

植民地時代

　1910年9月30日に「朝鮮総督府」および所属官署の官制が公布され，10月より施

---

271) 朝鮮総督府 (1937), p. 30.
272) 朝鮮総督府 (1937), p. 31.
273) 朝鮮総督府 (1937), p. 32.
274) 朝鮮総督府 (1937), p. 33.
275) 朝鮮総督府 (1937), pp. 36-37.

近代都市計画の導入

行されると，土木関連業務は内務部地方局土木課が担当するようになる．そして，直轄工事のため慶州など全国18箇所に土木派出所が設置された．派出所は，工事の竣工，新計画の実施などに従い開設または閉鎖されており，慶州の派出所は1911年7月31日付で廃止されている．慶州派出所の任務は，当時建設された大邱より慶州を経由して浦項に連絡する2等道路の工事にあったと見られる[276]．

　1912年3月の官制改正によって，「官房土木局」が新設される．局の下には調理課・工務課・営繕課が設置され，直轄工事のための出張および工営所が新設された．調理課が土木関連業務の監査・監督・土地受容・地方土木費補助の調査，工務課が土木一般工事の計画・実施・監督・地方土木工事監督，営繕課が建築工事および修繕工事の計画・施行・監督，地方営繕工事監督，官有財産整理を所轄した．

　1915年5月の制度改正により調理課と工務課が合併され土木課になった後，1919年の制度改正では土木局が土木部と改称される．また，1921年4月からは，土木部の下に土木課，工事課，建築課の3課が置かれる．土木課には都市計画に関する事項が，工事課には工事技術関連業務と地形図調製に関する事項が追加された．1924年末には，一般行政財政整理方針により土木局が廃止され，内務局に土木課と建築課が設置される．土木課は従来の工事課と土木課の業務を受け継いでいる．以上のように，主に内務局に所属していた土木課は，戦時体制が本格化する1941年に入ると司政局に配属され，終戦の時点では鉱工局に所属していた．

　併合以降の各道における土木事務は，内務部地方係が担当し，道長官が特にその必要を認めた場合には土木係が設置された．しかし，業務の量が次第に増加し1915年5月の中央における本部分課改正と同時に，地方係から土木係が分離され，土木一般の仕事を担当するようになる．また，1919年8月の官制改正によって，土木係は土木課と改められた．

　営繕業務は，「道」ごとに管掌部署が異なり，京畿道と慶尚南道が会計課，他は土木課が担当していた．忠清南道と咸鏡南道の土木課は都市計画に関する事項も担当していた．慶州の所属する慶尚北道の場合は，土木課が土木関連事業，公有水面の埋め立てと使用，土地受容のような業務を行っていた．1928年4月現在の慶尚北道の営繕事務は，会計課が担当していた．また，事業の膨張による執行機関の充実化を図るため，1913年9月に京畿道を皮切りに，各道に技師を置くようになる．1921年2月には慶尚北道にも技師が勤務することとなった．

　「道」の下の「府」「郡」「島」における土木事務は，当初は単なる道知事の補助にとどまっていた．つまり，専任の職員もないまま庶務係が土木関連の仕事を兼務していた．1913年3月には，政務総監が定めた準則の通牒を受け，これをもとにして道知

---

276)「道路規則」および「道路修築標準規定」が1911年に施行されている．

第Ⅰ章
韓国近代都市の形成

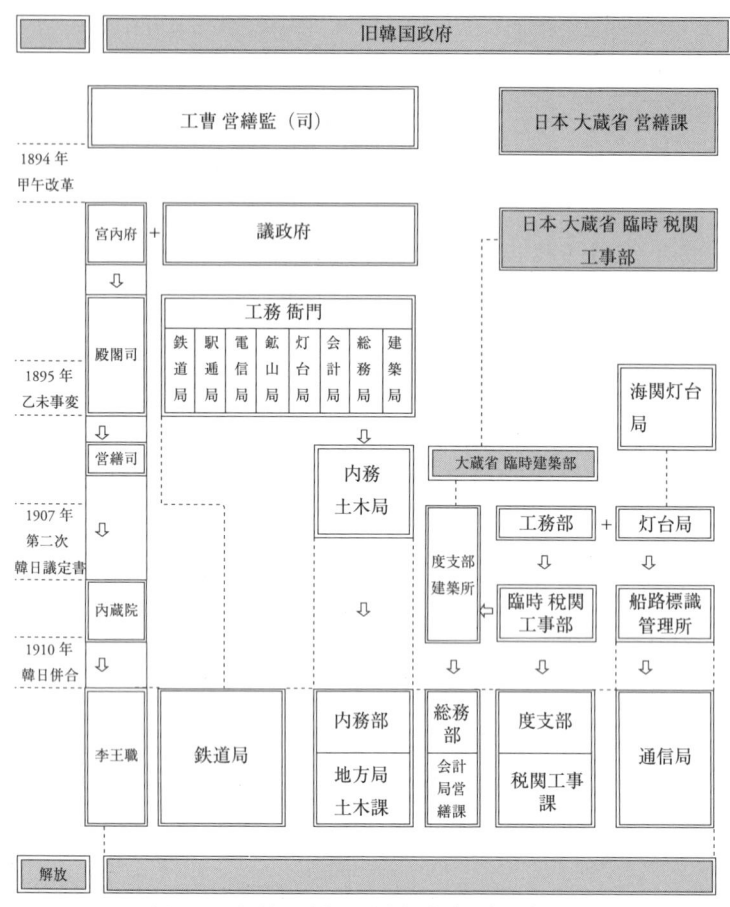

図Ⅰ-18　旧韓国時代の政府組織（李錦度（2007））

事が事務分掌を制定した．それによると，府郡に庶務係と財務係を置き，庶務係の事務の一部として道路・河川・堤防・水利などの業務を担当させた．また，1921年に改正された事務分掌の第5条によると，郡と島には庶務課と財務課の他に勧業課が設置されている．しかし，この組織も1924年の行政整理の趣旨に沿って，事務の簡素化と能率化を図るとのことで再び庶務係と財務係に戻され，土木関連の業務は庶務係が取り扱うこととなっている．

3-5 邑城の解体

城壁の撤去

　地方制度改革とともに，各地の「邑城」は大きく変貌していく．「開港場」の場合，沿岸部の寒村を立地とすることが多かったけれど，「開市場」の場合，既存の市街地の改造が必要となった．いわゆる「市街整理」[277]が行われるのである．まず行われたのは基幹設備（インフラ・ストラクチャー）の整備，具体的には，道路や港湾施設を建設する土木事業である．

　京城の場合は，南大門周辺における道路の開鑿が最初の「市街整理」の例である．「幅が3間に過ぎない門の中を電車の軌道までが敷設されていて，交通上の危険と不便が到底忍ぶ能はざるに至れり」[278]という理由で，13万8000円の工費をかけ1907年の4月より土地家屋などの買収を行い，同年9月15日より本工事が開始され，1908年10月30日に完成した[279]．工事は，「楼門を保存して市街の美観を保たしめ，其の左右の城壁を取毀ち門の南北両側に各幅8間の新道を開鑿し，之に門を通ずる旧道路を加へ都合3線と為し」[280]ている．京城におけるこの時期のもう一つの「市街整理」事業として，南大門より停車場（今のソウル駅）に至る道路の拡張工事がある．

　大邱では，1908年12月より1年間，約2万円の工事費をかけ「邑城」の城壁を撤去し，其の跡地を利用して市街を1周する幅員3間，延長24町の道路を修築している．また，この工事の完成にあわせて国庫補助金3万3000余円を含む3万9000円で，やはり「邑城」の中心街路であった十字形の道路を，実用幅員5間6分1厘に改修した．

　京城や大邱のような城郭の場合は，主に城壁を取り壊した道路の改築が「市街整理」である．これについて孫禎睦は，城内への外国人の入居を一般的に拒否する風潮があり，また，日本には市壁のある都市がなかったことを指摘して，城壁の撤去は日本が植民地支配を達成するための不可避な作業であったという[281]．

　しかし，「邑城」体制を支える制度は既に撤廃されており，城内の旧体制は崩壊していたから，城壁の必要性も最早無くなっていたとみていい．京城には城壁が存在していた時期にも居留地が設けられ，外国人が居住していた．城内には多くの設備があ

---

277) 「市街整理」は公式の用語ではないが，「市区改正」以前の市区改正（すなわち都市計画）と区別して用いる．
278) 朝鮮総督府（1937），p. 1023.
279) もともとは南大門を'交通上の障害'や'砲車の往来に邪魔になる'との理由で撤去する動きがあったが，当時京城の日本人居留民団長の中井喜太郎が'昔加藤清正が潜った門'なので門を撤去せず'その左右の道路を拡張する案を作成した'結果，現在のように保存出来たという（中井錦城『朝鮮回顧録』（糖業研究会出版部，1915），pp. 167-169）．
280) 朝鮮総督府（1937），p. 1024
281) 孫禎睦（1986），pp. 120-122.

り，また法律上は解放されたとしても朝鮮時代の「中人」や「賎民」層にあたる人びとが，住民として多く居住していた．顧問政治が始まると，道庁所在地を筆頭に各郡庁所在地まで，日本人が地方行政の顧問・警察・軍人・小学校の教師として入ってくるが，一般の日本人が城内で居住することは城外より安全な側面もあったと思われる．京城の城壁も一気には撤去されず，市街化に伴い徐々に撤去されていったのであり，第1に撤去しなければならないというほど政治的意図と意思はそれほどあったとはみられない．とはいえ，撤去には手続きを要し，城壁を撤去することが必ずしも容易ではなかったことも事実である[282]．

この時期に見られる城壁の撤去は，大邱や全州のように地方の中心地で平地にある「邑城」が対象となっている．つまり，「市街整備」の必要性の高い「邑城」の城壁が主に撤去された．

大韓帝国政権下に進出してきた日本人が，財政顧問部の日本人官吏の庇護のもとで，当時としては地方都市に滅多にない大土木事業として城壁撤去を行い，利益を収めたのは事実である．住民を相手にした既存道路の拡幅のための土地買収が難しい当時，城壁を撤去し新道路をつくることは，事業利益とともに道路沿いに将来の商店街敷地を確保する大きな目的と理由があったのである．もちろん，城壁撤去による道路整備の必要性は充分意識されていた．大邱では，城壁の撤去と城内幹線道路の整備を同時期に実施しているのである．関野貞による「韓国建築調査」(1902年) 以来の日本人による調査報告書を見ると，「邑城」に関しては関心を寄せておらず，「邑城」そのものにそれほどの意味は与えていなかったと思われる．「華城(水原城)」のように補修と整備が行き届いていたならば，「朝鮮総督府」も「邑城」を撤去出来なかっただろう，と孫禎睦はいう[283]．

現在も維持保存されている「邑城」は，郡庁舎所在地ではなかったところのものが多い．開発の圧力がないところほどよく残されているのは日本でも同じである．そして，住民が自発的に保存と整備を行ってきているところの状態が良好であるのも同じである．全羅道の牟陽城の場合は，城壁の上を踏み歩く正月の民俗遊びがあり，その行為によって冬の凍結による城壁の破壊を防ぐ一方，その際に頭に乗せて運ぶ石で修理もしてきた．そういう伝統も大きい．また，楽安邑城には，城壁を破壊すると，朝鮮の名将でありながら楽安邑城を築いた林慶業将軍が罰を与えるとの言い伝えがあるが，こうした地域住民の歴史への思いも大きい．

---

282) 最初に撤去された城壁は大邱邑城で，郡守が政府の許可のないまま行った．ソウル南大門左右の城壁撤去のため，1907年7月30日の内閣令第1号で「城郭処理委員会」が設置されている．
283) 孫禎睦(1986)，p. 120．

祭祀施設の撤廃

　朝鮮王朝が誕生して間もない頃から始まり，絶え間なく続けられてきた「社稷壇」「城隍壇」「厲壇」での祭祀は，1894年の改革以来廃止され[284]，儒教的秩序のもとで成り立っていた「邑城」の空間構成は大きく変化することになった．第1に，儒教以外の宗教施設が建設されるようになる．キリスト教の教会や東学の侍天教教会，そして日本人の居住が始まると神社や日本の仏教寺院が建てられるようになるのである．

　「客舎」で行われてきた「望闕礼」[285]も廃止され，以降は，客舎直1人が管理に当たるだけの施設となった．「客舎」は，地方の「邑城」においては最も大きな施設であり，戦時には駐屯地として用いられた．植民地時代になると，普通学校の校舎となったところが多い．

　また，教育施設であるが，儒教式祭祀施設の機能を併せ持ってきた「書院」が大院君の改革によって撤廃されたのも大きな変化である．序章で触れたように，当時の「書院」は莫大な土地と「奴婢」を所有していたが，免税と免役の特権を有することで，国の統制から逃れていた．また，そのことで国家の財政を逼迫させる要因ともなっていた．大院君は，王権強化策として1868年に「書院」からも徴税することとし，1871年には「書院」を47に整理してしまう[286]．慶州府管内では，40以上あった「書院」は，西岳書院と玉山書院の二つを除いて撤廃された．しかし，ほとんどの「書院」の施設はそのまま残り，祭祀だけは続けられた．歴史的に形成されてきた同族観念や「書院」を中心とした親戚概念は根強く残り，いまだにその影響力は残っている．ただ，特権を失ったため，維持管理のために建物の規模を縮小させたり，取り壊して壇を設置したりしたところが少なくない．

　さらに，1895年の改革によって人定・罷漏制度が廃止され[287]，それまで通行禁止や時刻を知らせるために鳴らされてきた慶州城南門外の奉徳寺の鐘と同様の機能を果たしていた全国の鐘も，その役割を失うことになった．

官衙建築の解体

　「統監部」時代に度支部によって行われた諸官庁の新築または改築は，韓国併合以降も最も力を入れた事業として進められた．つまり，「朝鮮ニ於ケル諸官衙ハ構造概ネ旧式ニシテ朝鮮式家屋大部分ヲ占メ執務上不便ナルノミナラス政務ノ進歩ニ伴ヒ益狭隘ヲ感スルニ至リタルヲ以テ本府設置後一層官衙営繕ノ計画ヲ拡充シ」[288]たのであ

---
284) 慶州郡 (1929), p. 24.
285) 毎月1日と15日に客舎で行われた儀礼.
286) 李基白 (1990), pp. 343-344.
287) 孫禎睦 (1986), p. 32.
288) 朝鮮総督府 (1922) p. 233.

る.「朝鮮総督府庁舎」と朝鮮神宮の建設に代表されるこの時期の「朝鮮総督府」による建築活動は,支配国の権威を象徴する有効な手段と考えられた.

　日本の官庁における事務スタイルに慣れて親しんでいた「朝鮮総督府」の官吏は,朝鮮式家屋の不便さや狭さをあげ,真っ先に官庁建築の改変に取り組んだ.一言で官庁と言ってもその用途や機能は様々で,宗教的性格の強い社寺,各種教育機関,医療機関,官舎などの住宅,倉庫,駅舎のような交通施設,そして各種官庁など,一般の住宅や事務用のビルなどを除いたほとんどの建築活動が「朝鮮総督府」によって進められた.この新しい諸官庁建築の建設ラッシュによって,朝鮮王朝の官衙建築に代表される古建築物は破壊・解体への道をたどり始めることになるのである.

　官庁建築のうち,地方の行政関連のものとしては,道庁舎と府および郡庁舎がある.『朝鮮総督府施政年報』によると,「朝鮮総督府」は韓国併合の翌年に当たる1911年度より府・郡庁の新改築を実施している.この年には,1万8803円の工事費でそれぞれ3箇所,新築または増改築されている[289].また,同じ年に道庁は5箇所が増改築された.こうした道庁舎の新改築を筆頭に全朝鮮諸地方の府庁舎と郡庁舎,そして一部の面庁舎[290]の建築が進められていくのである.

　併合以来進められてきた各種庁舎の新改築は,「朝鮮総督府」庁舎の完成が目前となった1925年になるとひとまず峠を越す.「朝鮮総督府」庁舎,朝鮮神宮,京城駅,京城大学[291]などの大規模建築が完成すると,各学校の建設も一段落する.また,財政難による行財政改革が1923(大正12)年より始まっており,1923年には600万円,1924年には400万円だった建築費が1925年には193万円に削減されている[292].

　しかし,地方の郡庁舎などの新改築はその後も進められ,13道218郡の庁舎のうち,毎年19万5000円の予算で,1道1箇所ずつ新築して行く計画が立てられている[293].『朝鮮と建築』によると,1928年には13箇所の郡庁が新築,1箇所が改築され,工事費は20万6040円使われている[294].1929年には8箇所,1930年にはまた13箇所の郡庁が新築された.慶州について後に見るように,新改築されたところの旧庁舎は民間に払い下げるか,そのまま解体処分された.民間に譲渡されたものは,寺院などとして再利用されたものもある.以上のような官庁の新改築によって,旧邑城の中心部に密集していた朝鮮式庁舎は急激に減っていったのである.

---

289) 朝鮮総督府『朝鮮総督府施政年報』(1911), pp. 195-196.
290) 邑・面制実施後は主に邑の庁舎が優先される.
291) 後の京城帝国大学であり,現在の国立ソウル大学である.
292) 内,大規模建築に関わる予算が123万円で,他の諸建築の予算は全体の36%に過ぎなかった.
293) 朝鮮建築会『朝鮮と建築』8-12, 1929, p. 28.
294) 朝鮮建築会『朝鮮と建築』7-12, 1928, pp. 36-39.

3-6 古蹟調査

「開港場」「開市場」が設けられて以降，以上のように，数多くの新たな建築物が建てられていくことによって，かつての「邑城」は大きく変貌していくことになった．すなわち，多くの城壁や祭祀施設，官衙建築が撤去・解体されていくことになった．

朝鮮半島における伝統的な建築の多くが日本による植民地化の過程で失われることになるのであるが，無差別に伝統的な建築が解体されたり，改造されたりしたわけではない．

1905年の保護条約締結から韓国併合に至るまでの間，事実上韓国を統治した「統監部」は，「着々と機構が改革された際，中央地方共，役所の事務室の改良[295]」が必要となり，「在来の大建築物の改築または破壊を余儀なくされた[296]」が，建築改善の顧問として招聘した[297]妻木頼黄に，「新しき諸役所が必要であるからといって，無闇に在来の古建築を改造したり，破壊したりすることは将来に悔いを残す恐れがあり，朝鮮は千数百年の昔，日本に建築技術を輸入した国である．まず在来の古建築の調査を施行し，品位等級を定め，其の優秀なるものは務めてそれが保存を計る必要」[298]がある，と指摘され，古建築調査に踏み切る（図I-19）．

この古建築調査に当たったのが関野貞である．関野が最初の調査を行ったのは韓国併合前夜の1909年9月-12月であった[299]．ただ，関野は，1909年より1915年までの「古跡調査」に先立って，1902年に，朝鮮半島に渡って建築調査を行った経験があった．調査地域は慶州を含む慶尚南北道の一部とソウル周辺の京畿道に限られていたが[300]，新羅，高麗，朝鮮の各時代の宮殿，城郭，寺院，塔，陵墓，住宅など朝鮮の古建築物をほぼ網羅し，『韓国建築調査報告』[301]を書いているのである．しかし，

---

295) 小川敬吉「古蹟に就いての回顧」『朝鮮と建築』16-11, 1937.11, pp. 82-83.
296) 小川敬吉「追悼談」『朝鮮と建築』14-10, 1935.10, p. 25.
297) 招聘したのは，当時の韓国政府度支部次官の荒井賢太郎である．日本政府の強い影響下にあった政府内の度支部建築所が全ての官営建築活動を担っており，城郭と旧官庁の撤去と改築にも直接関与していた．度支部建築所は，1908年にソウルの南大門両脇の城壁を壊し，今のようにその周りを車が通るようにしている．
298) 小川敬吉,『朝鮮と建築』16-11, 1937.11, p. 82. これに関連しては,『朝鮮芸術之研究』の緒言も参考.
299) 調査には関野の要求によって文学士谷井濟一，工学士栗山俊一が補助者として嘱託された．当時の関野の身分は「東京帝国大学工科大学助教授兼内務技師」であった．調査時期が秋から冬にかけていたため，「時中秋より厳冬に連り深く未開に山野を跋渉し（中略）有らゆる不便を忍ぶ」（関野貞 (1910)，緒言) ものになった．
300) 1902年7月5日に仁川に到着し，そこから京城，開城，釜山，東萊，慶州，大邱，加耶山一帯の順に調査を行っている．再び釜山に戻ったのが9月4日で，同日釜山より長崎に向けて出港している．
301) 関野貞 (1904).

第Ⅰ章
韓国近代都市の形成

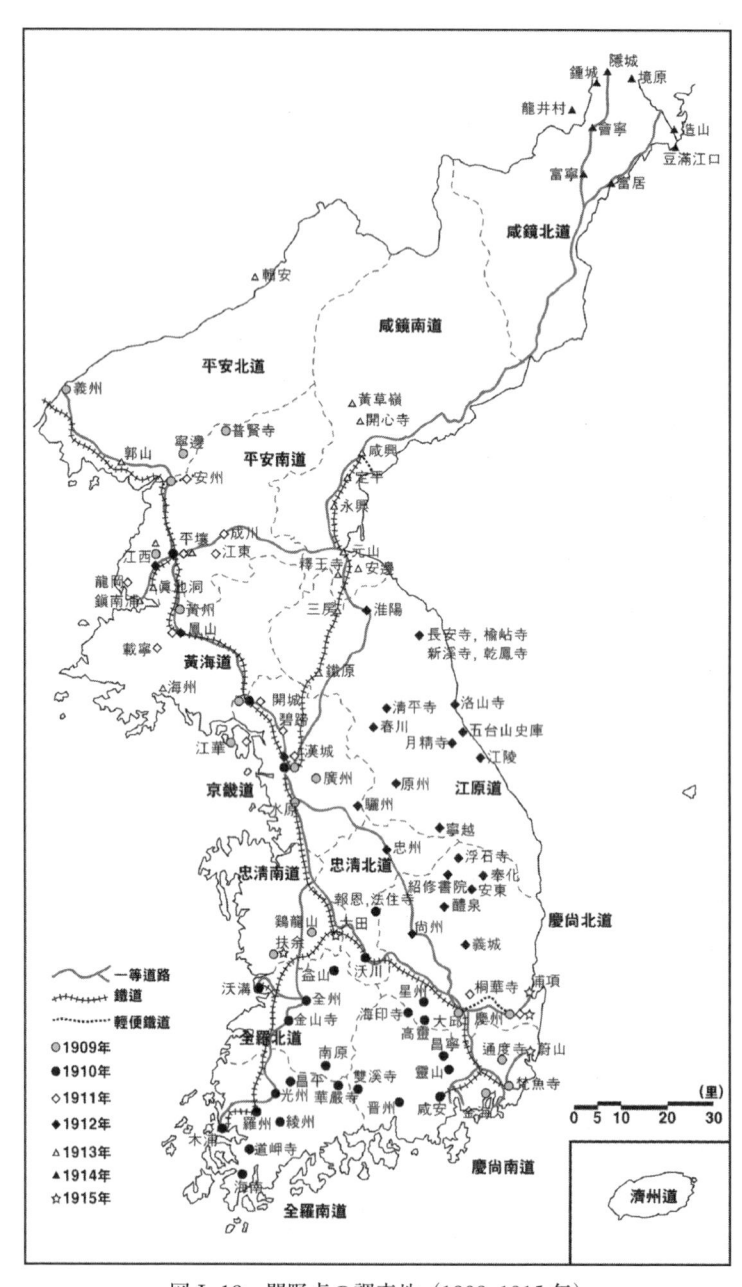

図 I-19　関野貞の調査地（1909-1915 年）

時間の都合で「個々ノ建築物ニ就キ実測ヲナシ詳細ノ写生図ヲ作ル暇」がなく,「構造装飾ノ如キ皆写真ニ頼ルコト」になった. 報告書には, このため実測図がないのだが, その反面写真が豊富で貴重な資料となっている.

関野は, 朝鮮半島の建築に対してかねてから興味を持っており,「幸ニ官命ヲ受ケ」[302]韓国に渡航したという. その関心は, 朝鮮半島の建築そのものよりも, 中国・日本の建築との関係を調べるところにあった. それは,「世界ノ建築史特ニ東洋ノ建築史ヲ研究スルノ上ニ於イテ最必要ニシテ興味アルコト」[303]であったのである.

しかし, 彼のいう「官命」とは誰の命令であったのか. 単なる建築的な興味から東京帝国大学工科大学長が命令を出したとは思えない. 調査は将来の朝鮮支配を念頭においたものであった可能性が大きい. 関野貞が中心となった韓国の古建築および遺跡や美術に関する調査は, 以下にみるように,「韓国併合」の後にも数回にわたって行われた.「旧慣調査」や「史料調査」も同じ時期に進められた. 調査結果は植民地支配のための政策作りに大いに寄与した. たとえば,「旧慣調査」は各種法令の基礎となり,「史料調査」の結果は教科書の編纂や「朝鮮史」編纂にも活用された.「大日本帝国朝鮮地方」となった地域の歴史が日本人の手によって書かれてしまったことは, 今の韓国にとって乗り越えなければならない大きな障壁となるのである.

「韓国併合」直前の1909年の調査で, 関野が対象としたのは建造物および遺物であり, 宮殿, 城郭, 官衙, 廟寺, 書院, 陵墓, 塔婆の他, 仏像, 銅鐘, 刹竿, 碑, 香爐, 書画等, 住宅を除いた建築類型の大部分と書籍類までもが含まれている. すなわち, この調査は, 単純に「建築改善」のための基礎調査にとどまらず, 韓国の文化財全般の所在把握ないしはその収集をも目的としていたと思われる. 関野は, 遺跡と遺物を甲, 乙, 丙, 丁の4ランクに分類(「甲, 最優秀なる者, 乙, 之に次く者, 此両者は特別保護の必要ある者, 丙, 之に次く者, 丁, 最価値の乏しき者, 此両者は特別保護の必要を認めさる者, 但丙の者は他日朝鮮全部の調査を了せる後に至らは比較考査上乙に編入すへきものもあるへし」)する. この等級分類は,「九鬼隆一や岡倉天心などが「既に明治10年代の後半から, 全国を歩いて古美術の調査を行い, 等級を定め, 登録簿に載せるなどの仕事を継続していた.」[304]ものである[305].

しかし, この「統監府」による古建築調査は, あくまで旧官衙撤去および新築を前提とするものであった.

---

302) 関野貞 (1904), p. 1.
303) 関野貞 (1904), p. 1.
304) 日本建築学会 (1976), p. 1692.
305) 関野による奈良の古社寺調査では調査した古社寺建築物350件余りのうち約80件を対象に, 年代の判定から「第一等」から「第五等」と「等外」までの6等級に価値を定め, またその破損程度を1から5まで数字で表している (関野貞『日本の建築と芸術』(岩波書店, 1999), pp. 476-478,「奈良県古社寺建築物等級表」).

表 I-6　関野貞による建築物類型別等級（1909）

	甲	乙	丙	丁	計
城, 城門	5	5	3	2	15
宮殿	6	5	4	-	15
役所	-	-	10	9	19
客舎	-	3	4	2	9
郷校	1	5	8	1	15
書院	-	1	-	-	1
宗廟, 社稷	-	2	-	-	2
廟宇	1	2	5	5	13
小計	13	23	34	19	89
仏教寺院	-	22	42	17	81
合計（％）	13（23）	45（42）	76（79）	36（100）	170（57）
調査全体数	56	108	96	36	

　表I-6は，報告書から建築物のみを抜萃して整理したものであるが，調査建築物170件のうち，保存の對象となる甲と乙級は58件に過ぎない．仏教寺院を除くと36で，城郭，旧官庁，「客舎」は13件である．全部で43件の地方官庁（役所，客舎，郷校）の中で「丙」または「丁」級は34件である．この調査結果は，関野の緻密な調査手法や保存に対する意識の高さとは関係なく，地方官庁の改築や解体を正当化する根拠となった．関野の調査があくまで日本の立場から，日本人の眼によって行われたことは明らかである．奈良の古社寺に親しんでいた眼は，朝鮮半島の地方の官衙建築は等級の低いものに見えたのである．関野の調査は，保存のために行われたのではなく破壊のために行われたといってもいいのである．

　ただ，仏教建築の場合は例外である．関野は「我国に今日残存せる飛鳥時代の仏像を見るに其様式殆支那南北朝の者と一致する所あるは畢竟三国か媒介となりて彼の様式を殆其侭我国に輸入せしによるなりされは今日韓国に於て当時の遺物は殆其跡を絶てとも一たひ日本に往けは建築に法隆寺法起寺法輪寺の堂塔あり彫刻には此等の寺及中宮寺広隆寺等に優秀なる多数の仏像を保有するあり以て当時三国に於ける芸術の様式と其発達の如何を知ることを得へきなり余は前回（1902年）の旅行中当時の遺物の破片にても発見せんと勉めたれとも終に其意を果さす多年遺憾に堪へさりしか，今回図らすも小宮宮内次官蒐集の小銅仏中より数点当時の様式を明に示せる者を発見し

実に空谷の跫音の想をなせり」[306]というのである．仏教建築について，日本，韓国，中国を繋ぐ手がかりを発見することに大きな関心を持ってきたことは，1902年のソウル，開城，慶州の調査に加えて，平壌，義州など高句麗の都や中国と韓国を繋ぐ主要地点を調べている点からも分かる．

日本と中国を繋ぐものの発見としては石岩里の古墳がある．一方，「新羅統一時代」の遺物の中で仏国寺の「多宝塔」「瞻星台」「太宗武烈王陵碑」「仏国寺石灯」「奉徳寺鐘」「石窟庵石仏」などは中国や日本にもないもので，「東洋芸術史の資料としてきわめて貴重なる標本と謂わさるへからす」と評価している[307]．

すなわち，関野が注目するのは，「東洋建築史」の「資料」としての「価値」であり，決して「韓国建築史」のためのものではなかったのである．

1910年の調査は，「韓国併合」後1910年9月22日-12月7日に行われた[308]．調査対象と結果を分析したのが表I-7である．調査対象397件の中で建築物は233件，仏教寺院を除くと112件，官庁と城郭に絞ると62件である．62件のうち，保存の対象となるものはわずか7件，ソウルの東大門，晋州の矗石楼と「客舎」5件である．しかし，この5件の「客舎」の全ては後の「保存令」による保存対象として指定されることはなかった．この年の報告で一点注意を引くのは，ソウル東大門と開城の「文廟」が前年の調査で保存の対象から外される「丙」であったものが，保存の対象となる「乙」へと変わったことである．

この年の調査は，相当に欲張った駆け足での調査であった．関野は「遺跡の概要を左に報告す其詳細なる者に至りては更に他日を期せんと欲す」といい，「資料は成るべく廣く探求せんことを企て建造物は勿論（中略）足跡の及ぶ処総て之を考査」[309]しようとしたのである．1902年の調査と同じように建築物の実測はほとんどなく主に写真記録を残しただけである．

1911年の調査から建物より古墳の調査に力が入れられる．表I-8にみるように，この年の調査件数は，全体で133件，建築物66件のうち仏教寺院が26件である．保存対象となるものとしては「客舎」が3件あるが，全て成川客舎東明舘とその付属

---

306) 関野貞 (1909), pp. 28-30.
307) 関野貞 (1909), pp. 36-43.
308) 調査員は前と同じく関野と谷井，栗山となっている．調査地域はソウル，開城，平壌周辺と全羅道，慶尚道であった．調査結果は，1911年の7月に『朝鮮芸術之研究続編』として出版されている．前年のものに比べて文章が少なく，「略報告」と題したものと「副申」と題したものがそれぞれ3項ずつあるのみである．「副申」では至急修繕を要するもの，移転を要するもの，監督保護を要するものをその等級とともにあげている．石燈，石塔，銅鐘，古本など8種類がみられるが，建築物としては寺院の道岬寺解脱門が含まれている．また，保存の対象外と言った「丙」級のものも2種類含まれているのが目を引く．また，前年度とは違ってこの報告書からは各調査地域別の調査日がついている．
309) 関野貞 (1911), p. 1.

表 I-7　関野貞による建築物類型別等級 (1910)

	甲	乙	丙	丁	計
城, 城門	-	2	5	8	15
宮殿	-	1	2	-	3
役所	-	-	5	17	22
客舎	-	5	17	3	25
郷校	-	6	16	17	39
書院	-	-	1	1	2
宗廟, 社稷	-	-	-	-	0
廟宇	-	2	6	7	15
小計	0	16	52	53	121
仏教寺院	0	18	25	69	112
合計 (%)	0 (0)	34 (29)	77 (67)	122 (90)	233 (57)
調査全体数	27	119	115	136	397

舎である．これは後の「保存令」によって指定を受け保存される．

　この1911年と翌1912年の調査[310]結果は1914年9月に『朝鮮古蹟調査略報告』として刊行されている．この年の調査も限られた時間の急いだ調査であったが，平安南道江西郡や黄海道鳳山郡において古墳を調査し，高句麗時代の壁画などを発見する．この調査では江陵にある烏竹軒が住宅としては初めて調査され，しかも「甲」と評価されているのが目を引く．そして，韓国の木造建築物の中で最も古いものとされる浮石寺の無量寿殿と祖師堂などを調査し，「高麗時代のものと認めるべき」[311]とした．

　1912年の調査物件は，表 I-9に整理するように，全体で476件，4年間の調査で最も多い．建物も187件と最も多いが，仏教寺院を含めても保存の対象として認められたのはわずか37件である．特に，最高等級の甲と評価されたのは上述の烏竹軒と無量寿殿など3件で，「客舎」や城郭，官庁の中には江陵客舎の2件があるのみである．この江陵客舎も普通学校の校舎として使われその改築の時に滅失しており，南

---

310) 関野は1912年9月18日に京城に到着し，21日より平安南道江西郡や黄海道鳳山郡などで高句麗の古墳の調査をし，10月8日の江原道春川の調査をはじめ，金剛山一帯を経由し東海岸の高城に出て，江陵まで南下している．3日間に及ぶ江陵の調査を終えたのが11月2日で，五台山，平昌，原州を経て京畿道ヨズの調査を行ったのが11月16日から18日までである．ここより南に向かい，忠清北道忠州を経て慶尚北道の北部を主に回り，最後に慶州近辺にある永川の銀海寺を調査したのが12月の11日であった．

311) 関野貞「朝鮮東部に於ける古代文化の遺跡」『建築雑誌』318号，1913.6，p. 301．

表 I-8　関野貞による建築物類類型別等級（1911）

	等級				計
	甲	乙	丙	丁	
城, 城門	−	−	1	−	1
宮殿	−	−	−	−	0
役所	−	−	−	3	3
客舎	−	3	6	3	12
郷校	−	−	3	11	14
書院	−	9	1	−	10
宗廟, 社稷	−	−	−	−	0
廟宇	−	−	−	−	0
小計	0	12	11	17	40
仏教寺院	0	3	6	17	26
合計（％）	0（0）	15（26）	17（68）	34（97）	66（50）
調査全体数	16	57	25	35	133

門だけが宝物として指定された[312]．この種の関野の調査はその後も3年間続くが，甲，乙，丙，丁のランクが表記された報告書はこれ以上まとめられることはなく，1913年の調査結果は原稿のままに置かれ，出版されることはなかった．

1909年から6年間続けられた関野の古建築調査が残したものは一体何であったのか．

調査し等級分類された物件は1302件である．木造建造物が756件，それ以外が546件である．建造物が多いが，保存対象となると逆になる．つまり，保存対象の建築物はわずか130件で，建造物以外の石造物や鐘，碑などは423件が保存対象とされた．特に，「邑城」など町の中心部に位置し，人の目に触れやすい場所にあって町を特徴付けたり，印象付けたりする城郭や城門，官庁，「客舎」などの建物はわずか25件が保存対象と認められたに過ぎない．これは，朝鮮におけるこれらの建物の重要性からみるとあまりにも過酷な処分であり，暴力的な判断であった．これらは，全て国有のもので，仏教寺院や「郷校」「書院」「廟」などのように個人や法人などが所有するものとはその性格が異なる．つまり，その保存も処分も国＝「朝鮮総督府」の責任であったのである．

1943年7月号の『朝鮮と建築』に，「朝鮮宝物木造建築一覧表」がある．この表に載っているのは，「保存令」によって指定されたもので日本の国宝に当たる．このうち，

---

312) K.O.生（小川敬吉）「指定せられたる宝物建造物」『朝鮮と建築』，1937.10，p. 30.

表 I-9　関野貞による建築物類型別等級（1912）

	等級 甲	乙	丙	丁	計
城，城門	-	-	1	1	2
宮殿	-	-	-	-	0
役所	-	-	4	5	9
客舎	-	2	10	10	22
郷校	-	1	25	25	51
書院	-	3	-	-	3
宗廟，社稷	-	-	-	-	0
廟宇	-	1	2	8	11
史庫	-	4	-	2	6
楼閣	-	1	1	2	4
住宅	1	-	-	-	1
小計	1	12	43	53	109
仏教寺院	2	8	41	127	178
合計（％）	3 (7)	20 (16)	84 (72)	180 (95)	287 (60)
調査全体数	46	124	117	189	476

　仏教寺院以外のものは28件で，保存対象建物77件の36.4％に過ぎない．陶山書院は2件が指定され，また，水原城，紹修書院などは「古蹟」に指定されるなど，正確にはこれより数は増えるが，それにしても少ない．城郭や「客舎」のうち指定されたのは15件で，またその大部分はソウルや平壌の城門である．朝鮮全土にあった300を越える行政単位に存在していた数多くの官衙と「客舎」のうち，日本植民地時代に文化財としての指定を受けたのは，海州の芙蓉堂と成川の客舎東明舘，江陵の客舎南門，安辺の駕鶴楼，密陽の嶺南楼，三陟の竹西楼など6件のみで，そのほとんどが姿を消してしまった．
　関野貞による調査結果は，「朝鮮総督府」によって『朝鮮古蹟図譜』として，1915年から1935年にかけて各時代別に全15冊が出版されている[313]．朝鮮半島における

---

313) 朝鮮の古建築は関野貞による基礎的調査研究の後には，藤島亥治郎，小川敬吉，杉山信三，米田美代治などによって詳細な調査が続けられた．他に天沼俊一，能勢丑三，野村孝文らの調査や研究も注目される．また，朝鮮における建築遺構の修理工事とそれに伴う調査活動は，関野貞が「古蹟調査委員」という身分で指導に当たり，小川敬吉や小場恒吾，谷井済らが加わっていた．その後昭和10年頃には杉山信三，米田美代治らがこれに加わり，総督府の学務局社会教育課で制定した「朝鮮古蹟宝物名勝天然記念物保存令」に基づいて進められた．この時期の調査報告書としては，「朝鮮総督府古蹟調査略報告」が1914年に刊行されたのを筆頭に，1935年まで

ほぼ全ての遺跡，遺物，古建築物が収録されており，朝鮮戦争に至る混乱期に遺跡が破壊され，また，南北が分断された今日，その価値は大きい．しかし，豪華な装丁を誇るこの図譜に解説が一部にしかないなど，学問的には役に立たないとの批判もある[314]．さらに，「朝鮮総督府学務局」の係員や博物館員にも図譜は配られず，主に欧米人など内外の著名人に寺内総督自身が署名して贈呈し，残余分はその秘書官室に大事に保管されていただけだったという記録もある．図譜の製作，そして調査自体が植民地支配の道具に過ぎなかったことを意味している[315]．

貴重な都市遺産の消失は，「統監部」や「朝鮮総督府」の都市政策がもたらしたものである．そして，関野貞のようなすぐれた建築史学者や考古学者がその政策に協力して行った調査がそのもとになった結果である．関野貞が，古い建築を保存するよりは新しい建築をつくっていく度支部建築所のような機関の仕事に徹底して協力したということをどう評価するのか．そして，「建築改善」のための調査といいながら，後期の調査では，関野が古墳発掘，特に平壌附近の漢代遺跡調査に力を入れたこと[316]をどう評価するのか．漢代遺跡とは，平壌附近にあった中国漢時代の「四郡」の一つである「楽浪郡」祉のことである．関野貞を突き動かしていたのは，「日本建築」を「支那建築」へと繋いでいく研究の突破口としてのアカデミックな関心である．しかし，「楽浪郡」祉の調査は，有史以来韓国という国は植民地支配を受けた国であったことを証明するものとして政治的な役割を果たすことになるのである．

1909年に，平壌など半島北部の調査を終えてソウルへ戻った関野一行が鐘路にある広通館で行った講演の内容は，古建築調査の背景を雄弁に物語っている．「上世における日韓の関係」[317]と題した講演の中で，谷井濟一は，「上世において日韓は一域なりしなり（中略）新羅が唐の勢力を借りて以て半島を一統し，半島我が手より離れて以来千二百餘年（中略）明治の聖世において日韓の関係も復古し復一域の状態となる」といい，「新羅王昔氏脱解は実に日本の人にして」，「加羅連邦即任那を保護せんとせわ」，「神功皇后の新羅征伐」など日韓の一体論を展開しているのである[318]．

関野貞もまた，最後まで朝鮮半島に軸足を置いて，その歴史的建築を見ようとはしなかった．日本建築の痕跡を見るために古建築を調査し，朝鮮半島を駆け足で一周したあとは，日本建築を基準として朝鮮半島の古建築を裁断し，調査の後半にはもっぱ

　　　合計25種の報告書が朝鮮総督府によって刊行された．また，1934年からは朝鮮古蹟研究会による報告書全8冊が1940年までに順次刊行された．『朝鮮古蹟図譜』の中で，韓国における現存古建築物のほぼ全部を占める朝鮮時代の建造物は，第10冊-13冊にまとめられている．
314) 西川宏（1970），pp. 111-112.
315) 西川宏（1970），p. 112.
316)「朝鮮湖建築保存に関する座談会」『朝鮮と建築』，1931.5，p. 5.
317)『韓紅葉』（度支部建築所發行，1909）．
318) 関野貞（1909），p. 1-5.

ら楽浪や慶州などの古墳発掘とそこから出土される遺物ばかりに眼を向けていった．彼の関心は，日本と大陸を繋ぐ「物」の発見のみに向けられ，それ以外の近世の木造建造物には眼もくれず，まして保存や保護という意識もなかったのである．調査自体は，日本での調査と同様で実証的であったとしても，その等級分類は，官庁建築改築に際しての免罪簿を与えることになった．関野自身のアカデミックな関心も，日本の植民地支配に寄与する機能を果たしたのであり，その最大の関与は，朝鮮時代の官衙建築を生贄にすることであったのである．

しかしそれにしても，上述した調査や研究，保存工事に関わった朝鮮人はいない．このことは，戦後の韓国における建築史研究や保存修理の分野などに大きなマイナスをもたらしてきた．特に，保存工事の場合，当時まだ朝鮮人の大工や宮大工がいたにもかかわらず，彼らを投入しなかったため正確さに欠け，事実と異なる結果を生みだしたこともしばしば指摘される．「始めにおいて組織的学術的調査の充分ならぬ為，その竣工の暁において，まったく俤を失った価値無きものとなった例も少なからぬを予は特に遺憾とする」[319]と，当時の朝鮮高等工業学校教授の藤島亥治郎も指摘しているのである．

国有財産，つまり「朝鮮総督府」の官有財産は，昭和の初期頃には，土木課の管轄下にあって，その処理は会計課が担当していた[320]．また，市街地に多かった国有の古建築物は，その処分の際に総督の認可を得るように訓令が出ていたが，実際には撤去の後に報告をしたりして撤去と保存の判断基準も定まっていなかった．

関野の調査にしろ，その後の日本人学者たちによる朝鮮古建築物に対する調査研究にしろ，あくまで日本中心の立場から展開された．そして，一部の学者たちによる朝鮮の古建築保存を訴える動きも，学問的立場からの行動であり，朝鮮・朝鮮民族のためとは言い切れない．英国がインド統治の時に行った保存事業を例にしたように外国の目を意識する傾向もあった[321]．何れにせよ，植民地支配によって古建築物がより早い時期に失われたのも事実であり，一方，当時の日本人学者たちによる調査と努力によって現在に残る古建築物の保存が図られたのも事実である．

一方，古建築物保存に関わった「朝鮮総督府」官吏の考え方をいくつかあげてみよう．

①朝鮮の古蹟保存制度として1916年より始まった「古蹟及び遺物保存規則」があったが，古建築物は含まれていなかった．つまり，「国有の建造物は国が保存や処分をするから必要がない．仏教寺院は「寺刹令」によって総督の監視が行き届いているか

---

319) 藤島亥治郎「最近除却されたる城門を弔ひ朝鮮古建造物保存問題に及ぶ」『朝鮮と建築』7-8, p. 5, 1928.8.
320) 藤島亥治郎, 前掲論文, p. 4.
321) 朝鮮建築会「朝鮮古建築保存に関する座談会」『朝鮮と建築』10-5, p. 8, 1931.5.

近代都市計画の導入

ら」などの理由で木造建造物は保存のための登録をしなかった[322].

②王宮の徳寿宮について「これは極く新しい建築で，あってもなくても，よいという建物です」と，当時の李王職庶務課長の末松熊彦の発言に見られるように，新しいものは保存しなくても良いとの考え方があった.

③平壌城の城壁を住民が白昼に公然と破壊するのを見て，当時の平安南道の内務局長が，担当官の憲兵隊長に取り締まるようにいってもそれを聞かず，「古いものはどうでもいいという風であった」[323]と指摘する. 一方，「「朝鮮総督府」の偉い人びとの考えは，建物などは腐ってもいいということが根本」[324]にあった.

④ソウルの四小門の中の光熙門と恵化門の撤去理由でみられるように，建物の老朽化による「保安上の危険」を理由に取り払うケースもあった. 藤島はこれをみて，他の例もあげながら「近い将来において朝鮮固有の建築のほとんどことごとくが姿を止めざるに至るであろう」[325]と警告している. このように都合の良い態度で，官も民も古建築の保存についての意識は持っていなかったのである.

結局，朝鮮時代の建築的遺産は，法律，予算，人的資源[326]の養成，何れの条件も満たせないまま壊されていったのである. 当時は，「法令よりも当局のやろうという考えが先」[327]に必要であった時代であったが，手遅れのまま1933年8月9日の勅令第6号による「朝鮮宝物古蹟名勝天然記念物保存令」の制定に至ったのである.

昭和の初め頃に藤島は，古建築物の保存と絡んで「最も重大なるは，真に真面目なる学術的価値決定を定むべき制度の設置である」と主張しつつ，「特に昨今は朝鮮の全木造建築物をあげて腐朽期に向かっており，此の期を放擲するにおいては近い将来において悔いを千載に残すであろう」[328]と予言していた. しかし，「朝鮮総督府」をはじめとする一般人の古建築に対する理解が深まったという証拠はない. これは，現時点でも解決されていない問題である. 結局のところ，韓国における古建築保存の全責任は「朝鮮総督府」にあったといえよう. 何故なら，上で述べてきた通り，朝鮮人は徹底的に排除した上で彼らの判断によってのみ，あるものは撤去し，また，あるものは保存してきたからである.

---

322) 朝鮮建築会，前掲座談会，p. 4.
323) 篠田治策「追悼談」『朝鮮と建築』14-10，1935.10，p. 18.
324) 朝鮮建築会，前掲座談会，p. 8.
325) 藤島亥治郎，前掲論文，p. 3.
326) 朝鮮建築会，前掲座談会，p. 12.
327) 朝鮮建築会，前掲座談会，p. 9.
328) 藤島亥治郎，前掲論文，p. 5.

第Ⅱ章

慶州邑城

本章で焦点を当てるのは，かつての慶州邑城である．

慶州は，よく知られるように新羅および統一新羅の時代には王都として栄えた．そして，統一新羅が滅んだ後，高麗時代には「邑城」が築城された．ここでは，この慶州邑城について，植民地時代に至るその変遷を明らかにする．

金憲奎（2006）によると，朝鮮王朝時代に「邑城」は時代によって異なるが，118-127あり（表 II-1），「邑城」の位置する，「府」「牧」「郡」「県」という行政区域は『世宗実録地理志』によれば336箇所あった．

序章や第 I 章でも触れたように，高麗王朝を倒して成立した朝鮮王朝は，15世紀には全土を支配下に治め20世紀初頭までその政治体制を存続させたが，儒教を統治理念とし，身分制度に支えられた中央集権的王朝であり各地方郡県の中心である「邑治」に建設された「邑城」は，基本的に同一の政治的，空間的構造を持っていた（図 II-1）．そうだとすれば，代表的な地方都市一つを取り上げることによって，全ての「邑城」に共通する都市空間の構成要素やその構造を把握することが可能となる．

しかし，「邑城」は全ての地域に存在したわけではない．また，実際に城壁が現存する「邑城」は数少なく（図 II-2），本来の意味や機能も既になくなってしまったという経緯と背景がある．

表 II-1　邑城等城郭の数

		『新増東国輿地勝覧』			『大東地志』
行政中心城郭	都城	1		都城	4
	邑城	118		邑城	127
	宮城	3		府城	1
				県城	12
				宮城	2
	小計	122		小計	146
軍事中心城郭	営城	31		営城	7
	鎮城	19		鎮城	107
	堡	79		堡	31
	防護所	6		塁	4
	城	16		行城	6
	行城	4		長城	5
	木柵			墩台	1
				木柵	3
	小計	155		小計	164
避難城郭	山城	46		山城	75
	その他	25		その他	139
				倭城	11
	小計	71		小計	225

出典：金憲奎（2006）

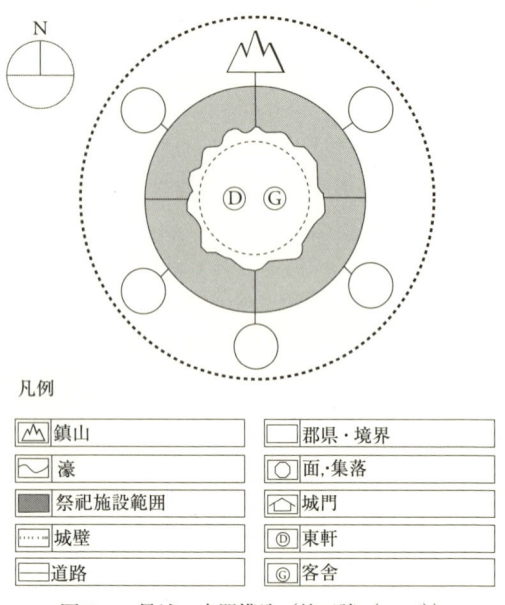

図II-1　邑城の空間構造（韓三建（2006））

凡例
- 鎮山
- 濠
- 祭祀施設範囲
- 城壁
- 道路
- 郡県・境界
- 面,・集落
- 城門
- Ⓓ 東軒
- Ⓖ 客舎

　慶州の場合，一部ではあるけれど現在も城壁が残されており，保存整備も行われている．なぜ慶州を取り上げるかについて整理すると次のようになる．

　①慶州には，韓国の都市の中で最も歴史性，地域性がよく残されている．すなわち，朝鮮動乱の戦争被害からも逃れ，特に中心部の土地利用については変化が少ない．つまり，植民地時代の建物などもよく残され，街路網をはじめとする都市構造の激変もなかった．

　②慶州は，日本植民地期初期の都市人口が1万人未満[329]で，都市の全体像，つまり都市構造を把握するのが容易である．

　③慶州は，「乙未年改革」（1895年）まで慶尚道の首府でありながら「開港場」「開市場」に指定されていなかったので，それ以前の時代と植民地時代との都市空間を比較する時，その変容の内容を把握することが容易である．

　④慶州は，「朝鮮市街地計画令」（1934年）の適用対象に含まれていなかったので，「都市計画」のなかった地方都市の都市化の過程を明らかにするのに良い対象でなる．

　⑤慶州では，植民地時代のまちおこし策だった「観光都市づくり」が今もなお続いている．高度経済成長期においても遺跡の保存が図られる一方，人口増加もそう多く

---

[329] 孫禎睦（1982），p. 380. 1907年末現在，慶州郡府内面には朝鮮人が8553人，日本人が59人居住していた．

なく，古蹟など都市遺産を維持する古都としての面影をよく残している．何よりも，慶州は1000年もの間，新羅の都であった．その後のおよそ1000年も地方の中心都市であった．したがって，

⑥地誌類をはじめとする文献資料には恵まれている．慶州を対象にした地誌としては，『東京雑記』[330]『東京通誌』[331]『慶州邑誌』[332]『慶州市誌』(1971)『慶州郡誌』などがある．また全国を対象にした地誌類の中にも，『新増東国輿地勝覧』[333] (1530)『慶尚道地理志』[334] (1425)『慶州続撰地理志』(1469)『輿地図書』[335] (1765) がある．さらに，邑城を取り巻く社会状況については『牧民心書』がある．また，『慶州邑内市街略地図』[336]など，様々な地図類も残されている．さらに，植民地時代には，慶州を対象とした「朝鮮総督府」による古跡調査と調査報告書の刊行事業が数多く行われた．また，慶州一円を対象にして日本人学者らによる古建築，古美術の研究が活発に行われ，1920年代からは発掘調査も本格化した．調査報告書の量は他の地域に比較にならないほど豊富である．

慶州について以下に詳述するが，韓国の近代都市景観の形成の原点を確認しておきたいからである．

---

330) 著者未詳で伝えられてきた『東京誌』という地理誌を，1669年に慶州府尹として赴任してきた閔周冕が再刊行した．
331) 『東京雑記』刊行以来数回の刊行を経て1933年に活字本として全14巻で刊行された慶州の地理誌．もともと漢文であったものを1990年に慶州文化院がハングルに翻訳した．
332) 邑誌類は17世紀以降国によって編纂が進められたため種類が多い．最後のものとしては1933年に刊行されたものがある．この書も最近ハングルに翻訳された．
333) 55巻の木版本．朝鮮の代表的な地理誌．朝鮮建国後統治上の必要から世宗の指示によって1432年に『新撰八道地理志』として刊行された後，明の地理誌を参考にして1481年に『東国輿地勝覧』50巻として完成された．さらにこれを増補して1530年に刊行されたものである．構成は表紙の次に地図を載せ，沿革，風俗，廟社，陵寝，宮殿，官府，学校，土産，孝子，烈女，城郭，山川，楼亭，駅院，題詠などの順に記している．1906年ソウルで淵上貞助が刊行し，1912年にも古書刊行会が出版した．1958年には東国文化社が影印刊行している．
334) 朝鮮4代王の世宗の指示によって『八道地理志』を編纂する時その一環として1425年に完成した．慶尚道の全体郡県の自然と人文的状況を記述した．『三国史記』の地理志に次ぐ古いもので史料的価値が高い．1938年に朝鮮総督府中枢院によって『校正慶尚道地理志』という題名で出版された．
335) 刊行後270余年経った『新増東国輿地勝覧』を修正補完するため1757年から1765年にかけて刊行された全55冊の筆写本．295の邑誌，17の営誌，そして鎮誌一箇所が含まれている．1973年に国史編纂委員会が影印刊行した．
336) 日本国会図書館所蔵．1931年に発行されたもので当時の慶州邑中心部の様子を記録した一枚の地図．

第 II 章
慶州邑城

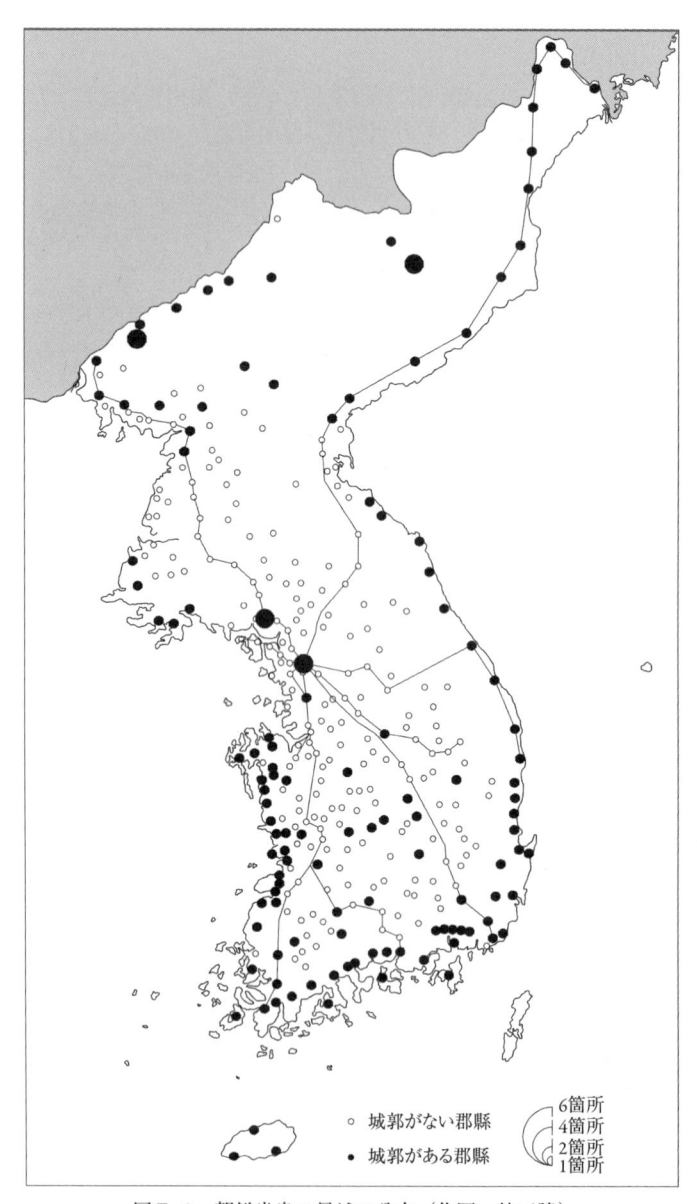

図 II-2　朝鮮半島の邑城の分布（作図　韓三建）

II-1　慶州邑城の空間構成

　2009年10月現在の慶尚北道慶州市は，人口27万7185人，行政区域面積1324.39km², 4邑8面13洞からなる．本章で対象とする慶州は，朝鮮末期における行政区域である慶州府の「府内面」[337]である．慶州邑城が立地する地域とそれに近接する「邑城」周辺部が対象である．邑城と「郷校」「書院」，同族集落などが分布する周辺地域も含み，結果的に現在の行政区域である慶州市全域が含まれることになる．その今日に至る歴史はおよそ以下のようである．

　三国時代以前に，この地域にあった斯廬国[338]は，及梁，沙梁，本彼，牟梁，漢祇，習比の六つの氏族によって構成されていたとされる．伝説によると，斯廬国の最初の王は，移住してきた朴赫居世[339]である．520（法興王7）年に律令を制定し，国名を新羅と改称する．また，それまでの「麻立干」[340]という称号の代わりに中国式の「王」という称号が使用されるようになる．朴赫居世の子孫は金氏系とともに新羅の王族となり，新羅の身分制度である「骨品制」[341]の「聖骨」または「真骨」になる．また，上述の六氏族の子孫は次位の「六頭品」となりともに新羅の支配階級を形成した．

　528（法興王15）年（あるいは535年）に仏教が公認される．そして，668年に百済と高句麗を滅ぼして朝鮮半島最初の統一王朝である統一新羅が誕生する．695（孝昭王4）年には，西市と南市が設けられ，数多くの仏寺が創建されている．慶州は統一新羅の都として政治的，社会的，経済的，宗教的，文化的中心地として発展を遂げる．682（神文王2）年には「国学」[342]が設立され，717（聖徳王16）年には唐から孔子，十哲，七二弟子画像が招来され，「国学」に安置される．『三国遺史』によると，8世紀頃の王京には17万8936戸，1360坊，55里，35金入宅[343]があったという．

---

337) 1914年4月1日より新しく施行された行政区域の慶州郡慶州面．その面積は37km²である．
338) 古代の朝鮮半島南部にあった辰韓12国の一つ．慶州を基盤にして成長し，後に新羅国となる．
339) 新羅初代王．朴氏の始祖．六村の村長によって擁立された．在位期間はB.C. 45-A.D. 4年である．
340) マルに立つ人物という意味である．マルとは政(まつりごと)を行う中心である．韓国語で山の頂点を〈サンマル산마루〉というように〈マル〉とは最も高いという意味がある．韓国式住宅のマルも同じ意味をもっている．
341) 新羅の身分制度を示す用語で支配階層に適用した．王族を対象とした「骨制」とその他の身分を対象とした「頭品制」を併せて示す用語である．聖骨と真骨は王になれる身分で，六頭品より四頭品までは京位に就ける．三頭品から一頭品は平民と考えられるが実際の記録には見えない．
342) 682年に設立された統一新羅の最高教育機関．卿，博士，助教などの官職があった．周易，尚書，礼記などを勉強した．15-30才までの貴族の子供が入学し在学年限は9年であった．
343) 『三国遺史』に見える統一新羅の都慶州にあった貴族の邸宅．池上宅，本彼宅，梁宅，財買井宅，

第 II 章
慶州邑城

表 II-2　慶州の行政区域の名称変化

時代	行政区域名称	施行日字及び根拠	役所所在地	全国同格行政区域数	全国行政区域数
朝鮮	慶州府(府尹:従二品) 鎭設置 監営設置 監営移転	1415 年 1458 年 1519 年 1596 年	邑內坊 府內面	5 ヶ所	
	慶州郡（一等郡）	1895.5.26（詔勅［地方制度改革仁関する件］）	府內面	17 ヶ所	
	慶州郡（一等郡）	1896.8.4（詔令 36 号）		26 ヶ所	1 首府 13 道 1 牧 7 府 337 郡
殖民地時代	慶州郡	1914.4.1（1913.12.19 總督府令 111 号）	府內面		府 12, 郡 220 面 2521
		1917.10.1（制令 1 号, 總督府令 34 号(1917.6.9) ※面の地位確立	慶州面		
		1923.2.15（總督府令 25 号）	慶州面（指定面）	38 ヶ所	
		1931.4.1（1930.12.29 總督府令 130 号）	慶州邑	41 ヶ所	
大韓民國	慶州市	1955.9.1（法律第 370 号）			

韓三建作成

　新羅も，9 世紀以降，豪族の台頭と身分制度の階層間の軋轢による混乱が続き，56 代敬順王[344]の時，高麗太祖[345]に降伏する（935 年）．高麗太祖は，慶州を敬順王の食邑[346]にし，新羅の王京には「慶州司」という官庁が設置された．「慶州」という名称の誕生である．

　940（高麗太祖 23）年には大都督府[347]が設置され，987（成宗 6）年には，高麗三京の一つ「東京」となり，「留守府」が設置されている．そして，1012（顯宗 3）年には慶州防禦使[348]が置かれ，同王 5 年には安東大都護府へと改められる．1204（神宗 7）年に

　　長沙宅など 39 の邸宅の名前が見える．
344) 高麗に降伏した新羅最後の王．927-935 年まで在位．姓は金，名前は傳．
345) 名前は王建．開城出身．918 年に高麗を建国し 943 年まで在位した．935 年に後三国を統一した．
346) 高麗の王が，新羅最後の王であった敬順王に対して慶州を領地として与えた，このような土地または地域を食邑と呼ぶ．
347) 935 年に高麗に降伏した慶州を支配するため設置した統治機関．
348) 軍事的に重要な地域に派遣された兵権を持つ官職．

は知慶州事[349]に降格されたが，1219（高宗6）年には再び「留守府」に復帰した．また，1288（忠烈王14）年には鶏林府になるなど，高麗時代を通じて何度も行政区域名称が変わるが，常に慶州は慶尚道の本営であり，その中心としての役割は維持し続けてきた．

慶州は，朝鮮王朝の建国間もない1415（太宗5）年に，再び「慶州府」と改称され，慶尚道「兵馬都節制使」[350]を兼ねる「府尹」の着任地となった．1458（世祖4）年以降，しばらく「鎮」[351]が置かれたが，1466（世祖12）年の管制改定によって「観察使」制度が実施されると鎮は撤廃された．何度か設置と撤廃を繰り返した「観察使」の本営も，1593（宣祖26）年に星州へ移ってからは，慶州には置かれなくなってしまう．このような行政的地位の昇降は，その地域で反乱が起きたり，親や主人を殺したりする「不孝者」が出ると行われ，儒教を国教とする朝鮮王朝の一つの地方統治手法であった．

1654（孝宗5）年に再び鎮営が置かれ[352]，東萊郡，梁山郡，蔚山郡，永川郡，迎日郡など半島東南部の諸郡を管轄下に収めていた[353]．1665（顕宗6）年には営将[354]が討捕使[355]を兼ねるようになる．その後も2回にわたり「牧」などに降格されるが，1895年の勅令第98号による地方制度改定によって東萊府慶州郡（1等郡）になると同時に鎮営も廃止されるまでは，「慶州府」の地位を維持した．

1896年には勅令第36号により再び地方制度が改正され，慶尚北道慶州郡となった．特に1895年の改革では，「郡守」から警察権が分離されると同時に「観察使」と「郡守」から裁判権と軍事権も分離され，慶州郡守も初めて一般行政の責任者としての地位に転落する．

慶州邑城は，続いてみるように，高麗の1012（顕宗3）年に最初の築城記録[356]がみられる．しかし，「邑城」の形式および機能が定着したのは15世紀以降である．そして，秀吉によって破壊された慶州邑城は，17世紀の初頭以降に再建される．再建は，1884年の「東軒」一勝閣まで続き一応完成する．

開港によって，また1895年の地方制度の抜本的な改革によって，朝鮮末期および

---

349) 高麗時代の地方官．道の下にある州の責任者やその行政単位を示す．郡守や「県令」より位が高い．
350) 朝鮮時代の従二品地方官で軍事関連責任者．1466年に「兵馬節度使」となった．
351) 軍事的拠点．新羅時代に海岸防御のため初めて設置され，高麗時代には国境を中心に設置された．朝鮮時代には全国を鎮管体制で整備し，二品官の管轄する鎮を「主鎮」，三品官管轄地は「巨鎮」，その下の鎮は「諸鎮」とした．主鎮である兵営や水営と一部の専用鎮を除いては一般郡県が巨鎮と諸鎮を兼ねていた．
352) 『東京通誌』巻六官職條．
353) 朝鮮総督府（1933），p. 105．
354) 鎮営の長．慶州鎮営の場合は慶尚道左兵営に属しており，営長は慶州府尹が兼職していた．
355) 今の警察事務の担当者．これより以前は軍隊と警察業務が分離されていなかった．
356) 『高麗史』兵志城堡條．

大韓帝国時代における地方制度は大幅に変わるが，物理的な施設としての慶州邑城は，1910年の韓国併合までそう変わらずに存続する．大きく変わることになるのは植民地時代である．

それにしても，1939（昭和14）年12月の段階で慶州邑の人口はわずか2万2000人ほど[357]に過ぎなかった．行政単位としても，現在の市に当たる「府」ではなく「邑」である．また，日本人も少なく，「朝鮮総督府」による都市計画事業も終戦の段階まで施行されることはなかった．

慶州が市に昇格するのは1955年9月である．1960年代に入って，土地区画整理や都市整備が実施される．そのスローガンは，文化財保存と国際観光文化都市づくりである．1970年代に入ると，当時の大統領の指示によって本格的な都市整備が実施されるようになり，道路・宿泊施設・文化遺産の復元とその整備が精力的に行われた．その結果，慶州は韓国国民なら誰もが訪れる観光都市としての基盤を確立したのであった．

1-1 慶州邑城の築城

新羅時代に慶州には羅城がなかったとされる[358]．そうだとすると，高麗時代のある時期に「邑城」がつくられたことになる．慶州邑城の築城記録の文献上の初出は，『高麗史』兵志城堡の「顕宗三（1012）年城慶州長州金壌」である．長州は今の咸境南道定平郡の一部で，金壌は江原道通川である．

また，同書の地理志東京留守の条に「顕宗三（1012）年廃留守官，降為慶州防禦使」という記録がある．つまり留守官を廃し，防禦使を置くことによって初めて築城が行われるのである[359]．この時期の築城は，「東女真の海賊を防ぐ為のもので，海岸地域が重要な対象地で東南海岸に限定されていた」[360]．

慶州邑城の築城記録を時代別に整理すると以下の通りである．

- 慶州邑城，周廻六百七十九歩　内廣二十五結五十五卜　井八十，（『慶尚道地理志』慶州府條）
- 邑石城，周廻六百七十九歩　内有井八十（『世宗実録』巻百五十地理志慶州府條）
- 慶尚道「仍旧」慶州府邑城「周回四千七十五尺　高十一尺六寸　女垣一尺四寸　敵台二六門三無甕城　女垣一千百五十五　城内井八十三　海子（濠）未鑿」（『文宗

---

357) 慶州邑（1940），p. 5.
358) 矢守一彦（1970），p. 222.
359) 小田省吾「慶州邑城沿革考」『朝鮮彙報』1918.9月号，p. 36.
360) 車勇杰（1988），p. 14.

実録』巻九，元年[361]八月庚子）
- 府邑城．石築　周廻四千七十五尺　高十二尺七寸　有軍倉洪武戊午[362]改築池三井八十　冬夏不渇（『慶尚道続撰地理誌』慶州府條）
- 邑城．石築　周四千七十五尺　高十二尺　内有井八十（『新増東国輿地勝覧』巻二十一慶州府城郭條）
- 「慶州北川水道．直向邑城．且城下海子．皆已塡塞．本州．非他官之例．集慶殿所在．且客人經由之處．請於明年農隙．抄發本州民．修築堤防及海子."從之」（『世祖実録』巻九，十二年[363]正月壬戌）
- 「邑城．石築　周四千七十五尺　高十二尺　内有井八十　徵禮門邑城南門也　火於壬辰兵乱　崇禎壬申[364]　府尹全シク重修　東西北三門　次第継建」（『東京雑記』[365]）
- 「邑城．石築　周四千七十五尺　高十二尺　内有井八十　溝池周面　五千九十六尺　廣十一尺　深五尺」（『輿地図書』慶州府城池條）
- 「邑城．不明所始　高麗廃愚王戊午改築　周四千七十五尺　高十二尺七寸　南門曰徵禮東門曰向日西門曰望美北門曰拱辰　城築用石」（『東京通誌』巻六城池條）
- 邑城改築．門楼建立[366]（『東京通誌』巻九守官條）
- 南門楼重建[367]（『東京通誌』巻九守官條）
- 邑城修理[368]（『東京通誌』巻九守官條）：高宗7（1869）年

以上の記録から次のことが分かる．

① 1012年に築城されたとされる邑城は土城らしい．「城跡」または「邑南古壘」と呼ばれた土壘が，1378年に改築された石造の邑城の外側に存在していることからそう判断出来る．その基底部の幅は9.5m，外高3.5m，内高2mである．また，1974年の古墳発掘調査の際，その基壇の一部が確認されている．基壇は，古墳の積石部の上に幅10-12mで東西に長い形で築かれていた．その高さは30-50cmであるが，本来はもっと高かったと思われる．その上に土壘を築いたものがこの「城跡」である[369]．

統一新羅が滅んで，慶州が首都の機能を喪失しても，住民が急に減ったわけではない．1012年は新羅が滅んでから77年経った時点であるが，この時期の慶州にはかな

---

361) 文宗元年は1451年である．
362) 高麗愚王4（1378）年．
363) 世祖12年は1466年である．
364) 仁祖10（1632）年．
365) 『慶州市誌』，p. 538．
366) 英祖20（1744）年である．
367) 英祖31（1755）年の記録．
368) 高宗7（1869）年の記録．
369) 東潮・田中俊明編（1988），p. 280，p. 281．尹武炳と金秉模もこれを高麗時代の邑城と見ている（朴東源他（1984），p. 134）．

第II章
慶州邑城

りの住民が住んでいたと推測される．その居住地の周囲を取り囲んだのがこの土城である．そして，高麗末期の1378年頃には大幅に人口が減少していたと考えられるから，倭寇などの侵略に備え，役所と住居が集中していたところだけを取り囲む必要性が生じ，石造で改築することになったのが内側，つまり現在の邑城と考えられる．

②朝鮮の文宗元(1451)年に行われた「城基審定」[370]を見ると，文宗の命令によって都体察使・鄭苯は，全羅道に続いて慶尚道などの「邑城」を調査した後，「仍旧」[371]「退築」[372]「改築」[373]に区分して報告している[374]．慶州邑城に関する以上の築城記録は慶州邑城に関する記録としては，『慶尚道地理志』や『世宗実録地理志』に次ぐ古いものであるが，その後の記録に比べてもきわめて詳細である．城壁の設備も詳しく記録されており，まさに邑城審査の内容である．低いけれど城壁の上には「女垣」[375]もあるし，「雉」[376]の数26は「慶州邑内全図」と一致している．ただ，城内の井戸の数が他の記録と三つ異なる．そして，「城門が三つで無甕城」という内容は検討を要する．「甕城」[377]がないというのは，1910年代の地籍図または，1908年の写真などをみても確認出来るが，城門の数が三つというのは後代の記録と異なる．地籍図をみると邑城の中心から北門に至る道路は他より狭いし，まっすぐに延びていない．つまり，最初は門がなかったが，「壬辰倭乱」(文禄の役，1592-1595年)で焼かれた他の門楼を復元する時，北門も建てたのではないかと推測される．あるいは，闇門[378]のように正式な城門ではないものがもとから存在し，朝鮮中期以降に北門が建立されたとも推測される．この文宗の時の記録に見える施設に関する記述は，近世まで現存した慶州邑城の城壁と城門に関する記録に間違いないと考えられている．

③城壁の長さは，『慶尚道地理志』と『世宗実録地理志』では679歩とされ，それ以後の記録には全て4075尺とされている．そもそも6尺が1歩であるから，679歩は4074尺であるので同じである．使用尺については，「布帛尺[379]」が使用されたとされるが[380]，各地方の「地尺」が使われたと考えられる[381]．

---

370)「城基」とは城を意味し，審定とは審査を意味する．これは王が全国城郭の全数調査を命じて行われた．
371) そのまま完成させても良いところを示す．
372) 各官庁と城を拡張すべきところを示す．
373) 新しい築城が必要なところを示す．
374) 車勇杰(1988), pp. 79-81.
375) 城壁の上に兵士が身を隠すよう立てた壁のようなもの．
376) 城壁より外側に突き出た短い堡塁．城壁に登る敵を背面から攻撃するための施設．
377) 城郭の防御性を高めるために門の前につくった城壁．半円形，コの字形の平面をしていて，ここにもう一つの門を設ける場合もある．「華城」の南門と北門，ソウルの東大門が代表的．
378) 城壁の外側と秘密裏に連絡するために設けた門．
379) 布帛尺には1尺が44.75cmのものと46.73cmの2種類がある．
380) 車勇杰(1988), p. 174.
381) 布帛尺46.7cmとすると，4075尺は1915.25mになる．しかし，1912年に製作された1200分の

慶州邑城の空間構成

④『世祖実録』(1466) によると，「邑城北側にある北川の水によって濠が埋まってしまい，来年にはそれを修理するよう」命令している．1451年には濠はなかったから，濠は1451年から1466年の間に修築されたと考えられる．1765年頃に出来た『輿地図書』に出てくる濠がこれで，1960年代に暗渠化されるまで維持された．これは上記の地籍図でも確認出来，また住民の証言と明治・大正時代の写真などでも確認出来る．城壁の四周に濠が見られるのは，朝鮮半島の「邑城」では珍しい．ここでは「布帛尺」が使われている[382]．

⑤英祖20 (1744) 年の慶州邑城改築では大きな変更はなかったと推測される．粛宗[383]から英祖[384]・正祖[385]時代に至る時期に黄州 (1721年)，全州 (1734年)，大丘 (1736年)，東萊 (1737年)，海州 (1747年)，清州 (1786年) の各「邑城」の全面的な改築が行われている．しかし，その他の「邑城」では，従来の城壁をそのまま利用しながら女垣・雉城・甕城など壁面に付帯する施設の修理にとどまった[386]とみられる．この時期の慶州府尹の18か月の任期[387]中には全面改築の記録は見当たらない．ところで，金秉模 (1984) は慶州の都市計画について説明する中で，「現在慶州市街の北側に残っている邑城は1746年に改築されたもので，長さ約2300mの方形である．ところで，これより前の時代の『世宗実録地理志』と『輿地勝覧』の記録によると，当時の邑城は周囲が4075尺であり，メートルに直すと1300m位にしかならないので，英祖時代の改築では相当規模を拡大したことが分かる」[388]と分析している．これは1尺を現在のように30.3cmにして計算したもので，間違いである．

　　　1の地籍図を計ってみると2324mであり，約400mの差が生じる．誤差を考慮してもこの差は大きいので，やはり使用尺に問題があると考えられる．一方，関野貞の調査 (関野貞 (1904)，p. 122) によると，城壁の高さは約20尺で，メートル法にすると6.6mになる．これを上記記録上の城壁高さ12尺で割ると，1尺は55cmになる．また，城壁の長さで計算してみると，図上実測の距離2324mを記録上の4075尺で割ると，1尺は約57cmになる．関野の調査から求められた1尺55cmに近い．結論として，高麗末期における改築の際に使われた尺は，1尺が55-57cmの「地尺」であったと推定される．
382) 濠の長さを検討してみると，地籍図上では2484mなので，『輿地図書』の5096尺をその数字で割ると，1尺は48.7cmとなり，布帛尺の47cmに近い数字が得られ，濠が掘られた時の使用尺は布帛尺ではないかと思われる．
383) 朝鮮19代王．在位1674-1720年．国防に力を入れ，五営体制を完成した．
384) 朝鮮21代王．在位1724-1776年．文物を整備し，党派の打破に勤めた．法体系を再整備し『続大典』を編纂した．
385) 朝鮮22代王．在位1776-1800年．王政を強化し，民本政策を進めた．歴代法典を整理し『大典通編』を編纂して法治の基盤を完成した．在位中水原の「華城」を築城した．
386) 潘永煥 (1978)，p. 185．
387) 慶州市誌編纂委員会『慶州市誌』(1971)，p. 300 の「府使先生案抄」，「府尹鄭弘済，甲子 (1744) 十月来，丙寅 (1746) 閏三月……上去，改築州城……」．
388) 朴東源他 (1984)，p. 137．

1-2 慶州邑城の街路体系

慶州邑城の空間構成，その骨格をなす街路体系については，朝鮮末期に描かれたと推測される『慶州邑内全図』(口絵，図II-3)と『集慶殿旧基帖』が手掛かりとしてある．前者はもともと李王宮の奉謨堂所蔵本で，現在は，「韓国学中央研究院」所属の蔵書閣に移管保存されている．後者は，ソウル大学の奎蔵閣に所蔵されている．両本はともに，楮を使った紙に淡彩色で描かれた帖帳本である．これ以外にも朝鮮後期に製作された，いくつかの絵地図があるが，街路体系の分かるものはない．

『邑内全図』は慶州邑城の全容が描かれているが，碑閣が実際の規模より大きく描写されている．一方の『舊基帖』には，主に碑閣とその周囲の光景を描写した絵と，碑閣の建設に使われた建築部材の数と寸法などが記録されている．『邑内全図』と『舊基帖』を比較してみると，後者は前者を部分拡大した形で，内容はまったく同じである．当然後者が精密であるが，樹木や建物など施設物の配置が同じであり，特に建物の書き方が同じであることから，同一人物が描いたものと考えられている．

『王朝実録』には次のような記録が見える．

「丙辰(4月)／慶州集慶殿碑閣成．先是，命集慶殿舊基樹碑，刻御筆集慶殿舊基五字，府尹柳烱董役，進搨本，府尹以下施賞」[389]

これから以下のことが分かる．

① 王(正祖)自らが，自分の書いた「集慶殿舊基」五字を刻んだ碑を立てるように命令を下した．

② 「碑閣成」という表現から，碑だけを立てたのではなく，碑閣も同時に建立した．40年後にもう一つの碑閣が立てられたとは考えられないので，『邑誌』「集慶殿」條の記録「……憲宗朝／承命建遺址碑閣」[390]は事実と異なる．修復も考えられるが小規模の碑閣の修理を王が指示したとは考えにくい．憲宗(1834-1849年)朝とその前の純祖(1800-1834年)朝にはそれぞれ王の母系列と王妃家門の勢力による，いわゆる「勢道政治」が行われており，王権の権威を示すことまでは余裕がなかったと考えられる．

③ 「……府尹以下施賞」というように表彰が行われるためには，正式の報告書が欠かせなかったはずである．そこで『邑内全図』および『舊基帖』が作成されたと考えられる．『舊基帖』の中に，碑閣の建築部材と寸法が全て記録されているのは，報告書としての性格を示している．

④ 『邑内全図』に描かれている一勝閣，鎮営，鐘閣(鐘楼)，敬順王殿など全ての施設が，この碑閣より前に建てられたものである．

以上の4点から，これらの絵図は，碑閣が建てられた1797年後半から1798年4

---

[389] 『正宗大王実録』巻四十八，二十二年四月戊午條．
[390] 『慶州邑誌』(1933) 巻三，宮室條．

慶州邑城の空間構成

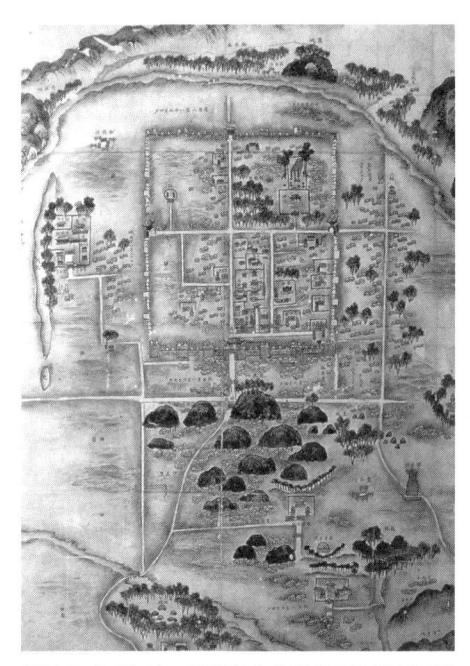

図 II-3（口絵1） 慶州邑内全図（18世紀末）（韓国精神文化中央研究院図書館）

月以前に描かれたということが明らかである．また，碑閣建築の当事者である柳府尹の任期が，『府尹先生案抄』[391] によると1797年7月24日より翌年6月まで[392] なので，この期間に碑閣が建築され，絵図の描かれた時期であると判断出来る．

邑城内部

慶州邑城は四つの城門とそれを結ぶ城内幹線道路，城壁，濠などによって構成されている．城壁には「稚」と呼ばれる26個の短い城壁が「体城」（城壁本体）から外側に付いている．現在は残ってないが，城壁の上部には「女墻」と呼ばれるものがあった．これは兵士が身を隠して銃や矢を撃つための施設である．

城壁内部の幹線道路は，他の「邑城」と同じく東西南北の城門を結ぶ十字街である．『舊基帖』の表記によると，十字路の中心から東門に至る街路は「東門路」，反対側は「西門路」である．中心から南北方向の道路の名称は確認出来ない．ただ，邑城の南門から南に延びる道路は「鐘路」と呼ばれたことが分かっている．この道沿いに奉徳

---
391) 慶州市（1971），pp. 263-312.
392) 『東京通誌』巻九，歴代守官條には任期は7月までとなっている．

寺の大鐘をぶら下げた鐘楼があったためである．

　街路のヒエラルキーは，絵図や地形図[393]によって確認出来る．『邑内全図』を見ると，南端に紅箭門が立つ「客舎」と一勝閣の間の道路が1番広く，格の高い街路である．次に重要なのは，東・西・南・北門を結ぶ道路と，南門から軍器所に至る街路とそこから北へ進み一勝閣に至る街路である．次に重要なのは，西門路から監獄への接近路と内衙あたりから西へ進み，さらに北へ曲がって西門路に繋がる街路である．地籍図と比べると一般住居地の小路と変わらないが，絵図にはこの街路が東門路などと変わらない幅で表示されているからである．

　『邑内全図』では小路は「客舎」の周辺に集中している．具体的には「客舎」の西側にある慶州邑城で最も広い街路と，「客舎」の東側にある郷射庁，府司，戸籍所，武学堂などの諸機関とを結ぶ接近路がそうである．東門路から集慶殿へ至る道は，『舊基帖』に「外正路」と書かれているように一般街路ではなく，集慶殿への参道である．『邑内全図』には，一般住居地の街路が表示されていない．官庁と直接関係のない小路までは描写しなかったと考えられる．地籍図を見ると住居地域には，狭くて曲がりくねった小路が走り回っている．それらはほとんど袋小路である．

　街路幅を地籍図上で計ると，東門路が約9m（そのうちに側溝が1m），南門路が約8m，「客舎」前の大通りが約23m，一勝閣に入る道路が9-10mである．小路の幅は一定ではないが，およそ2-3mである．『牧民心書』では「邑城」の最も重要な道路の幅について，『周礼』考工記を例としてあげながら，「……城中正路/其廣三仞……」[394]というように幹線の道路は約7m が必要だとしている．

　孫禎睦（1990）は，『潘渓随録』続編，道路橋梁條の記録「……外方邑城の中の道は，大路が18歩，中路が9歩，小路が6歩である……」の，「歩」は「尺」の誤りと指摘している．しかし，この記録の1尺を「周尺」とすると，1尺は20.81cmであり，邑城の道路はそれぞれ3.8m，1.9m，1.3mとなってしまう．これは，慶州邑城の幹線道路幅23mや8-10mとは大きく異なり，「歩」が正しい．特に，この数字は今まで発掘によって分かった新羅時代の王京の「小路幅5m内外，中路幅10m内外，大路幅15m内外，王京大路幅23m」[395]ときわめて近く注目される．朝鮮時代の街路幅は小路を除いて新羅時代のものが受け継がれていた可能性が高い．

　慶州邑城内部の街路体系は，以上のように，東・西・南・北門をむすぶ十字街を基本としていた．そこから住宅街までは幅2-3m程度の袋小路が延びていた．また官庁街ではそれぞれの役所と城門を結ぶ街路の中には，十字街より幅が広い直線街路がある．

---

393) 陸地測量部『慶州』（1万分の1，1917）．
394) 『牧民心書』巻十一，工典六條中五條道路．
395) 朴方龍（1998），p. 242.

慶州邑城の空間構成

『邑内全図』と地形図[396]を比較してみると，100年を越える時間差があるのにもかかわらず，大きな変化は見あたらない．ただ，「客舎」西隣の1番広い街路の北半分，つまり「客舎」敷地の北側端より東門路に至るまでの部分には，新に官庁関係の建物らしいものが出来ていて，『邑内全図』では1本の街路だったのが2本の狭い道に変わっている．慶州邑城内部には商業施設がなかったため，道路沿いの景観は役所の門と塀が並ぶものであった．

邑城外部

南門が正門であることは，『邑内全図』に，一般的に朝鮮で聖なる場所の入口に立てる「紅箭門」が立てられていることから分かる．

紅箭門が立っている地点は，2本の街路の交差点である．北には邑城の南門が見え，西に進むと大丘（大邱），東に進むと東海岸になる．ここから南に走る街路はもともと幹線道路ではない．鳳凰台と金冠塚の二つの古墳が接していて低い峠になっていた．大正初年に新道路をつくる際，そこは拡張され平坦にされた[397]．また，『朝鮮土木事業誌』[398]によると，明治40年5月から同44年3月までの間に大丘から慶州と，慶州から浦項の区間に2等道路が建設された．地籍図の南端を東西に走るのがこの2等道路で，この時期に紅箭門とこの新道路を結ぶ道路が出来たと推測される．つまり，地籍図の鳳凰台より新道路まで延びる南向きの道路はもともとなかったのである．

西の方向に行くと，西川と接するところに家屋群が見える．そこは長生（長丞）장승ザンスン村といい，鎮営の営将らの善政碑などが最近まであったという．善政碑とは「守令」などの任期中の業績を頌えるためのものである．『邑内全図』を見ると，長生（長丞）村すぐそばの西川上に橋が見えるのでここが慶州邑城の西の入口であることが分かる．

ここから西へ延びる道路は，地形図の新しい道路[399]とは違って，仙桃山北側の麓を曲がって忠孝里の方に延びている．一方の東南側蔚山行の道路も，紅箭門から一筋東へ行ったところより右に曲がって，さらに半月城東側を通っている．そこから少し先，現在の「国立慶州博物館」前の道路上にも碑石が並んでいたといわれている．つまり，この辺が慶州の東南の入口であることを示している．

地形図を見ると，邑城を中心とする慶州平野には東西南北に道の痕跡が碁盤目状に残っている．『新増東国輿地勝覧』[400]では「新羅時井田遺基尚存」という．邑城も含

---

396) 1916年測図の1万分の1の地形図．当時の土地調査事業の結果として作成された地籍図をもとにして製作された．（朝鮮総督府臨時土地調査局『朝鮮土地調査事業報告書』(1918), p.453).
397) 濱田耕作 (1932), p.5.
398) 朝鮮総督府 (1937), pp.93-94の表．
399) この道路は1907年5月から1911年2月までに工事が行われている．注12の表．
400) 巻二十一慶州府，古跡條．

129

む慶州平野の街路体系は，新羅時代の地割をもとにしたものとするのである．第Ⅰ章（Ⅰ-1　韓国都市の原像）で触れたように，この方格地割を王京坊里と関連させて，初めて本格的に研究したのが藤島亥治郎[401]である．

1-3 │ 慶州邑城の諸施設

客舎

　朝鮮時代の全ての郡県にはそれぞれ1箇所ずつ「客舎」[402]があった．「客舎」は，「邑城」の中で王権を象徴する最も重要な建物である．建物の外観は真中に切妻の正堂（大庁），その左右に入母屋の「東軒」と西軒を配置する定型化された形を取る[403]「客舎」正堂の形態は非常に特徴的である．真中の正堂は左右の建物より一段高い．両脇の建物はそれぞれ正堂側が切妻屋根で，その反対側は入母屋となる．

　「客舎」は，賓客を接待する施設で，中でも正堂（大庁）は毎月の1日と15日に「望闕礼」を行う正衙である[404]．賓客とは普通，「守令」の上官である「観察使」や中央から派遣された官吏，外国からの外交使節[405]を意味する．主殿の中で最も重要な場所は正堂（大庁）で，王の象徴として「闕」[406]の字，または「殿」の字を刻んだ位牌を置いて拝礼を行う．その位牌は，規格が決められており，鍍金が施されている．平時には黄色い布地で被われる[407]．

　慶州客舎（図Ⅱ-4）に関する記録は1320年の火災の記録[408]が最初である．その火災はかなりの規模で，東西上房，大方，南大方，副車房，涼楼，選軍廳，倚風楼，営庫，東西行廊など71間もが焼失したとされている[409]．1466年の記録である徐居正の東軒

---

401) 東潮・田中俊明編（1988），p. 258.
402) 慶州に客舎が出来たのは，慶州が高麗三京の一つとして留守府がおかれた時期の987年であったとされるが，慶州は新羅の首都で，高麗に投降してからも特別扱いを受けていたことから，慶州客舎こそ客舎の始まりである可能性が高い．留守府が置かれた時点は，新羅が滅んで半世紀ほどしか経っておらず，その建物は新羅時代の役所，またはそれに準ずる施設であった．客舎が高麗時代の邑城区域の中心付近に位置していること，また，慶州客舎が東京館と称されるのもこの推測を裏付けてくれる．というのも慶州はこの時期から東京と呼ばれたからである．
403) 藤島亥治郎（1976），pp. 329-330.
404) 茶山研究会（1985b）V，p. 243.
405) 慶州客舎東京館に泊まった日本の外交使節としては1580年博多聖福寺の僧侶玄蘇がいた．秀吉の使臣として，また国使や従軍通訳として秀吉の朝鮮出兵の時にも朝鮮に来た．
406) 宮殿と宮闕は同じ意味である．その意味で「闕」は宮殿を象徴する．
407) 茶山研究会（1985b）V，p. 286.
408) 『東京通誌』巻九，守官條.
409) ここでいう「間」とは，韓国の建物の規模を示す単位である．実際の面積とは別に四本の柱によって囲まれた空間を意味する．東西上房と大廳は客舎の主屋で，涼楼，倚風楼は客舎に附属している宴会のために使われた楼だと推定される．

図II-4　慶州客舎（東京館）（慶州名勝絵葉書）

記[410]を見ると，この火災後しばらく，再建の記録は見られず，ただ倚風楼だけが小規模ながら再建されていた．1463年から始まった再建工事では，正面5間の大庁と「オンドル」が敷かれたと思われる上房，夾室が入った東西軒と廊廡，塀などが建てられている[411]．

1552年12月に記録上の最大級の火事が発生，西は倚風楼まで，東は大庁，「東軒」，新別室そして，南行廊まで併せて100余間が焼失した．また，この時に重さ325斤15両の新羅時代の大青銅火鉢も失われたと記録されている．その翌年の1月9日には，都承旨と「観察使」が駆けつけ，3日間慶州にとどまり，集慶殿[412]で慰安祭を行っている．火災から6年後に，焼失した100余間が再建されたが，1590年12月には「客舎」の西軒からの出火で今度は大庁と「東軒」が焼け，再び集慶殿で慰安祭が行われている[413]．

この火災の2年後，1592年に始まった「壬辰倭乱」による豊臣秀吉軍の侵略により，慶州邑城の施設は全てが破壊された．慶州では2度にわたる激戦があったため，「……

---

410)『新増東国輿地勝覧』巻二十一，慶州府宮室條客館．
411) 1464年3月1日には工事の最中に火災が発生し，倚風楼，東虚庁，西饌飯庁など併せて30間が焼失した．その3年後の11月に，また火事が発生し，大門と南側行廊8間が焼失した．その翌年に倚風楼は再建されている．
412) 朝鮮初代王の太祖を祭る廟．慶州以外に全州，咸興にもあった．
413)『東京通誌』巻九，守官條．

公廨館宇，尽為灰燼，所余者，賓賢楼及両倉……」[414] という記録通り，わずかに残された邑城の施設は，再び攻めてきた日本軍との戦闘によって「……本府余存官舎……並皆焚滅無……」となる．

「丁酉再乱」後，1602 年に小規模な大庁が再建され，後にできた東西軒の老朽化が進んだ 1786 年に，「府尹」金履容によって旧制に基づいて「客舎」の再建が行われた．この時再建された「客舎」の正殿は，東・西軒の正面がそれぞれ 5 間，大庁が 3 間である．神室，祭器庫，廊廡，門に至るまで全てを新築[415]し，これが現在まで残っている慶州客舎である．

慶州客舎の主屋である東京館は，1895 年の地方制度改革の後は本来の機能を失い，客舎直 1 人が置かれて守られてきたが，1907 年からは公立慶州普通学校の校舎となって，大庁や東西軒は教室として改造された．他の附属舎はこれと前後する時期に撤去されたと見られる．

慶州客舎の正確な位置や建物の構成は，1917 年発行の地形図（1 万分の 1）と戦前撮影された写真資料によって分かる．具体的には，東京館正殿の柱間隔がその両側にある東・西軒のそれより広いことが分かる．また，東・西軒は記録上では，同じ時期に建てられたとされるが，実際にはそうではないようである．『朝鮮古跡図譜』にある写真を見ると，「東軒」と西軒の正面構造が異なる．同じ性格を持って，しかも対称的に配置されている建物をわざと違う構造で建築したとは考えにくいが，ただ，東軒は「文班」の者が使う場所で，特に今の道知事にあたる「観察使」が訪れた際，裁判などを行ったところで，「武班」の場所の西軒との差異を表現した可能性もある．

邑城の諸施設について，『東京通誌』と『慶州邑誌』の記録をみると，その基準点は「客舎」であり，邑城の内部にある諸施設は「客舎」を中心に説明されている．次にみる，地方における行政の中心である「東軒」でさえ「客舎の北西にある」と表現されている．その他についても，「客舎の北側にあり」または「客舎の東側にあり」とその位置が説明されている．朝鮮時代の地域社会の中心に位置するのが「客舎」であった（図 II-5）．

「客舎」は，以上のように，国家権力つまり王権の地方における象徴であったが，近代化を目指した 1894 年の改革によって，それ自身の存在理由そのものがなくなってしまった．「客舎」は，建物の規模が大きく，また，邑城や「邑治」の中では敷地も最も広かったため，地方制度改革以来現在に至るまで「普通学校」の校舎または公共機関の庁舎やその敷地として再利用されることになった．

東軒

414) 『東京通誌』巻十二，殊官條．
415) 『東京通誌』巻七，宮室條客館．

慶州邑城の空間構成

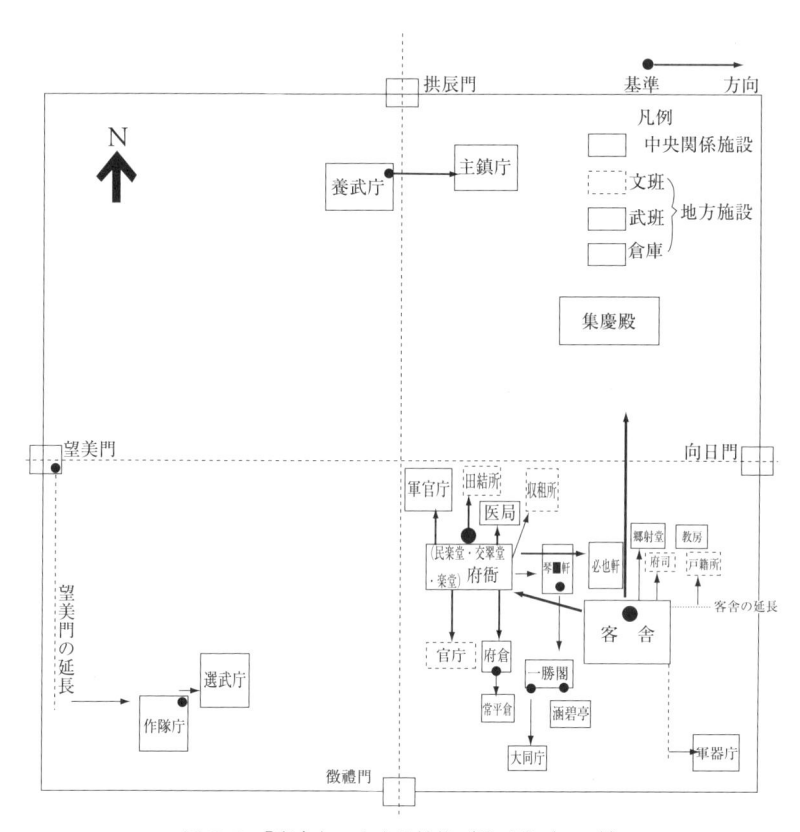

図II-5 「客舎」の中心的性格（韓三建（1993））

　「東軒」は郡県にある役所の名称で，地域によって，府衙，郡衙，県衙などとも呼ばれる．「客舎」と同じく何棟かの建物で構成され，中央から派遣されてきた「守令」が政務をとる場所である．「東軒」に属する建物の中でも，特に「守令」が執務する正堂が最も重要な場所となる．喪服や僧侶服の者の入場は禁止され，1日と15日の「點考」[416]の日以外は「妓生」の出入りも禁止されていた[417]．
　「東軒」の敷地内には，公的な場所の正堂とは別に，「守令」の私的な空間である内舎もしくは内衙と呼ばれる建物がある．ここで「守令」とその家族が日常生活を送る．これら正堂と内舎以外にも，今の車庫に当たる馬房や三門，中門，楼門などの門と倉庫の他に，数軒の附属舎が「東軒」という区域を形成していた（図II-6）．
　慶州邑城の「東軒」は「客舎」（慶州客舎東京館）と違って，文献上に記録があまり見

---

416) 名簿に一々点をつけながら確認するという意味．
417) 茶山研究会（1985b）V，p. 84，91．

133

第 II 章

慶州邑城

図 II-6　慶州東軒「一勝閣」（絵葉書朝鮮風俗）

られない．これは，「君主治下で奉命使行の宿泊，または消暢するところより，民衆相手の一先実務を執行する地方庁を疎かにしていたことを示している」[418]．

　慶州東軒の正堂である一勝閣の改築記録が，1754年より2年間慶州府尹を務めた洪益三の時期にみられる[419]．1884年に行われた一勝閣再建の時に書かれた「上梁文」をみると，1560年から3年間，また1631年から2年間勤務した「府尹」の在任中にも正堂が改築されたことが記されている[420]．正堂は，1884年の改築で，建物の名が一勝亭から一勝閣に替えられている．

　この他民楽堂，交翠堂などの建物と鎮南楼，中門などが記録で確認出来る[421]．「東軒」に附属していたと思われる光風楼は，1640年に赴任してきた「府尹」が建てたもので，建物の前に石でつくられた池があったという[422]．「東軒」を構成しているこれらの建

---

418) 慶州市（1971），p. 440.
419) 彼は東軒の敷地内に「一勝亭」と「涵碧亭」を新築し，「洗襟堂」，「琴鶴軒」，「二楽堂」などの建物を改築している．「府尹先生案抄」慶州市（1971），p. 300.
420) 1631年に赴任してきた「府尹」が，戦争で破壊された城門を再建しているのをみると，その復旧工事の一環として東軒正堂も再建されたと考えられる．慶州市（1971），p. 440.
421) 「鎮南楼」は，今世紀まで残っていた慶州の伝統的建築物の中で，唯一二階建てで，「鼓角楼」とも呼ばれていた．この建物に関しては「府尹」の執務開始と終了の時，奏楽を鳴らしたという記録がある．また，門の開閉の時，太鼓を打ってラッパを吹いたとの記録もある．「府尹」は，この門の内側の敷地に住んでいたため，「府尹」の仕事の開始・終了とともに太鼓などを打って知らせたのである．『東京通誌』巻七，宮室條．
422) それを1764年に，当時の「府尹」が改築し，「必也軒」とその名を改めている．「琴鶴軒」と呼ば

物は，「1909年に当時の副統監が慶州を訪問した際，新羅玉笛を捜すために内密，一勝閣，琴鶴軒，洗襟堂など，あらゆる郡の庁舎を天井から床下までも調べさせた」[423]という記録から，この時点まで「東軒」の敷地内の建物のほぼ全てが残っていたことが分かる．「東軒」の正堂である一勝閣は現存している．しかし，慶州郡庁舎の新築とともに寺院の金堂として移築された[424]ので，細部に変形が多く，かつての姿の細部は不明である．ただ当時写された数枚の写真によって推測は可能である．

　この一勝閣を中心とする「東軒」の建物も，「客舎」と同じように1917年に発行された地形図（1万分の1）と，それと同じ時期に撮影された写真などを参考にしてその配置を復元すると，鎮南楼，中門，一勝閣が南北の軸に一列になっている配置となる．南北に伸びる道に外側から鎮南楼と三門，そして主屋の一勝閣の順に配置されている．

監獄

　監獄は邑城内の西北辺に位置していた．地方誌には記録されていないが，「慶州邑内全図」に，円形の塀に囲まれた2棟の建物と，入口または監視のための施設らしい建物1軒が描かれているのが確認出来る．李朝時代の監獄は形が円形であったらしい．慶州邑城の監獄の跡地を調査した記録によると，土築の円形で，土塀が一部残っている[425]．

郷族関係諸施設

　地元の住民，つまり「郷吏」など「中人」と官庁所属の「奴婢」と「常民」がそれぞれ務めていた施設は，大きく「文班」関係と「武班」関係の二つに分けられる．慶州の場合，崔，孫，李氏が中心になっていた「文班」関係の施設には，官庁，府司，戸籍所，田結所，収租所そして各種の倉庫などがある．「武班」は金，崔，裴，朴，鄭氏が中心になっており，彼らは現在の軍や警察にあたる施設に勤めていた．軍器庁，養武堂，主鎮庁，軍官庁，作隊庁，選武庁，武学堂などがそれに該当する．このうち，府司所属の建物1棟は，1929年に当時の慶州博物館に移築され，事務室として利用されていた[426]．また，養武堂の1棟は1915年に同じ慶州博物館（慶州陳列館）に移築され，別館の集古館として使われていた[427]．

　監官や倉色などの「郷吏」が担当した倉庫には大同倉，常平倉，府倉，官庁庫，軍器庫などがある．倉庫には，「守令」など職員の給料用の米などと地方財政，防衛の

　　　れる建物は府衙の東にあるという記録がある（『東京通誌』巻七，宮室條）．
423) 大坂六村 (1931), p. 221.
424) 慶州市 (1971), p. 440.
425) 大坂金太郎 (1931), No. 5.
426) 崔南柱「新羅の魂尋ねて半世紀」『朝鮮日報』，1973.4.26.
427) 慶州古跡保存会 (1934)『新羅旧都慶州古跡案内』, p. 53.

ための物資が納められていた．李朝後期になると様々な名目の倉庫が設けられるようになるが，それらはだいたい書類上の倉庫で，収奪のために利用されていたという[428]．

　1457年の軍事制度の改革によって慶州に鎮営が設置された後，「郷庁」の代表である座首職は「両班」が忌避するようになり，「中人」がその座につくようになった[429]．この他に医局，官妓房，薬房などの機関があるが，これらの諸施設に370人[430]の職員が勤務していた．その人的構成を見ると，「郷吏」が182人，「公奴婢」が88人と最も多い．職員の大多数を占めていた「郷吏」は，吏房，上戸長，監営吏などを歴任した人物を中心に「安逸房」を構成し，「郷吏」組織を自主的に規察・統制していた[431]．その「郷吏」の集会所の「無感堂」は，現在の路東洞にあった[432]が，建物の詳細は分かっていない．

　以上の諸施設は，一般的な住宅と似ている．ほとんどの建物が瓦葺の平屋で，「オンドル」部屋と「マル」がセットになっている．一般の住宅と変わらない形式の建物が，一つの敷地に何棟かが配置されていたのである．

　1993年当時，慶州市城東洞の洞事務所の南側に接していた月城老星所は，朝鮮時代の「洞社」であったものと推測される．調査時点では城東洞の洞事務所に隣接していたが，地籍図と土地台帳によると，もともとこの二つの施設は同一敷地にあったことが分かる．朝鮮時代の慶州府内面は6坊に分かれていた．そのうち，「左右道里」地域にあったのがこの建物である．洞社とは，「里」単位の自治機関であり，また，末端行政機関的な役割を果たしていた．現在の洞事務所の原型がこの洞社である．植民地時代にも，慶州邑には合計1311坪の敷地に，9棟の洞社があった[433]．

　このかつての洞社であった建物が建立された時期は定かではない．調査当時は，「月城老星所」との看板を立てて敬老堂として使われていた．建物の軒下および「マル」には6枚の篇額が懸けられており，建築や修理が行われた際の説明と寄付者名が記録されている．慶州邑城およびその周辺に立地している以上の諸施設の位置を復元したのが図II-7である．

場市（市場）

　朝鮮時代における慶州の「場市」については『東京通誌』に「……府尹洪益三添入場

---

428) 慶州市 1971, p. 392.
429) 金受白氏（1934年生まれ，慶州愚隠書室訓長）の証言による．
430) 『慶州邑誌』巻三，属任條中狼煙関係909名を除外する．
431) 李勲相「朝鮮後期慶州の郷吏と安逸房」『歴史学報』107輯，歴史学会，1985, p. 73.
432) ハングル学会（1978）『韓国地名総覧5（慶北篇1）』, p. 166.
433) 慶州邑（1940）『慶州邑勢一班』, p. 33.

慶州邑城の空間構成

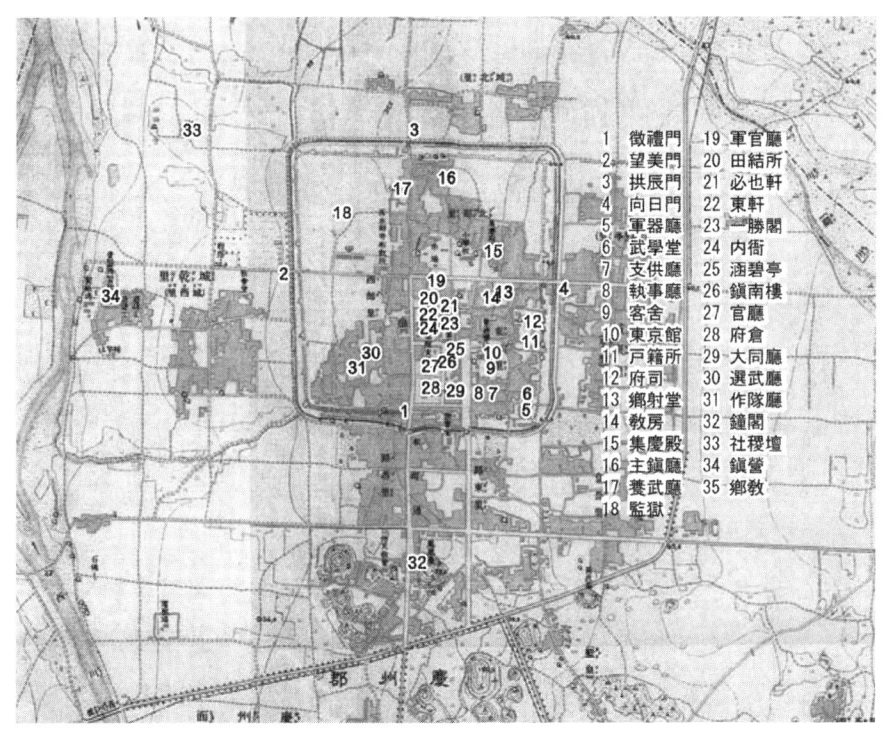

図 II-7　朝鮮末期における慶州邑城の主な施設

税銭……」[434] という記録が見られる．「場税銭」とは，「場市」が開く日に徴収する市場使用料である．同じ文献に慶州府の「場市」21箇所が，それぞれの開市日とともに記載されている[435]．そのうち，邑内「場市」は5日ごとの2, 7日に開かれていた．その場所は，1908年の写真を見ると「客舎」前の広い道路沿いである．「場市」と言っても特別な施設はなく，ただ空地に人が集まって取引をする程度である（図II-8）．取引品は穀物，鳥獣，生牛，魚類，海藻，塩類，蔬菜，果物，薪炭，織物，金物，紙類，陶磁器，雑類などであった．この市場には，慶州面全域および隣接各「面」の最遠5里以内の者が出店し，また購入にきていた[436]．

『牧民心書』によると，当時，場税・店税などは広く納められており，過剰徴税が

---

434) 巻六，倉庫條民庫馬庫．
435) 巻六，場市條．
436) 善生永助（1924），p. 371, p. 372.

第 II 章
慶州邑城

図 II-8　月城場市（韓三建（1993））

指摘されている[437].「場市」を管掌するのは「郷吏」の戸房の場合もあるし，他の「郷吏」が担当する場合もあったらしい．また，「場市」の取締は「軍校」の捕盗軍官に任せられていた．

　朝鮮における「場市」は，1470 年の全羅道での飢饉をきっかけに自然発生的に出現したとされるが[438]，朝鮮時代後期になると，全国の「場市」の数は 1061 箇所にものぼった[439]．全国一様に日をずらしながら 5 日ごとに開かれるようになったのは，1470 年以前の制度と関係があるとされる．1458 年（世祖 4 年）の記録に，「守令の下部行政体系に属している勧農，監考，坊別監，里正などは 5 日ごとに官衙を出入りしながら，郷村行政を担当していた」[440]とあり，地方統治のための 5 日ごとの「邑城」出入りにあわせて，「場市」が立つようになったと考えられる．

　慶州地方では「場市」ごとに「別神祭」が行われていた．この祭りは，集落ごとの「洞

---

437) 茶山研究会（1979a）I, p. 132. 茶山研究会，（1979b）II, p. 100. 茶山研究会，（1981）III, p. 157.
438) 孫禎睦（1984），p. 80.
439)『萬機要覽』財用編，各廛條．
440)『世祖実録』巻十二，四年四月乙卯條（李在熙（1990），p. 209）.

る[450]．こうした「両班」の社会的・政治的地位への配慮は，植民地になってからも受け継がれていった．つまり，「朝鮮総督府」は，「両班」の権威を認めることによって，植民統治をより容易にしようとしたのである．「東洋拓殖会社」に見られるように「両班」の土地を管理することによって，彼らの経済的地位をも保護したのである[451]．

その具体的な例として，朝鮮総督府によるいわゆる「孝子節婦」に対する表彰がある．韓国併合が実行された当日の1910年8月29日付で，寺内正毅総督は，全国541人に10円ずつ賞金を与えて彼らを表彰している[452]．慶州郡に居住する住民も「孝子」8人と「節婦」2人の合計10人が表彰を受けている．また，同じ日に発行された『官報』号外は，「右両班ノ耆老ニシテ身ヲ持スル恭謙能ク庶民ノ師表タリ仍テ金〇〇円ヲ賜ヒ以テ尚歯ノ意ヲ示ス」と，15円から100円までの表彰金を支給した全国の「儒生」と「両班」階層の老人の名簿を掲載している[453]．慶州の該当者として44人の名前が見られる．

「朝鮮総督府」は，高麗朝以前の王を祀る「殿」と「陵」の祭祀を奨励・保護していた．「特に国家の儀制従来の規格により享祀の典礼を行って」いた[454]のである．「殿」とは，「上古より高麗朝に至るまでの歴朝始祖並特殊の功徳ある先王などの霊璽を勧新請して追遠報本の誠敬を致す齋場」で，その「数は8箇所ある」[455]と記録されている．「陵」とは，歴代の王の墓で，所在がはっきりしているものが98箇所あり，その中の「始祖陵6箇所に対しては年々春秋両次に奠幣供饌礼を以て享祀を行って」[456]いたのである．以上の8殿6陵には常時奉仕のため「参奉各1人をおいて諸般の奉行に遺逸なきを期し」ており，「其の候補者は何れも各姓の後裔者中より登用することとなっていた」のである．また，各陵も「監視を厳明にし，且つ其の尊厳を保持するため放牧，耕墾などを禁止する礼制を建設すると共に」，距離などを考慮して「別に守護人を配置していた」[457]．これらの「殿」「陵」のうち，慶州には，上述した「殿」が3箇所，「陵」も3箇所ある．

ただ，「朝鮮総督府」は朝鮮王族の祖先に対する祭祀についてはまったく排除した．また，古朝鮮を建国したといわれる檀君も祭祀の対象から排除している．その代わり，植民地統治のために実質的な支配階層である「両班」の祭祀については優遇した．家門の祭祀は，その地域，大きくは全国にまでその家門や氏族の威勢を示す行事である．

---

450) 江守五夫他（1982），pp. 137-138．
451) 江守五夫他（1982），p. 139．
452) 朝鮮総督府官報，号外，pp. 43-69，pp. 83-87，1910年11月3日．
453) 朝鮮総督府官報，号外，pp. 118-125，pp. 185-211，1930年11月3日．
454) 朝鮮総督府学務局社会課『朝鮮の宗教及享祀要覧』，p. 7．
455) 朝鮮総督府学務局社会課，前掲文書，p. 7．
456) 朝鮮総督府学務局社会課，前掲文書，p. 7．
457) 朝鮮総督府学務局社会課，前掲文書，p. 7．

これによって地域の「両班」たちは交流を深め，結束による地域社会の支配を固めてきたのである．

現在の慶州市内に存在する祭祀施設は『慶北マウル（村）誌』(1990) によると，全部で 191 箇所ある．比較的規模が小さく祭祀施設の付属空間の性格を持つ書社と亭子が 84 箇所で最も多く，斎室が 75 箇所で 2 番目に多い．斎室は平民家族の共通祭祀空間である．「両班」家門の祭祀空間である廟は 16 箇所ある．地域的には，「両班」家の有力氏族の同族集落が多く分布する江東面と安康邑に，特に多くの祭祀施設があることが確認出来る．

以下に，諸文献からかつての祭礼空間を復元し，慶州地域の祭祀施設における祭祀の実際，また「両班」家門同士の力関係などから，慶州地域の社会的空間的構造を植民地時代に遡ってみてみたい（図 II-9）．

2-1 | 三壇

郡・県の祭祀施設として三壇一廟がある[458]．三壇とは「社稷壇」「厲壇」「城隍壇」，一廟とは「文廟」である．この中で最も重要なのは「社稷壇」であった[459]．「社」は元来「后土」という土地神の名前で，「稷」は「神農」という穀物神の名前である．国家レヴェルでは，新羅は 783 年に，朝鮮は第 3 代王の太宗 3 (1394) 年に「社稷壇」を設置している[460]が，慶州に「社稷壇」がいつ頃設置されたかは分かっていない[461]．「守令制」の確立のため朝鮮初期の太宗 (1401-1418 年) の時に設置された[462]とも言われるが，『邑誌』は「顕宗己酉 (1669 年) 又移于府城西二里」と移した時期を特定している．1669 年は『邑誌』の母体となる『東京雑記』が書かれた年であり，おそらく正しいと思われる．場所も，『邑誌』の「府城西二里」がその位置である[463]．

慶州の「社稷壇」が具体的にどのような形をしていたかは詳しくは分かってないが，『慶州邑内全図』をみると，「社」と「稷」を別々にしたソウルのものとは違って，両方を一つにして方形の低い壇の上に，紅箭門のようなものがいくつか立つ形である．また，付属舎が 2 棟あるという記録[464]があるが，1 万分の 1 の地形図でも確認出来る．この付属舎は，「社稷壇」の管理および祭祀のための施設として利用されていたと見

---

458) 茶山研究会 (1981) III，p. 216．
459) 茶山研究会 (1979a) I，p. 56．
460) 茶山研究会 (1981) III，p. 218 の注 23 参照．
461) 慶州の「社稷壇」の文献上の初出は，『新増東国輿地勝覧』の祠廟條である．
462) 李存熙 (1990)，p. 135．
463) 1765 年頃の『輿地図書』では「在府西五里」となっているが，『慶州邑内全図』でも城壁の北西側のところに「社稷壇」が見え，その距離から推測しても「城西二里」が正しい．
464) 大坂金太郎 (1931)，第 6 号社稷壇址．

図 II-9　慶州の周辺（大東輿地図）

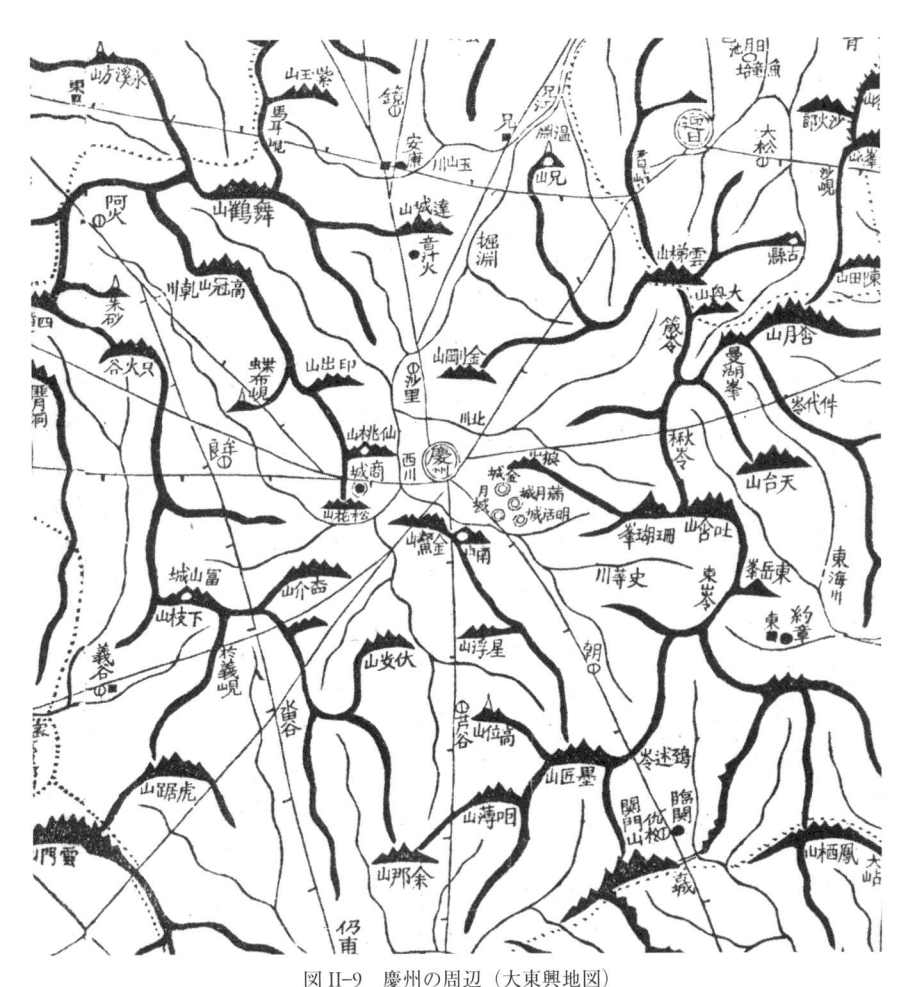

られる．「社稷壇」での祭礼は毎年仲春（陰暦2月）・仲秋（陰暦8月）の上戊日の2回行われた[465]．それ以外にも，「守令」が赴任してくるとその翌日には，「社稷壇」を奉審した[466]ようである．

　「厲壇」については，正確な位置もどのような形式のものかも知られていない．ただ，『慶州邑内全図』を見ると，慶州邑城の北側にある獨山の麓に「厲祭壇」と書かれている．「厲壇」とは，厲鬼らを祭祀する壇のことで，必ず城の北側に設置すること

---

465) 茶山研究会 (1981) III, p. 219.
466) 茶山研究会 (1979a) I, p. 55.

になっていた[467]. 朝鮮には第2代王の定宗2 (1400) 年に, 中央と地方の各州・県に「厲壇」が設置された[468].「厲壇」の構成は, 城隍神を上座に南向きに置き, 無祀鬼神[469]を壇下の左右に置き, 互いに向き合うようにする. その左右に配置される15位の神座はどのように死んだのかで区分されていた[470]. 祭祀の時期は, 定期的には春の清明, 秋の7月15日, 冬の10月1日で, 不定期には伝染病が流行する時に行われた[471].

「城隍壇」や城隍祠にまつられる城隍神は, 本来中国では城池(城壁・濠)を守る神であるが, 朝鮮では万鬼を統率する神として知られる. 城隍神の祭祀は「小祀」の格で, 厲祭の3日前に行われた[472].「城隍壇」は,「厲壇」の北を避けた東・西・南のどこにでも設置出来たようである. 規定では壇を設置することとされていたが, 『新増東国輿地勝覧』を見るとほとんどが祠で, また『輿地図書』でも壇と祠の両方が見られる[473]. 慶州の場合は文献史料から壇が設置されたことは一度もなかったことが分かる. その位置は, 全ての資料が「府東七里」とし, 『慶州郡郷土史』(1929)が「狼山にある」と特定している. 邑城の西南側にあった先農壇が近代になって移築された場所が, 旧城隍祠址である. その場所は狼山北西側の中腹で, 今は畑になって礎石が転がっているだけである. 規模は1間ほどで, 大きさから見て切妻屋根の小屋であり, 内部には城隍神の位牌がおかれていただけだと考えられる.

2-2 郷校・文廟

慶州郷校[474]は邑城から南3里に位置している[475]. その場所には新羅時代の「国学」があったとされる.「国学」は高麗時代からは「郷学」となり, 朝鮮時代の1492年に「府尹」によって成均館の制度を受け入れ改築されている[476]. 慶州郷校は1592年の「壬辰倭乱」(文禄の役)で豊臣秀吉軍によって全て焼かれた. 1600年にまず大成殿が再建

---

467) 慶州府の厲壇について, 『新増東国輿地勝覧』は「在府北」と記し, 他の記録も「在府北五里」(国史編纂委員会『輿地図書』(1979), 慶州府壇廟條),「在府北四里」(『東京通誌』巻七, 壇廟條)など同じである.
468) 茶山研究会 (1981) III, p. 223 の注参照.
469) 祀ってくれる子孫がいない鬼神.
470) 茶山研究会 (1981) III, pp. 225-226.
471) 茶山研究会 (1981) III, p. 225 の注68 参照.
472) 茶山研究会 (1981) III, p. 223.
473) 茶山研究会 (1981) III, p. 225 の注70 参照.
474)「郷校」は, 中央の成均館直結の下級機関ではなく独立しており, 主なテキストは『小学』,『四書五経』などで, 儒教的道徳規範と支配層の支配倫理などの最小限の教養教育にとどまっていた (趙泳祿 (1987), p. 16).
475) 『東京通誌』巻六, 学校條. 『新増東国輿地勝覧』巻二十一, 慶州府学校條. 国史編纂委員会, 前掲書, 慶州府学校條など.
476) 『東京通誌』巻六, 学校條.

され，続く1604年に東・西廡，1614年に明倫堂と東・西斎，1655年に明倫堂の北側に松壇，1669年秋に松壇の東側に尊経閣が建築され，慶州郷校はようやく再建された．

慶州郷校は左右対称に配置され，大成殿が明倫堂より前に位置するいわゆる「前廟後学」の構成をとる．大成殿は間口3間，奥行き3間の切妻屋根で，高い基壇の上に建てられ，内部の床は板張りで，正面中央には孔子，その左右には四聖十哲の位牌が並べられている．東・西廡[477]はそれぞれ12間の長い一列の切妻屋根の建物で，床は土間となっている．内部には，孔子の72弟子と中国儒学者38人および新羅両賢，高麗両賢，朝鮮14賢がまつられている．儒教の聖人全員をまつることを「大設位」[478]というが，慶州郷校はこれであり，「郷校」の中では一番格が高いことを意味している．

大成殿の北側にある明倫堂は，時代が下がるに連れて勉学のために使われるよりも住民教化のための様々な行事に使われるようになる．1間半の「オンドル」部屋が二つあって他は全部板張りの床になっている．大成殿よりは低い基壇に立ち，屋根は同じく切妻である．その前の東西の斎[479]はここで勉学に励む学生のための空間で，寄宿舎である．東側の斎は「両班」家の息子が，西側の斎には「常民」の息子が入ることとされていた．学生の定員は決められていて，慶州のような「府」では，朝鮮3代王の太宗の時には50名，第9代王の成宗の時には90名であった．切妻屋根の建物は縁側付きの「オンドル」部屋を5間ずつもっている．明倫堂の後ろにあったと思われる松壇と尊経閣は現存していないため，詳しいことは分かっていない．

明倫堂の庭から門を通って東の方にでると典教室がある．その南側にある2棟の建物は現在管理棟として使われているが，もともとは教授[480]のための空間だったと考えられる[481]．典祀庁と今の管理舎の南側にあったと思われる池は現在残っていない．典祀庁は「郷校」での儀礼である「釈菜」の時使う什器の保管場所で，祭祀のための準備室としての機能も持っている．

「郷校」で行われた代表的な祭礼は，『牧民心書』によると，文廟祭礼つまり釈菜

---

477) 廡とは規模の大きい建物や廊下を意味する．「郷校」では大成殿前面の左右に建つ長い建物で，大設位では東と西の廡に孔子の72弟子と漢と唐の儒学の賢人22人，朝鮮の儒学賢人18人の位牌を安置した．
478) 設位とは位牌の位置を設けるという意味である．大，中，小があり，大設位は133人の儒学の聖人を祭る．
479) 斎は「郷校」で学生が寄宿しながら勉強する建物である．東斎と西斎がある．
480) 朝鮮王朝の官職名．「郷校」における生徒の指導のために置かれた従六品官．
481) 『東京通誌』に「在明倫堂東，舊提督館，英祖甲子，府尹宋徵啓，改今名……」(巻六，学校條育英斎)とあり，教授が提督に名前が変わった後，提督館として使われたが，その制度廃止の後，1744年に別の機能に変わったことが分かる．

である[482].「守令」は献官[483]となり,祭礼を主宰する.祭礼には「守令」の他にも執事[484]・閑散人[485]など地域住民100人以上が集まる,地方における最大規模の行事である.また,毎月1日と15日に行われる「朔望焚香」がある.祭物の陳列はせずに焚香だけを行う.この祭祀も「守令」自らが担当するのが原則であったが,必ずしも守られておらず,毎季節の初めの月の一日のみは「守令」自らが行うようにと求められた[486].

以上の祭礼は大成殿で行われるが,「養老の礼」,「郷飲礼」,「饗孤の礼」,「投壺礼」,「課藝」などは明倫堂で行われた.「養老の礼」は「守令」が地域の老人を招いて行う行事で,収穫が終わって寒くなる前が良い時期とされていた.明倫堂の庭にムシロを敷いて帳を張り,東側を上席にして「守令」が位置し,北側には「両班」階層の老人を,南側にはその他の身分階層の老人を位置させ,それぞれの列の東側を上席にして祭礼を進行する.こうした祭礼においては,郷飲礼の場合で見られるように,長幼を区別し貴賤を明らかにするのが,儒教的世界を教育する上で大きな意味を持っていた.以上の祭礼は礼房に所属している礼吏という「郷吏」の仕事で,その費用は高麗時代の寺院田と「寺奴婢」を没収し,それを学田,「学奴婢」にして賄われていた[487].

郡県ごとに設置された「郷校」は,財政難の結果中央政府の関心が薄れるに連れ,次第に衰退して行くことになる.「科挙」の受験生が私学で勉強するようになったのもその衰退の原因の一つである.朝鮮後期になると,「郷校」は地方教育機関としての役割を喪失し,非「両班」校生たちの避役の場所となるようになる.「常民」階層出身の生徒は,「郷校」に与えられている各種の特権[488]を利用して与えられている義務から逃れるとともに,身分上昇も果たそうとした.「郷校」がその性格を変えながらも存続してきた理由としては,住民教化によって体制の安定が図られたこと,最後まで釈菜祭享を通じた社会教育の機能は有していたこと,そして地方自治の組織でありその手段でもある郷約を主管していたことがあげられる[489].

1894年に「科挙」制度が廃止されると,「郷校」は教育と社会教化の機能を失い,唯一「文廟」での祭祀機能だけが存続することになる.

---

482) 茶山研究会 (1979b) II, pp. 12–18, pp. 226–228;茶山研究会 (1981) III, pp. 43–74.
483) 祭祀の時,酒を差し上げる人のことで,初献官・二献官・終献官がある.
484) 祭祀の進行を担当した人.
485) 下類両班,上類常民に属する部類として役を負わない階層.
486) 茶山研究会 (1981) III, p. 228.
487) 趙泳鉌 (1987), p. 12.
488) 主に税金の免除,身役の免除である.
489) 趙泳鉌「慶北地方の郷校建築に関する研究」,嶺南大学校修士学位論文,1987, p. 10.

2-3 │ 書院

「書院」は，儒教的教養を持つ政治エリート養成を目的とした教育機関である．儒学を身につけた学者的官僚たちは社会紀綱を正すために三綱五倫[490]の儒教的倫理を確立し，後継者を養成し，教育を通じて社会改革を行おうとした．具体的には，儒学の賢人，哲人たちの人格と学問的業績を学習し，それに従う「尊賢」の概念を教育の理念とし，廟（祠堂）を建てその徳を称え，院（学校）を建て自らの学問を高めようとするのである．それ故，「書院」は学問，実践，宗教の複合する場所となり[491]，統治理念の基礎として儒学が政治や経済と密接に関わっていたため，「書院」は地方行政の中心ともなった．すなわち，「書院」は「学校」であり，儒教の「聖殿」であり，「地域共同体の中心」となるのである．

「書院」登場の初期には，「配享」[492]という宗教的行為と「講学」[493]という学問活動を一致させ，この二つの機能を「書院」における教育の理想として捉えていた[494]．しかし，「書院」制度の普及が一般化した17世紀以降は享祀（祭祀）と教育の機能が分離し始める．尊賢は，享祀と焚香という典礼の機能に変わり，教育の機能より享祀の機能が徐々に重視されるようになった．そして，配享する先賢の基準も曖昧になり，享祀は，「両班」などの支配者階級が地域社会で支配権を握る手段として機能するようになった．

結果的に，乱立した「書院」はそれぞれが農業生産を土台に存立していたため，農民を圧迫し収奪することに繋がる．この弊害は，地方行政のみならず国家の財政や王権までをも脅かすようになる．そしてついには，王権維持を狙った大院君によって1871年までに全国に47箇所を残して強制撤廃される．現在残っている「書院」は，強制撤廃から逃れたものと，19世紀末以降再建されたものである．

書院の空間構成

一般に「書院」の空間は，主空間および補助空間とサービス空間に分けられる．主空間には講学の中心である「講堂」と祭享の中心である「祠堂」がある．講堂は，「書

---
490) 儒教の道徳思想で基本となる三つの綱領と五つの人倫．王と臣，父母と子，夫婦，大人と子供，朋友の道理．
491) 林忠伸・金泰烈 (1990), p.6.
492) 学識と徳の高い人が亡くなった後，その神柱を文廟，祠堂，書院に安置すること．
493) 学問を練磨し研究すること．
494) 儒学は中国から朝鮮半島に伝来しており，書院制度もその淵源は中国にある．中国では漢代以前から書院が存在しており，新羅時代後期の文献にその名が見える．しかし，朝鮮時代の書院の元になるのは中国の宋時代の白鹿洞書院である．この中国の書院を模倣し最初に周世鵬によって建てられたのが「白雲洞書院」（中宗38 (1543) 年）である．以来，表Ⅱ-3に見るように時代ごとに書院が建立され，一時期には全国に600を越える数の書院が存在した．

院」の学生である儒生たちの勉学の場所であり，教育を総括する院長の居場所でもある．「書院」の扁額がここに架けられる．祠堂は先賢や祖先の位牌を奉安し，春と秋に祭祀を行うところである．神室ともいい「書院」の象徴的な中心である．

補助空間には，院生たちが寄宿しながら読書する斎舎，書籍の作成，版本・書籍を保管する蔵版閣，祭器を保管する典祀庁，詩作・思索・休憩の場所として機能する楼閣，そして碑閣などがある．またサービス空間として，日常的に「書院」を管理する院奴の居場所であり，祭祀の時に供え物や食事の準備をする庫舎がある．

「書院」は，官学としての「郷校」が城郭内部やその周辺に立地するのに対して，「邑城」から離れて立地した．慶州府における代表的な「書院」は西岳書院と玉山書院である．西岳書院は1561年創建[495]であり，1592年の「壬辰倭乱」で焼けた後1600年に再建されている．1623年には慶州府の儒学者崔東彦らの陳情により「賜額」されている．西岳書院は正門の道東門，楼である詠帰楼，講学空間である時習堂，そして廟が東西軸線上に東向きに配置されている．

玉山書院は現在の慶州市安康邑玉山里に位置し，朝鮮五賢の一人である李彦迪を祀っている．1572年に創建され，1574年には当時の慶尚道観察使の金継輝の啓請により賜額された．この「書院」は西の方に入り口があり，そこから東の方に進むに連れ，三門・門楼・斎・講堂・内三門・廟の順に配置されている．全体的な配置は左右対称で，前が勉学の空間，後ろが廟の空間となる「前学後廟」式配置をしている．

玉山書院での祭祀日は旧暦の2月と8月の「中丁日」と決められている．まず，「書院」の院長[496]と，副任・斉任とも呼ばれる有司と儒林の代表によって構成される会議で，献官や執礼，大祝[497]が決められる．この会議で選ばれた人には「望」を送り，祭祀への参加の可否を問う．

「書院」での会議および諸般集会は「開座」，「相揖礼」，「罷座」の原則に沿って進行される．この制度は，年齢や職位を重んじる儒教的価値観からきたもので，座る位置，礼儀などが表れている．一方，「書院」での祭祀は，春の祭祀が旧暦の2月中丁日，秋の祭祀が8月の中丁日と決まっているため，地域単位の同じ儒林組織から祭官を招請する時には，「書院」の重要度によってその人の人格と学問的業績に差が現れる．

祭祀の2日前には講堂の求仁堂の「マル」で「執事分定」が行われ，祭祀に当たっての各自の仕事が決められる．これが終わると，「致斉」に入り祭祀に専念する．朝食と夕食も開座と罷座の格式のもとで，講堂で全員一緒にとる．

---

495) 「在府西仙桃山下，祀……薛聡……金庾信……崔致遠，明宗申酉（1561）創建」（『東京通誌』巻六，学校條）．
496) 制度が変わって今は存在しない．
497) 「宗廟」や文廟での祭祀の時初献官が酒を差し上げると神位の傍で祝文を読み上げる人またはそのような仕事を担当する官職．

祭祀の前日には，午前中に「鑑牲」が，午後には「写祝」が行われる．鑑牲とは，祭祀に使う生け贄を確認する儀式で牛，羊，豚の中の一つを選んで行う．その場所は「書院」の門の前にある銀杏木の下で，そこに鑑牲所をつくって献官が北に向いて南側に立ち，有司は東に向いて西側に立つ．他の祭官は献官の右側より立ち並ぶ．その後有司と献官の間で「充」（使えるか），「ドル」（肥っているので使える）を3回ずつ繰り返す．

写祝は講堂の裏側にある廟の体仁廟の前面基壇の上で行われる．3人の献官が西に向いて東側に座ると，大祝は献官の前に正座し祝文を書く．他の祭官は基壇の下に順番に沿って整列する．

祭祀は，朝の1時頃起き，洗面の後粥で食事を済ませ，それぞれ祭服に着替え全員で神門の前に整列し，祭祀が始まるまで待機する．それからの儀式は他の祭祀施設でのそれと同じであるが，ただ辞儀は2回行う再拝となる．続いて，奠幣礼，初献礼，亜献礼，終献礼，飲福礼，望燎礼と講堂での飲福開座が行われる．

書院の変容

慶州府における「書院」および祠宇のほとんどは18世紀以降に建てられたものである．「書院」の発生期である16世紀に建てられたのは，西岳と玉山だけで，この二つは賜額書院でもある．そこに祀られている人物は慶州が産んだ代表的な学者たちで，教育と先賢に対する祭祀を通じて儒教的な理想国家をつくろうとする「書院」の目的を忠実に表現している．

しかし，18世紀以降に建てられた「書院」は，教育の場より廟としての機能にウエイトが置かれた．祀られている人物も士族から幅広く尊敬を受けている著名な学者よりも，家門が重視されている．

表II-3は慶州府における「書院」および祠宇の中で建物の名前が分かる21箇所を抜き出したものである．『邑誌』には44箇所，『東京通誌』には38箇所が載っているが，さらに『輿地図書』と『月城文化遺跡誌』を参考にしている．表II-3をみると，18世紀以降の「書院」・祠宇には門楼が一つも見あたらない．また，院生の宿舎ともなる斎舎がない「書院」も17箇所のうち6箇所もある．それらは廟または廟と講堂のみで構成され，教育の機能はなくなりつつあることを示している．一方，祀られている人物の職位が「増職」となっているところが10箇所あるのも「書院」または祠宇が廟の機能に偏っており，またその人物と家門が強く結ばれていることを示している．18世紀以降に建てられた「書院」・祠宇38箇所のうち11箇所[498]では，近辺には祀られている人物と同じ姓を持つ人の同族集落が存在しているのをみてもこの傾向ははっきりとしている（表II-3）

---

498) 善生永助「慶州地方の同族集落」『朝鮮』224号，1934, pp. 134-147.

表 II-3　朝鮮末期における慶州府の書院・祠堂

No	名称	位置	創建	再建	撤去	祭祀対象（本貫）	廟	講堂	斎	楼	門	書庫	奉祀者識位	賜額
1	西岳書院	慶州市西岳洞	1561	1600		崔致遠など	●	●	●●●●	●	●			有
2	玉山書院	安康邑玉山里 7	1572			（驪州）	●	●	●●●●	●	●	●		有
3	龍山書院	内南面伊助里 49	1669		1870	（慶州）	●	●	●●●	●	●			無
4	亀岡書院	安康邑楊月里 679	1686	1706	1871	（慶州）	●	●	●●		●	●		〃
5	東江書院	江東面有琴里 148	1695		1868	（慶州）	●	●	●●	●	●			〃
6	仁山書院	慶州市仁旺洞	1725	1764	1868	宋時烈	●	●	●●		●			〃
7	三綱祠	江東面丹邱里孝慕谷	1736		1868	（慶州）	●						贈職	
8	丹渓祠	江東面多山里松亭洞	1740	1819	1867	（安東）	●		●●		●		〃	
9	徳淵世徳祠	杞渓面徳洞	1779		1870	（驪州）	●		●		●		贈職	
10	章山書院	北安谷守城洞	1780		1868	（驪州）	●		●		●		贈職	
11	雲谷書院	江東面旺信里 31	1785		1868	（安東）	●		●●		●		贈職	
12	虎渓祠	安康邑山岱里 367	1786		1870	（安東）	●		●		●		贈職	
13	斗山祠	陽北面松田里 165	1798		1868	（金海）	●		●		●		贈職	
14	聖山書祠	安康邑霞谷里 11	1810		1871	（迎日）	●		●				〃	
15	徳山祠	甘浦邑八助里	1828		1868	（慶州）	●						贈職	
16	北山祠	慶州市北郡洞花開山	1830		1870	（慶州）	●						〃	
17	南岡祠	慶州市南山西北	1831		1869	（慶州）	●		●		●		贈職	
18	丹皐祠	安康邑検丹里	1831		1868	（慶州）	●		●●		●		贈職	
19	景山祠	江東面良洞里 23	1838		1870	（驪州）	●				●		〃	
20	社陵祠	内南面望星里社陵	1846		1868	（谷山）	●						贈職	
21	南岳祠	慶州市南山洞	1866		1869	（豊川）	●		●		●		〃	

●建物有（●の数は建物数）
出典：韓三建（1993）

　以上は，地方社会が，「郷校」「書院」「郷庁」などの機関を利用した「両班」階層全体の支配から特定家門による支配に変化していくことを示している．「郷校」が教育機能を失っていったこととともに注目すべきことである．

　現在の「書院」も，家門などが存在し親族意識の強い韓国社会，特に農村部では地域社会におけるコミュニティの中心的な役割を果たしている．つまり，地域に住んでいる親族同士は，共通の祖先を祭る祭祀を通じた親族のコミュニティ空間として「書院」を利用しているのである．慶州崔氏家門の龍山書院について，本章末のAppendix1で，詳しく述べているので参照していただきたい．

2-4　小学堂・育英斎・司馬所

　「小学堂」と「育英斎」はともに教育機関で，「小学堂」は子供を教えた施設で朝鮮前

期の施設であるが，1765年以前には見られない[499].「育英斎」は，1744年に慶州府尹が「郷校」の教授（後の提督）の官舎を利用し，その財政のための土地をも用意して，教育の場としたものである．典教室の北側にあったと考えられる[500].「郷校」の衰退と「書院」の私廟（私学）化を社会的背景として生まれた教育機関として注目される．

「司馬所」は，「科挙」合格者の生員[501]・進士たちの教育施設として，朝鮮9代王の成宗または次の燕山君の時に建立されたと考えられる[502]．その後戦争で破壊され，1741年に慶州の「士林」たちによって再建された．「郷庁」が変質し，「両班」がそれを敬遠すると，新しい勢力が「郷庁」を手にして地元の主導権を握るようになったため，それに対抗しようと「司馬所」を建立したのである．「司馬所」建立のもう一つの理由として，士族らの集結所だった「書院」の機能が祭祀優先に変わって私廟化して行く趨勢にあったこと，すなわち，「書院」と関係を持ついくつかの家門の利害を代弁する私的機構に変質しつつあったことも指摘出来る．これは慶州の士族らが，身分制変動に対応して自分たちを他の家門と区別させ，身分的優位を示し，支配階級としての位置を固めようとする動きの結果でもあった[503].

しかし，「慶州司馬所」は，若干の土地は持っていたものの，保直，書員，使令などを備えるための財政的な面で地方官の協力が必要であった点，その活動が春秋講信，親睦，学問の錬磨など教育機関としての役割に限られていた点，そして彼らと身分の異なる「郷吏」の子孫が「科挙」に合格し，司馬録に入録されるケースなどが続いた点など，身分的優位を謀ろうとした目的とはかけ離れた結果となる[504].

慶州崔氏と「司馬所」との関係は深い[505]．崔祈永という人物は1768年の生まれで，当時の慶州府内南面伊助里から移住して，今の慶州市校洞郷校隣の崔氏村をつくったとされる[506]．1816年に崔祈永の長男が生員試に合格して，後の1825年には崔祈永自身も生員試に合格したため，「司馬所」での集会の時，老小の同席から生じる不便を防ぐため，1832年に「司馬所」の隣に老司馬の集会所として建てたのが炳燭軒である．その結果，老司馬は「司馬所」の中心から後退させられ，崔祈永の長男をはじめとする若い司馬が主導権を握るようになった[507]．この家門の「科挙」合格者を数える

---

499)「在府東二里，成化乙未（1475）府尹梁順石重修，……」（『新増東国輿地勝覧』巻二十一，慶州府学校條）．
500)「明倫堂東畔」（『東京通誌』巻六，学校條）という記述がある．
501) 朝鮮時代に「科挙」試験の小科である生員科に合格した人．
502) 尹熙勉（1985），p. 192.
503) 尹熙勉（1985），p. 206.
504) 尹熙勉（1985），pp. 210-211.
505)「……亭内炳燭軒崔祈永別構」（『東京通誌』巻七，附亭射條）．
506) 尹熙勉，前掲書，p. 215. 崔祈永が伊助里から校村に分家してきたのは風水地理説によるもので，その新居が「郷校」と近かったため慶州士林の間で論難があったと言われている．
507) 尹熙勉（1985），p. 215.

と，崔祈永の祖父から4代にわたって生員，進士，文科試験の合格者が9人にのぼり，崔家は「司馬所」に別の建物も立てながらその主導的位置に立ったのである．このように「司馬所」は，支配階級としての「両班」の地位を維持しようとする努力から出発したが，その本来の意味を失ってからは崔氏という一つの家門がそれを主導して「両班」としての地位を固めていったのである[508]．

「慶州司馬所」は，慶州郷校の前を流れる南川の北岸から校洞の西側へ移築されている．現在の「司馬所」は約600m^{2}の敷地に4棟の建物が配置されている．敷地の西には両側に「オンドル」部屋が付いている門がある．敷地の南には中心的な建物である炳燭軒と風詠亭が位置している．この2棟は入母屋屋根の建物で，敷地内の建物は全て「オンドル」部屋と「マル」とで構成されている．

2-5 鎮山

慶州邑城の位置するのは山の多い盆地である．山々と，この地域に古くから住み続けてきた人びととの間には，様々な形の関係が形成されてきた．文献上からも，山を聖なる場所として，神の宿る場所として，神を祭る場所として認識してきたことが確認出来る．

邑城の東南側にある狼山は，ほとんどの文献に「府の鎮山」として記録されている．高さはわずか106mだが，新羅時代から聖なる山として崇められ，その当時の仏教遺跡も数多く残されている．「鎮山」とは，風水地理説での用語で，都邑を守る山のことであるが，狼山が「鎮山」として初めて記録上にでて来るのは『慶尚道地理志』である．また，『慶尚道地理志』は「守令行祭所」として東嶽，西嶽，兄山をあげている．東嶽とは佛国寺のある今の吐含山，西嶽とは仙桃山で，三つの場所ではともに「大王之神」を祭っていた．『新増東国輿地勝覧』では吐含山と兄山が，『世宗実録地理志』では兄山が「官行祭」の場所となっている．同じ『新増東国輿地勝覧』の祠廟條では新羅第4代王をまつる「昔脱解祠」が東嶽頂上に，また，神母祠が致述嶺上にあると記録されている．しかし，この中の昔脱解祠と西嶽上にあった神母祠は18世紀の半ばには廃止されてしまう[509]．一方，神母祠は「其村人至今祀」[510]という記録が今世紀まで残っている．これ以外にも『東京東誌』には雨乞いをする祈雨所として，致述嶺・望山・北兄山・亀尾山・始祖王廟・金角干墓・柏栗寺などが記録されている．

---

508) 尹煕勉 (1985), p. 218.
509) 国史編纂委員会 (1979)「慶州府壇廟條」．
510) 国史編纂委員会 (1979)「慶州府壇廟條」．『東京通誌』巻七，壇廟條．

2-6 | 三殿

　朝鮮時代には，前代王朝の始祖をまつる殿が建てられた[511]．その中で，新羅，慶州と関係するのは崇徳・崇恵・崇信の三殿である．朝鮮王朝がこれら殿を建てたのは，儒教に基づいた国をつくるという政治的目的からである．しかし，時代が下がると住民自らがこれら殿を建てるようになっていく．新羅王朝の後孫であると自覚している慶州を本貫とする朴，昔，金氏系列の住民が自分たちの祖先をまつる施設として私廟を建て，後に国から認められ正式な廟になっていくのである．

1) 崇徳殿

　もともとは，「新羅始祖王廟」[512]または「赫居世廟」[513]と呼ばれた廟である．1429年の創建で，毎年の春と秋2回の祭祀が行われてきた[514]．戦争で一度焼失した後，1600年に再建され，1694年の修理を経て1723年に国から「崇徳殿」という廟号を与えられ，管理責任者として「科挙」1人が置かれた[515]．1752年には，「邑城」の南門から南に下り南川を渡ったところにある五陵の南側に，神道碑が立てられた[516]．崇徳殿は南北軸で左右対称の形に配置されている．中門にあたる肅敬門の南側には象賢斎と西斎[517]が東西に位置し，向かい合っている．

　一方，崇徳殿が位置している空間は，完全な祭祀空間となっている．附属舎も祭祀の時の準備室として使われる典祀庁，祭祀用品を保管する香祝室が配置されている．この敷地の中で最も格の高い崇徳殿はその機能に適した形を取っている．その規模は煉瓦が敷かれている高い基壇の上に切妻屋根を持つ間口3間となっている．本殿の中間地点から中門までには「神道」が敷かれている．崇徳殿は全体的に廟らしい落ちついた感じの建物である．内部の調査は出来なかったが，おそらく新羅初代王の位牌が置かれていると推測される．

---

511) 朝鮮総督府『土地制度地税制度調査報告書』(1920)，p. 489.
512) 『東京通誌』巻七，壇廟條.
513) 国史編纂委員会 (1979)，「慶州府壇廟條」.
514) 国史編纂委員会 (1979)，「慶州府壇廟條」.
515) 『東京通誌』巻七，壇廟條.
516) 国史編纂委員会 (1979)，「慶州府壇廟條」.
517) 廟を管理する人の勤務所または，祭祀の時の進行を担当した人びとが泊まる場所だったと考えられる．建物自体もオンドル部屋と板間で構成され，居住性も高い．

第 II 章

慶州邑城

図 II-10　戦前の崇恵殿（慶州名勝絵葉書）

2) 崇恵殿

「敬順王影堂」[518] または「敬順王影舎」[519]「敬順王殿」[520] と呼ばれたが，崇徳殿と同じく 1723 年に廟号を下賜され，「科挙」1 人が置かれた．慶州府の東の川北里[521]，あるいは府東北 4 里のところにあった[522] という記録があるが，これらは同じ場所である．そこから 1794 年には現在の位置に移築される[523]．1888 年になると，この廟には新羅の味鄒王，文武王をともにまつるようになり，「崇恵殿」へと改号される（図 II-10）．

祭祀の記録にはその主体が地元住民であることが明瞭に記されており注目される．『新増東国輿地勝覧』の「毎節日，州首吏率三班以祭」[524] がそれで，首吏とは「郷吏」の代表である首戸長のことで，言い替えれば住民の代表でもある．その首吏が三班の群れを引率して祭祀を行ったことは，この廟と住民との関係が深いことを証明してい

---

518) 国史編纂委員会 (1979)．慶州府壇廟條．
519) 『慶尚道続撰地理志』慶州府，前代陵寝祠宇條．
520) 「集慶殿旧基図」での表記．
521) 『慶尚道続撰地理志』，慶州府前代陵寝祠宇條．
522) 『新増東国輿地勝覧』巻二十一，慶州府廟條．
523) 『東京通誌』巻七，慶州府壇廟條．『東京通誌』は，他の場所から 1627 年に「琴鶴山下東川村」に移築されたとするが，廟が移築されたとした年の 42 年後に編纂された『東京雑記』にはこの記述がなく，事実ではないと判断出来る．さらに，『東京通誌』と同じ年に刊行された『邑誌』ではその移築の年代を景宗丙寅と記録しているが，景宗の時代には丙寅という年は存在していないなど，記述には信憑性がない．
524) 『新増東国輿地勝覧』巻二十一，慶州府祠廟條．

る．一方，祭祀の時期については上記記録が毎節日になっているのに対して，『東京通誌』では春秋の2回と異なっている．これは時代が下がるに連れ，国から祭祀の物資を支給されたり，「科挙」を置いたりするなど，中央関係の祭祀とその内容が等しくなったからだと考えられる．

空間構成

　崇恵殿の基本的な配置は崇徳殿と同じで，左右対称である[525]．南北の軸線上に南から外神門，内神門，そして一番奥に正殿が置かれている．外神門と内神門の間には西側に大祝執礼室のある永育斎が，東側には「参奉」室のある敬慕斎がある．この空間は日常的に使われる一方，祭礼の時には祭祀の前段階の行為が行われる場所でもある．つまり，「参奉」が日常の参拝客を接待したりして執務する部屋のあるのが敬慕斎で，この建物は入母屋の屋根となっている．永育斎は切妻屋根で，祭礼の時の中心人物である献官と大祝が祭祀に当たって泊まる部屋と祭祀の前日，役割分担の会議である「分定」を行う場所で板の間の「マル」となっている．

　内神門の中には一般参拝や「参奉」による毎朝の点検など以外には雑人は接近することが出来ない．門は外神門と同じ形式の切妻屋根で，両側開きの扉が三つ付いている．正殿の方に入る時は必ず東側の扉を通って，出る時は反対に西側の扉を通って出るようになっている．真中の扉は廟に祭られている人物が通るものである．そして，外神門の真中の扉から正殿の真中の階段までには神道が置かれている．

　正殿領域の東側には典祀庁が，西側には祭器庫が位置している．これらの建物は切妻屋根で規模が小さく，祭祀に必要な祭器または必要用品を保管する場所である．典祀庁の前には祭礼の時，献官が上り拝礼をする場所である礼拝台（版位）がある．また，正殿の正面両端には盥洗台が，西側には望燎台がある．八角形の石で出来た台だが，前者は儀礼の前に手を清めるため，後者は儀礼の後祝文を燃やすための施設物である．正殿はこれらの諸建物より高い基壇の上に位置し，南に向いている．切妻屋根の建物で，崇恵殿の敷地の中では最も大きい．大きさ，位置，形式の面で最も重要であることを表している．

　注目したいのは「慶州邑内全図」および昭和の初期に描かれたと思われる小川資料[526]の「崇恵殿配置平面図」と現在の配置との相違である．前の二つを比較すると，時代が下がるに連れ建物の構成は複雑になり，左右対称の配置が完成していったことが分かる．また，正殿の階段も一つだったのが五つに増え，祭祀の格式が時代の変化とともに厳しくなってきたことが窺われる．

　祭祀領域の西隣に涵恩堂，仮官室，奈議室，庫子室，便所などの建物がある．祭礼

---

525) 本殿である崇恵殿は崇徳殿より間口が2間大きく5間である．
526) 京都大学建築学教室図書室所蔵の同名の資料．資料 No. 06040．

に参加する来客の宿泊, 食事の準備, 供物の支度, 日常の管理などのための建物である. また, 外神門外の東側には「敬順王遺虚碑」や八角形平面の神道碑閣が位置している.

正殿は間口五間, 奥行き三間であるが, 祭礼の時の行為が行われる前面部は柱一列分奥に入って壁がつくられている. 妻側の壁は前に突出しているため3面が囲まれた一つの空間が確保出来, 写祝[527]や献官[528]の移動, 杯に酒を注ぐ場所として機能している.

正殿の前面に階段が五つあるが, 献官などが通るのは両端の二つだけで, 間の三つは奉安されている3人の王, つまり神様が通る階段である. 段数にも差があり, 奉安された人物の格が分かる[529]. 基壇には, 仕上げた花崗岩の長大石が敷かれており, 円柱の基部も花崗岩である. 扉は両側開きの板戸である.

正殿の中には西から味鄒王・文武王・敬順王の位牌と祭卓が並んでおり, 東側隅には敬順王の肖像画が奉安される龕室がある. 両側の壁の前には斧, 日傘, 扇がそれぞれ立てられている. 天井は位牌の上部に当たる半分だけ設けられている.

歴史的変容

廟の建立からの歴史は大きく3期に分けて考えることが出来る. 第1期は, 崇恵殿が1623年に国より下賜され, 「参奉」1人が置かれ, 香祝代を補助される前までの時期である. この時期の廟号が敬順王影堂, または敬順王殿, 敬順王影舎であったことは前に触れた. その位置は慶州府東の川北里, 府東北4里のところと記録されているが, この場所および廟建築の詳細は分かっていない. ただ, 「新羅が滅んだ後, その都の遺民が月城に祠堂を建立し, その中に敬順王の肖像画を奉安し」[530], 祭祀を行っていたのは明かである. この時期の廟は祠堂で, 今日の儒教式に完成された廟の様式は確立されていない. 祭祀の内容や廟建築が儒教式に変化したのは, 「壬辰倭乱」によって廟が消失し, 再建[531]されて以降であると推測される.

廟の位置は, 月城をどう見るかによって大きく変わる. 月城は, 新羅の王宮とされる場所で今の慶州市内の半月城であるという説が支配的である. 新羅最後の王を地域の住民が祭っていたから, 祠堂がこの場所にあっても不思議ではないが, 一方, 月城とは慶州の別名でもあり, その場所を特定するのは困難である.

第2期は, 1627年の廟再建から味鄒王の位牌が「奉安」される前年の1886年まで

---

527) 祭祀の時, 読み上げる祝文を写すこと.
528) 祭祀の時, 神位, つまり位牌の前で酒を差し上げる役割を持つ祭官. この役は3人が担当する. 初獻・亞獻・終獻に分ける.
529) 階段は登る時は東側, 降りる時は西側を使う. 各段足を揃えながら登り下りする.
530) 『崇惠殿誌』, p. 198.
531) 最初期には, 新羅最後の王である敬順王の霊を慰めるために, 肖像画を「奉安」して祭っていたと推測されるが, 木で出来た位牌を使用し始めたのが, この再建以降である.

の期間である．崇恵殿は儒教式の廟へと性格が変わる．肖像画が位牌に代わり，国の統治理念である儒教的儀礼の教育現場として位置付けられるようになる．廟は東泉村に移転されたとされる．移転・再建は，慶尚道観察使金時譲と慶州の儒生金聲遠の国王に対する請願による．注目されるのは，これによって崇恵殿は慶州の地域住民の廟ではなく，金氏一族の廟となったことである．管理人として，国の最末端役人である「参奉」1人が置かれ，祭祀のための物資は役所より支給された．また，祭祀の時期は2月と8月に決められ，祭祀の格式も七邊豆[532]と決められた．

再建後に「東泉廟」と呼ばれたが，観察使趙による1723年の請願によって，平壌の「崇仁殿」などの例に従い「敬順王殿」と改められた．1729年より任期50箇月の「参奉」が置かれた．また，特典として儒生51人，守護軍20人，殿卒6人が勤務するようになり，本格的な儒教式廟となった．儒教式廟としての性格は，時代が下がるに連れて強められていく．

1780年に廟の裏山が水害で崩れ落ちた際，「参奉」であった金健恒が王に直訴し，慶州にある朴氏の廟である崇徳殿の移転の例をあげ，新羅時代の金氏王の偉大性を述べて，移築の許可を得た．工事は，1794年の5月20日より始まり（開基），棟上げは6月11日，8月10日には廟号が「皇南殿」へと変更された[533]．この時以降，廟に与えられた特典も大きく増え，慶州を本貫とする金氏のアイデンテイテイを表す施設としての性格も確立された．

第3期は，1868年以降である．1868年から1871年までに「書院」の整理が断行され，47箇所を残して全てが撤廃された．皇南殿には，1887年に味鄒王，1888年に文武王がそれぞれ祭られるようになり，高宗の命による本殿の増築とともに「崇恵殿」と廟号も改められた．祭祀の格も一段高められ，本殿が増築されるとともに本殿の左側に「香祝室」が新築された．1906年には，「殿」と「陵」の境界線が四方100歩と定められている．このように新羅王の中で最初の金氏系列の王であった味鄒王や三国を統一した文武王が祭られることで，崇恵殿が，金氏一族の家廟へとその性格を大きく変えたのがこの第3期である．そして，金氏側の要請と国の利害が一致し，結果的に家門の威勢を示す形で現在に至っているのである．

祭祀の時期については，15世紀の記録は「毎節日」としているのに対して，『東京通誌』では「春秋」の2回とする．国から祭祀の物資を支給されたり，「参奉」を置いたりするなど国が設けた祭祀施設での祭祀とその格式が等しくなったからだと考えら

---

532) 邊と豆は祭祀に使う食器である．祭祀の格によってその数が決められている．
533) 『崇恵殿誌』によれば，工事は，本殿が3間，内・外神門各3間，東・西斎各4間，仮官房3間，祭器庫1間，酒醤庫1間，庫él 2間，左右の小門2間，公須2間，厨1間，大門1間，馬厩2間の合計34間に及んでいる．工事費は10万8006銭で，そのうちの4万3600銭は金氏らが負担したとされている．また，「参奉」の金成烋も1万銭を出したと記録されている．

れる．植民地時代に入ってからもこの祭祀は続けられ，1910年からは「郡守」が享礼を主宰し，祭礼の経費として，朝鮮時代と同じく役所（総督府）より春と秋に90円の支給を受けていた．1933年には，東・西斎の敬慕斎，永育斎と書院庁，公須庁が「朝鮮総督府」の補助金20円をもって改築されている[534]．そして，1937年には「鶏林報本会」が設立され，1963年には「社団法人崇恵殿綾保存会」となる．これらの団体によって祭祀の実施と廟の管理が行われてきた．

崇恵殿で行われる祭祀の一つ焚香礼については，本章末のAppendix1の2項で詳しく紹介している．

3）崇信殿

崇信殿はもともと昔脱解[535]祠として東嶽の頂上にあったがその後なくなり[536]，1898年，当時の慶州郡守が昔脱解王の子孫である昔必復の請願によって[537]新羅時代の宮殿地であった半月城址に新たに創建した．その8年後の1906年に殿の名称を得て，崇徳殿の例に従い昔脱解王をまつるようになった．

現在の崇信殿は敷地面積253坪[538]で，その基本的な配置は上記二つの廟と同じである．現在の位置である東川洞に移転されたのは1980年で，もとの場所周辺で発掘調査が行われた際に，崇徳，崇恵の両殿のように陵がある場所に移転されたのである．

2-7 味鄒王陵

新羅時代の56代の王陵のうち，現在その所在が知られているのは38の王陵である．火葬されたといわれる2人の墓の除いても，16の王陵は所在が不明のままである．朴氏王は全ての陵の所在が分かっているけれど，昔氏王は始祖王を除く7人の王の陵が所在不明のままである．

『新増東国輿地勝覧』によると，新羅王陵またはそれに準じるものとして所在が分かっていたのは，始祖王の「五陵」をはじめとする数箇所に過ぎなかった．17世紀の中頃に編纂された『東京雑記』には，王陵だけで31箇所が記録されている．何故，朝鮮時代になって王陵の被葬者が分かったのか．儒教思想とそれに基づいた祖先崇拝，土葬などの習慣が背景となり，おそらく，勢力の強い氏族が，つまり金氏や朴氏が，多くの王陵を自分たちの祖先のものとしたのである[539]．慶州周辺地域に位置する陵

534）『崇恵殿誌』，p. 202.
535）新羅四代目の王．在位期間は世紀57-80年．姓は昔，脱解は名前．
536）『新増東国輿地勝覧』巻二十一，慶州府祠廟條．
537）朝鮮総督府（1920），pp. 490-491.
538）朝鮮総督府（1920），p. 490.
539）これに対して，朝鮮の英祖（1725-1776）時代，慶州出身の儒学者柳宜健は「羅陵真贗説」の中で，

は 5 箇所，56 代王の敬順王の陵は京畿道にあるけれど[540]，残りの 30 箇所の陵は全て現在の慶州中心部にある．

　敬順王の墓は中部地方に位置しているのに，彼を祭る廟は慶州市内に位置している．この点は他の廟と王陵との関係とは異なる．陵と離れた慶州に，1000 年ほど前の地元であるとして廟を建立したのはメリットがあったからだと思われる．つまり，廟を建てることが国より認められると，様々な特典をもらえたのである．『崇恵殿誌』によると，「皇南殿」の廟名を受けた時，今の廟の形態が完成され，儒生，殿卒，守護軍，良丁，下殿など 270 人も配属されている[541]．これは，慶州を本貫とする金氏，つまり敬順王を祖先とする金氏が新羅時代の王族であったことを認められた証であった．そしてこのことは，地域社会での金氏の支配権確立に繋がったのである．また一般庶民も，この廟に配属されることで，他の氏族や役所からの社会的，経済的侵害から逃れることが出来たのである．『崇恵殿誌』の各陵の祭祀の「祝文」を見ると，現在祭祀が行われている金氏系の陵は，味鄒王陵をはじめとする合計 10 箇所[542]ある．また，「参奉」が任命され管理を行っている陵は 8 箇所[543]である．

　王陵での祭祀がいつ頃から始まったのかは明らかではない．『崇恵殿誌』の各陵の「参奉案」を参考にすると，味鄒王陵の竹現陵に「参奉」が任命されたのは 1926 年のことである[544]．続いて，奈物王陵には 1966 年から，三国を統一した武烈王の陵には 1975 年から「科挙」が任命され管理に当たっている．これ以外にも「参奉」が管理している王陵は 6 箇所あるが，いずれも 1968 年以降に「参奉」が任命されている．「参奉案」の記録を見る限りは，王陵での祭祀は植民地時代になってから行われるようになったと思われる．味鄒王陵で現在行われている具体的な祭祀の次第は，Appendix1 の 3 項で紹介している．

　上で眺めてきたように，慶州には朝鮮初期まで地域住民の祭祀施設として「赫居世廟」や「昔脱解祠」，「敬順王影堂」があった．しかし，朝鮮中期以降になると，それぞれ「崇徳殿」，「崇恵殿」，「崇信殿」と廟号が変わり，儒教式の祭礼を行う場所となった．当時の朝鮮には，儒教式の祭祀が行われる始祖王を祭る廟は 9 箇所あった．檀君，高句麗の始祖王，箕子，加耶国始祖王，百済・高麗・朝鮮の各始祖王を祭る廟と慶州にある三つの廟である．箕子を祭る崇仁殿は高麗時代に建立されたものであるが，他

　　　「文献の記録もない 1000 年前のことは分からない．もし 1000 年前の人間を呼んできて見せたとしてもどの王の陵かを正確に言うものはいないだろう．知識もないただの村夫の言葉を根拠にしては……」と批判している．
540) 朝鮮総督府（1920），p. 489
541) 崇恵殿陵保存会（1987），p. 215.
542) 崇恵殿陵保存会（1987），pp. 317-325.
543) 崇恵殿陵保存会（1987），pp. 422-427.
544) 崇恵殿陵保存会（1987），p. 422.

の廟は朝鮮時代に建立されている．崇恵殿と百済始祖王を祭る廟は朝鮮中期に，崇信殿は朝鮮末期に建立された．朝鮮時代に前代の王を祭る廟が多く建立されたのは，祭祀を重んじる儒教をその建国理念とし，また，中央集権化を図るため地方の勢力を抱擁する目的が絡んでいると思われる．注目すべきは，植民地時代なった後は「朝鮮総督府」もこのような優遇策をとることである．

　このように韓国における近世以前の各行政区域には，それぞれの歴史的な背景を持つ祭祀施設が存在していた．慶州は新羅の首都であり，新羅を起源とする祭祀施設が存在してきた．「朝鮮総督府」によって編纂された調査資料45輯『釋奠・祈雨・安宅』には，『新増東国輿地勝覧』，『邑誌』，『世宗実録地理誌』などを参考にして作成された，各郡県の祭祀施設の一覧がある．そこには343箇所の郡県の祭祀施設が網羅されている．

II-3　邑城空間の変容

3-1 | 邑城の解体

城壁撤去

　「邑城」の城壁がいつ，どのようにして撤去され，消滅したのかを明らかにすることは，韓国における都市史研究において重要な意味を持っている．つまり，城壁の存在は，近代的な都市制度の導入や，都市計画上，都市景観上，文化財としての位置付けなどに広く関わるからである．

　慶州邑城の城壁は，いわゆる「市区改正」によって計画的に撤去された．1902年の写真（図II-11）によるとほぼ完全な形の城壁が確認出来る．その後の城壁の変化は地籍図と土地台帳で確認出来る．1910年代の地籍図と土地台帳を対照させると，城壁を挟んで宅地になっているところが多い．また，道路の新設や拡幅の以前から使われたと思われる通路口が数箇所確認出来る．城壁の外側に居住して城内に通勤していた「郷吏」らの出入口である．1908年に撮影された写真には，城門の一つでありながら慶州邑城の正門の性格を持つ南門とそれに接している民家が見える．

　「1932年改調」[545]の1200分の1の地籍図をもとにして，①城壁を貫通して道路がつくられた時期と②国有地として「開墾竣工」された時期を表示したのが図II-12であ

---

545) 慶州郡の地籍図としては査定時の図面に代わって1932年2月28日に新しい図面を用いている．そこには「改調」と表記されている．

邑城空間の変容

図 II-11　（上）慶州邑城の城壁 (1902) と, （下）南門 (1908)（韓三建 (1993)）

る．査定時には道路と濠と城壁は土地として認められておらず[546]，地番が付与されていなかった．つまり，城壁は城内地区の土地査定が完了した 1913 (大正 2) 年 9 月 7 日[547]より 15 年後の 1927 (昭和 2) 年 3 月に初めて地目と地番が付与されるのである．全ての城壁の跡地は国有地とされ，後に民間に所有権が移転されるか，「朝鮮総督府」が民間に貸与してその使用料を取っていた．

　大正年代に新設，または拡幅された道路 B, C (図 II-12) については，土地台帳上に城壁が撤去されて出来た部分の面積が表示されていない．この道路開設によって早い時期に城壁の解体が行われたのである．1928 (昭和 3) 年の調査記録を見ると，東・西・北側の城壁はその形がほぼ完全なところと，外の石積みは取られたものの城壁と

---
[546] 査定時の地籍図には城壁のことを「城」とは表記しているが，地番が与えられてないし，当然土地台帳にも載っていない．
[547] 韓三建「慶州の日本植民統治期における都市変容に関する研究　その 1」『日本建築学会関東支部研究報告集』(1992), p. 348.

第 II 章
慶州邑城

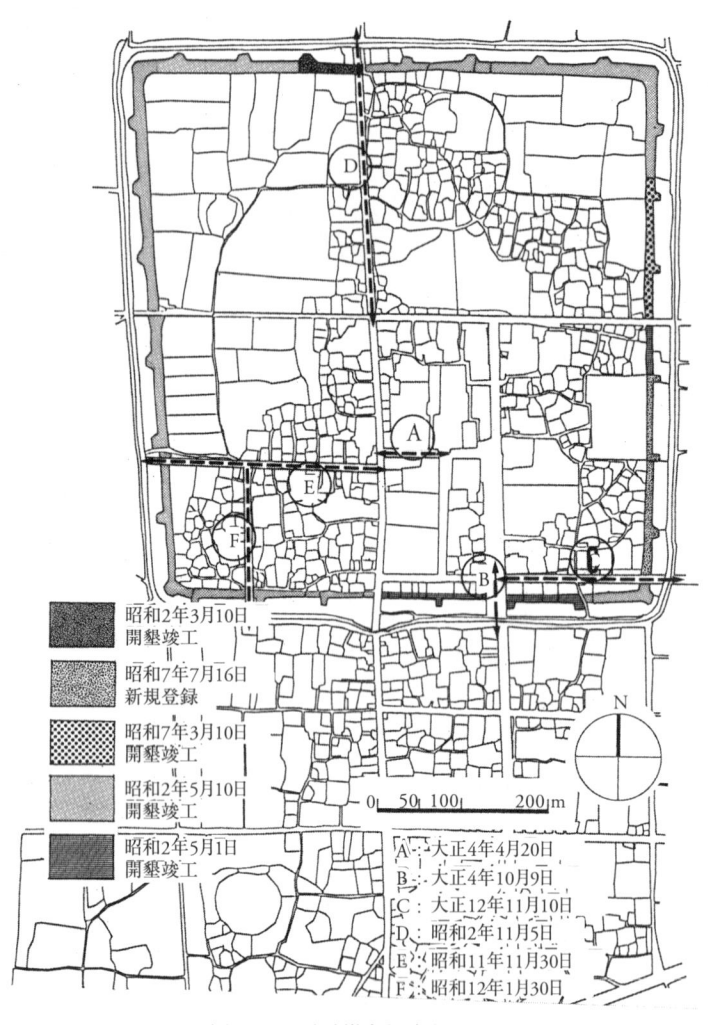

図 II-12　城壁撤去と道路開設

しての形は残していたところがあった[548]．
　跡地がいつから国有地となったのかは図 II-12 を見ると分かる．慶州邑城の城壁跡地は，東部里 2-8 番地の地目の上，「城」として 1932（昭和 7）年に新規登録されたもの以外は，3 回に分けて「開墾竣工」の形で撤去されている．つまり，慶州邑城の城

---

548) 藤田元春（1929），p. 472，pp. 495-497，p. 494 の図 74．

162

壁は1927年と1932年に解体されたのである．これは基本的に植民地時代における「未墾地の国有地化」[549]とは異なるが，国有地創出の一つの方法であった．

南門は1908年の写真を見ると完全な形を保っている．南門は，大正元年の秋に，石窟庵を巡視した寺内朝鮮総督が，慶州に来た時に撤去されたと推測される．彼の車が城内に入るための措置である．図II-12に見る道路Bは，1915（大正4）年に建設されたものであり，南門を通らなくては城内に入ることが出来ない．南門を貫通して南北を走る道路は1912年に拡幅工事が行われている[550]．同じ例がソウルでも見られる．1907年の日本皇太子の訪韓の際に南大門両脇の城壁を撤去し，道路をつくっているのである[551]．

城壁の外の濠との間に宅地があった東部里の城壁は撤去された後，全部が宅地[552]あるいは社寺地となっている．社寺地は慶州神社の敷地となり，おそらく朝鮮時代初期の仏教寺院撤去以来，慶州邑城の中に宗教施設が立地したのはこれが初めてである．

一方，この城壁と接している城内側の土地は，「郷吏」の代表である戸長が勤務する府司が位置していた場所で，戸長らは身分的に世襲される慶州地域の実力者[553]として，これを維持した．軍事制度改革によって慶州鎮営が廃止された後，鎮衛隊が設置され，旧韓国軍の解散後は日本軍の守備隊が駐屯した[554]．韓国併合後には産業組合の庁舎が置かれた．これら諸機関の塀の役割を果たしていた城壁は撤去されていない．

西部里と北部里地域の城壁の跡地は，回りが既に宅地化されていたところは宅地となり，その他の跡地は「田」となった．宅地化が進んだ南側の城壁の跡地は，24坪と13坪の2筆が朝鮮人所有で，他は日本人所有地と国有地[555]，慶州邑所有（1937年3月15日時点）である．邑所有地には邑庁舎が建てられた．西部里1-4番地と北部里1-4番地の土地が，1936（昭和11）年と1939（14）年に朝鮮人所有地となっているが，その他は，昭和9年にそれぞれ民間に所有権が移転されている．城壁跡地の所有権移転は，1934（昭和9）年に大部分が行われ，1939（14）年まで続いた．

土地査定時には1筆だった城壁の跡地の分割は，1933（昭和8）年7月と1935（昭和10）年6月の2回にわたって行われている．東部里の土地と西部里の167-1番地の土地が1933（昭和8）年に，他の土地は全て1935（昭和10）年に分割されている．

---

549) 慎鏞廈（1991），pp. 176-182．
550) 濱田耕作（1932），p. 5．
551) 孫禎睦（1986），p. 113．
552) 東部里の慶州邑所有地以外は，昭和9年に国有地より民有地へと所有権移転が行われている．
553) 李勛相「朝鮮後期の郷吏と安逸房」『歴史学報』107輯，歴史学会，1985，p. 100．
554) 孫禎睦（1986），p. 47．
555) 昭和11年と14年に朝鮮人所有となった3筆以外，全てが国有地となっている．

道路建設

　慶州—大邱間の道路は，軍用目的のために[556] 枢要路線とされた①鎮南浦—平壌間，②木浦—光州間，③郡山—全州間，④大邱—慶州間のうちの一つとして，1906年に改修が計画立案され，第1期工事は1907年に着工された[557]．

　道路は，大邱より永川を経て西から慶州に入るが，朝鮮時代とは異なり，仙桃山の南側を曲がって西岳洞を通って西川を渡り邑城の南側にある古墳群の間を抜けて東の方に延びていく．邑城の南門から南に延びる道路と交差するのは古墳群の間である．

　慶州面内の市街街路の新設や拡幅は図II-12のようである（A道路：1915年4月20日，B道路：1912年）．郡の道路の新設・拡副・維持管理に至る経費は住民の負担である．「朝鮮総督府」が施工する1等，2等道路や市区改正に基づくものは，国費で計画的に行われる．しかし，郡の道路の計画は，憲兵が机上で行い，「鉛筆道路」[558]と呼ばれていた．しかも，役所の所在地の市街地であっても，道路建設は住民の寄付と夫役に依存していた．官報には，この時期に行われた道路建設に際して，土地を寄付した人に対し天皇の表彰として「木杯」が授与されたことが書かれている[559]．全国的に住民の寄付による道路建設が実施されていたのである．

　慶州では，新羅時代の坊里を基本として道路が出来ており，新設や拡副もこの範囲を越えないため街路網は整然としている．この時期に建設された道路は，全てが現在の市街地の中心街路となっている．

行政施設

　朝鮮時代の地方統治に関わる官衙施設はその全てが「邑城」の城壁内にあった．この官衙施設は，郡庁として使われたものを除いて全て解体された．そしてそれらの敷地は，国有地と「東洋拓殖会社」所有地になった．

　1917年の地図を見ると，城壁内には，郡庁，警察署，郵便局，面事務所，法院支庁，古跡保存会陳列館，普通学校，小学校，本願寺布教所，市場，「東洋拓殖会社」の倉庫などがある．郡庁は朝鮮時代の「東軒」の一勝閣を改造したものである（図II-13）．郡庁は，その後，1934年に「客舎」があった敷地に移転，新築[560]され，もとの場所に

---

556) マッケンジー (1984)．pp. 128-129．
557) 慶州・大邱間の道路は，路幅5.9m，勾配25分の1，曲率半径15mで設計された（朝鮮総督府『朝鮮土木事業誌』(1937)，p. 93．建設費は，借款と特別地方税により用意された．
558) 中野正剛 (1915)『我が観たる満鮮』，pp. 113-115．
559) 朝鮮総督府官報第359号，1911年11月7日字．これ以外にも，警察署敷地，小学校敷地などとその建築費用の寄付に関する内容が多く見られる．
560) 新築の郡庁舎は，1934年8月に慶尚北道の会計課で板野組と1万6000圓で随意契約を結んで，10月上旬に上棟式を行い，12月中旬に竣工された．『朝鮮と建築』1934.9, p. 42．郡庁舎は総

図 II-13　郡庁舎となった一勝閣

は税務署が立地する．一勝閣と正門は移築され仏教寺院となる[561]．

　大邱地方法院慶州支庁は1909年2月1日に北門内の養武堂を仮庁舎として開庁し，12月に現在の位置に新築移転している[562]．慶州警察署は1906年8月，大邱警察顧問支部慶州分遣所として開庁，翌年11月に同顧問支部慶州分署として独立し，1908年1月に大邱警察署慶州分署と改称，同年の7月に慶州警察署となった[563]．支庁と警察署は朝鮮時代の「東軒」の南側にあった倉庫の跡地に立地している．

学校

　慶州における最初の「新式学校」は，1899年に設立された公立慶州小学校である[564]．

　　建坪160坪で，木造2階建てスレート葺きの当時としては慶北一のモダンな郡庁であった．
561)　もともとは，郡庁の移転後に一時税務署として使用した後，「税務署新築移転の後には隣にある博物館に併合させ新羅文化の遺物を飾る予定であったらしい．『朝鮮と建築』1934.9, p. 42.
562)　小川雄三 (1914), pp. 115-116.
563)　小川雄三 (1914), p. 116.
564)　1895年7月19日の勅令145号の「小学校令」により，「郷校」の附属舎である育英斎を校舎にした．経費は育英斎所有財産，郡庁補郷財産より生じる収入，郷校位土および郷校別庫財産による．中央政府からは，職員二人分の給料として毎月30圓ずつの補助金が出された．その教科目は修身，漢文，地歴，算術，体操などで，修業年限は3年であった．1906年には高等科を設け，教科目として日語，漢文，算術，地歴，経済，理科があった．1907年4月1日には前年8月に発布された「普通学校令及同施行規則」により，「公立慶州普通学校」と改称し，その児童の数は尋常科51名，高等科11名を収容し，長崎県出身の山田民治郎を教師として聘用した．

第Ⅱ章

慶州邑城

表 II-4　慶州邑の教育施設

教育施設

学 校 名 称	教師 日本人	教師 朝鮮人	教師 計	学級	生徒 男子	生徒 女子	生徒 計	創立年月日	建坪（1938.4月現在）
慶州公立中学校	6	1	7	3	159	0	159		
公立工芸実修学校	3	1	4	3	50	0	50	1932.9.30	122.88
慶州公立尋常高等小学校	9	0	9	8	143	123	266	1909.7.5	700.71
鶏林公立尋常小学校	11	5	16	18	1099	72	1171	1907.7.1	
鶏林小学校付設成洞簡易学校	1	1	2	2	95	27	122	1934.5.15	
月城公立尋常小学校	7	4	11	12	103	681	784	1926.5.10	
私立啓南学校	0	2	2	2	128	29	157	1909.8.22	
公立青年訓練所	8	0	8	2	42	0	42		
公立婦人訓練所	2	1	3	1	0	29	29		

※資料：「慶州邑勢一班」(1940), PP. 13-14
出典：韓三建 (1993)

校舎としたのは「郷校」である．その後，「客舎」の敷地に移転され[565]，校名は「鶏林公立尋常小学校」へと変わる．

　新教育令，そして公立小学校に対抗して，儒生などが「書堂」を設けた．その内規模が大きいものは私立学校となった．1899 年以降，私立学校が設立される．1908 年には江西面に玉山学校が設立され，さらに江東面の良洞学校，内南面の龍山学校，陽南面の陽明学校，陽北面の南明学校，慶州面の月城学校などが次々設立された．また，キリスト教徒により設立された学校もそれに加わり，慶州における朝鮮末期は私立学校の全盛期でもあった[566]．一方，日本人のための小学校は「慶州日本人会」によって 1909 年 7 月に設立された[567]．その翌年には「慶州学校組合」の設立認可がおり，学校組合設立と変更された．1940 年現在の慶州邑の学校は表 II-4 の通りである．

　学校の立地は，日本人の子供が通う「慶州公立尋常高等小学校」が旧邑城の中に，その他の学校はかつての城壁の外側に位置した．城内の学校敷地は，いわば慶州の鎮守の森であった場所で，樹木を伐採して学校を建てており，住民の反発があった．朝鮮時代には学校をはじめとする教育機関は城内に存在しておらず，学校が城内もしくは役所所在地近くに立地することは大きな変化であった．

---

565) 大坂金太郎 (1931)，第 2 号東京館.
566) 慶州郡 (1929)，p. 27.
567) 『朝鮮総督府統計年報』(1911), p. 63.

表 II-5　慶州邑の宗教施設

宗教

宗教別	宗派別	寺院及び教会数	聖職者及び布教者			信者	
			日本人	朝鮮人	その他	日本人	朝鮮人
仏　　教	本願寺派	1	1			430	2
	曹洞派	1	1			300	0
天理教		1	1			20	10
キリスト教	救世軍	1		2			90
	天主教	1			1		233
	長老教	1		3			300
	聖潔教	1		2			40
天道教		1		1			23

※資料：1939年末現在 -「慶州邑勢一班」(1940)，PP. 14-15
出典：韓三建（1993）

宗教施設

　かつての城内には宗教施設はまったく存在していなかった．僧侶は役所や城内への出入りが禁止されるなどの差別を受けるなど，強力な排仏崇儒政策によって町への宗教施設の立地は封鎖されていた．ただ，宗教に近いものとしては，現時の王を祭る「客舎」が城内の最も重要な場所に立地しており，そこで毎月2回の拝礼行事が行われていた．しかし，1894年より始まった制度改革と外国人の布教活動などにより，城内やその近所にもキリスト教教会・仏教寺院・神社とその他の宗教施設が立地し始めた．植民地時代になると慶州には，城外に礼拝堂，侍天教の教会などが立地し，また城壁の跡地である東部里の南東側には慶州神社も立地するようになった．

　1940年には，慶州邑には神社が2つ，その他の宗教施設が8つ存在していた．これを表にしたのが表II-5[568]である．このうち，天理教と仏教寺院は僧侶と布教者が全て日本人であり，天主教以外のキリスト教の布教者と天道教は朝鮮人となっている．信者の数を見ても，仏教と天理教は日本人が大多数を占めており，反対に天道教とキリスト教の信者には日本人は1人もいない．

交通および通信施設

　交通の便としては鉄道と道路を利用した交通手段があげられる．大邱より慶州を通過して仏国寺に至る軽便鉄道が開通されたのは1918年10月31であった．この鉄道は最初，1912年の7月に釜山と蔚山間，蔚山と慶州間，慶州と大邱間の敷設許可を

568）慶州邑（1940），pp. 14-15.

第Ⅱ章
慶州邑城

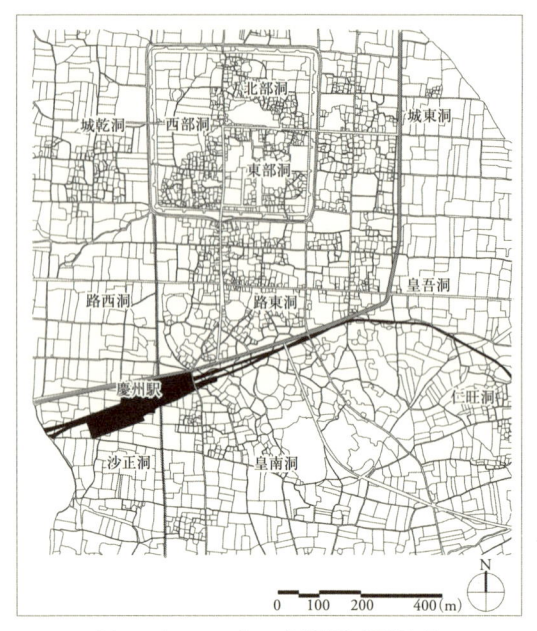

図Ⅱ-14　1926年の慶州駅と鉄道路線

得たが，一般経済界不況のため1915年度中に敷設許可は取り消された．この鉄道の開通は，「慶尚北道南部の雄都大邱の経済力を背景として沿線の農業その他の産業の開発に影響を及ぼすとともに，東海岸の蔚山，浦項の港湾を結び海産物の内陸部への輸送および内陸産物の日本，鮮内各巷への移出入に活力を与えるものと期待された．なお慶州，仏国寺にある新羅2000年の古代遺跡を世に紹介する上で多大の利便を与えるものとなった」[569]と当事者は評価している．鉄道敷設の目的通り，新羅の古代遺跡を生かした「観光」事業は鉄道開通以降本格化する修学旅行時代を開く．

当時の慶州駅(図Ⅱ-14)は，現在のソラボル文化会館のある場所にあった．駅舎(図Ⅱ-15)は，朝鮮式のもので，現在も使われている新駅が建築される1936年11月まで営業していた．仏国寺駅とともに新築された現在の駅舎は，「朝鮮総督府」技師の小川敬吉の設計で．この設計のためのエスキス(草案)は京都大学建築学科の図書室に保管されている．

駅舎は特に朝鮮式の様式を取り入れようとした[570]というが，日本でも見られる母屋瓦葺屋根の建築様式である．植民地時代に建築された朝鮮の伝統的建築の様式を取り入れた駅舎として，西平壌，全州，南原，南陽，新北青，郡仙，明川，水原などが

---
569)（財）鮮交会(1986)，p. 791，p. 789，p. 791.
570)（財）鮮交会(1986)，p. 393.

図 II-15　初期の慶州駅（慶州名勝絵葉書）

ある．現在の韓国で当時の駅舎が残っているのは慶州と仏国寺だけである．このような駅舎は，構造などの面から工事費が高くなり担当者は苦労したようである．

このような様式採用の背景には1915年5月に赴任してきた木村鉄道局長の働きがある．彼の赴任以来，「由緒ある地域の紹介に朝鮮情緒を表象する意味で」，「歴史的背景を有する地域の駅舎は，朝鮮式建物の外観と色調を取り入れて新・改築することとした」[571]のである．

もとより朝鮮鉄道会社の慶東線に属していた大邱と慶州および鶴山間と西岳（慶州）と蔚山間の路線は，昭和2年より始まった朝鮮鉄道12年計画の一貫として1928年7月1日に約713万5000円で国有鉄道に買収された．買収後は1.435mの広軌に改築された．これらの路線の中で，特に今の慶州邑内を通過する路線は古跡地帯を通っており，遺跡の破壊に繋がっていて「遺跡の紹介」の目的に反する結果ともなった．

鉄道路線が敷設される前の慶州には，自動車と昔ながらの道歩が交通の主な手段であった．特に古跡見物には，慶州古跡保存会や郡庁の車が使われたが，それも1910年代は道路が整備されておらず，慶州と仏国寺の間程度のみ車が使われた[572]．しかし，1930年代の後半になると慶州と大邱，釜山など九つの市外自動車路線が出来，1937

---

571)（財）鮮交会（1986），p. 392.
572) 小川雄三（1914），p. 100.

年3月末現在，慶州邑に入る路線だけでも1日に42往復を上っている[573]．この時期のターミナルは西部里にあった．

郵便業務は，1895年の改革によりそれまでの「駅站」が廃止され，その代わりに郵逓司を設け，農商工部に所属させた．慶州郵逓司は1902年に置かれ，1905年6月の「韓日外国人顧問傭聘に関する協定」により釜山郵便局慶州出張所となって吏員を特置し，1907年1月に慶州郵便局と改称された[574]．その位置は郡の内衙の西側にあった官妓房の跡地であった．慶州郵便局新築は，1928年度に1万6400円の工費で片岡紋兵衛によって行われた[575]．

上水道・電気

慶州に上水道が導入されたのは1934年である．慶州は観光地であったため，早くから上水道整備が望まれてきたが[576]，「朝鮮総督府」もその必要性を考えて，1931年から1933年にかけて工事をする計画が立案される[577]．実際には1932年2月20日に着工し1934年3月31日に竣工，1934年3月より給水が開始された[578]．総工事費13万5000円，竣工当時の計画給水量は800m³，1日1人当たり80リットルであった．水源は，慶州邑忠孝里の西川の伏流水で，直径5m，深さ5mの集水井が二つあった．この他にも濾過池，浄水池，排水池，滅菌装置などがあり，給水戸数は1940年3月末現在，767戸であった[579]（図II-16）．

慶州に初めて電気が導入されたのは1923年12月25日である[580]．電気会社は，旧慶州駅の南側の，慶州と彦陽を結ぶ道路に面しており，1940年現在の定額電灯の需

---

573) 慶州郡（1938），p. 25．
574) 慶州郡（1938），p. 21．
575) 『朝鮮と建築』，1928.12．
576) 当時の新聞（東亜日報）には，「慶北慶州は新羅千年の古都で毎年観光客が増しているが，現在のように質の悪い食水を持っている．慶州市民としては水道の設置を切実に感じており，さる8-9日間総督府技師樋口氏が慶州に来て水源地を調査したという．水源地としては普門水利組合の上水原地が最も適しているが，これは普門水利組合に影響があるようで，あるいは井戸を掘る必要があって市内の数箇所の井戸の成分も調査したという．長い間待ち望んだ慶州の水道問題も近いうちに完全解決する予定である」とある．
577) 慶州邑水道国庫補助工事竣工調書（国家記録院保存文書『慶州水道国庫補助書類慶州邑水道工事実施設計書』），p. 416．
578) 慶州邑（1940），pp. 16-17．
579) 予定給水人口が1万人で，1日最大給水量は1200m³であった（慶州邑（1940），p. 17）．
580) 当時の新聞に「電気認可一束」という題名で，「慶州電気株式会社は崔俊，崔海弼他14人の意見により資本金13万円を以って1922年8月設立認可を受け，今年中に点灯する」（東亜日報，1922年5月11日）とある．そして，「慶州伝統工事落成」というタイトルで「慶州電気株式会社の電灯工事は今年落成を告示したが，25日早速電灯を開始する予定」（東亜日報，1923年12月2日付）という記事がある．

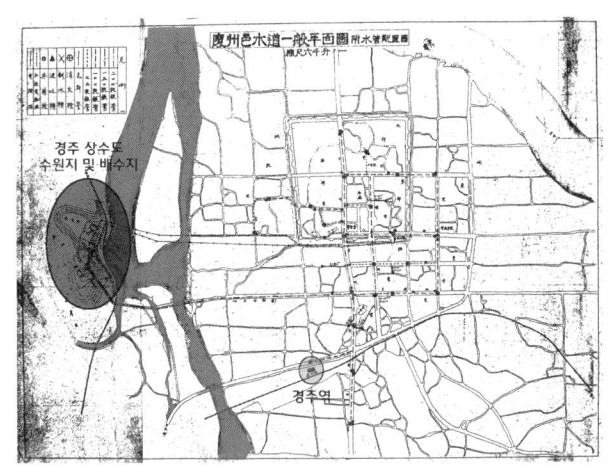

図 II-16　慶州邑水道一般平面図（出典：国家記録院「慶州水道
　　　　　国庫補助書類」）

用戸数は日本人が197，朝鮮人が777，官公署が43で合計1017であった[581]．当時の日本人戸数は296戸であり，66.6％の世帯に電灯が入っていたこととなる．一方，朝鮮人世帯は18.5％が電灯を使っていたに過ぎない．

3-2　日本人の移住

近代以前の慶州邑城での戦闘記録を見ると，日本を相手としたものがほとんどである．高麗末には倭寇によって破壊され[582]，さらに「壬辰倭乱」によって壊滅的な被害を受けた．慶州と日本の歴史的関係には因縁浅からぬものがある．

入植の経緯

「開港場」でも「開市場」でもなかった内陸部に日本人の居住が本格化するのは，日露戦争以降である．「開港場」「開市場」以外の地域に外国人が居住するのはそもそも不法であった．日本政府は，1904年11月1日より韓国往来日本人の旅券制度を廃止し自由渡航とする．翌年1905年3月に公布された日本居留民団法に基づいて結成された在韓日本居留民団のうち，慶州を管轄する大邱居留民団は1906年11月1日付で設置されている．しかし，内陸部への入植はそれ以前からなされていた．1906年に「統監府」が開設されて日本人居住者数が初めて公表されているが，「開港場」「開

---
581) 慶州邑 (1940), p. 25.
582) 『東京雑記』(1669) 巻二佛宇.

市場」以外の地域に住んでいる日本人住戸は 5867 戸，1 万 9629 人である．その数には日本人官吏も含まれているが，大多数は不法居住者であったと推測される[583]．

韓国併合以前の慶州における外国人居住者について把握するのはきわめて難しい．しかし，1907 年に設立された公立慶州普通学校の教師として「山田」という日本人が勤務しているなど，役所関係の公務員などの身分で住んでいた日本人は知られている．

第。章で見たように，1902 年 7，8 月には，東京帝国大学工科大学助教授関野貞によって韓国建築調査が行われている．また，1904 年 8 月 22 日に締結された「韓日外国人顧問傭聘に関する協定」によって日本警視庁から「丸山」という人物が 1905 年 1 月 20 日に韓国政府警務顧問として赴任しており，各道に警務顧問支部が設置されている．この警務顧問本部が主管した韓国戸口調査は 1907 年 5 月 20 日を基準として実施されたが，それによると慶州郡府内面の人口は，韓国人が 8494 人で，日本人は 59 人であった．また，同年度末現在，日本人会が結成されている都市を見ると，大邱理事庁管内の四つの都市の中に慶州も含まれている[584]．1909 年までの慶州における外国人居住者は，全てが日本人であったと思われる．

人口の変化

韓国併合まで 500 人に満たなかった慶州郡の日本人居住者は，1916 年には 1301 人に達している．この時，府内面に郡全体の 44％となる 574 人が居住していた．これは「面」全体人口の約 10％にあたる．すなわち，当時既に「面」住民の 10 人に 1 人が日本人であったことになる．1906 年頃より慶州に居住した日本人の中には，慶州の魅力に魅せられ古跡や新羅史の研究などを行った人物も多かった[585]．しかし，朝鮮人の人口も増加し，1939 年に日本人の比率は 6％にまで落ちている．

郡全体の日本人人口に占める慶州邑における日本人の比率も，1911 年の 91.5％から 1939 年には 42％に減少している．その理由は，漁港の甘浦や仏国寺など郡内の他の地域に日本人居住者が増加したことにある．

植民地期における慶州郡の日本人および朝鮮人を含む人口の変化は表 II-6 の通りである．この表 II-6 と慶州における里洞別人口構成を併せると，旧邑城の城壁内部およびその周辺の 5 箇里に，慶州邑居住日本人の 67.9％が住んでいたことが分かる．一方，朝鮮人は 28.7％が居住していた．日本人は植民地の大都市や町の中心部に集中して居住し，朝鮮人が都市周辺に居住するのは全国に共通の傾向であった．

---

583) 孫禎睦 (1986)，p. 192，p. 193，p. 197，p. 198，p. 303．
584) 孫禎睦 (1986)，p. 200，p. 374，p. 375，p. 385．
585) 彼らは慶州の案内冊子の発行や古跡の調査，遺物の収集などに取り組んだ．まだ遺物の価値もほとんど知られなかった当時，慶州地域の住民から遺物を買い集めた人物や，古跡保存会を組織し遺物陳列館を運営しながら保存活動に取り組んだ者もいた．彼らが，今日に至る慶州の観光都市としての性格をつくり上げた，といっていい．小川雄三 (1914)，pp. 128-164．

表 II-6　慶州の日本人人口推移

年度	日本人 戸数	日本人 人口数	朝鮮人 戸数	朝鮮人 人口数	外国人 戸数	外国人 人口	計 戸数	計 人口数
1906			15,196	56,356			15,196	56,356
1907		(59)		(8,494)				
1911	156 (136)	446 (408)	20,475 (1,364)	98,359 (5,771)	2 (2)	5 (5)	20,633 (1,502)	98,810 (6,184)
1916	385 (183)	1,301 (574)	28,433	49,034	5	15	28,823	50,350 (5,787)
1922	510	1,970	28,377	153,928	12	29	28,899	155,927
1926	583	2,270	31,792	168,340	21	62	32,396	170,671
1929	604	2,321	30,611	161,014	28	82	31,243	163,417
1931	729 (253)	2,786 (979)	33,004 (3,621)	167,967 (17,432)	13 (7)	50 (30)	33,746 (3,881)	170,803 (18,442)
1935		2,968 (1,093)		188,025 (20,312)		69 (37)		191,062 (21,442)
1937	754 (325)	2,858 (1,228)	34,923 (4,272)	180,601 (20,558)	1 (1)	1 (1)	35,678 (4,598)	183,460 (21,787)
1939	(296)	(1,294)	(4,193)	(21,286)	(2)	(3)	(4,491)	(22,583)

出典：韓三建（1993）

　表 II-7 は，1935 年 10 月 1 日付で実施された「朝鮮国勢調査」[586]をもとに，国籍別の人口を行政区域別にまとめたものである．この表によると，当時の朝鮮半島に居住した日本人は約 62 万人で，総人口の 2.7% を占めるに過ぎなかったことが分かる．しかし，「府」クラスの都会に全体日本人の 54% が住んでおり，その人数も一都市当たり平均して 2 万人近くが居住していた．しかし，農村部の行政中心である「面」には平均 77 人しか住んでいない．さらに，日本人が駅や役所が位置する場所に集中して居住していたことを考慮すると，「日本人移住漁村」や大規模農場のあるところを除く農村部には，朝鮮人以外の住民はほとんど住んでいなかったと考えることが出来る．

　社会資本の投資も都市部に集中するし，民間の投資も都市部が優先される．それに比べると農村部は終戦までそれほど変化もなく，朝鮮時代とそれほど変わることなく解放の日を迎えたのである．

---

586) 朝鮮総督府（1939）．

表 II-7　行政区域別日本人人口（韓；1993）

		全体	府部(17)	邑部(47)	面部(2343)	国籍別 比率(％)
日本人	人口	619,005	334,403	105,050	179,552	
	比率	100（％）	54	17	29	2.7
	平均居住者数		19,671	2,235	77	
朝鮮人		22,208,102				97
外国人		71,931				0.3
総人口		22,899,038				100

出典：韓三建（1993）

表 II-8　慶州邑住民の職業別構成

職業別	日本人 戸数	日本人 人口数	朝鮮人 戸数	朝鮮人 人口数	外国人 戸	外国人 人	計 戸数	計 人口数
農林牧畜業	6	23 (1.8)	1,794	10,018 (47.2)	0	0	1,800	10,041
工　業	31	151 (11.7)	169	896 (4.2)	0	0	200	1,047
商業及び交通業	101	477 (37.1)	828	4,233 (19.9)	1	2	930	4,712
公務員及び自由業	134	554 (43.1)	419	1,883 (8.9)	1	1	554	2,348
その他	11	45	555	2,422	0	0	566	2,467
無職及び無申告者	12	36	422	1,793	0	0	434	1,829
計	295	1,286	4,187	21,245	2	3	4,484	22,534

※資料：「慶州邑勢一斑」（1940），PP. 9-12
出典：韓三建（1993）

職業構成

　1939年現在の慶州邑における住民の職業をみると，農林業と牧畜業に従事している人数が最も多い．しかし，これは朝鮮人を含めたもので，日本人の職業は公務員および自由業従事者が最も多い．表II-8は1939年12月末の慶州邑の「現住戸口職業別表」である．どの項目を見ても絶対数は朝鮮人の方が多い．しかし，慶州邑居住日本人の43.1％が公務員もしくは自由業であるのに対して，朝鮮人の公務員もしくは自由業は8.9％，1883人に過ぎない．各役所，学校，法律事務所，その他の職業を日本人がほぼ独占していたからである．たとえば慶州郡の職員を見ると，庶務係の場合は日本人12人に朝鮮人が11人である[587]が，学校の教師は日本人が47人，朝鮮人が15人である[588]．日本人が次に多い職業は商業および交通業で477人，全体の37.1％

---
587) 善生永助（1934），p. 17，慶州郡職員表より．
588) 慶州邑（1940），pp. 9-14．

を占める．朝鮮人は47.2%を占める1万18人が農業に従事しており，これは慶州邑全人口の44.5%である．

1897年に慶州に初めて常設店舗が登場する．それまで，「契」という組織（I-1-2朝鮮王朝社会と地方制度）による共同出資をもとにして商業に従事する人はいたものの，常設店舗はなかった．また，慶州に会社が設立されたのは，1902年の地方有志による蚕桑合資会社が始まりである．養蚕および桑の栽培を目的として，資本金1250円で設立されたこの会社は，経営不振で間もなく解散している[589]．市場は，1908年の慶州邑内「大市」を写った写真を見ると分かるが，前時代とそれほど変わりはない．1931年に発行された「慶州邑内市街略地図」によると，旧邑城の内部といわゆる「本町通り」の商店街に軒を連ねているのは，ほとんどが日本人の経営する商店である．朝鮮人の店と思われるのは，邑城の北門址より「本町通り」に至る道沿いにある店と，中心商店街周辺の処々に見える飲食店である．

慶州邑の業種を見ると，物品販売業が207戸，続いて製造業が47戸，金銭貸付業が42戸である．また，請負業，旅人宿業，料理業が各々10戸，9戸，7戸となっている．これらを含めた店舗の総数は331である[590]．旅館業や料理業者が多いのは慶州の観光地としての性格を示している．慶州で「朝日旅館」を経営した伊藤利右衛門は，1906年に慶州に定着して当時の日本人移住者のために土地家屋購入の周旋をしながら，1907年に旅館業を始めたという．以来，慶州を訪れる視察者や観光客のために便利を図り，成功を収めている．

景観の日本化

第Ⅰ章（I-3）で述べたように，慶州には「朝鮮市街地計画令」は終戦まで適用されることはなかった．ただ，建築取締規則によって建物は制限されていた．たとえば，道路の新設や拡幅を行う時には，警察署長の命令として建築制限を告示していた．1915年5月に実施された黄海道海州の「本町通り」拡幅に際して建築制限が出され[591]，主要道路に面する家屋は煉瓦造または石造をもって建築し，屋根は瓦または亜鉛鉄板とすることとしている．また，軒先は地面より8尺以上の高さを保つこと，煙突も不燃材料を用い，屋上より6尺以上突出させることを求めている．

慶尚北道の場合も，建築物取締のために，大邱理事庁令と府令の道路取締規則を適用してきた．しかし，これは不完全なものであったから，火災予防・保安・衛生および都市美観を保つ上から建築取締規則の改定をしている[592]．この建築取締規則によ

---

589) 慶州郡（1929），p. 15.
590) 善生永助（1934），p. 491.
591) 『朝鮮と建築』，1925.6，p. 57.
592) 『朝鮮と建築』，1929.6，p. 50.

る制限は，以下に明らかにする町の中心部における日本人による土地の所有の増加とともに，町の景観を徐々に日本化させていくことになった．従来の朝鮮式建物は建ちようがなかったのである．特に，道路の新設や拡幅がなされると，都市美観を理由に朝鮮式建物の新築は敬遠されるのである．

大邱と浦項を結ぶ新道路と同時につくられた「本町通り」が出来る前，1908 年には，写真で確認する限り，日本風の建物は一軒も見当たらない[593]．ところが，『慶北写真便覧』[594]をみると「金冠塚」が見える「本町通り」に 4-5 軒の和風建築物が建っている．そして次第に，警察署，面事務所，小学校，慶州神社，本願寺布教所，各官舎等々の建物が町の中心部に立ち並ぶようになった（図II-17）．慶州邑城の内部にあたる「北部里」は朝鮮人の居住者が多かったため，主道路に面したところ以外の路地裏などには朝鮮式の民家が残っていたが，その他の地域には和風の建物が次々に建てられて行った．慶州邑城やその周辺部には，日本の町と変わらない景観が形成されていくのである．

法律によって誘導される景観の日本化は，建築の生産体制にも支えられていた．地方における土木業や建築業が依拠するのは公共事業である．役所建築などを中心とした公共建築を受注し実力を養ってきた日本人業者は，一般住宅や商店の建築にも関わった．

前出の「慶州邑内市街略地図」を見ると，工務所が 2 箇所，土木建築請負人と書かれている店が 2 箇所，材木店が一つ，金物店が 2 箇所確認出来る．大型の工事は大邱や京城の業者に任されていたと思われるが，これらの店または工事請負人は，慶州を中心とする周辺一帯の建築産業の担い手であった．

慶州邑全人口の 44.5％を占めていたのが朝鮮人農民であることは上述の通りである．また，地主は 175 戸に過ぎず，わずかに全農家戸数の 6.8％である[595]．自作農家も 12.1％で，残りの 81.1％が小作か小作兼自作の農家である．朝鮮人の経済事情では，住宅の新築の余裕はなかった．庶民には金融機関の利用も難しかった．1932 年 3 月現在の慶州邑における金融機関の貸付の内容をみると，「慶州金融組合」は，農家 187 戸，商業 54 戸，その他 48 戸に貸付を行っている．農家は朝鮮人地主や日本人地主で，商業者はおもに日本人であったと推測される．組合員の出資によって構成される金融組合には，貧しい朝鮮農民や庶民は加入自体が不可能だからである．株式会社慶尚合同銀行慶州支店も事情は同じで，貸付は農業者 66，商業者 73，工業者 4，その他 23 の合計 166 戸にとどまっている[596]．

---

593) 慶州市，新羅文化祭学術発表会論文集，第 4 輯，図版 9，10，14 番写真参照．
594) 上田義雄編（1916）．
595) 善生永助（1934），p. 396 表．
596) 善生永助（1934），pp. 504-505，p. 506.

邑城空間の変容

図II-17　植民地時代の重要施設

1　郡廳	9　碑閣	18　檢事邸宅
2　郡守館舎	10　集慶殿	19　郵便局
3　慶州博物館	11　學校組合	20　東拓倉庫
4　大邱地方法院	12　市場	21　牛市場
慶州支所	13　面事務所	22　慶州普通學校
5　慶州警察署	14　本願寺	23　慶州驛
6　署長館舎	15　慶州神社	24　養蠶傳習所
7　東京館	16　慶州金融組合	25　屠獣場
8　尋常高等小學校	17　消防事務所	

　以上のような生産体制や経済的背景の中では，町の中心部の景観が日本化されて行くのはむしろ当然であった．

　「景観の日本化」を支えたもう一つの大きな要因は支配―非支配の文化的な葛藤である．植民地時代に日本人によって書かれた書物には，朝鮮の文化，生活，習慣と日本のそれとの違いを差別的に解釈した文章が数多くみられる．大日本帝国という一等国の国民としての自負，優越感が随所に見られるのである．支配国民としての優越感を持っている大多数の日本人が，朝鮮式の建物で寝起きすることは考えられないことである．

177

地理的には近いけれど，朝鮮の風土は日本と異なる．とりわけ，冬の寒さは厳しい．しかし，文化的な優越感を持つ日本人が，寒いからといってすぐさま「オンドル」を住宅に採用したりはしないのである．反対に，支配される韓国人もまたその住宅様式を簡単には変えることはしなかった．日本人も，自分たちの生活様式を変えるのは容易ではなかったのである．

　筆者らが1993年7月に行った建物分布調査によると，朝鮮戦争の被害もなく，大規模な市街地開発事業も行われなかった慶州には，少なからぬ戦前の和風建築物が残されていた．路東・路西洞の両地域には商業の中心地らしく，切妻屋根の町家風の建物が多く立地していた．また西部洞の南地区には，官舎などの住宅が多かったためか数寄屋風の住宅が見られる．学校の講堂や慶州駅舎，日本式寺院や近代建築様式の建物もみられる．こうした建物だけでも当時の町の中心部の面影を想像することが出来る．

　一方，1970年代以降，近年に至る都市開発ブームによって，旧日本人居住地の建築物は徐々に取り壊され，商業ビル化が進行しつつある．

3-3 │ 古蹟調査と保存活動

　韓国における古跡調査と建築史学者，考古学者が担い果たした役割についてはI章(3-5)で論じた．

　慶州で初めて考古学的発掘調査が行われたのは1911年の皇南洞の剣塚である．これは今西龍が発掘したが，以降，原田淑人，浜田耕作，梅原末治，小泉顕夫，有光教一，斉藤忠らによって古墳を中心に発掘調査が行われた．年代順に見ると，1913年には普門里夫婦塚や金環塚などの収拾発掘があった．1917年には普門里夫婦塚の本格的な発掘調査が実施された．1921年には住民によって偶然発見された「金冠塚」，1922年には馬塚と雙床塚，1924年には金鈴塚と飾履塚，1926年にはスウェーデンの皇太子も参加して瑞鳳塚が発掘された．さらに，1931年には皇南里82号と83号古墳，1932年には忠孝里石室墳，1933年には皇吾里54号墳，1934年には皇吾里14号墳と皇南里109号古墳，1936年にも忠孝里古墳と皇吾里古墳，1937年には城東里殿廊址，1938年には千軍里寺址が続けて発掘された[597]．

　建築史家として慶州で活躍したのが藤島亥治郎である．藤島は若いころ，京城にいながら慶州を中心とする新羅時代の寺院遺跡・都城址を中心に研究を進め，「朝鮮建築史論」[598]を発表している[599]．

---

597) 慶州市史編纂委員会 (2006c)，p. 801.
598) 日本建築学会，建築雑誌，1930年 2-3，5，7-8月号．
599)「建築史は当然美術史的たるとともに，哲学史社会史的でなければならぬ」と考え，「事実の調査

慶州博物館

　慶州での発掘調査のうち，最も注目を浴びたのは「金冠塚」の発掘である．1921年の秋に「家屋建築のために土砂を掘ったところ偶然金銅の器物や硝子玉が現れた」[600]のである．同年9月27日より30日まで遺物収拾作業が行われ，この段階で金冠が発見された．これは「楽浪漢墓の発掘とともに実に朝鮮における考古学上の二大発見」[601]とされるのである．

　この金冠塚の遺物は，慶州邑民の熱烈な要望があって調査研究の完了をまち慶州に置かれることとなった．邑民有志の寄付によって1923年に金冠の保管庫が建築されて「朝鮮総督府」に寄付され[602]，これを契機にそれまでの慶州古跡保存会陳列館が「総督府博物館慶州分館」[603]となるのである（1926年6月）[604]．以来，1975年に現在の場所に新築移転されるまで，約50年間博物館としての機能を果たし続けてきた．

　その位置は，朝鮮時代の慶州府尹の内衙である．この建物が陳列館となった経緯は明かではないが，「慶州古跡保存会事業施行大要」の第6条に「陳列館ハ官有建物中適当ナルモノヲ択テ之ヲ無料ニテ借受ケ使用スル」[605]という．邑城の内部には国の役所をはじめとする諸官庁が立地していた．これらの施設は，「東軒」や「客舎」など植民地時代にも役所として再利用されている．結局，郡役所の隣に位置し，広い敷地を有することなどが考慮されて「陳列館」に転用されるのである．

　博物館の本館は「府尹」の官舎で，「温古閣」という掲額が懸けられていたらしい．この字は寺内朝鮮総督の筆跡であった[606]．また，別館の「集古館」[607]は，1915年に北門内側の「養武堂」の附属建物をここに移転した[608]ものである．これ以外に「鐘閣」，金冠庫と事務室棟が同じ敷地の中にあった．鐘閣はもともと古墳の鳳凰台の下にあったが，1915年に鐘とともに陳列館の中に移された．事務室棟は，1929年に東部洞の「営繕」建物を移築したものである．

　1930年の時点でみると，本館の温古閣は四つの室に分けられ，それぞれ石器時代，

　　　記録とともに，常に思想的社会的半面を考え，純建築の大系をつくる」ことを志向し，対象を都市・仏寺，宮殿に限って，主として平面計画の解明をはかった」日本建築学会『近代日本建築学発達史』（丸善，1972），p.1756.
600) 浜田青陵（1932），p.2.
601) 浜田青陵（1932），序文.
602) 「慶州及び其の付近の内鮮人が募金で数万金を醵金して古跡保存会を起し」田中萬宗（1930），p.65.
603) 植民地時代には，「朝鮮総督府博物館」（旧国立中央博物館）と慶州・扶余・平壌・開城博物館および公州の百済博物館があった．
604) 浜田青陵（1932），p.4.
605) 奥田悌（1920），p.91.
606) 奥田悌（1920），p.92.
607) 仏殿とも呼ばれた．
608) 慶州古跡保存会『新羅旧都慶州古跡案内』（1931），p.53.

表 II-9　慶州博物館の入場者数

年度	朝鮮人	日本人	外国人	総観覧者数
1927	8,749	5,287	111	14,147
1928	6,387	6,480	89	12,954
1929	9,263	5,837	102	15,202
1930	11,807	6,821	122	18,750
1931	16,082	8,068	82	24,772
1932	14,795	7,061	81	21,937
1933	17,867	7,326	114	25,307
1934	25,265	7,077	104	32,446
1935	25,970	8,586	113	34,669
1936	28,470	7,677	109	36,265
1937	27,038	6,783	66	33,887
1938	28,815	15,505	32	44,352
1939	32,917	12,352	58	45,322
1940	37,256	10,533	48	47,873
合　計	290,681	115,393	1,231	407,883

韓三建作成

古新羅時代，統一新羅時代，銅製品と高麗・朝鮮の遺物を展示した[609]．また集古館には，主に慶州周辺で発見された釈迦像，仁王像，菩薩像などの石仏像が展示されていた．博物館の庭には石塔，石灯などが展示されていた．

　慶州博物館の入場者数は表 II-9 に示した．初期は日本人と朝鮮人の差が大きくなかったが，1940 年になると朝鮮人入場者が日本人のほぼ 4 倍近くなる．これは朝鮮人の慶州訪問，つまり観光旅行が本格化したことを示している．

仏国寺と石窟庵の復元工事

　仏国寺は一般に 530 年頃に創建されたとされている．しかし，これは朝鮮時代の書物に記すもので信用出来ない[610]といわれている．定説は，『三国遺史』の記録を用い，751 年に金大城という人物によって仏国寺と石仏寺（現在の石窟庵）が創建されたとみている．

　伽藍は秀吉による出兵で焼かれてしまい，石造物のみ残った．その後に再建されたのが戦前の木造建築である．植民地時代には 1924 年以来数次に亘って修理が行われ

---

609) 田中萬宗 (1930), pp. 75-76.
610) 東潮・田中俊明 (1988), p. 193.

図 II-18　修理前の石窟庵

た. 1934年と35年には石壇前の境内整理が行われ参道も改修された. 1970年に始まった復元工事までは, 1924年4月から翌年8月にかけての大修理によってつくられた仏国寺の外観が保たれた.

修理の直前の光景 (図II-18) は, 「石壇の東隅は埋もれて土砂の傾斜面をなし, 西側の石甃の如きはまったく土中に没して特立せる石壇たる面目を失ひ, 石階は曲がり, 石欄は倒れ甚だ旧態を損じて居た」[611] 様子であった. 朝鮮時代にも修理は絶えず行われていたが, 1904-5年頃には南行廊や講堂の「無説殿」が倒されるなど, 朝鮮末期の混乱期に一気に荒廃したと思われる. この時期には, 主持が毘盧殿址前にあった舎利石塔を売り, それが東京に移されたこともあった. これは1934年に長尾欽彌氏夫妻によって元の位置に戻されたという[612].

石窟庵は, 1902年の関野貞の調査にも現れず, 1906年に慶州を訪れた今西龍もその所在を聞いていない. ようやく日本人にこの存在が知らされたのは1909年頃のことである. 早くも, 1913年10月には「朝鮮総督府」によって石窟庵の修理工事が始

---

611) 朝鮮総督府 (1938)「7　大石壇の旧景」.
612) 朝鮮総督府 (1938)「10　舎利石塔」.

まった．この工事は1915年8月まで続くが，完全な解体工事を行い，「石窟の外部を厚さ約1mのセメントを塗って復元したため，漏水などの問題を残した」[613]のである（図II-21）．

この後の工事は主にその補修のために行われたものであるが，これ以外にも石を取替えたり，前面に新しい石積みを施したりしたため古色を損じ，尊厳を奪ったことを「朝鮮総督府」の当局者も遺憾に思っていたようである．そして，仏国寺も石窟庵も「最初の研究に不十分な点があったために今に満足し兼ねるところが少ない」[614]と不満な点を自ら漏らしている．何れにせよ，この復元工事で最も大きな問題として指摘出来るのは，修理工事報告書がないことである．植民地支配初期にこれほどの大きい修理工事を実施しながら，その修理報告書が刊行されなかったのは，その後の学術的な研究において大きな障害となりかねないからである．ただ，1938年になって『仏国寺と石窟庵』という写真集が出版されたが，これもやはり豪華版写真集の『朝鮮古跡図譜』に対するのと同様，「総督府の政策の一環として，植民地支配の道具とするという明白な学問外の目的をもたせたからにほかならない」[615]ものである．

慶州古跡保存会

植民地時代の朝鮮には各地方に50近くの「保存会」が結成されていた．慶州と扶余の古跡保存会は財団法人として設立されている．このような保存会は後の博物館として成長するなど，地方の古跡保存において大きな役割をした．

1910年に「慶州新羅会」が組織され，官と民が協力しあい，慶尚北道も関わった形で「慶州古跡保存会」が財団法人として発足している（1913年5月）[616]．陳列館の会館は1915年である．

保存会の活動は，まず，遺物の収集とその展示であった．また，遺跡や遺物の保存対策にも力を入れており，慶州を内外に宣伝し，それによって町を活性化させようとする目的もあった．これらの諸活動のために「慶州古跡保存会事業施行大要」[617]も定

---

613) 東潮・田中俊明 (1988)，p. 200．
614) 朝鮮総督府 (1938)，「23 石窟の修理工事」．
615) 西川宏「日本帝国主義下における朝鮮考古学の形成」『古代東アジアにおける日朝関係』（朝鮮史研究会論文集第7集，1970)，p. 112．
616) 保存会の役員としては，会長が1人，その他に会長の嘱託による副会長が2人，平議員と幹事がそれぞれ若干名となっている．会長は道長官が務めた．経費は篤志家の寄付金をもって支弁し別に会費は徴収しなかった．会員になる資格は設立目的に賛同し，保存会の事業を扶助する者となっている．事業目的は，①現存古跡および寺刹の維持保存，②埋没せる史蹟遺物の顕彰，③古跡および遺物の現況を撮影または模写し，その沿革伝来などを調査，④遺跡遺品の散逸毀損を防ぐため陳列場を設置，⑤その他古跡および史蹟保存上必要な手段を講ずる，こととなっている（慶州古跡保存会規約）．
617) その内容は，①慶州一円の古跡22箇所に対して必要に応じ，修繕工費を寄付し，またその保

められていた．その内容をみると，保存会の会員は慶州の遺跡保存に相当の意欲を燃やしていたことが窺われる．しかも，このような動きは朝鮮半島の中で唯一のものであり，今日の慶州における保存活動の基礎となったものとして評価される．

　韓国併合の前後に慶州に定着した日本人の中には，遺物の価値に気がついてその収集に走った人物たちがいた．彼らの中にはこのような遺物を商売の手段と考え，本国に売りつけた者もいた．その半面，収集家として遺物を集め，後には陳列館に展示させた者もいた．特に，博物館の嘱託として活躍した諸鹿央雄と大坂金太郎は注目すべき人物である．

　もう一つ保存会の活動として注目しなければならないのは出版活動である．戦前，この保存会が刊行した出版物には，『新羅旧都慶州古跡案内』(1922, 1931, 1934)，『慶州古跡図彙』『慶州古瓦譜』『趣味の慶州』『慶州の金冠塚』などがある．これ以外に博物館の前で写真館を経営しながら慶州の古跡写真や絵はがきを販売していた「東洋軒」の『朝鮮慶州』という写真集もある．また保存会は，「慶州の古跡と遺物」「新羅霊場慶州南山絵はがき」などの絵はがきも製作，販売していた．

　これらの活動は，何れも「慶州の古跡を宣伝し，観覧者を誘致」[618]しようとする動きであった．特に，1934年の朝鮮博覧会では絵はがきや宣伝パンフ，写真帖なども製作し宣伝に大いに利用した（図II-19）．

3-4 観光地慶州

観光業の成長

　今日にみる慶州の観光都市化は，日本による植民地時代に始まった．慶州が数多くの観光資源を有していたことは誰もが認めている．しかし，韓国人自身が自分たちの持つ文化財や古跡の価値に気付く前に植民地になってしまったことは残念なことである．

　慶州は，「開市場」でもなく，当時としては交通の便も整備されておらず，大都会として発展する気配もなかった．地方の小さいこの町に，官吏や教員以外の日本人

存上必要なる鉄柵などを朝鮮総督府の許可を受けて設ける，②芬皇寺塔並びに石造物，仏国寺石塔石橋その他石造物に対して当該寺刹に適当の修繕工事または保存上必要となる工費を寄付するものとする，③皇龍寺跡と四天王寺の寺域を調査し，四隅に標杭を立てかつ礎石毎殿堂名称を記したる建札をなし，かつ平面図を製して適当の場所に設置する，④古跡には1箇所ごとに説明を書いて設置する，⑤現在の場所での保存が難しいものは陳列館内に収集し永存を図る，⑥個人の所有品でも考古の資料となり，また美術の模範となるものは出陳を勧誘する．また，売渡を希望する時には買い取ることもある，・陳列館の陳列品には説明書を附置する，・本会の事業施行のため約1万円の醵金を募る，というものである．（奥田悌（1920），pp. 88-92）．

618)『朝鮮と建築』，1934.6，p. 44.

第 II 章

慶州邑城

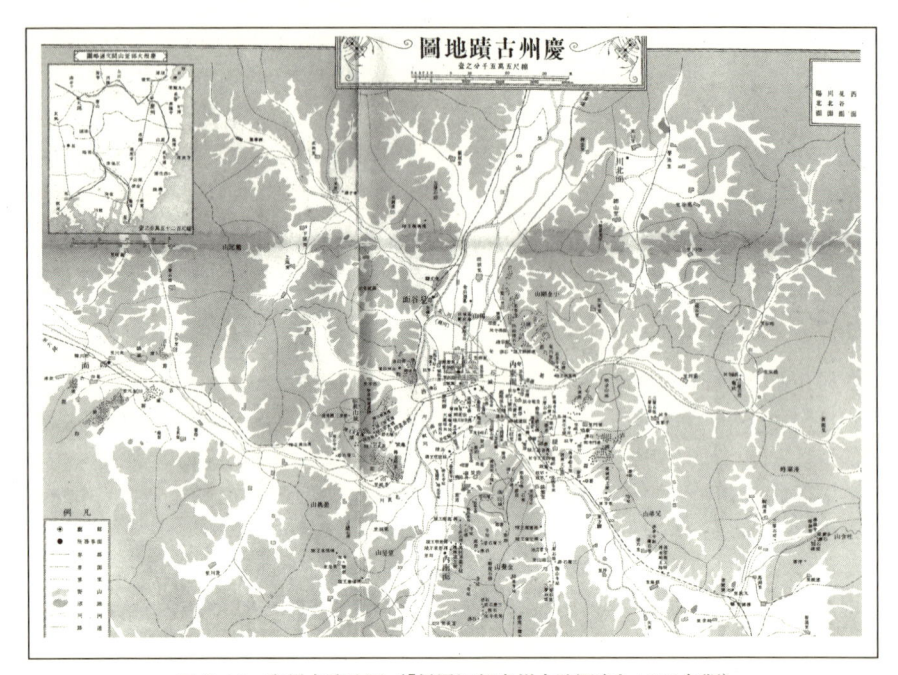

図 II-19　慶州古蹟地図（『新羅旧都慶州古跡圖衆』1922 年版）

が何故居住し始めたのだろうか．その一つの回答は，関野貞による「韓国建築調査報告」(1904 年) にある．この本が日本で刊行されることによって，日露戦争以来高まった朝鮮や大陸への関心を背景に，慶州にも目を向けた日本人がいたに違いないのである．

韓国併合の前の年である 1909 年に「石窟庵」の存在がソウルの「統監部」に知らせられると，当時の朝鮮統監の曽禰荒助が慶州を訪問する．慶州のような田舎の町を朝鮮統監が訪れたことは，慶州の存在を日本人にアピールする大きな契機になった．まだ，大邱や釜山と慶州を結ぶ鉄道が出来てない当時，統監や総督のような人物が泊まる宿泊施設，料理屋などが必要となったことは容易に推測出来る．

「韓国併合」以降，初代総督の寺内正毅も石窟庵を訪問する．これが契機となって，併合後間もない混乱期における石窟庵復元修理が可能になったと思われる．1934 年には，当時の総督宇垣一成が総督府博物館慶州分館に展示されている金冠を見に来ている．1939 年には南次郎総督が，次には小磯国昭総督[619]が慶州を訪問する (表 II-10)．

戦前には総督や統監以外に，日本と朝鮮の皇族，さらにはスウェーデンの皇太子な

---

619) 崔南柱「新羅の魂尋ねて半世紀」(朝鮮日報，1973.5.2 付).

表 II-10　重要人物の慶州訪問

訪問年度	訪問者	主な訪問地
1912.11	朝鮮総督寺内正毅	武烈王陵, 奉徳寺
1922.10	皇族閑院宮	武烈王陵, 鮑石亭, 鶏林, 鳳凰臺, 石氷庫, 雁鴨池, 皇龍寺址, 芬皇寺, 四面石佛, 蘿井, 佛國寺
1924.4	朝鮮総督斎藤実	仏国寺, 石窟庵
1926.9	皇族高松宮	掛陵
1926.10	スウェーデンクスタフ皇太子夫妻	仏国寺, 瑞鳳塚
1927.4	李王夫妻	仏国寺, 石窟庵
1927.7	皇族山階宮菊麿王	朝鮮総督府博物館　慶州分館
1928.7	朝鮮総督山梨半造	仏国寺
1931.5	皇族賀陽宮	朝鮮総督府博物館　慶州分館
1931.10	皇族朝香宮	朝鮮総督府博物館　慶州分館
1934	朝鮮総督宇垣一成	朝鮮総督府博物館　慶州分館
1934.10	皇族東伏見宮妃	朝鮮総督府博物館　慶州分館
1934.11	皇族久邇宮	仏国寺
1935.10	皇族竹田宮	掛陵
1936.10	皇族梨本宮	仏国寺

　どの人物も慶州を訪問する(表II-10). 1922年10月には閑院宮が, 1926年9月には高松宮が, 同10月にはスウェーデンのグスターフ皇太子と皇太子妃が, 1927年4月には李王とその妃が, 同7月には山階宮藤麿王[620]がそれぞれ慶州を訪れていた.

　要人, 考古学, 歴史, 建築, 美術などを専門とする学者, 総督府の官吏などが慶州を訪れるとともに, 一般の見物客も増えてきた. また, 慶州が学生たちの修学旅行地となったのも植民地時代である(表II-11). 当時の新聞記事から主に朝鮮人学生が慶州を訪れたことが分かる. これは以前にはなかった現象で民族意識を引き出す結果をもたらした.

　戦前の観光産業としては, 宿泊業と遊覧自動車業, 記念品販売業などが代表的である. 自動車による都市間の運送業は慶州と大邱を結ぶ路線が朝鮮半島で最初である. 当時「京釜線」鉄道が通っていた大邱と慶州および浦項を結ぶ不定期営業であった. 大邱府に住んでいた大塚金次郎が, 1912年8月に乗合自動車の営業を開始した[621]のである.

---
[620] (財)慶州古跡保存会(1931), p. 5.
[621] 鮮交会(1986), p. 892.

表 II-11　慶州への修学旅行例

訪問日	学校名	主な訪問地
1920年5月30日	倍材高等普通学校	博物館, 五陵, 蘿井, 鶏林, 石氷庫, 雁鴨池, 半月城址, 皇龍寺址, 芬皇寺
1920年6月6日	徽文高等普通学校	
1920年6月19日	普成高等普通学校	鶏林, 半月城址, 佛国寺, 芬皇寺, 五陵
1922年10月24日	慶州公立尋常高等小学校	佛国寺, 石窟庵
1923年5月9日	京城延禧専門学校	佛国寺
1923年5月17日	東莱高等普通学校	慶州名所
1923年6月9日	大邱明新女學校	新羅古跡
1923年7月9日	蔚山亭子学校	博物館
1923年10月13日	普成高等普通学校	五陵, 鮑石亭, 佛国寺, 石窟庵
	京城養正高等普通学校	古跡見学
1923年10月16日	京城私立中東学校	佛国寺
	京城培花女子学校	佛国寺
1923年10月19日	平壌高等普通学校	
1923年10月25日	倍材高等普通学校	
1924年5月19日	浦項公立普通学校外五箇学校	博物館, 瞻星臺, 鶏林, 半月城址, 佛国寺, 石窟庵
1924年10月13日	尙州農蠶学校	
1930年9月18日	同徳女子高等普通学校	
1933年10月12日	日新女子高等普通学校	

　「朝鮮総督府」による治道工事や市街地における新設・拡幅などの道路整備工事によって自動車による交通は発展し続けた．昭和10年代には，町と町を結ぶ乗合自動車路線が出来上がっており，市内には古跡遊覧のための自動車会社も出来た．今でいうタクシーである．慶州には「岡本自動車部」が旧邑城の中にあって，古跡遊覧に便宜を図っていた．しかし，古跡地を通る道は自動車が通れないものが多く，道路が整備されていた市内と仏国寺の間を主に運行していた．

　旅館業は慶州市内と仏国寺周辺で繁盛した．慶州市内には，植民地前後から日本人が経営する「慶州旅館」「朝日旅館」などがあった．朝鮮時代にも「駅」制度が整備されており旅行者のために便宜を図っていたが，観光のためのものはなかった．これ以外には，料理屋から始めた「柴田旅館」が有名だったらしく，戦後日本で出版された学者たちの慶州に関する書物をみると，必ずといっていいほどこの名前が登場する．また，古跡観覧者が増えるに連れ，朝鮮人の経営する旅館も続々登場してきた．

　仏国寺の周辺にも早い時期から旅館が出来，営業を始めていた．今は仏国寺の境内

の土地所有状況を比較した．また，土地台帳（図II-20）の「事故」欄に昭和16年以降に「氏名変更」となっている土地は朝鮮人所有として分析を行った．この「氏名変更」とは，1941年より「朝鮮総督府」によって朝鮮全土で実施されたいわゆる「創氏改名」である．ベースマップとして，慶州市庁地籍課が保管している土地台帳（東部里3冊，西部里4冊，北部里2冊，路東里4冊，路西里6冊の合計19冊）と縮尺1200分の1の地籍図[630]を用いた．慶州郡地域の土地の査定年月日とその公示年月日は1915年10月15日で，公示期間は査定日から11月13日までである[631]．一筆地測量と製図は査定より前に行うため，慶州地域の地籍図作成およびその前段階での調査は1915年の前半以前には全て完了していたと推測出来る．しかし，ここでの分析対象地である町の中心部は，既に1912年に修了していたことは上で述べた通りである．

　復元図は，1935年2月28日「閉鎖」[632]・「開調」の1200分の1の慶州地籍図のうち，城壁の内部地域に当たる北部里，東部里，西部里と城壁外部の路東里，路西里地区の地籍図をもとにして作成したものである．当時の地目は田・畓（水田）・垈（敷地）・池沼・林野・雑種地・社寺地・墳墓地・公園地・鉄道用地・水道用地・道路・河川・溝渠・堤防・城・鉄道線路及水道線路の18種類[633]であった．

　この地籍図をもとに，

　　①地番が分割されている敷地はもとの地番に戻し[634]，

　　②地目が修正されているところは，土地台帳と対照しながら修正される前の地目にして，査定段階（1912-1913年），2期（1914-1925年12月），3期（1926-1935年2月），4期（1935年3月-1945年8月）それぞれの慶州邑城内部の土地所有と土地利用現況を復元した．地籍図復元の方法としては，はじめに，査定時の地籍図の復元を行い，順次第2期，3期，4期の地籍図の分析に移った．まず，第1期である査定時の地籍図は，1935年にその使用が止まった地籍図を用い，土地台帳上で査定時点の番地と面積，地目を確認しながら，1筆ごとに確認を行った．この結果を，1935年に使用停止された地籍図の上に表示し，新たに地籍図を描き直した（図II-21）．

　土地台帳の記載内容は，時期区分ごとに番地・面積・所有者[635]の変動を記録した．

---

630) 1935年2月28日付けで「閉鎖」されたものと，同じ日に「開調」されたものの2種類．
631) 朝鮮総督府臨時土地調査局（1918），p. 419.
632) この地籍図の左上に「昭和十年二月二十八日閉鎖」と書かれているが，「閉鎖」とはこの日付で使えなくなったことを意味する．その翌日の3月1日より新しい地籍図が使用されているのを見てもそれは確実である．
633) 朝鮮総督府臨時土地調査局（1918），p. 95. この報告書では，地目を「土地の種類に関する呼称」であるといいつつ，課税と非課税の基準によって区分している．現在，韓国の地籍法第5条では「地目とは土地登録の単位区域（筆）別に，土地の主な使用目的によって土地の種類を区分表示するために付与した名称」と定義している．
634) たとえば，105-1，105-2になっているところは元の105番地の敷地にした．
635) 個人は日本人か朝鮮人かの区別をし，法人または団体はその名称を記録した．

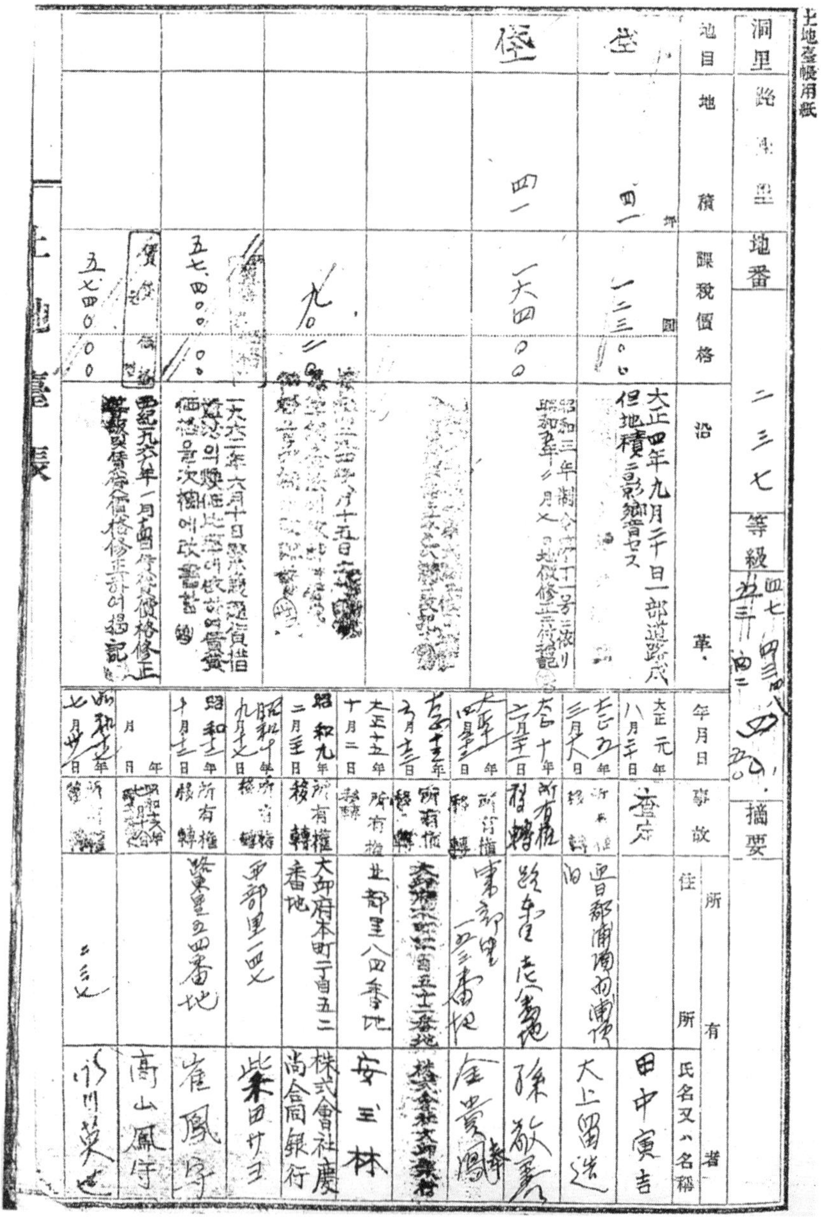

図II-20　土地台帳（路西里237番地）

第2期と3期の地籍図も1期と同じ手順と方法で，復元を行い図面化した．第4期の地籍図は，1935年2月28日より戦後の1960年代まで使用された図面をもとに復元を行った．1200分の1の地籍図を城内・外それぞれ4枚ずつ復元したことになる．

　復元した第1期の地籍図をみると，城壁内部の南西側隅から北門を繋ぐ線とさらに北門から東門を繋ぐ線の南側に宅地が密集しているのが分かる．この線の外側，つまり邑城の北西隅と北東隅には畑地のみになっている．東西門を繋ぐ道路の北寄りには広い雑種地が位置している．この雑種地の北西側に接している池は慶州邑城関係の諸記録に見える「城内池三」の中の一つであると考えられる．

　この他にも比較的狭い雑種地が3筆あるが，もともと宅地ではなかったことは明らかである．また，他の宅地に取り囲まれながら地目上に畑地になっているところは，その形と広さを考えるともともと宅地であったと考えられる．

　1895年の地方制度改革によってその機能が停止された役所関係の建物と，またその前年に行われた身分制度の撤廃により開放された役所関係の居住地，いわば，「官奴婢」たちの居住地がこれらの宅地に囲まれて「田」となったのである．第1に身分制度が撤廃されたため，第2に地方制度改革の結果，役所の使い役としての自分たちの生活基盤がなくなり，結果的に移住せざるをえなくなったのである．

　城壁のすぐ外側の南門と濠の間，同じく東門と濠の間に見える宅地を見ると，この地籍図が出来る1912年の前の段階から，防御という邑城本来の機能が既になくなっていたことが窺われる．なぜなら，1910年の韓国併合からわずか1-2年で，城内外を問わず宅地として転用が可能な土地が豊富であるのに，わざわざ城壁と濠との間に建物が建てられるようになったとはまず考えられないからである．また，1908年頃の写真をみると，南門の外側にこの城門と接している瓦葺の韓国式建物があることからもそう考えることが出来る．

　一方，地籍図をみると，濠と城壁がこの時期までほぼ完全な形で残っていたことが分かる．これも1908年までの写真をみると，城壁はもちろん，少なくとも南門は存在していることも確認出来る．ただ，地籍図でみる限り，南側と東側城壁と他の城壁の厚さが異なるのに気がつく．当時，東と南側の城壁より西と北側のそれがより状態が悪かったことを示している．すなわち，土地調査当時には既にこちらの城壁が，相当保存状態が悪く，崩れ落ちていたから太く表現されたと考えられる．

　南門を出ると，水田があるところまでの約220mの中心道路沿いに宅地が密集していることが分かる．この住宅密集地の南からは村落とあまり変わらない宅地分布を見せている．その辺に散らばっている，地目上林野になっているところは古墳である．

第Ⅱ章
慶州邑城

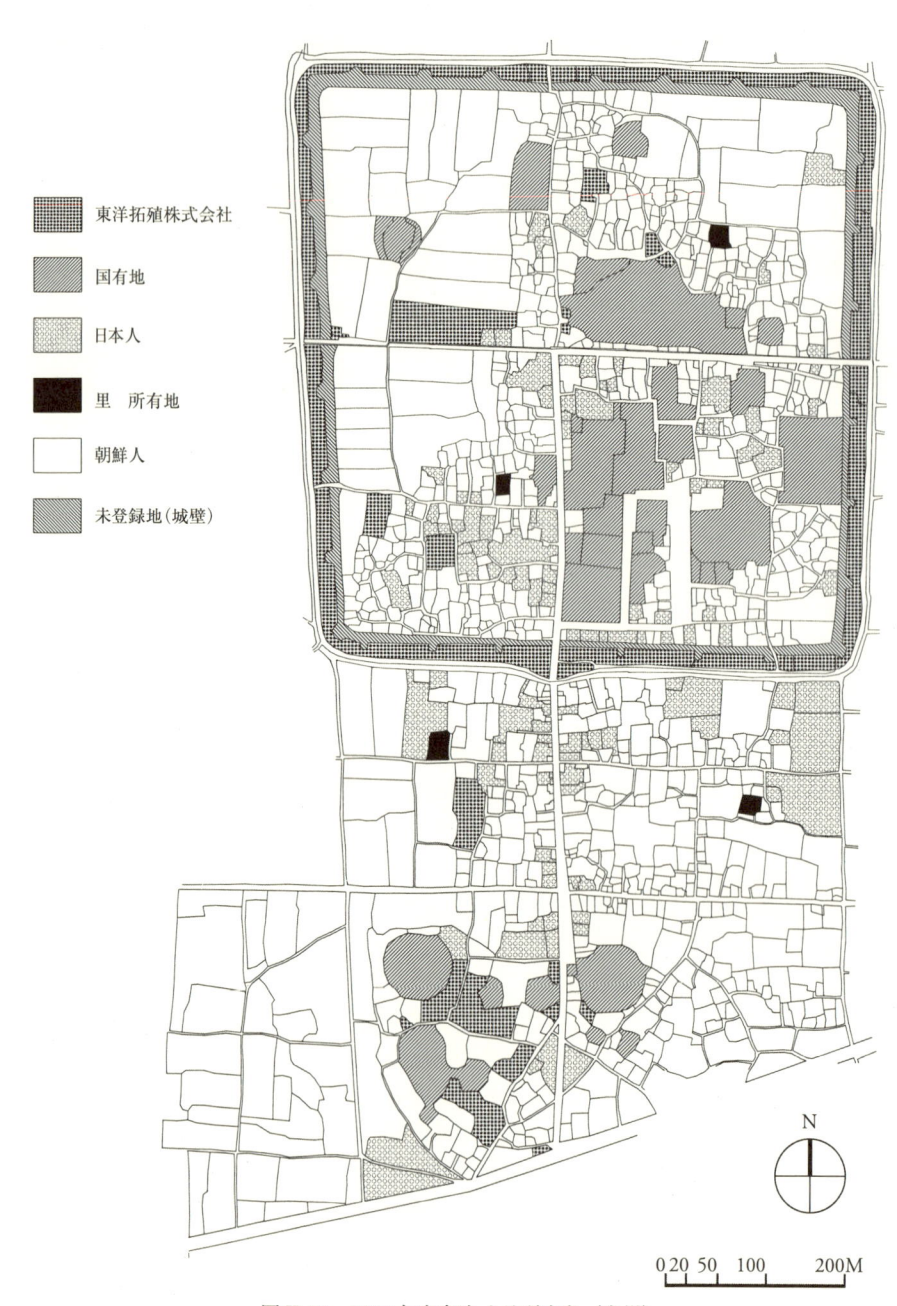

- 東洋拓殖株式会社
- 国有地
- 日本人
- 里　所有地
- 朝鮮人
- 未登録地（城壁）

図Ⅱ-21　1912年査定時 土地所有者（慶州）

4-2 査定時の土地所有状況

　邑城の内部[636]地区の査定時における所有者別面積を分析し，図 II-21 および表 II-12 に示した．この表の面積には，城壁部分と道路や路地，濠のそれは含まれていない．

国有地

　国有地[637]の分布をみると，邑城の城壁内部の東部里に集中していることが明らかである．この土地は全てが宅地であり，朝鮮時代の「客舎」，府衙（東軒）をはじめとする官庁が密集した地区である．この他，城内には西部里に3筆，北部里に大小6筆の国有地が確認される．西部里のそれは，朝鮮時代の「監獄」「養武堂」などの跡地であり，北部里のそれは「集慶殿碑閣」「主鎮庁」の跡地である．

　北部里で，最も大きい土地は「裨補藪」の跡地で，この時期には「雑種地」となっている．「裨補」は，その言葉通り，風水思想をもとにしたもので，本来の「裨補藪」は邑を助け，足りないところを補うためにつくられ，守られてきた場所であった．こうした場所も国有地となり，「雑種地」とされ，後には日本人の子供が通う「慶州尋常小学校」の敷地となる．この上地の北辺に接しているのは，「池」であったが，家畜市場の敷地となった．

　この時期の国有地の特徴として次の2点を指摘出来る．

　①邑城の内側にある国有地は，池と林以外の敷地はほとんど朝鮮時代の役所の跡地である（図 II-17）．

　②邑城外部の国有地は全てが地目上は「林」となっているが，実際には古墳である．

　朝鮮時代の官庁所有地は，第1期の時点で邑城内部における全敷地面積の25.2%に達しており，いかに邑城が行政的な性格を強くもっていたかが分かる．筆数は全体の4.4%に過ぎず，一筆あたりの面積は大きい．国有地の平均面積は約592坪で，特に「客舎」，府衙，府司など，かつての主要機関ほど規模は大きい．

　図 II-17 に見るように，諸行政機関の跡地は，植民地統治機関である郡庁，警察署，法院支院，面事務所，郵便局などの敷地として転用されている．

　里所有地は，東部里を除いた4箇所の里に見えるが，現在の「洞事務所」[638]の前身

---

636) 邑城の内部とは，城壁外側の濠の部分までを意味する．行政的境界も堀の外側の道となっている．慶州邑城は，高麗時代より存在し，戦前の考古学的調査報告書や地図，写真，紀行文などからそのあり様が窺われる．大正の初期までは南側の城門は存在していた．城壁は部分ごとに撤去時期が異なり，昭和の初期まで存在したと思われる．現在も東側城壁の一部約100mが残っている．
637) 朝鮮総督府の所有地であり，当時の日本帝国の所有地である．
638) 韓国では，日本の市や区の下に洞という行政単位がある．洞は独自の庁舎を持ち，おもに住民

表 II-12　1912 年査定時の邑城内部の土地所有者別筆数および面積

(単位：坪)

		面　積	比　率	筆地数	比　率	平　均
私有地	朝鮮人	25753	49	412	78.3	62.5
	日本人	6860	13	72	13.7	95.3
	小　計	32613	62	484	92	67.4
国・公有地	国	13270	25.2	23	4.4	577
	東拓	6463	12.3	17	3.2	380.2
	里	270	0.5	2	0.4	135
	小　計	20003	38	42	8	476.3
総　計		52616	100%	526	100%	100

※調査対象地域の中で面積が最も大きいのは邑城内部北部里 116 番地の雑種地— 3296 坪
※査定日：・東部里—大正元年 1 月 21 日から大正 2 年 9 月 7 日まで
　　　　　・西部里—明治 45 年 7 月 9 日から大正元年 10 月 22 日まで
　　　　　・北部里—大正元年 1 月 22 日から大正 2 年 8 月 15 日まで
　　　　　・路東里—大正元年 8 月 20 日から 10 月 20 日まで
　　　　　・路西里—明治 45 年 7 月 28 日から大正元年 10 月 22 日まで
※邑城内部の全体筆地に占める敷地の比率：
　　　　　・数— 526／657 ＝ 80％
　　　　　・面積— 52616／101407 ＝ 51.9％
※全体面積に道路の面積は含まれていない
※全体面積に城壁部分の面積は含まれていない
※城壁外側の「隍」部分の面積は含まれている

と考えられる．すなわち，西部里所有の敷地は西部洞[639]の事務所となっている．城東洞事務所も同様である．この城東洞の土地は「月城老星所」の敷地となっており，現在残っている伝統様式の建物には，1796 年に書かれた[640]「月城首洞社」という篇額が軒下にかけられている．調査によれば，里有地には伝統様式の建物があって，同社という呼称で呼ばれる末端行政単位として，または自治機関として機能していた．私有地や国有地とは異なる共有地の存在が認められていたのである．

「東洋拓殖会社」所有地

　朝鮮時代には既に土地の私有権が認められていた[641]ので，城壁と濠との間にある

　　　　　登録関係，地方税の収納，予備軍関係の業務を行っている．
639)　洞には行政運営洞と法定洞の 2 種類がある．この西部里は法定洞で，独自の庁舎を持っておらず，行政運営洞である城内洞に属している．邑城の内部地区にあたる東部洞，西部洞，北部洞がつまり城内洞である．
640)　「崇禎紀元後三丙辰書」と書いてある．
641)　慎鏞廈 (1991)，再版序文 p. IV, V, p. 16.

隍が100％「東洋拓殖会社」[642]所有地となっているのを見ると，ここは本来私有が認められていなかったと推測される．大韓帝国は「東洋拓殖会社」に土地を現物として出資しているのである．それ以外にも「東洋拓殖会社」は，朝鮮時代の役所の跡地などを持っており，邑城の内部の土地だけでもほぼ国有地に匹敵する面積の土地を所有している（図II-22）．

日本人所有地

　日本人は明治44年12月末現在，慶州郡府内面には136戸408人が居住していた[643]．日本人1人あるいは1世帯が複数筆の土地を所有する場合もあると思われるが，仮に1世帯1筆所有とみると，城内所在の日本人所有敷地72筆は，府内面の全戸数の約53％に相当することになる．そして，調査対象地全体の土地を見ると123筆であり，この地区に，府内面の16個里に居住している136戸のうち，約90％が土地を持っていることが分かる．

　また，当時朝鮮半島に渡ってきた一般の日本人は，商業を主な生活の手段[644]としており，土地の賃貸は大地主であった「東洋拓殖会社」が主に担当していたので，土地を所有していたということはそこで居住していたと考えられる．

　日本人所有の宅地は，城内外を問わずに最大面積敷地，最小面積敷地，平均面積ともに朝鮮人のそれを大きく上回っている．最小宅地は14坪，最大宅地は562坪であった．邑城内部の日本人所有宅地の平均面積を見てみると，85.3坪で朝鮮人のそれより約37％も広い．

　日本人所有地は邑城内部の国有地，つまり官庁の周辺や西部里，鐘路[645]沿いに主に分布しており，これは当時の在朝鮮日本人が主に官吏，もしくは商業を主な職業としていたことと関係があると考えられる．日本人所有の土地が，全体敷地面積と筆数の13％程度にとどまっているにもかかわらず，日本人所有の全筆数108筆の約58％にあたる，城内34筆・城外25筆の合計59筆が幹線道路に面していた．これは商業に有利な土地を日本人が既にこの時期に確保していたことを示している．

---

642) 日本の法律に基づき1908年に朝鮮で設立された，農業拓殖を主とする植民地統治のための国策会社．土地買収，移民事業，拓殖資金供給，土地改良などを行った．黒瀬郁二（2003）など．
643) 朝鮮総督府（1913），第29表「主要市街地現在戸口」，p. 45．
644) 朝鮮総督府（1924），pp. 38-42の職業別戸口表をみると，大正11年末現在の，慶州が所属する慶尚北道で商業・交通業を営んでいる日本人は，六項目の職業グループ8706戸のうち，約40％にあたる3471戸となっている．
645) この名前は，朝鮮正祖（1777-1800）代に描かれたと見える「慶州邑城全図」で確認される．路東里，路西里という名称は鐘路の東と西にある里の意味である．また，この鐘路が朝鮮総督府発行の地形図では「本町通り」と表記されている．これが戦前の慶州では唯一の日本式の地名であった．現在は「鳳凰路」と呼ばれている．

第 II 章
慶州邑城

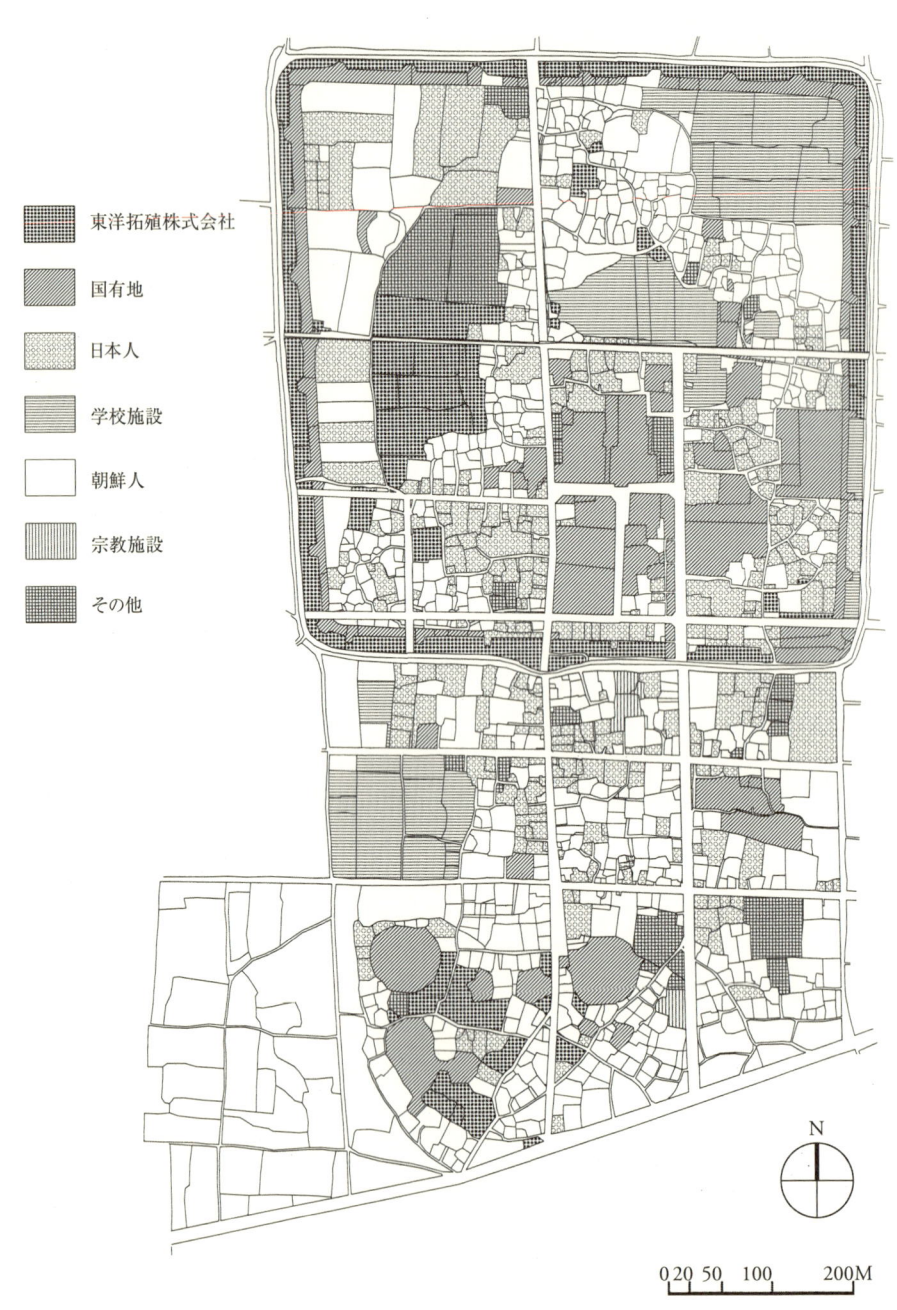

凡例:
- 東洋拓殖株式會社
- 国有地
- 日本人
- 学校施設
- 朝鮮人
- 宗教施設
- その他

図 II-22　1945 年 8 月 15 日現在の土地所有者（慶州）

朝鮮人所有地

(1) 一般的傾向

　朝鮮時代には商業がそれほど発達していなかった．慶州郡の中心であり，全国に5箇所しかない「府」であった慶州郡の府内面に，常設の店舗が登場するのは1897年[646]である．朝鮮時代には商業面でのメリットがなかったため，道路に面した宅地割も不規則で，その面積も道路の裏側より道路に面した方が狭い．砂ほこりや騒音で環境のわるい道路沿いよりは，路地裏の方がより良い住宅地として好まれていたと考えられる．

　邑城を核とした町の中心部に居住していたのは，そのほとんどが何らかの形で「官庁」との関係を持った人びとであった．彼らは，経済的に，身分的に役所に隷属されており，中央政権の地方における支配の中心である邑城とその周辺に居住していたと見られる．こうした住民は，役所での使役や官庁の土地の小作，官庁用の品物の製作などに従事した人たちであると推測される．小規模の藁葺の住宅または，切妻様式の瓦葺き住宅に居住したと考えられ，当然所有地もその宅地に限定されていたと思われる．邑城内部の朝鮮人宅地の最小は4坪であり，その平均は62.45坪である．

(2) 姓氏

　慶州は，その歴史について簡単に触れたように，新羅時代からそれぞれの時代の支配階層であったとされるいくつかの有力氏族が町の支配を行ってきた．また，邑城を中心とした周辺の農村部には同族集落が分布しており，有力家門がそれぞれの集落を支配してきた．いわゆる「両班」である支配家門は，婚姻や祭祀を通じて慶州郡全体の支配体制を維持してきたことも，以上に触れたところである．

　しかし，邑城を中心にした支配構造は，所有地分布からははっきりしない．慶州に住んでいる住民の中で，その人数が最も多い金氏所有の宅地を調べてみたが，氏族ごとに固まって居住する傾向は見られない．ただ，北部里と西部里，路西里の一部地域に集団的所有の傾向が窺われる．

　1930年の調査[647]によると，当時の慶州面における朝鮮人世帯の26％を占める965世帯が「金」氏である．また，同じ資料によると，慶州の有力氏族六つの占める割合が，全体の81％にも上っている．しかし，邑城を中心とする所有地の分布にその多さは必ずしも確認出来ない．

(3) 不在地主

　東部里では，同じ城内の別の里に居住する人が所有する土地が，宅地3筆125坪，城外のものが所有しているのは，宅地14筆875坪，田2筆132坪が確認された．宅

---

646) 慶州郡 (1929)，p. 15.
647) 善生永助 (1934)，pp. 125-131.

地のみを城外の人が所有する面積は，城内の別の里に居住する人が所有する土地の7倍である．東部里には，慶州の最有力家門で，大地主である校洞の崔浚が所有している宅地2筆121坪も確認出来た．これは孫がいう「両班は……勢力のあるものは邑内に連絡所の機能を持つ別邸を構えていた場合がある」[648]との説に符合している．また，邑城の中で唯一，「金泉面」と「大邱」に居住している日本人所有の宅地が東部里にあり，それぞれ32坪と62坪である．

西部里にある不在地主所有の土地は，宅地が2筆143坪，田が41筆1万6989坪である．このうち，田は33筆1万4720坪が邑城の外に居住している者の所有となっており，西部里全体の田面積の約59％が城外不在地主の所有である．北部里も9筆4175坪の田が城外不在地主の所有となっており，邑城全体で，宅地1556坪，田2万3540坪も城外に居住する地主の所有である．このことは，邑城内部にある朝鮮人所有全体畑面積3万4877坪の67.5％に達する．反対に，城内の地主が所有している城外の土地は，路東里全部と路西里の一部を対象にしてみた限りは，宅地と田がそれぞれ1筆ずつ合計455坪に過ぎない．このことは，邑城内部に居住する人びとの経済事情を示している．一種の聖なる場所である邑城の内部に居住する人びとよりも，その外部に住んでいる者が城内の土地を所有していることは，城内に居住する人びとの身分の方が低いということを物語っている．農業を経済的基盤としながら身分制度によって維持されてきた朝鮮社会の一面である．

4-3 里別土地所有形態

邑城内部

(1) 東部里

1) 所有者

　東部里には，査定時点で213筆2万7515坪の土地があったが，その43％以上が国有地で，宅地の比率が非常に高い．慶州邑城の中で，最も市街化されていたのが東部里である．1万1824坪の国有宅地の平均面積は591.2坪で，1筆当たりの規模はきわめて大きい．これらの敷地には，慶州客舎「東京館」をはじめとした「東軒」の一勝閣およびその附属舎，「府司」「営繕」「郷庁」「作庁」などの機関が立地していた．

　1894年以来の改革による変化はあったものの，植民地時代になるまでは，機関の体制や施設に大きな変化はなかったと見られる．しかし，日韓合併が実施されると，郡庁・面事務所・法院支庁・警察署などの役所と慶州神社や本願寺布教所のような宗

---

648) 孫禎睦（1984），pp. 325-326.

教施設，普通学校のような教育施設がこれらの敷地に立地するようになった．

また，道路が新設または拡幅され，1925年まで国有地として土地台帳に登録されなかった「城壁」が撤去されると，国有地の面積に変化が現れる．国有地は2期までは減少し，以降は増加している．「面」の所有地は，最初見られないが，面事務所の設立によって「東洋拓殖会社」の所有地が面有地へと所有権が移転されている．会社などの所有地は2期から現れ始め，金融機関所有地と学校組合所有地も現れる．

最も大きな変化は日本人所有の土地に見ることが出来る．日本人の土地は，査定段階には33筆3061坪に過ぎなかった．しかし，植民地となって間もない1911年に，中心部の土地をこれほど日本人が所有していたことは注目される．なぜなら，韓国併合の条約（「韓国併合に関する条約」，1910年）が発効するまでは，外国人による土地所有は不法であった[649]からである．

日本人個人の所有地は年々増え続け，終戦時点では105筆8464坪にまで達した．査定時から筆数で70筆（219%），面積は5257坪（175%）も増加したこととなる．東部里全体筆数の42.7%，面積の28.4%を占めるに至るのである．反対に，朝鮮人の土地は査定段階の147筆8253坪から，終戦の時点には67筆3523坪となり，それぞれ50%そして53%減少している．この傾向から，主として朝鮮人所有の宅地が日本人所有となっていったのが分かる．里全体で33筆（15%）増加したのは，道路の開設による小規模の宅地の増加によるものであり，面積の増加は城壁の跡地が国有地として新たに登録されたのが原因である

2) 規模

東部里の宅地を広さごとにグルーピングしてみた．その結果，10坪以下の宅地の増加数が最も多いことが分かった．道路開設の結果，元の土地から取り残された残余地が発生したためである．次に増加率の高いのは，501坪以上1000坪までの大きさの宅地である．このグループの宅地は，「客舎」・府衙・府司など1000坪以上の規模を持つものの土地分割が主な増加の原因である．3番目に増加率の高い201坪以上500坪までの土地は，「客舎」の南北両方に見られる日本人所有土地の合併が原因としてあげられる．最も筆数の多い宅地は，31以上60坪までのものである．その筆数は，査定時より時点ごとに56，66，49，57筆と最も多い．

東部里の宅地の増減にみる特徴は，以上のように，道路の開設に伴う残余地の発生による10坪以下の小規模宅地の増加，合併による大型土地の増加，1000坪以上の朝鮮時代役所敷地の分割による大型土地の増加などである．ただ，朝鮮時代に既にほぼ宅地化されていたため，全体的に宅地の増加率はそれほど高くない．

---

649) 慎鏞廈（1991），p.21.

(2) 西部里

1) 所有者

　西部里は城内で最も面積が広く，全土地に占める農地の比率も査定時において一番高い．朝鮮時代には，監獄や養武堂などの「武班」と関係のある施設が3，4箇所あっただけで，主に宅地と農地があったと見られる．

　植民地時代の変化として最も大きいのは，日本人所有土地の増加と郡農会や畜産組合のような団体の所有地の急激な増加である．日本人所有の宅地が増加した原因としては，慶州に赴任してきた日本人官吏のための官舎の存在があげられる．また，在慶州日本人の経営する旅館が植民地化前後から立地していたことも理由と考えられる．

　所有者別に査定期と終戦日を比較すると，国有地は宅地が27％の333坪，農地が2400坪増加している．これは，東部里と同じように城壁跡地の開墾登録によるものである．「東洋拓殖会社」所有の土地については，総面積の変化は見られず，農地の宅地への地目変更が見られる．終戦段階には筆数が増加するが，これは城の「隍」部分，つまり城壁と濠の間にある土地の分割が原因である．

　日本人所有の宅地は，査定期の34筆から終戦段階には78筆と129％増加している．面積も2588坪，66％増加している．また，農地は115坪から5820坪へと急激な増加をみせ，日本人による旧城内の土地所有が一気に進んだことが分かる．一方の朝鮮人所有の宅地は，筆数は18筆，13％増えているが，面積は1410坪，16％も減少している．これは，朝鮮人所有宅地が小規模化したことを示している．査定時に既に西部里居住日本人の平均敷地面積115.8坪を大幅に下回る60.6坪規模であった朝鮮人の宅地がさらに小さくなったのである．

　全体として，土地面積は3％の増加にとどまっているが，筆数は査定時の256筆より102筆も増加し，40％の増加率となっている．面積の増加は城壁の開墾登録によるものだが，筆数はもとからあった西部里北側の大型土地の田圃が分割されたのが原因である．

2) 規模

　分析の結果，60坪以下の宅地と，201坪以上500坪までの宅地の増加傾向が目立つ．土地査定時と終戦段階を対象に宅地筆数を比較すると，10坪以下の宅地は13倍も増加している．この大部分は，邑城内部の「＋」字型幹線道路のうち，中心から北門方向へ延びる道路の直線化工事によって発生した残余地が宅地化したものである．11-30坪のグループの終戦時における筆数は査定期のほぼ2倍，31-60坪のグループは1.5倍増加している．この傾向は，農地面積が宅地面積より1.75倍も多かった西部里土地で宅地化が進んだことを示している．

(3) 北部里
1) 所有者

　全体的に最も著しい変化は，国有地の面積が減少したことと，1925年から終戦段階にかけて大幅に増加した教育関連機関所有の土地である．北部里の南側，東部里との境目にあった大規模な敷地は，朝鮮時代の「裨補藪」であり，その北西側に接している人の肝臓のような形の土地は，「한당」(ハンタン)と呼ばれた池であった．これらは元来国有地であったが，その後家畜市場となり，終戦段階になって小学校の敷地となる．

　北部里には，全土地に占める朝鮮人所有地の比率が高い．ここで生活している朝鮮人住民は，身分的にも経済的にも東部里と西部里の住民よりは独立性が高かったと推測される．なぜなら，宅地所有にみる変化が少なく，日本人による土地所有も少ないからである．すなわち，既にこの地域には朝鮮人住民のコミュニティが形成されており，日本人住民の進出出来る余地がなかったと推測される．

　しかし，朝鮮人所有土地も終戦時点になると，宅地の筆数はわずかながら増えたものの面積は1170坪，12%も減少している．また，農地の減少はさらに大きく，筆数は半分以下，面積はほぼ3分の1まで減少している．この農地の急激な減少は，里の北東部の土地が「郡学校費」所有地として1938年に買収されたことによる．また，金融機関所有地も終戦段階には出現している．

　里全体では宅地の数は増加したが，農地は減少しており宅地化が進んだことを示している．里全体で11%，2966坪の土地が増加したのは，同じように，城壁跡地の開墾登録が原因である．

2) 規模別

　査定時から増加傾向にあるのは，10坪以下，31-60坪，61-100坪の宅地グループおよび201坪以上の大型宅地である．10坪以下の宅地の増加は，西部里と同様，道路の直線化により生じたものである．201坪を越える大型土地の筆数が増加したのは，「裨補藪」と「東洋拓殖会社」所有の「隍」部分の宅地分割が原因である．北部里も全体的に宅地化の傾向が見られる．

邑城外部
(1) 路東里
1) 所有者

　路東里は路西里と旧慶州邑城の南門から南に延びる道路を挟んで向かい合って位置している．両里の間を通るこの道路は，これに面した路東里側に有名な「奉徳寺」の鐘閣があったため，朝鮮時代には「鐘路」と呼ばれた．里名の由来は，それぞれこの鐘路の東西に位置したからであるが，植民地時代になるとこの通りは「本町通り」と呼ばれた．

路東里の所有者別土地規模で特徴的なのは，やはり日本人と朝鮮人の所有地の変化である．朝鮮人所有の宅地は査定時から終戦段階までの間に42筆，23％が増加している．また，宅地面積も査定時の1676坪から終戦段階には1910坪へ11％増加している．その反面，農地は同じ期間に66筆から9筆へと減り，面積も1万2101坪減少したことが確認出来る．

日本人所有の宅地は，同じ期間に筆数はほぼ4倍，面積も2倍以上増えている．日本人の農地は減少していることをあわせて考えても，日本人による朝鮮人土地の浸食が認められる．

全体的に宅地の筆数が増加して市街地化が進行し，1925年からは，「慶州興業」をはじめとする「慶州醸造」，「東洋製陶」などの会社もしくは工場が立地している．1932年に出来た市場とともに，土地合併による大型土地をこれらの会社が所有し，中心部の宅地としては最も大きいものとなる．

路東里に存在する国有地は，主に「鳳凰台」と呼ばれるものを含めて古墳がほとんどである．この「鳳凰台」の西側に接して「本町通り」に面している土地は，「総督府博物館慶州分館」に1914年に移転されるまでの「奉徳寺」の鐘が保管されていた「鐘閣」があった場所である．

2) 規模

査定期と終戦段階を比較すると，路東里では，全グループの宅地が一貫して増加したことが分かる．査定時から終戦段階までの間，常に多数を占めているのは宅地規模31-60坪の土地である．10坪以下の宅地と501坪以上の宅地のような中心から離れたものを除いては，このグループの宅地が増加率も高いことが分かる．

(2) 路西里

1) 所有者

路西里にある国有地も，ほとんどが古墳である．また，「東洋拓殖会社」の土地が古墳の周囲に多く見られる．旧韓国政府が土地を供出してこの会社に出資した経緯を考えると，朝鮮時代には私有が認められていなかったと推測される．

名前から中国人と見られる1人を含めた日本人所有宅地は，査定段階から終戦段階まで36筆，200％増加し，面積は終戦時点で146％が増加し4797坪となっている．日本人の土地は筆数と面積ともに常に増加しているのが分かる．また，日本人所有の農地およびその他の土地は，面積は減少し，その規模は2184坪である．しかし，筆数は7で査定段階と終戦段階との間に変化は見られない．

朝鮮人の土地は，全体的に3期（1935年2月）までの段階までは筆数が減り続け，面積も増えなかったが，終戦段階になると筆数も面積も急に増えている．終戦時点では査定段階より宅地が36％増加し121筆，面積も24％が増加し1万657坪となった．

しかし，一方農地を含むその他の土地が8774坪も減少しており，宅地の増加分2057坪をこの数字から引くと，6717坪もの土地が減少したことが明らかとなる．

里全体の土地をみると，査定段階から終戦段階まで宅地は1万938坪の78％が増加したのに対して，農地などその他の土地を含めると逆に28坪が減少したことになる．これは，道路拡幅による土地損失と宅地化が進んだことによる．

2) 規模

路西里も上記の路東里と同じく全宅地グループに筆数の増加傾向がみられる．しかし，路東里と異なる点は，1筆当たりの宅地規模が大きいことである．査定時には101-200坪規模の比較的大型の宅地の数が最も多い．しかし，1935年以後は61-100坪規模の宅地が最多数を占めるようになる．

全体的に宅地の増加傾向は，1935年から終戦段階の間に見られ，この時期に路西里の宅地化が最も進んだものと見られる．

4-4 日本人所有地と朝鮮人所有地

(1) 宅地

最後に，全体をまとめるために，日本人所有地と朝鮮人所有地を比較してみよう．まずは，宅地についてみる (表II-13)

城内の朝鮮人所有の宅地は，査定段階には412筆で2万5710坪であった．これが終戦段階になると，369筆の1万9177坪へと筆・面積ともに減少した．査定段階と終戦段階の朝鮮人所有宅地の平均面積をこれらの数字より求めると，それぞれ62坪と，52坪となる．平均面積が10坪の16％も減少したことが分かる．

日本人所有の宅地は，査定段階には72筆の7364坪の土地を所有していたに過ぎなかった．しかし，これが終戦段階になると，201筆の1万5825坪に膨れ上がり，それぞれ179％と115％が増加したこととなる．朝鮮人の宅地と同じく，平均面積を査定段階と終戦段階のそれぞれから求めると，85坪と79坪になる．終戦段階の平均面積は査定段階より6坪が減少したものの，それでも朝鮮人の宅地よりは27坪，66％も広い宅地を所有していたこととなる．しかし，日本人宅地の平均面積が大きいのは，西部里にある「朝日旅館」「柴田旅館」など大型敷地を持つ一般住居用の宅地ではないものが含まれていたためで，実際には上記数字より接近していると見られる．

城外の路東里と路西里について見てみよう．まず，日本人所有地は査定段階の場合，路東里は18筆の1798坪，路西里は18筆の1953坪であった．これが，終戦段階には路東里と路西里がそれぞれ89筆の5677坪，54筆4797坪となり，筆数は394％，200％増加し，面積は216％，146％増加している．

朝鮮人の所有地は，査定段階に路東里が184筆の6760坪，路西里が89筆の8600

第 II 章

慶州邑城

表 II-13　査定時の土地所有者別筆数および面積

		東部里		西部里		北部里		邑城内全体	
		全土地	敷 地	全土地	敷 地	全土地	敷 地	全土地	敷 地
国有地	筆地数	21	20	3	2	6	1	30	23
	面 積	11,887	11,824	1,860	1,211	4,123	235	17,870	13,270
	平 均	566	591.2	620	605.5	687.2	235	1,873.2	1,431.7
東洋拓殖	筆地数	12	7	10	4	9	6	31	17
	面 積	4,314	1,983	7,598	3,298	3,528	1,182	15,440	6,463
	平 均	359.5	283.3	759.8	824.5	392	197	1,511.3	1,304.8
朝鮮人	筆 地	147	133	206	142	166	137	519	412
	面 積	8,253	7,449	33,528	8,612	18,806	9,649	60,587	25,710
	最 大		246		136		144		
	平 均	56.1	56.0	162.8	60.6	113.3	70.4	116.7	62.4
	最 小		4		6		6		
日本人	筆地数	33	32	36	34	7	6	76	72
	面 積	3,061	3,003	4,052	3,937	818	424	7,931	7,364
	最 大		321		562		200		
	平 均	92.8	92.8	112.6	115.8	116.9	70.7	103.1	85.3
	最 小		27		14		20		
里有地	筆地数	0	0	1	1	1	1	2	2
	面 積	0	0	108	108	162	162	270	270
	平 均	0	0	108	108	162	162	270	270
全体	筆地数	213	192	256	183	189	151	658	526
	面 積	27,515	24,259	47,146	17,166	27,437	11,652	102,098	53,077
	平 均	129.2	126.3	184.2	93.8	145.2	77.2	155.2	100.9

坪であった．終戦段階の路東里は，226筆の1万8670坪となり，査定期より23％，12％それぞれ増加した．終戦期の路西里は121筆1万0657坪となり，34％，24％の増加となっている．

　朝鮮人と日本人それぞれの平均面積は，日本人所有地は路東里の場合が査定段階100坪，終戦段階が64坪となる．同じ時期の路西里は109坪，89坪であり，路東里のそれより査定段階，終戦段階ともに大きいのが分かる．朝鮮人所有地は，査定段階は路東里と路西里がそれぞれ91坪，97坪であったが，終戦段階には83坪，88坪と減少しており，日本人宅地と同じ傾向を見せている．しかし，いずれの平均面積も日本人の方が広い．双方ともに平均面積が減少したのは，市街化が進むに連れ大型宅地の分割が行われた結果である．

平均面積をみると，城内より城外の方が日本人，朝鮮人ともに広い．特に，面積の差の大きい朝鮮人の場合は，城内外の朝鮮人の身分と経済力の相違の表れと考えられる．

(2) 土地所有の面積（表 II-14）

全体の土地所有をみると状況は少し変わってくる．第1に，邑城内部の三つの里における日本人所有地は，査定段階には 76 筆，7931 坪があった．これが終戦段階には 213 筆，2 万 1849 坪となる．137 筆，180％増加しており，面積は 1 万 3918 坪，175％増えている．その反面，朝鮮人所有地をみると，査定段階の 519 筆から終戦段階には 409 筆となり 21％減少している．また，面積は査定段階の 6 万 587 坪が終戦段階には 3 万 431 坪となり，ほぼ 5 割も減少している．

この数字は，朝鮮人所有宅地の減少率 25％の 2 倍になり，城内における朝鮮人が押し出される傾向がはっきりみられる．終戦時点における旧邑城の全体面積[650] 10 万 8799 坪のおよそ 28％のみが朝鮮人所有に過ぎなくなったのである（表 II-14）．

一方城外は，路東里の場合，日本人所有地が査定段階には 23 筆，面積が 5541 坪であった．これが終戦段階には 94 筆 7596 坪となり，それぞれ 39％，37％増加している．路西里は，25 筆 5094 坪から 61 筆 5754 坪となっている．筆数は，144％増加しているけれど，面積は 660 坪 13％の増加にとどまっている．終戦段階では，日本人所有の農地などが大幅に宅地へと地目が変わり，この時期に宅地化が進んだことを示しているのである．

朝鮮人所有地は，城内と同じように，路東里が査定段階の 250 筆から終戦段階の 235 筆へと 6％，同じく面積は 3 万 1772 坪から 2 万 1581 坪へと 32％減少している．宅地は筆数も面積も増加しているが，農地などの宅地への転用以外に日本人や他の法人に所有権が移転されたことが分かる．路西里も同じ傾向を見せているが，筆数だけは 8％が増えている．しかし，面積は同じく 6717 坪，32％減少しているのである．

以上のように，城外地区も，宅地化が進んだ地域の場合は，城内ほどではないにしても朝鮮人所有地の減少は顕著である．しかし，城内と異なる点は，全体の土地は減少しているが宅地面積とその筆数は増加しており，日本人と同じように朝鮮人居住者もこの地域には増え続けたことである．

1935 年になると，「客舎」敷地にあった朝鮮人の子供が通う普通学校は城外に移転され，郡役所が新築移転されると同時に，「東京館」は正殿のみが郡庁舎の北側に残される．同じ時期に城外の方へ移された市場とともに普通学校が旧邑城の城外へ移されると，城内にはもはや朝鮮人のための空間は消滅することになるのである．

慶州邑城とその周辺部における土地所有について時代を追って見ることによって，

---

650) 城壁外側の濠と城壁の間の「隍」部分も含まれている．しかし，道路面積は含まれていない．

第 II 章

慶州邑城

表 II-14　所有者別土地の面積変化

		城内			城外					
					路東里			路西里		
		1期	4期	増　減	1期	4期	増　減	1期	4期	増　減
日本人	筆数	76	213	+137 (180%)	23	94	+71 (309%)	25	61	+36 (144%)
	面積	7,931	21,849	+13,918 (175%)	5,541	7,596	+2,055 (37%)	5,094	5,754	+660 (13%)
	平均	104	103		241	81		204	94	
朝鮮人	筆数	519	409	-110 (-21%)	250	235	-15 (-6%)	119	129	+10 (8%)
	面積	60,587	30,431	-30,156 (-50%)	31,772	21,581	-1,091 (-32%)	20,993	14,276	-6,717 (-32%)
	平均	117	74		127	92		176	111	

※（　）の中は増減の数字である
出典：韓三建（1993）

　日本人は植民統治の開始以前に，朝鮮人より広い宅地を得て，邑城の城壁の中で生活していたことが明らかとなった．日本人所有の土地はここで調査対象とした五つの里に，慶州郡府内面に居住している日本人世帯数の約90％に相当する123筆もあったのである．つまり，日本人は慶州郡の中心地区に，集中して土地を所有していたのである．また，その日本人所有全敷地数の58％ほどが幹線道路に面していたことも明らかになった．さらに，
　①朝鮮時代の官庁所有地は，分析時点でも全敷地面積の25.2％（筆地数4.4％）で，いかにも「邑城」が行政的な性格が強かったのが窺われる．
　②城壁と堀との間にある隍は100％「東洋拓殖会社」所有であるのを見ると，ここは本来私有が認められていなかったと推測される．
　③慶州邑城内部の私有地の敷地平均面積は，67.4坪である．
　④日本人所有の敷地は，城内外を問わずに朝鮮人のそれより最大面積敷地，最小面積敷地，平均面積ともに大きい（城内の私有敷地の平均面積は30％）．
　⑤しかし，またこの時点では城内の日本人所有の土地が，全体敷地面積と筆地数の13％程度にとどまっているため，特別な傾向は見当らない．
　といったことが見て取れる．
　邑城内部の東部里は朝鮮時代の役所の密集地らしく，国有地が最も広く分布していた．この土地は終戦までほとんど所有者が変わらなかった．これらの国有敷地には，郡庁舎，警察署，法院支庁，官舎などが立地し朝鮮時代の施設を再利用していた．こ

のように官庁が1箇所に密集しているのは，韓国の伝統的都市の一つの特徴である．

その反面，邑城の外側では，地目が「林」となっている古墳のみが国有地となっていた．

しかし，東部里における日本人の所有土地は，植民地時代をだいたい10年おきの4段階に分けた分析時期からみると，比例的に増加していった．反対に朝鮮人の土地は減少傾向を見せていた．終戦時点では，査定時の朝鮮人が所有していた旧邑城内土地の5割が減少し，邑城内における朝鮮人押し出しの現象が明らかになった．

査定段階の不在地主についてみると，邑城の外側に居住している人が城内の「田」を所有しているのが分かった．城内の西部里の「田」は，全面積の50%以上が城外住民の所有となっていた．反対に，城内の住民が持っていた城外の土地は路東里と路西里の一部地域に限ってみると，わずかに2筆の150坪に過ぎなかった．このことは，1912年の邑城の中に居住していた朝鮮人住民の経済事情を窺わせる一つの根拠となる．

また，時期が下がるに連れ，日本人地主の出現が見られた．城内外の田圃は，学校の敷地として使われているのが見られた．城内でも，朝鮮人が密集して居住していた北部里では，日本人所有地の増加はそれほど見られなかった．しかし，城外の路東里と路西里は宅地化が進み，終戦の段階でほぼ完了されていた．この地域では，全体的な朝鮮人所有土地面積は減少していたが，宅地は面積が増加していた．農地の宅地化は城内と同じだが，日本人・朝鮮人両方の共存が見られるのは城内とは異なる現象であった．

II-5　慶州—新羅と植民地遺産の挟間で

韓国における都市の中で，特に地方都市の大部分は朝鮮時代まで維持されてきた「邑城」を基本にして発展してきたものが多い．本章では，朝鮮時代の500年間を従二品の「府尹」が政務する，全国に五つある「府」として存在してきた「慶州」を取り上げ，その都市空間の変容について考察してきた．慶州には，朝鮮の前の時代である高麗の初期に築城された「邑城」が，日本による植民地時代まで存在していた．

朝鮮時代の地方統治構造を見ると，各府・郡・県の庁舎所在地は「邑治」と呼ばれ，中央から派遣された「守令」が政務を執っていた．郡県のほぼ半分の「邑治」には慶州のように「邑城」があった．「邑治」と「邑城」の周辺部および農村部は，それぞれ地元勢力の「郷吏」や同族集落を支配する著名「両班」氏族が掌握していた．朝鮮王朝

は，おもに農業生産を基盤にし，国民を「両班」「中人」「常人」「賤人」に分けた身分制度と儒学の「性理学」によって国を統治し，仏教などの宗教や商業を否定する政策を一貫して維持した．結果的に，地方の中心都市である「邑城」には，商店街も登場せず，寺院などの宗教施設も立地したことがなかった．

「邑城」には地方統治のための施設のみが集中しており，住民もこれらの施設に務める身分の低い階層が大多数を占めていた．「邑城」に居住しながら「守令」と地元住民の中間関係に立ち，地方官庁の実務を担当していた「郷吏」階層でさえ，本来は「邑城」の中では居住することが許されなかった．「邑城」の城門は，毎日決まった時刻に開閉され，用のない人びとの出入りを禁止していた．また，僧侶などの「賤民」は「邑城」への出入りが許されていなかった．朝鮮末期の慶州邑城の光景を撮影した写真に，城門の前に，聖なる場所の入り口に建てる「紅箭門」が建てられているのを見ても，「邑城」は精神的な意味でもヒエラルキー的に区別された場所であったことが分かる．

朝鮮時代の都市，つまり「邑城」とその周辺に立地していた都市施設は，儒教思想に基づく形式化を表現するものであった．商業施設などの空間は，儒教思想によって排除されたため発展出来ず，儒教関係以外の宗教施設も立地することは不可能であった．朝鮮時代の地方都市には，儒教的価値観と世界観を持った知識人の「士大夫」ら自身のための空間のみが存在していたのである．

特に，注目するのは，既往の研究によっても明白であるが，朝鮮の地方統治の仕組みと，全国の「邑城」の都市構造が統一されていた点である．冒頭に慶州を取り上げるいくつかの理由をあげたが，朝鮮半島で最も早い時期に「邑城」が成立し，行政的地位も高く，城壁のプランが四角形の典型的な「邑城」都市であることがその大きな理由である．

朝鮮時代の地方都市，つまり「邑城」や統治施設が集中する地区は，空間的に中央の直接的な支配下に置かれていた．このことは，政治体制が変わることで空洞化する可能性を常に持っていることを意味する．いわゆるドーナツ現象が起こりうる．たとえば，日本による植民地支配が始まると，空洞化した「邑城」の内部に，それまでの朝鮮人官吏に代わって，日本人官吏が入ってくることになったのである．官庁に務めていた「邑城」内の住民も失業者となり，他の職をもとめて「邑城」を去って行ったのである．

本章では，大韓帝国が日本帝国の保護国化となった時期から第2次世界大戦の終戦までの市区改正や市街地計画など建築活動についても触れた．これらの事業は主に日本人が集中して居住する有数の「邑」クラス以上の市街地で集中的に実施され，慶州をはじめとするその他のほとんどの「邑」や「面」ではわずかな道路開設にとどまっている．建築活動も「朝鮮総督府」による官庁などの新・改築が中心であり，関心外に置かれていた朝鮮時代の庁舎は取り壊されて行った．その根拠とされたのは，明治末

に数次にわたって実施された関野貞らによる古建築調査と等級判定であることを指摘した.

　植民地時代,足を一歩「邑城」の外に運ぶと,「邑城」周辺部には朝鮮時代のままの状況が続いていた. 王朝が住民を教化し, 王権の強化を狙って実施してきた祭祀制度は, 日本の影響下に行われた1894年以降の改革によって撤廃されたが, 地域社会には祭祀制度がそのまま残されていたのである. 最も重要視された現時の王に対する「客舎」での「望厥礼」が撤廃され,「客舎」の機能が停止した. そして,「邑城」の外郭部に設けられていた「社稷壇」「厲壇」「城隍壇」と, そこで行われていた祭祀が撤廃された. にもかかわらず, 住民たちが行ってきた「崇恵殿」,「崇信殿」,「崇徳殿」,「文廟」, 各種の「書院」での祭祀と, 各家門での祭祀は制度改革後も維持されたのである.「朝鮮総督府」は, 地域の実質的な支配者である「両班」家を優遇し, 彼らの協力によって支配を貫徹するために, これらの祭祀に国費を補助するなど奨励していった. この措置によって, 韓国における「両班」イデオロギーはますます強化されたのである. 戦前の「朝鮮総督府」による祭祀に対する補助と優遇措置は, 今日にみるますます盛んな祭祀活動に少なからず寄与したと思われる.

　「両班」家の祭祀施設は, 慶州の中心部にあるわけではない. 特に,「邑城」の内部には現時点も家廟は一つも存在しない. これは,「邑城」内の住民の身分的特性と,「邑城」そのものの性格を端的に表している.

　祭祀施設の分布に着目すると, 朝鮮時代の同心円的都市構造が見えてくるのである. そして, 指摘しておかなければならないのは, このような祭祀施設間の序列化である. そうした現況を, 朝鮮時代の後期に成立し, 植民地時代にも絶えず行われてきた慶州一円の祭祀施設のうち, 慶州を本貫とする「金」氏の廟である「崇恵殿」と「味鄒王陵」での祭祀を通じて, また, 周辺農村部に居住する慶州崔氏家門の「書院」である龍山書院での祭祀に触れながら, これらの廟や「書院」における日常的な管理についても考察を加えた. 市街地の内外を問わず, 文化財級の建造物に, これらの廟や「書院」の占める割合は極端に高い. しかし, 廟での祭祀は「金」氏家門の全国的規模の祭に終わり, 地元の他姓氏との交流は見当たらない. 農村部の「書院」でも事情は同じで, 一般人に対しては閉じられている.

　1906年以来の「統監部」による支配とともに日本人の慶州入植が始まり, 神社をはじめとする本願寺布教所などの宗教施設が建ち始めた. それまで, 町の中心部にはなかった教育施設も旧邑城の中やその周辺地域に立地した. 注目されるのは, 朝鮮人学校がはやくも1925年には旧邑城の内部から外の方へ押し出されたのに対して, 日本人の小学校は邑城の内側に立地していたことである. 国有地や朝鮮時代の官庁を再利用していた植民地時代の役所の立地とともに, その周辺に立地し始めた日本人による商店街の形成も, 都心部の日本化をますます促進させた. 特に, 慶州のように半径

200mほどの狭い区域に官庁が集団的に立地するのは，韓国にみる都市構造の一つの特徴である．

そして，現在のような慶州の観光都市としての性格も，植民地時代に形成されていた点について論じた．1902年に実施された東京帝国大学助教授の関野貞による韓国建築調査による「報告書」の刊行は，日露戦争以降の日本人の大陸進出ブームにあわせ，慶州を日本国内に紹介することになる．1909年には石窟庵の存在が明らかになり，以来，慶州は多くの注目を受けるようになった．1909年より始まった度重なる統監や総督の慶州訪問と韓日両国の皇族の訪問，そして1922年の「金冠塚」の発掘は，慶州の存在を一気にアピールした．1910年から組織されていた「慶州新羅会」は，1913年に「慶州古跡保存会」となり，彼らは京城の「総督府博物館」の開館と同じ時期に「慶州遺物陳列館」を設立させた．この陳列館は，金冠の発掘とともに「総督府博物館慶州分館」へと昇格する．このような遺跡保存活動は，地元住民の寄付金と努力によって行われてきた．

戦前の韓国における古建築保存の全責任は「朝鮮総督府」にあった．何故なら，上で述べてきた通り，朝鮮人は徹底的に排除した上で彼らの判断によってのみ，あるものは撤去し，また，あるものは保存してきたからである．

また，本章では慶州郡の中で，旧邑城とその周辺部を対象にし，土地台帳と地籍図をもとに考察を行った．邑城内部の東部里は朝鮮時代の役所の密集地らしく，国有地が最も広く分布していた．この土地は終戦までほとんど所有者が変わらなかった．国有地には，郡庁舎，警察署，法院支庁，官舎などが立地し朝鮮時代の施設を再利用した．一方，邑城の外側では，地目が「林」の古墳のみが国有地であった．

東部里における日本人の所有土地は，植民地時代の全期間において大きく増加した．それに対して朝鮮人の土地は大幅に減少した．終戦時点では，査定時に朝鮮人が所有していた旧邑城内土地の5割が減少し，邑城内に居住していた朝鮮人の半数が押し出されたことが明らかになった．

査定段階の不在地主についてみると，邑城の外側に居住している人が城内の「田」を所有していた．城内の西部里の「田」は，全面積の50％以上が城外住民の所有となっていた．反対に，城内の住民が持っていた城外の土地は路東里と路西里の一部地域に限ってみると，わずかに2筆の150坪に過ぎない．このことは，1912年の邑城の中に居住していた朝鮮人住民の経済事情を窺わせる．

また，時期が下がるに連れ，日本人地主の出現が見られる．城内でも，朝鮮人が密集して居住していた北部里には，日本人所有地の増加はそれほど見られない．しかし，城外の路東里と路西里は宅地化が進み，終戦の段階でほぼ全てが宅地化される．ここでは，全体的な朝鮮人所有土地面積は減少していたが，宅地は面積が増加している．農地の宅地化の趨勢は城内と同じであるが，日本人・朝鮮人両方の共存が見られるの

である.

　朝鮮時代・植民地時代を問わずに，邑城内は中央権力の支配領域であった．そのシンボルとなるものが，朝鮮時代の「客舎」「東軒」であり，植民地時代の「神社」「郡庁」「警察署」である．特に注目されるのは，中央による統治に協力する代わりに自分たちの利益を認めてもらう「両班」の存在である．朝鮮末期に増えた「両班」のうち，経済力を持っていたものは植民地時代の土地調査事業によって地主の座に復帰し，植民地権力の保護のもとで「祭祀」を行い続けることで，彼らの利益とアイデンテイテイを維持したのである．

　邑城の内部は，朝鮮時代には「地方における中央」であり，植民地時代には「韓国における日本」であった．

Appendix 1　慶州の地域祭礼

　ここでは，行論の関係で，本文で紹介することの出来なかった，現代の慶州における地域祭礼について，詳しく紹介したい．

1 | 龍山書院の祭祀と地域コミュニティ

　本文で述べたように，現在の「書院」も，親族意識の強い韓国社会，中でも農村部ではコミュニティの中心的な役割を果たしている．地域に住む親族は，共通の祖先を祭る祭祀を通じたコミュニティ空間として「書院」を利用しているのである．

　慶尚北道慶州市内南面伊助里にある龍山書院は貞武公崔震立（1568-1636年）を享祀する「書院」である．1669年に創建され，その翌年に廟宇が出来，位牌が奉安された．さらに2年後には講堂および南・北斎が建てられ，講堂を敏古堂，両夾室を興仁斎・明義斎とし，南斎を好徳斎，北斎を游藝斎，門を植綱門とした．権大規などの陳情疏によって1711年に「崇烈祠宇」という廟額を王より受けた．この時，慶州の儒林が院号を「龍山書院」と定めている．その後，1870年に国の命令により書院は撤廃され，1903年にはその跡地に壇を設けた（図A1-1）．

　現在では，崇烈祠宇，講堂，内外門と庫舎が残っている．庫舎は国令による撤廃以前の建物らしく，その他の「書院」の建物は講堂に掛けられている扁額を見ると，1973年に復元されたことが分かる．慶州と彦陽を結ぶ地方道路より「書院」に向かう道の左側には1740年に建てられた碑閣がある[651]．

　建物は，講堂の敏古堂が入母屋だが，それ以外は全て切妻屋根である．その配置は傾斜の敷地に，正門にあたる植綱門と講堂と祠堂の崇烈祠宇が軸線上に置かれている．講堂と正門の間には向かい合って南斎と北斎が配置されていたと思われる．講堂の「マル」は，祭祀の時「夜話」や「分定」「飲福」などが行われる場所であり，「オンドル」部屋の興仁斎と明義斎は献官や祭官が泊まる場所である．講堂は間口5間×奥行2間規模の二翼工式建物で円柱を使っている．

651）慶尚北道・東国大学校新羅文化研究所（1986），pp. 300-301.

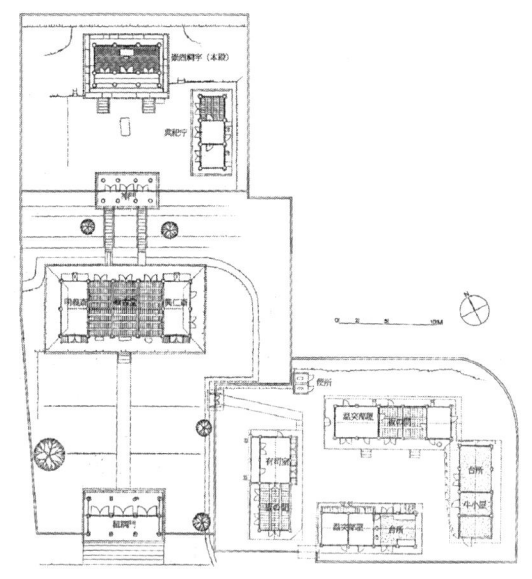

図A1-1　龍山書院配置図（韓三建（1993））

高い基壇の上に乗っているため堂々たる感じを与える．
　講堂の後ろにはさらに階段を上がったところに神門が位置し，それを入ると祠堂の崇烈祠宇が正面の高い基壇上に建っている．祠堂は間口3間×1.5間の窓のない典型的な様式を見せている．正面の半間は吹放しとし，写祝や祭祀の儀礼が行われる場所として使われている．祠堂一郭の建物には，丹青と呼ばれる色が塗っており，講堂部分とは雰囲気が異なる．祠堂の中には，祭祀の時に祭需を陳べるテーブルと位版が置かれている．床面は板張りで，天井は設けられていない．
　これらの「書院」領域の東南側隣には付属屋が接している．ここには切妻の建物が4棟あり，「書院」に近い一軒は有司室として使われるが，他は管理人が居住する場所となっている．祭祀の時は祭需仕度空間へと変わる．飲食物の準備に追われる女性たちが泊まる空間でもある．
　全体的に，この「書院」は中期I形式[652]に属するが，左右の斎舎が現存せず，庫舎以外の「書院」全体が1973年に再建されたものであるので断言は出来な

---

652) 金銀重他「朝鮮時代書院建築に関する研究（I）」『大韓建築学会誌』，29巻123号，1985.4.

第 II 章
慶州邑城

い．

　本貫[653]を慶州とする崔氏の中の貞武公派の直系子孫の集まりとして「佳巌青年会」がある．この会は，郷土愛護・親睦を図ることを目的として1990年に組織された．しかし，この組織と「書院」の管理とは直接の関係はなく，庫舎に住むものが「書院」の管理を行っている．建物の補修や庭の草刈，掃除などが日常の仕事であり，享祀がある時には供え物の調理や来訪者のための食事の支度を担当したり，その他の祭祀関連の雑務をしたりしている．

　朝鮮時代に院奴と呼ばれる「賎民」階層がここで生活しながら「書院」の仕事を担当していた．彼らは身分上では「賎民」であっても，庶民より良い家に住み，地域の農民階層に対しては影響力もあったという．

　一方，日常管理の形態の一つとして焚香が行われる．これは旧暦の毎月1日と15日の午前7時から7時半まで行われる行事である．享祀と異なり，供え物はなく，有司が祠堂の中でお香を燃やすことで焚香は終わる．有司はこの日の朝，庫舎にある有司室に来室して焚香の支度を済ませた後，祠堂に向かうのである．

　これらの祭祀や「書院」の維持管理に使う費用は，氏族の共同財産である水田や畑の小作収入と成功した子孫の寄付などによって賄われている．

　この祭祀の内容は，朝鮮時代の王を祭るソウルの「宗廟」や，孔子など儒学の先賢を祭る「文廟」などのそれと基本的に同じである．しかし，その格の基準である陳設[654]の数が四邊四豆となっており，「宗廟」の「十二」，あるいは「文廟」の「八」より低いことが分かる．また，雅楽の演奏も見られない．

　享祀には慶州郡一円の門会，宗会より参加する．親戚の場合は釜山などの遠方からも参加する．最近は，祭祀参加人員の減少傾向が見られる．その原因は主に職場が慶州以外の地域にあり，祭祀の日に休暇を取ることが出来ないことにあるという．

　享祀には毎年行われる春享祀と秋享祀がある．春享祀は1月15日の会議で祭官候補を決め，「望記」という任命同意書を作成して送る．一方，秋享祀は7月15日の会議で「望記」を作成して送る．その会議の場所はここ龍山書院である．崔家のこの他の祭祀には，宗家で行う大祭（忌祭祀：12月27日）と墓で

---

653) 江守五夫・崔龍基編 (1982), p. 4. 一つの姓族が地域的に分散し，その分かれた一族の中から高官や碩学が輩出すると，それを始祖に仰ぎ，その始祖発祥の地を「本貫」という．
654) 祭祀に当たって供え物を祭卓に並べることをいう．これは陳設図に従って行われる．ここで邊は竹でつくった器であり，豆は木でつくった器である．他に真鍮で出来た器もあるが，これは数えない．

行う墓祭（10月）がある．

　こうした祭祀は現在も絶えず行われている．そして祭祀は，家門の威勢を示す機能を今尚もっている．祭祀を担当する祭官は，基本的に身分が「幼学」で，進士，学生などの儒学を勉強する「両班」階層の人びとに決められていたが，身分制度が撤廃された今日も，人びとは自分の祖先が「両班」であったことを自慢し，また「両班」の役割を果たそうとするのである．そのためには，儒教式礼儀作法に精通しなければならない．礼儀作法の基本は祭祀によって始まり，祭祀によって終わる．だからこそ人びとは，祭祀を絶えず行う．他の家門から祭官を招いて自分たちのアイデンテイテイを誇示する一方，礼儀作法を学ぶのである．龍山書院の祭祀の場合は，献官3人と大祝が他の家門よりきた人物で，慶州地域で最も勢力の強い金氏の祭祀でも他姓の祭官が見られる．

　問題も少なくない．祭礼への参加者は60歳以上の高齢者だけで，若者の参加が見当たらず，これからの祭祀の維持のための大きな問題点となっている．一方，韓国の数少ない文化的遺産の中で，儒教関連の建造物 —— 主に，「両班」住宅，「書院」，廟，斎室など —— の保存の問題が大きな課題となる．

2 崇恵殿の祭礼

　本文で紹介した三殿の一つ，崇恵殿には「殿参奉」と呼ばれる者が常駐し，廟の日常的な管理[655]とともに，旧暦の毎月1日と15日に行う最も基本的で簡素な祭礼である焚香礼を主宰する．「参奉」とは朝鮮時代の官職名で，王陵の管理を主な任務とする[656]．

　焚香礼は，夜明け頃に始まる[657]．管理人が香炉を本殿の基壇の上に持って来ると，それを祭官が殿内の位牌前に，向かって左側から順次並べていく．「殿参奉」を先頭に内神門の前に整列した参奉団と祭官が，神門の右側扉より門の中へ入り，参奉団は版位の上に西向に整列する．残りの祭官は殿内に2人が，殿外西側に2人が東向に位置し，全員が位置に着いた後，「殿参奉」が盥洗位で身を清めた後，殿内に入場する．参奉は西側の味鄒王の位牌より東に進みな

---

655) 殿参奉，味鄒王陵参奉，文武王陵参奉の3人が交代で日常の管理を行う．当職者は朝五時頃起き，洗面後制服に着替えて正殿に参拝し，その周りを一周して夜の間の異常を確認する．その後，味鄒王陵，奈勿王陵，世廟を回る．

656) 『崇恵殿誌』によると，1646年より「守護官」の名で管理人が置かれ，以来83年間11人が勤務していた．その後，現在に至るまでは「参奉」が勤務している．

657) 以下の記述は，1992年の7月1日行われた焚香礼をもとにしている．

がら3回ずつ焼香した後，殿外に出て元の位置に戻る．参奉が戻ってくると，全員がそれぞれ西と東に向けて4回の拝礼を行い，「撤！」という号令とともに焚香礼は終わる．全員で反時計回りに本殿を一回りした後，祭床の上にあった蝋燭とムシロを回収し，本殿の扉を閉じる．近くにある世廟[658]での焚香礼が続いて行われ，祭祀に参加した参奉団および祭官らが崇恵殿内の参奉室に集まって挨拶を交わした後，殿の外神門の扉を閉めることで焚香礼は終わる．

崇恵殿より外へ出た「科挙」団と祭官は，野外祭祀用の小型香炉とムシロを携帯し，外神門前でマイクロバスに乗って次の場所である味鄒王陵へと向かう[659]．祭祀は崇恵殿とまったく同じである．3回香を焚いた後，4回の拝礼を終えてから陵を左回りで一回りした後，門を出る．続いて奈勿王陵と武烈王陵を回った後，崇恵殿のすぐ南側にある世廟に戻る．この間，約1時間である．

春享大祭
1) 準備[660]

祭祀の1箇月前献官を決め，「望」という任命同意書を送る．保存会の評議会が前もって開かれ，祭礼の全般にわたり討議が行われる．評議会の構成は新羅金氏宗親会員がおもなメンバーで，参奉8人，青年会員7人，保存会会員8人，各地宗親会から8人，花樹会員8人の計39人である（図A1-2）．

2) 分定

祭祀前日の午後，永育斎の「マル」で献官や祭官などが集まり，祭祀に当たって各自の任務を分ける行事である．主な祭祀担当官は既に任命されており，再確認の意味合いが強い．会合で決められたことは祭祀当日，内神門前に掲示される．

---

658) 新羅金氏の始祖である大輔公閼智を祭っている廟である．
659) この陵は現在，別の古墳とともに「古墳公園」として整備され，入場料を取るようになったため，その入口にある駐車場で車を降り，歩いて陵へ向かう．
660) 祭礼が行われた1992年3月20日（春分）とその前日の19日に常時調査員を置き，祭礼に関する事項を記録した．項目は，①廟前の広場の利用状況，②物の配置，③献官，祭官の動き，④様々な行事，活動の行われる場所の図示，⑤全行事の写真およびビデオ撮影，などである．そして，3月26日には参奉（金在範，1920.6.1生まれ）と「保存会」事務局長（金丙完，1926.12.15生まれ）を訪ねてヒアリング調査を行った．

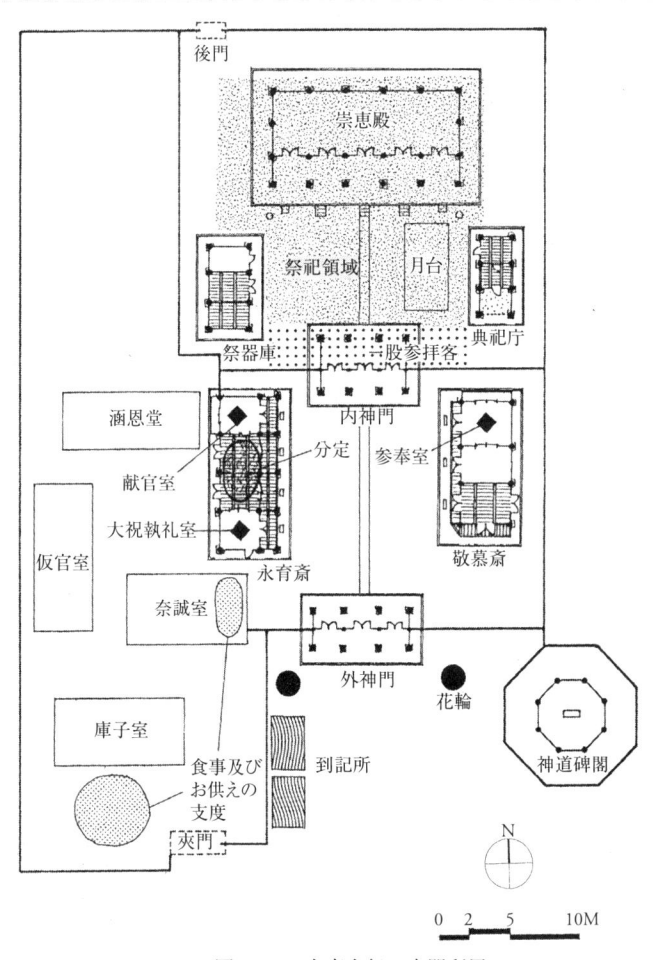

図 A1-2　春享大祭の空間利用

3) 写祝

　写祝とは祭祀に使う祝文を書く大事な行為である．祭祀当日の夜明け頃から準備が進み，祭祀に大祝を務める人が筆で祝文を書き，献官や祭官らが検討することで写祝は終わる．

4) 陳設

　陳設とは祭祀に当たって供物を祭卓に並べることをいう．これは「陳設図」

をもとにして行われる．崇恵殿の場合は左八邊右八豆で，この数字によって祭祀の規模が分かる．つまり，朝鮮時代の歴代王を祭るソウルの「宗廟」の場合は十二邊十二豆であり，「郷校」のそれは崇恵殿と同じである．一方，「郷校」のそれには奏楽と尊幣礼がないので，崇恵殿で行われる祭祀の格は中央の祭礼にはおよばないが，地方のそれの中では最も高いことが分かる．供物には生物を使うのが特徴である．一般家庭での祭祀には生物を使わない[661]．

祭祀は「笏記」[662]の記録に従い行われる．初献官，亜献官は一般的には道知事や市長などの官職にいる人が務める[663]．祭祀の手順は次の通りである．

①内神門の前に東西2列で献官や祭官らが位置する
②楽団の入場
③執礼，入場後東に向いて四拝後，洗手，笏を読み上げ始める
④初献官，殿内に，点視陳設[664]，位牌を取り出す（西から東へ進みながら），終わった後神門外へ
⑤執事全員入場，四拝，洗手後各自の位置へ．
⑥一般参拝客全員四拝
⑦献官3人入場，版位へ，四拝，謁者が行事することを願う，奏楽開始
⑧奠幣礼（初献官）：三上香，幣帛[665]を捧げる
⑨初献礼（初献官）：献爵（奏楽），讀祝（奏楽中止）
⑩亜献礼（亜献官）：献爵（奏楽）
⑪終献礼（終献官）：献爵（奏楽），開飯蓋，終献官戻った後四拝
⑫飲福礼（初献官）
⑬撤邊豆（大祝）：初献官が版位に戻った後，献官四拝
⑭望燎礼（初献官）：祝文を燃やす
⑮献官内神門出る，一般参拝客四拝，執事・執礼の順に四拝後退場，祭祀終了

祭礼は，慶州はもちろん全国各地から子孫たちが集まり壮大さをきわめる，新羅金氏一族の祖先を祀る一大行事である．祭礼は，きわめて厳格な儒教的規範のもとで執り行われ，廟の建築空間は祭礼の進行と見事に照応するものと

---

661) 祭祀の対象となる人物が生前偉い儒学者で国が認めた場合（不遷位という）には生物を使う．
662) 祭祀の時の儀式の次第を書いたもの．
663) 調査した時は，初献官は釜山宗親会の会長が，亜献官は同宗親会の副会長が，終献官は現職の殿参奉が務めた．
664) 前もって陳設を終え，実際の祭祀の時には目で確認することを示す．
665) もともとは偉い人に対する贈り物の意味である．

なっている．

3 味鄒王陵の祭礼

味鄒王陵における祭祀の総指揮は「殿参奉」，保存会の専務理事と評議会長が取る．これ以外に献官の出迎え，祭服の準備，「到記」担当，祭需準備と運搬，「陳設」担当，参拝者への給食，案内，場内整理などの各業務に分けて祭祀の準備が進められる．祭需の準備は，参奉とその家族が担当しており，買い物は保存会の事務局長が行う．

祭祀の準備にはおおよそ5日間かかり，主に祭需の準備が行われる．廟の附属舎であり，男性参拝客の宿所である「涵恩堂」で，祭需の盛りつけが参拝客の手によって行われ，同じ区域の「奈誠室」と「庫子室」では，女性たちが祭需の調理や準備を行う．祭需をはじめとする祭祀の内容は全て定められており，『崇恵殿誌』に収録されている．

それぞれの地方に「宗親会」が組織されており，団体別に貸し切りバスを使って祭祀に参加する．祭祀への参拝客は全国から約3000人にのぼる．この参拝客のために準備された弁当の予算だけでも1000万ウォンである．祭祀の諸般経費は，宗親会費，保存会，祭祀当日の「表誠金」によって賄われる．

「分定」は春の祭祀のそれと同じように「永育斎」の「マル」で行われる．祭官が集まり，有司の「開座申します」3唱があった後，一時間ほどで「罷座申します」3唱で終わる．「初献官」，「亜献官」，「終献官」と「大祝」，「執礼」の重要5役など祭祀の担当任務が決められた後，祭祀が行われる直前にその場所に掲示される．筆者が調査した1992年の祭礼では，味鄒王陵の祭祀の大祝役と執礼役を，慶州の隣にある永川市から参加している趙氏と孫氏が担当するなど，役は金氏に限らない．また，善徳王陵の祭祀を担当する献官3人はともに女性で，金氏家門に嫁入りした人たちであった．特に初献官と亜献官は在日韓国人である．献官が女性であるのは，この陵の被葬者が女王であるためである．

祭祀は「笏記」に従い行われるが，春の享礼と同じである．まず，諸執事と献官が服装を整え神門の前に整列する．ただ，殿での祭祀と異なり，陵への祭需の運搬は前もって始められ，輿を使って行われた．香，祝，白苧などの「幣」は別に祭官らが殿より陵へ向かう行列の先頭に立って運ばれる．他の祭需は祭官が陵に到着する前に並べられる．

続いて献官と諸祭官は外神門を出発し，行列が陵の門外へ到着した後，祭需

第Ⅱ章
慶州邑城

図A1-3　味鄒王陵での祭祀（撮影：韓三建）

　の陳設が完了すると蠟燭に火がつけられる．雅楽を演奏する楽団が場内に入場し，祭祀の司会を担当する執礼が場内に入り，四拝を行った後祭祀の始まりを告げる．
　門外に立っていた初献官を「謁者」が場内の「祭床」の前まで案内し，そこで初献官による「點視陳設」が行われた．再び初献官が門外のもとの位置まで戻ると，案内役を担当しているもの全員が入場し，盥の水で手を3回洗い，身を清めた後（盥水洗水），四拝を行う．この後，献官以外の祭官が入場して同じく身を清め四拝を行うと，続いて一般参拝客も四拝を行った．献官が最後に案内され入場し四拝を終えると，行事の始まりを願う儀式が行われた（図A1-3）．
　一般客の参拝は，慶州とその近所からの人びとは陵の前面西側で，その他の地方より来た人びとは東側で行う．彼らは静かに見守っていた．
　続いて，初献官による「奠幣礼」と「初献礼」，亜献官による「亜献礼」，終献官による「終献礼」が行われた．ここまでで正式な祭祀は終わり，この後は初献官の「飲福礼」と「望燎礼」が行われる．献官と諸祭官が入場の時の逆順で四拝を終えた後退場すると祭祀は全て終わった．時刻は10時40分であった．
　行事の「時程表」によると，続いて11時20分からは奈物王陵で，午後1時

30分からは善徳女王陵で，3時からは武烈王陵での祭祀が予定されていた．このうち，武烈王陵での祭祀は江陵地域からきた宗親会員が担当し，1時55分に陳設が始まり，その直後には献官も到着した．彼らはみんな一緒に参拝にきた人たちと記念撮影を楽しんでいた．

調査を行った「崇恵殿」「味鄒王陵」「龍山書院」での祭祀を見ると，祭祀を通じた両班たちの地域社会支配の傾向は明確に見られる．3人の献官，大祝，執礼の五つの役目は，自分の家門より出たものの中で出世した人物，または地域社会における儒林のメンバーの中で尊敬を受ける者が担当している．この点は朝鮮時代の地域社会の構造を表す一つの好例であると思われる．

これらの「両班」たちにとっては，祭祀は目的というよりは，むしろ祭祀によって一般庶民と区別がついた自分たちの地位と経済的な基盤を維持するための手段だったのである．彼らは，官吏の代わりに地域社会を支配し，「書院」は役所の役割も果たしていたのである．

昭和3年度に調査された慶州郡一円の儒生数をみると，郡全体で235人もいた[666]．そのうち，慶州邑には慶州崔氏6人を含む10人がいた．面単位では最も多いところが陽北面の70人，少ないのは西面の5人である．慶州邑の10人のうち，6人が崔氏であることは崔氏の影響力の一面を窺わせる．一方，人口に占める比率が最も高い慶州金氏は，儒生の中には江西面老堂里の5人しか含まれておらず，「両班」より身分の低い「郷吏」として慶州の中心部を支配してきたことが窺われる．

このような「両班」の社会的・政治的地位への配慮措置は，植民地になってからも受け継がれていった．つまり，「朝鮮総督府」は法律にも匹敵する「両班」の権威を認めることによって，植民統治をより容易にしようとしたのである．また，「東洋拓殖会社」に見られるように「両班」の土地を管理することによって，彼らの経済的地位をも保護した．

以上のような，戦前の「朝鮮総督府」による祭祀に対する補助と優遇措置は，今日にみるような盛んな祭祀活動に少なからず寄与したと思われる．そして，指摘しておかなければならないのは，このような祭祀施設同士の序列化である．このようにかつての「邑城」の外側には，地元住民中心の祭祀施設が立地し，それが地域社会の構成する基本的なシステムとして作用していたのが窺われる．

---

666) 朝鮮総督府（1934），pp. 330–332.

第Ⅲ章

韓国日本人移住漁村

「韓国併合」に先だって開始された日本人の朝鮮半島への移住の背景には，明治10年代の日本の全国的な経済不況がある．また，自然災害などを原因とする地方の農山漁村の衰退がある．移住の先駆けになったのは漁民たちである．

　「日本人移住漁村」の建設には，日本政府の強力な後押しがあった．「日本人移住漁村」は，「補助移住漁村」と「自由移住漁村」に分けられる．各府県，水産組合，「東洋拓殖会社」などによって計画的に移住が行われ，建設されたのが「補助移住漁村」であり，日本政府と「朝鮮総督府」は多大な補助と支援を行った．しかし，そうした多大な措置にもにもかかわらず，「補助移住漁村」の大半は，成果を上げることなく失敗している．

　これに対して，日本人が任意に移住，定着したのが「自由移住漁村」である．民間の漁民，商人，運搬業者などが主体となり，漁業のための生産・流通・商業の拠点として，また居住地として開発したものである．「自由移住漁村」の中には，失敗し衰退した「補助移住漁村」を引き継いだものもある．「自由移住漁村」の多くは，解放後には韓国の主要漁港として発展している．

　韓国の伝統的漁村は「主農従漁村」あるいは「半農半漁村」が多かった（図III-1）．その大半は，丘陵性山地下端部の傾斜地に位置し，居住地は自然地形に従った曲線的形態を取る．これに対して，「日本人移住漁村」は海を生活の場とする「純漁村」あるいは「主漁従農村」が大半で，漁業，流通業，商業，加工業が複合する形で発展した．居住地は，海岸道路に沿って形成され，道路幅や敷地の規模は基本的に狭く，高密度に住居が建ち並ぶ都市のような形態を取る．すなわち，「日本人移住漁村」は，朝鮮半島沿岸部に，それまでになかった居住地空間と街並み景観を持ち込むことになった（図III-2）．

　「日本人移住漁村」の居住地区に建設されたのが「日式住宅」である．本章では，「日式住宅」が密集して建ち並ぶ「日本人移住漁村」の形成過程，解放後の変容過程について明らかにする．取り上げるのは，日本植民地期の骨格と面影を残す「離れ島の移住漁村である巨文島」「沿岸部の移住漁村である九龍浦」「河口に立地する移住漁村である外羅老島」である．

第 III 章
韓国日本人移住漁村

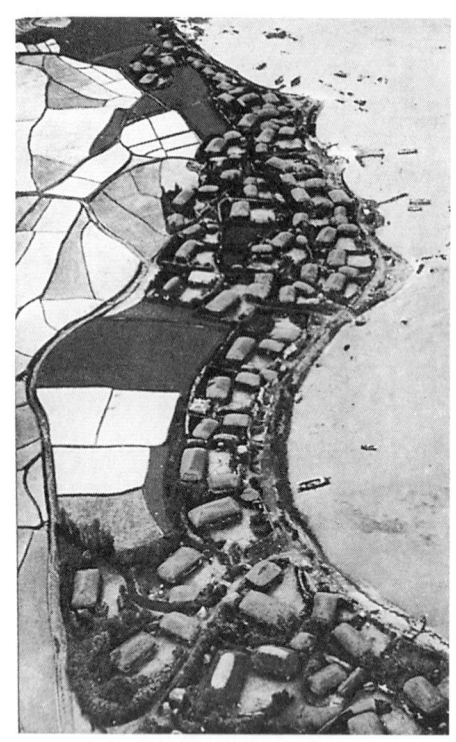

図 III-1　蔚山湾の漁村（郵便はがき，日本航空輸送株式会社）

図 III-2　釜山西部南浜海岸（釜山呉竹堂書店）

III-1　日本人移住漁村の成立と発展

1-1　日本人移住漁村成立の背景

日本漁民の朝鮮通漁と保護奨励策

　日本人の海外移住は1885年（明治18年）頃から始まる．上述のように，明治10年代の全国的な経済不況と自然災害などを背景として，農業移民および漁業移民が奨励され，日本人移住民は，主にハワイ，北アメリカ，ブラジルなどに渡った．朝鮮半島への漁業移民の場合も，背景は同様である．朝鮮半島の植民地化へ向かう流れの中で，全国的な漁業不況を打開すべく，日本政府の強力な後押しによって進められるのである．

　序章でみたように，長く鎖国（海禁）政策を採っていた朝鮮政府は，「日朝修好条規（日韓修好条規）」（1876年）によって日本に対して開国し，釜山を「開港場」として日本人の居住と通商を認めた．この段階では，一般物資の通商のみを認可したもので，通漁の自由を認めたわけではなかった．日本漁民の朝鮮沿海の通漁が正式に認可されたのは1883年7月の「在朝鮮国日本人民通商章程」が締結されてからである．1889年12月には「日朝両国通漁章程」が締結され，日本漁民の韓国近海での通漁がより円滑に行われるようになった．続いて，1890年に「日本朝鮮両国通漁規則」が公布され，日本漁船が朝鮮近海に出漁するようになる．1897年には「遠洋漁業奨励補助法」が発布され，1898年には，日本政府は農商務省水産局長を韓国へ調査のため派遣させ，その結果，府県ごとに「韓海通漁組合」（1900年）が組織されることになった．さらに「朝鮮海通漁組合連合会」（1902年）が設置され ── その本部は釜山に置かれた ── 朝鮮海水産業開発の支援機関となった．こうした日本政府の保護奨励策は，各府県においても採用され，各府県の水産試験場や漁業組合は，韓国の南海 남해（ナンヘ）へ進出するために，様々な方策を実施することになる（表III-1）．

補助移住漁村

　日本政府，各府県，水産組合，「東洋拓殖会社」の補助によって建設された移住漁村を，前述のように「補助移住漁村」という（図III-3）．

　1904年，日本政府は，ロシアとの国交を断絶し，日露戦争が勃発する（2月9日）．そして，開戦まもなく「日韓議定書」を締結する（2月23日）．さらに，「日韓協約」（第1次）を制定（8月22日），翌年それを改定，第2次「日韓協約」（乙巳条約）（11月17日）

表 III-1　日本漁民の朝鮮通魚に対する保護奨励策

時期	保護奨励策	内容
1876 年	日朝修好条規（日韓修好条規）	釜山を開港場をとして日本人の居住・通商を認める（韓国開港）
1883 年 7 月	在朝鮮国日本人民通商章程	日本漁民の朝鮮沿海の通漁を正式に認める
1889 年 12 月	日本・朝鮮両国通漁章程	日本漁民の韓国近海の通漁がより円滑になる
1890 年	日本朝鮮両国通魚規則	日本漁船が朝鮮近海に本格的に出漁
1897 年	遠洋漁業奨励補助法	農相務省水産局長を韓国へ調査派遣
1900 年	–	韓海通漁組合を組織（各府県別）・朝鮮海通漁組合連合会を設置
1902 年	–	
1904 年 2 月	日韓議定書	20 年間の期限で忠清・黄海・平安の 3 道の通漁ができるようになる
1908 年 10 月	日韓漁業協定	「韓国通漁法」と「漁業法施行細則」（「補助移住漁村」）の基盤となる
1908 年 11 月	韓国通漁法・漁業法施行細則	日本漁民の韓半島の定着と通漁がより有利にできるように支援する装置となる

に調印して，「韓国統監府」および理事庁官制公布，1906 年 2 月 1 日に「統監府」を開庁する．初代の統監は伊藤博文である．

そして，1908 年 10 月に「日韓漁業協定」が結ばれ，11 月には「韓国通漁法」と「漁業法施行細則」が制定・発布される．この協定・法・細則は，日本漁民の朝鮮半島への定着と通漁をより有利に促進することを目的とするものであり，韓国内に「補助移住漁村」を形成させる制度的枠組みとなる．「補助移住漁村」の建設が本格的に開始されるのは「日韓漁業協定」が締結された 1908 年前後である．吉田敬市によれば，「補助移住漁村」を建設する背景には次のような理由があった[667]．

①これまでの日本漁村の韓海通漁は往復に多くの日数が必要であり，遭難などの危険があったこと．

②日本国内の人口増加，資本主義的経済発展による植民的移住熱が高まったこと．

③日本の大陸政策の立場で，朝鮮への移住漁村の建設は必要不可欠であったこと．

④ 1908 年に「漁業法」を発布し，この漁業法による漁業権の免許，許可は韓国内居住者に限られたこと．

実際，日本政府は「日韓漁業協定」の締結と「韓国漁業法」の制定に遡ること 4 年前の 1904 年 12 月に農商務省の技師下啓助と同技手山脇宗次を韓国に派遣し，韓国の水産事情を精密に調査させている．この 2 人はその翌年 4 月に「韓国水産業調査報告」をまとめ，政府に上申しているのである．

その報告書は，「将来，永遠の利益を増進し，彼我の利益を享有するためには，

---

[667] 吉田敬市（1954），pp. 247-248.

1

日本人移住漁村の成立と発展

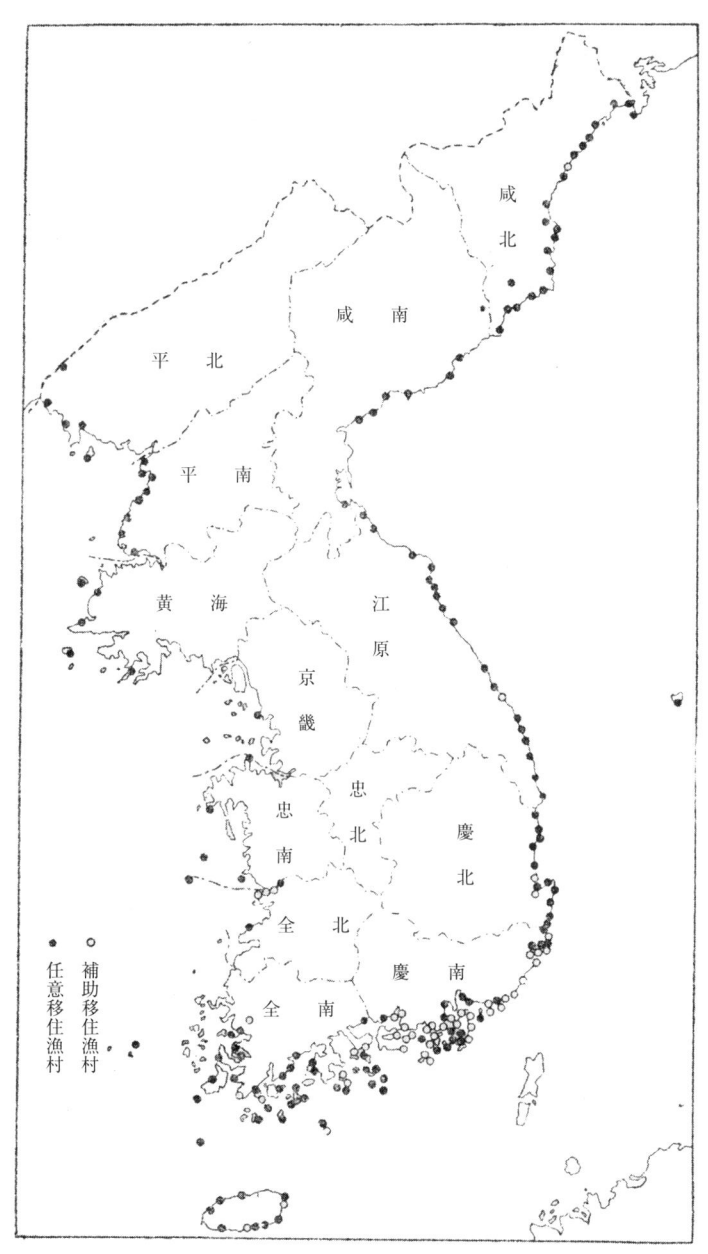

図 III-3　日本人移住漁村の分布（吉田敬市（1954））

229

……（中略）……移住漁村を建設するしか方法がない」と述べ，次のように主張している[668]。

(1) 移住民を奨励し，韓国の各地に日本人集落を形成すること．
(2) 韓国沿海に日本漁村を組織し，漁民に随時韓国の風習に慣れるようにするとともに韓国民を我々の国風に同化させるように努力する．
(3) 前2項の目的を果たすため，次のような方法を取る．
　①政府が漁業根拠地を設置する．
　②監督者をおき，各地から移住して来る漁民を整理し，秩序ある漁村を形成する．
　③根拠地は漁業のための「開市場」として扱い，日本船舶の出入を自由にする．
　④韓国移住を希望する府県の単位を統一し，その団結を図る．
　⑤前各項の目的を果たすため，中央政府および府県は相当な費用を支出する．
(4) 政府は財政の都合により多額の経費を支出することが出来ない場合，少なくとも次のような施設はつくる必要がある．
　①大きい船舶を使用し，専門技術者を乗船させ，潮流・底質などの漁場の状況と水族の種類・分布などを調査させ，この内容を公示し，一般の方針を決めること．
　②通漁者および移住民の組合を結成すること．
　③移住者における監督および業務の指導をすること．

日本中央政府の水産担当官吏が，日本漁民が出漁を活発に行っていた朝鮮半島の東海岸および南海岸の主要漁場と魚市場を調査した結果，移住漁村の設定の必要性とその具体的な施設の経営方針などを提示したのが以上の報告書で，以降，「日本人移住漁村」経営における最高の指針となった[669]。

「補助移住漁村」はその経営主体によって，各府県の経営，「朝鮮水産組合」の経営，「東洋拓殖会社」の経営の三つに分けられるが，その大半は各府県による経営であった．

府県経営の「補助移住漁村」の場合，以下のような手順が採られた．まず，移住根拠地が決定され，土地購入や漁業権の獲得が行われる．続いて，漁舎・事務所を建設する．漁舎・事務所の建設と同時に，移住漁民を募集・選考する．そして，選考した移住魚民に渡船費あるいはそれ相当の現物を支給して移住させる．一方，各府県は水産試験場と水産組合に朝鮮半島沿岸部の漁場調査を実施させ，移住者の指導を行わせた．特に九州地方の長崎・熊本・福岡，中国地方の山口・広島・岡山，そして四国地方の香川・愛媛の各県が最も移住を奨励している（表Ⅲ-2）．そして，1897年から1919年までの約20年間に，府県，「朝鮮水産組合」「東洋拓殖会社」併せて約40の「補

---

668) 孫禎睦（1996），pp. 438-439．
669) 吉田敬市（1954），pp. 250-251．

表 III-2　府・県別通漁および移住漁村の建設奨励費

府・県	奨励費支出額 1910年以前（単位：圓）	1911年（単位：圓）	保護奨励方法
長　崎	1904年以降．年額 1,440-31,129	2,950	(甲)，(乙)
佐　賀	1901年以降．年額 1,000-6,100	7,600	(乙)
熊　本	1896年以降．年額 305-7,357	3,200	(甲)，(乙)
鹿児島	1901年以降．年額 1,125-8,800	10,010	(甲)，(乙)
宮　崎	1905年以降．年額 940-1,200	560	(甲)，(丙)
大　分	1898年以降．年額 480-6,000	6,000	(乙)，(丙)
福　岡	1897年以降．年額 2,000-24,800	7,600	(甲)，(乙)
愛　媛	1896年以降．年額 1,000-6,800	6,800	(乙)
香　川	1895年以降．年額 35-5,600	2,212	(甲)，(乙)
徳　島	1899年以降．年額 1,800-2,000	2,000	(甲)
山　口	1899年以降．年額 300-10,000	8,796	(甲)，(乙)
広　島	1909年以降．年額 0-1,300	2,000	(甲)
岡　山	1905年以降．年額 900-4,800	4,800	(乙)
兵　庫	1907年以降．年額 650-3,951	976	(甲)，(乙)
島　根	1906年以降．年額 1,000-4,800	6,750	(甲)，(乙)
鳥　取	1903年以降．年額 1,500-5,000	2,000	(甲)
京　都	1902年以降．年額 1,500-4,000	1,650	(丙)
大　阪	1895年以降．年額 550-1,300	150	(甲)
和歌山	1904年以降．年額 70-750	−	(甲)
高　知	1906年以降．年額 2,000-9,360	9,360	(乙)
愛　知	1904年以降．年額 200-1,000	1,000	(甲)，(乙)
千　葉	1906年以降．年額 5,000-7,000	9,990	(乙)
石　川	1909年以降．年額 550-5,500		(甲)，(乙)
富　山	1909年以降．年額 1,000-2,000	2,000	定置漁業
福　井	1906年以降．年額 774-2,580	2,550	(乙)
計		100,954	

※：(甲) は通漁，(乙) は移住漁村，(丙) は漁具改良
出典：朝鮮新聞社発行，朝鮮南発展史（1912.2）；吉田敬市（1954），pp. 256-257；孫禎睦（1996），p. 443

助移住漁村」が建設され，1000余戸に上る日本漁民が移住することになった．
　こうした「補助移住漁村」が持つ共通の性格を整理すると，次のようである．
　①各府県により計画的に行われた移民であり，日本政府と「朝鮮総督府」からの多くの補助と支援があった．
　②移住した漁民は，主に日本の南西地方，すなわち中国・四国・九州地方の漁民であり，その移住漁村の大半が朝鮮半島の南海岸に立地する．
　③村落当り，移住民の数は 20-30 戸程度で少なく，経営は零細であった．
　④移住漁村の名称をつけるに当たって，韓国の古来の地名を用いず，出身地の府県名や日本人監督者・管理者の名前などを用いている．

⑤ごく少数の例外があるが，ほとんどの「補助移住漁村」は，その成果を上げずに失敗している．

その失敗の原因を列挙すると，①移住漁民の選定の誤り，②漁業資金の不足，③移住地選定の誤りと施設面の不備，④官庁並びに移住漁村経営者の施策の欠陥，⑤指導者（監理者）の不在，⑥漁獲物処理施設の不備，⑦朝鮮人漁業者の台頭，⑧移住漁村の生業転換と漁民子弟の離村，⑨移住漁村経営のための準備不足などである．

自由移住漁村

「自由移住漁村」というのは，日本人が任意に朝鮮半島各地に移住して住み着いて形成された漁村をいう．こうした「自由移住漁村」は，計画性を持っていた「補助移住漁村」とは，その成立動機，機構，発展過程などにおいてまったく異なる．そして，「補助移住漁村」の移住民の大半が漁民であったのに対して，「自由移住漁村」の場合，漁民のみではなく，運搬業者や一般商人が漁港に定着し，漁業に転業した人も含まれている．ただ，「補助移住漁村」のほとんどが失敗したことにも関わって，「自由移住漁村」といっても様々なケースがある．

吉田敬市は「自由移住漁村」を次のように分類している[670]．

(1) 通漁者が任意に移住して定着した漁村：大部分の漁村

(2) 制限付き許可移住漁村：鎮南浦

(3) 補助・自由の両移民混在漁村

　①最初は「補助移住漁村」であったが，「自由移住漁村」に変わった漁村：蔚珍郡竹辺

　②最初は「自由移住漁村」であったが，「補助移住漁村」に変わった漁村：郡山，統営，巨文島

　③元は②であったが，再び「自由移住漁村」に変わった漁村：方魚津，巨済島一運面

(4) 水産物の製造にため立地した漁村：済州島，黒山島，外羅老島

(5) 個人経営の移住漁村：蔚山郡西生面新岩

日本の漁民や水産業者の自由移住定着は，1870年代末の釜山の影島を皮切りに，済州島，元山，仁川，羅老島，郡山，大黒山島，木浦，鎮南浦，馬山・統営などにおいて行われる．また，東海（日本海）沿岸の方魚津，浦項，甘浦，九龍浦などは1900年代に入ってから移住定着が行われる．東海北方の江原道の注文津・長箭，咸鏡道の清津，雄基，西水羅には，1910年代に入ってから移住定着が行われる．東海北方への移住が遅れたのは，海岸線の地形上の特殊性，すなわち断層海岸地形であるため，

---

670) 吉田敬市 (1954), pp. 267-271.

湾曲が少なく，港湾の建設がしにくかったからである．前述のように，「補助移住漁村」のほとんどが失敗する一方，「自由移住漁村」の大半は成功する[671]．移住が自分の意志であり，覚悟において根本的な差異があり，また資金面でも個別的な能力の面でも差があったからだとされる．

1-2 漁業の近代化と主要漁港

漁業の近代化―漁具・漁船・漁港の発達

　韓国の漁港が本格的に形成され発達していくのは1920年代以降で，その大きな要因に日本人漁民の移住がある．日本人漁民は朝鮮半島の全沿海に散在して，性能のいい漁具と漁法によって，また近代的漁業経営を通じて漁場を独占するようになる．それに対して韓国人も効率的な漁具，漁法を導入したり，日本漁船を直接購入したりして，互いに競争しながら共存するようになる．

　しかし1910年代以前には，漁港としての機能を充分に備えた漁港，漁村はきわめて少なかった．1910年の「朝鮮総督府」『統計年報』の「主要市街地の現住戸口表」によると，市街地を形成していたのは，麗水，法聖浦，統営，方漁津，長生浦，長承浦など9箇所だけである．1910年代まで漁港としての発展をみなかったのは，日本人，韓国人とも定着者が少なかったことがその原因であるが，それ以外にも次のような理由があった．

　一つは，漁具・漁船の未発達による水産業の零細性である．吉田敬市によると，漁船の場合，「1907年末現在，朝鮮における漁船の数は朝鮮型9070隻[672]，日本型3015隻である．しかし，1920年代に入って漁船改良を行った結果，朝鮮型は1.5倍，日本型は4倍に増加した．また，日本型の所有状況からみると，日本人が5500隻，朝鮮人が6200隻となり，朝鮮人の所有船数が逆に増加した．」[673]という．これから10年代における漁船の普及事情が分かる．この時期の漁船の大半は無動力船であり，動力船が普及するのは1919年からである（表III-3）．

　日本に近代的造船術が導入されるのは1850年以降である．オランダから11名の技術者を招いてその指導を受けている．また，1880年代にはフランスの海軍造船所から多数の技術者と職工を招聘して近代的な造船所を建設している．さらに，近代的な漁具である巾着網がアメリカから導入されたのは1880年代の後半である．

　第2には，港湾施設整備の遅れがある．韓国の各港湾に防波堤，停泊地のように近

---

671) 孫禎睦（1996），pp. 454-455.
672) 朝鮮半島沿岸においては，漁船はきわめて未発達で，丸木舟に近いもの，筏舟，自然木の叉木に底板をつけたものが大正半ばまで用いられているような状況であった．
673) 吉田敬市（1954），pp. 283.

第III章
韓国日本人移住漁村

表III-3　日本植民地期の漁船数　　　　　　　　　　　（単位：隻）

区分	計	無動力船			登簿船	動力船			計
		不登簿船				計	発動機船	汽船	
		伝来型	改良型	その他					
1911年	13,204	9,170	3,015	839	−	−	−	−	13,024
1912年	13,284	9,624	3,602	58	−	−	−	−	13,284
1913年	17,401	11,373	5,955	73	−	−	−	−	17,401
1914年	20,054	11,649	5,875	2,530	−	−	−	−	20,054
1915年	20,299	13,166	6,889	244	−	−	−	−	20,299
1916年	20,891	12,673	7,801	417	−	−	−	−	20,891
1917年	22,344	12,794	9,290	260	−	−	−	−	22,344
1918年	24,486	13,873	10,308	305	−	−	−	−	24,486
1919年	25,631	13,927	11,420	284	−	10	10	−	25,641
1920年	26,199	14,157	11,758	284	−	43	43	−	26,242
1921年	27,469	14,672	12,483	314	−	44	44	−	27,513
1922年	27,765	15,315	12,150	300	−	64	64	−	27,829
1923年	29,020	15,877	12,845	298	−	123	123	−	29,143
1924年	31,105	16,446	14,331	328	−	236	236	−	31,341
1925年	31,026	16,365	14,275	386	−	286	286	−	31,312
1926年	32,620	17,099	15,199	322	−	387	387	−	33,007
1927年	34,173	17,846	15,923	404	−	464	464	−	34,637
1928年	35,789	18,636	16,661	501	−	543	543	−	36,341
1929年	37,471	19,232	17,742	497	−	822	822	−	38,293
1930年	38,042	19,410	17,980	652	−	990	990	−	39,032
1931年	38,919	19,786	18,434	514	185	1,055	1,055	−	39,974
1932年	39,548	19,723	19,240	410	175	1,097	1,094	3	40,645
1933年	39,563	19,385	19,516	412	250	1,165	1,165	−	40,728
1934年	41,833	19,715	21,596	418	104	1,323	1,323	−	43,156
1935年	46,448	20,335	25,564	477	72	1,410	1,410	−	47,858
1936年	47,210	20,708	25,955	458	89	2,015	2,015	−	49,225
1937年	48,971	20,410	28,030	469	62	2,548	2,548	−	51,519
1938年	53,201	19,147	33,574	420	60	2,682	2,681	1	55,883
1939年	54,528	19,779	34,349	347	53	2,718	2,717	1	57,246
1940年	56,034	20,104	35,560	321	49	2,851	2,850	1	58,885

注：ここで扱った漁船は，漁業あるいは養殖業に従事する船舶のみである．
出典：「朝鮮総督府統計年報」，吉田敬市（1957），p. 309；孫禎睦（1996），p. 458

代的な港湾施設が築造され始めるのは「自由移住漁村」がつくられ出して以降の1912年頃である[674]。「朝鮮総督府」の土木課が主体となって毎年1000-2000円の費用をかけて，年間3-4箇所の港湾調査が行われた．1920年までに調査が行われたのは42箇所で，「朝鮮総督府」は，こうした調査を基にして1920年代後半まで約32箇所，1930年代前半までに18箇所の漁港を築港，修築している．初期に建設された防波堤は規模が小さく，きわめて簡便なものであったが，1930年代に入るとより大規模で，堅固なものとなる．当時，この工事を主管した「朝鮮総督府」の土木課の高倉馨は，1920年代後半から30年代前半まで港湾修築工事を行った漁港の中で，漢川，新昌，厚浦，束草の四つの漁港を取り上げ，港湾修築前後の漁港では，人口，戸数，出入汽船数，出入漁船数，漁獲高などに関して大きな変化があることを説明している[675]．こうした港湾の修築は漁港の発展に画期的な契機となるのである．

著名漁港への発展と衰退

　漁業の近代化，すなわち，漁具の改良，漁船の動力化，港湾の建設，改修によって漁獲高が大幅に上がり，漁業者の人口は増加し続ける．こうした漁業の隆盛は，わかめ，牡蠣などの養殖業，乾魚物・缶詰などの製造業の興隆にも繋がり，各地の漁港は賑わうことになる．こうした水産業の発達の背景には「朝鮮総督府」の水産業支援があり，日本人の移住促進，または移住した日本人の定着支援があった．

　消費地としての日本への地理的近接性，港湾に相応しい自然条件，魚種の豊かさなどの条件を持つ「日本人移住漁村」は主要漁港として発展する．1910年代後半から，統営と浦項を中心に，麗水，長承浦，三千浦，方漁津，甘浦，九龍浦，注文津，長箭，新浦の漁港が有名になり，1930年代には，表III-4，図III-4に示すように数多くの著名漁港が生まれた．

　「朝鮮総督府」から委託され，善生永助が編集して1933年に発行した『朝鮮の集落』の前編[676]によると，1932年末現在，朝鮮半島の沿海部と島嶼部にかけて531の府邑面に6365の沿海集落の中から著名漁村を199あげ，1929年末の戸口調査の結果を示している．そのうち22箇所の著名漁港については，本章末尾のAppendix 2に，日本人移住と発展の過程をまとめているので参照していただきたい[677]．

　しかし，1940年代前半以降，韓国国内で著名漁港となった「日本人移住漁村」は衰退し始める．それには様々な背景があるが，決定的な要因は沿海の水産資源の変動で

---

674) 孫禎睦 (1996), pp. 462-473.
675) 高倉馨「朝鮮に於ける地方商・漁港修築工事の効果とその特異性の一面に就て」『朝鮮の水産』, 1935.4, pp. 3.
676) 善生永助 (1933), pp. 757-800.
677) 吉田敬市 (1954), pp. 463-479.

表 III-4 日本植民地期の著名漁港（1929年末基準、北朝鮮を除く）

位置	道 郡 面 洞里	移住年度	種別	別称	主要内容	日本人 戸	日本人 人口	韓国人 戸	韓国人 人口	計 戸	計 人口
西	全北沃溝郡米面京場里	―	自→補	―	潜水業者の根拠	23	109	445	3,067	468	3,176
南	全南済州郡済州面三徒里	1879(明12)	自→補	―	同上	35	119	530	2,586	568	2,713
	右面西帰浦	1879(明12)	自→補	―	同上	40	167	303	1,438	350	1,630
	大静面下摹里	1879(明12)	自→補	古浦	同上	9	33	492	2,022	503	2,060
	新左面咸徳里	1879(明12)	自→補	城山浦	同上	―	―	648	2,660	648	2,660
	莞島郡莞島面鳳岩里	1893(明26)	自	所安島	―	82	380	294	1,722	385	2,133
	高興郡道陽面鹿岩里	―	自	―	エビ製造業の中心	14	57	452	2,644	467	2,715
	蓬莱面外羅老島	1894(明27)	自→補	なし	エビ製造業の中心	83	380	215	1,249	298	1,630
	麗水郡麗水面東町	1912(明45)	自→補	広島村、愛知村	ハモ漁業の中心	281	1,139	729	4,919	1,014	6,072
	突山面鬱内里	―	自	―	―	9	27	330	2,068	339	2,095
	三山面巨文里	1905(明38)	自→補	なし	サバ印着の大根拠地	110	376	72	224	184	605
	慶南海郡三東面弥助里	1909(明42)	自→補	佐賀村	サバからイワシに転向	46	168	318	1,681	367	1,854
	泗川郡三千浦面仙佐里	1911(明44)	補	愛媛村、山口村	消滅	27	111	241	1,328	269	1,443
	固城郡東海面壮生里	1898(明32)	自→補	広島村	権現業者の根拠地	32	164	212	1,225	244	1,389
	統営郡統営面吉野町	1900(明33)	自→補	鳥取村、長崎村	屈指の商業・水産都市	296	1,315	331	2,151	628	3,472
	欲知島面東港洞	1899(明32)	自→補	山口村	サバ漁業の最大根拠	69	413	675	4,374	744	4,787
	巨済郡二運面長承浦	1904(明37)	自→補	大佐村	サバ印着の最大根拠	162	675	219	1,451	386	2,138
	沙等面見羽里	1910(明43)	自	城浦	イワシ網漁業	2	9	362	2,212	364	2,221
	昌原郡鎮海面慶和洞	1912(明45)	補	鎮海漁港	消滅	95	428	986	5,335	1,089	5,793
	東莱郡沙下面多大浦	1906(明39)	自→補	なし	―	62	234	802	4,601	864	4,835
東	慶南蔚山郡東面方魚津	1903(明36)	自→補	福井村、香川村	サバ漁業の最大根拠	349	1,456	431	2,257	783	3,725
	慶北慶州郡陽北面甘浦里	1907(明40)	自→補	福井村	サバ漁業の根拠	196	742	518	2,130	719	2,885
	迎日郡滄州面九龍浦	1910(明43)	自	なし	漁業・運搬業者の根拠	192	815	342	1,836	543	2,686
	浦項面浦項洞	1903(明36)	自→補	なし	物資交易市場、食品	436	1,838	1,090	5,071	1,539	6,968
	盆徳郡盆徳面江口里	1910(明43)	自	なし	河港、密漁者の根拠	27	185	189	1,064	219	1,262
	ウルン（鬱陵島）南面道洞	―	自	―	―	120	408	186	1,293	309	1,711
	江原三陟郡三陟面汀下里	―	自→補	―	―	30	116	104	1,062	134	1,178
	遠徳面臨院里	―	自	―	―	15	106	207	1,223	222	1,329
	江陵面新里面注文津	1908(明41)	―	なし	潜水漁業の根拠	39	232	481	3,584	522	3,845

※姜善永助(1993)、孫禎睦(1996)、吉田敬市(1954) を基に作成した。詳しくは韓国人と日本人以外に中国人などの数も含まれている。
※自：自由移住漁村、補：補助移住漁村

日本人移住漁村の成立と発展

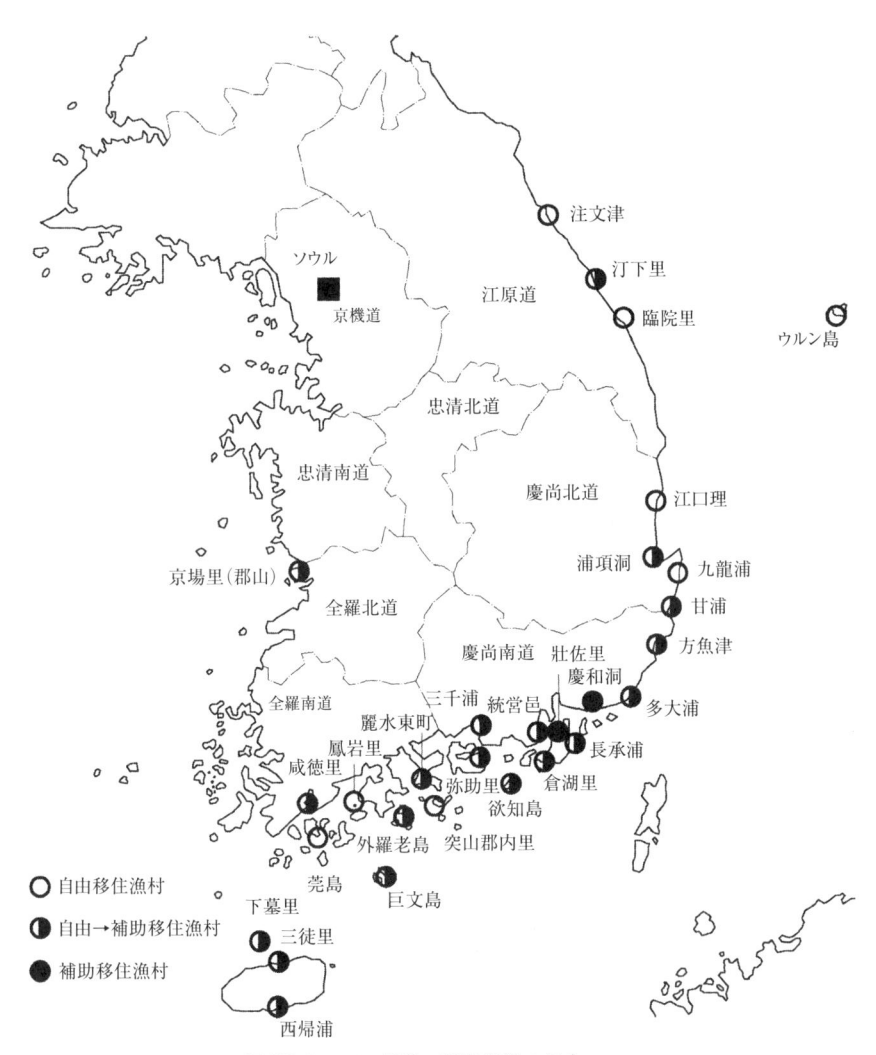

図 III-4　1930 年代の著名漁港の分布

※行政区域と各漁港の地名は，当時のものをそのまま用いて作成した．
※各漁港の説明は Appendix 2 参照

ある.

　「朝鮮総督府殖産局」が発刊した『朝鮮の十大漁業』(1921)[678]と『朝鮮の水産業』(1922)[679]は,「日本人移住漁村」の建設初期 (1910年代-1920年代) の漁場状況として魚種と漁獲高などを詳しく記述している. 特に1930年代からは東海岸一帯を中心に鰯が豊漁であり, 1930年に30万 t, 35年には約80万 t, さらに1937年には130万 t という空前の記録を打ち立てている. 吉田敬市は漁獲高を金額に換算して1923年に15万2000円, 1940年に6422万2000円と計算し, 18年の間に428倍の驚異的な躍進を成し遂げたと説明している[680].

　しかし, 1940年を頂点として鰯の漁獲高は激減する. 1941年の漁獲高は, 1940年と比べると60%にとどまり, 1941年には7万 t まで減っている. そして, ついに1943年には「鰯の漁獲高, ほとんど無し」と記録されるまでとなるのである[681]. こうした激減は, 鰯のみならず, 青魚の場合も同じで, 1940年に入って, その漁場は北の方に少しずつ移動し, 最後には収穫がほとんどなくなった[682].

　こうした水産資源の変動以外にも, 次のような背景があった.

　第1に, 当然であるが, 1941年の太平洋戦争の開戦が大きい. 各漁港の漁師を兵士として召集したことによる人力の枯渇, 漁獲物の強制供出, 漁船と運搬船の徴発は, 水産業に大きな打撃を与えるのである. 吉田敬市はこういう状況を「補助移住漁村」として成功した事例である統営について「太平洋戦争の深刻化とともに運搬船も徴発され, 最後には再び半農半漁村の零細経営に逆転された」と書いている[683].

　第2に, 植民地支配が終焉し, 1945年の解放以降, それまで漁港と漁場を支配していた日本人が, 所有した漁船や漁具を持って帰国したことである. それまで日本・満州などに徴用されていた韓国人が帰国して日本人が引き上げた後の漁業に努めるが, 漁船や漁具などの不足によって1945年から55年までの韓国の漁獲高は20万-30万 t にとどまる. これは1937年の約200万 t と比べると約1割であった.

---

678) 当時の10大漁業として鯖, 鰯, 明太, イシモチ, 鱈, 青魚, 鰆, 鯛, 太刀魚, 鮫をあげ, その時期別漁獲高と諸経費などを詳細に記述している. 朝鮮総督府殖産局 (1921)『朝鮮の十大漁業』pp. 1-16.
679) 朝鮮総督府殖産局 (1922). 1911年から1921年までの魚種別漁獲高からみると, 鯖, 鰯, 鯛, 鰆, 鱈, 青魚の6大魚種が主種であることを述べている.
680) 吉田敬市 (1954), pp. 339-342.
681) 吉田敬市 (1954), pp. 355-356.
682) 吉田敬市 (1954), pp. 205-207.
683) 吉田敬市 (1954), p. 260.

1-3 日本人移住漁村の空間構造

韓国伝統漁村と日本人移住漁村

　韓国の伝統的漁村の大半は，丘陵性山地の下端部に位置し，海岸を前にして背後には丘陵を持つ傾斜地形に集落が形成されてきた．伝統的漁村は，農業を基盤として漁業を兼ねている主農従漁村と半農半漁村がほとんどである．近所に農地があり，食物と飲料水を得やすい土地，そして海風が弱い地形を選んで集落が立地するのが一般的であった．居住地は比較的に平坦なところに石垣を部分的に積み上げ，整地してつくられた．居住地内部を貫く路地は自然地形に従った曲線形態であるのが普通である．住宅の形態は，一般に農村と山村でみられるような，「マダン마당」[684]を中心とした「一」字形と「L」字形が一般的である[685]．

　「日本人移住漁村」は，韓国の伝統的集落と距離をおいて形成された場合と既存集落の内部に形成された場合がある．前者は，かつて朝鮮時代に「津진」あるいは「城성」などの防御施設があったところに立地するものが大半で，韓国伝統の居住地が既に形成されていた場合である．後者は，無人島あるいは零細寒村などに形成された場合である．「日本人移住漁村」は，海を生活の場とする純漁村あるいは主漁従農村が大半で，漁業の加工業・流通業・商業が複合された形態に発展することになる．

　「日本人移住漁村」の，居住地の形態は，海岸道路に沿って形成され，街区内部に繋がる路地は直線で，都市のような居住地形態を取る．また，近代の漁業技術を基盤とした防波堤，造船所，製氷所，漁業工場などの港湾施設が建設される．こうした近代の漁業施設と港湾施設，そして都市のような居住地形態は，韓国の伝統的漁村，伝統的集落とはまったく異なった居住形態，街区形態を持ち込むことによって，その後の発展に大きな影響を与えることになる．その変化の方向は次のようである．

　①集落の生業が農業から漁業に変わっていく傾向が顕著となる．すなわち，主農従漁村から主漁従農村あるいは純漁村に変わった場合が多い．漁業が集落の主な生業となって農業は衰退するようになる．

　②漁業技術の発達とともに魚市場を中心とした流通・商業が発達する．漁業技術の発展は，漁獲高の増加をもたらし，経済的な豊かさがもたらされた．それとともに，加工業，流通業，商業も発達するようになった．

　③農村と山村部に比べて高密度な集落構造を持つようになる．海に接しながら背後に小高い山の地形をベースとして形成された漁村集落は，農・山村と比べて狭い居住

---

684) 庭，通路，作業場など多様に使われる．第Ⅳ章参照．
685) 金知民「19世紀韓国における南西海の島嶼地域の民家の類型的体系」『韓国歴史学会秋季学術発表論文集』，1991年12月，pp. 61-68．

地を持っていたが，沿岸部に接して居住地が形成され，都市的な集住形態が生み出されることになる．

日本人移住漁村の分布

　韓国の「日本人移住漁村」の分布（図III-3）をみると，東海岸と南海岸に形成されたものが大半である．「補助移住漁村」はほとんど南海岸に集中しているが，「自由移住漁村」は南海岸を主としながら東海岸にも分布している．その形成時期をみると，南海岸が最も早く，続いて西海岸，最後に東海岸に立地したことが分かる．各海岸別にその特性を考察すると，次のようである[686]．

　南海岸は初期の「補助移住漁村」を主として移住漁村が最も密集して分布している．「補助移住漁村」建設が失敗した後は，「自由移住漁村」として発達し，漁業・製造・取引の中心地となったものが多い．

　西海岸は3海岸の中で，最も漁業が劣勢であった．西海岸は東海岸より早くから日本人によって開発されたにもかかわらず，ほとんど発展しなかった．その理由は，気候・漁場などに恵まれなかったことに加えて，多くの漁業者が1漁期1魚種を目的とした単一経営を行っていたからである．それ以外に，①副業がなく，②定着性漁業が困難であり，③消費地から距離が遠く，④漁獲物の処理が不便であったことも指摘出来る．西海岸の漁場の性格からみると，むしろ通漁経営が有利であって，移住漁村の必要性がなかったと言える．そうした中で，1905年から1907年にかけて，長崎・福岡・佐賀の諸県が群山に「補助移住漁村」を建設した例がある．これは解放後，韓国西海岸の主要漁港として発展した西海岸唯一の例となる．

　東海岸における移住漁村の特質は，その自然環境の特殊性から南海岸，西海岸と大いに異なる．東海岸は，地形上の制約があり，零細漁業を主としていた当時の状況では開発が容易ではなかった．その本格的な発展は，大正末期に漁船の動力化が実現し，漁業施設の完備による企業的経営が発達して以降のことである．主に，マイワシ漁業の盛況によって，その根拠地として，また製品工場地，取引地として発展した．また，東海岸の移住漁村には日本海沿岸の出身者が多かったことも一つの特性である．

　さらに具体的に，表III-4の29箇所の著名漁港の分布を見ると，西海岸1箇所，南海岸19箇所，東海岸9箇所で，圧倒的に南海岸に集中していることが分かる．その理由は，南海岸は①魚種が豊富であり，②海岸線の屈曲が多く，③水深が深いという良港の条件を持っていたことなどである．逆に，東海岸は屈曲した海岸線がほとんどなく，西海岸は水深が浅く，港湾として適当な地形が少なかったということができる．また，南海岸の漁港の大半は，生産，流通，商業，避難の四つの機能を揃えた複

---

686) 吉田敬市（1954），pp. 273-275.

日本人移住漁村の成立と発展

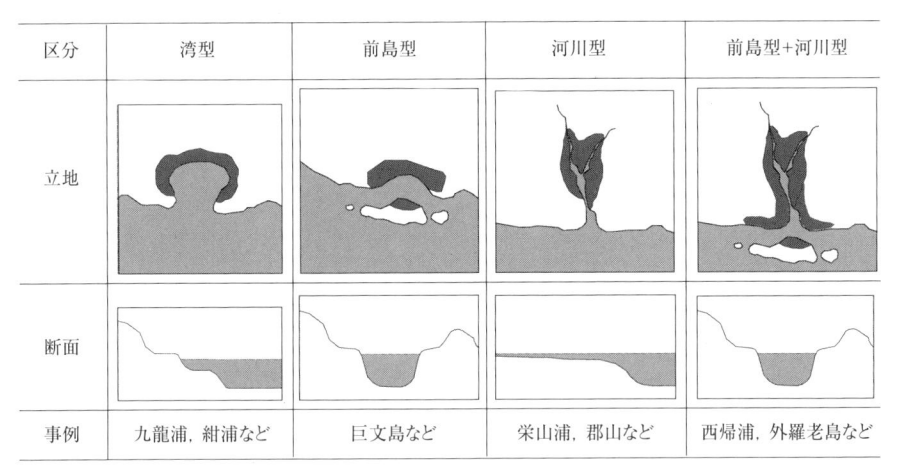

区分	湾型	前島型	河川型	前島型＋河川型
立地				
断面				
事例	九龍浦，紺浦など	巨文島など	栄山浦，郡山など	西帰浦，外羅老島など

図 III-5　漁村の立地別類型

合的な漁港である．また，南海岸と東海岸に位置する「日本人移住漁村」の形成時期を比較すると，南海岸の移住漁村は 1890 年後半から形成されたが，東海岸の場合は 1910 年前後に形成されていることが分かる．さらに東海岸は，漁港として適切な地形ではないため，川と海が接するところに形成されるという特徴がある．

日本人移住漁村の類型

　「日本人移住漁村」を地形に着目してみると，湾型，前島型，河口型，複合型の四つに分けられる（図 III-5）．また，立地に着目すると，沿岸部，島嶼部，内陸河川部に分けられる．内陸河川部の場合，漁業を主生業とするよりも，交通・流通を中心として発展したものが多い．ここでは，表 III-3 の 29 箇所の著名漁港を対象として，沿岸部と島嶼部を中心として地形別に類型化を試みた．その類型は図 III-6 に示すが，その特徴を考察すると次のようである．

　①沿岸部に位置する著名漁港の大半は湾型と河口型であり（17 箇所のうち，13 箇所），島嶼部では湾型と前島型が一般的である（12 箇所のうち，8 箇所）．

　②島嶼部では河口型があまり見られない．これは島という地形・地理上の制約によるもので，飲料水の確保が最も重要なものであったと考えられる．

　③前島型は主に南海岸でみられる類型として，南海岸に小さい島が多く立地していることに起因するものと思われる．言い換えると，西と東には島が少ない地形である．

　④河口型は，東海岸でよく見られる類型として，海岸の湾曲の少ない地形であるため，主に河口の屈曲を利用して立地する．

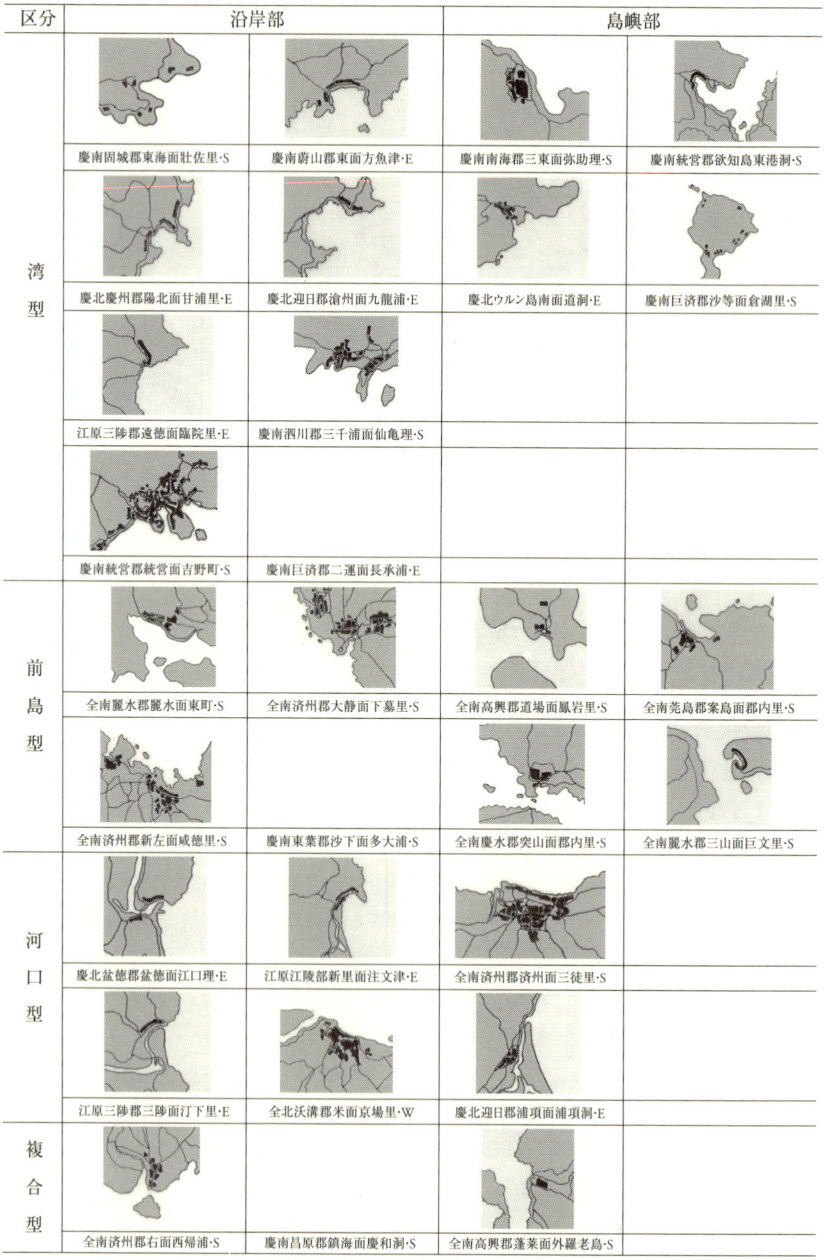

第 III 章
韓国日本人移住漁村

区分	沿岸部		島嶼部	
湾型	慶南固城郡東海面壯佐里·S	慶南蔚山郡東面方魚津·E	慶南南海郡三東面弥助理·S	慶南統営郡欲知島東港洞·S
	慶北慶州郡陽南面甘浦里·E	慶北迎日郡滄州面九龍浦·E	慶北ウルン島南面道洞·E	慶南巨済郡沙等面倉湖里·S
	江原三陟郡遠徳面臨院里·E	慶南泗川郡三千浦面仙亀理·S		
	慶南統営郡統営面吉野町·S	慶南巨済郡二運面長承浦·E		
前島型	全南麗水郡麗水面東町·S	全南済州郡大静面下慕里·S	全南高興郡道場面鳳岩里·S	全南莞島郡薬島面内里·S
	全南済州郡新左面咸徳里·S	慶南東莱郡沙下面多大浦·S	全南麗水郡突山面内里·S	全南麗水郡三山面巨文里·S
河口型	慶北盆徳郡盆徳面江口理·E	江原江陵部新里面注文津·E	全南済州郡済州面三徒里·S	
	江原三陟郡三陟面汀下里·E	全北沃溝郡米面京場里·W	慶北迎日郡浦項面浦項洞·E	
複合型	全南済州郡右面西帰浦·S	慶南昌原郡鎮海面慶和洞·S	全南高興郡蓬莱面外羅老島·S	

図 III-6　著名漁港の類型（S：南海岸，E：東海岸，W：西海岸）

⑤複合型は，沿岸部と島嶼部とともに「前島型＋河口型」の集落構造を持つ（全南済州郡右面西帰浦，慶南昌原郡鎮海面慶和洞，全南高興郡蓬莱面外羅老島）．

1-4 │ 日本人移住漁村と日式住宅

韓国における日式住宅の建設とその過程

　韓国における「日式住宅」の建設は，1876年（明治9年）の「日朝修好条規（日韓修好条規）」の締結により本格化する[687]．さらに，1910年（明治43年）の「韓国併合」以降からは，日本人移住とそれに従う「日式住宅」の建設は急激に増加する．朝鮮半島へ移住する日本人の住宅難を解消するため，「日式住宅」は主として都市に集中して大量に建設された．「朝鮮総督府」の人口調査報告書[688]によると，水原，光州，郡山などの地方都市では比較的緩やかな増加傾向を示す反面，京城，釜山などの大都市での増加は著しい．

　開港から1945年に至るまでの「日式住宅」の建設過程は，社会的背景と住宅の供給方式によって次の3段階に大別される[689]．

(1) 第1期：開港（1876年）から1910年代末まで

　主に「開港場」と「開市場」の日本人居留地を中心として建てられた．特に，この時期は「日式住宅」の建築資材は全て日本から搬入して建設された．釜山港から搬入された資材は草梁洞，大信洞一帯の日本人居留地建設に，仁川港から搬入された資材は主に京城の公館やその「社宅사택」の建設に使用された．「日式住宅」というけれど，「開港場」「開市場」の建築は，西洋風の様式が主流であり，平面には「畳間」や「オンドル」間[690]がつくられていても，窓など開口部は西洋風につくられることが多かった．この理由として，初代総督である寺内正毅が西洋式建物を選好したからとされる

---

687) 開港以前にも使臣（通信士）らの宿舎あるいは少数の日本人商人の住宅があったが，日式住宅を建てたわけではなく，既存の「韓屋」を賃貸してそのまま使用するなり，「韓屋」を一部改造して使っていた．一般の庶民の住宅が建設されたのは開港以降であり，日本人の韓国への移住および移住漁村の建設もこの時期（1890年代-1910）年代から始まった．
688) 朝鮮総督府『人口調査報告書』（1910-1945）．
689) 李賢姫（1993），pp. 267-271．
690) 韓国に移住した日本人にとって韓国の冬の寒さは厳しいものであった．移住初期には，和式住宅をそのまま導入したが，冬の寒さに対する適切な暖房方式が必要となり，オンドルシステムを採用したのである．西洋式であるペチカや日本のコタツを使用する場合でも，必ず一室はオンドルが設けられていた．1938年2月号の『朝鮮と建築』に発表された世慶一の「朝鮮に於ける住宅の変遷」をみると，「1905-15年の間に朝鮮の日本人住宅では，主にミヤザキ式ペチカやオンドル，ストーブを採用している．その中で，最も大衆的で，経済的なものはオンドルであり，民間住宅において唯一なものである．」という文章がある．これらを総合的に考えると，日式住宅では，1905年以前から既にオンドルが採用されていたことが分かる．

が，西欧列強に対してその力を対等に表現するためには西洋風建築を建てることが相応しいと考えられたし，朝鮮の気候に対応するには日本式より西洋式の方が適合したことも事実である．しかし，この時期，木造和風の瓦屋根のいわゆる「日式住宅」も建設される．鉄道の敷設と鉄道駅の建設に伴って建てられた「鉄道官舎」がそのモデルであり，象徴である（第Ⅳ章）．

(2) 第2期：1920年代初から1940年代初まで

「朝鮮総督府」を代表として，大規模な官営建築が建てられた時期である．各都市においては，地方行政機関により都市計画が行われ，日本人居留地が本格的に建設された．日本から朝鮮半島への移住者は増加の一途を辿る．日本人の移住とともに都市への人口集中も急速に進行し，深刻な住宅不足を引き起こした．この状況に対応して，日本の大工・工務店・建設会社により，各地域で建設された住宅が「日式住宅」である．しかし，第1期と比べると，日本からの建築資材の搬入は減り，朝鮮半島に滞在する技術者が増え，半島内での建設体制が出来上がるのがこの時期である．

(3) 第3期：1940年代初から1945年まで

1930年代末からの日本の軍需工業化政策の推進のために，労働力の確保が問題となり，朝鮮半島での労働者用住宅の大量生産が大きな目標とされた時期である．そのために，1941年7月に「朝鮮住宅営団」が設立された．設立初期には「営団住宅」が建てられ，太平洋戦争開戦後は主に「戦時型住宅」が建てられた．この「戦時型住宅」は最小限の居住空間だけのもので，建設資材不足であったことがその背景にある．

「営団住宅」と「戦時型住宅」の大きな相違点は「オンドル」システムの有無である．「営団住宅」は「日式住宅」の空間構成と意匠を持ちながら，「茶の間」ではなく「オンドル」間を採用している．これは，朝鮮半島の冬の厳しい寒さに対応するための工夫であった．一方，「戦時型住宅」は2部屋（6畳と4.5畳）と台所，そして便所だけの小規模住宅である．1943年以降は，「戦時型住宅」を二つに分割して2世帯が同居する場合も少なくなかった．

日本人移住漁村と住宅

「開港場」「開市場」を中心とする都市部の居住地と住宅が，上記のように公的な供給主体あるいは建設会社によって様々な建築関連規則に基づいて計画的につくられたのに対し，「日本人移住漁村」の居住地と住宅は，移住者自らによってつくられた．

「日本人移住漁村」の立地は，前述のように，島，海岸，内陸水路の三つに大別される．特に海を生業と生活の場とする島や海岸に位置する漁村の場合，居住地は山の迫った狭隘地につくられた場合が多い．そのため街路や路地が狭く，家屋が肩を寄せるように密集して建てられ，共同井戸を利用して水を得ていたところが少なくない．こうした高密度な空間利用の集落形態が「日本人移住漁村」の特徴であり，それはそれ以前

の朝鮮半島にはなかった形態である。

漁村の型を生業に着目して分類すると，「純漁村」「主漁従農村」「半漁半農村」「主農従漁村」の四つに区分される[691]。「日本人移住漁村」は「純漁村」と「主漁従農村」の場合がほとんどである。「日本人移住漁村」の居住地には次のような特徴が見られる。

①居住地の背後に耕地をほとんど持たず，屋敷内に庭や菜園も持たないのが一般的である。耕地あるいは庭・菜園の変わりに，作業場を持つものが多い。

②屋敷地・主屋（母屋）の敷地面積・床面積は「半農半漁村」「主漁従農村」に比べて小さく，付属棟の数も一般に少ない。農業を中心とした「半農半漁村」と「主農従漁村」は米，麦，小麦，野菜などの農産物の保存と熟成のための倉庫などの付属棟が多く必要であったが，漁業を中心とした「純漁村」「主漁従農村」の集落で倉庫などはあまり必要性がなかったからである。

③街区の形態に着目してみると，定形街区と非定形街区が共存する。定形街区は，沿岸部に山の迫った狭隘地に位置し，場合によっては海岸を埋め立ててつくられる街区である。非定形街区は，丘陵地に位置しており，山の地形にあわせた階段式居住地の形を取る。当時，日本人と朝鮮人は住み分けており，非定形街区には主に朝鮮人が，定形街区には主に日本人が密集して住んだところが多い。

④海岸道路に沿って街並みを構成しており，農村部や山村部と異なり，都市の街並みとほぼ同じように住宅が高密度に建ち並ぶ景観を持つ。特に海岸道路に接する敷地は小規模のものが多く，その形は短冊形が一般的である。そして，その街並みを構成している住宅の大半は店舗併用住宅である。こうした形は，海上生活が主体で，陸上の住居は寝起きの場として意識されており，農村のように屋敷・主屋内に作業空間を設ける必要がないことが大きな理由である。

「日本人移住漁村」の住宅は，日本の漁村とほぼ同様である。その特徴をまとめると次のようである[692]。

①漁村は生産と生活の場を異にする。漁民にとっては，海上の生活が主で陸上の生活が従である。陸上にある住居は休息を目的につくられているため，屋敷内には庭や菜園などは見られず，家の中に広い土間を持たない。

②漁民は住居を転々と変える傾向がある。それは家に対する観念が船に対する観念と共通しているためとされる。漁民は経済状態により大きな船を買ったり小さな船に変えたりするが，家もまた同様の感覚で住み替える場合が多い。

③漁民にとって，住居は伝統的な格式を示すものではない。家の大小はその時々の盛衰を示すが，漁民は家を通じて先祖を尊び，先祖の徳を誇るようなことはほとんど

---

691) 日本民俗建築学会 (2001), pp. 20-23.
692) 宮本常一 (1974)「宝島民俗誌・見島の漁村」『宮本常一著作集十七』, pp. 15-20.

ない.

　④漁民の居住様式に,海上生活の様式が取り入れられる場合がある.船は一般に「表の間」「胴の間」「艫の間」に分かれているが,このような船に乗っていた漁民の住居には船住まいの様式がそのまま持ち込まれる場合がある.

　以下に,日本人が移住した主要漁村のうち,巨文島,九龍浦および外羅老島の三つについて,詳しくその形成と変容の過程を詳しく見ていくことにする.

III-2　「離れ島」の移住漁村：巨文島

　本節では,1904年以降に日本人が移住し,住み着いた巨文島を対象として,移住の背景と集落の形成過程を考察した上で,集落の空間構造とその変容過程を分析し,集落形態および居住空間構成とその変容特性を明らかにする.巨文島は「日本人移住漁村」の中で日本人の居住世帯比率が最も高い漁村である.

　巨文島に関する文献は,他の島と比べると比較的多い.それは地政学的に重要な意味があり,外国勢力の侵略を受けやすい島であったからである.島の歴史については時代ごとに様々な記録や歴史書[693]が残されているが,近代史を概括したものとして敦永甫の『巨文島風雲史』[694]があり,当時の巨文島の地政学的な位置付けを理解する上で重要である.日本人による巨文島の開拓に関する研究としては,文化人類学の分野で崔吉成[695]と中村均[696]の著書がある.崔は民俗文化の側面から日韓の文化変容に焦点を当て,中村は国際交流史の観点から日韓の関係を論じている.その他,英国の巨文島占拠事件を扱った様々な研究がある[697].しかし,「日本人移住漁村」としての巨文島の空間構成や建築的特性について論じているものはない.

　「日本人移住漁村」は,日本人の移住により開拓され,その漁村の大半はその後韓国の主要漁港になったという経緯がある.また,巨文島は,様々な葛藤や衝突を引

---

[693] 巨文島についての記録は,9世紀(836年)の滋覚大師円仁の「入唐求法巡礼行記」,15世紀の「世宗実録」,16世紀の「新増東国輿地勝覧」などの歴史書に残されている.
[694] 敦永甫 (1986).
[695] 崔吉成 (1994).
[696] 中村均 (1994).
[697] 主に19世紀の東アジアの情勢に関する研究として,朴準用「外交史的にみた韓末政局と巨文島事件」(1967),崔文衡「列強の東アジア政策」(1979),「ロシアの太平洋進出企図と英国の対応策」(1981),李用熙「巨文島占領外交綜攷」(1964),元裕漢「巨文島事件」(1969),田保橋潔「近代日鮮関係の研究」(1940),Dallton, D. J. *"The Rise of Russia TH. Asia"* (1949),等がある.

「離れ島」の移住漁村：巨文島

図 III-7　木村一家と開拓当時の小屋

き起こした朝鮮半島各地の都市の場合と異なり，無人島を近代的な漁村として建設したという点に特徴がある．現在でも，当時の建物が数多く残っており，道路の幅や街並みなどもほとんど当時の状態のままである．ここでは，臨地調査[698]をもとに，巨文島の形成過程を考察するとともに，その空間構造，居住形式について明らかにしたい．調査対象地区の概要と施設住宅等の分布は，図 III-7 と表 III-5 に示す通りである．

2-1 ｜ 巨文島

巨文島の地理と歴史

　巨文島は朝鮮半島の最南端に位置し，東島，西島，古島の三つの有人島と 50 余りの大小の無人島で構成されている．済州島を除けば韓国の本土から最も離れた島で，昔から中国，韓国，日本を繋ぐ海上交通の要衝であった．古島（ゴド：行政区域名は全羅南道麗水郡三山面巨文里）は，西島と東島に挟まれ，周辺の海の水深が深くて安全な天然の港湾となっている．島の面積は 1.11km^2（33 万坪），人口は 776 人（260 戸，2000 年）

---

[698] 三度にわたり巨文島へ赴き，文献・地図の資料を収集するとともに現地調査を行った．第 1 次調査（2000 年 8 月 21-31 日）では，島の全域の施設分布と建築類型の悉皆調査を行い，第 2 次調査（2002 年 8 月 19-23 日）では，資料収集を行うとともに集落の変遷過程に関するヒアリング調査を行った．第 3 次調査（2003 年 8 月 23-30 日）では，前回の調査を踏まえた上，現存する日式住宅の中から代表的な事例として 15 棟を選定して実測調査を行った．1 階建ての専用住宅の場合は，長い間の改造や増築によってその原型が把握しにくいため，主に 2 階建ての店舗併用住宅を対象とし，外観と内部空間から最もその保存状態が良いもの（主に，2 階に畳の間取りが残っているものを選定した．さらに，巨文島に古くから住む李安孫他 2 人のインタビューを行い，前回のヒアリング調査を補足した．ヒアリング調査の主要内容は，当時の島の住まいと経済状況，調査対象建築物の変容状況，井戸の位置と島のコミュニティとの関係などである．

247

第 III 章

韓国日本人移住漁村

表 III-5 巨文島・調査住宅の概要

記号	番地	建築年代	店舗の用途	間口（m）	奥行き（m）	構造/階数	建築面積（m²）
GO01	87-34	1940 年代	スーパー	8.40	4.80	W/1	37.80
GO02	87-7	1920 年代	民宿	15.00	22.70	W/2	262.67
GO03	86-10	1930 年代	土産屋	7.20	10.50	W/2	86.25
GO04	89-9	1930 年代	食堂	4.80	10.80	W/2	47.52
GO05	89-8	1930 年代	食堂	3.60	10.80	W/2	38.88
GO06	90-6	1920 年代	薬屋	6.30	6.30	W/2	39.69
GO07	89-5	1920 年代	スーパー	6.00	13.50	W/3	71.82
GO08	90*	1930 年代	木工場	4.45	8.40	W/1	40.25
GO09	90*	1930 年代	専用住居	5.70	11.10	W/2	61.23
GO10	91	1930 年代	土産屋	7.20	10.50	W/2	60.72
GO11	92※	1920 年代	食堂	9.00	10.80	W/2	82.62
GO12	93※	1920 年代	食堂	7.20	8.10	W/2	51.03
GO13	98*	1930 年代	カラオケ	4.20	10.86	W/2	44.73
GO14	98*	1930 年代	カラオケ	4.20	10.14	W/2	43.47
GO15	100	1940 年代	食堂	7.20	8.40	W/1	60.48

＊印は，2 つの敷地が合併され，1 つの敷地になったものを示す．
※印は，1 つの敷地が分割され，2 つの敷地になったものを示す．
用途は，2003 年現在のものである．

である．気候は結氷がほとんどない温暖な海洋性気候である．

(1) 海上の道と巨文島

歴史上の記録に最初に巨文島が現れるのは，『万葉集』である[699]．『万葉集』「巻第十五」の「天平八年丙子夏六月，新羅の国に遣ひ使はさるる時，使人等，各別れを悲しみ贈り答へ，また海路にて情を慟み思ひを陳べてよめる歌」に，当時の日本から新羅までの海路に関する内容があるのである[700]．ただ，巨文島の名前が具体的に出てくるわけではない．これについて中村均は「当時，新羅まで行く遣随使の出発地は武庫の浦（現在の神戸）または難波の三津浦（現在の大阪，三津寺町）が多く，瀬戸内海を横切り，北九州に出て，荒津の港から一気に玄海灘へ入るコースを取った．九州から新羅に行くのに朝鮮半島の南の海に浮かぶ孤島の巨文島にわざわざ立ち寄る必要はない．しかし，航海に何らかの支障があれば，当然，緊急避難したことは考えられる．」と書いている[701]．

---

[699] 7 世紀後半から 8 世紀後半頃にかけて編まれた日本に現存する最古の歌集である．天皇，貴族から下級官人，防人など様々な身分の人間が詠んだ歌を 4500 首以上も集めたもので，成立は 759 年（天平宝字 3）以後と見られる．

[700]「遣新羅使人等悲別贈答及海路慟情陳思幷當所誦之古歌」3578-3582 節に当る（鹿持雅澄（1912-1914）．

[701] 中村均（1994），p. 3-6.

「離れ島」の移住漁村：巨文島

遣新羅使[702]は，668年以降の統一新羅に対して派遣されたものをいうが，遣隋使，遣唐使なども，九州から南海をへて中国へ向かった．巨文島がその航路の要衝に位置したことは間違いない．7世紀から8世紀にかけての海路には次の四つのコースがあった．

①北路（筑紫―対馬―巨文島―朝鮮半島の南西海岸を北上―山東半島）
②海道航路（筑紫―巨文島―朝鮮半島の南西海岸―揚州）
③南路（筑紫―平戸―五島列島―東シナ海―長江）
④南島路（筑紫―種子島・沖縄本島―東シナ海―長江）

これらのうち二つの航路は巨文島に立ち寄るか，付近を航行するものである．台風などの際には避難港として使われていたと考えられている．

(2) 19世紀の砲艦外交とロシア艦隊の来航

英国は，1840年から42年にかけて中国との間にアヘン戦争を起こす．そのため，対日政策に関わる余裕がなかった．それに対して，米国はアジア航路の中継基地として日本に開港を迫るため，4隻の軍艦を派遣する．マシュー・カルブレイス・ペリー Matthew Calbraith Perry (1794-1858年) 提督の東インド艦隊は，1853年6月，浦賀へ来航して開港を要求し，翌年3月「日米和親条約」が締結される．これに驚いたロシア政府は，エフィム・ワシリエビッチ・プチャーチン Jevfimij Vasil'jevich Putjatin (1803-1883年) 中将を遣日大使に任命し艦隊を派遣する．1852年10月，バルト海のクロンシュタット港を出港し，1853年7月長崎に入港した．同年8月に国書を伝達して開港を迫り，翌年11月に「日露和親条約」が結ばれる．この対日開港交渉中，ロシアのプチャーチン艦隊は1854年4月4日から19日間巨文島に寄港した[703]．これが所謂「ロシア艦隊巨文島侵入事件」である．プチャーチンの巨文島来航の歴史的意味は，①韓・露関係史上初めてロシア人が訪れ，開港を要求したこと，②巨文島が戦略的集結地として使われたことである．

(3) 英国の巨文島占拠事件

19世紀，中国とのアヘン戦争で勝利した英国は，ロシアの南下政策を牽制するため，重要な軍事要衝地として巨文島を占領することを決めた．そして，1885年（明治18年）4月，W. ドーウェル Dowell 中将が率いる英国海軍が巨文島を不法占拠し，英国旗を揚げるのである．これは巨文島史上2度目の外国軍艦による不法寄港であり，初めての強制占拠であった．占拠後，この島を「観測島 Observatory Island」と命名し，要塞化するために古島に観測所や砲台を設置し，宿所，食堂，医療施設などを建設した．しかし，この不法占領をめぐって国際社会から「第2の香港」と非難される．朝鮮か

---

702) 宝亀10 (779) 年を最後に正規の遣新羅使は停止された．
703) 崔吉成 (1994), p.45-52.

ら強く抗議され，またロシア，清，日本との国際問題となるのを避けるため，英国海軍は1887年3月に約23箇月間占領した巨文島から撤退した．この事件によって朝鮮社会の実情は広く西欧社会に知られることになった[704]．

島の開拓とパイオニア

巨文島が「日本人移住漁村」となる経緯は，先に簡単に触れた．「1903年頃から任意移住者があり，1905年，鳥取県漁人小山光正が来住し，漁民移住を主導した．またその頃から釜山水産会社および木村某が大敷漁業経営した．」と吉田敬市が書く[705]「木村某」というのは，山口県出身の漁師木村忠太郎である．

無人島であった古島に1905年，最初に移住して住み着いたパイオニアは木村忠太郎（漁師）と小山光正（郵政技師）である．

(1) 漁師　木村忠太郎

1905年（明治38年），山口県豊浦郡の湯玉浦という漁村で家屋170軒が完全焼失する大火事が起きた．その漁村に住んでいた木村忠太郎は家屋や家財などを一切失ってしまう．木村は再起を賭けて，それまでしばしば付近に出漁して知識のあった古島への移住を決意し，妻リムと三男を連れて故郷を離れる．1905年（明治38年）4月，巨文島に上陸して，船溜まりとなった入り江に面する平地に草葺きの小屋を建てた（図III-7）．

(2) 郵政技士　小山光正

小山光正は，鳥取県出身の士族と伝えられ，1904年（明治37年）巨文島の戦略的重要性を認識した日本政府の命を受け，日露戦争時代に巨文島の西島に敷設された海底電線の維持管理を任務とする郵政技師として派遣された．1906（明治38）年には，巨文島郵便所の許可を得て海底電線を巨文島（古島）へ敷設し，自ら数年間所長を勤めた．

近代的漁村としての発展とその過程

巨文島は，当初は自由移民漁村として出発したものの，前述したように日本の政府からの一連の措置に従って漸次，漁業基盤を確立していった．特に，1923年4月には「指定港지정항」になり，文化的・行政的中心である麗水市に劣らぬ盛況ぶりを見せるほど発展することになった．図III-8は，崔吉成（1994）と中村均（1994）の著書の中の図面を下敷きにして，現在の地籍図（1200分の1），航測図（3000分の1），建築物管理台帳の内容などを合わせて，作成したものである．

---

704) 崔吉成（1994），p.52-55．
705) 吉田敬市（1954），朝鮮主要移住漁村年表，pp. 463-479．

「離れ島」の移住漁村：巨文島

●1930年〜1945年　　●1920年代

●1910年代　　●1905年ごろ

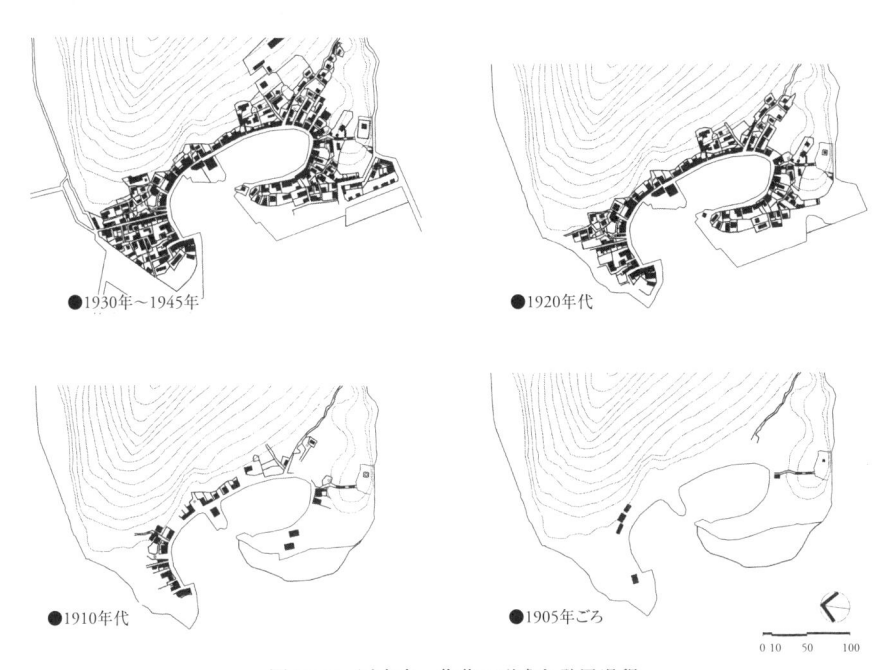

図 III-8　巨文島・集落の形成と発展過程

(1) 明治末期（1905年頃）——3戸7-9人

最初に移住した木村忠太郎の住居，倉庫，作業所，小山光正と大野栄太郎の戸建て住宅が建てられた．また，出漁の安全と大漁を祈るため，金比羅宮の小祠が南側の低い丘につくられた．

(2) 大正初期—大正末期（1910年代）——15戸47人

この時期には主に住宅が建てられ，既に住み始めた場所の周辺と井戸があるところを中心に海岸線に沿って開発された．また，丘へ通じる路地は海岸線に直行する形で形成され始め，海岸道路とともに村の道路体系の基盤となった．

(3) 大正末期—昭和初期（1920年代）——98戸360人

南側の磯の部分がほとんど埋め立てられ，海岸道路が形成される．この海岸道路沿いに住宅，店舗，旅館などが建て込み，街並みがほぼ完成した．役所，警察署，郵便所などが建てられ，魚市場や漁業関連施設（造船所，鉄工所，製氷所等），宗教施設も新たにつくられた．

(4) 昭和初期—昭和15年頃（1930年代—40年代初）——99戸347人

道路や漁港施設が整備され，三日月形の海岸道路に沿って街並みが完成する．大きな変化は本格的な漁港として防波堤がつくられ，南方に海底電線が敷設されたことで

第 III 章
韓国日本人移住漁村

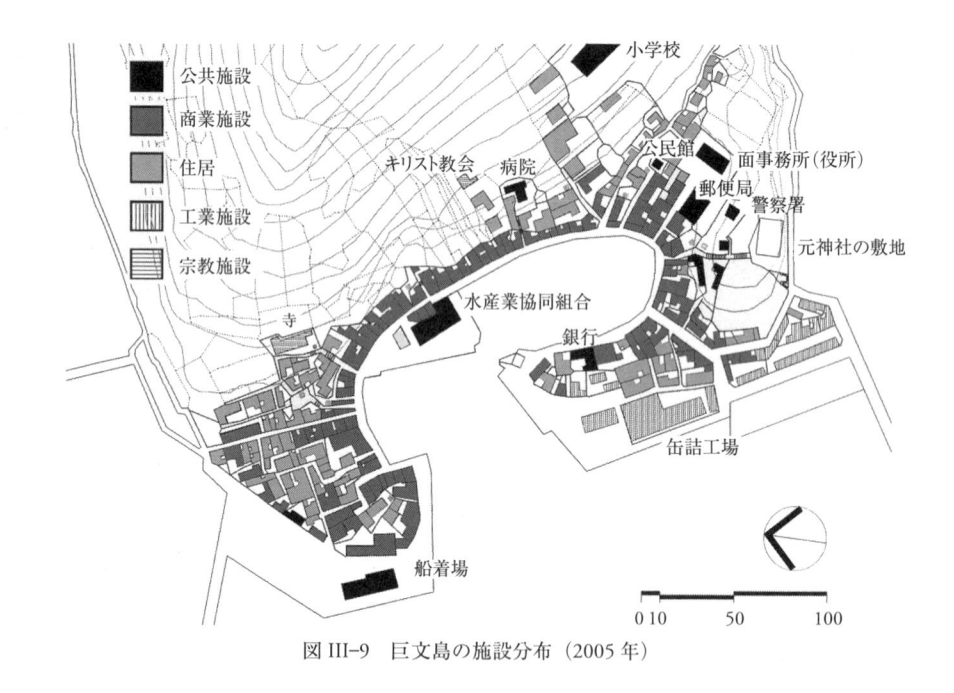

図 III-9　巨文島の施設分布（2005 年）

ある．また，教育・医療施設と遊興施設（風呂屋，遊廓，料亭，喫茶店等）を中心に様々な施設が増えた．

2-2 | 集落の空間構造

施設分布

　巨文港の施設分布は住居，商業施設，公共施設，宗教施設，工業施設の五つに大別される（図 III-9）．施設分布に基づいて建物の用途に着目してみると，巨文港の空間構造は以下のような特徴を持つ．

(1) 商業施設

　商業施設は主に三日月型の海岸道路に並行して並び，その大部分が 2 階に住居を持つ店舗併用住宅である．スーパーマーケット，飲食店，雑貨屋（主に，釣り道具や餌を扱っている），カラオケ，宿泊施設，喫茶店，銭湯などがあり，その中で飲食店，宿泊施設，喫茶店が商業施設の約 7 割（商業施設の 103 戸のうち，71 戸）を占めている．

(2) 住居

　住居は海岸道路沿いの店舗併用住宅以外，主に漁港の北端部に密集しており，他には街区内部に点在する程度である．漁港の北端部の住居地を除けば，街区内部の居

住地はほとんど島の地形に対応して階段式に構成されている．また，住居の大半は
1945年以後，部分的に増築・改造されているが，全体的な形はあまり変わっていない．
(3) 公共施設

　主要な公共施設として，面事務所（役所），警察署，郵便局，小学校，金融機関（銀行，相互金庫など），消防署，医療施設，公民館，船着場などがある．金融機関と船着場を除けば，ほとんど漁港の南側に集中している．特に，公民館は新しい面事務所が1959年に建てられて移転するまで面事務所として使われていた．機能は変化したものの，その建築様式は現在も当時のままである．また，郵便局の場合は，パイオニアである小山光正が誘致した時の位置から離れ，面事務所の入口の隣に位置している．こうした公共施設が漁港の南側に集中してつくられた背景には，公務員出身である小山光正が1917年に設立された「巨文島漁業共同組合」の組合長を務めるなど，大きい影響力を持っていたことがある．

(4) 宗教施設

　宗教施設としては，入江東側の敷地の奥にキリスト教会と寺がそれぞれ一つずつ位置する．1920年代の地図をみると，南東に二つの寺（浄土真宗と大師堂）があるが，現在は別の場所に新たに建造されている．キリスト教会は1953年に建てられた．

　一方，現存しないが，入り江南端の小高い丘の上に三島神社が建てられていた．開拓当時には金比羅宮の小祠であったが，これが後「三島神社」あるいは「三島神祠」に発展し，1940年には「紀元二千六百年記念事業」[706]の一環として大改築・造営された．現在，その敷地内には小祠の跡と築港記念碑だけが残っており，鳥居は切断されて船網を繋ぎ止める杭となっている．

(5) 工業施設

　漁港の南西端部には工業施設が密集している．その種類は，鉄工所，製氷所，缶詰工場，発電所，倉庫など，主に漁業関連の工場である．こうした工業施設の密集の背景には「指定港指定制度」[707]があった．1924年に「指定港」に昇格され，日本政府から支援を受けることになり，それまで整備出来なかった南側の磯の部分を埋立て，その敷地に建てられたのである．特に，製氷所は重要な施設であって，港湾施設の一部

---

706)「紀元二千六百年記念事業」(1940) は，『日本書紀』の記述に基づいた紀元節として神武天皇の即位から2600年目を数えた年を記念して行われた記念事業である．こうした記念事業および行事は朝鮮・台湾・樺太・関東州・南洋群島といった日本植民地においても大々的に行われ，満州国皇帝の訪日も併せて行われた．

707)「指定港指定制度」とは，朝鮮総督府令によって制定されたもので，漁業および海運業の奨励策としてつくられた制度である．その要件としては，・港が全国漁業の根拠地になりうること，・地方の漁船の数が一定の数に達すること，であった．

として建てられたものである．

街区構成と街路体系

　現在の漁港の街区構成および街路体系は日本植民地時代とほぼ同様である．街路体系の軸になる海岸道路（平均幅員4.5m）は，三日月形の海岸線（総延長1km弱）に並行して，南北両端を繋いでいる．
　この海岸道路沿いに2-3階建ての街並みが形成され，ここでは毎年2回金比羅祭り[708]が催された．また，この海岸道路とそれに直行して街区内部や丘へ通じる小路（幅員1.8-3m）が敷設され，基本的な街区を構成している．北端部と南端部の街区内部には多数の路地があるが，東側の街区は丘へ通じる地形のため，階段の路地が多い．さらに，街区内部は小路に沿って敷地割りされて曲線である海岸道路とそれに直行する小路により，街区内部の敷地は基本的に台形になっている．また，海岸道路に面する敷地の形は幅より奥の方が長い短冊型が大部分で，その幅員の大半は4.5-6mである．現在は二つあるいは三つの敷地が統合されつつあるが，その規模はそのまま維持されている．

井戸と街区コミュニティ

　井戸は島であることから，開拓初期から1930年代にかけて住宅地の形成過程に重要な要素となってきた．1940年代に入り，島の人口が急増したため，韓国本土などの水場から伝馬船で飲料水を運んでいる．1930年代までに掘られた井戸の数は全部で七つで，そのうち公共用の井戸は五つ，私用が二つであった．最初に掘られた井戸は二つで，その位置は木村と小山の定住地の近くにあった．
　やがてこの二つの定住地が集落の核となり，1910年から20年にかけて，多数の人びとの移住により，三つの井戸が順に掘られ，それらの井戸を中心に人びとが住み着き，井戸は家事の作業場，そしてまた，コミュニティの場として役割を果たした．私用の井戸は1940年初に伝馬船により給水事情がよくなった際に開発され，それぞれ遊廓と料亭の庭園用水に使われた[709]（図III-10）．

---

708) 海を生活の場とする巨文島においては，金比羅祭りが一年を通じて最も盛大に催された．航海安全の神様である"金比羅さん"は島の主祭神であり，入り江南端の小高い丘の上に位置していた．春（3月15日）と秋（10月10日）に行われる大祭では，青年団が神輿を担いで朝に神社を出発し，島中の全ての道（総延長1km弱）を何度も練り歩いた後，昼過ぎに海に突入した．神輿が突入すると同時に海へは紅白の餅が投げ込まれる．夕方には，神社に至る階段に露店が立ち並び，境内では各商店のくじ引きが行われていた．

709) 中村均（1994），pp. 120-137.

「離れ島」の移住漁村：巨文島

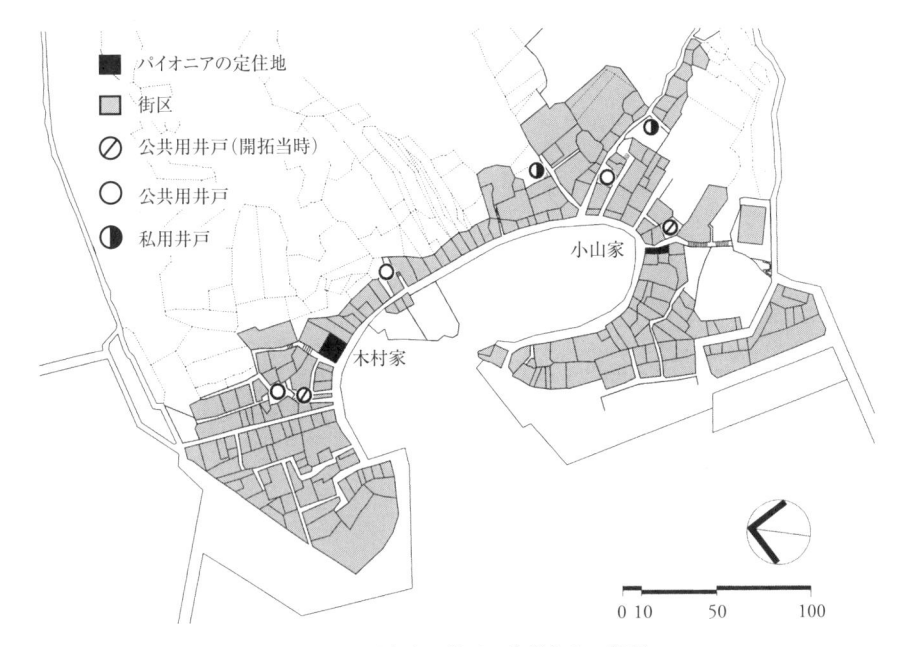

図III-10　巨文島の井戸の位置とその種類

都市的機能の形成過程

巨文港は開拓初期から1945年に至るまで近代的な港町として発展し続ける．韓国の他の著名漁港に比較して，規模（人口，面積など）はきわめて小さい漁村であったが，その機能をみると都市のような漁業・遊興・商業の一大センターであった．形成の背景および過程を踏まえて，施設分布，街区構成と街路体系，さらに井戸と街区コミュニティを総合的に考察すると，以下のように3段階の都市的機能形成過程を区別出来る．

1) 第1段階（1905年-1910年代）
①住居・商業施設群（北側―東側）
　―木村の定住地を中心として
②公共・工業施設群（南側―西側）
　―小山の定住地を中心として
2) 第2段階（1920年代）
①住居施設群（北側）
　―住居施設の密集と路地の形成
②店舗施設群（東側）

255

―海岸道路沿いに商店が建て込む
　③公共施設群（南側）
　　　―郵便局，役所，警察署等の施設
　④工業施設群（西側）
　　　―磯の部分が埋め立てられ，漁業関連の工業施設（造船所，鉄工所，製氷所，缶詰工場，発電所，倉庫など）が建設
　3）第3段階（1930年-1940年代）
　①住居施設群（北側）―住宅地と路地の拡大
　②店舗施設群（東側）―住居機能を店舗併用住宅への転用
　③遊興施設群（南東側）―風呂屋，料亭，遊廓，喫茶店，芝居小屋等の遊興施設増加
　④公共施設群（南側）―小学校，宗教施設の設置
　⑤工業施設群（西側）―漁港施設の整備

2-3 巨文島の「日式住居」

　巨文港は，前述したように，半島の他の著名漁港に比較して，規模（人口，面積など）は小さかったが，漁業，遊興，商業の都市的機能を持っていた．店舗併用住宅が多いのもその性格を示している．1920年代以降，島で大工として活躍したのは，大正8（1919）年に釜山から移住してきた森田源五郎である[710]．「長門屋旅館」（GO02）をはじめ，「丸石商店」，料亭である「観海婁」，三島神社，寺，小学校など，島の建物の大半は森田によって建てられた．

日式住宅の分布と現況

　巨文島の「日式住宅」は，専用住宅と店舗併用住宅の二つに大別される．現在，専用住宅は51棟，店舗併用住宅は50棟で，計101棟が残っている（図Ⅲ-11）．これらの分布と現況をまとめると次のようである．

　（1）専用住宅
　専用住宅は平屋が大半である．主に漁港の北端部の屋敷地と東南端の山道沿いに集中しており，他には街区内部に点在する．北端部の屋敷地の住宅は平地で，狭い路地沿いに肩を寄せるように密集している反面，東南端の山道沿いの住宅は島の地形に対応して階段状に構成されているのが大きな特徴である．また，専用住宅の大半は1945年から現在までの間に増築・改築されているため，原型の把握は容易ではない．

---

710) 中村均（1994），pp. 113-115.

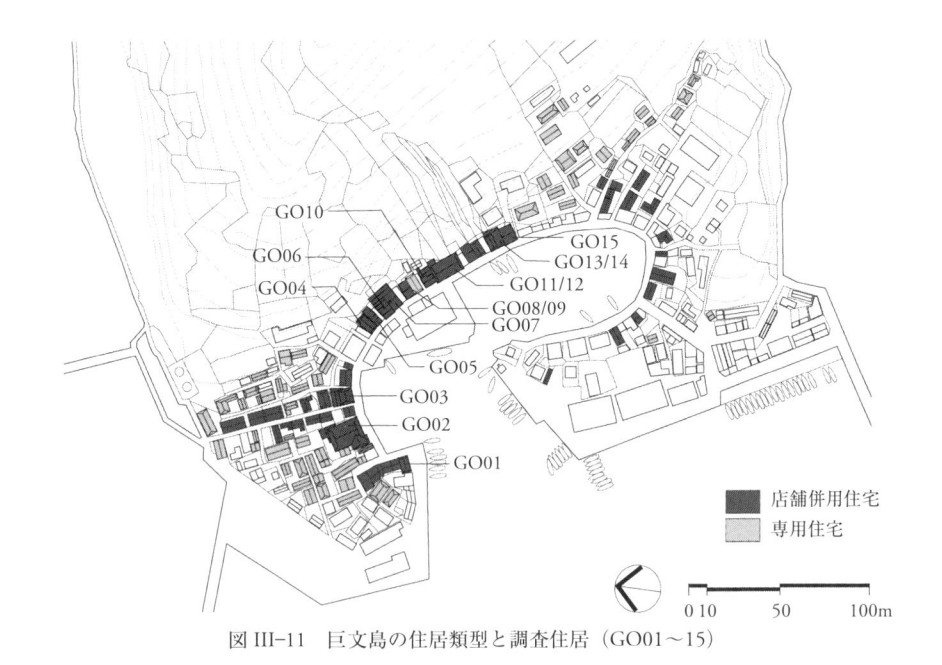

図 III-11　巨文島の住居類型と調査住居（GO01〜15）

(2) 店舗併用住宅

店舗併用住宅は，主に三日月形の海岸道路に並行して並び，その大半が2階建てで，1階に店舗，2階に住居を持つ住宅である．店舗には，スーパーマーケット，飲食店，雑貨屋（主に，釣り道具や餌を扱っている），カラオケ，喫茶店などがあり，その中で飲食店，喫茶店が店舗併用住宅の約5割（店舗併用住宅の50棟のうち26棟）を占めている．特に，店舗併用住宅の中には（旧）旅館，（旧）料亭，（旧）遊郭などがあり，これが現在，[住居 + 民宿]（GO02）あるいは [住居 + 店舗]（GO07）に変容している．一般的な店舗併用住宅と比べると，その規模や空間構成は異なっている．

間口による類型

現在残っている「日式住宅」について，代表的事例である12例（15棟）（図III-12）を対象として分類を試みた[711]．その類型を図III-13に示す．「日式住宅」の間取りの基本である柱間を，間口に着目して分類すると，柱間が一列のもの，柱間が二列のものを区別出来る．この柱間は，一定の数値を持ち，2間（12尺，約3.6m）を基本とし

---

711) 分類にあたり，15棟のうち，二棟の住宅が一つに統合されたもの（GO08/09，GO13/14と，1棟の住宅が二つに分けられたもの（GO11/12があり，これらをそれぞれ2棟1例とした．

第 III 章
韓国日本人移住漁村

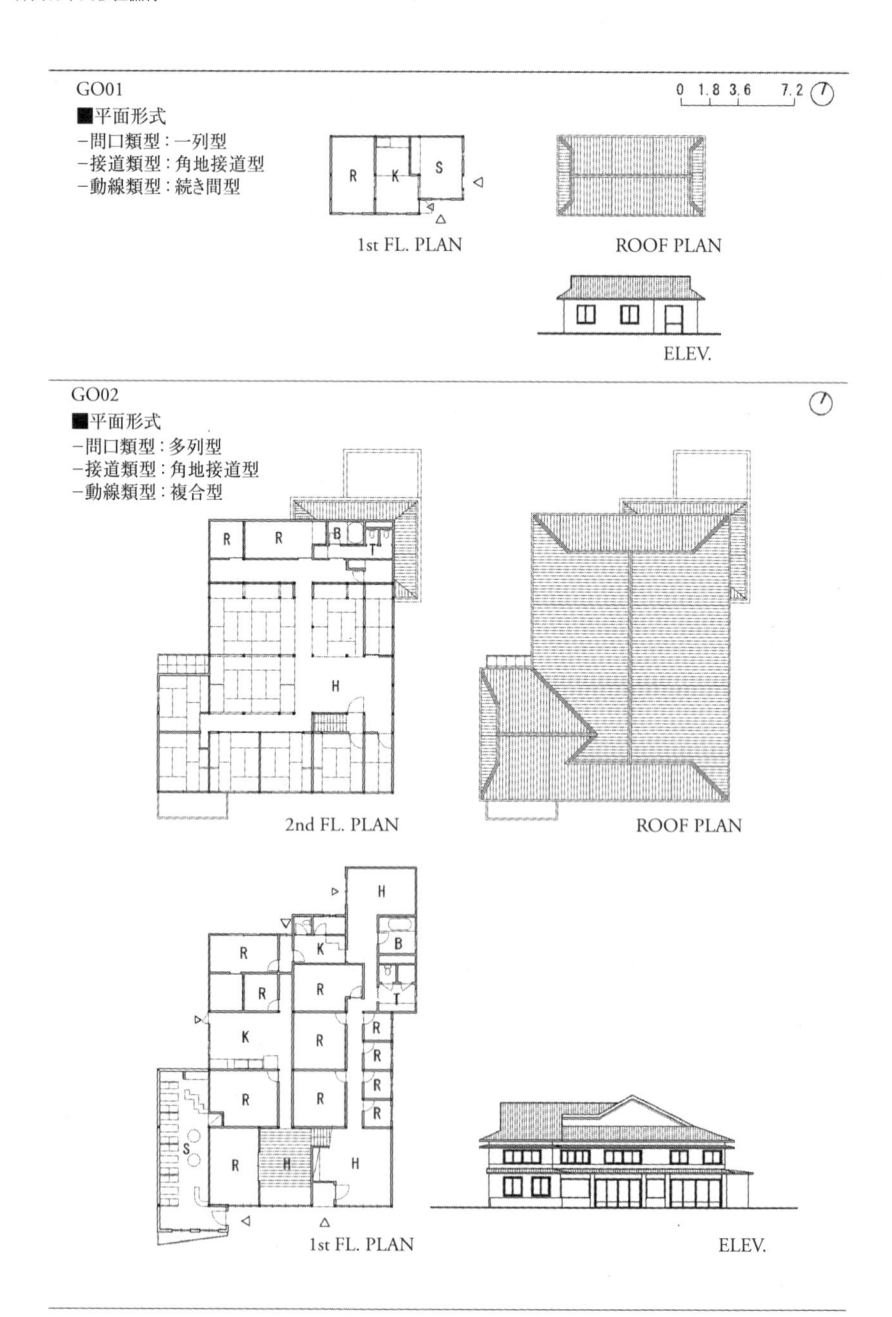

GO01
■平面形式
－間口類型：一列型
－接道類型：角地接道型
－動線類型：続き間型

1st FL. PLAN　　ROOF PLAN

ELEV.

GO02
■平面形式
－間口類型：多列型
－接道類型：角地接道型
－動線類型：複合型

2nd FL. PLAN　　ROOF PLAN

1st FL. PLAN　　ELEV.

図 III-12a　巨文島・調査対象の平面と立面-1

2 「離れ島」の移住漁村：巨文島

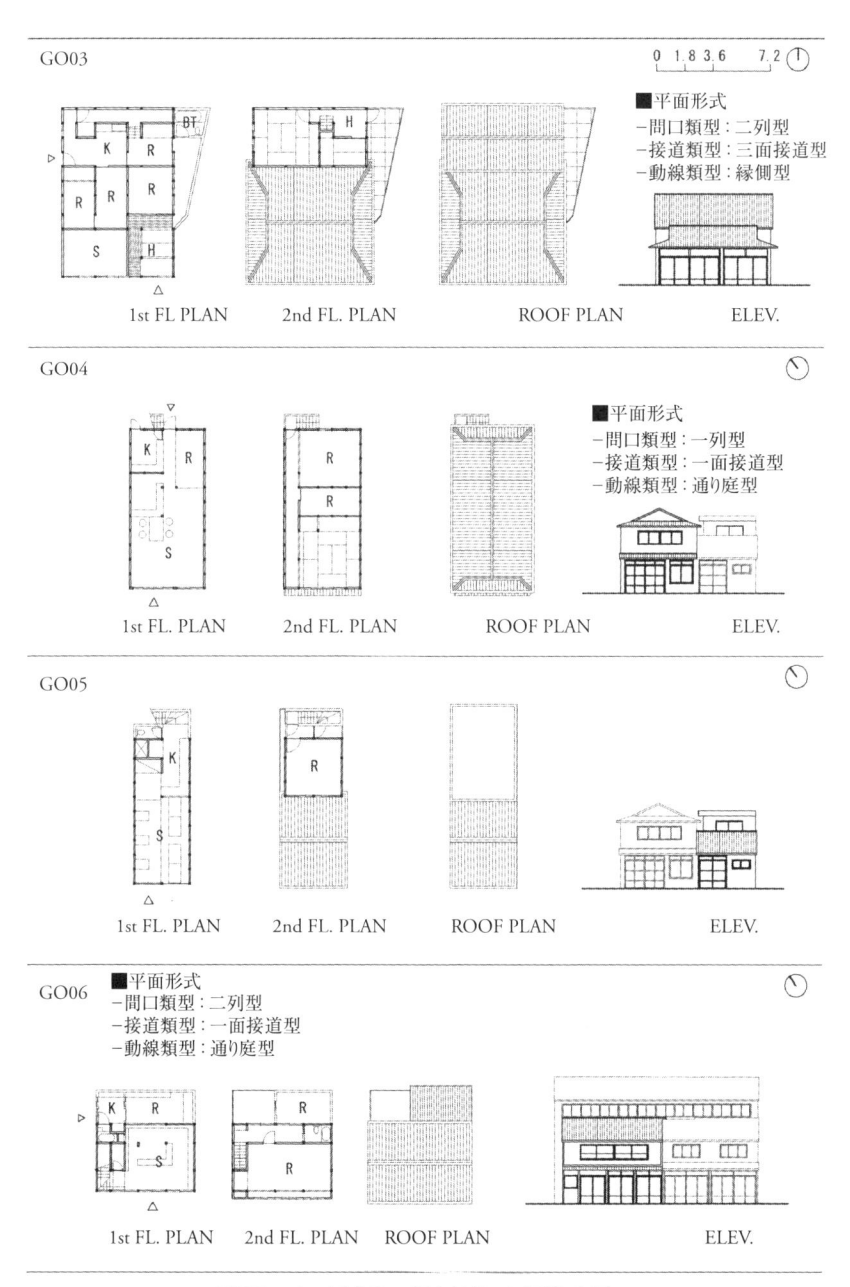

GO03

0 1.8 3.6 7.2

1st FL PLAN　2nd FL. PLAN　ROOF PLAN　ELEV.

■平面形式
− 間口類型：二列型
− 接道類型：三面接道型
− 動線類型：縁側型

GO04

1st FL. PLAN　2nd FL. PLAN　ROOF PLAN　ELEV.

■平面形式
− 間口類型：一列型
− 接道類型：一面接道型
− 動線類型：通り庭型

GO05

1st FL. PLAN　2nd FL. PLAN　ROOF PLAN　ELEV.

GO06

■平面形式
− 間口類型：二列型
− 接道類型：一面接道型
− 動線類型：通り庭型

1st FL. PLAN　2nd FL. PLAN　ROOF PLAN　ELEV.

図 III-12b　巨文島・調査対象の平面と立面-2

第 III 章
韓国日本人移住漁村

GO07

0 1.8 3.6 7.2

3rd FL. PLAN　ROOF PLAN

1st FL. PLAN　2nd FL. PLAN　ELEV.

■平面形式
- 間口類型：二列型
- 接道類型：一面接道型
- 動線類型：中廊下型

GO08/09

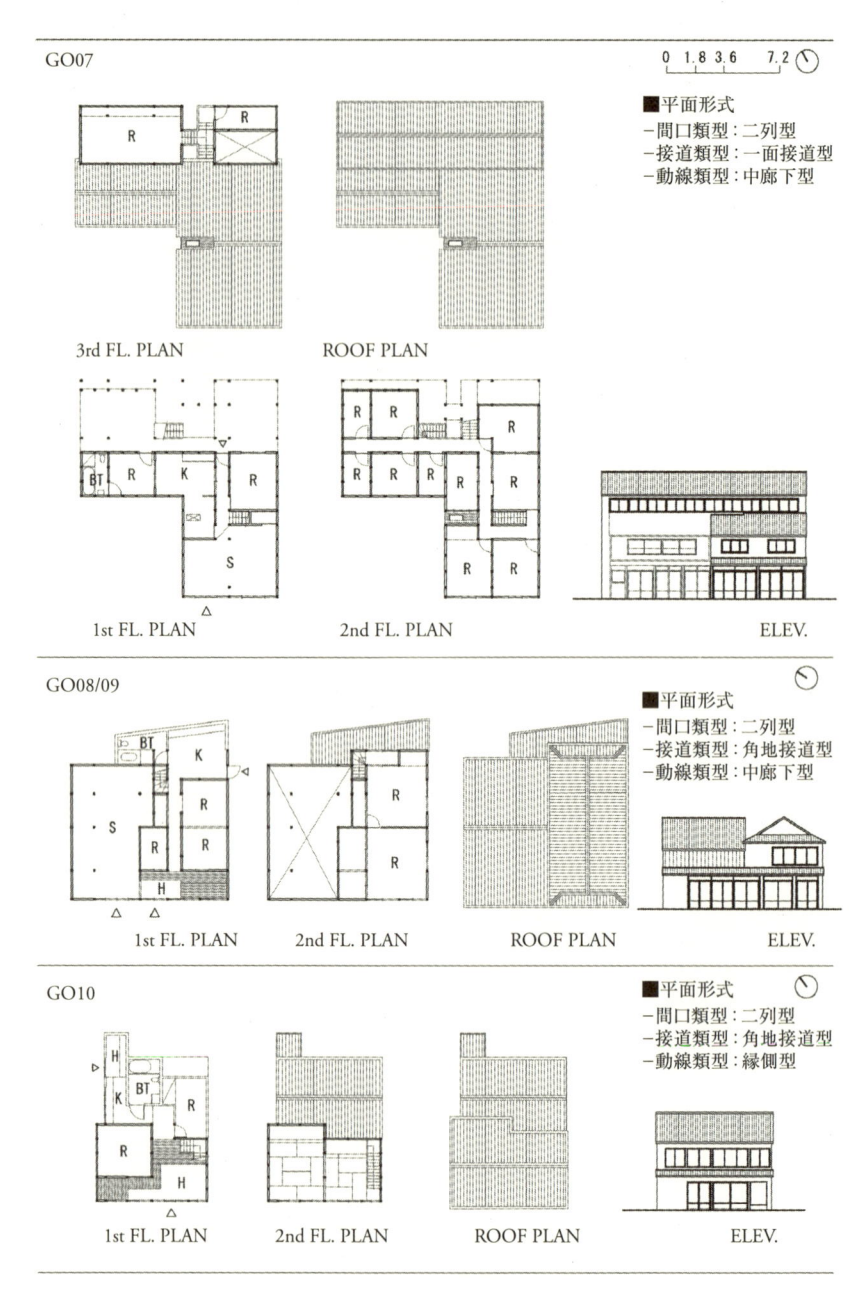

1st FL. PLAN　2nd FL. PLAN　ROOF PLAN　ELEV.

■平面形式
- 間口類型：二列型
- 接道類型：角地接道型
- 動線類型：中廊下型

GO10

1st FL. PLAN　2nd FL. PLAN　ROOF PLAN　ELEV.

■平面形式
- 間口類型：二列型
- 接道類型：角地接道型
- 動線類型：縁側型

図 III-12c　巨文島・調査対象の平面と立面-3

「離れ島」の移住漁村：巨文島

GO11/12

2nd FL. PLAN

ROOF PLAN

1st FL. PLAN

ELEV.

■平面形式
－間口類型：多列型
－接道類型：一面接道型
－動線類型：複合型

GO13/14

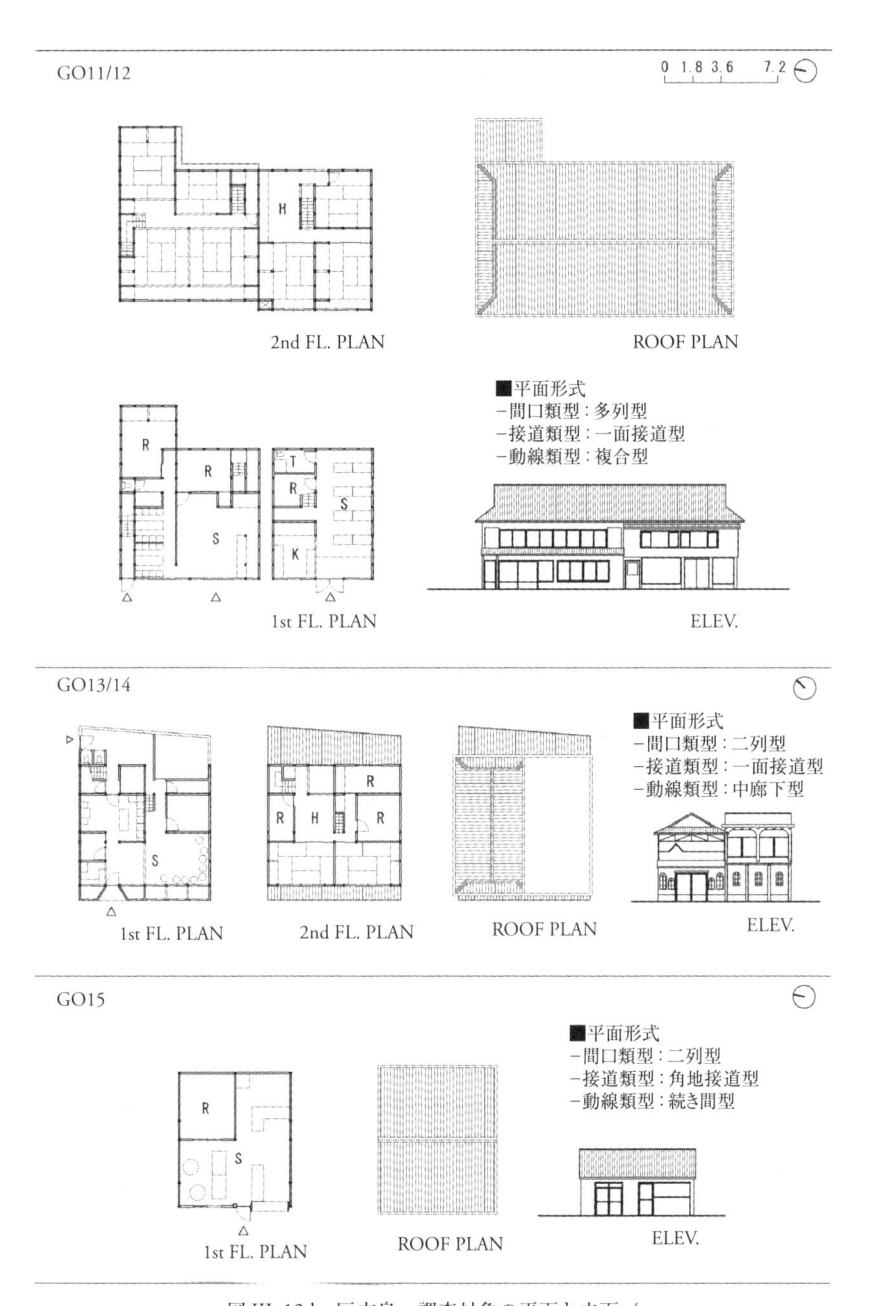

1st FL. PLAN

2nd FL. PLAN

ROOF PLAN

ELEV.

■平面形式
－間口類型：二列型
－接道類型：一面接道型
－動線類型：中廊下型

GO15

1st FL. PLAN

ROOF PLAN

ELEV.

■平面形式
－間口類型：二列型
－接道類型：角地接道型
－動線類型：続き間型

図 III-12d　巨文島・調査対象の平面と立面-4

261

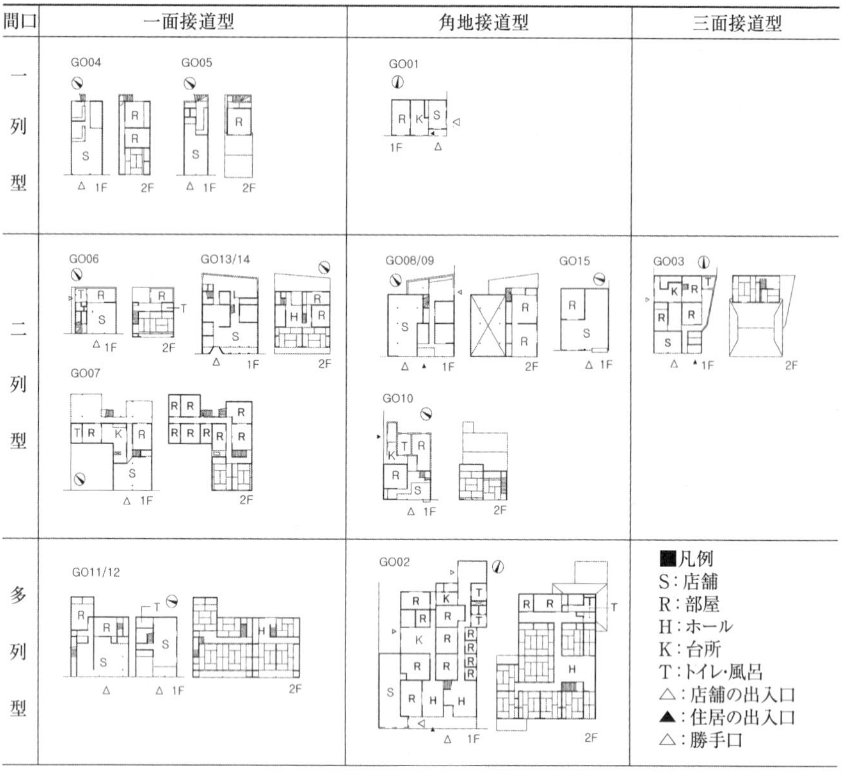

図III-13 巨文島・間口と接道形式による住居類型

ている．また，一列型，二列型とは異なり，街路に並行に三列以上の構造を取り，間口が広いものがある．これを多列型とする．それぞれの住宅類型の数は，一列型が3例，二列型が7例（9棟），多列型が2例（3棟）である．

一列型は，「2間」を基本とした「2間3尺（15尺，約4.5m）」の構成（GO04）が一般的であり，現在は変容しているが，内部空間は片廊下と3行間（部屋などが奥の方に三つ並ぶ間取り）からなるきわめて単純な構成を取っていたと推察される．

二列型の間口の規模は，一列型のほぼ2倍に当たる．その寸法をみると，「2間＋2間（24尺，約7.2m）」の構成（GO03，10）が標準であり，それ以外に「2間＋1間半（21尺，約6.3m）」の構成（GO06，GO07）と「2間3尺＋2間3尺（30尺，約9.0m）」の構成（GO13/14）が見られる．こうした柱間の寸法は2階の間取りにそのまま適用されている．また，2階の主要室（居間など）の大半が街路に面して設けられていることも大きな特徴である．これらの中には1945年以降に2棟の一列型の住宅が統合され，二列

型に改造された事例も2例 (GO08/09, GO13/14) もある.

多列型 (四列型と五列型) は, やはり「2間」と「2間半 (16尺, 約5.4m)」を基準にして構成されている. かつて旅館 (長門屋旅館, GO02) と料亭 (店名不明, GO11/12) であったものであり, 2階の間取りは二列型と同様である. 特にGO11/12は, 1945年以降に二つに分離され, それぞれ店舗併用住宅として改造された経緯がある.

以上から, 間口に着目した類型についてまとめると, ①一列型と二列型が一般的であること, ②柱間の寸法は「2間」を基本としていること, ③2階の居間は間口の柱間に基づいてつくられ, 街路に面して設けられたことなどが指摘出来る.

街路との関係

住宅と街路との関係についてみると, 一面のみ接するもの, 角地に立地するもの, 三面が街路に接するものに大別される. それぞれ, 一面接道型が6例 (8棟), 角地接道型が5例 (6棟), 三面接道型は1例である.

一面接道型は, 住居と店舗の出入口を共有する. これは, 町家の形式として都市に一般的にみられるものと同様である. 角地接道型と三面接道型は, 住居と店舗の出入口が別に設けられている. 街路の表を主出入口として, 路地に勝手口が設けられ, 通常勝手口は台所に付属する. 客の訪問を除けば, 日常的な家族の出入や近隣との付き合いは勝手口を使っており, 住居空間と店舗空間への出入は明確に分離されている. こうした利用状況からみると, 角地接道型と三面接道型の表の玄関は, 形式的に残されていると考えられる.

2-4 日式住宅の変容

増改築による変容

「日式住宅」の増改築に一般的に見られる特徴として, 平面の拡張, 室の統合による店舗面積の拡大, 室の個室化の三つがあげられる.

(1) 平面の拡張

狭い店舗や住居空間を拡げるため, 多くの場合, 主屋背後の余地に増築される (GO02, 03, 04, 05, 06, 07, 08, 09, 10, 13, 14). 増築部分の構造は主にブロック造で, その機能は部屋, 台所, トイレ (浴室), 倉庫などであり, 特に台所とトイレ (浴室) といった水周り部分が比較的多い. また, 角地に接するものが増改築された場合は, 必ず増築された部分に勝手口が設けられる.

(2) 店舗面積の拡大 (室の統合)

店舗の機能にあわせて, 既存の店舗部分と座敷や台所などの室を統合・拡大している. 改造方式としては, 部分的に改造したものと専用化されたものの二つがある. 専

用化された場合が多く（GO04, 05, 08, 12, 13, 14），台所やトイレを共用する傾向が見える．

(3) 部屋の個室化

屏風や襖で区切られていた「日式住宅」の間取りは，部屋の独立性が確保出来るように個室化される傾向が著しい．その手法として，①襖に代えて壁を設ける，②板やスタイロフォームなどを取り付けた上，壁紙を張る，③襖に沿って家具を配置するという三つがある．このように仕切ることによって各室はそれぞれ独立に玄関や廊下から出入出来るように変化するのである．こうした部屋の個室化は，伝統的な韓国の住居に一般的にみられるものである．「オンドル」を用いることから部屋は閉じた形になる．「オンドル」間と「オンドル」間を「マル」で連結するのが韓国の伝統的住居である．ただ，伝統的な住居の「マル」は，仕切のない吹きさらしの板の間であるけれど，現代住居の「マル」は，閉じられた部屋「ゴシル거실」（居間，リビング）となる．

住宅の統合と分離による変容

一般的な増改築以外に，建物そのものが統合あるいは分離される改造例がある．それぞれ独立した2棟の住宅が統合され，一つの建物として改造されたもの（2例（4棟））と1棟の建物が分離され，2棟の店舗併用住宅となったもの（1例（2棟））がある．

統合化は「一列型＋一列型→二列型」の形式で起こり，敷地に余地がない一列型が機能上の必要性に応じ，平面の拡張を図って隣接するものと統合し，改造するもの（GO08/09, GO13/14）である．GO08/09の場合，2棟が統合されたものの，1棟全体を店舗として利用しているため，空間的な統合は見られない．GO13/14は，1, 2階とも内部空間の空間的な統合がみられ，間取りも比較的に変わっていない．その変容プロセスを図式化すると，図III-14のようになる．

内部空間の基本構成は，一列型の典型である「片廊下＋3間」が，2列に並び，隣接する壁の一部を開けて二つの空間を繋いでいる．特に2階に注目してみると，2行目の一つの間がホールに変わって，2階への動線の中心空間となっている．また，間口は「2間3尺＋2間3尺（30尺，9.0m）」を基本とし，居間の構成は「押入れ（3尺）＋6畳・8畳（12尺）＋6畳・8畳（12尺）＋押入れ（3尺）」となっている．外部構成は一つの建物のように改造されているが，屋根の形は変わっていない．

分離化は，上述の統合化と正反対で，「四列型→二列型＋二列型」（GO11/12）の形式である．かつて料亭（あるいは遊郭）が二つの店舗併用住宅に分離・改造されたものである．変容に関しては，一般的なパターンである．

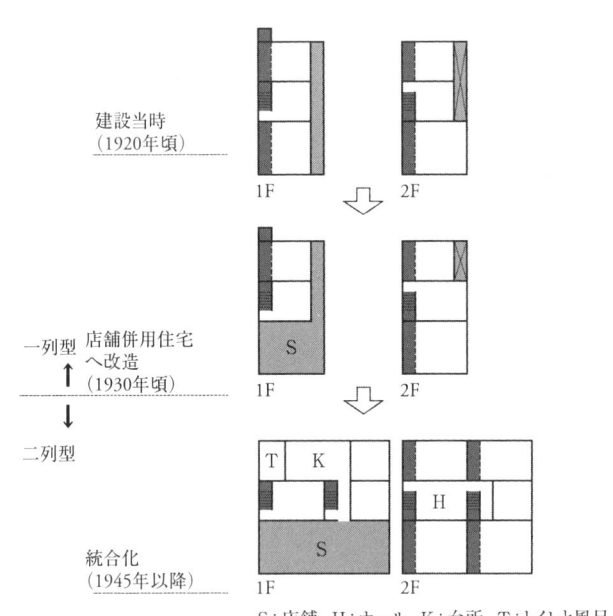

図Ⅲ-14　住宅の統合化による変容プロセス

S：店舗，H：ホール，K：台所，T：トイレと風呂

Ⅲ-3　「沿岸」の移住漁村：九龍浦

　本節では，沿岸部に位置する九龍浦の「日本人移住漁村」を対象とし，その居住空間構成とその変容について考察する．

　1910年から始まった日本人の九龍浦への移住に関する文献は多くない[712]．九龍浦の「日本人移住漁村」は次のような特徴を持っている．

　①建設初期から1945年まで「自由移住漁村」であった．
　②移住民の約7割は香川県人であった．
　③当時韓国東海岸のサバ漁業と運搬業の大根拠地であった．
　④当時「本町通り」と呼ばれた道路が存在していた．

---

712) 主要文献として，迎日郡史編集委員会「迎日郡史」(1990)，清州大学建築工学部留斎建築研究室「浦口集落実測調査報告書　10　九龍浦邑」(2003.12)，権赫在『韓国地理』(1999) などがある．

第 III 章
韓国日本人移住漁村

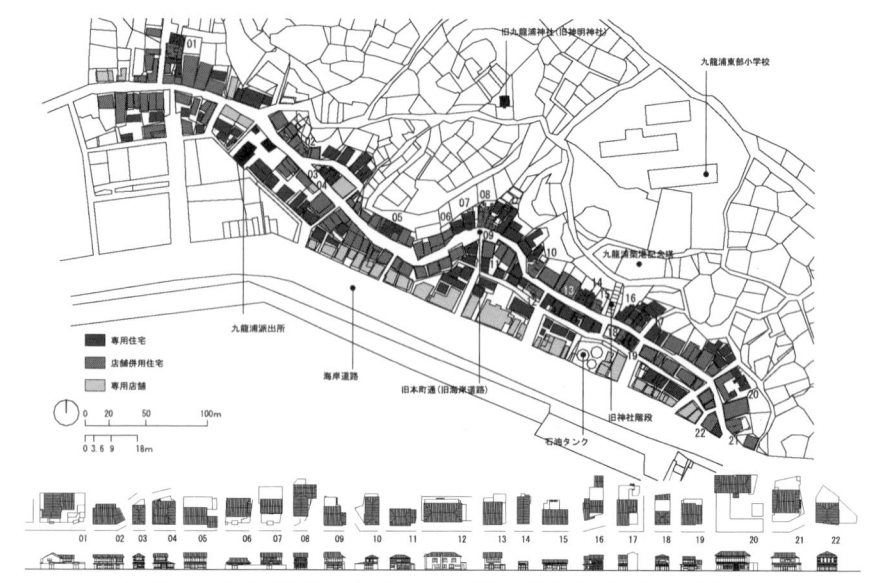

図 III-15　旧本町通沿い（九龍浦 5・6 里）の建物分布と調査対象住宅

　現在，旧「本町通り」沿いに残っている「日式住宅」は部分的に改造されたものが多いが，道路の幅，街並みなど居住地の構成は当時の状態のままである．旧「本町通り」沿いの住居についての臨地調査[713]をもとに，日本植民地期における九龍浦の居住空間構成を明らかにし，解放後の変容を解明することがここでのテーマである．九龍浦全体の構成は図 III-15 に示す．調査対象住宅は表 III-6 および図 III-16 に示している．

---

713) 4 次にわたる臨地調査を行った．第 1 次調査（2003 年 2 月 15-16 日）では，現状確認と写真撮影を行い，第 2 次調査（2003 年 7 月 23 日）では，地籍図，航空写真，地形図などの資料収集を行った．第 3 次調査（2003 年 8 月 5-6 日）では，前 2 回の調査を踏まえた上で旧本町通沿い（九龍浦 5・6 里一帯）の住居分布と建築類型の悉皆調査を行い，日式住宅を調査対象として選定した．また集落の変遷過程に関してヒアリング調査を行った．第 4 次調査（2003 年 8 月 11-14 日）では，調査対象として選定した住宅の 22 棟（実際，実測を行ったものは全部 24 棟である．そのうち 1 棟は旧九龍浦神社であるため，分析対象から除外した．また，「GU01」はかつて 1 棟の住宅が二つの居住空間に分けられたものである．しかし外観から見ると，一つの建物として認識されるため，二つの居住空間を 1 棟に扱い，最終的に調査対象を 22 棟とした．）の間取りとエレベーションを実測し，さらに住宅の改造や増築などの変容に関するヒアリング調査を行った．

表 III-6　九龍浦・調査対象住宅の概要

記号	番地	敷地面積(m²)	建築年代	用途	間口(m)	奥行(m)	構造/階数	建築面積(m²)
01	448-08/16	208.01	1940	専用住宅	36.6	23.4	W/2	181.64
02	406-06	95.20	1943	空き店舗/住宅	27.5	16.2	W/2	148.80
03	403-25	30.75	1943	専用住宅	9.0	20.0	W/2	74.02
04	403-10	80.05	1945	専用住宅	15.4	22.6	W/2	149.06
05	391-07	69.52	1942	食堂/住宅	18.0	21.9	W/2	163.59
06	389-03	50.62	1953	空き家	17.8	13.8	W/1	53.29
07	389-02	159.50	1942	専用住宅	16.2	21.3	W/2	115.01
08	389-01	88.80	1938	民宿/住宅	10.8	29.5	W/2	194.00
09	388-05	109.44	1942	事務室/住宅	16.8	21.8	W/2	—
10	386-03	105.40	1942	硝子屋/住宅	10.2	24.5	W/2	143.64
11	249-24	59.52	1931	専用住宅	20.6	12.0	W/2	94.68
12	249-09	143.40	1930	民宿/住宅	33.2	18.2	W/2	226.08
13	249-38	89.90	1930	専用住宅	17.1	23.3	W/2	138.84
14	249-37	48.28	1957	専用住宅	9.4	24.2	B/1	40.26
15	249-36	130.52	1922	理髪所/住宅	19.5	18.2	W/1	57.85
16	249-34	151.20	1922	空き家	14.6	34.5	W/2	182.21
17	249-42	114.31	1927	専用住宅	8.4	31.7	W/2	113.66
18	249-14	42.66	1925	空き店舗/住宅	10.7	23.5	W/2	92.36
19	249-16	49.14	1930	専用住宅	15.6	19.8	W/2	87.21
20	243	267.04	1923	空き家	31.4	17.6	W/2	204.67
21	242-02	210.70	1926	店舗/住宅	22.8	26.4	W/2	153.98
22	249-06	60.24	1935	占屋/住宅	17.6	31.2	W/2	162.78

※構造—W：木造，B：セメントブロック造

3-1　九龍浦の日本人移住漁村

九龍浦の概要

　九龍浦（慶尚北道迎日郡九龍浦邑）は朝鮮半島の東沿岸部に位置し，北の応岩山（ウンアムサン，標高158m）を背後にして南側の湾型の海岸沿いに形成された漁村である．九龍浦という地名は，三国時代にこの地域で九つの龍が昇天したという伝説から名付けられたという[714]．本来この地域は亀蓮（グヨン）[715]と呼ばれていたが，1914年の行

---

714) 伝説によると，新羅の真興王（539-576）の時代に「県令」（日本の県知事に当る）がこの地域の各村を巡視している時，嵐とともに10匹の龍が昇天したが，そのうち1匹が海に落ちて死んだことから「9匹の龍が昇天した浦」という意味で，九龍浦と名付けられたそうである．また別の伝説によると，龍頭山の下に奥深い沼があって，この沼に住んでいた九つの龍が東海に抜け出し，昇天したということから名付けられたものもある．
715) 「亀蓮」を韓国語で発音すると「グヨン」という．また，九龍浦の「九龍」を発音すると「グリョン」という．

第 III 章
韓国日本人移住漁村

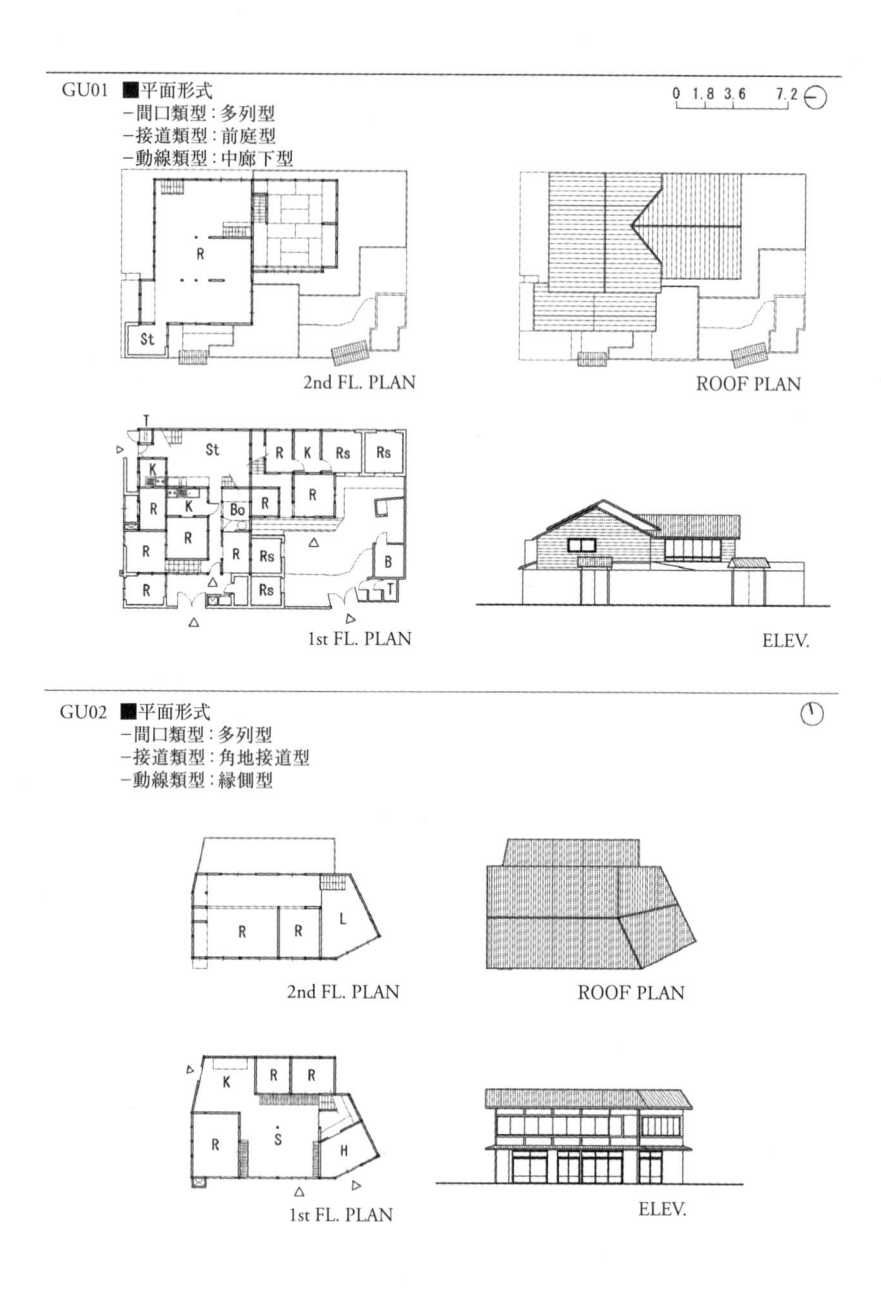

GU01 ■平面形式
 －間口類型：多列型
 －接道類型：前庭型
 －動線類型：中廊下型

2nd FL. PLAN   ROOF PLAN

1st FL. PLAN   ELEV.

GU02 ■平面形式
 －間口類型：多列型
 －接道類型：角地接道型
 －動線類型：縁側型

2nd FL. PLAN   ROOF PLAN

1st FL. PLAN   ELEV.

図 III-16a　九龍浦・調査対象の平面と立面-1

「沿岸」の移住漁村：九龍浦

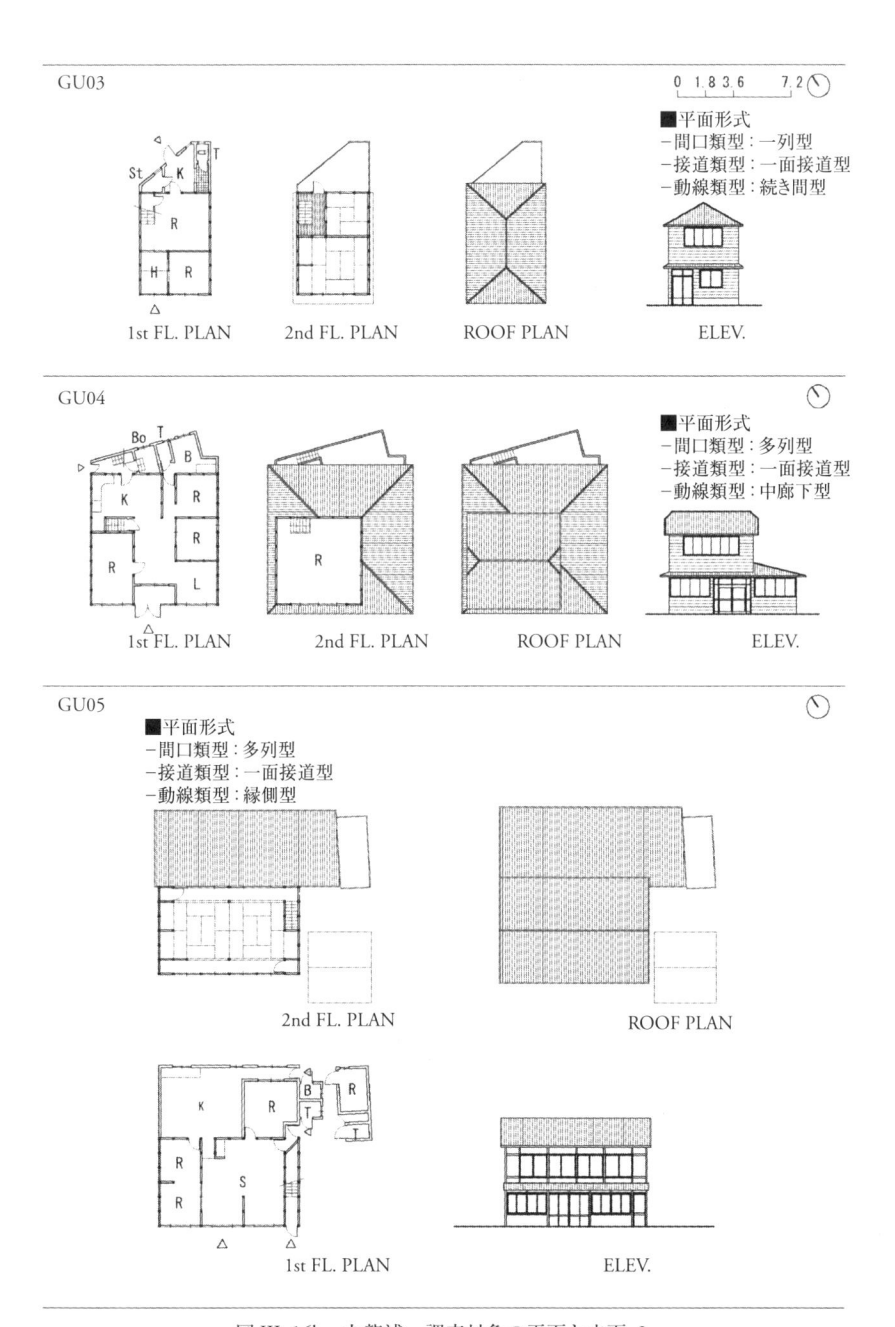

GU03

■平面形式
- 間口類型：一列型
- 接道類型：一面接道型
- 動線類型：続き間型

1st FL. PLAN　　2nd FL. PLAN　　ROOF PLAN　　ELEV.

GU04

■平面形式
- 間口類型：多列型
- 接道類型：一面接道型
- 動線類型：中廊下型

1st FL. PLAN　　2nd FL. PLAN　　ROOF PLAN　　ELEV.

GU05

■平面形式
- 間口類型：多列型
- 接道類型：一面接道型
- 動線類型：縁側型

2nd FL. PLAN　　ROOF PLAN

1st FL. PLAN　　ELEV.

図 III-16b　九龍浦・調査対象の平面と立面-2

第 III 章
韓国日本人移住漁村

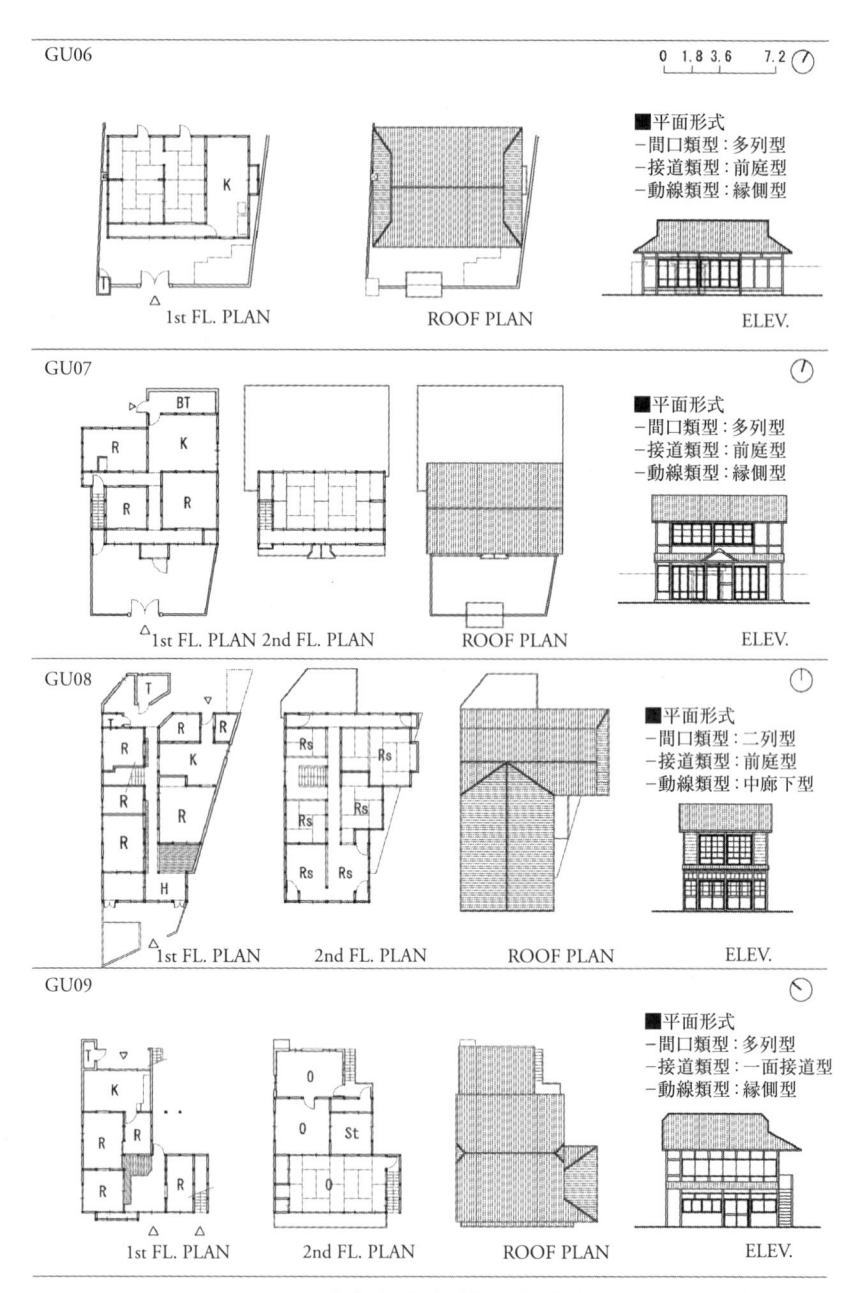

GU06

0 1.8 3.6 7.2

1st FL. PLAN　　ROOF PLAN　　ELEV.

■平面形式
－間口類型：多列型
－接道類型：前庭型
－動線類型：縁側型

GU07

1st FL. PLAN　2nd FL. PLAN　　ROOF PLAN　　ELEV.

■平面形式
－間口類型：多列型
－接道類型：前庭型
－動線類型：縁側型

GU08

1st FL. PLAN　2nd FL. PLAN　　ROOF PLAN　　ELEV.

■平面形式
－間口類型：二列型
－接道類型：前庭型
－動線類型：中廊下型

GU09

1st FL. PLAN　2nd FL. PLAN　　ROOF PLAN　　ELEV.

■平面形式
－間口類型：多列型
－接道類型：一面接道型
－動線類型：縁側型

図 III-16c　九龍浦・調査対象の平面と立面-3

「沿岸」の移住漁村：九龍浦

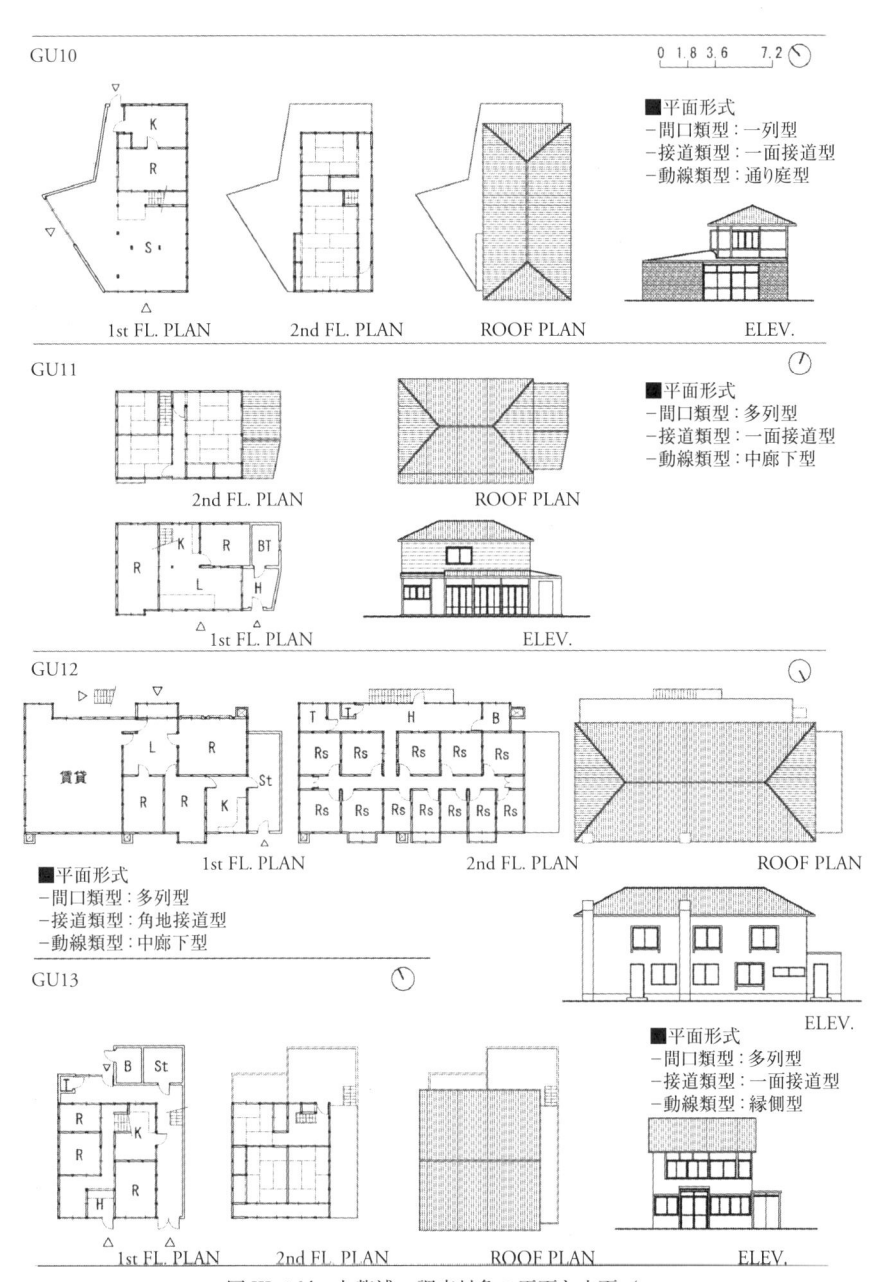

GU10

1st FL. PLAN　　2nd FL. PLAN　　ROOF PLAN　　ELEV.

■平面形式
－間口類型：一列型
－接道類型：一面接道型
－動線類型：通り庭型

GU11

2nd FL. PLAN　　ROOF PLAN

1st FL. PLAN　　ELEV.

■平面形式
－間口類型：多列型
－接道類型：一面接道型
－動線類型：中廊下型

GU12

1st FL. PLAN　　2nd FL. PLAN　　ROOF PLAN

ELEV.

■平面形式
－間口類型：多列型
－接道類型：角地接道型
－動線類型：中廊下型

GU13

1st FL. PLAN　　2nd FL. PLAN　　ROOF PLAN　　ELEV.

■平面形式
－間口類型：多列型
－接道類型：一面接道型
－動線類型：縁側型

図III-16d　九龍浦・調査対象の平面と立面-4

第 III 章
韓国日本人移住漁村

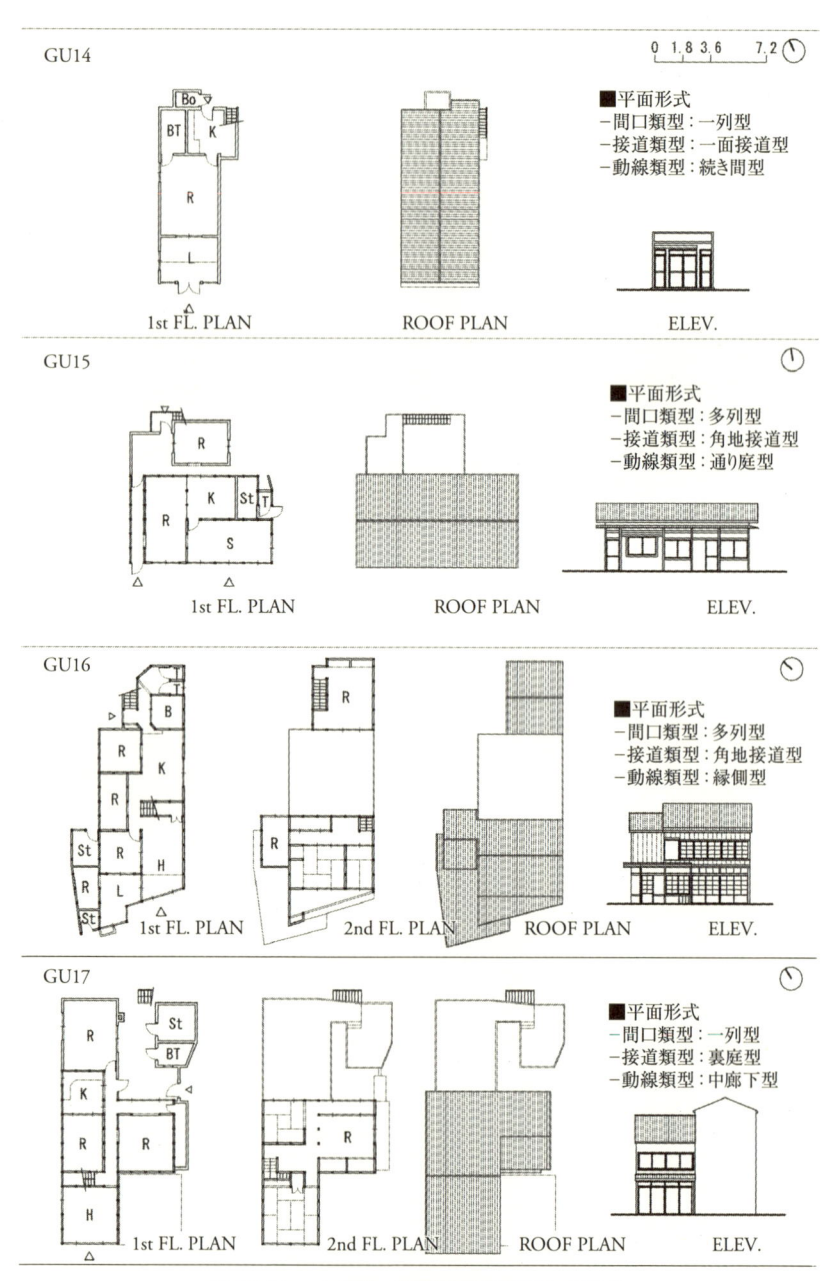

GU14

1st FL. PLAN　　ROOF PLAN　　ELEV.

■平面形式
- 間口類型：一列型
- 接道類型：一面接道型
- 動線類型：続き間型

GU15

1st FL. PLAN　　ROOF PLAN　　ELEV.

■平面形式
- 間口類型：多列型
- 接道類型：角地接道型
- 動線類型：通り庭型

GU16

1st FL. PLAN　　2nd FL. PLAN　　ROOF PLAN　　ELEV.

■平面形式
- 間口類型：多列型
- 接道類型：角地接道型
- 動線類型：縁側型

GU17

1st FL. PLAN　　2nd FL. PLAN　　ROOF PLAN　　ELEV.

■平面形式
- 間口類型：一列型
- 接道類型：裏庭型
- 動線類型：中廊下型

図 III-16e　九龍浦・調査対象の平面と立面-5

「沿岸」の移住漁村：九龍浦

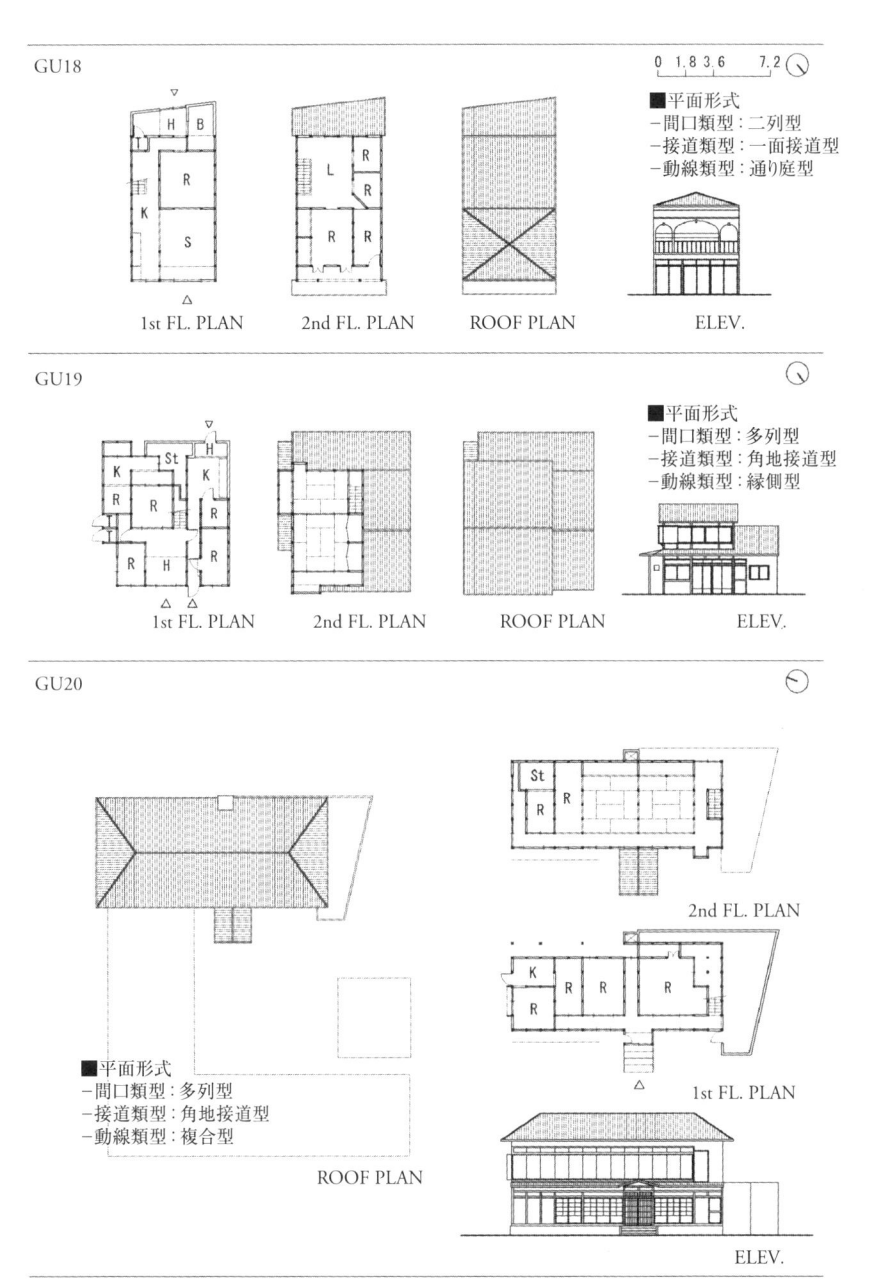

GU18

1st FL. PLAN　2nd FL. PLAN　ROOF PLAN　ELEV.

■平面形式
－間口類型：二列型
－接道類型：一面接道型
－動線類型：通り庭型

GU19

1st FL. PLAN　2nd FL. PLAN　ROOF PLAN　ELEV.

■平面形式
－間口類型：多列型
－接道類型：角地接道型
－動線類型：縁側型

GU20

■平面形式
－間口類型：多列型
－接道類型：角地接道型
－動線類型：複合型

ROOF PLAN

2nd FL. PLAN

1st FL. PLAN

ELEV.

図 III-16f　九龍浦・調査対象の平面と立面-6

第 III 章
韓国日本人移住漁村

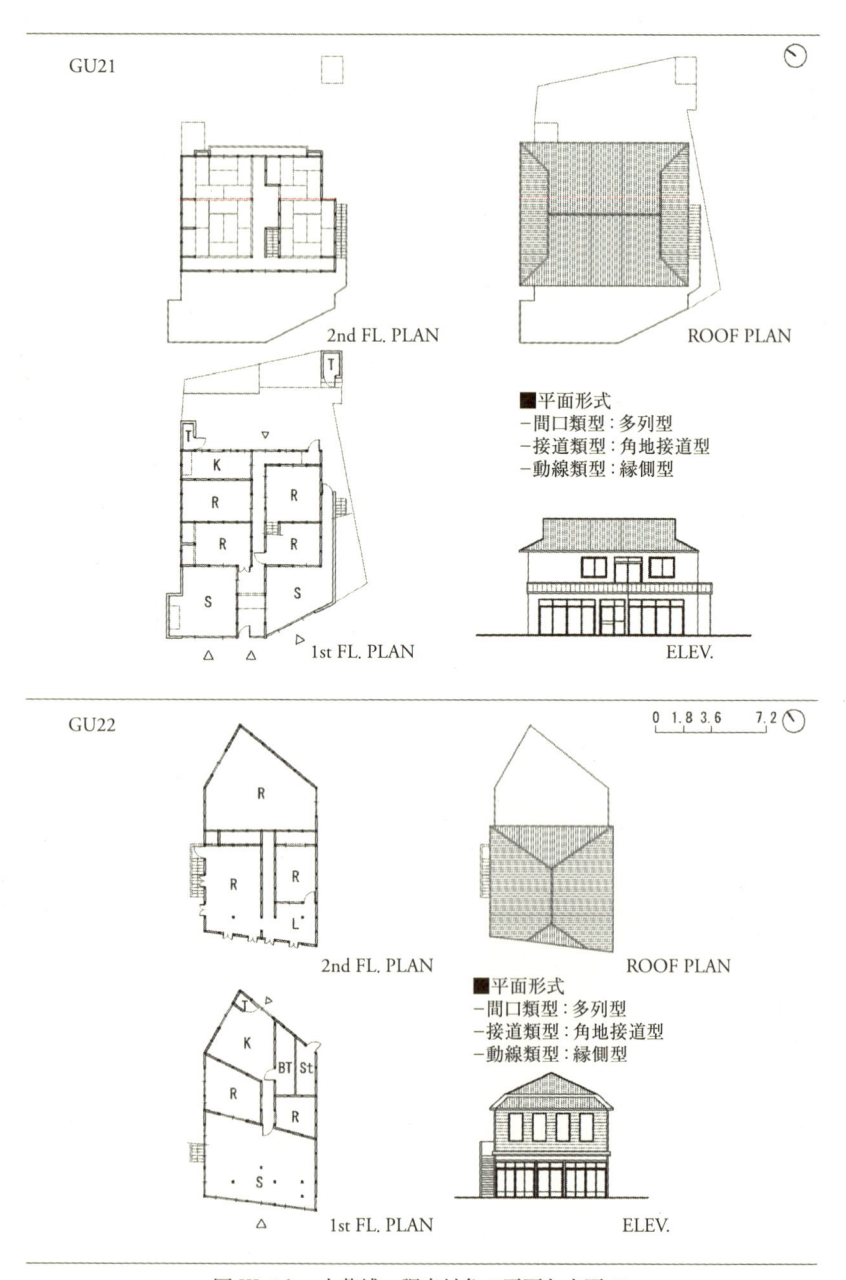

GU21

2nd FL. PLAN　　　ROOF PLAN

■平面形式
－間口類型：多列型
－接道類型：角地接道型
－動線類型：縁側型

1st FL. PLAN　　　ELEV.

GU22

2nd FL. PLAN　　　ROOF PLAN

■平面形式
－間口類型：多列型
－接道類型：角地接道型
－動線類型：縁側型

1st FL. PLAN　　　ELEV.

図 III-16g　九龍浦・調査対象の平面と立面-7

274

政区域統廃合によって六つの里[716]が統合された．現在，港内水面積約 37 万 7000m^2 を保有する第 2 種漁港[717]として韓国東海岸の重要漁港の一つであり，1966 年には巨文島や外羅老島とともに漁業前進基地[718]として指定されている．調査対象地区である九龍浦 5・6 里一帯には現在も「日式住宅」が数多く残っており，特に集落の北端部の小高い丘には旧九龍浦神社の建物が当時のままに残っているのが非常に珍しい[719]．九龍浦邑の全体の面積は 45.04km^2，人口は 1 万 5040 人 (5084 戸) であり，調査対象地区の九龍浦 5・6 里の面積は 1.27km^2，人口は 1861 人 (952 戸) である．主要産物としてはイカ，サワラ，ブリ，青魚などがある[720]．

日本人の移住とその経緯

　九龍浦は，1800 年代末まで沿岸にほとんど船を繋ぐところもない朝鮮人 2 戸の一寒村であった．1902 年（明治 35 年）に山口県豊浦郡の鯛縄漁船 50 余隻が来航したのが九龍浦の通漁者開拓の始まりである．1904 年には香川県鯛縄・サワラ流が，1906 年には香川県の小田組と大阪の有漁組の 80 隻がサバ流をもって来港する．1909 年に防長出漁団がサバ流漁業をもって大成果を上げて以来サバ漁業の大根拠となった．
　九龍浦の「日本人移住漁村」の形成は，1910 年に方漁津（慶尚南道蔚山市）から 3 戸が移住して開始される．移住者は次第に増加し，1912 年（大正元年）には 47 戸となる．1913 年には道路や街区などが整備され，1914 年には役所，警察署，郵便局などの官公署が建てられるなど日本人の移住はますます増加する．1926 年には漁港が完成したが，1930 年の台風により被害を受け，国庫補助によって 1935 年に新たな港が完成する．1927 年頃には移住者が 120 戸を越え，移住者の 7 割は香川県人であった．
　特に，九龍浦港は日本人の林兼，石原，井上，高尾，橋本などの漁業兼運搬業者の根拠地となり，サバ盛漁期には漁船と運搬船が約 2000 隻来航した．1933 年の移住者総戸数は 220 戸で，その大半は漁業者であった．また，マイワシ漁業の勃興以来その一大中心となった．移住漁民の出身地は香川県の他，岡山県，山口県，長崎県，鳥

---
716) 統合されたものは滄珠里（現，九龍浦 1・2 里），中央里 (3 里)，石門里 (4 里)，長安里 (5 里)，龍珠里 (6 里)，大新里 (7 里) の六つである．
717) 「第 2 種漁港」とは，地方漁港として沿岸漁業を主とする漁港である．韓国の漁港法第 6 条によって指定される．
718) 漁業前進基地とは，給水施設，給油施設，共同倉庫，漁業無線局などが設置されており，さらに漁獲物の処理・加工が出来る多目的漁港を意味する．韓国では 1966 年に巨文島，羅老島などの 10 箇所を漁業前進基地として指定している．
719) 日本植民地期に韓国の各地につくられた神社は，解放後最初に壊され，現在は敷地の跡だけが残っているのが現状である．しかし，九龍浦神社は解放後に神社の建物をカトリック教会として利用されたため，現在まで残ったという経緯がある．
720) 迎日郡史編集委員会 (1990)，pp. 537-545.

取県，三重県などであった[721]．

九龍浦港の発展
　九龍浦が近代的な漁港として本格的に発展し始めたのは，九龍浦の築港工事の一環として，防波堤と埠頭が築造されてからである（1923-1926 年）．総工事費は 35 万円（内，国庫補助は 13 万円，地方費は 10 万円，面費は 12 万円）を計上，総 182m の防波堤を築造した．こうした築港によって 1925 年からは「釜山―元山」航路と「釜山―ウルン島」航路の間の寄港地となった．また，サワラ，ブリ，青魚の漁獲量が年間 60 万円を上回り，1934 年に九龍浦を出入した船舶は 1995 隻，輸出入総量 6 万 2158t，金額は 306 万 1287 円に至った．東海岸では浦項に続く 2 番目の漁港として発展し，1942 年には邑に昇格されている[722]．

　九龍浦が近代的な漁港として発展するとともにつくられた近代施設としては，まず，公共施設として，邑事務所と郵便局がある．1942 年 10 月 1 日に九龍浦は邑に昇格し，邑庁舎が新築された[723]．当時の邑庁舎は 2 階建ての木造で，西洋風と日本風が混じった折衷様式につくられた．郵便局は 1914 年 8 月 1 日に九龍浦里 257 番地（敷地面積：約 100 坪）に初めてつくられ，1942 年 9 月 15 日に木造の 1 階建てと煉瓦造の 1 階建て（床延面積：35.7 坪）が新たに築造された[724]．

　教育施設として初めにつくられたのは，1919 年 6 月に開校した心常小学校（九龍浦里 38-1 番地）であり，主に日本人の子女が通っていた．それに対して，朝鮮人の学校として 1924 年に開校したのは九龍浦小学校（766 番地）である．尋常小学校が日本政府と総督府の補助金によってつくられたのに対して，九龍浦小学校は当時朝鮮人の面長が各部落を巡回し，朝鮮人の住民から募金した地方負担金でつくられたものである．

　九龍浦の金融・商業施設として代表的なものは九龍浦金融組合である．1920 年 5 月 7 日に浦項金融組合から分離して設立された．移住した日本人の商人らは，小資本の質屋，薬，お菓子，石油などの店舗を営み始め，経済力を蓄え，やがて金融組合の主役として働くことになる．代表的な施設として慶北商会醸造工場（1918 年 5 月），（株）九龍浦電気（1927 年 10 月），（株）鮮海漁業（1928 年 4 月），（株）創州醸造（1928 年 7 月）などが次々に創業している[725]．一方，昔からこの地域で毎月 3 日と 8 日に開かれていた朝鮮人による定期市場（当時名：創州場）も続けられていた．

---

721) 迎日郡史編集委員会（1990），pp. 308-309.
722) 迎日郡史編集委員会（1990），pp. 418-419.
723) 迎日郡史編集委員会（1990），p. 395.
724) 迎日郡史編集委員会（1990），p. 396.
725) 迎日郡史編集委員会（1990），p. 380-384.

3-2 集落の空間構造

　日本植民地期において沿岸部につくられた「日本人移住漁村」の大半は湾型であり，湾の形態に沿った居住地形態を持つのが一般的である[726]．特に，九龍浦港はその典型的な事例である．九龍浦は都市的な機能を有する漁業の生産・流通の一大センターであった．天然の良港であり，昔から避難港として知られてきた．

街区構成と街路体系

　九龍浦の街路体系は日本植民地時代のものがほぼそのまま残されている．街路体系の軸になる海岸道路（幅員20-30m）と旧「本町通り」（幅員4-6m）は，海岸線と並行して湾の両端を繋いでいる．旧「本町通り」は九龍浦の最初の海岸道路であったが，1930年代に海側の砂混じりの磯が埋め立てられ，新たな海岸道路がつくられたという経緯がある．裏道となった旧「本町通り」の形状はかつての海岸線の湾曲がそのベースとなっている．また街区背後の小高い丘へ通じる小路（幅員2-4m）があり，坂道もしくは階段となっている．集落の背後の小高い丘に立地する旧九龍浦神社へ登る階段は日本植民地期のまま残っている．特に，旧「本町通り」に面した街区内の敷地の形態は湾曲した旧海岸道路とそれに直交してつくられた路地によって台形となるのが一般的である．

　一方，街区形態に着目してみると，定形街区と非定形街区の二つに分けられる．定形街区は，海岸道路と旧「本町通り」に接して比較的平坦な狭隘地に位置し，方形と台形の敷地が並ぶ形態を取っている．特に，山の迫った狭隘地に形成された方形と台形敷地は非定形住居地と接する場合が多く，部分的に非定形の敷地形態となる．非定形街区は丘陵地に位置し，階段状になることが多く，敷地の形態は非定形である．定形街区は，集合的な観点からみると連担しているため都市的な居住地形式とみられる（図III-17）．

旧本町通りの街並み

　九龍浦の旧「本町通り」沿いの住居は平屋と2階建ての「日式住宅」が大半である．特に，九龍浦5・6里の街並みは現在でも当時と同じように維持されており，住宅と住宅が肩を寄せるように並ぶ街並みを構成している．「日式住宅」は平入りが一般的で，全体的に水平的な街路景観を持つ．屋根の材料はトタンが大半で，屋根の傾斜が

---

[726] 日本人移住漁村の29箇所を集落形態に焦点を当てて分類すると，大半が湾型である（20箇所）．朴重信・金泰永・李勲「韓国近代期浦口集落の形成過程と類型に関する研究」『大韓建築学会春季学術発表大会論文集』，2004.4, pp. 543-546.

第 III 章
韓国日本人移住漁村

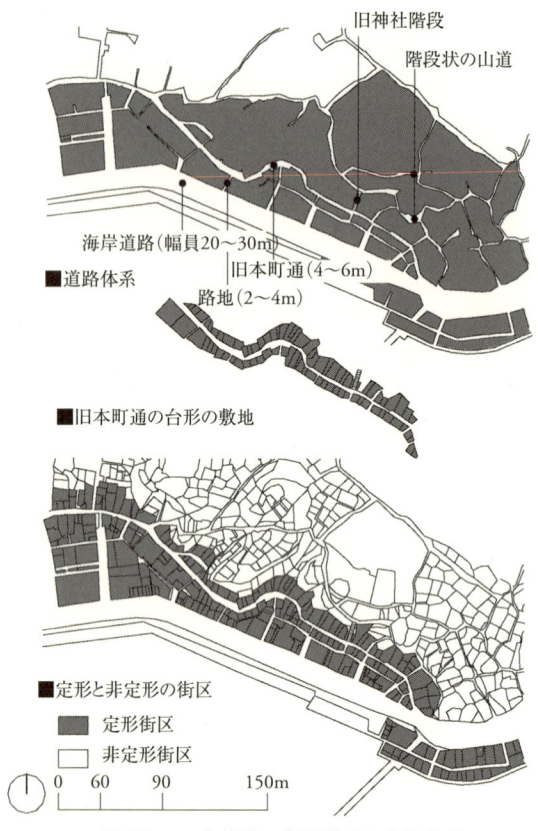

図 III-17　九龍浦・街区構成と街路体系

非常に緩やかであることが特徴である．屋根材料として，トタン屋根が瓦葺き屋根より雨仕舞が優れていることから用いられるようになったのは，他の地域と同様である[727]（口絵 10）．

建物の間口の柱間に着目してみると，「2 間（12 尺，3.6m）」を基本とし，2 間 3 尺，

---

[727] 日本で最初のトタン屋根は鉄道のプラットフォームの上家であったようである．明治 4 年に鉄道寮に納入された物品の中に「トタン薄鉾板」という項目があり，これは亜鉛引きの波板であると考えられる．明治 14（1881）年の「屋上制限令（東京府知事）」の制定によって耐火性が知られ，大正 12（1923）年の関東大震災後の建て直しに多く使用された．さらに 1930 年代末には着色亜鉛鉄板葺が開発されてから日本全国に盛んに普及された．（松尾宗次「ファインスチールの歴史」『雑誌ファインスチール』，第 47 巻 3 号（通巻 529 号），2003, pp. 1-2）上記の状況から考えると，少なくとも 1930 年代以降は日本人移住漁村の日式住宅にもトタン屋根が普及され，使われたと考えられる．

2間半，3間（2間＋1間），4間（2間＋2間），6間（2間＋2間＋2間）など多様なパターンがみられる．また建物の外観は，①外壁材料として木板と亜鉛塗鉄板波板が数多く用いられている，②1階の表の扉には欄間が設けられているものが多い，③2階の窓には雨戸と戸袋が当時のままに残っているものが多い（GU01，02，07，16，19，20，22），という三つの特徴がある．

日式住宅の分布

　現在，九龍浦に残っている「日式住宅」は，1920年初頭から1945年の間に建てられたものが多く，他の「日本人移住漁村」と比べて非常に保存状態が良好である．また，母屋に煙突が付いているものがある（GU01，07，12，15，19，22）．ヒアリング調査によると，建設当時から畳間とともに「オンドル」間がつくられたという．

　(1) 専用住宅

　専用住宅の大半は平屋と2階建てである．主に漁港背後の小高い丘に密集しており，階段状の敷地に分布している．他には旧「本町通り」沿いに点在する程度である．旧「本町通り」沿いの専用住宅は接道するものが一般的であるが，前庭を持つものもある（GU06，07）．前庭は庭園の機能よりも通路や作業場としての役割を持ち，すなわち「マダン」的性格が強い．一方，かつて店舗併用住宅が専用住宅に変容したものがある（GU05，13，14，16，17，18，19）．これは旧「本町通り」が裏道化され，商業が衰退したことに起因するものである．

　(2) 店舗併用住宅

　店舗併用住宅は主に旧「本町通り」沿いに密集しており，その大半が1階に店舗，2階に住居を持つ．スーパーマーケット，飲食店，雑貨屋，民宿，美容室，硝子屋，事務室などの比較的小規模の商業施設である．店舗併用住宅の2階には現在も畳間が当時のままに残っているものが多い．そして道路からみると，2階の正面の建具は水平連続窓の形態を取っているものが多い．空き店舗が増えつつあり，これは前述のように，旧本町通が裏道化したことによるものと考えられる．

3-3 │ 住居類型とその変容プロセス

　一般に島の「日本人移住漁村」の住宅地は間口が狭く，奥行きの長い短冊型の敷地割りが多いが[728]，九龍浦の「日式住宅」は比較的間口が広い．また「日式住宅」の間口は前述のように「2間（12尺，3.6m）」を基本とするが，多様な平面構成がみられるのが特徴である．調査した22棟を対象として，住宅への出入動線と道路と母屋の関

---

728) 朴重信・布野修司（2004a）．

係に着目して分析すると次のようである.

出入動線による類型

　住宅の出入動線に着目してみると，続き間型，縁側型，通り庭型，中廊下型，複合型の五つに分けられる．その類型を図III-18に示す.

　続き間型は，最小限の生活空間が確保されているもので，間取りは「部屋—部屋—台所・トイレ」という3室が並ぶきわめて単純な構成をとっている.

　縁側型は母屋の長軸に平行して，表あるいは裏に縁側がつくられたもので，縁側は廊下あるいは通路の役割を果たしている.

　通り庭型は，母屋の表から奥行きに貫く通り庭や廊下が建物の片面に設けられたもので，間取りは，続き間型に通り庭や廊下が加えられた構成である（GU10，18）.

　中廊下型は部屋と部屋を挟んで廊下が設けられたもので，主出入方向に平行あるいは直交方向に廊下が形成される．特に出入方向に廊下が平行するものは，通り庭型と続き間型が付けられた形態とみられる（GU08，22）.

　複合型は縁側型と中廊下型が複合したもので，縁側型の母屋が長軸に長くなる場合に内部の動線のため，部屋と部屋の中に廊下が設けられたものである.

　それぞれ，続き間型が2棟，縁側型が7棟，通り庭型は3棟，中廊下型は8棟，複合型が2棟である．このうち，縁側型と中廊下型が約7割（調査対象の22棟のうち15棟）を占めている.

　住宅の出入動線に着目した類型についてまとめると，①九龍浦の「日式住宅」は縁側型と中廊下型が一般的であること，②通り庭型は「続き間型＋廊下」の構成であること，③中廊下型で廊下が出入方向に平行するものは「通り庭型＋続き間型」の平面構成であること，④複合型は「縁側型＋中廊下型」の形態として母屋が長いものがみられること，という四つの点を指摘出来る．②–④を図式化すると図III-19のようになる

道路と母屋の関係による類型

　道路と母屋の関係に着目して分類すると，接道型，前庭型，裏庭型の三つに分けられる．それぞれの数は接道型が15棟，前庭型が5棟，裏庭型は2棟である.

　接道型は都市で普通にみられるものと変わらない．店舗併用住宅は店舗と住居の出入を共有するものが大半で，1階の台所とトイレも共有する．また，かつて店舗併用住宅が専用住宅に転用されたものは，店舗部分が居間に変わったものが多い（GU11，13，16，17，18，19）．こうした居間は各室を繋ぐ中心空間となり，「玄関→居間→（廊下）→部屋」という動線を持つ.

　前庭型は母屋の表に庭を持ち，母屋と平行して前庭を囲む塀と門が設けられている

「沿岸」の移住漁村：九龍浦

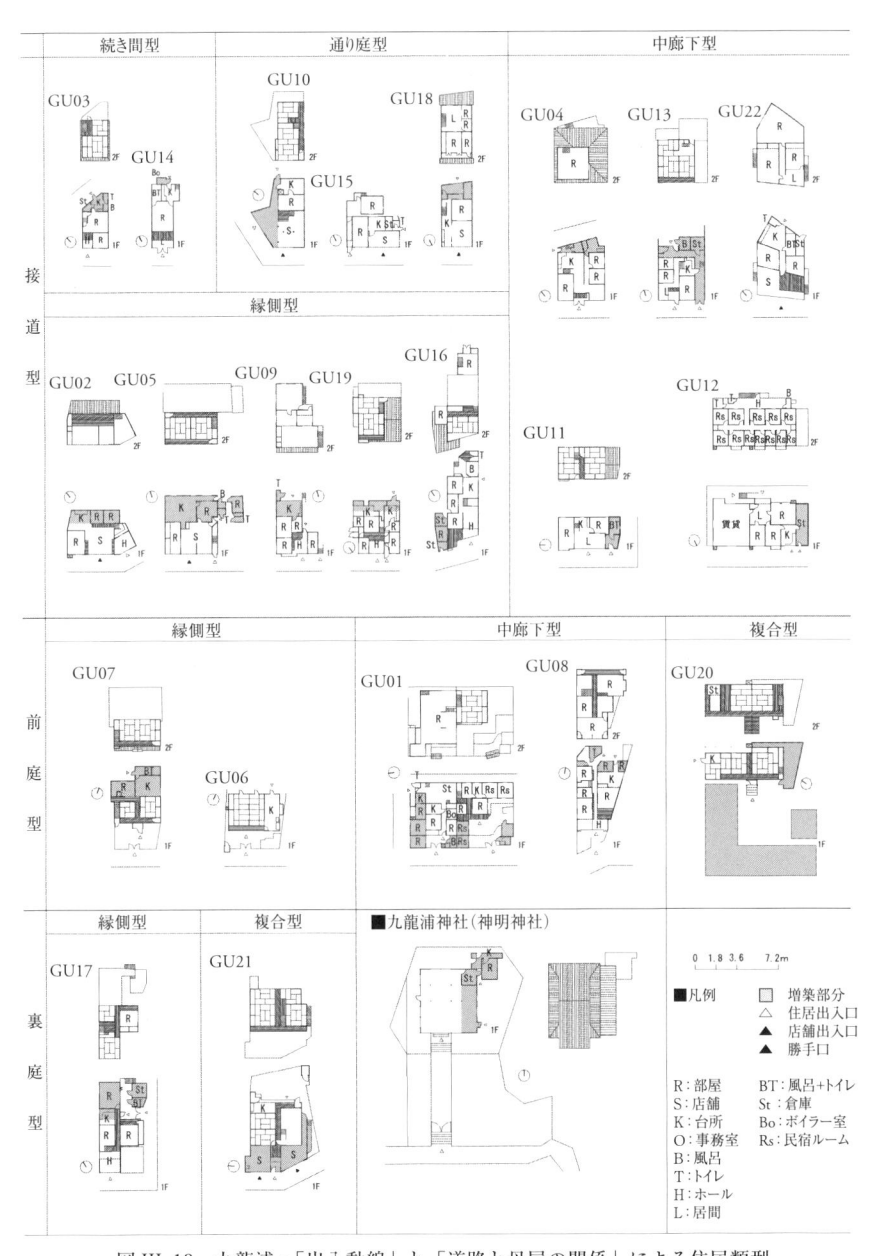

図III-18 九龍浦・「出入動線」と「道路と母屋の関係」による住居類型

281

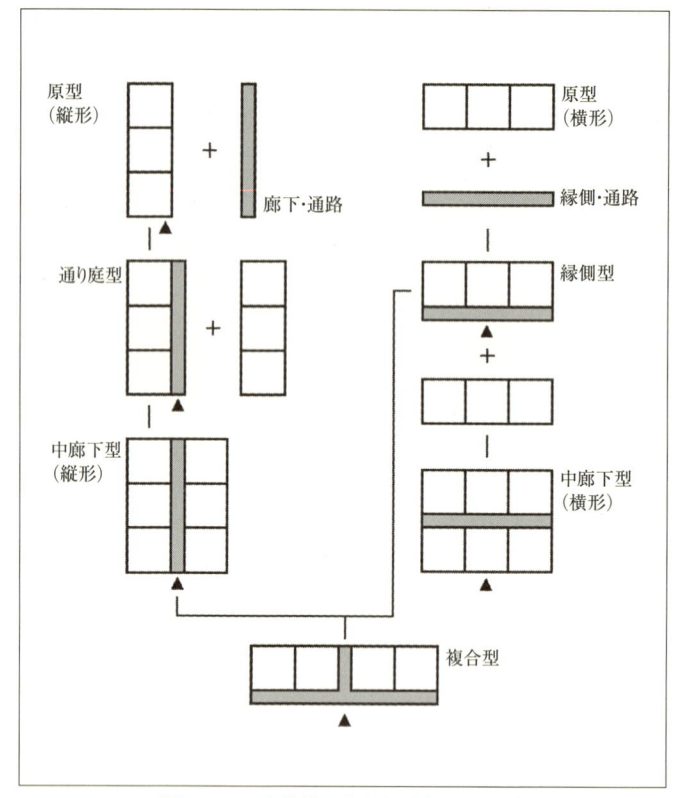

図 III-19　九龍浦・住居類型相互の関係

ものが一般的である．前庭型は他の「日本人移住漁村」ではあまりみられないものである．特に1階の表に縁側が設けられたものは，「表の門→庭→（ポーチ）→縁側→部屋」の動線となる[729]（GU01, 06, 07）．

裏庭型は裏に庭を持つもので，建物の表から裏に通る中廊下が設けられている．また，裏庭に面する縁側は中廊下と直交して形成されている．

住居の変容プロセス

九龍浦の「日式住宅」の変容には，前述のように，増改築に一般的に見られる変容と建物そのものが統合または分離される変容がある．建物の統合は並列して隣接する

---

[729] 朴重信・布野修司「日本植民地期における韓国の日本人移住漁村について　その3　九龍浦（グリョンポ）の事例」『日本建築学会大会学術講演梗概集』，2004.8, pp. 709-710.

もの同志で壁の一部を繋いで二つの住宅を一つにするものである．建物の分離は一棟の住宅に遮断壁を設け，それぞれの居住空間を分けるものである．

　住宅の統合は道に接する「通り庭型＋続き間型＝中廊下型」という形式で起こる（GU19）．これは，巨文島の場合と同じであり，間口は「2間 (12尺, 3.6m)」を基本として2間の3列が中廊下を挟む．具体的には，「2間＋2間＋片廊下（＋片廊下）＋2間」となる．片廊下の壁の一部を開け，扉を付けただけのものである．また二つの店舗併用住宅が統合されたため，表の一つの店舗は部屋に変わり，一つは店舗として利用される．

　一方，他の「日本人移住漁村」と異なり，当時の専用住宅が分離されたものがある（GU01）．屋敷の「L」形の母屋が二つに分けられたものである．こうした二つの居住空間は増築によってそれぞれ「L」形となっているのが大きな特徴である．また，それぞれの前庭を持つ．建設当時に庭としてつくられたものが，解放後には「マダン」（通路あるいは作業場）として利用されている．その変容プロセスを図式化し，示すと図III-20のようになる．

III-4　「河口」の移住漁村：外羅老島

　本節では，河口に立地する外羅老島の「日本人移住漁村」を対象とし，その居住空間構成と変容について考察する．

　1903年から始まった日本人の外羅老島への移住に関する文献は，他の漁村と比べるときわめて少ない．主要な参考文献とするのは，在京蓬莱面郷友会の『蓬莱（羅老島）』(1988)，高興郡の『村由来誌』(1991)，高興郡史編集委員会の『高興郡史（上・下）』(2000)，清州大学建築工学部留斎建築研究室の『浦口集落実測調査報告書15（蓬莱面・外羅老島）』(2004)などである．

　外羅老島の「日本人移住漁村」は次のような特徴を持っている．

　①川と海が直交して接する河口および海岸線沿いに街並みが構成されている．
　②街並みを構成している住宅は1-2階建てである．
　③当時，「本町通り」と呼ばれた道路が存在していた．
　④道路の裏側の街区は自然地形にあわせた階段式居住地である．

　現在，旧「本町通り」沿いの「日式住宅」は部分的に改造されたものが多いが，道路の幅，街並みなど居住地の構成は当時の状態のままである．ここでは，旧「本町通り」

第 III 章
韓国日本人移住漁村

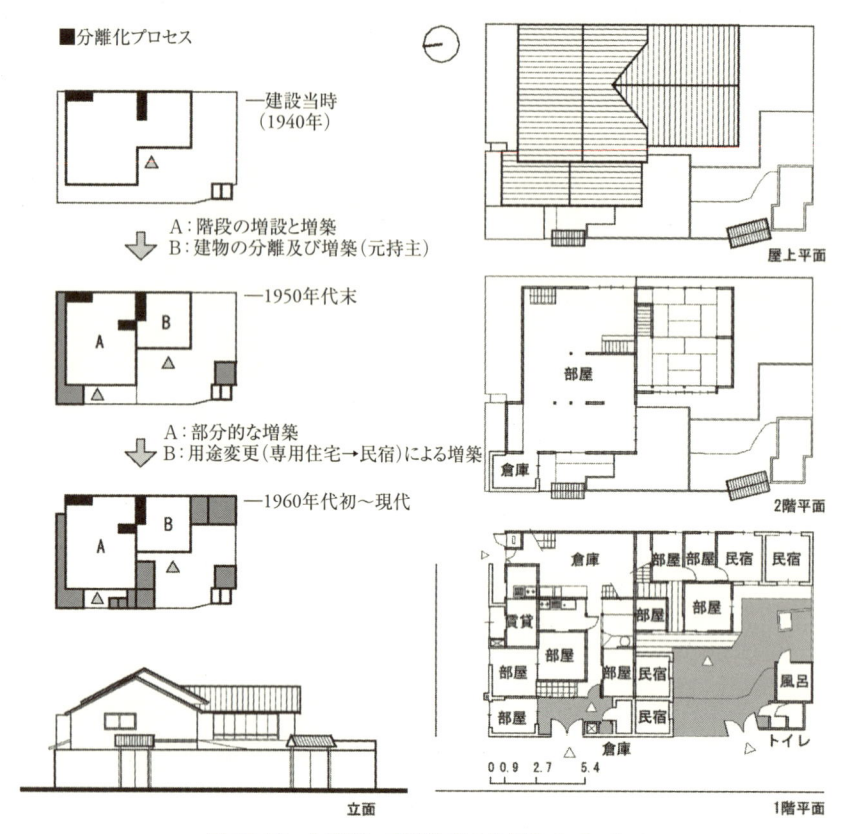

図 III-20　九龍浦・専用住宅の分離化のプロセス

沿いの住居についての臨地調査[730]をもとに，日本植民地期における外羅老島の居住空間構成と解放後の変容について解明したい．外羅老島全体の構成は図 III-21 に示す通りである．調査対象住宅は表 III-7 および図 III-22 に示す．

---

730) 4次にわたる現地調査を基にしている．第 1 次調査（2004 年 2 月 22 日）では，現状確認と写真撮影を行い，第 2 次調査（2004 年 6 月 17 日）では，地籍図，航空写真，地形図などの資料収集を行うとともに集落の変遷過程に関するヒアリング調査を行った．第 3 次調査（2004 年 6 月 28 日）では，前 2 回の調査を踏まえた上で島の全域の住居分布と建築類型の悉皆調査を行い，旧本町通沿いの住宅を調査対象として選定した．第 4 次調査（2004 年 7 月 5-8 日）では，選定した住宅の実測調査を行った．実測の内容としては，まず旧本町通り沿いの住宅の 88 棟を対象として建物外周とエレベーションを実測した上でそのうち 55 棟の間取りを調査した．さらに 55 棟の中で代表的な事例を 14 棟選び，平面，立面，断面を詳細に実測した．

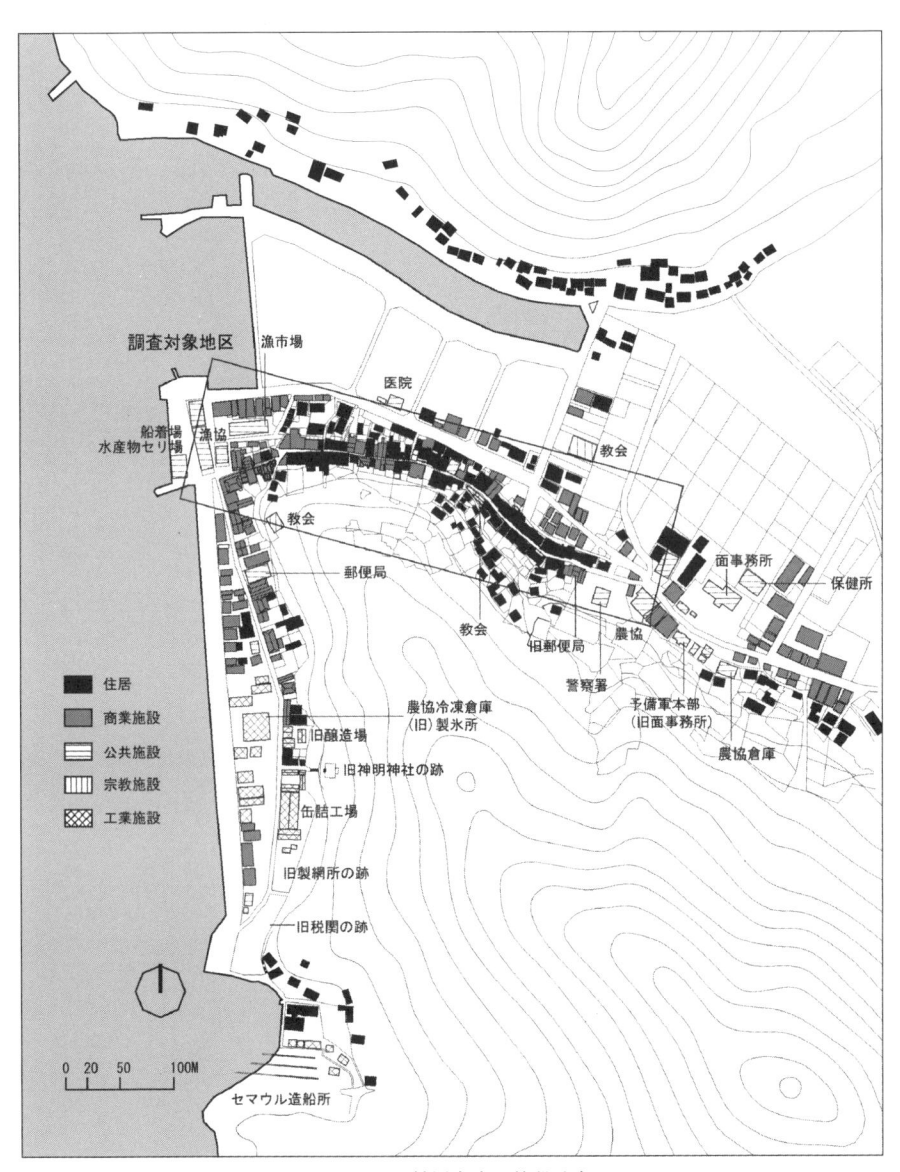

図 III-21　外羅老島の施設分布

第 III 章

韓国日本人移住漁村

表 III-7　外羅老島・調査対象住宅の概要

記号	番地	建築年代	用途	間口(m)	奥行(m)	構造/階数	建築面積(m^2)
S01	1073	1957	娯楽室/住宅	11.90	12.36	W/1	97.89
S02	1069-1	1992	専用住宅	8.10	14.40	B/1	148.80
S03	1069-7	1943	専用住宅	6.40	7.45	W/1	40.60
S04	1068-6	1941	空家	16.80	9.10	W/1,B	89.20
S05	1068-5	1997	専用住宅	8.54	9.83	B/1	58.47
S06	1068-4	1984	空き店舗/住宅	4.91	10.82	B/1	39.60
S07	1068-2	1978	専用住宅	7.18	11.85	B/1	66.10
S08	1068-1	1973	専用住宅	11.34	10.99	B/2	171.60
S09	1044-2	1943	専用住宅	4.67	7.44	B/2	48.58
S10	1033	1943	食堂/住宅	13.02	12.60	B/1	165.30
S11	1028	1943	専用住宅	12.09	9.05	W/1	74.38
S12	1027-2	1982	雑貨店/住宅	9.52	8.30	B/2	79.40
S13	1024	1943	専用住宅	10.10	8.35	W/2,B	111.30
S14	1023	1943	洗濯屋/住宅	9.06	15.04	W/2,B	39.00
S15	1020	1993	専用住宅	4.15	10.87	B/2	60.48
S16	1020-2	1943	専用住宅	5.84	11.02	W/1	54.20
S17	1005	1981	専用住宅	4.32	17.00	W/1	112.00
S18	1006	1960	空き店舗/住宅	4.43	12.72	W/1	56.19
S19	1007	1970	空き店舗/住宅	4.08	16.52	W/1	50.24
S20	1010	1970	専用住宅	4.26	15.65	W/1	46.20
S21	1000	1965	空き店舗/住宅	14.81	14.99	W/1	162.00
S22	999-1	1945	薬局/住宅	14.87	13.43	W/2	157.00
S23	998-2	1973	貴金属屋/住宅	6.80	6.50	B/2	39.70
S24	996-6	–	美容室/住宅	7.76	12.24	B/2	186.00
S25	999-3/5/7	–	船具店/住宅	5.70	10.60	B/2	–
S26	1000-1	1956	魚屋・食堂/住宅	20.05	23.45	W/2	541.17
N01	1089-30	1974	専用住宅	3.34	4.65	B/1	46.00
N02	1089-12	1975	専用住宅	5.54	9.54	B/1	36.36
N03	1089-28/29	1943	専用住宅	9.33	5.96	W/1	96.19
N04	1089-27	1941	専用住宅	6.95	10.80	W/1	55.20
N05	1089-26	1948	専用住宅	7.02	9.02	W/1	36.40
N06	1089-24	1970	専用住宅	6.22	10.80	B/1	43.20
N07	1089-22	1943	専用住宅	6.70	8.45	W/1	53.88
N08	1089-21	1943	専用住宅	5.50	7.58	W/1	46.28
N09	1089-19/20	1963	専用住宅	7.35	11.30	B/1	60.16
N10	1089-17	1943	専用住宅	5.65	13.84	B/1,W	160.30
N11	1089-15	1966	空家	9.34	8.15	W/2	66.39
N12	1041-2/3	1978	専用住宅	8.39	7.50	B/1,S	27.43
N13	1040-1/1041	1940	写真館/住宅	8.08	18.80	C/2	138.55
N14	1035-11/12	–	鉄物倉庫/住宅	4.18	9.57	W/1	–
N15	1035-7/9	–	専用住宅	2.75	20.85	B/1	–
N16	1034	1980	専用住宅	9.60	15.32	B/1	71.06
N17	1029-2/3	1943	空き店舗/住宅	7.27	14.69	W/1	89.90
N18	1026-29	1979	文房具屋/住宅	4.15	19.04	B/1	13.30
N19	1026-1	1985	営業事務所	4.40	17.71	B/1	27.70
N20	1022	1935	パン屋/住宅	9.20	10.94	C/2	99.20
N21	1021	1943	鉄物店/住宅	6.68	15.68	W/2	97.00
N22	1019	1976	空き店舗/住宅	4.11	23.74	W/2	33.00
N23	1014	1943	空き店舗/住宅	11.07	11.20	W/1	74.38
N24	1009	1977	専用住宅	4.57	9.11	B/2	38.34
N25	1003/1008	1996	美容室/住宅	12.86	9.16	B/1	49.20
N26	998-11/10/14	1993	スーパー/住宅	13.31	17.46	B/1	159.14
N27	1000-2	1980	靴屋/住宅	6.63	7.31	B/2	47.43
N28	1000-42	1945	空家	8.77	9.57	W/2	49.50
N29	1000-76	–	魚屋/住宅	8.31	16.8	W/1	–

※記号－S：南側，N：北側
※構造－W：木造，B：ブロック造，C：コンクリッド造，S：軽量鉄骨造

「河口」の移住漁村：外羅老島

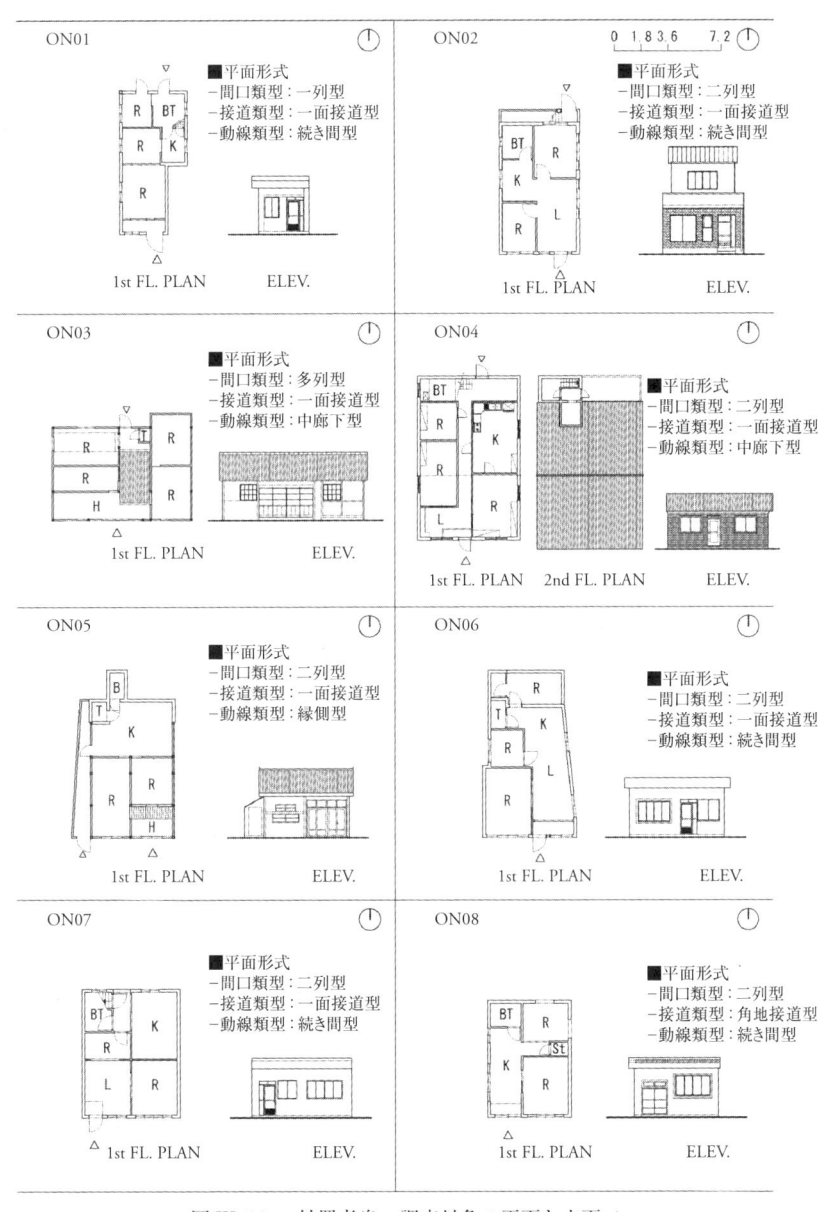

ON01
■平面形式
 －間口類型：一列型
 －接道類型：一面接道型
 －動線類型：続き間型

ON02
■平面形式
 －間口類型：二列型
 －接道類型：一面接道型
 －動線類型：続き間型

ON03
■平面形式
 －間口類型：多列型
 －接道類型：一面接道型
 －動線類型：中廊下型

ON04
■平面形式
 －間口類型：二列型
 －接道類型：一面接道型
 －動線類型：中廊下型

ON05
■平面形式
 －間口類型：二列型
 －接道類型：一面接道型
 －動線類型：縁側型

ON06
■平面形式
 －間口類型：二列型
 －接道類型：一面接道型
 －動線類型：続き間型

ON07
■平面形式
 －間口類型：二列型
 －接道類型：一面接道型
 －動線類型：続き間型

ON08
■平面形式
 －間口類型：二列型
 －接道類型：角地接道型
 －動線類型：続き間型

図 III-22a　外羅老島・調査対象の平面と立面-1

第 III 章
韓国日本人移住漁村

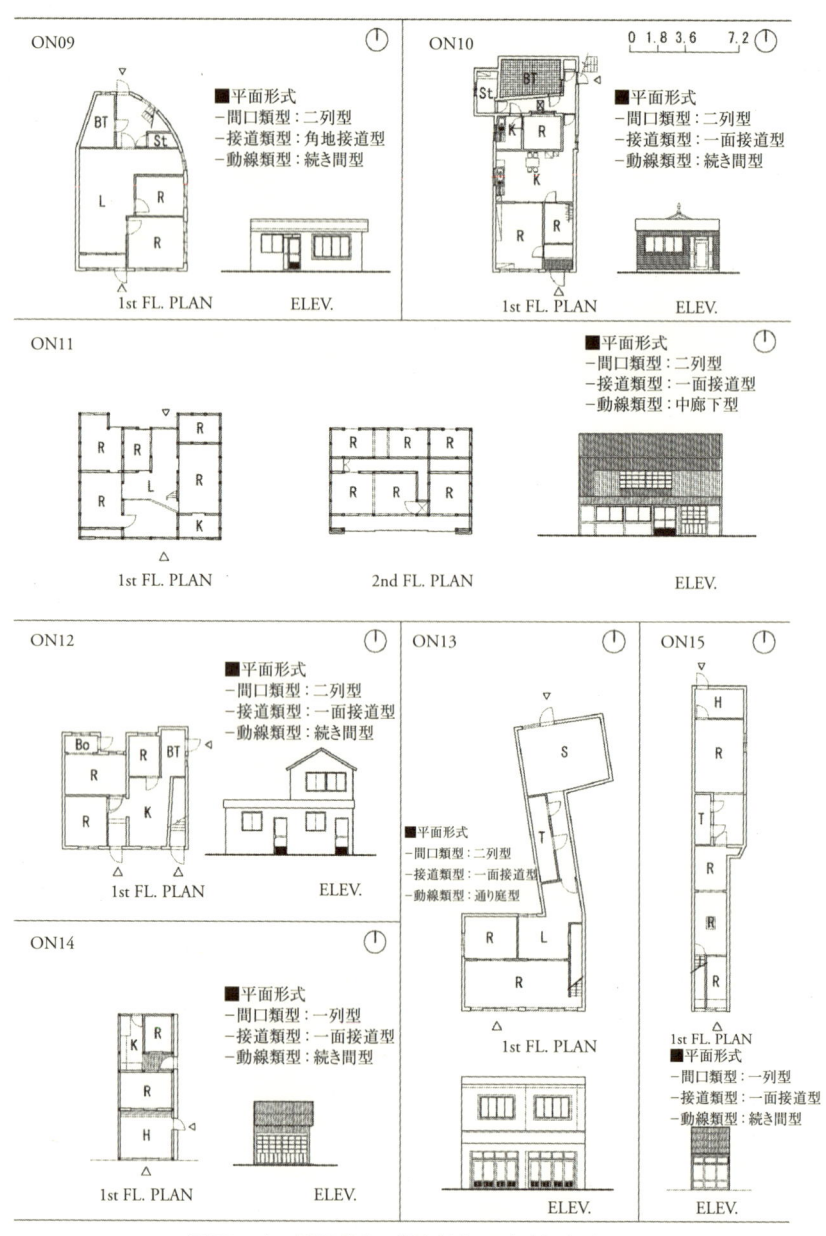

図 III-22b　外羅老島・調査対象の平面と立面-2

「河口」の移住漁村：外羅老島

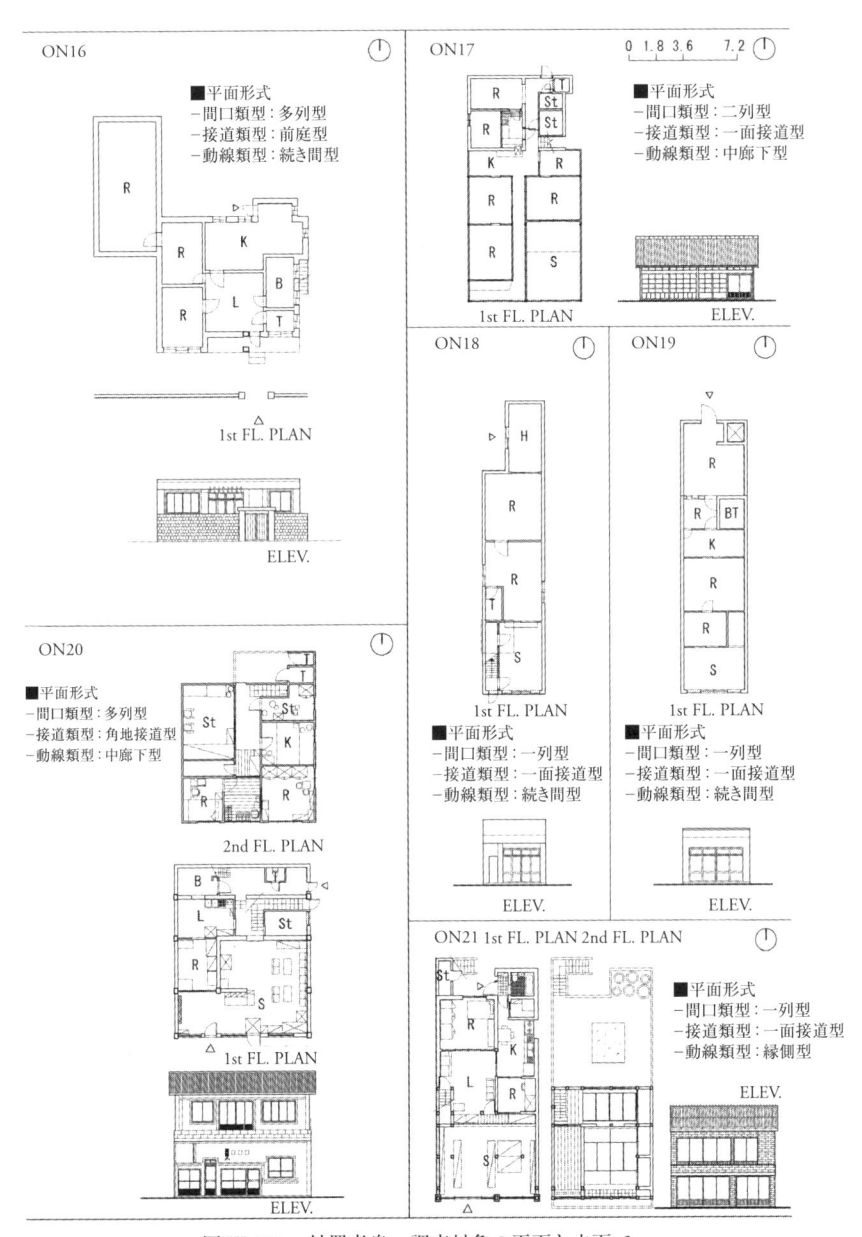

図 III-22c　外羅老島・調査対象の平面と立面-3

第 III 章
韓国日本人移住漁村

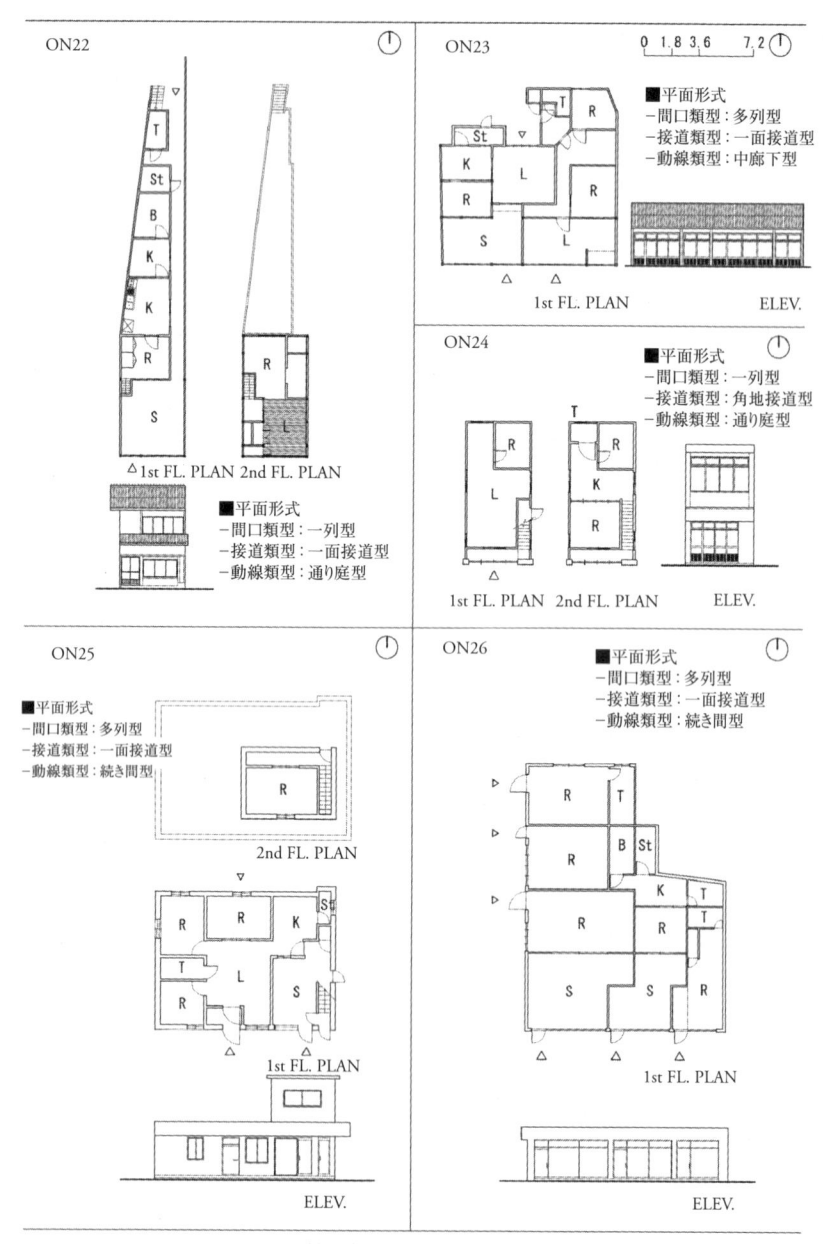

図 III-22d　外羅老島・調査対象の平面と立面-4

「河口」の移住漁村：外羅老島

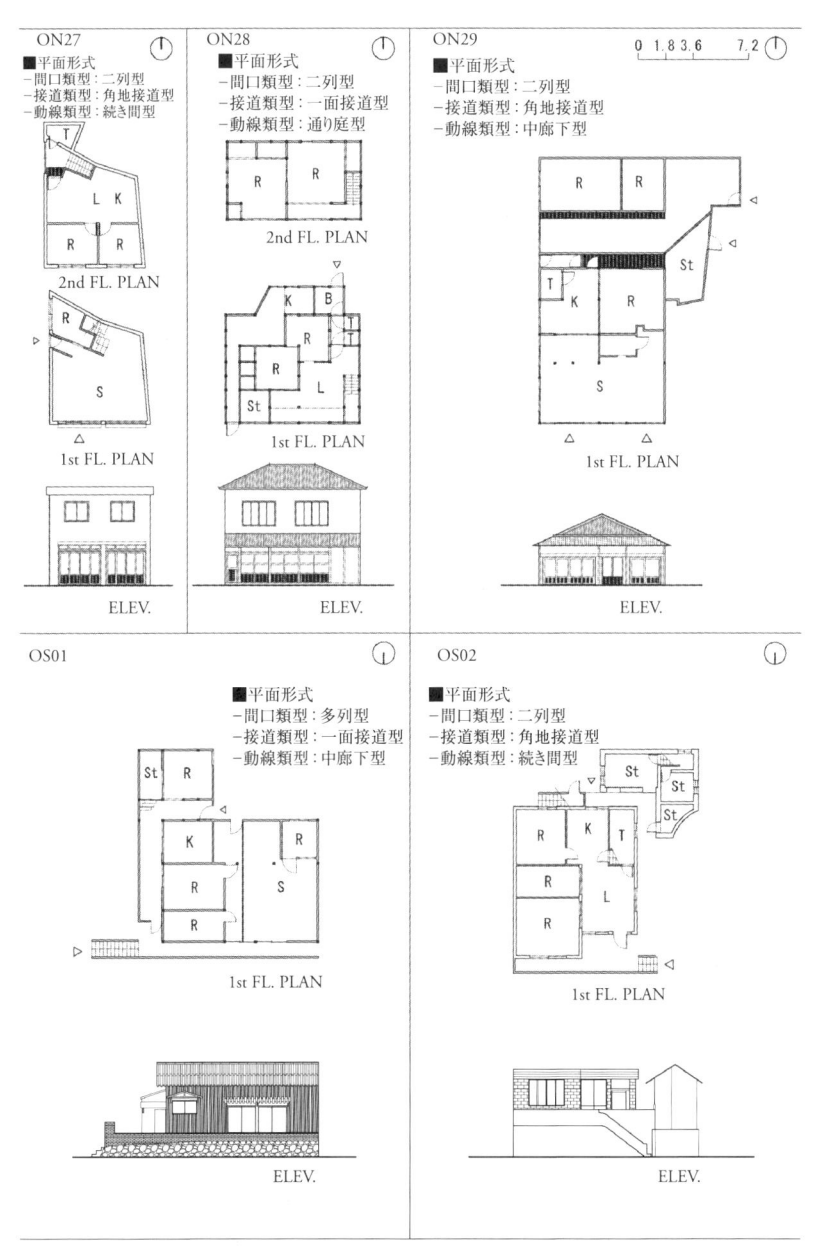

ON27
■平面形式
 −間口類型：二列型
 −接道類型：角地接道型
 −動線類型：続き間型

2nd FL. PLAN

1st FL. PLAN

ELEV.

ON28
■平面形式
 −間口類型：二列型
 −接道類型：一面接道型
 −動線類型：通り庭型

2nd FL. PLAN

1st FL. PLAN

ELEV.

ON29
■平面形式
 −間口類型：二列型
 −接道類型：角地接道型
 −動線類型：中廊下型

1st FL. PLAN

ELEV.

OS01
■平面形式
 −間口類型：多列型
 −接道類型：一面接道型
 −動線類型：中廊下型

1st FL. PLAN

ELEV.

OS02
■平面形式
 −間口類型：二列型
 −接道類型：角地接道型
 −動線類型：続き間型

1st FL. PLAN

ELEV.

図 III-22e　外羅老島・調査対象の平面と立面-5

第 III 章
韓国日本人移住漁村

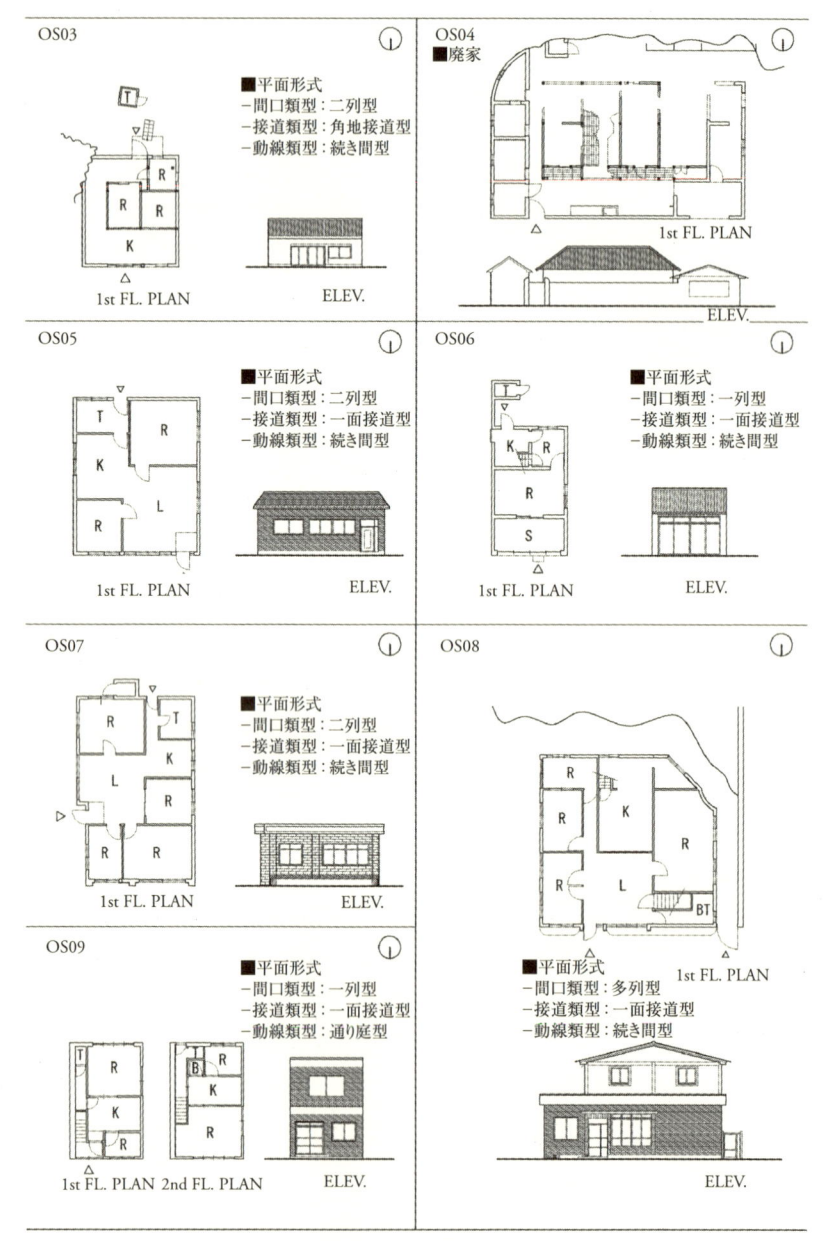

OS03
■平面形式
－間口類型：二列型
－接道類型：角地接道型
－動線類型：続き間型

OS04
■廃家

OS05
■平面形式
－間口類型：二列型
－接道類型：一面接道型
－動線類型：続き間型

OS06
■平面形式
－間口類型：一列型
－接道類型：一面接道型
－動線類型：続き間型

OS07
■平面形式
－間口類型：二列型
－接道類型：一面接道型
－動線類型：続き間型

OS08

OS09
■平面形式
－間口類型：一列型
－接道類型：一面接道型
－動線類型：通り庭型

■平面形式
－間口類型：多列型
－接道類型：一面接道型
－動線類型：続き間型

図 III-22f　外羅老島・調査対象の平面と立面-6

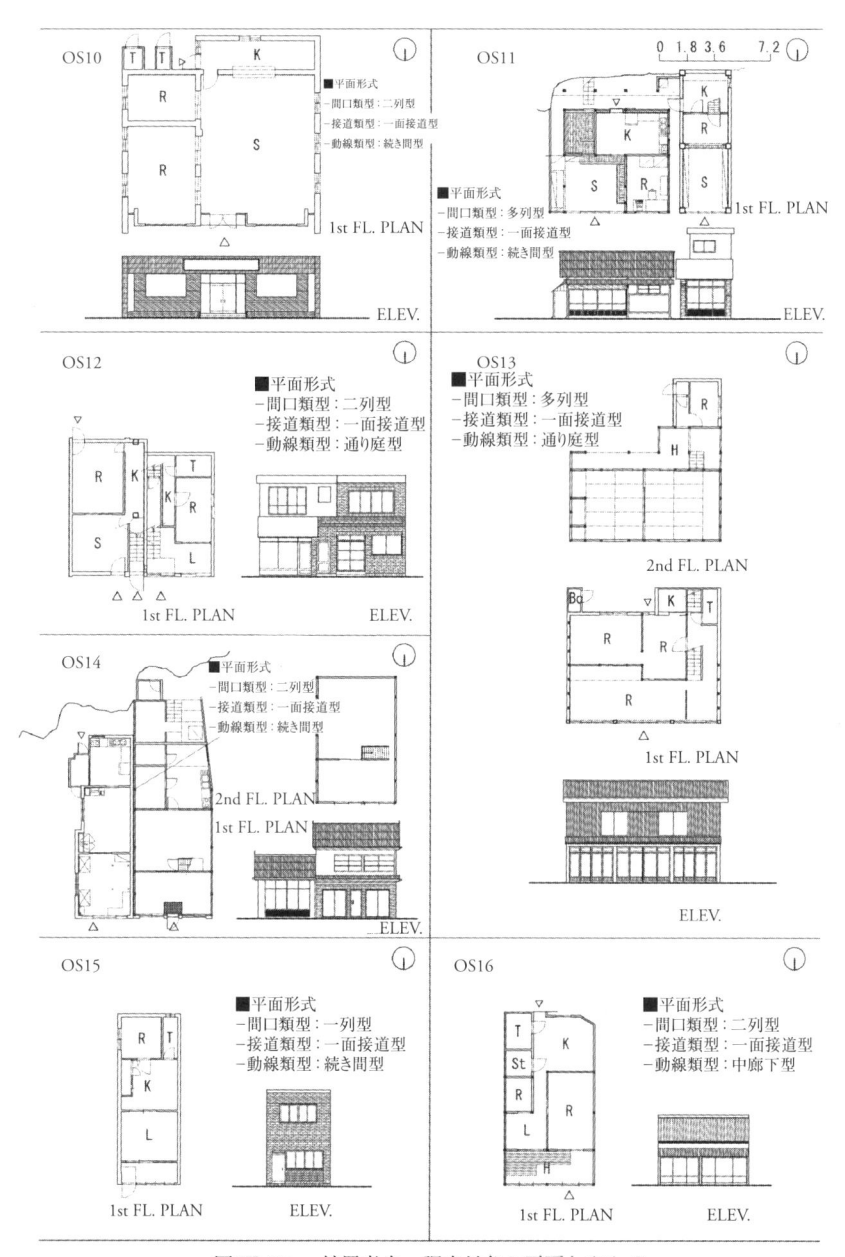

図 III-22g　外羅老島・調査対象の平面と立面-7

第 III 章
韓国日本人移住漁村

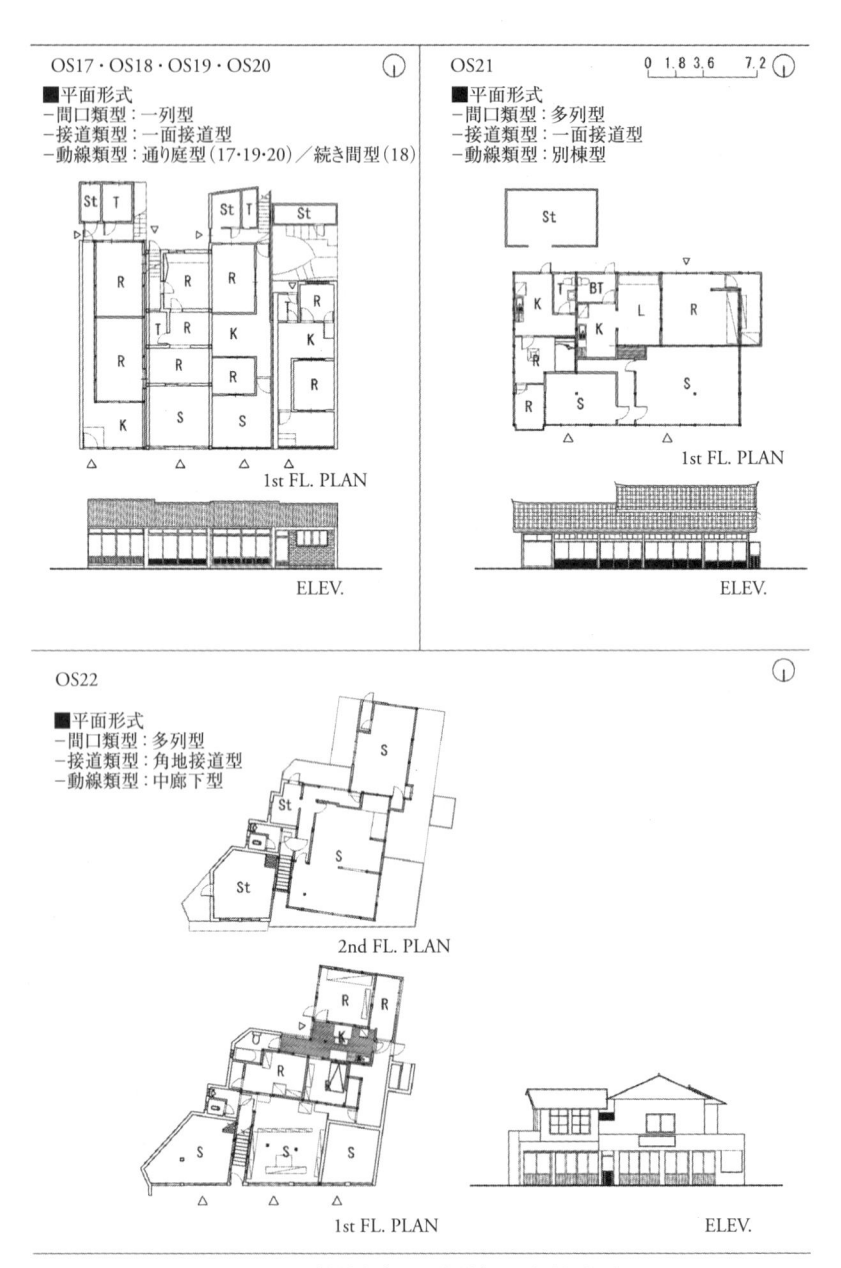

OS17・OS18・OS19・OS20
■平面形式
- 間口類型：一列型
- 接道類型：一面接道型
- 動線類型：通り庭型（17・19・20）／続き間型（18）

1st FL. PLAN

ELEV.

OS21
■平面形式
- 間口類型：多列型
- 接道類型：一面接道型
- 動線類型：別棟型

1st FL. PLAN

ELEV.

OS22
■平面形式
- 間口類型：多列型
- 接道類型：角地接道型
- 動線類型：中廊下型

2nd FL. PLAN

1st FL. PLAN

ELEV.

図 III-22h　外羅老島・調査対象の平面と立面-8

294

「河口」の移住漁村：外羅老島

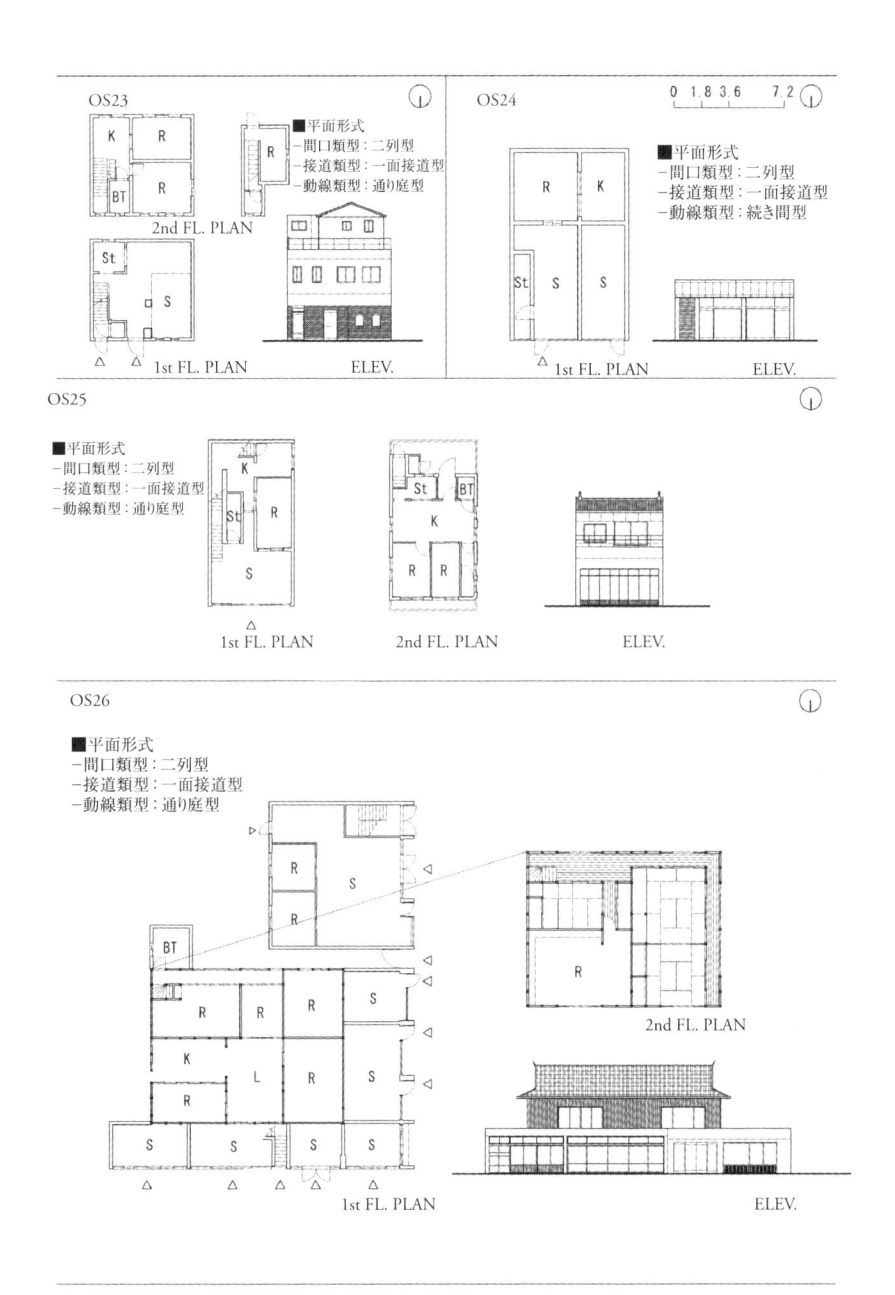

OS23

■平面形式
- 間口類型：二列型
- 接道類型：一面接道型
- 動線類型：通り庭型

OS24

■平面形式
- 間口類型：二列型
- 接道類型：一面接道型
- 動線類型：続き間型

OS25

■平面形式
- 間口類型：二列型
- 接道類型：一面接道型
- 動線類型：通り庭型

OS26

■平面形式
- 間口類型：二列型
- 接道類型：一面接道型
- 動線類型：通り庭型

図III-22i　外羅老島・調査対象の平面と立面-9

4-1 外羅老島の日本人移住漁村

外羅老島の概要

羅老島は朝鮮半島の南端に位置し，内羅老島と外羅老島の二つの島で構成されている．本来この地域は，蓬萊봉래[731]と言い，朝鮮時代の記録をみると当時道陽牧場の属場[732]であった．一方，羅老島という地名の語源を探ってみると次のようである．羅老島나로도は朝鮮時代に国に馬を提供する島である意味で国島국도と記され，これを韓国語で発音すると「나라섬」もしくは「나라도」という．これを日本人が移住してこの発音を漢字に表記する際に「羅老島」[733]とした．

現在，韓国南海の主要漁港の一つであり，1966年には漁業前進基地[734]として指定されている．典型的な主漁従農村として，主要産物は海老などの甲殻類，鰻・鯛・鰤・太刀魚などの魚類，海苔，わかめなどの海藻類であり，釜山，麗水，木浦，巨文島，済州島を繋ぐ海運の要衝でもある．調査対象地区である築亭죽정1・2区は二つの小さい島に囲まれており，避難港としても適しており，天然の良港となっている．また，当時から製氷工場と製網工場，造船所が立置し，韓国で2番目に大きい缶詰工場もあった．現在でも羅老島の特産物であるサワラ波市[735]が全国的に有名である．

外羅老島の漁村集落の立地と地形

「日本人移住漁村」を立地別に区分すると，前述のように，湾型，前島型，河川型の三つに分けられる[736]．湾型は天然の湾に形成される集落であり，前島型は海岸に隣接して島があって，その間に形成された集落である．そして，河川型は海岸線に湾曲が少なく，河川の河口を中心に形成された集落をいう．

---

731) 蓬萊という地名は，この島に蓬（よもぎ）が数多く咲くという意味で名付けられたと言われている．
732) 羅老島の牧場はその周りが30余里（1里＝0.4km）で，馬を内羅老島に139匹，外羅老島に119匹を養った．朝鮮英祖時代の記録によると毎年馬64匹と穀草5000束，そして分譲馬を国に提供していた事実がある．
733) ヒアリング調査によると，「羅老島」の表記に「老」を用いたのは，この地域が昔から海老漁業の根拠地であったことに起因する．
734) 漁業前進基地とは，給水施設，給油施設，共同倉庫，漁業無線局などが設置されており，さらに漁獲物の処理・加工が出来る多目的漁港を意味する．韓国では1966年に巨文島，羅老島などの10箇所を漁業前進基地として指定している．
735) 「波市」とはその名前通り，海上で開かれる市場という意味である．盛漁期には，各地域から集まった漁民によって船上で直接商売が行われた．
736) 日本人移住漁村の27箇所の集落を対象とし，集落形態に焦点を当ててみると，湾型，前島型，河川型に区分出来る．朴重信・金泰永・李勲「韓国近代期浦口集落の形成過程と類型に関する研究」『大韓建築学会春季学術発表大会論文集』，2004.4, pp. 543-546.

外羅老島の漁村集落は，前島型と河川型が混じった型で，高度100-250mの山地を背後にして，山頂から西北に流れる川と海が直交している沿岸の狭隘地に居住地が形成されているのが大きな特徴である．また，港湾周辺の海域の水深が深く，大きな船の出入りが自由に出来たため，主要漁港として成長・発展する要因となった．

日本人移住漁村の形成過程と発展

外羅老島で日本人が最初に漁業を始めたのは1894年とされる[737]．外羅老島は昔から海老漁業の根拠地として知られており，1903年に岡山県の小野鶴松が最初に移住して干し海老を製造し始め，1906年には同じく岡山県から3戸の漁民が移住して以降，本格的に移住漁村がつくられた．小野は漁業だけではなく，外羅老島の開発のために様々な活動を行ったことで知られる[738]．その後，羅老島付近はイシモチと鰻の養魚場として有名となり，漁船と運搬船の一大根拠地として韓国南海岸屈指の「日本人移住漁村」として発展していくことになった．

1909年の熊本県水産試験場「業務工程報告第3回韓海出漁指導試験」は，羅老島の当時の状況を次のように記述している．

「現地，明石町[739]に石油発動船，汽船……（中略）……など各出漁船60隻が停泊中であり，飲食店12店などがある．……」[740]

以降，1905年の第2次「日韓協約」と1910年の「韓国併合条約」を経て，日本人の移住が増えるとともに沿岸部を埋め立て，近代的な漁港として発展する．「朝鮮総督府」陸地測量部作成の1917年の地形図（5万分の1）をみると，現在の築亭1区と2区が接する付近に集落が形成されており，この付近を中心として居住地が拡張したと推察される．さらに，上水道を設置し，電話を架設し，そして自家発電所を設置して電気を送電するなど，他の島嶼地域では前例をみない整備を行っている[741]．

ヒアリング調査によると，当時の日本人と朝鮮人の住み分けは比較的明確である．築亭1区と2区の境界を中心として，築亭1区には主に韓国人が，築亭2区には主に日本人が居住したことが分かっている．こうした海岸線沿いの住み分けは他の「日本人移住漁村」と比べてきわめて珍しい[742]．

---

737) 在京蓬莱面郷友会（1988），pp. 99-101.
738) 当時，小野が死んでから神明神社の鏡内に功碑を立ててその業績を表した．清州大学建築工学部留斎建築研究室『浦口集落実測調査報告書15（蓬莱面・外羅老島）』，2004.8, pp. 12.
739) 当時のこの地域の町名である．
740) 吉田敬一（1954），pp. 269-270.
741) 在京蓬莱面郷友会（1988），pp. 95-101.
742) 日本人移住漁村の韓国人と日本人の住み分けをみると，主に海岸線沿いには日本人が，小高い丘には韓国人が居住することが一般的である．

4-2 集落の空間構造

　日本植民地期につくられた「日本人移住漁村」の大半はその集落の規模と関係なく，多様な機能的要素を持っているのが大きな特徴である．特に，外羅老島港は韓国の他の著名漁港に比較して，規模（人口，面積など）はきわめて小さかったが，製氷所，製網所，造船所，缶詰工場などの近代的な施設がつくられ，都市的な機能を有する漁業の生産・流通・商業の一大センターとなっていた．

建物分布

　外羅老島の建物は住居，商業施設，公共施設，宗教施設，工業施設の五つに大別される．建物の用途に着目してみると，外羅老島は以下のような特徴を持っている．
　(1) 住居
　住居は主に東西方向の旧「本町通り」沿い（漁港の北端部）に密集しており，他には街区内部に点在する程度である．北端部の住居は狭い路地沿いに肩を寄せるように密集している反面，街区内部に点在する住居は背後の小高い丘の地形に対応して階段状に構成されている．
　(2) 商業施設
　商業施設は，主に「L」型の海岸西端部の南北に通る道路に並行して並び，その大半が1階に店舗，2階に住居を持つ店舗併用住宅である．他には漁港の北端部に点在する．スーパーマーケット，飲食店，魚屋，船具店，雑貨屋，宿泊施設，カラオケ，パン屋，喫茶店，クリーニング屋，薬局などがあり，魚屋と飲食店が商業施設の約5割（商業施設の92戸のうち47戸）を占めている．
　(3) 公共施設
　主要な公共施設としては，面事務所（役所），警察署，郵便局，金融機関（銀行，相互金庫など），消防署，医療施設，老人会館，予備軍本部[743]，公共倉庫，漁市場などがある．行政機関の大半は集落の入り口である東側に集中している．予備軍本部は新しい面事務所が1987年に建てられて移転するまで面事務所として使われていた．機能は変化したものの，その建築様式は現在も当時のままである．また，郵便局は集落の進入口あたり（OS01）に1910年に開局されたが，1989年に現在の位置に移ったものである．また現存しないが，漁業関連の行政施設として南端部に税関があった．
　(4) 宗教施設
　宗教施設としてはキリスト教会が三つ，仏教寺院が一つある．キリスト教会はそれぞれ西端部の小高い丘，居住地の真中，北の河川の埋立地に位置する．寺院は漁港の

---

743) 予備軍本部とは地域を防御するための地域守備隊（軍隊）の本部をいう．

東の方に離れたところに設けられた．一方，現存しないが，集落の背後の小高い丘の上に神明神社[744]が建てられていた．当時は小祠であったが，1945年に壊され，神社に登る階段と敷地，そして小祠の基礎の跡だけが残っている．

(5) 工業施設

漁港の南端部には工業施設が密集している．造船所，製氷所，製網所，缶詰工場，醸造場など，主に漁業関連の工場である．こうした工業施設の密集の背景には流通と商業の発展によって港湾面積が足りなくなり，それまで整備されなかった南端部の磯の部分を埋立て，その敷地に建物を集中して建てたという経緯がある．

街区構成と街路体系

現在，外羅老島の街路体系は，「L」字型の海岸道路，街区内の海岸道路に平行する旧海岸道路，そして居住地内部の海岸道路と直交する路地の三つの道路によって構成されている．日本植民地期の街路体系の軸となる街区内の旧海岸道路は，海岸側が埋め立てられて海岸道路がつくられたことによって，裏通り化された経緯がある．これは九龍浦の場合と同様である．特に，湾曲した旧海岸道路とそれに直交してつくられた路地によって，旧「本町通り」に面した街区内の敷地の形態は台形となるという特徴がある．これも九龍浦と同じである．旧海岸道路は当時「本町通り」と呼ばれ，集落の主道路であった．現在，裏通り化された旧本町通の幅は約3-4mで，自動車は通れず，歩行者専用道路のようになっている．旧本町通に直行する狭い路地（平均幅約1-3m）の形態は海岸方向には直線であるが，山方向へは自然地形をベースとして階段状の曲線となる．旧「本町通り」と路地の両側には石でつくられた側溝が現在も残っており，居住地背後の小高い丘から流れてくる水を海に排水している．

街区形態は，方形街区，台形街区，非定形街区の三つに分けられる．方形街区は沿岸部が埋め立てられ，新しい住居地として形成された街区で，格子状となっている．台形街区は，河口と海岸道路に接して比較的平坦な狭隘地に位置し，前述のような台形の敷地が並ぶ形態を取っている．特に，山の迫った狭隘地に形成された台形敷地は非定形住居地と接する場合が多く，部分的に非定形の敷地形態となる．

非定形街区は丘陵地に位置し，階段状になることが多い．台形街区は集合的な観点からみると，方形街区と同様に連担しており，都市的な居住地形式である．

集落構造と街並み景観

外羅老島の居住地は東西に流れる河川と海が接したところに直交して形成されてお

---

744) ヒアリング調査によると，祭神として天照大御神を祭り，祭は毎年1月に行われた．1940年頃に建てられたが，5年後の1945年に壊された経緯がある．

り，全体の形は「L」字のように曲がっている．居住地の真中には旧「本町通り」が通り，道路両側に連続して建物が並んでいる．東西に繋がる河川沿いの道路には主に平屋と2階建ての住宅と店舗が，そして南北に通る沿岸には主に製氷所，製網所，醸造場，缶詰め工場，造船所などの比較的規模が大きい漁業関連の建物がつくられている．

調査対象地区である東西に走る旧「本町通り」の街並みの規模は現在も当時と同様に維持されており，住宅と住宅は肩を寄せるように壁を共有した長屋となっているのが特徴である．建物が隙間なく並ぶ街路風景を構成しているのである．また，住宅は平入りが一般的で，全体的に水平的な街路景観を持つ．現在，内部空間よりは外観を改造したものが多く，外壁材料として赤レンガのタイルが数多く用いられている．

4-3 │ 住居類型とその変容プロセス

外羅老島の旧「本町通り」沿いの住宅の平面構成をみると，間口が狭くて奥行きが長い短冊型が一般的である．また住宅の種類からみると，店舗併用住宅より専用住宅が比較的多いという特徴がある（調査対象の55棟のうち，28棟）．これは前述のように，旧「本町通り」が裏通り化され，商業が衰退したことに起因するものである．多くの店舗併用住宅が専用住宅に変容したのである．

間口による類型

旧「本町通り」沿いの住宅の平面構成について，調査対象の55棟の分類を試みた（図III-23）．住宅の間取りの基本である柱間を間口に着目してみると，一列型と二列型，そして多列型があり，そのうち一列型と二列型が約6割以上（調査対象の55棟のうち，38棟）を占めている．それぞれの住宅類型の数は，一列型が14棟，二列型が22棟，多列型（別棟型を含む）は19棟である．その類型を図III-24に示す．

間口の寸法は，2間（12尺，約3.6m）を基本としている．一列型は，「2間」を基本とした，3尺の通路あるいは階段を付加する「2間3尺（15尺，約4.5m）」の構成が一般的であり，内部空間は奥行き方向に部屋が並ぶという単純な構成を取っている．間取りも一列三室を基本とし，「部屋（店舗）―台所―部屋」というきわめて単純な構成である．

二列型の間口は，一列型のほぼ2倍に当たる．その寸法を考察してみると，「2間＋2間（24尺，約7.2m）」の構成が標準である．全体的な平面構成は①1階に居住空間の中心となる居間が設けられる，②台所やトイレなどの水周り部分は主に敷地の奥の方に設けられるという二つの特徴がある．これらの中には1945年以降に2棟の一列型の住居が統合され，二列型に改造された事例（OS12，ON12）もある．また，1945年以降に新築された事例にもこのような間取りが多くみられ，狭い間口を持つ敷地の

「河口」の移住漁村：外羅老島

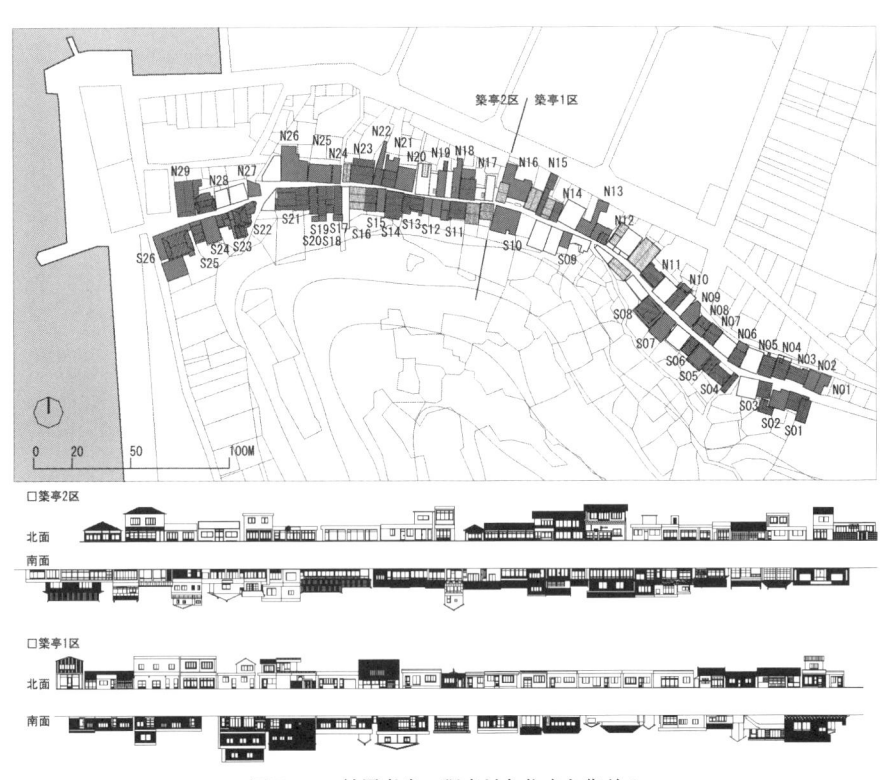

図Ⅲ-23　外羅老島・調査対象住宅と街並み

形態に起因するものと推察される．多列型は，三列型が一般的である．2階の構成をみると，2間を基本としているが，他に規則性は見当たらない．また，二列型と同様に一列型と二列型が統合され，三列型となったものがある（OS11, OS14）．

　以上，間口に着目した類型をまとめると，①外羅老島の住宅は一列型と二列型が一般的であること，②一列型は一列三室を基本とし，「部屋―台所―部屋」というきわめて単純な構成であること，③二列型の平面構成には1階にメイン空間として居間が設けられ，台所やトイレなどの水周り部分は主に敷地の奥の方に設けられる傾向がみられること，という三つを指摘出来る．

奥行きによる類型

　外羅老島の旧「本町通り」沿いの住宅の平面構成をみると，前述のように，短冊型が一般的である．こうした短冊型の住宅の空間構成を明らかにするため，その典型的な類型である一列型を対象として奥行き方向の室の構成に焦点を当てると，以下のよ

第 III 章
韓国日本人移住漁村

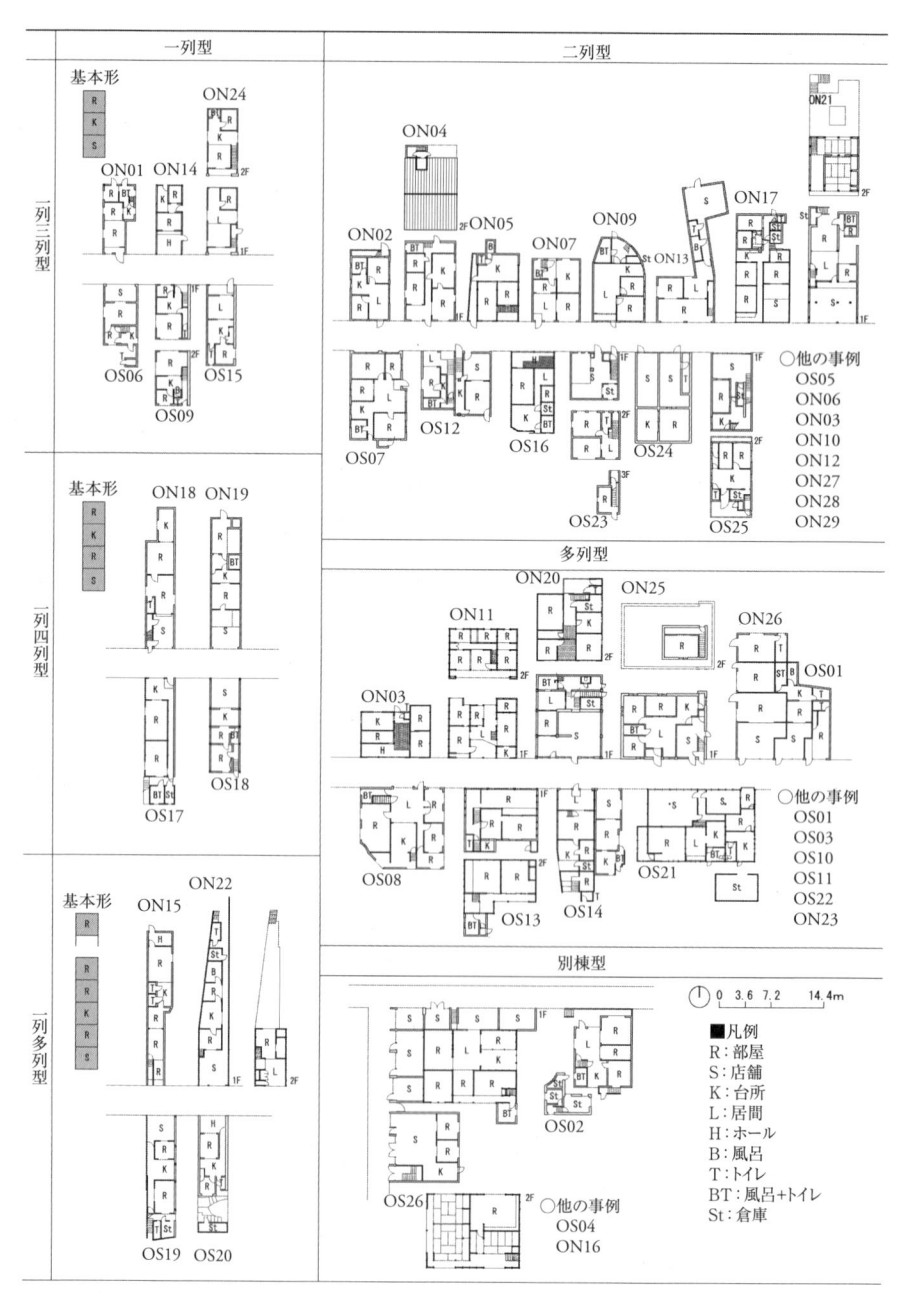

図 III-24　外羅老島・間口と奥行きによる住居類型

うになる．

　一列型の住宅を奥行き方向に並ぶ部屋の数によって分類すると，一列三室型，一列四室型，一列多室型の三つに分けられる．それぞれの数は一列三室型が6棟，一列四室型が三棟，一列多室型が5棟である．

　一列三室型は，基本的に「部屋（店舗）―台所―部屋（トイレ）」というきわめて単純な構成を取っている（OS06，OS09，OS15，ON01，ON14，ON24）．2階建ての場合には片面に奥行き方向に約3尺（0.9m）の階段を設けており，平面構成は1階とほぼ同様である．一列四室型は一列三室型に一つの室を加えた形で，「部屋（或いは店舗）―部屋―台所―部屋（トイレ）」または「部屋（或いは店舗）―台所―部屋―部屋（トイレ）」という構成が一般的である（OS18，ON18，ON19）．

　一列多室型は敷地背後の余地があって増築された場合（OS17，OS19，OS20，ON22）と背後に隣接する別の建物と統合された場合（ON15）の二つの種類がある．増築や統合によって室の数は5室から7室まで増えるが，いずれにしても室の基本的な構成は一列三室型，一列四室型と変わらない．

住居の変容プロセス

　巨文島の「日式住宅」について，増改築に一般的に見られる特徴として平面の拡張，室の統合による店舗面積の拡大，室の個室化の三つをあげ，さらに建物そのものが統合あるいは分離されるプロセスを明らかにした．外羅老島の住宅の増改築に一般的に見られる特徴も，巨文島の場合とあまり変わらない．しかし，外羅老島では二つの統合パターンがみられる．並列して隣接するもの同士で統合される並列統合と背後に接するもの同士で統合される直列統合である．その変容プロセスを図式化し，示すと図III-25のようになる．

　並列統合は一列型が，2列に並んで隣接する壁の一部（特に2室目）を開けて二つの住宅を一つに統合するものである．並列統合には「一列型＋一列型→二列型」（OS12，ON12）と「一列型＋二列型→三列型」（OS11，OS14），そして「一列型＋一列型＋一列型→三列型」（ON26）という三つの種類がある．間口は「2間＋2間（24尺，7.2m）」を基本とし，外観は一つの建物のように改造されているが，屋根の形は変わっていない．特に，二つの店舗併用住宅が統合される時，表の一つの店舗は部屋に変わり，一つは店舗として利用される．こうしたことによって店舗から変わった表の部屋には壁がつくられる．

　直列統合は背後にある住宅と一つに統合されるもの（ON13，ON15）で，二つの居住空間を統合するため，その間に台所やトイレなどを設けるという特徴がある．内部空間構成の側面からみると，並列統合の事例より統合度が高く，間取りも比較的変わっていない．

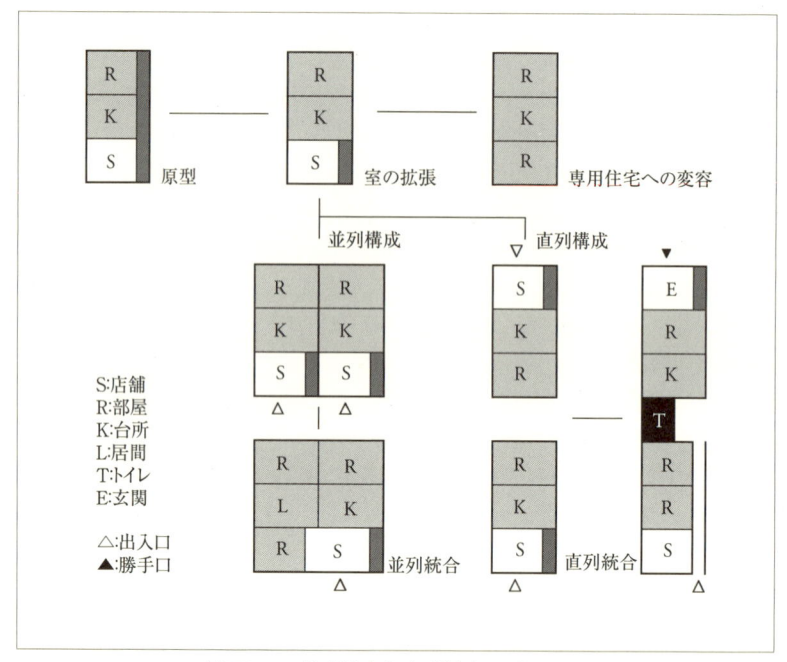

図III-25　並列統合と直列統合のプロセス

III-5　日本人移住漁村のもたらしたもの

　本章では，具体的な事例に即して「日本人移住漁村」の形成・変容過程とその特性を明らかにすることによって，「日本の居住文化」と「韓国の居住文化」という二つの複合的生態文化の層が重層し，反撥し，交錯することによる「文化変容 —— 異化と同化」について考えてきた．その要点をまとめると以下のようになる．
　(1) 日本人移住漁村は，韓国の伝統的漁村に近代的漁業技術と港湾施設をもたらし，漁村の近代化に大きな影響を与えた．
　第1に，日本人の移住は韓国の伝統的漁村の生業が農業中心から漁業に変わっていく契機となった．また，漁業技術の近代化によって漁獲高は大幅に伸び，沿岸部に経済的な豊かさがもたらされた．さらに，漁業と関連する加工製造業・流通業・海運業・商業などが発達し，都市的な複合的機能を有する集落が発展する大きな契機となった．そして，沿岸部に都市的な集住形式，都市的な居住地形態が形成された．

(2) 韓国の伝統的漁村は基本的に高密度な居住地構造を持たなかった．海に接しながら背後に小高い山の地形をベースとして形成された漁村集落は，農山村と比べて居住地が狭小であるのが一般的であるが，限られた空間に都市のように高密度な居住地構造が形成されるようになったのは日本人の移住による．「日本人移住漁村」の街路体系は，海岸線に沿う海岸道路と，それに直交する小路の二つの道路が基本となる．これによって，街区は小路に沿って敷地割りされる．また，湾曲した海岸道路とそれに直行する小路により，街区内部の敷地の形は基本的に台形となる．さらに，海岸道路に面する敷地は，台形をベースとした短冊型が一般的で，それらが連担して，都市的集住形式がつくりだされた．

(3) 狭い土地に，「日式住宅」が軒を並べて建ち並ぶその街並み景観は，それまでの朝鮮半島にはなかったものであった．「日本人移住漁村」の居住形式と街並み景観は，新たな韓国の居住形式と景観を持ち込み，新たな原風景を形成することになった．

(4) 「日本人移住漁村」の「日式住宅」は，解放後に韓国人によって改変されることになるが，韓国の住文化の伝統をその改変にみることが出来る．「日本人移住漁村」の居住空間構成の変容として増改築による平面の拡張，店舗面積の拡大などが一般的に見られるのであるが，注目すべきは畳部屋が個室化されることである．一般に個室化は，プライバシーの確保のためにも必要とされるが，個室は伝統的な韓国の住居に一般的にみられるものである．「オンドル」を用いることから部屋は閉じた形になる．部屋と部屋を「マル」で繋ぐのが韓国の伝統的住居である．畳部屋の個室化とともに，一つの部屋が「ゴシル」に改変され，これを通じて各部屋に出入するようになり，外部空間の庭が通路や作業場としての「マダン」に変えられる．この「ゴシル」という内部空間と「マダン」という外部空間が設けられる点に，韓国の住文化の伝統をみることが出来る．

(5) 一般的な増改築以外に，狭い居住空間を拡げるため，二つの建物その自体が統合されるものと，一つの建物が二つの居住空間に分離されるものがある．統合化は，並列して隣接するもの同士で統合される並列統合と，背後に接するもの同士で統合される直列統合がある．内部空間構成の側面からみると，並列統合の事例より統合度が高く，間取りも比較的変わっていない特徴がある．分離化は，統合化と正反対の概念で，変容に関する特徴は変わらない．こうした統合化と分離化は，漁村集落の居住地が基本的に狭いことに起因し，一般的な都市更新メカニズムとなっていったと考えられる．

(6) 日本人移住漁村の以上のような形成，変容のプロセスは，既存の集落が都市化されていく一つのプロセスとして位置付けることが出来る．現在，韓国で地方の港湾都市の起源となるのは「日本人移住漁村」であり，その原型である．もう少し観点を拡げると，植民都市の一つの形成パターンとして位置付けることが出来る．

(7) 日本人移住漁村の建設は，特に「自由移住漁村」の場合，「補助移住漁村」と異なって，明確な計画理念を持った都市計画とは異なり，その移住者の自発的な意思によってつくられた経緯がある．しかし，「日本人移住漁村」は計画性をまったく持たない集落ではなく，少なくとも集落の住民の生活と文化を反映しながら計画的に建設されたと考えられる．それはインフラストラクチャーとしての直線的道路体系と短冊型の敷地をベースとした居住地構造，そして港湾施設の整備などから明らかである．また，居住空間には「オンドル」と煙突を設けるなど韓国の自然環境に対応する，すなわち，地域性を生かした空間づくりを行っていると考えられる．したがって，「日本人移住漁村」の計画理念を一言で言うと，「地域コミュニティ協同」とも言える．こうした「地域コミュニティ協同の理念」は今後の漁村集落の整備計画の樹立に当って指針となりうると考える．決定的問題は，その「地域コミュニティ共同」に韓国人の共同社会が組み込まれていなかったことである．

Appendix 2　著名漁港の発展過程

　第 III 章で論じた「日本人移住漁村」のうち，主として吉田敬市の「朝鮮主要移住漁村年表」をもとに明らかに出来た漁村について，その発展過程を詳しくまとめておく．都市史としてはもちろんだが，日韓漁業史としても，役立てていただければ幸いである．各漁港の位置については図 III-2 を参照されたい．

(1) 群山（京場里）—— 全北沃溝郡米面

　西岸における最初で最大の「補助移住漁村」である．1897 年頃から鯛縄通漁者の根拠地となる．1899 年に開港し，福岡県山門郡漁業奨励協会が，租界の西濱および対岸の忠南龍堂に移住のための漁舎 43 戸を建設する．1901 年，佐賀県鮟鱇網業者を勧誘して府内京浦里に移住させている．佐賀県韓海出漁組合の経営で，1 棟 6 戸分と事務所を設け，監督を置いた．1908 年には 11 戸分を建設し，7 戸移住し，1912 年には 4 戸移住する．1905 年に，主事として遠山亀三郎が福岡県漁民 30 戸を率いて移住する．1907 年に，福岡県豊前水産組合は漁舎 20 戸を建設，1911 年までに 15 戸が移住している．府内京城里（明治町）に長崎県が「補助移住漁村」を建設し，対岸忠南長岩里にも長崎県営の「補助移住漁村」があった．その他，熊本，大分出身の移住漁民は，市内東濱町一丁目に居住した．府内竹城里には佐賀県出漁組合の協同販売魚市場があり，民團市場と東西で対立していたが，1918 年頃赤松繁夫等が統合させている．しかし，各県の「補助移住漁村」は全て見るべき成果は上げることが出来なかった．

(2) 済州島 —— 全南済州面三徒里／右面西帰浦／大静面下墓里／新左面咸徳里

　釜山に続いて通漁の根拠地となる．1879 年に長崎県潜水器漁業者が加波島を根拠にして経営を始める．1882 年には大分県のフカ釣船が飛掲島を根拠にして漁を開始する．その滞留は 1 箇年に及び，漁業の傍ら雑貨商を経営したものもあった．続いて大分，山口県漁民が数多く多く来島し，半移住漁村が成立した．全盛期には，城山浦のみでも納屋は 30 を数えたという．1892 年に，広島県の鯛，イカ釣漁者が飛掲島を根拠にして通漁した．1902 年頃からは狭才，郭文，咸徳を根拠にイワシ漁業とその製品仲買を開始し，1906 年には，仲買とともにイワシ搾粕製造を営んだ．また，同年，城山浦に韓国物産会社を設立

し，海産物の製造取引を開始している．1907年に，高知県遠洋漁業会社が移住漁村を城山浦に建設し，8戸19人を移住させている．1918年に，西畈浦に広島県水産会が移住漁村を建設したが入植者はいなかった．

(3) 所安島 소안도（ソアンド）── 全南莞島郡案島面郡内里

1893年4月，潜水漁者竹内熊吉，竹内宅造等が来漁移住し，明鮑，海参製造を開始し，以来朝鮮半島南部における潜水漁の中心地となる．

(4) 外羅老島 ── 全南高興郡蓬莱面

早くからの通漁者の根拠地となり，1894年に，岡山県玉島町の小野鶴松が茂求里で干エビ製造を始め，朝鮮半島南部におけるエビ製造業の中心地となる．1902年以降，香川県津田町のハモ網業者の根拠地として知られた．漁民たちは，津田町の北山に似ているというので，この島を俗に北山と称した．1906年に岡山県が「補助移住漁村」を建設する．1907年にサワラ流しの10戸が移住し，額田高冶が監督経営した．1912年，5戸，35人が居住，その後羅老島移住者の中心勢力となる．その所在地は大驛浦である．1912年に福岡県漁民2戸が茂求里に自由移住している．1917年，エビ製造者は合同して会員5人の丸五組を組織し，1922年，鮮南漁業会社を設立する（1933年解散）．（第III-4節参照）．

(5) 東町 동정（ドンジョン）── 全南麗水郡麗水 여수（ヨス）面

早くから通漁者の根拠地となるが，1908年までは移住漁村はなかった．1911年から1912年にかけて，愛知県水産試験場による麗水湾内および近海についての赤貝，玉珧貝調査の結果，同県捕貝業者が来住する．また，岡山県人が缶詰業を開始する．しかし，漁業資源が衰微し，大部分帰郷する．そうした中で，渡邊與三郎のみが残留，打瀬に転業，成績良好で一時80隻を数えた．1918年に愛知県水産組合連合会は，県費2,000円の補助を得て，邑内鐘浦に4棟24戸を建て，漁民の他，船大工等計60名を移住させた．打瀬網漁業団を組織し，同県水産試験場の指導育成によって開設した代表的な移住漁村である．一方自由移民も来住し，1921年末には51戸となった．敗戦前，純愛知県人移住漁戸は約40戸，打瀬網は60隻あった．麗水広島村は2箇所あり，その一つは邑内旭町にあり，1918年，県水産組合経営の14戸を建設している．主に広島県能地の打瀬網業者で管理者となった田坂延治が指導した．その後，難船，疫病等によって多くが転居し，1933年には7戸，最後は2, 3戸となっ

た．他の一つは麗水邑内から約一里の麗水鳳山里にあり，同県水産組合が建設（1920-1922年），14戸が入植し，その後28戸に増加した．主にハモ延網で一時成功する．移住者は主に同県鞆町および下津井の江ノ浦出身者で，後日，麗水が朝鮮半島南部におけるハモ網の中心地となったのは，これら移住業者による開発の賜である．後期の入植者はもっぱら打瀬経営を行い，1927年頃までは春－秋は麗水付近に，冬は東海岸に出漁した．1933年，大火災によって衰徴し，最後は3，4戸となった．広島県人は最初慶南に移住し，後に本地に転住したものである．

(6) 巨文島 —— 全南麗水郡三山面巨文里

巨文島は南海区におけるサバ巾着漁業の最大根拠地となった．巨文島は，三つの小島からなることから，三島とも称される．錨地は「古島」の西方にある天然の良港である．英国の巨文島占拠事件（1885年）で，英国海軍の根拠地となったところで，外国人はハミルトン港と称する．1903年頃から自由移住者があり，1905年に鳥取県漁人小山光正が来住し，漁民移住を主導した．またその頃から釜山水産会社および木村某が大敷漁業を経営した．1908年6月末で移住総戸数は約130戸あり，その大部分が漁業関係者であった．1914年，水産会社が設立される．1916年に，香川県韓海出漁団が移住漁村を建設（住宅4棟購入）する．香川県下の佐柳島および津田町の出身者が最も多く入植し，移住戸は60戸に達した．ただ，香川県移住漁村は，後に大部廃滅することになった．漁民たちの出身県は香川，山口，広島，長崎，愛媛，福岡である．（III-2節参照）．

(7) 弥助里 미조리 —— 慶南慶南南海郡三東面

1909年1月に，佐賀県韓海出漁組合が同県東西松浦郡漁民の移住地と定めて，漁家1棟，他に事務所，倉庫等を建設する．同年4月，金丸源一が漁民とともに来住，大敷網を経営する．同年12月，佐賀県韓海漁業会社を創立，1912年，手押サバ巾着漁（建切網漁）[745]を開始，打瀬等も経営する．一時120-130

---

745) 旋網（まきあみ）に属する網，揚繰（あぐり）を改良したもので，網裾に多くの鉄製の環を付け，その環に一本の網ワイヤロープを通し，網を船で円形に張り，その網の底を引き締めると巾着の口をくくったようになって，魚の逃げるのを防ぎ，イワシ・サバ・カツオ・マグロ・タチウオその他いろいろの回遊魚を捕獲するのに用いる．一般に"まきあみ"と呼ばれる．

名を数えたが，漁獲物の処理が円滑を欠き，大部分が引き揚げ衰微する．しかし，1916年，林兼・山神組等の運搬船の来航によつて復興し，1921年末，戸口59戸212人となる．両手廻し汽船サバ巾着の中心地となったが，サバ漁業は衰微し，イワシ漁業の発展とによって，1932-33年頃からイワシ巾着漁に転向する．

(8) 三千浦삼천포（サムチョンポ）── 慶南泗川郡三千浦面仙亀里

　天然の良港で古来朝鮮半島南部の要津（港）である．1908年，「自由移住漁村」がつくられたというが，漁民の移住は明らかでない．1911年，愛媛県遠海出漁団員山本桃吉が，この地を同県移住漁村経営地として，県および同県遠海出漁団に報告した結果，移住地と決定する．1912年3月，14戸が移住，1918年に10戸を加え，1922年末には37戸となる．そのうち，漁戸34戸で，漁家は全部同県内泊村出身者である．山本氏がこれらを率い，幾多の苦闘の結果優良漁村となる．また，1912年，山口県玖珂郡鳴門村韓海通漁奨励会も漁舎を建設したが，応募者なく自然消滅している．

(9) 壯佐里장좌리（ジャンジャリ）の広島村 ── 慶南固城郡東海面壯佐里

　1884年に広島県の権現網業者の通漁根拠地となる．1899年に広島県人山下宇一郎が来住，以来移住者が増加し，1910年には21戸が居住した．1921年末には，29戸155人が居住し，内，漁業者は25戸，全て広島県人であった．

(10) 統営邑통영읍（トンヨンウプ）── 慶南統営郡統営面吉野町

　1889年に広島県坂村の権現網業者が通漁来航，以来その根拠地となる．日露戦争後に海産物商人の来住者が急に増加している．日本人の移住は，1900年の対馬の八島某が最初である．1906年に日本人会が組織され，小学校が開校している．1907年に海岸の埋め立てが行われ，以降，商人，資本家の来住により，各種施設が整備され，朝鮮半島南部屈指の交易水産都市へと発展した．1912年，漁業関係者は統営海産物同業組合を組織し，共同販売（後に会社組織とする）を営む．釜山水産会社は，1910年に統営魚市場を買収し，統営支店を設け，同時に貯氷庫を建設する．また，1915年に，馬山水産会社統営支店を買収し，朝鮮半島南部における鮮魚取引界の覇権を握った．その他，1913年創立の統営製網会社等があった．1911年，島根県水産連合会は，邑内移住漁舎8戸を建設，入植させたが失敗し，1916年には廃村となっている．1910年，

長崎県遠洋漁業団は，邑内東忠洞に漁舎11戸を建設，1912年に9戸入植したが，これもまた失敗，離散している．大正末期，金鉱採掘のために，同地方に移住漁舎を移転したことも失敗の一因であった．1919年，漁業組合設立．1921年末，日本人漁業者43人，漁夫129人が居住し，イワシ網漁業を主とし，その他手繰・延縄・打瀬等を営んでいた．移住漁民の主な出身地は，島根，広島，山口，兵庫，長崎，大分，熊本，岡山等である．朝鮮半島南部の名産のカタクチイワシの大集散地で，統営イリコの名をもって知られ，製品の大部分は内地に送られた．

(11) 欲知島 욕지도 ── 慶南統営郡欲知島東港洞

1887年頃から長崎県の潜水器業者や香川県の鯛縄[746]業者等の通漁根拠地となる．1899年，徳島県人谷直吉・富浦覚太郎が潜水器業者として移住し，また，打瀬業者も来住している．1905年，谷，富浦等は，朝鮮式イワシ抄網を焚敷網に改造し，イワシ漁業を経営する．1908年，下関魚商某が来島し鮮魚取引を開始している．1910年，山口県水産組合は初めて移住漁舎3棟14戸を建て，翌年8戸の入植をみたが，やがて失敗し廃絶する．1910年，香川県の小田組，翌年，山神組等の運搬船が来航し始めることで発展し，移住戸数49戸となる．1912年に山口県豊浦郡島戸浦漁民7戸24人が移住し，また，香川県自由移住漁民が打瀬をもって入植している．1917年，林兼，日本水産会社が各出張所を開設し，本格的鮮魚輸送を開始する．1919年，移住者山口安太郎がサバシバリを経営し，業績を上げると，同業者が年とともに増加し，大正中期頃には朝鮮半島南部におけるサバ漁業の一大根拠地となり，1921年末には移住戸数82戸292人（漁戸30戸，漁夫20戸）を数えた．主要な移住者の出身府県は，香川，徳島，大分，山口，岡山である．

(12) 長承浦 장승포 ── 慶南巨済郡二運面

明治初期から通漁者の根拠地であった．1904年に朝鮮水産組合経営の移住漁村（55戸）が建設される．1905年に，福岡・愛媛その他の県からも来住する．当時，海軍軍用魚類の供給を担当し，日露戦争後大部分は帰国するが，そ

---

746) タイ漁業には大小種々の漁業があるが，大規模な漁業では地漕網が古く，次に大網が発達した．江戸末期から明治期に，これらに代わって縛網が発達したが，昭和後期にはタイの減少などのため消滅した．小規模な漁業では，タイ釣が江戸中期には盛んに行われ，タイ延縄，ごち網は江戸後期から明治にかけて急増したが，これらもまたタイの減少により昭和後期には衰退した．一方，タイ桝網は大正期著しく発達した．少人数で操業出来，漁獲も安定性があるため大正末頃以降は縛網と並ぶタイ漁業となった．

の後，再び移住者を増す．1906年に太田種次郎が福岡県漁民を率いて来住し，また別に，福岡県豊前水産組合が1907年以降漁戸20戸を建設する．香椎源次郎の援助によりイワシ巾着網，石繰網等を経営し，定置網は香椎の直営とした．1908年に，福岡県筑豊水産組合，長崎県遠洋漁業団，島根県水産連合会は，各々移住漁村を建設経営する．1908年にサバ掲繰網を開始して以降，朝鮮半島南部におけるサバ巾着の最大根拠地となった．1915年に漁業組合が成立され，同年以来，毎日，釜山との間に鮮漁運搬小発動機船が往来するようになる．1921年末には，移住戸数138戸となる．そしてさらに，各種職業の移民を網羅する朝鮮半島南部屈指の漁港として発展する．

(13) 城浦성포（ソンポ）—— 慶南巨済郡沙等面倉湖里

　日清戦争頃からイワシ権現網業者の通漁根拠地となる．1910年に広島県人谷直右衛門が来住し，鯛網漁を経営する．イワシ網業者2戸が来住．1913年以降，移住者を増し，1922年には，移住総戸数55戸246人（漁業者14戸，漁夫31戸）であった．イワシ権現網を主とする広島県人が過半以上を占めた．半移住漁村で閑漁期には帰郷したので，見るべき施設経営はなかった．

(14) 鎮海漁浦 —— 慶南昌原郡鎮海面慶和洞

　鎮海港が出現したことに伴い，漁業資源供給の見地から，1912年，朝鮮水産組合が漁舎3棟15戸を建設する．1913–1914年に，三重県韓海出漁団をはじめとして，大阪府和泉水産組合，徳島県水産組合，福岡県水産組合は，各々1棟5戸，島根県水産組合は2棟10戸，愛媛県遠洋漁業団は一棟7戸を建設する．当時，かなりの入植者を見たが，軍縮による鎮海衰徴の影響を受けて衰退し，1921年には29戸のうち，漁戸24戸に過ぎない状況であった．

(15) 多大浦다대포（ダデポ）—— 慶南東萊郡沙下面

　1906年，福岡県筑豊水産組合が，漁戸1棟（9戸）を建て6戸を移住させる．毎年各戸に150円を補助している．監督として木村鶴吉が来住，地曳網，壺網を経営し1915年頃まで継続したが，業績不良のため，一部は巨済島に転住，一部は帰国し，ほとんど廃滅する．

(16) 方魚津방어진（バンオジン）—— 慶南蔚山郡東面

　方魚津は，元は魴魚津と称され，ブリの産地であった．李朝粛宗時代以降，

沈水軍の潤治監を置き，湾内に生簀を設けて献上アワビの保護場としていた．日本人出漁以前は 30 数戸の半農半漁部落であった．1997 年，岡山県日比村森本實他 39 人がサワラ流をもって来港，その後香川県小田村のサワラ流や山口県の曳網業者，および福井県人橋詰三次郎等が通漁来港する．1905 年，岡山県日生の漁民有吉亀吉が来港した時，2 人の日本人移住者を見たという．1906 年春，香川県鮮魚運搬が始めて来港する．1909 年，福岡県筑豊水産組合が移住漁村 30 戸を建設したのをはじめとして，1910 年までに岡山県 40 戸，香川県 15 戸，福井県 8 戸の「補助移住漁村」を建設する．1909 年春，日本人戸数 98 戸，内，飲食料理店 73 戸，醜業婦 260 余人．この年，香川，岡山，山口各県のサワラ流網船 400 数十隻が本港を根拠に経営していた．林兼は発動機運搬船をもって，その他小田組，有漁組，関西組等も各々汽船運搬船にて船漁輸送に従事している．日本人会，郵便局，駐在所等が設立される．翌年には小学校が創設される．1912 年，戸数 350，人口 1400 余人．1910 年に第 1 期築港が完成する．1914 年，福岡県移住漁村は戸数 14 戸に減る．翌年，空家漁家 3 棟を香川県出漁団に譲渡している．1915 年，日本人全移住者 236 戸中，漁家 118（岡山 43，香川 32，島根 14，福岡 12，山口，三重各 5）．この頃，釜山，統営方面のサバ業者が当地に移住している．1908 年，香川県移住者合田栄吉がサバシバリを開始，次いでサバ巾着が登場し，サバ漁業の最大根拠地となる．手押サバ巾着は 1919 年に 200 を越えた．しかし，漁船が機械化され朝鮮人労働者を雇用したために，日本人移住村は衰徴した．1914 年に魚市場が創設される．1917 年以来，江原道中心の大規模な定置漁業の発達と，コレラ流行の影響により沿岸漁業は衰徴し，1920 年頃，釜山方面に再転住するものが多かった．福井村も業績不良で一部は通漁に逆戻りし，一部は甘浦・清津方面に移住した．1921 末，サワラ・サバ漁船入港数 9355 隻，漁夫 3325 人（朝鮮人もほぼ同数）に達し，釜山，統営とともに朝鮮半島における三大移住漁村の一つとなった．縛網に次いで機船巾着が全盛期に入ったが，昭和時代になって凋落し，往年の盛況は復帰しえなかった．ただし，1933 年，移住戸数 411（漁業戸数 182，商業 75，工業 57）戸に達し，南岸屈指の漁港であった．主な移住者の出身地は，福岡，岡山，広島，山口，香川，長崎，島根である．

(17) 甘浦감포（ガムポ）── 慶北慶州郡陽北面甘浦里

　1905 年以来，香川県小田村サワラ流通漁者の根拠地となり，1907 年までに 7 戸移住している．当初はイワシ地曳を主業としていた．1914 年，福井県人

龍野三之助等が来住，手繰，カニ刺網を業とし，後にカニ缶詰業を経営する．1917年に汽船底曳が開始される．1916年頃，在住戸数65戸中，香川県人サワラ流が17戸であった．1922年，漁業組合を結成したのも漁港修築を当面の目的としたものであった．さらに1923年から1926年までに，全漁船の動力化を図った．1928年，第1次築港完成によって発展の基礎が定まった．1930年の台風による大被害も1935年に修復される．サバの港甘浦の本格的な発展はサバ漁業の勃興，さらにイワシ漁業の発展に伴う漁港修築の完成以降のことである．移住者は福井県人がその中心であった．

(18) 九龍浦 ── 慶北迎日郡滄州面九龍浦
　もともとは志羅里という朝鮮人2戸しかない一寒村で，沿岸にはほとんど舟を繋ぐところもなかった．1902年に山口県豊浦郡の鯛縄漁船50余隻が来港したのが通漁者開拓の始まりである．1904年に香川県の鯛縄，サワラ流通漁者が訪れ，1906年には香川県小田組サバ流80隻が来浦する．そして，1909年，防長出漁団が，サバ流漁業によって大成果を上げて以来，サバ漁業の大根拠地となった．1910年に防魚津から3戸移住するが，この頃から移住者が増加し，1912年には47戸となる．1927年頃から移住者は120戸を越え，その半数は漁業関係者，移住の7割は香川県人であった．1933年には，移住総数220戸（漁業者はその半数）で，マイワシ漁業勃興以来その一大中心となった．築港された漁港は，1930年の台風によって大被害を受けたが，国庫援助によって1935年に修築が完成する．林兼，石原，井上，高尾，橋本等の漁業兼運搬業者の根拠地となり，サバ盛漁期には漁船，運搬船が約2000隻来港する盛況であった．移住漁民の出身地は香川の他，岡山，山口，長崎，鳥取，三重等である．（III-3参照）．

(19) 浦項포항 ── 慶北迎日郡浦項面浦項洞
　日清戦争前から潜水漁の根拠地であった．1903年，鳥取県人奥田亀三兄弟が初めて地曳網をもって来漁して以来，通漁者とともに移住者も増加し，1908年に，移住者は95戸（内，朝鮮人戸数は5戸）となる．この年，岡山県移住漁村が建設される．1911年，富山県人が大敷網を経営開始し，1919年から労資共同経営となり発展した．1911年，岡山県日生の自由移住漁民が来住する．1914年，第1期築港が行われ，3期にわたる建設工事によって，旧来の釜山経由輸送から直接輸送となり，本格的発展を遂げる．1914年，富山県人濱田

等が改良ニシン定置網を経営して業績を上げる．1917，18年頃から林兼等の運搬船が来航し，急速に発展した．その頃までは漁業根拠地というよりも交易都市であったが，1923年に，徳島県人安村某がミガキニシン製造を開始して以来その中心地となる．また，イワシ漁業の勃興により，油肥工業も興り，さらに1933年頃から鯷缶詰業も発達し，東岸屈指の漁港となった．移住漁民の主な出身地は，岡山，山口，島根，大分，愛媛，福岡，富山，熊本，佐賀，京都である．佐賀県移住漁村は1904年に，佐賀県韓海出漁団によって浦項鶴山洞に建設されるが，1908年に，廃村になっている．1908年に，山口県も「補助移住漁村」を建設したが，失敗に帰している．

(20) 江口강구（ガング）── 慶北盆徳郡盆徳面江口理

江口は江口川の川口に位する河港であるが，土砂堆積のため交通は不便で開発は阻害されていた．1897年頃から香川県小田村のサワラ流通漁者の根拠地となり，1910年に初めて移住が行われている．1913年までに4戸移住，1914年以降移住者は急に増加し，大正中期頃から末期にかけてダイナマイト密漁者の根拠地となった．1919年に，台風水害により死者53人を出し，移住漁村もほとんどが流失した．復興のために，韓圭烈，市原，庄山等が奔走し，漁業組合が組織され（1923年），漁港修築に着手する．1935年に完成するが，以降，半島東岸屈指の漁村となった．

(21) 道洞港도동항（ドドンハン）── 鬱陵島南面道洞

日本人が通漁のために渡島した当初は，朝鮮人の漁業は採藻を行う以外，焼畑によって大豆，麦を栽培するに過ぎなかったという．鬱陵島は古来竹島といい，李朝初期から因伯方面の漁民等が通漁していた．早くからシイタケ，トリモチ栽培製造者も訪れている．1896年頃，木材を目的とする多数の業者が一時的に来島，1897，98年頃から通漁が開始されている．1903年にイカ漁が有望となると入植者が急増している．朝鮮人もこれに倣ってイカ釣を開始している．この頃，奥村平太郎が潜水器業およびサザエ，サバ缶詰業を開業している．日露戦争後，移住者が急増する．1902，3年頃から日本人は海藻採集も開始したが，単独経営はなく全て朝鮮人島人との共同経営であった．潜水器業者も早くから来島し，アワビを採取，その人夫に朝鮮人を使用している．1906年には小学校が開校している．鬱陵島産のスルメの取引はもっぱら隠岐島人によって開拓され，1909，10年頃から石見，境，米子等の商人が，専門の運搬船に

よって取引を開始している．スルメと米との物々交換を主としていた．1910年末の移住者総数は224戸，その大部分は隠岐島人でその属島の観を呈していた．1915年頃には，大分県人40人が移住している．

(22) 注文津<ruby>주문진<rt>ジュムンジン</rt></ruby> —— 江原江陵郡新里面注文津

　1907年以降，サバ漁業者の通漁根拠地となる．1908年に，三重県イワシ地曳業者が初めて移住する．1914年末には，移住者10戸38人で，三重，福岡，島根，和歌山，愛媛等の業者でイワシ地曳の他鯛縄を経営していた．その他，潜水漁業者も早くから居住し，後には，朝鮮半島屈指の潜水漁業者の根拠地となった．1916年の築港完成以降，本格的に発展し，マイワシ漁業の発展とともに移住者も増し，半島東岸における主要漁港となった．

　以上簡単にまとめたが，巨文島，九龍浦および外羅老島の三つについては，第III章の本文で詳しく触れている．

第Ⅳ章

韓国鉄道町

韓国のほとんどの地方都市は鉄道の敷設によって形成された「鉄道町」をその都市核としている．「開港場」「開市場」とともに鉄道沿線に形成された「鉄道町」は，韓国近代都市の起源である．日本植民地期に形成された「鉄道町」の街区構造は，伝統的な朝鮮半島の集落や「邑城」とは大きく異なり，それを転換していく先駆けとなる．

　また，鉄道の敷設とともに建設された「鉄道官舎」地区は，「日式住宅」が建ち並ぶ，朝鮮半島にそれまでなかった街並み景観を持ち込むことになった．

　さらに，「鉄道官舎」は，朝鮮半島の伝統的住宅になかった居住空間の形式を持ち込むことになった．たとえば，玄関현관という空間は，それまでの朝鮮半島にはなかった．伝統的な住宅の場合，通りから「デムン대청（大門）[747]」または「ヘンラン행랑（行廊）[748]」を通って敷地に入り，「マダン」から各室へ進入するのが一般的だったのである．さらに，「日式住宅」以前には，朝鮮半島には「室内便所실내변소」はなかった．また，浴室も屋内に設けられることはなかった．伝統的住宅では，便所すなわち「ディッカン뒷간」は「デムン」付近か主屋の裏側に設けるのが一般的だったのである．また，浴室욕실は，一般的に独立した一つの空間ではなく，「台所부엌」に設けられた仮設的なものであった．この玄関，室内便所，浴室などは，韓国の都市住宅のあり方に大きな影響を与えることになる．

　朝鮮半島には，「オンドル」と呼ばれる伝統的な床暖房方式がある．しかし，日本が持ち込んだのは畳の部屋であった．「オンドル」については，朝鮮半島の厳しい冬の気候に対応するために，逆に「鉄道官舎」に用いられることになる．

　「鉄道官舎」は，解放後も鉄道関係の韓国人によって居住し続けられるのであるが，1970年代から1980年代にかけて一般に払い下げられることになる．本節が焦点を当てるのは，その後の変化である．

　共通に見られるのが「出入口출입구（玄関）」の変化である．植民地時代に建てられた「鉄道官舎」は，ほとんど全てが北入りであった．しかし，北からの出入りは，韓国の生活慣習には受け入れられず，南入りに変更されるのである．そしてこの出入口の変化は，「鉄道官舎」の空間構成を大きく変えることに繋がる．まず，南側に設けられていた庭が「マダン」に変わる．「マダン」も庭と訳されるが，鑑賞主体の日本家屋の庭とは違って，作業も行われる様々な機能を持った多目的な空間が「マダン」である．「マダン」によって，居住空間の構成は，大きく「道路―玄関―「廊下복도」―部屋（房방）―庭」から「道路―「デムン」―「マダン」―玄関―「ゴシル」―各室」へという形に変化する．ここで内部に出現した「ゴシル」は，現代的「マル」といってもいいが，吹きさらしの「マル」ではないから，伝統的住宅には無かったものである．

747）出入口を指す．二本柱で屋根が架けられ，南側に設けるのが原則である．
748）韓国伝統建築において大門の両側にある小部屋が設けられている建物をいう．主に老婢が居住する部屋と倉庫などで構成されている．

第 IV 章
韓国鉄道町

　一方,「日式住宅」の要素で, 韓国の現代住宅に受け入れられていったものもある.「襖」「続き間」「押入」などがそうである.

　韓国の一般的な住宅は, 部屋の面積が狭く,「押入」のような収納 (スナプ) 空間は設ける余裕がなかった.「オンドル」を用いてきたためでもある.「襖」によって二つの部屋を一つに繋げる「続き間」は, 一部屋当たりの面積が少ない韓国の部屋の問題点を解決した重要な工夫となる.

　韓国の伝統的住宅では,「アンバン」と「コンノンバン」の間の「デーチョンマル」は「マダン」と同様, 多様に使われ, 特に, 法事などの祭事は「デーチョンマル」と「マダン」を利用して行われるなど, きわめて重要な空間であった. しかし,「デーチョンマル」のような一定の広さを持つ空間を確保出来なくなると, 都市住宅では,「鉄道官舎」で導入された「日式住宅」の空間要素である「続き間」が用いられるようになる.「ゴシル」と「アンバン」の間に取り外せる襖を設置し, 二つの空間を繋ぐことで, 法事などの家庭の行事を行うようになるのである. 現在,「続き間」は, 都市住宅をはじめ, 農漁村の田舎の住宅まで広く使われている.「日式住宅」の空間要素が受容された代表が「続き間」である.

IV-1　鉄道の敷設と鉄道町の形成

1-1　鉄道の敷設

鉄道敷設の経緯

　朝鮮半島における鉄道の敷設は, 1899 年 9 月 18 日のソウル—仁川間の京仁線の開通によって始まる. 鉄道敷設への関心は, それ以前, 1876 年 2 月 27 日に締結された「江華島条約」に遡るが, 本格的に計画が開始されるのは日清戦争以降である. 日本政府は, 1894 年 7 月に京城 (ソウル) —釜山間の京釜線と京城 (ソウル) —仁川間の京仁線の鉄道敷設計画を開始し, 1894 年 8 月 20 日に京釜線・京仁線の鉄道敷設権を獲得する. そして, 1899 年に京仁線を開通させると, 京釜線敷設に向かう. 1900 年 1 月 23 日に, 京釜鉄道株式会社の発起人総会が開かれ, 1901 年 6 月 25 日に同社が設立された. 京釜鉄道株式会社は京仁鉄道株式会社を買収し, 合併することになる (1903 年 11 月 1 日).

　私設鉄道であった京釜鉄道株式会社は, 1906 年 7 月 1 日に「統監部」鉄道管理局の設置とともに同局に統合される. また, 同年 9 月 1 日, 軍用鉄道である臨時軍用鉄道監部に統合されて, 国鉄が誕生することになる.

鉄道の敷設と鉄道町の形成

　「朝鮮総督府」は，国鉄が設立された以降も，鉄道の迅速な普及のために私設鉄道の敷設を奨励した．1909年11月に釜山津—東来間に鉄道を敷設した釜山軌道株式会社をはじめ，全北検便，咸興炭鉱，朝鮮中央，南朝鮮，朝鮮殖産，朝鮮森林，良董拓林，金剛山電気，朝鮮慶南，朝鮮産業，北鮮，朝鮮京洞，京春電気などの鉄道会社が鉄道建設を行う．そして，朝鮮，新興，朝鮮慶南，朝鮮京洞，金剛山電気，南満州，多砂島，三陟，京春，朝鮮平安，丹楓，平北，西鮮中央，釜山臨港，朝鮮石炭，北鮮拓植，全南鉄道株式会社などの会社は鉄道沿線に職員の住居として「社宅」を建設していった．鉄道社宅は1899年以降1945年の解放まで持続的に供給されている．
　昭和に入ると，「朝鮮総督府」は，こうして次々に建設されてきた私鉄の買収を始める．京釜線と京義線の買収がその最初で，1926年には，「朝鮮鉄道12年計画[749]」が立案される．国有化された私鉄は，全て国鉄の既設線・建設中の線路と関わっている路線である．すなわち，国鉄と私鉄を連結し，統一的経営，管理を行うのが目的である．朝鮮半島に敷設された鉄道を整理すると以下のようになる（図IV-1，表IV-1）．

鉄道線
(1) 京仁線
　京仁線は，朝鮮半島最初の鉄道であり，日本が海外に建設した最初の鉄道でもある．首都であるソウルと最も近い港である仁川を繋ぐ鉄道で，ソウル—仁川間の往来，物資の輸送を迅速に行うために敷設された．京仁線の敷設をめぐっては，西洋列強と日本の間で激しい争奪，角逐があった．京仁鉄道敷設権は，1896年3月29日にアメリカ人 J. R. モース Morse が獲得したのであるが，アメリカ本国からの資金調達に失敗し，J. Rモースは日本と京仁鉄道譲渡契約を結ぶことになるのである．全線開通以前に，仁川—鷺梁津の間で臨時営業を始めるが，26.26マイルの全区間が開通したのは1900年7月8日である．
(2) 京釜線
　京釜線は，日本が大陸進出の足場を固めるために最も力を入れた幹線である．日清戦争を大きな契機として，京釜線によって朝鮮半島南部地域の政治，軍事，社会，経済のコントロールを行うという構想を基にして，5回にわたる現地調査が行われ，路線の選定等の計画立案が行われた．京釜鉄道株式会社によって1901年8月21日に京城（ソウル），同年9月21日に釜山で起工し，3年後の1904年12月27日に完工する．全線開通したのは1905年1月1日である．京釜線の開通とともに，同年9月11日には釜山と下関間の釜関連絡船が運航開始され，京釜鉄道と日本の鉄道を連結する重要

---

[749] 朝鮮鉄道12年計画は，1927年から12年間にわたり国有鉄道を5線860マイル新設し，私鉄5線210マイルを買収し国有化することを内容としている（鉄道庁広報担当官室（1999）『韓国鉄道100年史』）．

321

第IV章
韓国鉄道町

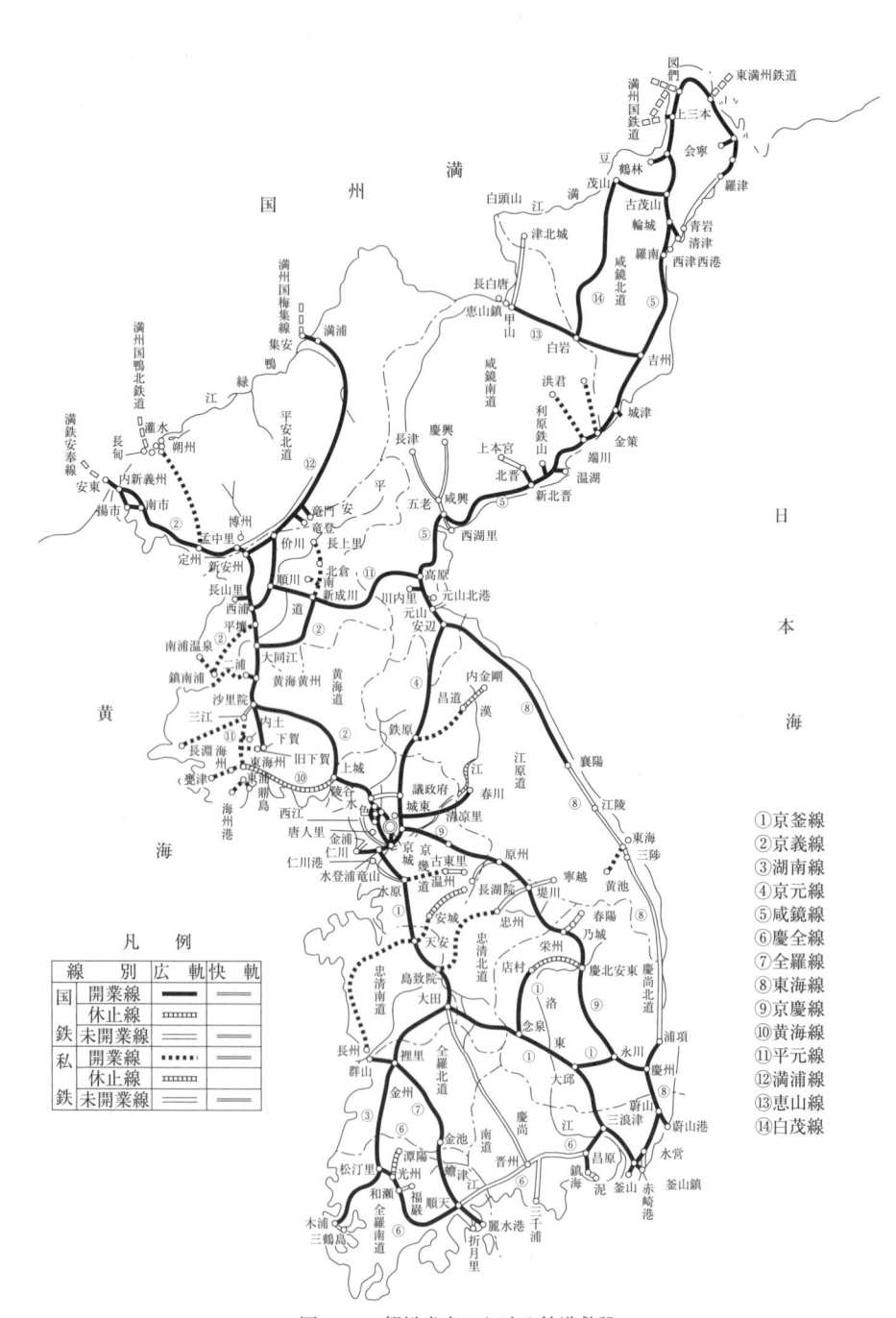

図IV-1 朝鮮半島における鉄道敷設

鉄道の敷設と鉄道町の形成

表 IV-1　朝鮮半島における鉄道敷設

開通年月日	開　通　区　間
1899 年　9月18日	京仁線（鷺梁津 ⇔ 濟物浦）
1900 年　7月 5 日	韓 江 鉄 橋 敷 設
1905 年　1月 1 日	京釜線（ソウル ⇔ 釜山）
1906 年　4月 3 日	京義線（ソウル ⇔ 新義州）
1905 年　5月26日	慶全線（三浪津 ⇔ 馬山）
1914 年　1月11日	湖南線（大田 ⇔ 木浦）
1914 年　8月16日	京元線（龍山 ⇔ 元山）
1925 年 10月15日	ソ ウ ル 駅 舎
1929 年 12月25日	忠北線（鳥致院 ⇔ 忠州）
1931 年　8月 1 日	長項線（天安 ⇔ 長項）
1936 年 12月16日	全羅線（益山 ⇔ 麗水）
1939 年　7月25日	京春線（城東 ⇔ 春川）
1942 年　4月 1 日	中央線（清凉里 ⇔ 慶州）

な交通手段となった．また，同年には軍用鉄道として京義線，馬山線が開通することによって，朝鮮半島では本格的な鉄道時代が始まることになる．

(3) 京義線

　京義線は，半島の西北部地域への縦断幹線である．京城の龍山で京釜線と接続し，新義州を通って，中国の安東—挙天鉄道と連絡する．京釜・京義鉄道は朝鮮半島を縦断してアジア大陸と日本を最短距離で結ぶ交通動脈となる．

　京義線の建設は，大韓帝国と民間会社によって共同で進められたが，資金調達が困難となり，日本に委ねられることになる．1903年9月8日，大韓鉄道会社と日本政府との間で京義鉄道借款契約が行われ，1905年11月10日に開通している．

(4) 湖南線

　湖南線は，京釜線の大田から分かれ，木浦に至る．韓国最大の穀倉地帯である全羅道を通過する路線である．京義線・京元線とは異なり，自力建設運動が最も活発に展開されたが，「統監部」の設置による植民地化の進行とともに，全羅道の穀物の獲得のために木浦，群山に居住していた日本人の要請によって，日本主導下で1910年10月に工事が開始され，1914年1月に開通する．

(5) 京元線・咸鏡線

　京元線は，元山—日本を直接連絡する元山港と，仁川—中国を連絡する仁川を結ぶ．東海岸と京城を結び，経済，産業，軍事の全ての面で重要な役割を果たすと思われていたため，鉄道敷設の初期から注目を集めていた路線である．

323

第 IV 章
韓国鉄道町

　日露戦争の勃発直後，京元鉄道を軍事用鉄道として敷設することが決定され（1904年8月27日軍用鉄道と宣布），臨時軍用鉄道監部によって，1905年8月にソウルの龍山，同年11月には元山で敷設工事が開始された．しかし，漢江の大洪水によって，また外国人所有地の買収問題に手間取り，8.1マイルの路盤工事を終えた段階で一端中止となった．その後，1910年10月に再開，1914年8月に竣工する．

　京元線の完工直後，「朝鮮総督府」は咸鏡南道から海岸に沿って北上する咸鏡線の敷設に着手した．咸鏡線沿いには，石炭，鉄鋼などが多く採れる鉱山地帯があり，豊富な地下資源の開発のために咸鏡線の敷設は必要不可欠であった．国境の豆満江(ドゥマンガン)を渡ると中国の吉林，長春に連絡出来る．満州，シベリアへの進出を図っていた日本にとってはきわめて重要な路線となる．

　京元線，咸鏡線の敷設は，咸鏡道地方の豊富な石炭，鉄鋼などの鉱物資源のみならず，森林資源，さらに世界3大漁場とも言われた咸鏡北道沿海の水産物の搬出に不可欠であり，日本国内の燃料問題，食料問題の解決のためにも重要であった．京元線，咸鏡線は，軍事的・経済的な面で，京釜線・京義線に次ぐ第2の縦貫鉄道である（図IV-2）．

(6) 慶全線・全羅線

　慶全線・全羅線は，米，綿花の搬出のため全羅南道と慶尚南道の穀倉地帯を通り釜山と麗水を連絡する南海岸を横断する幹線鉄道である．慶全線は，嶺南と湖南を連絡し，沿線の農・水・鉱産物などを搬出輸送することを目的としている．

　朝鮮鉄道株式会社による馬山―晉州間の70kmが1923年12月1日に開通（1931年4月1日に鉄道が買収し慶全南部線と改称），同年，南朝鮮鉄道株式会社による松亭里―光州までの14.9kmが開通している．また，1930年12月20日光州―麗水間の155.5kmの私鉄が開通し，湖南の横断鉄道が完成する．1936年3月に鉄道局に買収され，慶全西部線と改称される．そのうち松亭里―麗水の区間は光州線と名付けられている．また，1936年12月に，谷城―順川間が完工し，麗水―裡里間が全羅線となる．

(7) 中央線

　中央線は，京城(ソウル)の清凉里と慶州を結ぶ総延長382.7kmの路線である．中央線沿線の太白山脈地域には，金，銅，亜鉛，黒鉛，石炭・木材などの自然資源が豊富に存在している．日本にとって，そうした資源の確保とともに，中国への軍事物資の搬送のために，戦時における敵の艦砲射撃を受けにくい，沿岸部から離れた内陸の中央線が必要であったのである．工事は，1936年11月3日に清凉里から開始され1940年に竣工するが，全区間が開通したのは，日中戦争拡大の影響により1942年4月になってからのことである（図IV-3）．

(8) 東海線

　東海線は，京元線の基点から釜山までの総延長551kmの路線である．木材，鉱産物，海産物の搬出のために咸鏡線と釜山を連絡することを主な目的とし，東海南部線と東

鉄道の敷設と鉄道町の形成

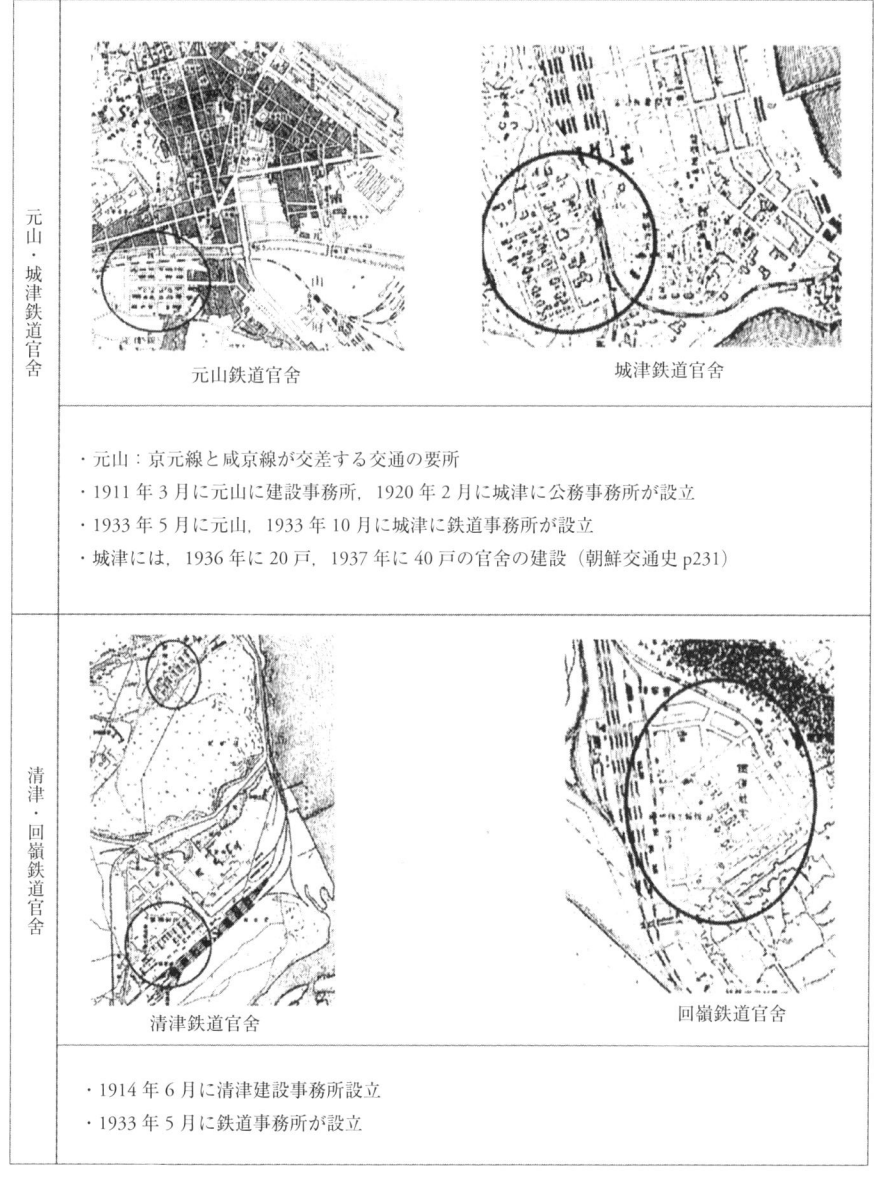

元山・城津鉄道官舎	元山鉄道官舎　　　　　　　　　城津鉄道官舎
	・元山：京元線と咸鏡線が交差する交通の要所 ・1911年3月に元山に建設事務所，1920年2月に城津に公務事務所が設立 ・1933年5月に元山，1933年10月に城津に鉄道事務所が設立 ・城津には，1936年に20戸，1937年に40戸の官舎の建設（朝鮮交通史p231）
清津・回嶺鉄道官舎	清津鉄道官舎　　　　　　　　　回嶺鉄道官舎
	・1914年6月に清津建設事務所設立 ・1933年5月に鉄道事務所が設立

図 IV-2　京元線・咸鏡線沿いに建設された鉄道官舎

325

第IV章
韓国鉄道町

安東	 1971年の航空写真	 安東鉄道官舎の全景
	1936年11月,中央線の着工と共に安東鉄道事務所が設立されると共に官舎の建築が始まった.独身者の宿舎,鉄道病院,共同銭湯が建設された.	
堤川	 1970年の航空写真	 堤川鉄道官舎の全景
	6等級2棟,7等級甲7棟,5等級乙10棟,8等級12棟と共に,宿舎,鉄道病院,共同銭湯,鉄道会館などで構成されている.5等級官舎があったが,鉄道敷設の工事直後なくなったと伝わっている.	

図IV-3　中央線沿いに建設された鉄道官舎

海北部線の二つに分けられる.

　東海北部線は,1928年2月安辺で路盤工事が始まり,1937年12月に襄陽양양までの192.6kmが開通する.襄陽―三陟삼척間の103.9kmと東幕동막―梅原매원間3.7kmの敷設中に日本が敗戦し,朝鮮半島は植民地から解放されることになる.東海南部線は,釜山から北進し蔚山に至る全長72kmで,1930年7月に敷設工事が始まり1935年12月に竣工する.また,朝鮮鉄道株式会社所有の私鉄であった蔚山―慶州間41kmの京東線が大邱―鶴山학산間の107kmとともに鉄道局に買収され,1935年6月に標準軌道への[750]改修が着手された.

鉄道の敷設と鉄道町の形成

　東海線は，江原道，慶尚北道の豊富な海産物の搬出と太白山脈周辺の鉱産物，林産物の開発を容易にするとともに，比較的都市開発が遅れている嶺東地域の発展させるためにも必要であった．

1-2 鉄道町

鉄道町の類型

　鉄道敷設とともに朝鮮半島の各地に建設，形成された「鉄道町」は，立地条件と街区構造によっていくつかに分類出来る．

　鉄道駅の立地の選定は，軍事，物流，行政，日本との連絡など「鉄道町」の建設目的に大きく関わる．また，山，川など地形や気候の条件によって規定される．さらに，既存集落との関係も考慮される．

　「鉄道町」の立地についてみると，まず港湾型・内陸型の二つがある．また，既存集落との関係によって，既存集落混合型・既存集落隣接型・開拓型（新町）の三つのタイプを区別出来る．そして，鉄道線路と既存集落，新町との位置関係について，線路を挟んで両側に既存集落と新町が形成されているもの，線路と既存集落の間に新町が形成されるもの，鉄道駅と新町が既存集落と離れているものの，三つのタイプを区別出来る．

　新町と既存集落が鉄道線路，あるいは，河川のような自然障害物によって分断される場合は，既存集落は以前からの街区構造を残し，新町を中心に発展する傾向が見られる．既存集落と新町が隣接している場合は，新町から始まった街区構造の変化が既存集落に影響し，以前からの街区構造が大きく変化する場合が多い．街区構造については，線型・枝型・格子型・放射型・T型の五つに分けられる．

①線型：

　線路の軸と平行する主道路が駅広場の前面を走り，主道路に対して不規則な道路が街路網を形成する．このような都市にはソウル，釜山等がある．「鉄道町」が「邑城」の内側に形成される場合に多い．

---

750) 開港以後，東アジアに勢力を拡げていた欧米列強は各自の国で採択されていた軌間と軌條を利用していた．たとえば，イギリスが敷設していた中国の京奉鉄道は標準軌で4フィート8インチ半の軌間に80パウンドの軌條を使用しており，ロシアが敷設していたシベリア鉄道と東清鉄道は広軌で5フィットの軌間に60パウンドの軌條を使用していた．また，日本国内の鉄道は狭軌で3フィート6インチの軌間に50パウンドの軌條を使用していたが，1896年7月17日鉄道局の設置とともに'国内鉄道規則令第31号'を頒布した．これによって朝鮮半島で敷設する全ての鉄道はこの標準軌を採用するように規定された．その理由は，当時中国で敷設されていた幹線鉄道の全てが標準軌を使用していため，それと連絡する計画であった朝鮮半島の鉄道も，当然標準軌を選択しなければならないという意図が反映されたと考えられる．

②枝型：
線路の軸とは関係なく枝分かれする主道路を持っている．その主道路とともに不規則な道路が街路網を形成している．漁村地域に多い．

③格子型：
駅の軸と平行に主道路が走り，それを基本として格子状の街路網を形成する．この型の「鉄道町」として，大田，大邱等がある．

④放射型：
駅と駅広場を原点として放射状の主道路がつくられ，主道路に従って格子状の道路が街路網を形成している．格子型と放射型の街路網は，開拓型の「鉄道町」によく見られるが，ほとんどの「鉄道町」の街区で部分的には用いられる．

⑤T字型：
線路と並行する主道路とそれに直交する主道路がT字型に形成される．このT字型の主道路とは関係なく既存の道路が街路網を形成している場合もある．地方の小村の場合に多い．

港湾型鉄道町

港湾型「鉄道町」は，大陸への進路の確保，朝鮮半島で生産された物資の流通のために各要所に形成された．図IV-4に示すように物流港・旅客ターミナル・軍事港・漁港などに分類される．そのうち最も多いタイプ「既存集落隣接型／海―線路―集落」には，釜山，仁川，木浦，清津，元山が含まれる．いずれも朝鮮時代以前から海外との交流によって栄えていた港町であり，朝鮮半島における代表的な「開港場」となった都市である．特に，釜山，仁川，木浦の3都市は，今日の韓国における最も重要な貿易，旅客，物流の拠点となっている．「開拓型／海―集落―線路」に分類される鎮海，群山，鎮南浦は，南海および西海に軍港として開発されたものである．また，「既存集落隣接型／海―集落―線路」，「開拓型／海―線路―集落」も朝鮮半島屈指の港都市として発展してきた「鉄道町」である．

こうした港湾型「鉄道町」は，ほとんどが沿岸部から離れた山際に既存集落が形成されており，鉄道敷設とともに海岸に沿って新たな街が形成されている（図IV-5ab）．既存の集落は，山の等高線に沿って不規則な曲線の街路を持つ枝型や線型の街路構造を持っており，駅とともに形成された新たな町は，線街路による街区を持っている．港湾型「鉄道町」には，放射型の街路体系を持つ鎮海を除いた全ての地域で海岸線に沿った形の主要道路と格子型の街区が見られる．海岸沿いに形成された新たな町が中心核となり，既存集落は消滅，または，新たな町の拡張区域に吸収される．

	海－線路－集落	海－集落－線路
既存集落隣接型	釜山／清津／仁川／元山／木浦	浦港／城津
開拓型	馬山	鎮海／群山／鎮南浦

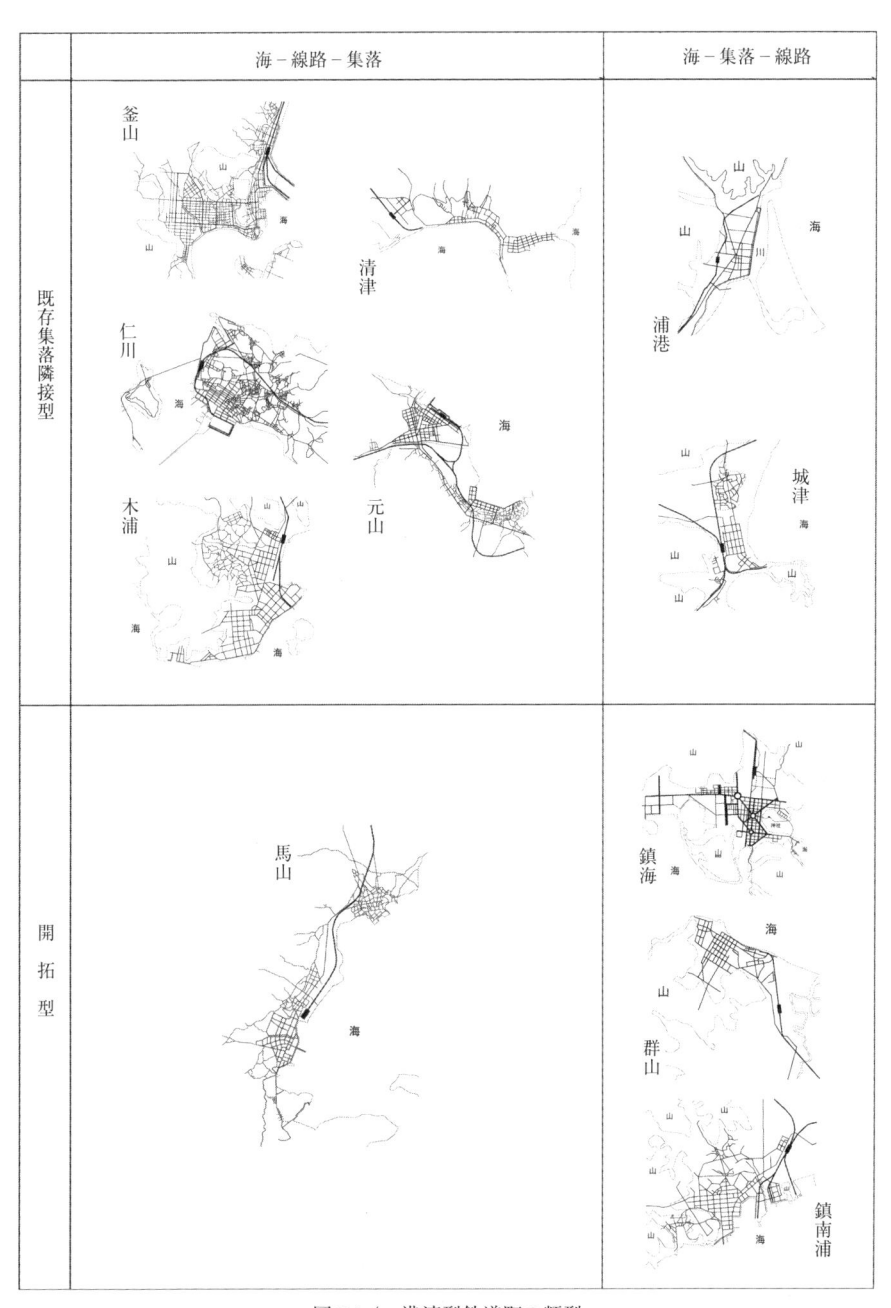

図 IV-4　港湾型鉄道町の類型

第 IV 章
韓国鉄道町

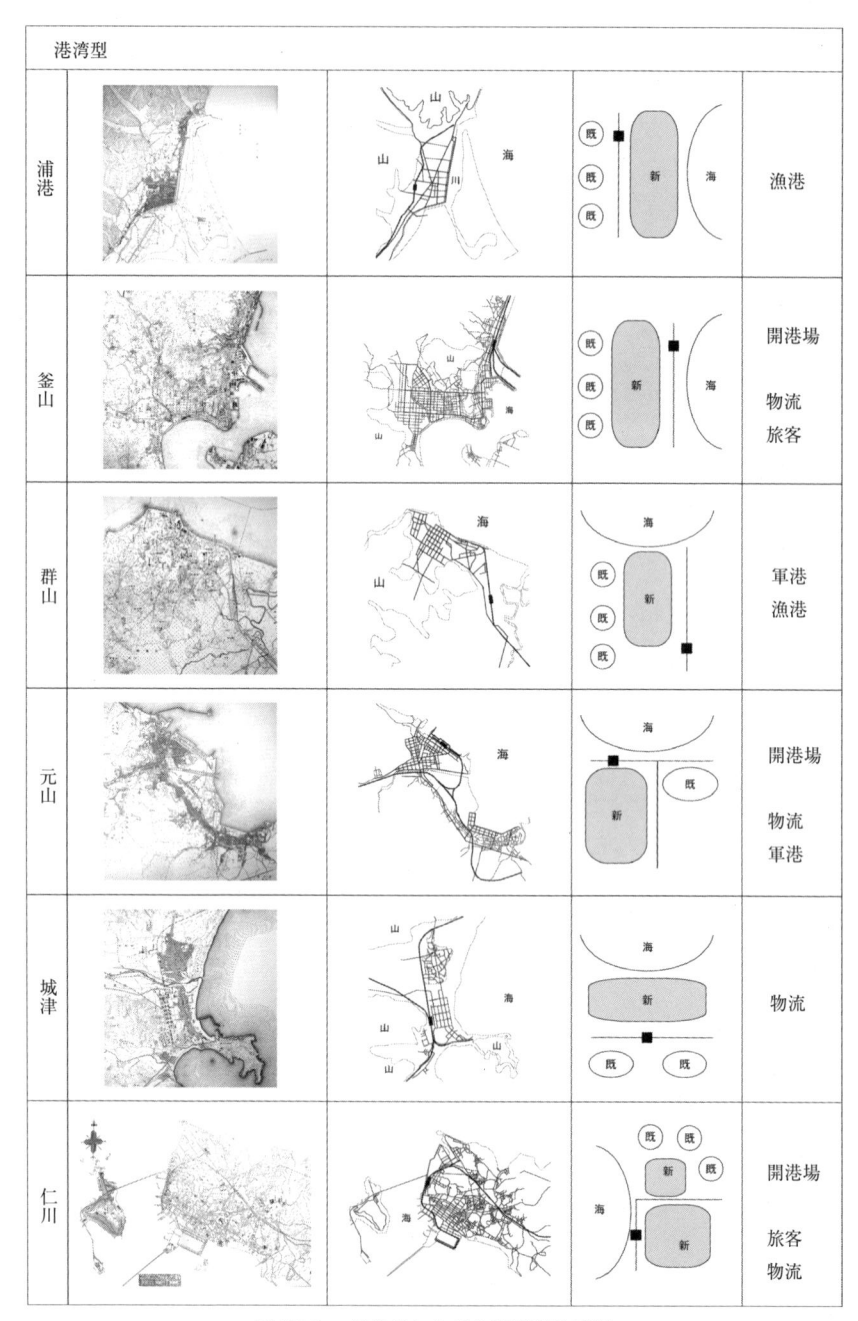

港湾型				
浦港				漁港
釜山				開港場 物流 旅客
群山				軍港 漁港
元山				開港場 物流 軍港
城津				物流
仁川				開港場 旅客 物流

図 IV-5a　韓半島における港湾型鉄道町

鉄道の敷設と鉄道町の形成

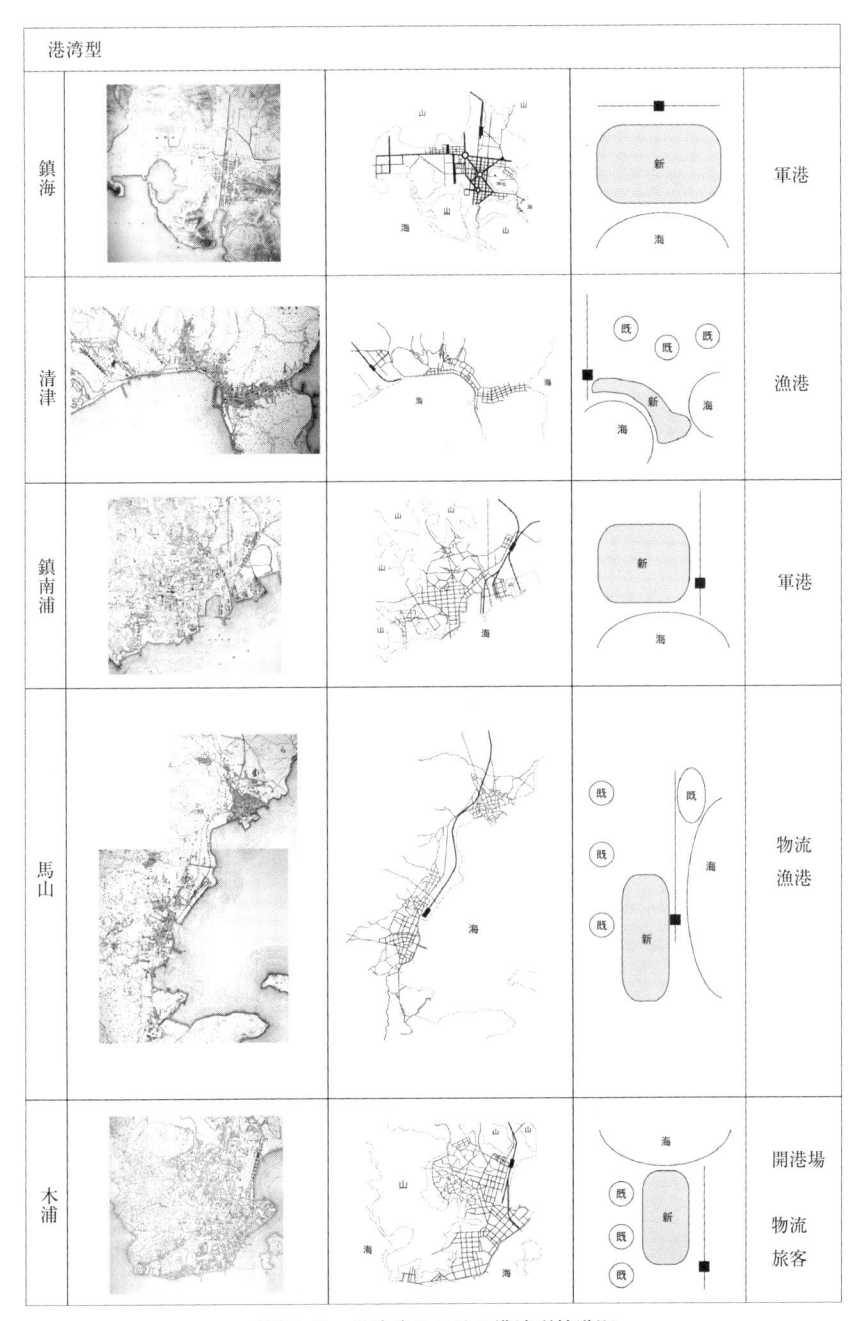

港湾型				
鎮海				軍港
清津				漁港
鎮南浦				軍港
馬山				物流漁港
木浦				開港場 物流 旅客

図 IV-5b　韓半島における港湾型鉄道町

331

第 IV 章

韓国鉄道町

内陸型鉄道町

　朝鮮半島における内陸地方の都市には，京城(ソウル)，龍山，平壌，新義州，慶興など「開市場」をその起源とするものがある．一方，「開港場」以外にも鉄道が敷設されて鉄道駅が設けられることで，「鉄道町」が形成されていく．内陸型の「鉄道町」も，地形，既存集落など周辺環境によって港湾型と同様，「既存集落内型」「既存集落隣接型」「非居住地開拓型」に分けられる．

(1) 既存集落内側形成型

　ソウル，安州，新安州，江界，開城，尚州，水原，宣州，大邱，忠州，定州，南原，平壌，北青，羅州，咸興などは，いずれも朝鮮時代以前から行政機関の所在地であった．鉄道駅はそうした既存の町の中に設置されたから，何処から何処までを「鉄道町」と規定するのは難しい．ここでは，既存集落内型の「鉄道町」という場合は，鉄道敷設によって新たに整備された街区，および，鉄道関連施設が分布している範囲を「鉄道町」(鉄道駅周辺街区)としている．

　この「鉄道町」(鉄道駅周辺街区)では，鉄道駅の建設とともに整備された街路が主な交通路となり，既存の街路は通り道，または，路地のような役割を果たすことになる．線路・駅・新町・既存集落の位置関係は図 IV-6abc に示す通りである．

(2) 既存集落隣接型

　既存集落隣接型には，会寧，金泉，江景，沙里院，始興，順川，真山恵，大田，鳥致院，普州，羅南，裡里などがある．大田と裡里以外は，鉄道駅と新町は川辺に堤防をつくり，比較的広くて平坦な土地に形成されている．既存集落は，川辺の氾濫源から離れた山際の斜面に形成されていたのである．会寧と普州の場合は，「邑城」の隣に「鉄道町」が形成され，「鉄道町」の拡張とともに「邑城」を侵食していく．既存集落隣接型には，このように「邑城」と接している特殊なタイプもある．

　既存集落隣接型の鉄道街も，鉄道駅の建設とともに整備された街路を主な交通路として格子型の街路構造を持つことを特性とするが，江景の場合は，より舟運に依拠しており，川と密接し，川の形に沿って街路が形成されている．線路・駅・新町・既存集落の位置関係は図 IV-7ab に示す通りである．

(3) 非居住地開拓型

　非居住地開拓型には，兼二浦，黄州，新義州，龍山がある．いずれも軍事(兼二浦，新義州，龍山)や自然資源の確保(黄州)の目的だけのためにつくられた町である．特に，軍事目的でつくられた兼二浦，新義州，龍山の「鉄道町」は，他のものと比べて定型的な街路体系をしており，きわめてきわめて整然と整備されている．こうした街路構造は，港湾型の非居住地開拓型である鎮南浦と鎮海でも見られる(図 IV-8)．

　「鉄道町」は，内陸部はもちろん沿岸部の都市化を進行させる大きな契機となった．「鉄道町」は，朝鮮半島の主要都市と連結される地方中小都市として発展していくの

鉄道の敷設と鉄道町の形成

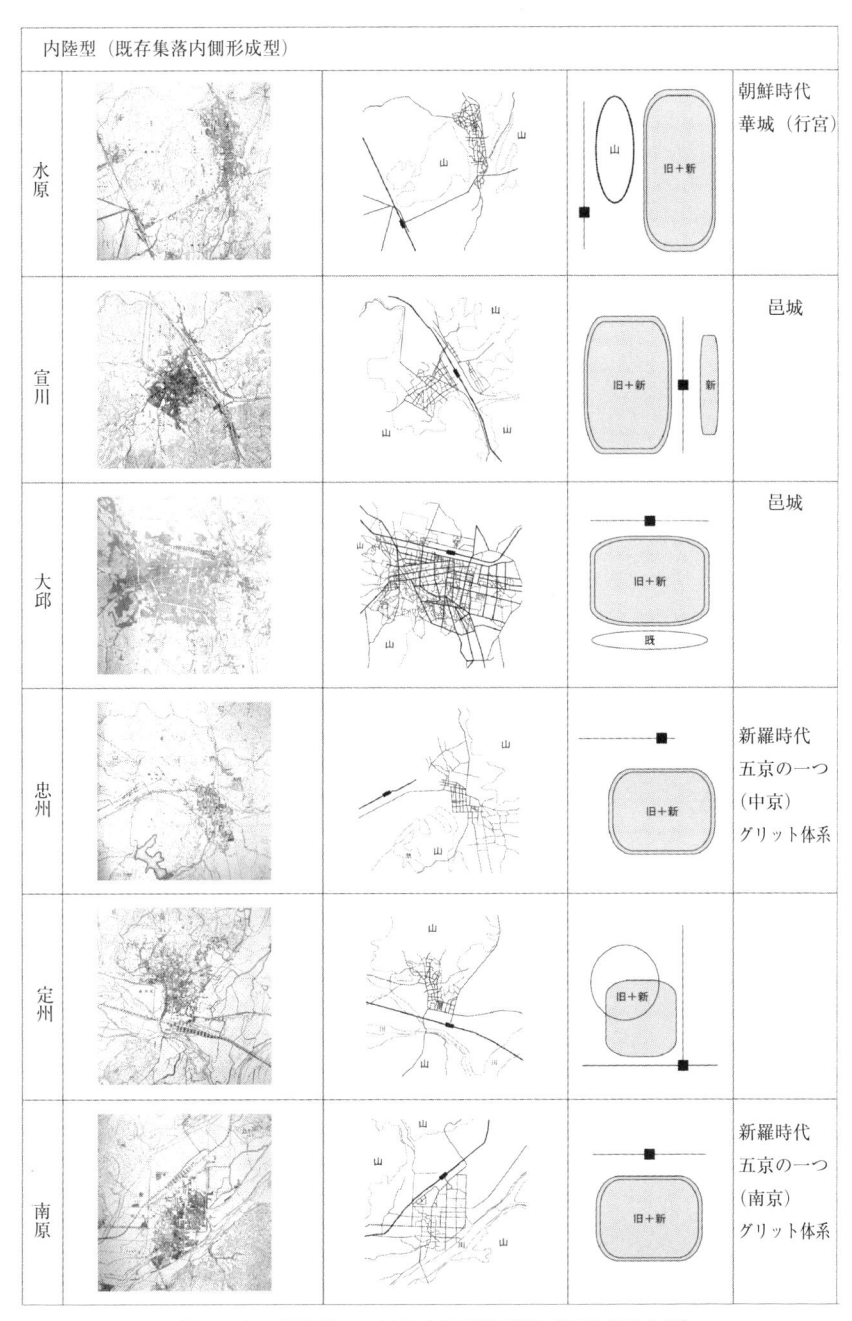

内陸型（既存集落内側形成型）				
水原				朝鮮時代 華城（行宮）
宣川				邑城
大邱				邑城
忠州				新羅時代 五京の一つ （中京） グリット体系
定州				
南原				新羅時代 五京の一つ （南京） グリット体系

図 IV-6a　韓半島における内陸型鉄道町（既存集落内型）

第 IV 章
韓国鉄道町

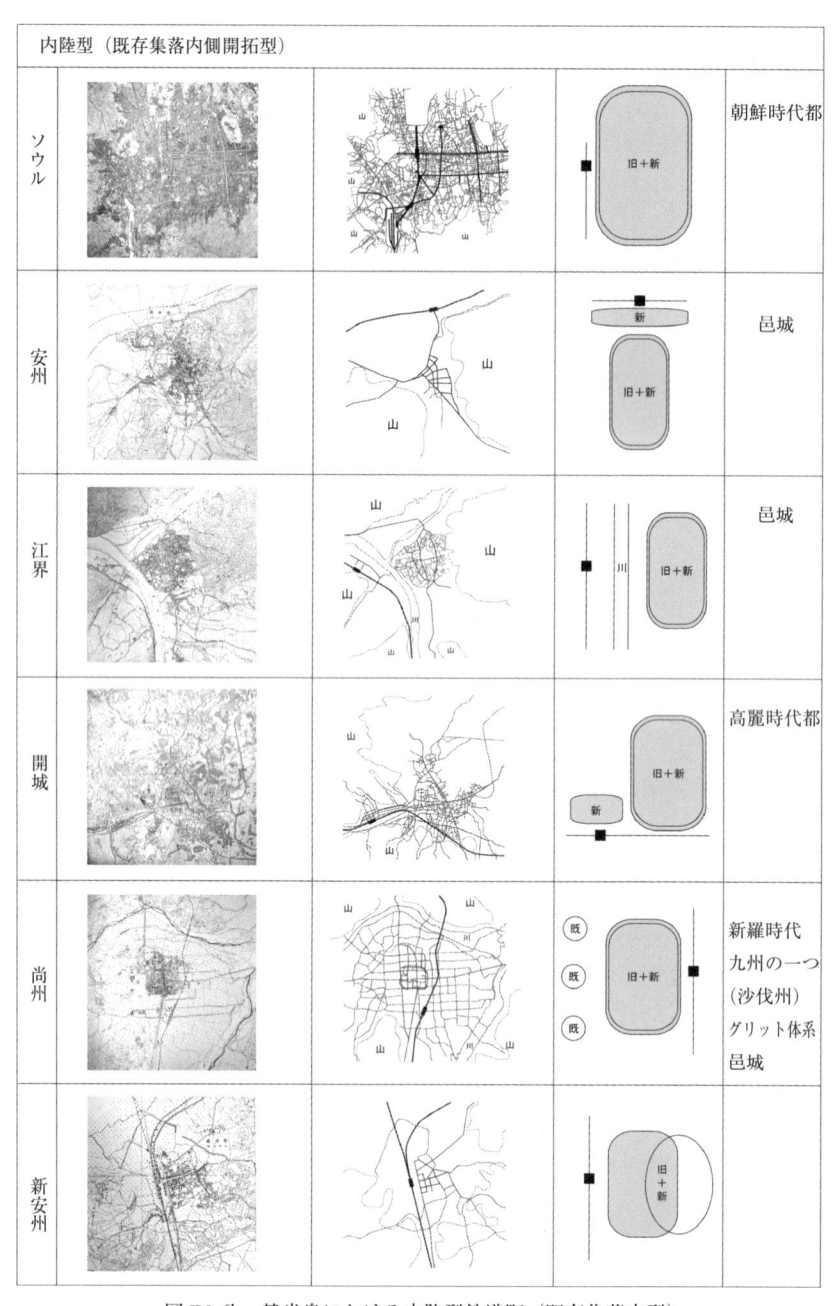

内陸型（既存集落内側開拓型）			
ソウル			朝鮮時代都
安州			邑城
江界			邑城
開城			高麗時代都
尚州			新羅時代九州の一つ（沙伐州）グリット体系邑城
新安州			

図 IV-6b　韓半島における内陸型鉄道町（既存集落内型）

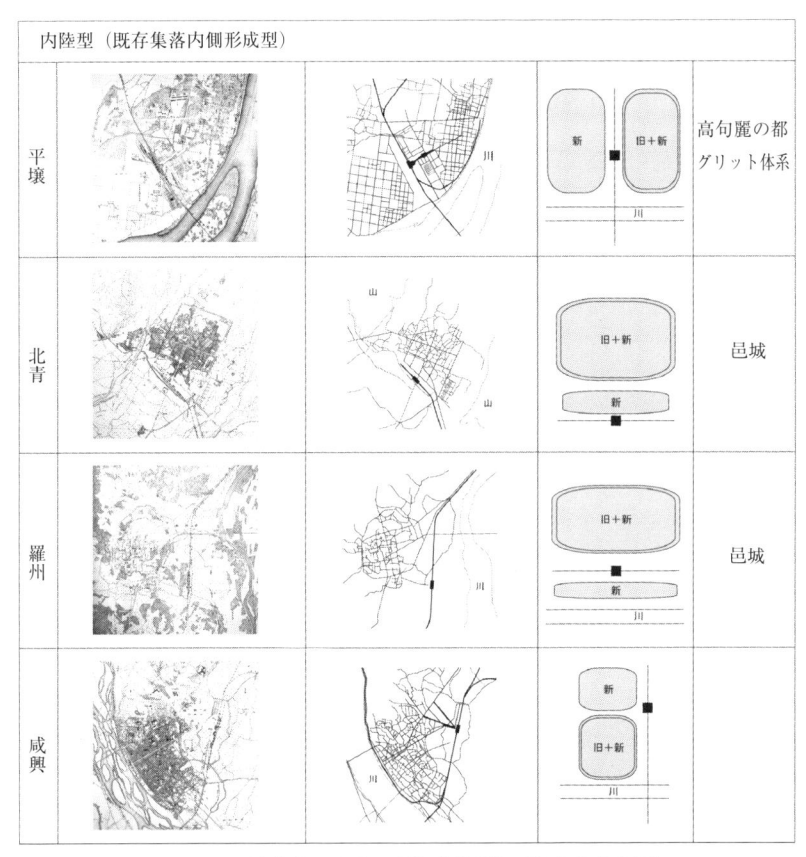

図 IV-6c　韓半島における内陸型鉄道町（既存集落内型）

である．また，以上のように，「鉄道町」は，直線・格子型の街区構造を朝鮮半島に持ち込むことになる．そして「鉄道町」には，役場，金融機関，通信局などの近代建築や，「鉄道官舎」など数多くの「日式住宅」が建てられることになった．さらに，「鉄道町」は，朝鮮半島の人びとにとって新たな都市構造や住居形式を体験する場となるのである．

1-3　鉄道官舎

鉄道官舎と鉄道町

　朝鮮の鉄道網において大きな軸線となるのは，京仁線，京釜線，京義線の3線である．上述のように，ソウル（西大門）—仁川間は，京仁鉄道株式会社によって1898年から

第 IV 章
韓国鉄道町

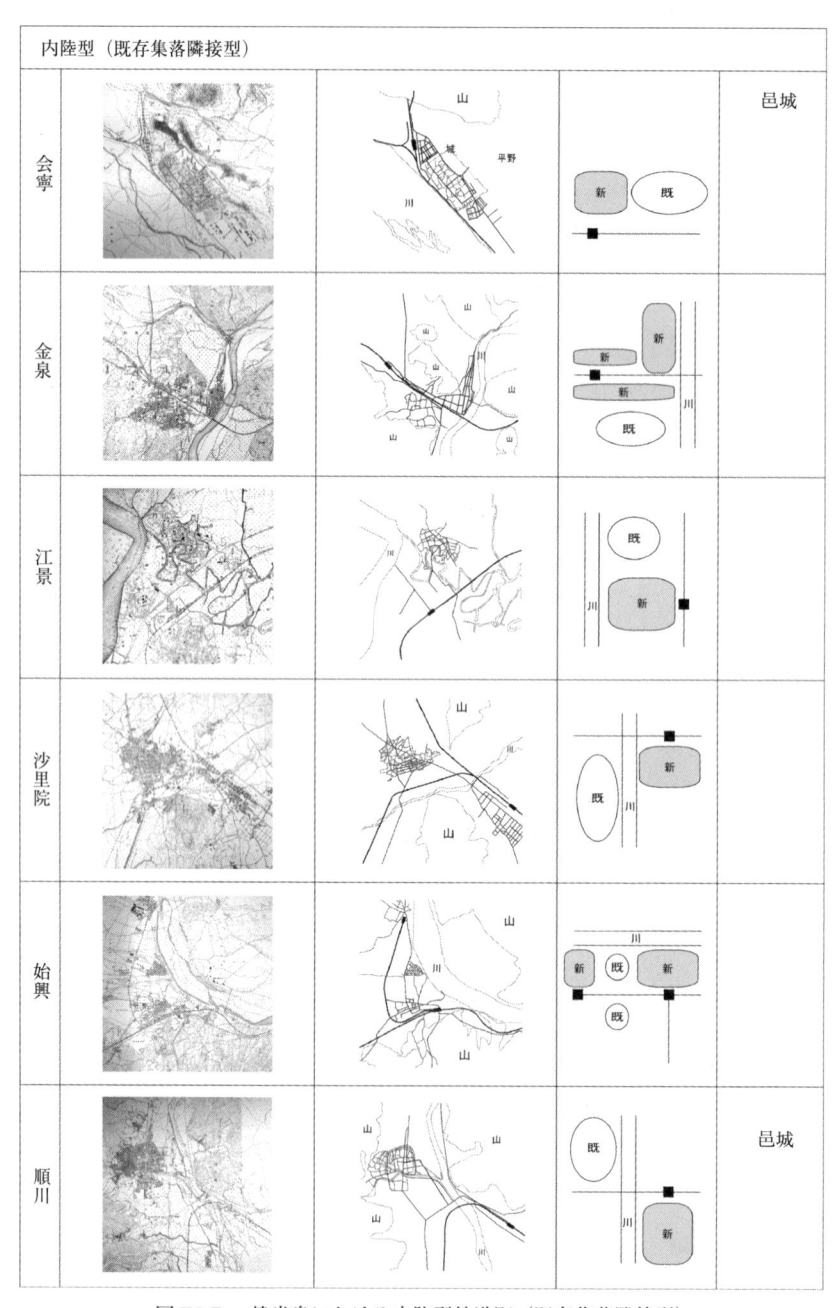

図 IV-7a　韓半島における内陸型鉄道町（既存集落隣接型）

336

鉄道の敷設と鉄道町の形成

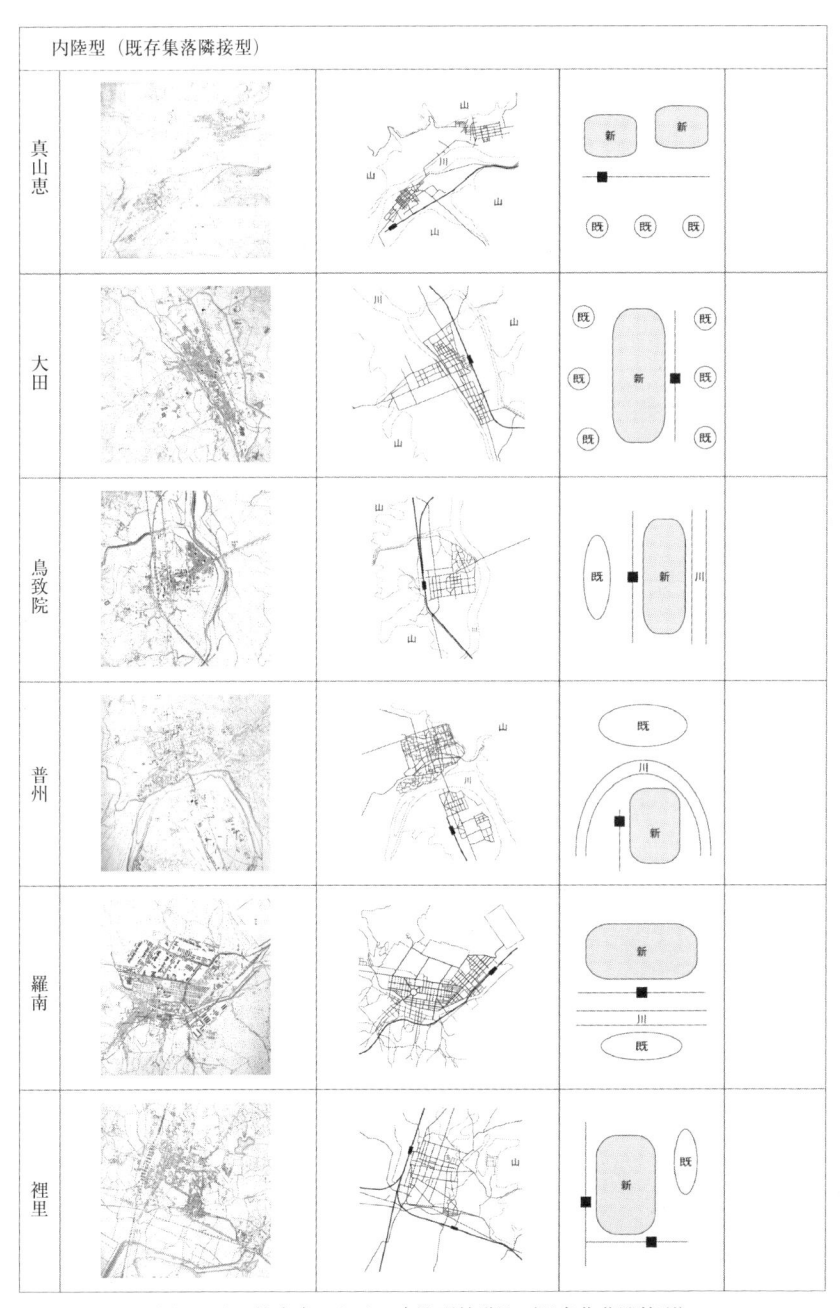

内陸型（既存集落隣接型）			
真山恵			
大田			
鳥致院			
普州			
羅南			
裡里			

図 IV-7b　韓半島における内陸型鉄道町（既存集落隣接型）

第 IV 章
韓国鉄道町

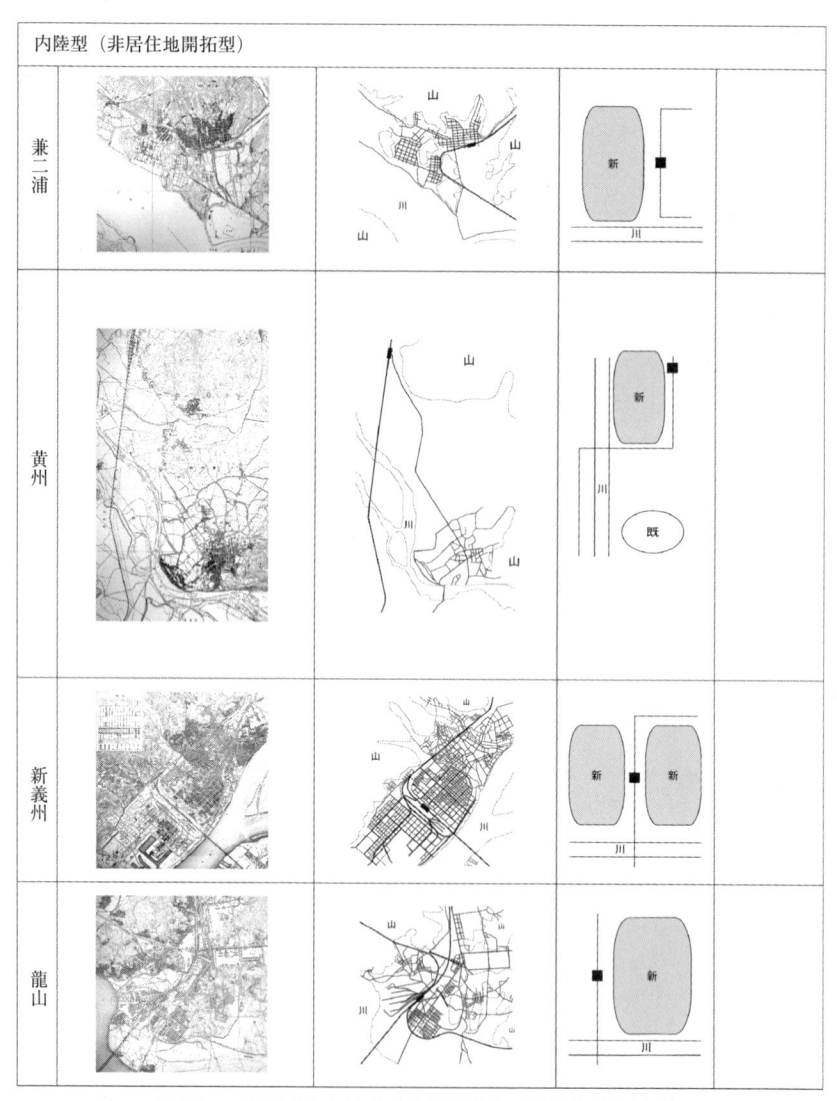

図 IV-8　韓半島における内陸型鉄道町（非居住地開拓型）

1899 年にかけて敷設開通された．ソウル—釜山間は京釜鉄道株式会社により 1901 年から 1905 年にかけて建設された．そして，ソウル—新義州間および三浪津—馬山間は，臨時軍用鉄道監部によって明治 1905 年から 1906 年にかけて開通した．
　京仁鉄道株式会社は，京釜鉄道株式会社の設立とともに同社がこれを買収すること

になった．次いで京釜鉄道株式会社および臨時軍用鉄道監部は，1906年にともに「統監府」鉄道管理局の所管となる．以後，朝鮮鉄道は鉄道院に移管，「朝鮮総督府」の所管となり，その後，満州鉄道による委任経営となったが，1925年4月再び「朝鮮総督府」の直営となっている．

「鉄道官舎」は，多種多様であったが，基礎となり基準となったのは，京仁鉄道株式会社，京釜鉄道株式会社，臨時軍用鉄道監部による三つの系統である．

「鉄道官舎」の中でも，三つの系統と関係を持つソウルの龍山駅官舎の大部分は，京仁鉄道株式会社および京釜鉄道株式会社時代に建築されたもので，そのうち，龍山構内のものは鉄道監部時代のものである．また，ソウル駅官舎は京釜線鉄道会社時代に建築されたものであり，韓国近代建築の重要文化財に指定され，現在鉄道博物館として使われている．

朝鮮鉄道は，日本国内の鉄道省あるいは朝鮮内の他官庁などに比べて比較的数多くの官舎を保有していた．鉄道の経営には沿線各所に多くの従業員を常時必要とし，鉄道敷設とともにそうした保安，営業に関わる駅員などの住居を確保する必要があったからである．当時の鉄道沿線は，ほとんど人家はまばらで住む家を求めることは困難な状況であった．官舎は宿舎であるが，一種の療養所でもあり，休養所でもあり，楽園でもある．従業員にとってみれば恵みの「オアシス」であった．すなわち「町」としての機能を持つ必要があった．既存の都市や集落から離れて駅が設けられる場合は，小規模であれ，一つの「町」の建設に繋がっていくことになるのである．

ただ，「鉄道官舎」は量としての建設が最優先されたために，とりわけ，初期の駅官舎は各地域の風土や環境を考慮せずに，画一的な標準設計図によるものであった．

鉄道官舎の類型

「鉄道官舎」には，上述のように三つの系統があったが，それらは「朝鮮総督府鉄道局」の標準設計図に集約されていく．時期，地域によって違いがみられるが，基本的には基準に従って各地域で多少変更された形態の官舎が建てられている．これらの「鉄道官舎」を類型化すると図IV-9に示すように，大きく，戸建型，二戸一型，集合住宅型，独身者宿舎型の四つのタイプに分けられる．

戸建型は，3等級官舎や4等級官舎，そして5等級官舎の一部に用いられた．高級職員向けで，組石造である．最も多く建設されたのは二戸一型で6等級，7等級甲，7等級乙，8等級官舎として採用された．木造軸組構法で，外装は土壁漆喰塗り，または，板張りで，屋根にはセメント瓦が使われた．このスタイルが「日式住宅」の原型である．集合住宅型は，釜山と龍山に採用されたもので例は少ない．家族用と独身者用があったとされるが，ほとんど知られていない．独身者宿舎型は，1939年頃鉄道従業員の急速な増加とともに各要所に建設された．主に，集団「鉄道官舎」地区の

第 IV 章
韓国鉄道町

戸建て型	龍山駅駅長官舎	龍山駅課長官舎
	高級職員の洋風官舎 龍山，釜山，大邱，安東などの重要駅に建設	
二戸一式型	金井鉄道官舎（釜山）	金井鉄道官舎（釜山）
	中・下級職員の鉄道官舎 集団官舎として各地域に建てられている．	
集合住宅型	金井鉄道官舎（釜山）4戸2階建て	金井鉄道官舎（釜山）8戸2階建て
	釜山の金井鉄道官舎の建設時，建てられている．	
独身者宿舎型	満浦独身者宿舎	南原乗務員寮
	満浦独身者宿舎：各地域に集団官舎と共に建設している． 南原乗務員寮：発着・終着駅など乗務員の交代駅に建設．	

図 IV-9　鉄道官舎の類型

付近に建設され，独身者あるいは移動が多い乗務員の寮として使われた．
　京仁鉄道株式会社は，1899年京仁線の敷設時から，建築班を組織し，敷設の責任者および労働者の宿泊のために線路沿いに宿舎を建設する．この京仁鉄道株式会社による宿舎が組織によって建てられた朝鮮半島で最初の「社宅」である[751]．
　京釜線の敷設のために1901年6月25日に京釜鉄道株式会社が設立され，鉄道職員の職級によって3等級から8等級で分けられた七つのタイプの官舎の建設が開始された．京釜線沿いの「鉄道官舎」は，「日式住宅」の形式を採用しているが，北部地方においては一部「オンドル」の床暖房を採用した場合もある．また，京義線と慶全線の敷設のために1904年2月21日，臨時軍用鉄道監部が編成され，鉄道敷設とともに持続的な「鉄道官舎」建設が開始された．上述のように，1906年7月1日，私鉄であった京釜鉄道株式会社が「朝鮮総督府鉄道管理局」の設立とともに，鉄道局に統廃合され，同年9月1日に臨時軍用鉄道監部も統廃合されると，鉄道の管理は国が行うようになり，ほとんどの鉄道が国鉄化する．
　京釜線，京義線沿いに建設された「鉄道官舎」がモデルとなって，後の湖南線，京元線，咸京線の敷設時にも，京釜線，京義線に採用された3等級～8等級の標準設計図が基本とされた．
　一般に，日本における公的住宅供給機関の設立は関東大震災後に設立された同潤会（1923年）が最初とされるが，朝鮮半島において，そのモデルは，はるかに先んじてつくられていたことになる．

鉄道官舎の平面構成
　朝鮮半島における「鉄道官舎」は，「統監部」鉄道局の局長官舎を除き，職務および職級によって3等級から8等級の6等級に分けられており，各等級によって面積や平面構成が異なっている．
(1) 3等級官舎（図IV-10）
　3等級官舎は勅任官（勅命によって任ぜられる高等官）や奏任官（総理大臣など機関の長官の奏薦で任ぜられる高等官）が居住する独立一戸建住宅である．3等級官舎は，龍山の79坪と，平壌の57坪の2種類が建てられた．龍山の場合は1906年から1908年の間に集団「鉄道官舎」の建設時に建てられたと推定される．
　平面は，玄関から繋がる中廊下によって右側の接客空間と左側の居住空間に分けられている．接客空間には応接室と書斎があり，「コの字」の中廊下を採用して日当たりや通風の問題を解決している．こうした平面構成は「朝鮮総督府」の官房会計課の

---

751) 公的機関が建てた公共部門の住宅は官舎，民間部門の住宅は社宅である．鉄道に関する住居の場合は一般的に官舎と呼ばれているが，植民地時期には国鉄と私鉄が存在し，国鉄の場合は官舎，私鉄の場合は社宅とされている．

第 IV 章
韓国鉄道町

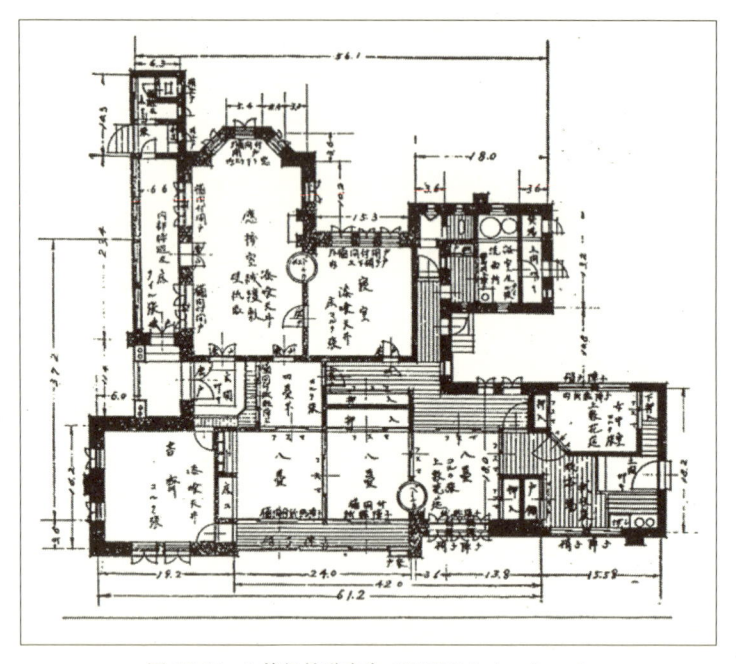

図 IV-10　3 等級鉄道官舎 (朝鮮建築会 (1927), p.6)

官舎ではあまり見られない構成で,「鉄道官舎」の独特な平面である.台所が南側に位置しており,二つの便所が設けられ,一つの便所は客用として計画されている.

(2) 4 等級官舎 (図 IV-11, 12)

　奏任官級の事務所長の官舎である.建築面積 45 坪,敷地面積 300 坪で「コの字」の中廊下を採用しており,玄関,押し入れ,室内便所,家政婦の部屋,台所などの位置関係を見ると 3 等級官舎の配置計画と似ていることから,龍山鉄道官舎が計画された時に提案された標準設計であると考えられる.

　北側にある玄関の近くには応接室や訪問客のための便所がある.東西方向に中廊下を置き,南側に寝室,北と西側に便所,浴室,台所,および家政婦室を配置している.また,廊下の一面を外側に面するように配置して日当たりや通風の問題を解決し,床暖房として「オンドル」方式を採用している.

　龍山の 4 等級官舎は韓江辺に 1928-29 年の間に建設された事務所長の官舎で,建築面積は 67 坪ある.図 IV-10 に示すように他の 4 等級官舎に比べ面積は大きく,3 等級官舎と同様,北側の玄関から入ると中廊下によって左右に応接室と書斎がある接客空間と居住空間を分離している.それ以外にも家政婦の部屋,風呂場などがある.この平面図は 1936 年 11 月に順川および同年 12 月に安東の 4 等級官舎にも採用され

鉄道の敷設と鉄道町の形成

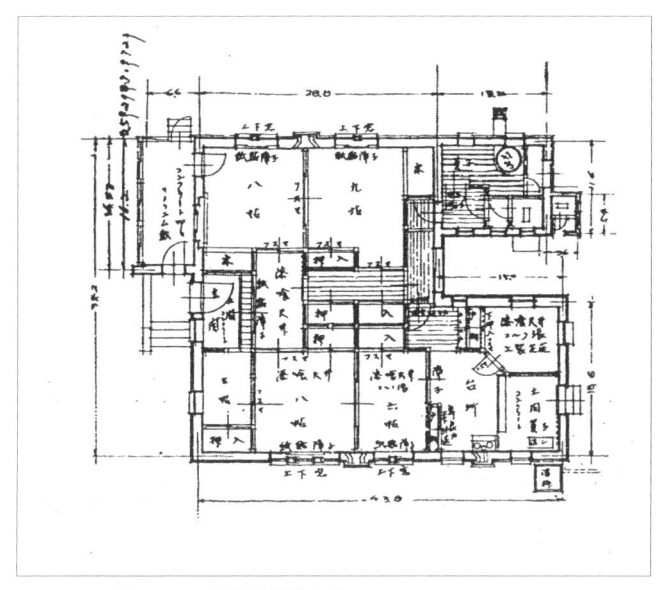

図 IV-11　4 等級鉄道官舎（朝鮮建築会（1927），p.7）

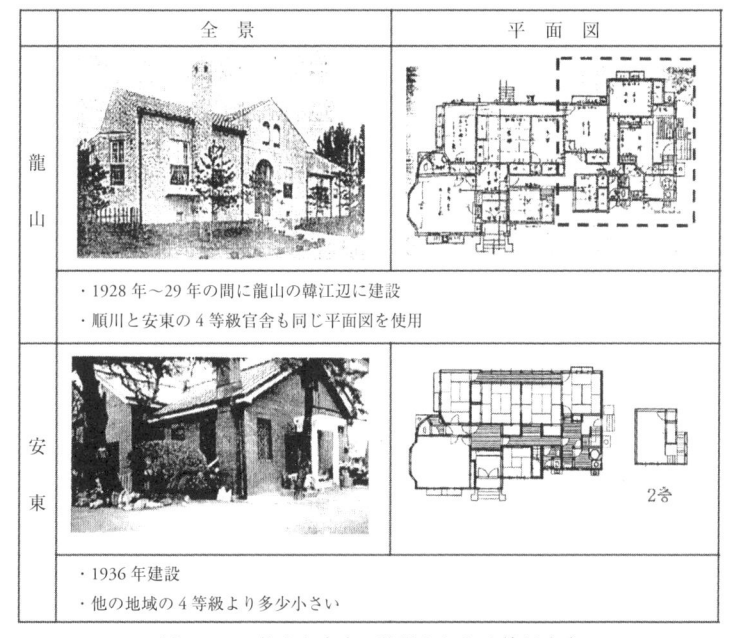

	全景	平面図
龍山		
	・1928 年～29 年の間に龍山の韓江辺に建設　　　　　　　　　　　　　　　 ・順川と安東の 4 等級官舎も同じ平面図を使用	
安東		
	・1936 年建設 ・他の地域の 4 等級より多少小さい	

図 IV-12　龍山と安東に建設された 4 等級官舎

343

第 IV 章
韓国鉄道町

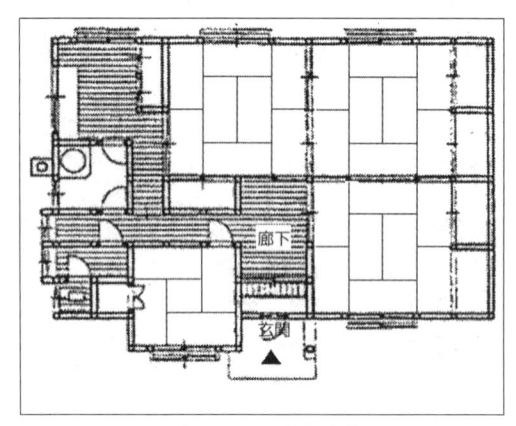

図 IV-13　5 等級官舎

事務所長の官舎として用いられた．
(3) 5 等級官舎 (図 IV-13, 14)

　奏任官の官舎で，課長級の一戸建官舎であるが，二戸一型もある．平面構成は 10 畳部屋が一つ，8 畳部屋が二つ，そして 4 畳半の部屋（家政婦の部屋と推定される）が一つからなる．場合によっては畳部屋が三つの場合もある．玄関は北側に位置し，内部の動線は中廊下に繋がるように各部屋が配置され，台所が南側に配置されているのが特徴である．南側に続き間があり，北側に風呂場，便所，家政婦室が配置される．南側の主空間と北側の従属空間が中廊下によって分離されている．

　順川に建てられている 5 等級官舎は，1 戸の面積が約 34 坪の二戸一型である．出入口や玄関は，3 等級・4 等級と同様北側に位置しており，南側に室内化された縁側が設けられている．10 畳部屋 1 室と 8 畳部屋 2 室が L 字型に連続する続き間の形式を取っており，中央部分に中廊下を設け，居間と従属空間（台所，家政婦室，風呂，便所）の間に置いている．安東の 5 等級官舎は，基本的な平面構成は順川のものと同様であるが，一戸建の独立型で 10 畳部屋はなく三つの 8 畳部屋で構成されており，南側の縁側が省略され，順川の 5 等級官舎より若干面積が小さい．

(4) 6 等級官舎 (図 IV-15)

　所属長や駅長の官舎で，25 坪と 21 坪，2 種類ある．二戸一式型の官舎であるが，一戸建の独立型もある．1926-1928 年に建築された龍山の 6 級官舎は北側に玄関や便所，南側に台所があり，二つの 8 畳部屋と一つの「オンドル」部屋がある．こうした平面構成は，地域によって多少の変化は見られるが，全国の 6 等級官舎に標準型として採用され，保線事務所長，駅長の官舎として使われた．1940 年に建設された昌原の 6 等級の駅長官舎は独立型である．

鉄道の敷設と鉄道町の形成

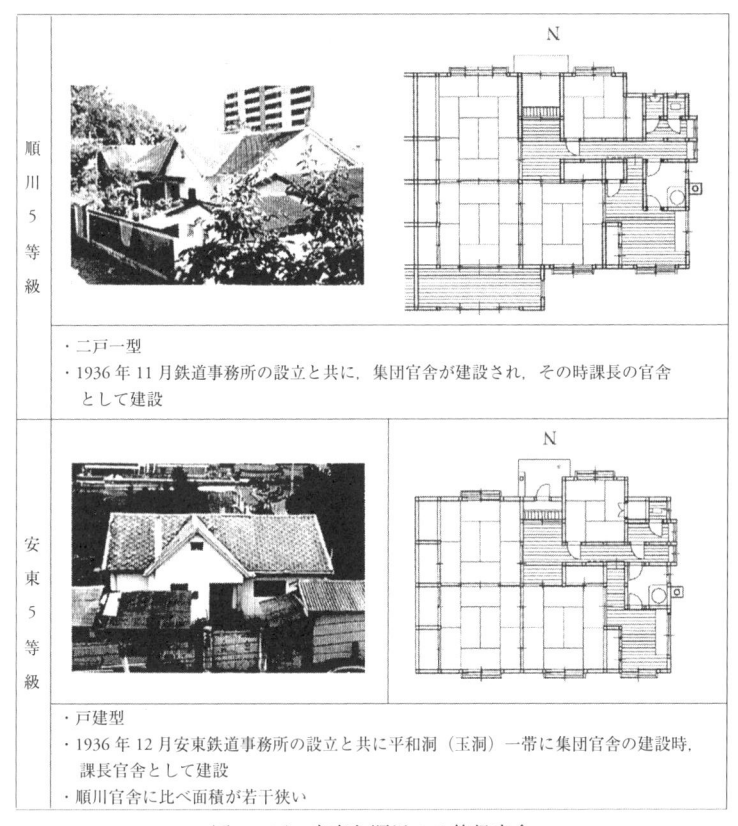

順川5等級	・二戸一型 ・1936年11月鉄道事務所の設立と共に，集団官舎が建設され，その時課長の官舎として建設
安東5等級	・戸建型 ・1936年12月安東鉄道事務所の設立と共に平和洞（玉洞）一帯に集団官舎の建設時，課長官舎として建設 ・順川官舎に比べ面積が若干狭い

図 IV-14　安東と順川の5等級官舎

(5) 7等級官舎（図 IV-16）

　主任，副駅長，線路長の官舎で，二戸一型で7等級甲と7等級乙の二つに分けられる．平面は，7等級甲（図 IV-17）が8畳部屋一つ，6畳部屋一つ，4畳半部屋一つで構成されており，7等級乙（図 IV-18）の場合は，6畳部屋二つ，4畳半部屋一つで構成されている．地域と建設時期によって南側の6畳部屋が「オンドル」部屋になっている場合もある．基本的に風呂場が計画されているが，図 IV-17，18 の7等級Cタイプのように風呂場がないタイプもある．

　7等級官舎の甲と乙は，8畳部屋の有無による畳の数によって二つのタイプに，中廊下の形態および各室の構成によってA・B・Cの三つのタイプに分けられ，7等級官舎については六つの基本平面図がある．

第 IV 章
韓国鉄道町

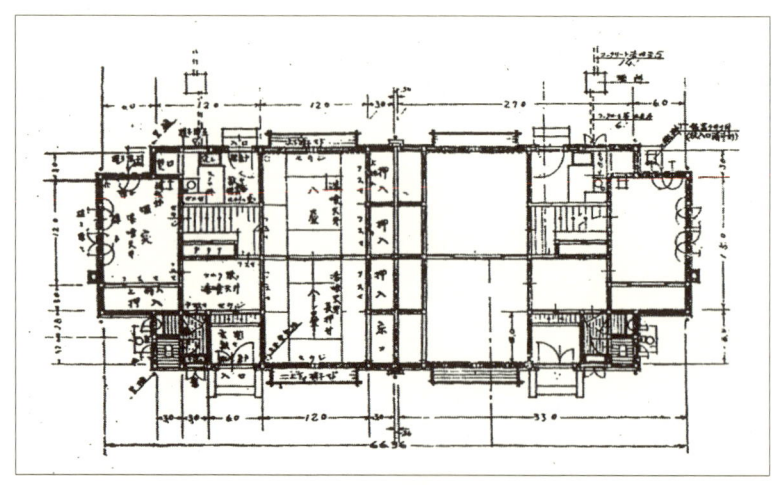

図 IV-15　6 等級官舎

(6) 8 等級官舎

　中・下級職員である雇員および傭人の官舎である．鉄道職員の大半を占めている中・下級の職員のための 8 等級官舎は，7 等級官舎とともに最も多く建てられている．6 畳部屋二つと，台所，便所などの最小限の生活空間を持つ官舎で，風呂場がないタイプであるが後期に建てられたものは風呂場を持つ場合もある．

　朝鮮半島に建てられた「鉄道官舎」のうち，最も小規模な 8 等級官舎の平面は，図 IV-19 に示すように，居間と従属室の位置関係によって A タイプ，B タイプ，C タイプなど三つに分けられる．各タイプは 7 等級官舎と同様，玄関，居間，台所，便所，風呂場などの位置はほぼ同じであるが，居間と中廊下を挟んで反対側にある従属室の位置関係に若干の差がある．このような基準平面構成で建設された 8 等級官舎は，図 IV-20 のように地域と建設時期によって平面構成の変化が見られる．

　全般的には 8 等級官舎 A タイプが採用されているが，地域によって 8 等級官舎 C タイプのように部屋の位置が 1 畳半分ずれて二つの部屋が繋がっている平面構成も採用されており，時には 8 畳部屋が導入されている場合もある．

地域分布

　朝鮮半島に建設された「鉄道官舎」は，北部地方に一部「オンドル」の設備や壁の工夫など，地域の環境に適合する計画が見られるが[752]，標準設計図による一定のもの

---

752) 1933 年以降，「鉄道官舎」の施設が統一されると，集団官舎には共同銭湯，集会場，配給所などが設置され，比較的寒い北部地方にはオンドル部屋が設けられるなど，居住者の便宜に配慮し

鉄道の敷設と鉄道町の形成

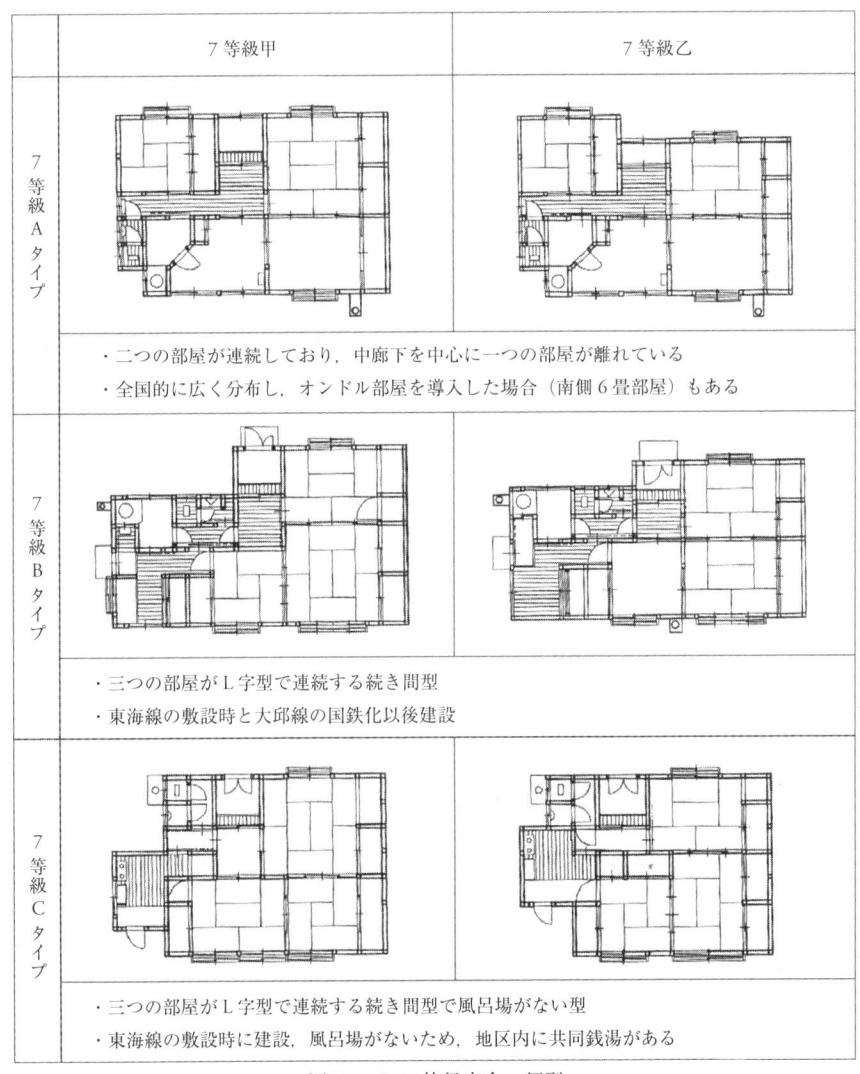

	7等級甲	7等級乙
7等級Aタイプ		
	・二つの部屋が連続しており，中廊下を中心に一つの部屋が離れている ・全国的に広く分布し，オンドル部屋を導入した場合（南側6畳部屋）もある	
7等級Bタイプ		
	・三つの部屋がL字型で連続する続き間型 ・東海線の敷設時と大邱線の国鉄化以後建設	
7等級Cタイプ		
	・三つの部屋がL字型で連続する続き間型で風呂場がない型 ・東海線の敷設時に建設，風呂場がないため，地区内に共同銭湯がある	

図Ⅳ-16　7等級官舎の類型

であった．特に小規模な官舎は大量に建てられ，韓国の伝統的住宅とは異なる住宅の形式が普及する契機となった．

　解放後，数多くの「鉄道官舎」は撤去される．しかし，現在までその姿を残してい

ていた．

第 IV 章
韓国鉄道町

7等級乙鉄道官舎の平面構成

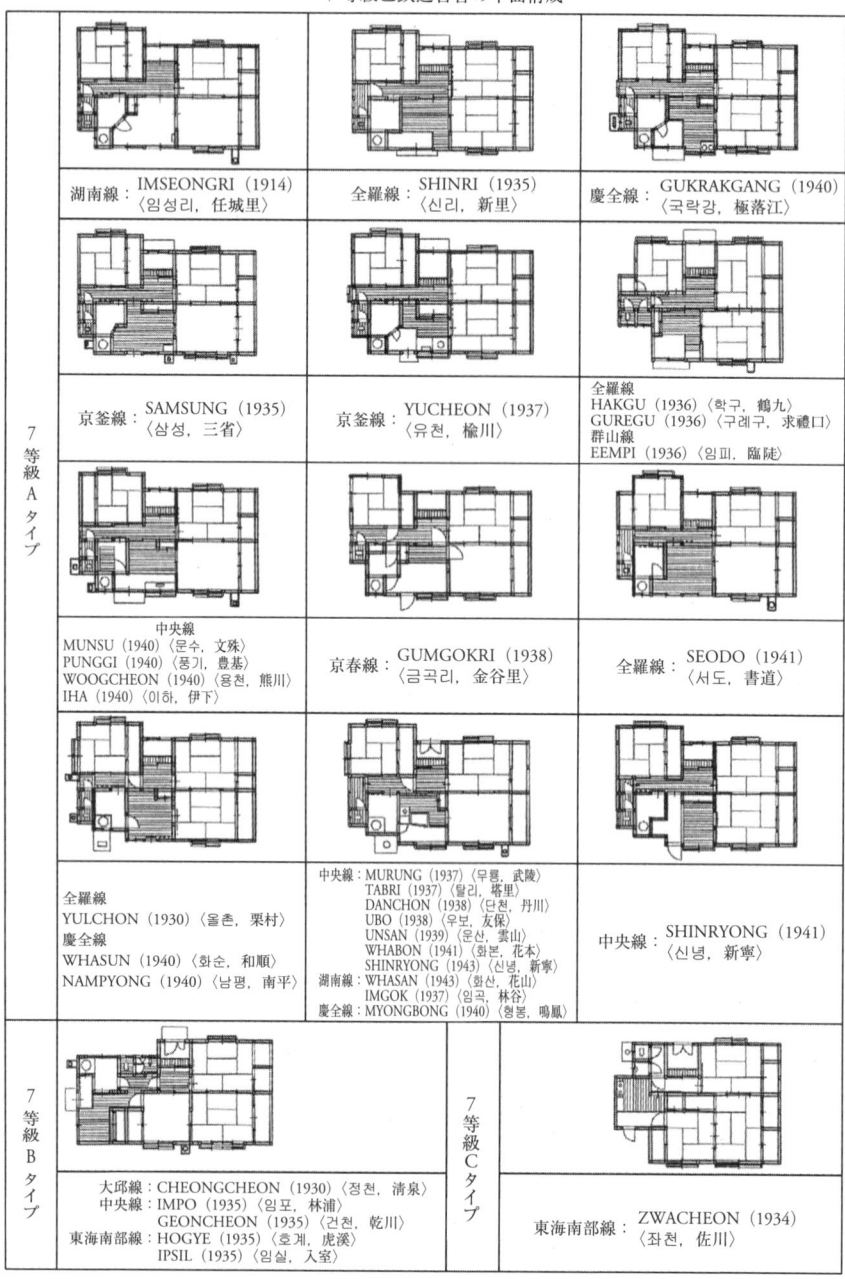

7等級Aタイプ	湖南線 IMSEONGRI（1914）〈임성리，任城里〉	全羅線 SHINRI（1935）〈신리，新里〉	慶全線 GUKRAKGANG（1940）〈국락강，極落江〉
	京釜線 SAMSUNG（1935）〈삼성，三省〉	京釜線 YUCHEON（1937）〈유천，楡川〉	全羅線 HAKGU（1936）〈학구，鶴九〉 GUREGU（1936）〈구례구，求禮口〉 群山線 EEMPI（1936）〈임피，臨陂〉
	中央線 MUNSU（1940）〈문수，文殊〉 PUNGGI（1940）〈풍기，豊基〉 WOOGCHEON（1940）〈웅천，熊川〉 IHA（1940）〈이하，伊下〉	京春線 GUMGOKRI（1938）〈금곡리，金谷里〉	全羅線 SEODO（1941）〈서도，書道〉
	全羅線 YULCHON（1930）〈율촌，栗村〉 慶全線 WHASUN（1940）〈화순，和順〉 NAMPYONG（1940）〈남평，南平〉	中央線 MURUNG（1937）〈무릉，武陵〉 TABRI（1937）〈탑리，塔里〉 DANCHON（1938）〈단천，丹川〉 UBO（1938）〈우보，友保〉 UNSAN（1939）〈운산，雲山〉 WHABON（1941）〈화본，花本〉 SHINRYONG（1943）〈신녕，新寧〉 湖南線 WHASAN（1943）〈화산，花山〉 IMGOK（1937）〈임곡，林谷〉 慶全線 MYONGBONG（1940）〈명봉，鳴鳳〉	中央線 SHINRYONG（1941）〈신녕，新寧〉
7等級Bタイプ	大邱線 CHEONGCHEON（1930）〈정천，清泉〉 中央線 IMPO（1935）〈임포，林浦〉 GEONCHEON（1935）〈건천，乾川〉 東海南部線 HOGYE（1935）〈호계，虎溪〉 IPSIL（1935）〈임실，入室〉		7等級Cタイプ 東海南部線 ZWACHEON（1934）〈좌천，佐川〉

図 IV-17　7等級甲官舎の平面図

鉄道の敷設と鉄道町の形成

7等級甲鉄道官舎の平面構成

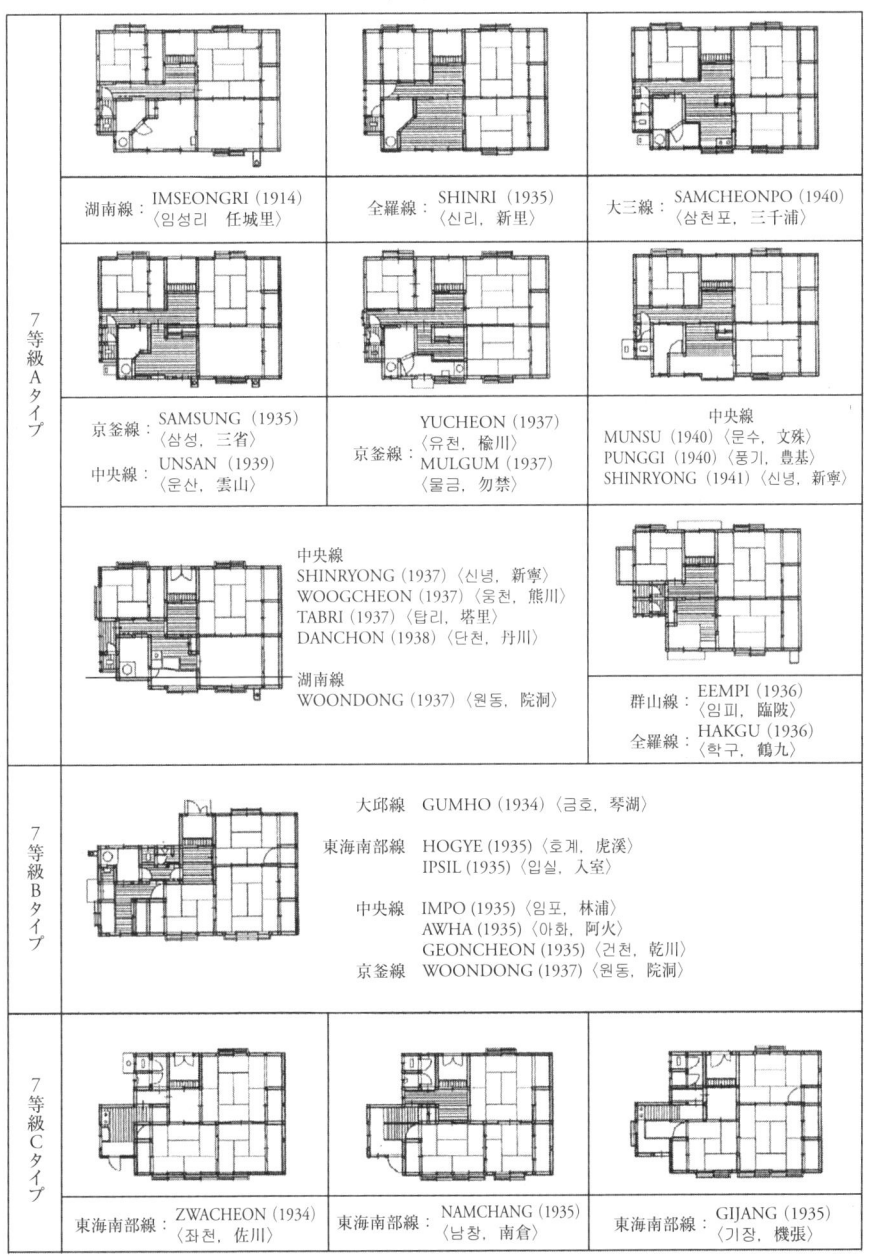

7等級Aタイプ	湖南線: IMSEONGRI (1914) 〈임성리 任城里〉	全羅線: SHINRI (1935) 〈신리, 新里〉	大三線: SAMCHEONPO (1940) 〈삼천포, 三千浦〉
	京釜線: SAMSUNG (1935) 〈삼성, 三省〉 中央線: UNSAN (1939) 〈운산, 雲山〉	京釜線: YUCHEON (1937) 〈유천, 楡川〉 MULGUM (1937) 〈물금, 勿禁〉	中央線 MUNSU (1940) 〈문수, 文殊〉 PUNGGI (1940) 〈풍기, 豊基〉 SHINRYONG (1941) 〈신녕, 新寧〉
	中央線 SHINRYONG (1937) 〈신녕, 新寧〉 WOOGCHEON (1937) 〈웅천, 熊川〉 TABRI (1937) 〈탑리, 塔里〉 DANCHON (1938) 〈단천, 丹川〉 湖南線 WOONDONG (1937) 〈원동, 院洞〉		群山線: EEMPI (1936) 〈임피, 臨陂〉 全羅線: HAKGU (1936) 〈학구, 鶴九〉
7等級Bタイプ		大邱線 GUMHO (1934) 〈금호, 琴湖〉 東海南部線 HOGYE (1935) 〈호계, 虎溪〉 IPSIL (1935) 〈입실, 入室〉 中央線 IMPO (1935) 〈임포, 林浦〉 AWHA (1935) 〈아화, 阿火〉 GEONCHEON (1935) 〈건천, 乾川〉 京釜線 WOONDONG (1937) 〈원동, 院洞〉	
7等級Cタイプ	東海南部線: ZWACHEON (1934) 〈좌천, 佐川〉	東海南部線: NAMCHANG (1935) 〈남창, 南倉〉	東海南部線: GIJANG (1935) 〈기장, 機張〉

図 IV-18　7等級乙官舎の平面図

349

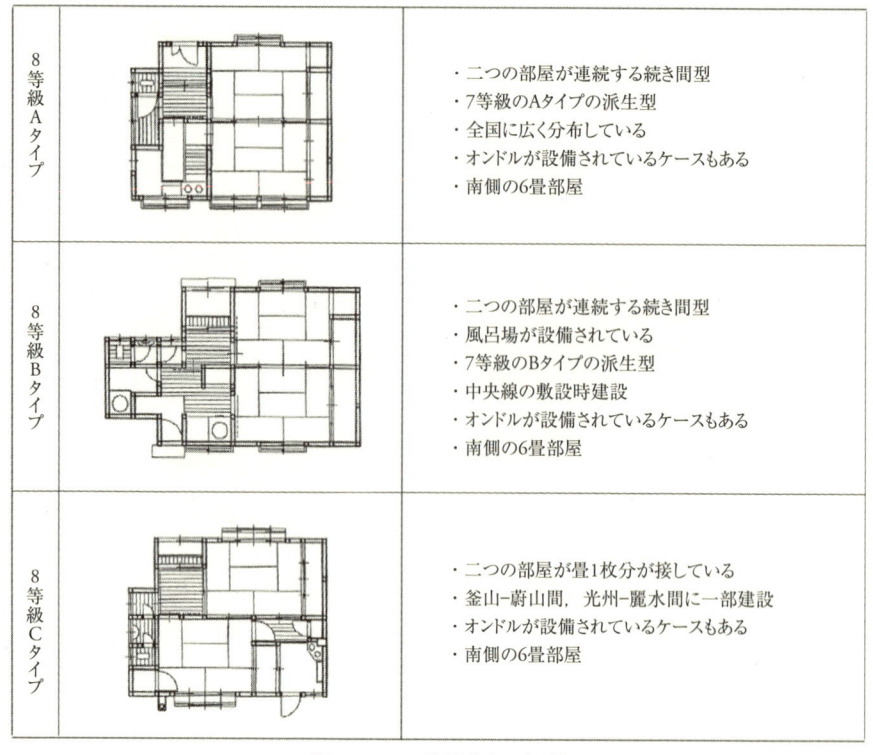

8等級Aタイプ		・二つの部屋が連続する続き間型 ・7等級のAタイプの派生型 ・全国に広く分布している ・オンドルが設備されているケースもある ・南側の6畳部屋
8等級Bタイプ		・二つの部屋が連続する続き間型 ・風呂場が設備されている ・7等級のBタイプの派生型 ・中央線の敷設時建設 ・オンドルが設備されているケースもある ・南側の6畳部屋
8等級Cタイプ		・二つの部屋が畳1枚分が接している ・釜山-蔚山間，光州-麗水間に一部建設 ・オンドルが設備されているケースもある ・南側の6畳部屋

図 IV-19 8等級官舎の類型

るものも少なくない．残っている小規模の官舎や集団官舎の地域別分布を7等級，8等級に分けて整理すると図 IV-21, IV-22, IV-23 のようになる．

(1) 7等級官舎甲

7等級官舎甲は，ほとんど嶺南地域に集中して残っている．特に，京釜線の釜山—大邱の間，東海南部線の釜山—慶州—大邱の間，そして，中央線の豊基—琴湖の間に集中している．調査した37箇所のうち，中央線と東海南部線沿いの22箇所に集中しており，現在鉄道の運行数が少ない中小都市を中心に官舎が残っているのが分かる．また，7等級官舎甲のAタイプが26箇所，Bタイプが7箇所，そしてCタイプが4箇所あり，Aタイプが圧倒的に多く建てられ，残っている数も多い．

(2) 7等級官舎乙

7等級官舎乙も甲と同様京釜線の釜山—大邱の間，東海南部線の釜山—慶州—大邱の間，そして，中央線の琴湖—豊基の間に集中して残っている．また，湖南線や全羅線にも多数残っている．その分布を見ると，嶺南地域の京釜線・中央線沿いに23箇

鉄道の敷設と鉄道町の形成

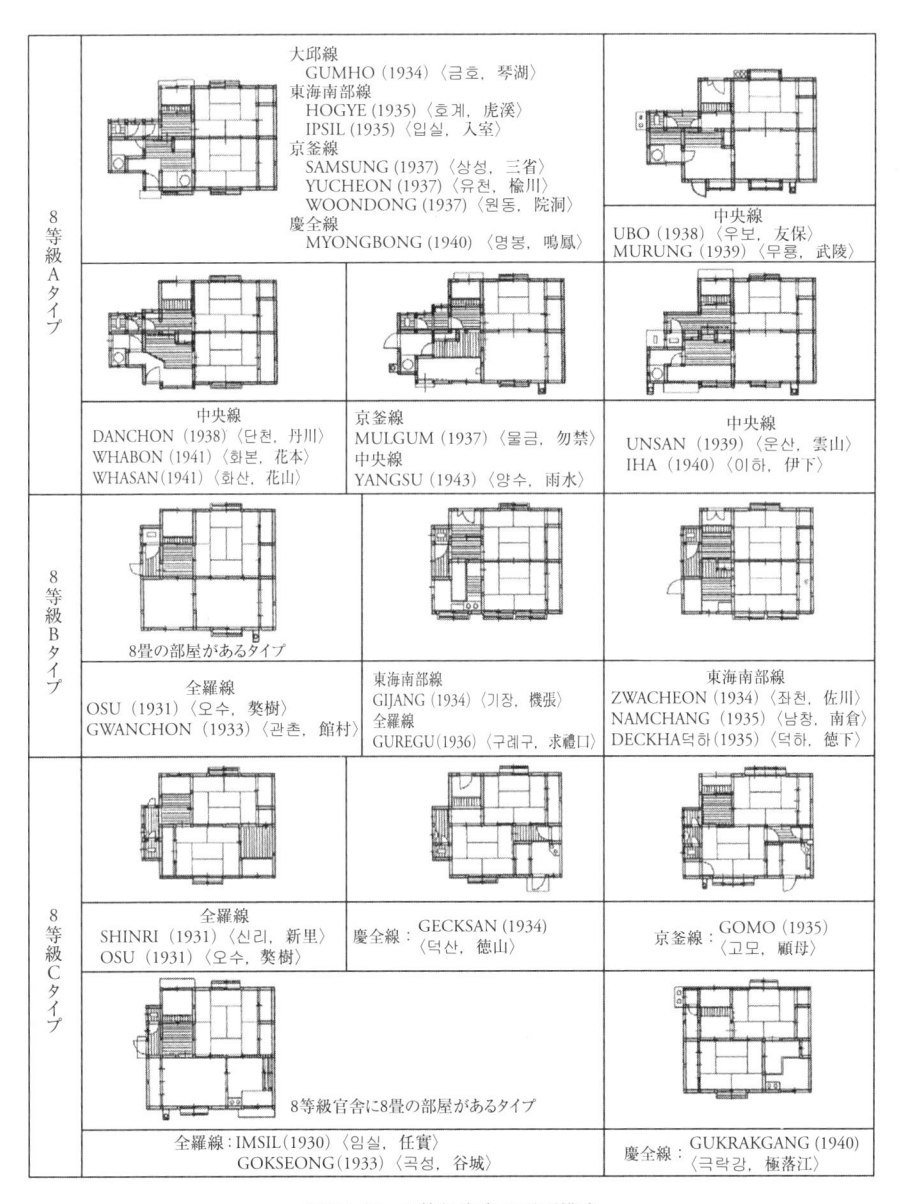

8等級Aタイプ	大邱線 GUMHO (1934)〈금호，琴湖〉 東海南部線 HOGYE (1935)〈호계，虎溪〉 IPSIL (1935)〈입실，入室〉 京釜線 SAMSUNG (1937)〈상성，三省〉 YUCHEON (1937)〈유천，楡川〉 WOONDONG (1937)〈원동，院洞〉 慶全線 MYONGBONG (1940)〈명봉，鳴鳳〉	中央線 UBO (1938)〈우보，友保〉 MURUNG (1939)〈무릉，武陵〉
	中央線 DANCHON (1938)〈단천，丹川〉 WHABON (1941)〈화본，花本〉 WHASAN (1941)〈화산，花山〉	京釜線 MULGUM (1937)〈물금，勿禁〉 中央線 YANGSU (1943)〈양수，雨水〉	中央線 UNSAN (1939)〈운산，雲山〉 IHA (1940)〈이하，伊下〉
8等級Bタイプ	8畳の部屋があるタイプ		
	全羅線 OSU (1931)〈오수，獒樹〉 GWANCHON (1933)〈관촌，館村〉	東海南部線 GIJANG (1934)〈기장，機張〉 全羅線 GUREGU (1936)〈구례구，求禮口〉	東海南部線 ZWACHEON (1934)〈좌천，佐川〉 NAMCHANG (1935)〈남창，南倉〉 DECKHA덕하 (1935)〈덕하，德下〉
8等級Cタイプ	全羅線 SHINRI (1931)〈신리，新里〉 OSU (1931)〈오수，獒樹〉	慶全線：GECKSAN (1934) 〈덕산，德山〉	京釜線：GOMO (1935) 〈고모，顧母〉
	8等級官舎に8畳の部屋があるタイプ		
	全羅線：IMSIL (1930)〈임실，任實〉 GOKSEONG (1933)〈곡성，谷城〉		慶全線：GUKRAKGANG (1940) 〈극락강，極落江〉

図 IV-20　8等級官舎の平面構成

351

第 IV 章
韓国鉄道町

7等級官舎甲

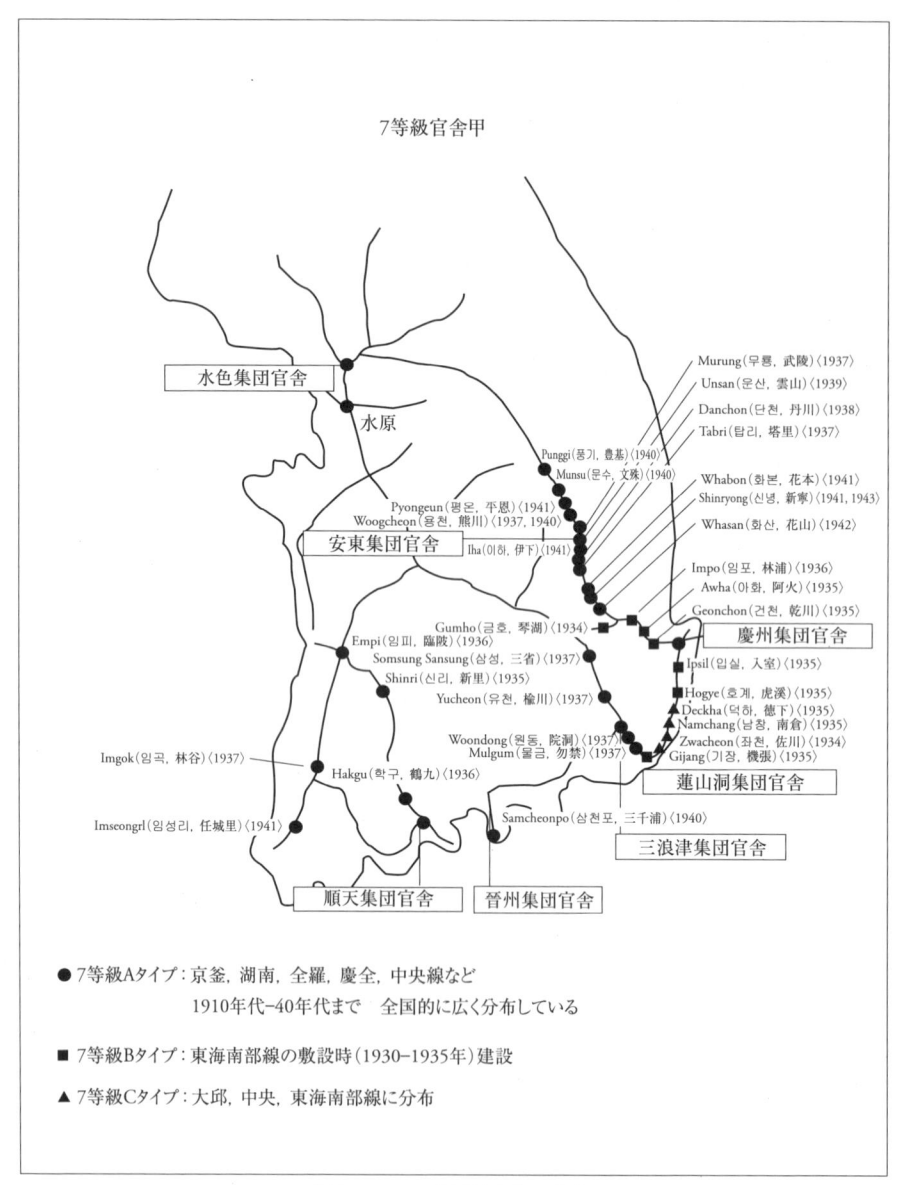

水色集団官舎
水原

Murung(무릉, 武陵)〈1937〉
Unsan(운산, 雲山)〈1939〉
Danchon(단천, 丹川)〈1938〉
Tabri(탑리, 塔里)〈1937〉

Punggi(풍기, 豊基)〈1940〉
Munsu(문수, 文殊)〈1940〉

Pyongeun(평은, 平恩)〈1941〉
Woogcheon(웅천, 熊川)〈1937, 1940〉

安東集団官舎
Iha(이하, 伊下)〈1941〉

Whabon(화본, 花本)〈1941〉
Shinryong(신녕, 新寧)〈1941, 1943〉
Whasan(화산, 花山)〈1942〉

Impo(임포, 林浦)〈1936〉
Awha(아화, 阿火)〈1935〉
Geonchon(건천, 乾川)〈1935〉

Gumho(금호, 琴湖)〈1934〉
Empi(임피, 臨陂)〈1936〉
Somsung Sansung(삼성, 三省)〈1937〉
Shinri(신리, 新里)〈1935〉
Yucheon(유천, 楡川)〈1937〉

慶州集団官舎
Ipsil(입실, 入室)〈1935〉
Hogye(호계, 虎溪)〈1935〉
Deckha(덕하, 德下)〈1935〉
Namchang(남창, 南倉)〈1935〉
Zwacheon(좌천, 佐川)〈1934〉
Gijang(기장, 機張)〈1935〉

Imgok(임곡, 林谷)〈1937〉
Hakgu(학구, 鶴九)〈1936〉
Woondong(원동, 院洞)〈1937〉
Mulgum(물금, 勿禁)〈1937〉

蓮山洞集団官舎

Imseongrl(임성리, 任城里)〈1941〉
Samcheonpo(삼천포, 三千浦)〈1940〉

三浪津集団官舎
順天集団官舎 晉州集団官舎

● 7等級Aタイプ：京釜, 湖南, 全羅, 慶全, 中央線など
　　1910年代-40年代まで　全国的に広く分布している
■ 7等級Bタイプ：東海南部線の敷設時(1930-1935年)建設
▲ 7等級Cタイプ：大邱, 中央, 東海南部線に分布

図 IV-21　7等級甲官舎の分布

1
鉄道の敷設と鉄道町の形成

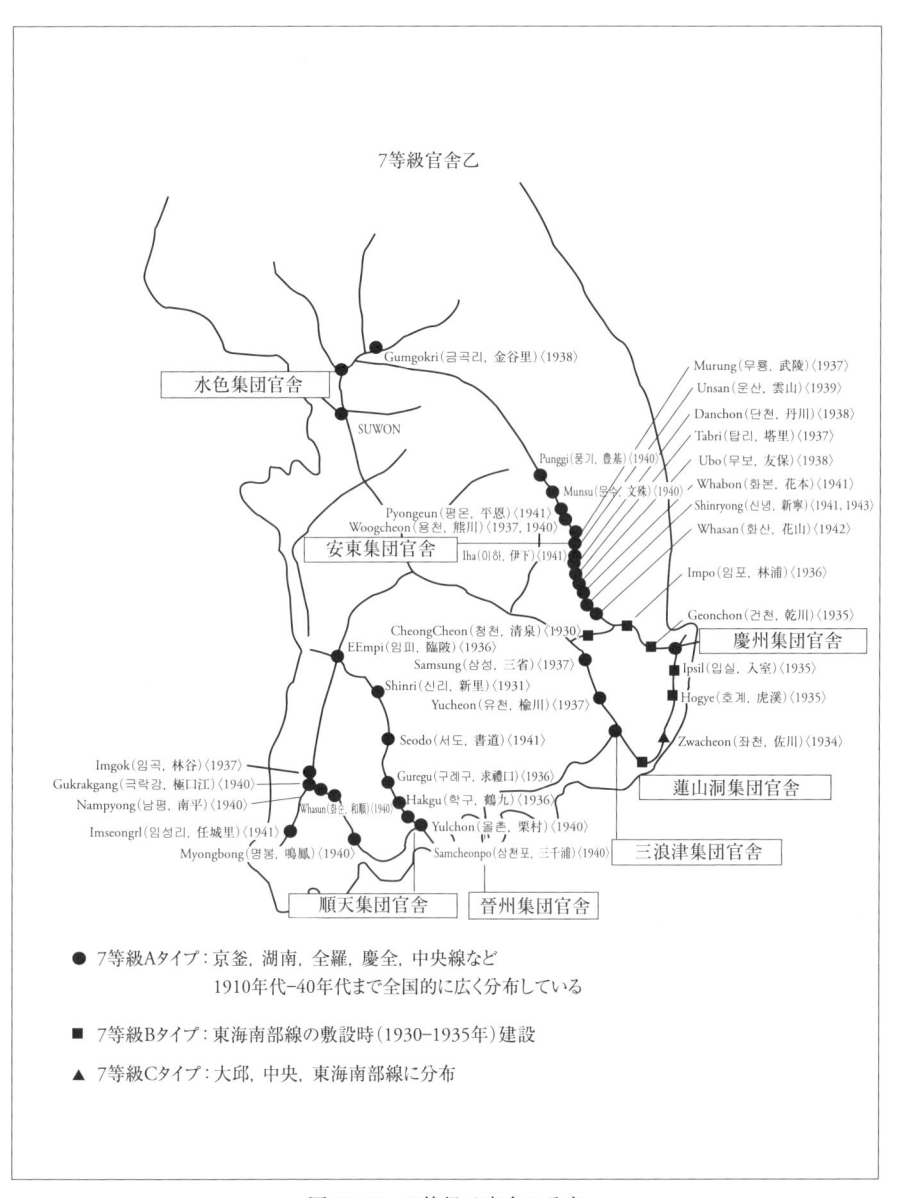

図IV-22　7等級乙官舎の分布

第 IV 章
韓国鉄道町

8等級官舎

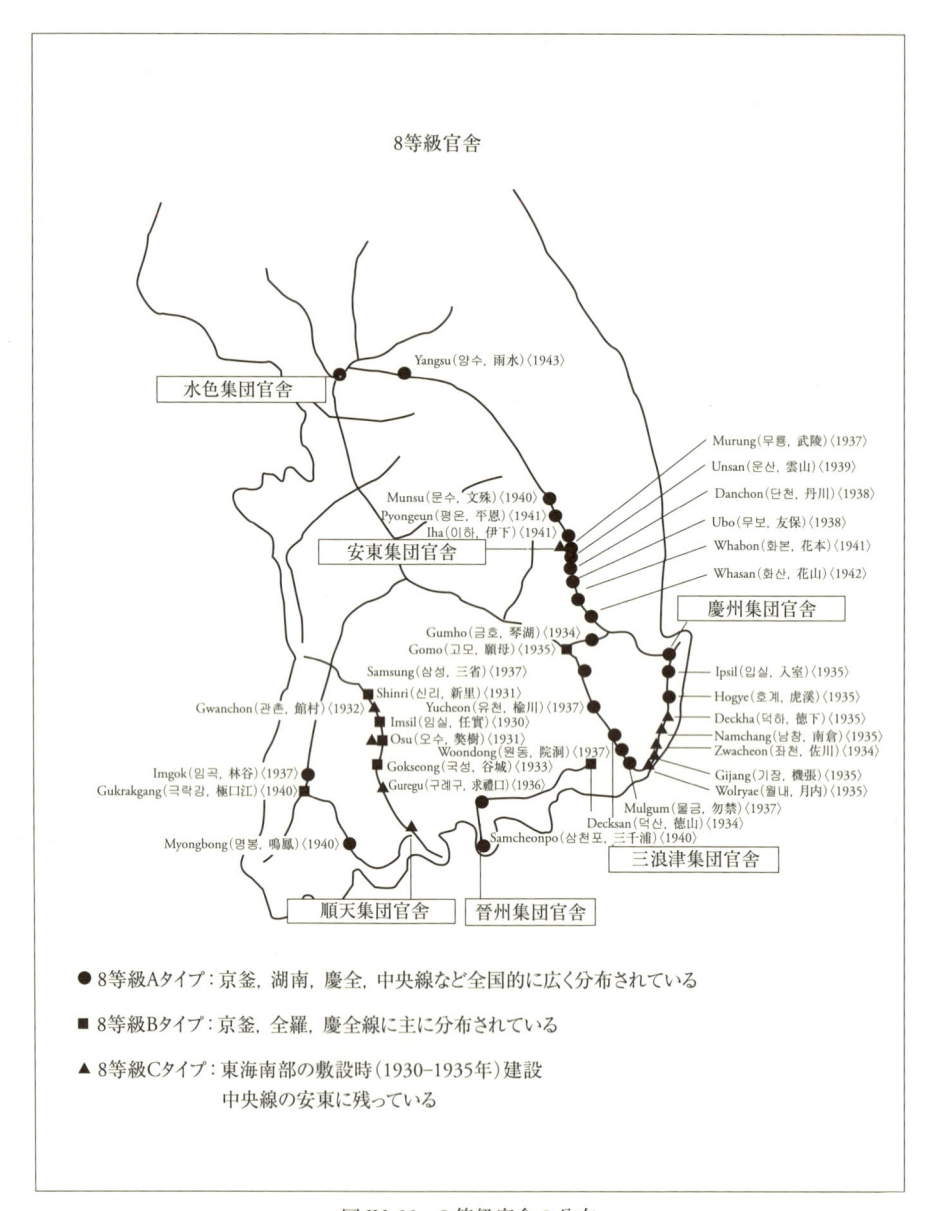

水色集団官舎

Yangsu(양수, 雨水)〈1943〉

Murung(무릉, 武陵)〈1937〉
Unsan(운산, 雲山)〈1939〉
Danchon(단천, 丹川)〈1938〉
Ubo(무보, 友保)〈1938〉
Whabon(화본, 花本)〈1941〉
Whasan(화산, 花山)〈1942〉

Munsu(문수, 文殊)〈1940〉
Pyongeun(평은, 平恩)〈1941〉
Iha(이하, 伊下)〈1941〉

安東集団官舎

慶州集団官舎

Gumho(금호, 琴湖)〈1934〉
Gomo(고모, 顧母)〈1935〉
Samsung(삼성, 三省)〈1937〉
Shinri(신리, 新里)〈1931〉
Yucheon(유천, 楡川)〈1937〉
Imsil(임실, 任實)〈1930〉
Osu(오수, 獒樹)〈1931〉
Woondong(원동, 院洞)〈1937〉
Gokseong(곡성, 谷城)〈1933〉
Guregu(구례구, 求禮口)〈1936〉
Samcheonpo(삼천포, 三千浦)〈1940〉

Gwanchon(관촌, 館村)〈1932〉

Imgok(임곡, 林谷)〈1937〉
Gukrakgang(극락강, 極口江)〈1940〉

Myongbong(명봉, 鳴鳳)〈1940〉

Ipsil(입실, 入室)〈1935〉
Hogye(호계, 虎溪)〈1935〉
Deckha(덕하, 德下)〈1935〉
Namchang(남창, 南倉)〈1935〉
Zwacheon(좌천, 佐川)〈1934〉
Gijang(기장, 機張)〈1935〉
Wolryae(월내, 月內)〈1935〉
Mulgum(물금, 勿禁)〈1937〉
Decksan(덕산, 德山)〈1934〉

三浪津集団官舎

順天集団官舎　晋州集団官舎

● 8等級Aタイプ：京釜, 湖南, 慶全, 中央線など全国的に広く分布されている
■ 8等級Bタイプ：京釜, 全羅, 慶全線に主に分布されている
▲ 8等級Cタイプ：東海南部の敷設時(1930-1935年)建設
　　　　　　　　中央線の安東に残っている

図 IV-23　8等級官舎の分布

所，湖南地域の湖南線や全羅線沿いに13箇所，そして慶全線に2箇所，そして京畿地域に3箇所の全41箇所に7等級官舎乙が残っている．また，タイプ別に着目してみると，Aタイプが34箇所，Bタイプが6箇所，そしてCタイプが1箇所で圧倒的にAタイプが多い．

(3) 8等級官舎

8等級官舎も7等級官舎の甲・乙と同様京釜線の釜山—大邱の間，東海南部線の釜山—慶州—大邱の間，そして，中央線の琴湖—豊基の間に集中して残っている．また，湖南線や全羅線にも多数残っている．

現在残っている8等級官舎のほとんどが嶺南地域と湖南地域に集中している．Aタイプが22箇所，Bタイプが7箇所，Cタイプが9箇所残っており，そのタイプも7等級官舎の甲・乙と同様Aタイプが最も多い．特に，嶺南地域はAタイプ，湖南地域はBタイプが多く残っており，8等級に関しては地域別に採用された標準設計図のタイプが他の等級と比べ，比較的細分化されていたと考えられる．

以上のように朝鮮半島に建設された「鉄道官舎」のうち，現在までその姿や街並を残したまま韓国人の居住空間として使われている場所は嶺南地域と湖南地域に集中している．

IV-2　三浪津の鉄道町

本節では，1905年の京釜線の敷設による三浪津駅の建設を起点に日本人の入植が開始された慶尚南道密陽市三浪津邑松旨里の「鉄道町」を対象として，移住の背景と「鉄道町」の形成過程をみた上で，町の空間構造とその変容の過程を分析し，街区構造および居住空間の構成とその変容の特性を明らかにしたい．

三浪津は昔から洛東江[753]を利用した水運が非常に盛んであった[754]．洛東江の水運と鉄道の陸運を上手く利用し近代的な物流基地とするねらいがあったと考えられる．ただ，三浪津邑に関する文献は，他の地域と比べきわめて少ない．朝鮮建国以来，長い間「賎民」地域とされてきたことが大きい．三浪津地域に関する古文書はほとんど

---

753) 洛東江流域の水田約86万haにおける農業用水および生活用水・工業用水の水源となっている．
754) 特に，密陽地域や金海地域で収穫される農林産物を洛東江を利用して釜山—南海—西海—漢陽（ソウル）まで運送する水運が発達していた．

なく，地域史である『密陽誌』[755)]，『密陽市史』[756)]に簡単な三浪津の歴史，地理に関する記述がある．また，『三浪津地名変遷史』[757)]に村の形成の背景などが記述されている．特に，『三浪津地名変遷史』は村の変遷，名称の変化，特徴などを，近代期を中心に記述しており，「鉄道町」の形成を窺うことが出来る．さらに，韓国における「事実主義文学」の代表作である李光洙の『無明』[758)]には，1930年代の三浪津鉄道町の様子が終着駅として描かれている．この2冊は「鉄道町」が形成された時期における三浪津の状況を推測する重要な手がかりとなる．

現在でも，日本人が住んでいた植民地当時の建物が多く残っており，街区構造や道路の幅など町並の規模はほとんど当時のままである[759)]．

2-1 密陽市三浪津

近代以前の三浪津邑

三浪津は，南側の一部を除いた東・西・北側を高い山で囲まれている，朝鮮半島南部における物流と防衛の要所に位置する．調査対象とした松旨里（行政区域名は慶尚南道密陽市三浪津邑松旨里）は，洛東江流域の肥沃な土地で，川漁業と果樹園耕作を主な産業としている．

三浪津を含めた密陽の歴史は三韓時代に遡る．『三国志』「東夷典」「魏志東夷傳」に記述されている弁辰24国のうち，「彌離彌凍国」が現在の密陽にあったと考えられている．密陽の元の地名である密州の名が初めて歴史に登場するのは高麗時代の成宗

---

755) 密陽誌編纂委員会『密陽誌』(密陽文化院，1991)．
756) 密陽市史編纂委員会『密陽市史』(慶尚南道密陽市，1991)．
757) 三浪津地名変遷史編纂委員会『三浪津地名変遷史』(慶尚南道密陽市，1985)．
758) 李光洙の断片小説，1939年．
759) 三浪津については，「鉄道官舎」地区4度・商店街地区3度の計7度にわたり三浪津に赴き，文献・地図の収集とともに臨地調査を行った．「鉄道官舎」：第1次調査(2004年3月25-28日)では，現地確認と写真の撮影，そして地元大工へのヒアリング調査を行い，第2次調査(2005年8月2-10日)では地籍図，地形図，朝鮮半島で建設された「鉄道官舎」の標準設計図についての資料収集を行い，三浪津「鉄道官舎」の実測調査を行った．第3次調査(2006年2月25-28日)では「鉄道官舎」地区の街区構造や地形について調査を行った．また，駅前商店街を中心とした町並調査や各店舗の実測調査を行い，42件の日式住宅の情報を収集した．第4次調査(2006年6月12-13日)では「鉄道官舎」34戸のうち16戸に対して精密実測調査を行った．さらに，居住空間の改増築などに関するヒアリング調査を同時に行い，居住空間の変容に関する資料を収集した．駅前商店街：第1次調査(2005年8月2-10日)では，現地確認と写真の撮影，そして地元大工へのヒアリング調査を行い，第2次調査(2006年2月25-28日)では数多くの店舗併用住宅の増改築を実行した大工とともに増改築部分と特徴を確認した．第3次調査(2006年6月12-13日)では町並調査や各店舗の実測調査を行い，35棟の店舗併用住宅の情報を収集した．さらに，居住空間の改増築などに関するヒアリング調査を同時に行い，居住空間の変容に関する資料を収集した．

14年 (995年) である．当時の慶尚道地方は，嶺東道・嶺南道・山南道の3道に分けられ，密城郡は慶州とともに嶺東道に所属していた．その後，密城に改称，朝鮮時代の太宗15 (1415) 年に1000戸以上の村は全て都護府に指定され，その時点で密城郡は正式に密陽都護府となった．「韓国併合」後，密陽郡となり，現在の行政区である密陽市となる．

この密陽地域では，高麗時代，反乱軍である三別抄軍に協力したという理由で，元宗12 (1271) 年，政府軍によって協力者が処刑されるという事件が起こっている．この事件によって，忠烈王2 (1276) 年，密城郡は一般州郡の序列から完全に外され，「賤民」地域である「帰化部曲」となり雞林府 (現慶州) の所属になる．その後，忠烈王11 (1285) 年に密城郡に回復するが，「帰化部曲」という汚名はなくならず，三浪津地域を中心に「賤民」地域である「帰化部曲」が朝鮮時代末期まで残っていた．

三浪津は，密陽の南端に位置し，金海と梁山と境界を接している．周辺地域から租税を集めた洛東江の水運を利用する拠点となった上部・下部村と，風水的な名地として「両班」階層の人びとが集中的に居住した安台里以外の大半の自然集落は「賤民」集落で，洛東江から離れ山奥側に集中している．豊臣秀吉の朝鮮出兵 (「壬辰倭乱」「丁酉再乱」) の時，釜山を占領した豊臣軍は三路 (彦陽 (蔚山)，金海，密陽) に分かれ，彦陽と金海を突破した後，密陽を三面攻撃し，三浪津の鵲院關は陥落した．

日本人の入植と日本人町の形成

三浪津への日本人の入植は，1910年前後に始まる．長崎県福江市から現在の松旨里 (内松・外松・松院) に入植し果樹園を開拓し始めたのが起点とされている．そしてやがて洛東江側に新たな街が形成され，現在に至る町の中心地となる (図IV-24)．

明治44 (1911) 年に「朝鮮総督府」鉄道局から出版された『朝鮮鉄道線路案内』によると，当時の人口は，日本人603人，戸数179戸，韓国人4598人，戸数984戸で，一戸当たり人数は日本人3.37人，韓国人4.67人であった．当時，「朝鮮総督府」は，通信機関として三浪津郵便所・電信取扱所 (三浪津停車場内) を設置しており，その他，森田旅館，三浪津尋常高等小学校，本願寺布教所，三浪津蠶業博習所韓国興業株式会社出張所等が設けられていた．

三浪津の都市化は，1925年以後の三浪津鉄道官舎と三浪津堤防の建設が大きな契機となった．「鉄道官舎」の建設とともに，来住者が増加し，三浪津駅前の商店街が発展拡張していく．また，洛東江側への三浪津堤防の建設によって，内松で定着した果樹園経営者たちが外松地域に新たな町を構成し，「日本人町」を拡張していく．こうして，松旨里は三浪津の中心地として発展していく．

三浪津への日本人の入植と土地所有変化の過程を以下のように4期に分けて考えたい．この時代区分は便宜的なものであるが，満州事変以後の15年戦争期をまず分け，

第 IV 章

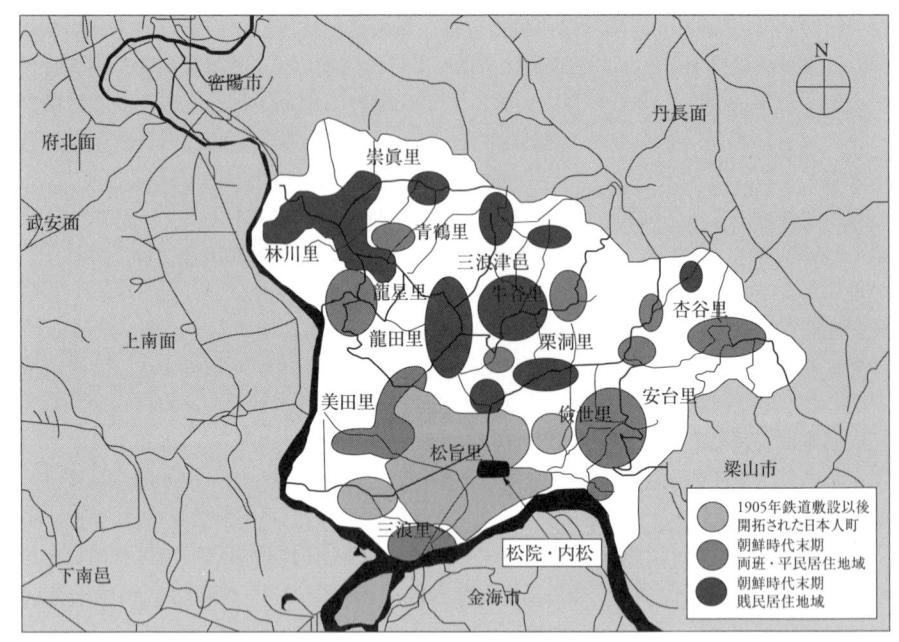

韓国鉄道町

図 IV-24　三浪津の居住地分布

前後をそれぞれ 2 分割する形になる．鉄道駅とともに発展してきた三浪津の地域性を見る区分として概ね妥当な区分と考えている．

　第 1 期：1912 年 12 月 31 日（土地台帳査定の開始）
　第 2 期：査定時以後-1929 年 12 月 31 日
　第 3 期：1930 年 1 月 1-1939 年 12 月 31 日
　第 4 期：1940 年 1 月 1-1945 年 8 月 15 日

　旧「日本人町」の復元は 1200 分の 1 の三浪津地籍図（1977 年）をもとに，土地台帳（1912-1977 年）と照らしあわせながら行った．当時（1912-1945 年）の地目は垈（宅地），田（畑，果樹園），水田，堤防，鉄道用地，道路，雑種地，溝，林野，河川，墓地，社寺地の 13 種目である．土地台帳の事故欄に 1941 年以後に氏名変更となっているものは朝鮮人として分析を行った．この氏名変更とは，1941 年より「朝鮮総督府」により朝鮮全土で実施されたいわゆる「創氏改名」である．本論の考察のために使用した資料は，三浪津邑松旨里の土地台帳 2516 枚である．

　地籍図を利用し，地番が分割されている敷地は元の地番に戻し，地目が変化している土地は土地台帳と対照しながら当時の地目に直した．まず，査定期である第 1 期の地籍図の復元を行い，順に第 2 期-第 5 期を復元した．その際，土地台帳によって，

地番と面積，地目を特定し，1筆ごとに確認を行った．

2-2 三浪津（松旨里）の土地所有

土地所有

土地査定以後第2期までに新規登録された土地は田15筆（1473坪），宅地2筆（85坪），水田1筆（79坪）である．開墾事業実施によって田3筆（1067坪），水田1筆（200坪），そして各事業とは関係なく新規登録されたのが8筆（1万3540坪）である[760]．

第3期の土地拡張は，主に1931年3月，1935年6月，1936年3月の開墾事業によって行われ，田5筆（1894坪），宅地7筆（872坪），水田2筆（558坪）が増加している．また，新規登録[761]で，田11筆（948坪）が増加している．

各地目は，第1期：宅地147筆（3万6635坪），田522筆（55万378坪），水田19筆（1万2363坪），鉄道用地2筆（3万4270坪），第2期：宅地165筆（3万4446坪），田580筆（60万9984坪），水田20筆（1万1598坪），鉄道用地5筆（3万3398坪），堤防1筆（311坪），道路111筆（1万2270坪），第3期：宅地225筆（4万6811坪），田708筆（41万5130坪），水田71筆（8万2629坪），鉄道用地64筆（4万8275坪），堤防134筆（4万3801坪），道路135筆（1万2304坪），溝19筆（4283坪），第4期：宅地267筆（4万8985坪），田672筆（40万2841坪），水田87筆（9万0783坪），鉄道用地163筆（6万2448坪），堤防155筆（4万4749坪），道路127筆（1万1192坪），溝24筆（4754坪）と変化している．松旨里全体の所有面積の比率をみると，日本人（64.4％：所有面積比率，以下同様），韓国人（26.2％），朝鮮鉱業株式会社（4.6％），国有地（4.5％），学校組合（0.1％）の順（1912年）から，日本人（36.5％），国有地（32.9％），韓国人（22.8％），朝鮮興業株式会社（4.9％），学校組合（0.7％）の順に変化する．駅前地区の土地所有面積は，国有地（53.5％），日本人（29.1％），韓国人（9.1％），朝鮮興業株式会社（8.3％）の順から（1912年），国有地（61.1％），韓国人（18.9％），日本人（7.2％），朝鮮興業株式会社（6.2％），学校組合（6.1％）の順に（1945年）変化する．国有地の面積が著しく増加している．国有地のうち鉄道用地の比率は，第1期に53.5％であったのが第4期では60.75％となっている．このような変化は表IV-2のようにまとめられる．

主な所有者別の土地所有変化の特徴は次のようである．

①国有地：国有地は鉄道関連施設，堤防，道路のような地目に集中している．第1期の1912年土地台帳査定期に鉄道用地は3万4270坪，宅地は1199坪であった．

---

760) 1924年3月に発表された林野調査事業によって明らかになるが，登記は1924年1月に行われている．
761) 林野調査事業，または，開墾事業による土地の新規登録と思われるが，土地台帳に別の記録はなく新規登録と書かれている．

第 IV 章
韓国鉄道町

表 IV-2　三浪津邑松旨里の土地所有者・地目・面積変化（1912–1945 年）

区分		宅地	田	水田	堤防	鉄道用地	溝	雑種地	墓地	道路	溜池	林野	河川	社寺地	小計（坪）
第1期	国有地	1,199 坪 3 筆				34,270 坪 2 筆									35,469
	日本人	22,468 坪 69 筆	384,013 坪 229 筆	1,594 坪 2 筆				86,472 坪 31 筆			4,122 坪 2 筆	12,030 坪 8 筆	1,006 坪 2 筆		511,705
	韓国人	9,236 坪 63 筆	162,468 坪 276 筆	10,769 坪 17 筆				16,695 坪 16 筆	3,664 坪 2 筆		537 坪 1 筆	2,524 坪 5 筆	2,570 坪 4 筆		208,463
	朝鮮興業株式会社	2,600 坪 7 筆	3,205 坪 16 筆								1,497 坪 1 筆				36,847
	三浪津学校組合		692 坪 1 筆												692
	東洋拓殖														0
	朝鮮総督府														0
	松旨里	1,132 坪 5 筆													1,132
	その他													305 坪 1 筆	305
合計	面積筆数	36,635 坪 147 筆	550,378 坪 522 筆	26,710 坪 19 筆		34,270 坪 2 筆	0 坪 0 筆	103,167 坪 47 筆	3,664 坪 2 筆	0 坪 0 筆	6,156 坪 4 筆	14,554 坪 13 筆	3,576 坪 6 筆	305 坪 1 筆	794,613 坪 763 筆
第2期	国有地	537 坪 2 筆	1,562 坪 2 筆		311 坪 1 筆	33,337 坪 4 筆				9,905 坪 78 筆		289 坪 1 筆			45,942
	日本人	18,111 坪 76 筆	345,195 坪 239 筆	581 坪 3 筆				58,305 坪 30 筆		897 坪 15 筆	577 坪 2 筆	7,656 坪 10 筆	717 坪 1 筆		432,039
	韓国人	11,622 坪 67 筆	201,570 坪 299 筆	11,080 坪 17 筆				16,367 坪 19 筆	3,664 坪 2 筆	478 坪 7 筆		2,345 坪 3 筆	3,181 坪 4 筆		250,307
	朝鮮興業株式会社	2,363 坪 7 筆	35,826 坪 25 筆					4,177 坪 1 筆		6 坪 1 筆			526 坪 1 筆		2,358
	三浪津学校組合	681 坪 8 筆	1,677 坪 3 筆												
	東洋拓殖		24,154 坪 12 筆												24,154
	朝鮮総督府					61 坪 1 筆				984 坪 10 筆					1,045
	松旨里	1,132 坪 5 筆													1,132
	その他		6,797 坪 3 筆地											305 坪 1 筆	7,102
合計	面積筆数	34,446 坪 165 筆	616,781 坪 583 筆	11,661 坪 20 筆	311 坪 1 筆	33,398 坪 5 筆	0 坪 0 筆	78,849 坪 50 筆	3,664 坪 2 筆	12,270 坪 111 筆	577 坪 2 筆	10,001 坪 13 筆	4,713 坪 7 筆	305 坪 1 筆	806,977 坪 959 筆

第3期	国有地	6,010.5坪 53筆	55,319坪 165筆		45,871坪 60筆	4,173坪 17筆	3,873坪 9筆		10,679坪 108筆	756坪 5筆	1,373坪 12筆	91,266坪 63筆	42坪 1筆	261,187.5
	日本人	16,359坪 63筆	184,044坪 190筆	605坪 2筆	41,220坪 120筆		20,425坪 15筆		679坪 10筆	30,610坪 7筆	1,058坪 6筆			268,380
	韓国人	8,907坪 73筆	136,022坪 311筆	13,991坪 21筆	1,214坪 5筆	104坪 1筆	13,824坪 16筆	3,664坪 4筆地	94坪 2筆	135坪 1筆	1,330坪 3筆			230,807
	朝鮮興業株式会社	3,002.8坪 14筆	34,275坪 32筆	66,727坪 46筆	1,367坪		439坪 3筆		64坪 5筆					38,605.8
	三浪津学校組合	1,810坪 5筆	4,244坪 7筆	825坪 1筆										6,054
	東洋拓殖	7,714坪 8筆												7,714
	朝鮮総督府	256坪 1筆			2,404坪 4筆	6坪 1筆	26坪 2筆		788坪 10筆地					3,474
	松官里	1,132坪												1,132
	その他	1,620坪 3筆	1,226坪 3筆	481坪 1筆	462坪 5筆							251坪 1筆地		4,040
合計		46,811.3坪 225筆	415,130坪 708筆	82,629坪 70筆	44,263坪 134筆	4,283坪 19筆	38,587坪 45筆	3,664坪 4筆	12,304坪 135筆	31,501坪 13筆	3,761坪 21筆	91,266坪 63筆	293坪 2筆	821,394.3坪 1,503筆
第4期	国有地	7,066.5坪 45筆	52,920坪 139筆	605坪 2筆	42,325坪 138筆	4,223坪 19筆	2,921坪 4筆		9,557坪 100筆	187坪 5筆	2,431坪 23筆	91,275坪 64筆	42坪 1筆	275,713.5
	日本人	20,707坪 91筆	208,911坪 235筆	19,885坪 29筆	555坪 7筆	116坪 1筆	23,062坪 17筆	2,848坪 1筆地	688坪 10筆	29,424坪 7筆				306,196
	韓国人	10,552坪 86筆	97,179坪 250筆	68,185坪 53筆	1,626坪 5筆	171坪 2筆	7,803坪 12筆	809坪 3筆地	101坪 3筆	1,394坪 2筆	3,071坪 5筆			190,892
	朝鮮興業株式会社	4,684.8坪 18筆	33,589坪 34筆	2,063坪 3筆		238坪 1筆	489坪 2筆		58坪 4筆					41,373.8
	三浪津学校組合	4,082坪 18筆	2,170坪 5筆											6,252
	東洋拓殖		7,052坪 7筆				3,910坪 1筆							
	朝鮮総督府	256坪 1筆			35坪 2筆	6坪 1筆	2,395坪 4筆		788坪 10筆					3,480
	松官里	1,132坪 5筆												1,132
	その他	505坪 3筆	1,020坪 2筆		243坪 5筆							251坪 1筆		2,019
合計		48,985.3坪 267筆	402,841坪 672筆	90,738坪 87筆	44,749坪 150筆	4,754坪 24筆	40,580坪 40筆	3,657坪 4筆	11,192坪 127筆	31,005坪 14筆	5,502坪 28筆	91,275坪 64筆	293坪 2筆	838,020.3坪 1,647筆

第 IV 章
韓国鉄道町

　松旨里では，第 2 期に道路建設が行われ，道路 9905 坪を含めて全面積 1 万 0472 坪が増加している．第 3 期には，朝鮮半島全土における土地区画整備事業の実施に伴い，松旨里でも本格的に土地の分割が行われている．この時期の一番特徴的な変化は，墓地以外の全地目が登録されるなど，1939 年 12 月 31 日の時点で第 1 期より 21 万 5246.5 坪が増え，26 万 1187.5 坪が国有地となったことである．中でも堤防による河川の面積増加，また，土地分割過程における田・宅地の国有地への編入が大きい．結果として，国有地が日本人所有地の次となる．第 4 期には，前期まで行われた道路建設，堤防建設など都市基盤施設の完備後，鉄道用地が拡張され，松院・内松に「鉄道官舎」地区と駅前商店街が完成される．

　②日本人所有地：土地所有者で最も多く占めるのは日本人であった．多くの日本人が大規模な田畑を所有して松旨里地域で巨大な果樹園を経営した．日本人所有の田の一筆当たり平均面積は，1912 年には 1676.91 坪，1930 年 1444.33 坪，1940 年 968.65 坪，1945 年，888.98 坪と 1930 年代以後土地分割によって次第に減少している．しかしそれでも，松旨里の人口に関する記録は残っていないが，宅地の所有関係を見ると，日本人は，1940 年から 1945 年の間 91 筆（2 万 0707 坪）を所有しており，松旨里居住人口の最多を占めていたと考えられる．

　③韓国人所有地：韓国人は，1912 年の土地台帳査定時から 1930 年までは，日本人に次いで土地を所有していたが国有地の拡張とともに韓国人所有の土地は減少している．一筆当たりの田の平均面積は，1912 年 588.65 坪，1930 年 674.15 坪，1940 年 445.78 坪，1945 年 388.72 坪と減っており，しかも日本人のそれと比べ半分以下である．

　④法人所有地：法人所有地としては，主に朝鮮興業株式会社，「朝鮮総督府」，「東洋拓殖会社」，金融機関，里所有地，そして学校関係の所有地を法人所有地と定義する．「朝鮮総督府」や「東洋拓殖会社」の所有地は，第 2 期 1920 年代初期から土地台帳に登録されている．また，「朝鮮総督府」所有地は国有地とともに都市基盤施設（道路・鉄道）用地となり，第 4 期になると国有地へ編入された土地が多い．

土地所有の変化

　鉄道関連施設は，松旨里のうち，松院と内松地域に集中している．その鉄道基盤施設の建造と関係した松院・内松の変遷の過程を示すと図 IV-25abc のようになる．

　①第 1 期：土地台帳査定初期には，南側に鉄道用地である国有地が広い範囲で位置している．それ以外の地区には日本人所有の農地が立地する．この時期の土地所有状況を見ると，国有地 18 筆（2 万 8208 坪），日本人所有地 51 筆（1 万 5362 坪），韓国人所有地 28 筆（4815 坪），朝鮮興業株式会社所有地 5 筆（4349 坪）となって

いる．昔からの農道が残っていたが土地台帳には登録されていない．156番地（鉄道用地）が2万6962坪で全体面積の47.5%となっている．松院・内松の土地は主に鉄道用地と農地として分類されている．道路はなく昔からの農道が各農地を繋いでいる．また，「鉄道官舎」と鉄道駅を建設するための鉄道用地が確保されており，農地から駅方向の道路が建設されている．

②第2期：道路建設のための土地分割が始まる．三浪津駅を中心として東西の主道路が建設され，北の方向の道路が拡張されることでT字型の街区が形成される．多数の日本人所有地が韓国人所有地への変動が注目される．日本人所有地は31筆（1万637坪），韓国人所有地は40筆（9975坪）となり，6筆（1214坪）の地目が新規登録されている．また，学校組合の宅地確保とともに1925年に三浪津小学校が設立された．

土地所有者は，図IV-25のようにN（国有地），J（日本人），K（韓国人），C（朝鮮興業株式会社），G（学校関連機関），S（朝鮮総督府）と表記する．その変化は，N→N（18筆地），J→J（25筆地），K→K（19筆地），J→N（8筆），J→K（20筆），J→G（1筆），K→N（5筆），K→J（5筆）C→C（3筆），C→G（2筆），新J（3筆），新K（3筆）のようである．所有者が変わった土地は41筆である．

③第3期：東西主道路の両側に駅前商店街が形成され，学校組合所有地が増加し，三浪津小学校が拡張された．その変化は，N→N（30筆），J→J（21筆），K→K（31筆），J→K（9筆），J→G（1筆），K→N（2筆），K→G（7筆），K→S（1筆），C→C（3筆），G→G（3筆），新N（1筆），のようである．国有地への編入が多かった1912年から1929年12月31日間と比べると，国有地の増加は2筆であり，全体的にも所有者が変化した土地は20筆と減少している．

④第4期：国有地の増加が目立つ中，南北道路を中心として東側に鉄道宿舎，西側に「鉄道官舎」が建設された．「鉄道官舎」の完成とともに格子状の官舎道路網が形成され，駅前の東西道路に繋がる．

東西主道路両側の商店街敷地の一部が民間人および法人（学校組合）の所有地となる．その変化は，N→N（22筆），N→J（3筆），N→G（6筆），N→K（1筆），J→J（11筆），K→K（16筆），J→K（7筆），J→N（3筆），K→N（18筆），K→J（7筆），K→G（1筆），C→C（3筆），G→G（5筆），G→N（4筆），S→S（1筆），新N（1筆）のようであり，所有者の変化が起こったのは53筆である．大きな変化は，1930年代に形成された駅前商店街が国有地から私有地へ変化したことである．

第2期に多くの筆（特に日本人所有者の土地が多い）が国有地に編入され，道路建設，「鉄道官舎」地区の区画整備が行われた．また，駅前商店街の形成のために筆の分割が行われ，第4期に商店街が段階的に私有地となっている．国有地（K），日本人所有地（J）韓国人所有地（K），朝鮮興業株式会社（C），学校関連機関（G）の筆数の変化は，

第 IV 章

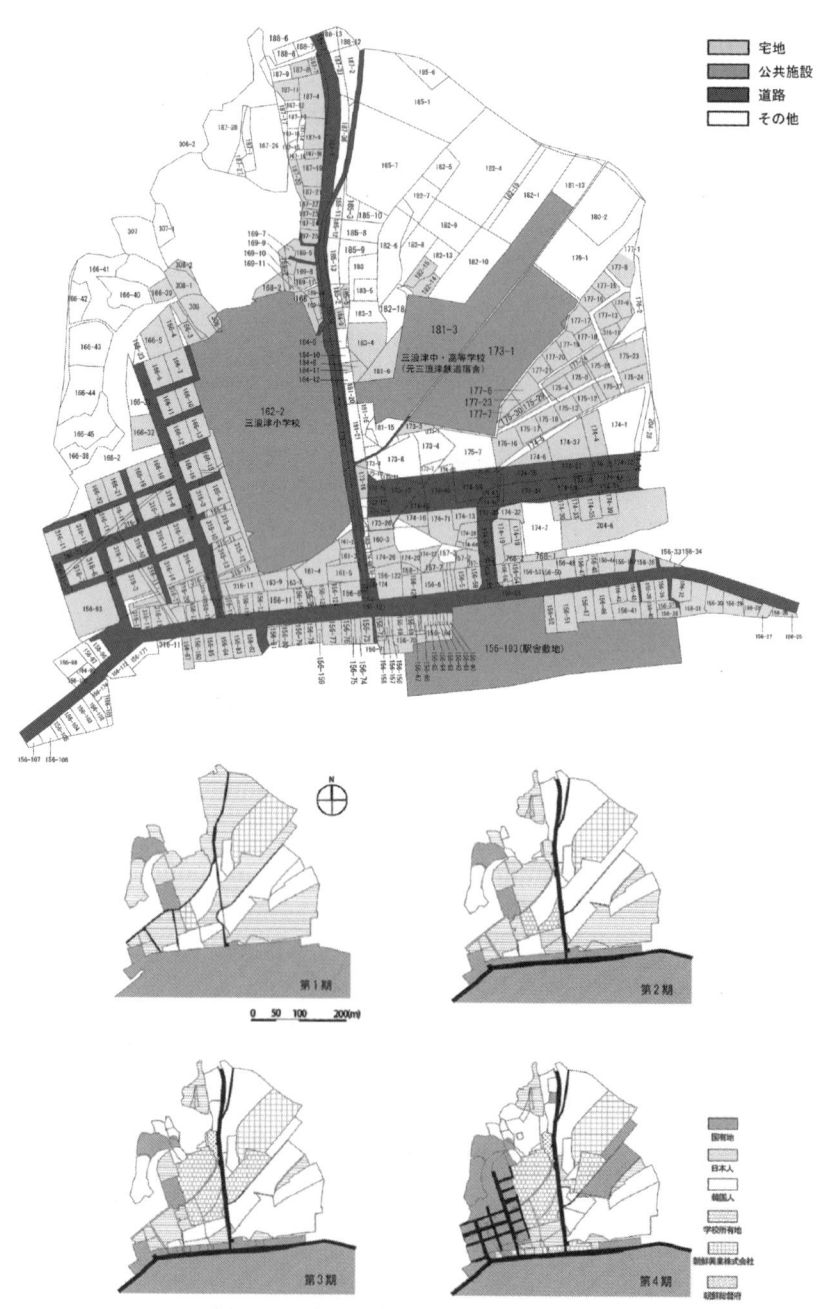

韓国鉄道町

図 IV-25　松院・内松の土地所有者の変化

地番	地目	面積（坪）	所有者変化	地番	地目	面積（坪）	所有者変化
156-1	鉄道用地	26,005	N-N-N-N	181-11	田	128	J-K-G-K
156-10	宅地	37	N-N-N-K	181-12	田	186	J-K-K-K
156-11	宅地	78	N-N-N-J	181-2	道路	17	J-N-N-N
156-12	宅地	85	N-N-N-J	181-3	鉄道用地	265	J-K-G-N
156-13	宅地	18	N-N-N-G	181-4	鉄道用地	533	J-K-G-N
156-14	鉄道用地	23	N-N-N-N	181-5	鉄道用地	2	J-K-G-N
156-15	宅地	118	N-N-N-G	181-6	田	141	J-K-K-K
156-16	鉄道用地	15	N-N-N-N	181-7	鉄道用地	17	J-K-K-K
156-17	宅地	53	N-N-N-G	181-8	田	1	J-K-G-K
156-18	宅地	32	N-N-N-G	181-9	鉄道用地	34	J-K-K-N
156-5	宅地	72	N-N-N-J	182-1	田	3,316	C-C-C-C
156-6	宅地	241	N-N-N-G	182-2	鉄道用地	252	C-C-C-C
156-7	鉄道用地	20	N-N-N-N	182-3	田	1	C-C-C-C
156-8	宅地	149	N-N-N-G	183-1	水田	447	K-K-K-K
156-9	鉄道用地	16	N-N-N-N	184-1	水田	157	K-K-K-J
157-1	雑種地	168	J-J-J-J	184-2	道路	23	K-N-N-N
158-1	宅地	50	J-K-K-K	185-1	水田	2,466	J-K-K-K
160-1	宅地	50	J-J-J-J	185-2	道路	13	J-N-N-N
160-2	道路	20	J-N-N-N	186-1	水田	137	J-J-K-K
161-1	道路	13	J-N-N-N	186-2	道路	17	J-N-N-N
161-2	宅地	322	J-J-J-J	187-1	田	78	J-J-J-J
162-1	道路	10	K-N-N-N	187-2	水田	291	J-K-K-K
162-2	池沼	135	K-J-K-J	187-26	田	407	-J-J-J
162-3	田	392	K-J-K-J	187-27	田	69	-J-J-J
163-1	水田	148	K-K-K-J	187-28	田	523	-J-J-J
163-2	宅地	105	K-K-K-J	187-3	道路	296	J-N-N-N
163-3	鉄道用地	145	K-K-K-N	187-4	田	171	J-K-K-K
163-4	鉄道用地	19	K-K-K-N	187-5	宅地	322	J-K-K-K
163-5	宅地	80	K-K-K-J	187-6	宅地	98	J-J-J-J
163-6	鉄道用地	13	K-K-K-N	187-7	田	345	J-K-K-K
165-1	宅地	770	C-G-G-G	307	田	240	J-J-K-K
165-2	鉄道用地	10	C-G-G-N	307-1	田	91	-K-K-K
166-1	宅地	513	J-J-G-G	308	宅地	159	N-N-K-K
168-1	宅地	60	K-K-K-K	308-1	宅地	98	-K-K-K
168-2	宅地	62	K-K-K-K	308-2	宅地	26	-K-N-N
169-1	道路	37	J-N-N-N	308-3	鉄道用地	147	- -N-N
169-2	宅地	37	J-J-K-K	308-4	宅地	70	J-J-K-G
169-3	宅地	256	J-K-S-S	309	鉄道用地	709	N-N-N-N
170-1	道路	71	K-N-N-N	311	鉄道用地	538	J-K-G-N
170-2	宅地	490	K-K-G-G	311-1	鉄道用地	2,649	- - -N
171-1	道路	52	J-N-N-N	312	鉄道用地	260	J-J-J-K
171-2	宅地	205	J-G-G-G	313	鉄道用地	378	N-N-N-N
172-1	道路	28	K-N-N-N	315-1	田	112	J-J-J-J
172-2	田	27	K-J-K-J	315-2	水田	3	J-J-J-J
173-1	鉄道用地	22	K-K-K-N	315-3	鉄道用地	273	J-J-J-N
173-2	道路	17	K-N-N-N	315-4	鉄道用地	118	J-J-J-N
173-3	鉄道用地	41	K-K-K-N	316-1	田	18	K-K-K-N
174-1	水田	4,028	J-J-K-K	316-2	田	35	K-K-K-N
174-2	道路	5	J-J-K-K	317-1	鉄道用地	75	J-J-J-N
175-1	田	1,217	K-K-K-K	317-2	鉄道用地	440	J-J-J-N
175-2	鉄道用地	16	K-K-K-N	317-3	鉄道用地	664	J-J-J-N
175-3	鉄道用地	12	K-K-K-N	318	鉄道用地	258	J-J-J-N
177-1	田	1,020	K-J-J-J	320	鉄道用地	74	J-J-J-N
177-3	鉄道用地	5	K-J-J-N	321-1	鉄道用地	76	J-J-J-N
181-1	田	758	J-K-G-G	321-2	水田	58	J-J-J-J
181-10	田	71	J-K-K-K				

N（国有地） J（日本人） K（韓国人） C（朝鮮興業株式会社） G（学校関連） S（朝鮮総督府）
地目と面積は1945年を基準とする

第 IV 章
韓国鉄道町

図 IV-26　三浪津鉄道町の施設分布

1912年にN：18筆2万8208坪，J：51筆1万5362坪，K：28筆4815坪，C：5筆4349坪，G：0筆0坪であったのが，1945年になるとN：50筆3万4501坪，J：21筆4089坪，K：24筆1万664坪，C：3筆3569坪，G：12筆3427坪，S：1筆256坪となっている．その中でも鉄道用地が国有地面積の97.58％，全体面積の60.48％を占めるまでになっている．

2-3 三浪津鉄道町の空間構造

施設分布

　三浪津鉄道町の施設は，「鉄道官舎」，一般住居，商業施設，公共施設，宗教施設の五つに大別される．施設分布および建物の用途に基づいて三浪津鉄道町の空間構造を見ると以下のような特徴を指摘出来る（図 IV-26）．

(1) 鉄道官舎

　三浪津の「鉄道官舎」は三浪津駅に勤務した鉄道員のための住宅で6・7・8級の官舎によって，小規模団地が形成されている．「鉄道官舎」は1927年から1945年の間に建築されたが，1940年までに34号のうちの26号までが建築されている．建設年度の内訳は1927年7等官舎（A）1号，1930年8等官舎1号，1938年7等官舎（A）1号・(B) 2号，1940年6等官舎2号・7等官舎（A）7号・7等官舎（B）2号8等官舎15号，1943年8等官舎1号，1945年7等官舎（A）1号・8等官舎1号である．全て

二戸一式の平屋である．17棟34戸であったが，一棟は保育施設に転用されており，現在は16棟32戸の「鉄道官舎」が残っている．
(2) 一般住宅
　「鉄道官舎」を除いた一般住宅は，主に「本町通り」沿いの商業施設の裏側，「鉄道官舎」の西側にある斜面地に位置している．斜面地にある住宅は，韓国の農家の様式である3間式[762]の主屋の前に「マダン」を持っている伝統的な住宅がほとんどを占めている．また，「本町通り」沿い商店の裏側にある専用住宅は，商業施設の増築部，または，農地の区画整備によるもので，鉄筋コンクリート造の最近建てられたものがほとんどを占めている．
(3) 商業施設
　商業施設は，主に「本町通り」沿いに並行して並んでいる．大半の商業施設は，2階または裏に住居を持つ店舗併用住宅である．飲食店，スーパーマーケット，洗濯屋，「バンアッカン」[763]，美容室，雑貨屋，宿泊施設，喫茶店，薬局，塾などが並んでいる．
(4) 公共施設
　主な公共施設としては，三浪津駅，鉄道病院，郵便局，小学校，中学校，高等学校（元鉄道宿舎），金融機関（銀行，農協，セマウル金庫など），交番などがある．鉄道病院は，駅員はもちろん，「鉄道町」の住民にとっては唯一の医療施設であったが，1999年の撤去によりその跡地にはスーパーマーケットが建てられている．中・高等学校の敷地には，他の地域でほとんど設けられなかった鉄道宿舎[764]が建てられており，敷地の規模を見ると物流関係における三浪津駅の重要さを推測出来る．また，「鉄道官舎」とその西側の集落には生活用水として使われていた共同井戸が一つずつ設けられ飲料水・生活用水として使われていた．
(5) 宗教施設
　宗教施設は，「鉄道官舎」の西側にある斜面地の集落にプロテスタント教会，「鉄道官舎」地区の北側の丘に円仏教[765]の布教院がそれぞれ一つずつ設けられている．プロテスタント教会はもともと「鉄道官舎」の北側にある山中にあったもので，1980年代半ばに町の中へ移転されたものである．一方，円仏教の寺の敷地は，本来神社があった場所である．植民地の解放以後神社の撤去によって放置された敷地に，近年当地域における仏教布教のため建てられたものである．

---

762) 韓国伝統住宅の間口形式．一般的には四つの柱によって「アンバン」「デーチョンマル」「コンノンバン」のように三つの空間が形成される．
763) 精米工場のこと．精米だけではなく米粉，餅つくりなど穀物と関連した全ての作業が行われる．
764) 独身者や転勤が頻繁ある鉄道員のための住居施設．主に2階建てが多くある．現在は，鉄道宿舎の広い敷地を利用し三浪津中・高等学校が設立されている．
765) 仏教宗派の一つ．1916年韓国全羅北道で創立され仏教の現代化，生活化，大衆化を主張する．信仰の対象が仏像ではなく法身佛の一円相で，1946年に円仏教と名付けられた．

2-3-2 街区構造と街路の体系

現在の三浪津鉄道町の街並および街路体系は日本植民地時代とほぼ同じである．街路体系の軸となる駅前の「本町通り」(平均幅約 10m) は，鉄道線路と並行して東西に走っている．この「本町通り」は，ほとんど 2-3 階建て店舗併用住宅によって街並が形成されており，日本植民地時代には毎年 1 回商店街祭りが開催されたと言われるが，現在は行われていない．

「鉄道官舎」地区は格子状の街路網を持ち二戸一型の平屋の「鉄道官舎」が並んでいる．左側に接する松院村は，韓国の農村地域の典型的な枝型の街路体系を持っており，大半の住宅は宅地の南側に「デムン」と「マダン」，北側に主屋が設ける典型的な農村住宅である．

三浪津鉄道町の街路体系は，「本町通り」を中心とする T 字型と「鉄道官舎」地区の格子型という二つのパターンが混在する T 字型・格子型の複合型である．

三浪津鉄道町の核となっているのは，以上の「鉄道官舎」地区，商店街，松院の三つの居住地である．

2-3-3 井戸と街区コミュニティ

上下水道が設けられなかった 1960 年代までの三浪津鉄道町では，井戸は，町の形成にとって重要な要素として作用してきた．「鉄道町」の形成とともに井戸が飲料水と生活用水のために使われてきた．当時掘られた井戸は，「鉄道官舎」地区に共同井戸 1 箇所，「本町通り」沿いに共同井戸 1 箇所，産業井戸 1 箇所，そして松院に共同井戸 1 箇所である．共同井戸は，家事のための作業場，そして，町のコミュニティの場としてその役割を果たしていた．産業井戸は，うなぎ稚魚を養殖する施設のために掘ったものである．1930 年代後半に入り，人口が急増したため，密陽市内から列車で水を運んで充足したという．

これらの井戸は，1970 年代前半の上下水道設備の竣工以後からはほとんど使われておらず，「鉄道官舎」と松院の井戸だけが残って大型洗濯や洗車などに使われている．

2-4 三浪津鉄道官舎

鉄道官舎の建設過程

三浪津鉄道町は，駅を中心として北側に駅前商店街や駅広場が位置し，駅から約 200m 離れている北西側には格子状の街路を持つ「鉄道官舎」が建設されている．

(1) 官舎の構成と街路体系

三浪津の「鉄道官舎」は，鉄道線路に直交する主道路を持つ格子状道路網の東西230m，南北260mの敷地に，上述のように，17棟34戸が建設された．また，別に鉄道病院1棟が建てられた．34戸の建設年，等級は表IV-3に示す通りである．

南北方向の斜面に沿って標高の高い北側に上級官舎，南側と外側に下級官舎が配置され，下級官舎が上級官舎を囲む形となっている．平均幅約7mの主道路（南北・東西）と，平均幅約5mの副道路が格子状に地区全体を構成している．また，丘の一部を切り取って造成した敷地であるため道路と各敷地の段差に石垣を築き，生垣の塀を設けている．敷地と道路の境界に溝を掘り，生活排水や雨水を流す下水路としていた．

日本植民地期当時のこうした街区構造と街路体系は，1970年代半ばから実施された上下水道工事によって溝が埋められ，道路幅が拡張され，生垣の塀がコンクリートブロック塀に変わるなど部分的な変更がある以外，ほとんど変わっていない．

(2) 鉄道官舎の類型と配置

「鉄道官舎」地区は，「鉄道官舎」，鉄道病院，共同井戸，そして神社によって構成されている．「鉄道官舎」には，6等級，7等級A，7等級B，8等級官舎の四つのタイプがある．各タイプの間取りは図IV-28に示す通りである．具体的には，北東端に駅長と補線事務所長の6等級官舎，その南側2列と北中央部に7等級A，南中央部に7等級B，そして東西の外側と南端の部分に最下級である8等級官舎が配置されている（図IV-27）．

「鉄道官舎」は2本の主道路を中心とした格子状の街区に位置し，敷地の3面以上が道路に囲まれている．平面構成は，中廊下を中心として東西に部屋，便所，浴室が設けられており，中廊下の南部分に台所が設けられている．全ての等級の出入口や玄関は全て北側に位置し，南側に庭が置かれていた．こうした出入口の配置は，払下げ以後，韓国人の生活様式によって大きく変化することとなる．

2-4-2 鉄道官舎地区の施設

「鉄道官舎」の他，「鉄道官舎」地区唯一のコミュニティ施設といっていい共同井戸が中央東に置かれている．上下水道は設置されず，井戸は1970年代半ばまで飲料水，生活用水として使われてきた．現在も洗濯や洗車などは井戸水が使われており，井戸端会議など近隣のコミュニケーションが行われる場所としてその役割を果たしている．

鉄道病院は，1941年に建設され，三浪津邑の松旨里，三浪里，検世里にある唯一の病院として駅員はもちろん地域住民にとって最も重要な医療施設であったが，現在は撤去されスーパーマーケットに建て替えられている．

表 IV-3 三浪津鉄道官舎の概要

	所在地	築年	等級	詳細調査
①	松旨里 166-7 番地	1940 年	6 級	
②	松旨里 166-6 番地	1940 年	6 級	K6a1
③	松旨里 166-10 番地	1945 年	7 級 A 型	K7a1
④	松旨里 166-11 番地	1940 年	7 級 A 型	
⑤	松旨里 166-12 番地	1940 年	7 級 A 型	
⑥	松旨里 166-13 番地	1927 年	7 級 A 型	
⑦	松旨里 166-18 番地	1940 年	7 級 A 型	K7a3
⑧	松旨里 166-19 番地	1940 年	7 級 A 型	K7a2
⑨	松旨里 166-21 番地	1940 年	7 級 A 型	
⑩	松旨里 166-22 番地	1940 年	7 級 A 型	
⑪	松旨里 316-6 番地	1940 年	7 級 A 型	
⑫	松旨里 316-7 番地	1938 年	7 級 A 型	K7a4
⑬	松旨里 316-11 番地	1938 年	7 級 B 型	
⑭	松旨里 316-12 番地	1940 年	7 級 B 型	K7b1
⑮	松旨里 316-13 番地	1938 年	7 級 B 型	K7b2
⑯	松旨里 316-14 番地	1940 年	7 級 B 型	
⑰	松旨里 166-24 番地	1940 年	8 級	K8a3
⑱	松旨里 166-25 番地	1940 年	8 級	
⑲	松旨里 166-15 番地	1940 年	8 級	
⑳	松旨里 166-16 番地	1940 年	8 級	K8a5
㉑	松旨里 165-6 番地	1940 年	8 級	K8a6
㉒	松旨里 316-3 番地	1940 年	8 級	
㉓	松旨里 165-9 番地	1940 年	8 級	K8a8
㉔	松旨里 165-10 番地	1940 年	8 級	K8a7
㉕	松旨里 165-12 番地	1940 年	8 級	
㉖	松旨里 165-13 番地	1940 年	8 級	
㉗	松旨里 318-1 番地	1940 年	8 級	K8a9
㉘	松旨里 316-10 番地	1943 年	8 級	K8a4
㉙	松旨里 318-3 番地	1940 年	8 級	
㉚	松旨里 316-16 番地	1940 年	8 級	
㉛	松旨里 166-26 番地	1940 年	8 級	
㉜	松旨里 166-27 番地	1930 年	8 級	
㉝	松旨里 318-6 番地	1945 年	8 級	K8a2
㉞	松旨里 318-17 番地	1940 年	8 級	K8a1

三浪津の鉄道町

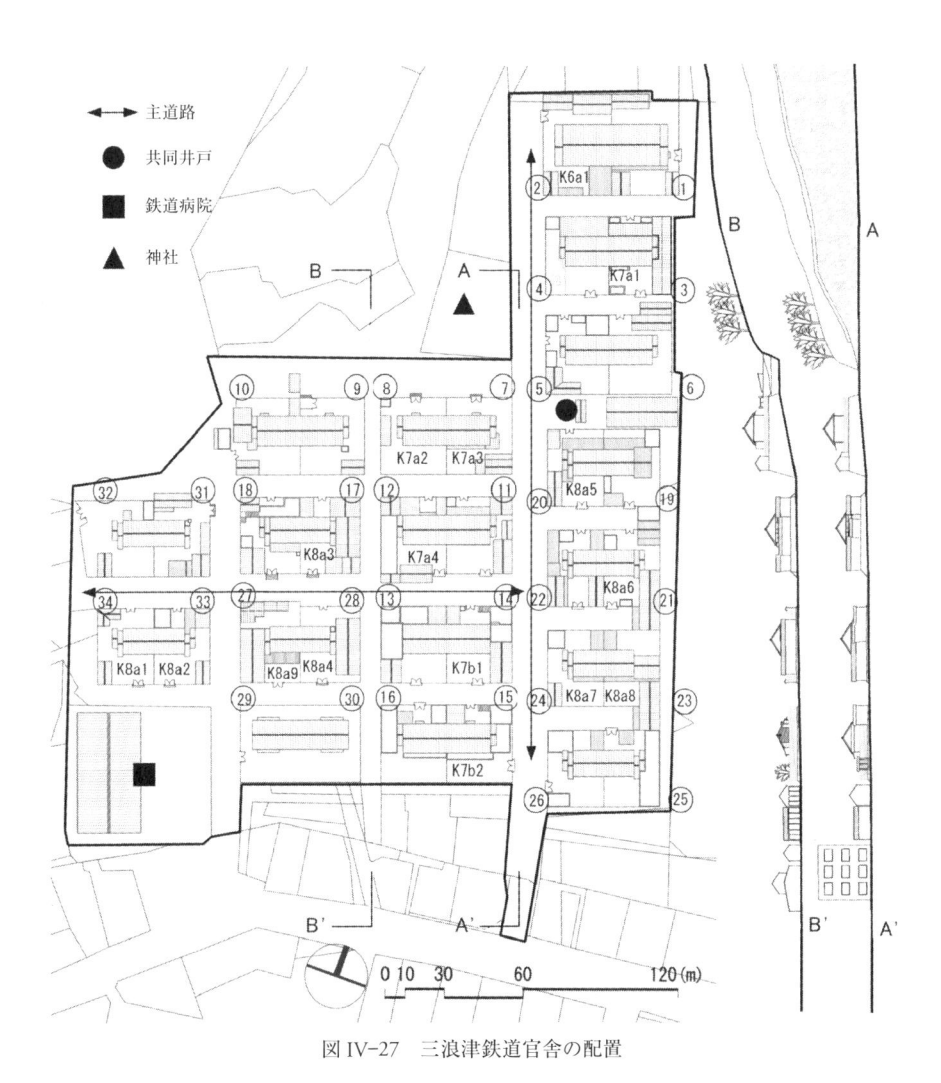

図 IV-27　三浪津鉄道官舎の配置

　宗教施設として駅前商店街の居住者によって建てられたと思われる神社が官舎地区の北側の低い丘に設けられていた．この神社は解放後撤去され，その跡地に新たに円仏教の布教院が建てられている．現在，神社へ登っていく階段の跡，神社本棟があった跡地，そして背面にあった竹林が残されている．

(1) 建築形式

　三浪津の鉄道駅官舎は木造で切妻の屋根形式をしている．割栗石の上にコンクリートの基礎を打ち，その上に木造の骨組みを乗せている．外壁は，7級と8級は土壁の

371

区分	6等級官舎	7等級A官舎	7等級B官舎	8等級官舎
平面図	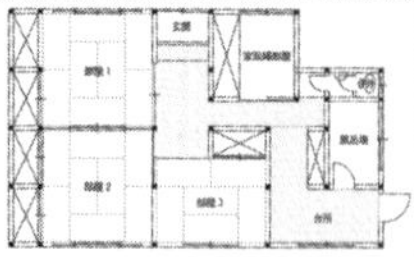	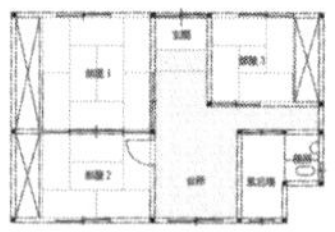	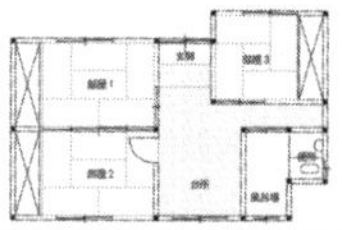	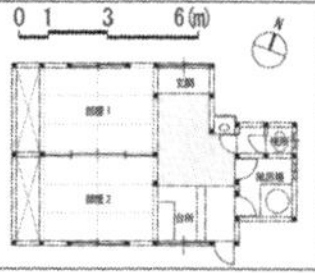
居住者	駅長・補線事務所長	主任，副駅長 線路修長，助役	主任，副駅長 線路修長，助役	その他の下級駅員
建築面積	25.8坪	22.6坪	19坪	13.7坪
敷地面積	468m² (26m×18m)	325m² (25m×13m)	325m² (25m×13m)	299m² (23m×13m)
構造	木造，土，モルタル壁，セメント瓦	木造，土，板貼り壁，セメント瓦	木造，土，板貼り壁，セメント瓦	木造，土，板貼り壁，セメント瓦

図IV-28　三浪津鉄道官舎の標準型

上に板貼り，6級の場合は鉄網にモルタル漆喰仕上げとしている．初期の官舎では，割栗石を厚くしていたが，韓国の気候にあわず崩れるため，1930年以降は，割栗石は薄くしている．

(2) 平面構成

住居の平面構成は以下のようである（図IV-28）．

① 8等級官舎

最も数の多いタイプで二戸一型8棟16戸が建てられている．2部屋を持つ中廊下型で最も面積は狭い．構成を見ると，北側に出入口と玄関が設けられ，玄関から入ると中廊下があり，その南側に台所，その横に押入付の6畳の畳部屋が襖を介して二つ続き間になっている．中廊下の北側には室内便所，洗面所，浴室など水周りが設けられている．室内便所には大便器と小便器の間に扉が設けられている．また，小便器の廊下側にも扉がつけられている．

② 7等級官舎

3室・中廊下型でAタイプに二戸一型5棟10戸，Bタイプ二戸一型3棟6戸が建てられている．北側の畳部屋がAタイプは8畳，Bタイプは6畳で，この面積の差がある以外基本構成は同じである．3室の畳部屋以外に台所，室内便所，浴室等で構成されている．玄関から入って左側にある畳部屋は応接室としても使い，続き間，便所などは8等級官舎と一緒である．4.5畳の畳部屋は1940年代に入ると「オンドル」部屋とされる例が多い．

③ 6等級官舎

4室・中廊下型で，畳部屋4室と台所，室内便所，浴室などで構成されている．北入りで玄関，そして中廊下があり，8畳部屋2室が配置されている．玄関隣の4畳半部屋は家政婦の部屋として使われ，「オンドル」部屋である．中廊下から台所に入る通路には井戸が設けられている．その他便所や浴室などの形式は6等級・7等級官舎

と同様であるが，庭に向かう動線は台所を通じた動線となっており，南側の6畳部屋から庭に向かう他のタイプと異なっている．庭の角には倉庫がつくられ，物置場として使われていた．

2-5 │ 三浪津鉄道官舎の変容

「鉄道官舎」は，1970年代初期に至って一般に払い下げられる．そして，その後，様々な増改築が行われることになる（表Ⅳ-4）．以下に，「鉄道官舎」の変容についてみてみたい．

(1) 出入口の位置変更と内部空間の変容

三浪津鉄道官舎は，上述のように，建設当時，全ての出入口や玄関が北側に面しており，南側に庭が置かれていた．しかし，韓国の伝統的住居においては基本的に南入口を重視している．すなわち，寒い冬場に北側からの厳しい風を遮断するため，また，敷地と面している畑などに繋げる勝手口の利用のため，さらに，北側は，法事の時，先祖の霊が通る死者の通路と認識されているため北側を除いた方向に出入口を設けるのが一般的である．

1970年代初期に行われた払下げ以後，官舎34戸のうち，丘の斜面の高低差のために築かれた石垣の上に敷地が設定されているため敷地の拡張などの変更が難しい官舎6，7，8，9，25を除いた29戸が，出入口の位置を変更している．そのうち，新築された官舎29，官舎30を除く27戸のうち，南側に20戸，東側に3戸，西側に4戸が出入口を変更している（図Ⅳ-29）．

出入口の位置の変化は，内部空間の動線を変化させ，住居の内外部空間の機能変化に繋がる．その中で最も目立つのが庭の「マダン」への転用である．北出入口の位置の変化により庭として使われていた空間が「マダン」へと転化する．「マダン」が形成されることによって主屋の南中央部に中廊下を改造した「ゴシル」が設けられ，「デムン」―「マダン」―「ゴシル」―各室という主動線が生まれるのである．

建物の南側にあった台所は，主屋の北側へ位置が変更される場合が多い．主屋と北側の塀の間にあった空地に，台所を含めた水回りを増築によって設ける例が多く見られる．主屋は部屋，「ゴシル」などの居室として使われ，増築された北の部分が台所などの水回りや物置などの付属空間として使われるようになるのである．

便所は室内から室外へ一旦移動される．そして，上下水道が整備された後再び室内に設けられるようになる．こうした便所の位置変更には，韓国の伝統的住居には室内便所はなく，珍しかったということが関係している．一つは匂いなどが嫌われたということがある．もう一つには，便所の排泄物を農業用の肥料作りに使っていたことか

第IV章
韓国鉄道町

表IV-4 三浪津鉄道官舎増改築の現状

		大門	リビング	台所の移動	トイレの移動 室外	トイレの移動 室内	部屋数の増加 本棟	部屋数の増加 別棟	別棟増築の位置(賃貸用)	元の入口の用途	ジャンドッケテ	マダンor庭	賃貸外の別棟の用途	本棟の拡張
②	K6a1	西・南		北中(元玄関)	北西		2		南西,南東		有	M	室内トイレ,倉庫,ホッカン	
③	K7a1	南	南中	北東	北東	東中	1	2	南東	勝手口		M	トイレ,浴室,倉庫	東(部屋,台所,ボイラ室)
⑧	K7a2	北	南中		北西					大門	有	N	トイレ,倉庫	南西(ボイラ室)
⑦	K7a3	北	南中		南中			2	南東	大門	有	N		南東端(ボイラ室)
⑫	K7a4	南	南中	北西	北西			2	東全面	勝手口	有	M	倉庫	北(台所,部屋,倉庫)
⑭	K7b1	南	南中	北東	北東・西	東中		2	南東	勝手口	有(屋上)	M	トイレ,倉庫	東(台所,トイレ)
⑮	K8b2	東	南中	北東	北東	南東				勝手口	有(屋上)	M	室中トイレ,ホッカン	東(台所,トイレ)
㉞	K8a1	南			北西	北西		3	北西,西	勝手口	有	M	室内トイレ,倉庫	
㉝	K8a2	南	南中	北中(元玄関)	北東	北西	1	1	南東	勝手口	有	M	トイレ	北(部屋,トイレ,浴室)
⑰	K8a3	南	南中		北西・中		1	3	東全面	勝手口,賃貸棟入口	有	M	倉庫	南東(台所),東全面(別棟と連絡)
㉖	K8a4	南	中	北中(元玄関)	北東	北東	1	3	東全面	勝手口,賃貸棟入口	有	M		南東端(部屋,台所),東全面(部屋)
⑳	K8a5	南	南中	北中(元玄関)	北西	南西	1	1	南西	勝手口	有(裏マダン)	M	室内トイレ	北西(部屋)
㉑	K8a6	南	南中	南東	北東	北東,北西	1	2	南東,北東	勝手口,賃貸棟入口	有	M		北西(浴室,トイレ),東(部屋,台所)
㉔	K8a7	南	南中	北西	北西	北西	1		南西	勝手口	有(屋上)	M	トイレ,浴室,倉庫	北西(台所)
㉓	K8a8	南	中	南西	北東	北東		3	南西	勝手口	有	M	トイレ,倉庫	東(台所,トイレ)
㉗	K8a9	南	南中	北中(元玄関)	南西		1	2	北西		有(屋上)	M	トイレ,浴室,倉庫	南(台所,部屋,倉庫)

敷地の拡張 M:マダン N:庭

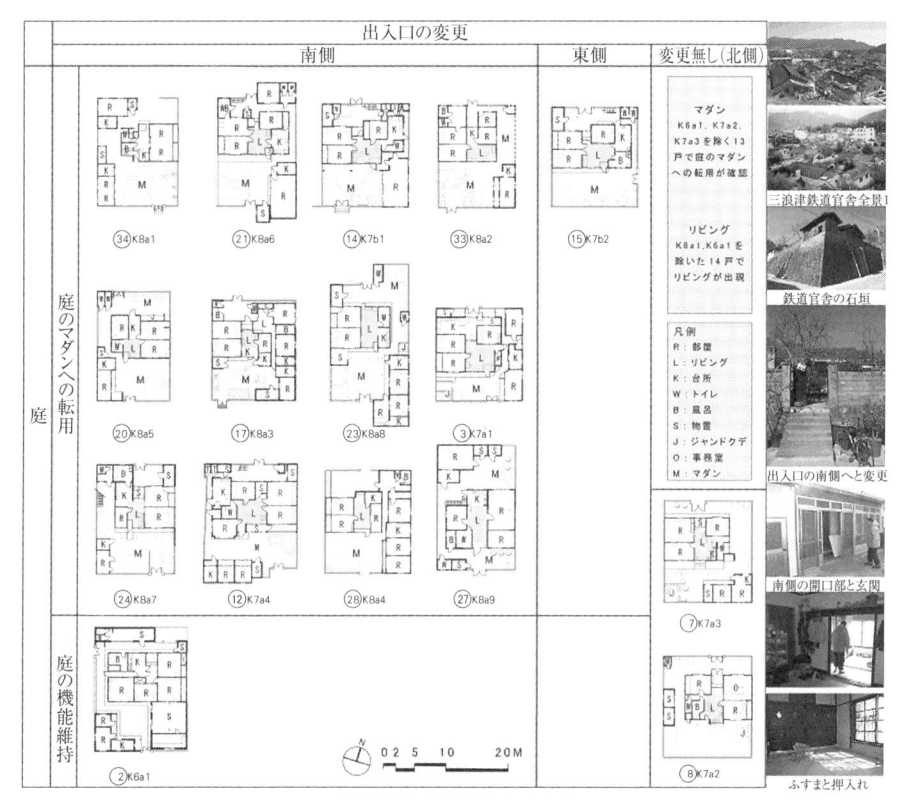

図 IV-29　三浪津鉄道官舎居住空間変容のパターン

ら,「ホッカン헛간 (生ゴミ捨て場, 倉庫)」[766] の隣に位置させる方が都合がよかったということがある. しかし, 下水道が整備されるようになると, 水洗式の便所が普及するようになる. その結果, 屋外便所を残したまま室内便所を設置するようになるのである.

　以上のように, 住居の空間構成を変える大きな要因となったのは, 出入口の位置の変更である. そして, 出入口の位置の変化は, 敷地内の居住空間だけではなく, 外部空間の要素として「ゴサッ고샅」が現れる要因となったと考えられる.「ゴサッ」とは, 幅広い道路から敷地に入る前にある「共同マダン」化した路地をいう[767]. 北側にあっ

---

766) 倉庫の一種, 排泄物や生ごみで肥料をつくるところを指す.
767) 私有地である宅地内に入る前に形成される最も共同性の高い外部空間である. 空間の形態やストリートファニチャーなどの物理的な要素によって設定されるのではなく, その空間を使用する人々の行動によって性格づけられる空間である.

第 IV 章
韓国鉄道町

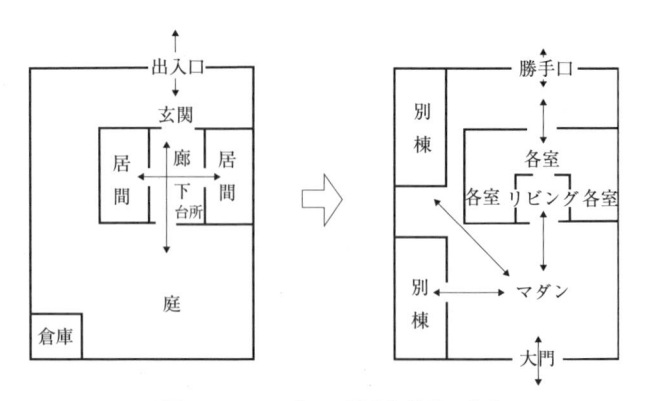

図 IV-30　マダンの形成と動線の変化

た出入口は勝手口，あるいは賃貸棟への出入口として使われ，前方と背後にある住宅との連絡が容易となる．三浪津鉄道官舎地区では，傾斜地に形成されているため他の例と比べ「ゴサッ」はそう見られないが，腰掛けなどに用いられる「ピョンサン평상（平床）」が置かれ，天気の良い日には年寄りの休憩場，子供たちの遊び場として使われている．「ドンネマダン동네마당」としての役割を果たし，外部から進入した人にとっては住民たちのプライバシーの度合いの高い空間と認識される．「ドンネマダン」とは，町の集会場付近にある広場のような空間をいう．町の共同作業や祭などの準備が行われる各町の中心となる場所で，祭堂などの聖なる施設がともに配置されている場合もある．

(2) 庭のマダンへの転用

「マダン」は，韓国の伝統的民家においては，動線が集まり交差する場所であり，作業場，葬式，祝賀会など多目的な外部空間として最も重要な役割を果たしてきた．特に，外部道路からの進入動線を各室に分散させる動線をコントロールする機能を持つ空間であることが重要である．

34戸のうち27戸で「マダン」への転用が確認された．庭の機能を維持している7戸（官舎1，6，7，8，9，10，25）のうち5戸（官舎6，7，8，9，25）は北側出入口，2戸は東（官舎1）と西（官舎10）に出入口が位置している．「マダン」への転用により官舎本棟の南中央部に玄関や「ゴシル」が設けられ，「道路—玄関—廊下—各室—庭」という流れから「道路—「デムン」—「マダン」—「ゴシル」—各室」へと動線の変化が起きている（図IV-30）．

三浪津鉄道官舎では，以上の出入口の位置変更と庭の「マダン」への転用が居住空間変容の最も大きな変化となっている．まとめると以下のようになる．

①台所の居住棟北側への移動が多い．

②便所は室内から室外に変わった後，上下水道が完備された後再び室内に入ったものが多い．

③南北道路に面して別棟が増築される．

④本棟の南側にリビング空間，北側に収納空間を拡張するパターンが多い．

(3)「ゴシル」の出現

以下，詳細調査を行った16戸を中心に見てみたい．その変容の概要は表IV-4および図IV-29に示している．

16戸に対する詳細調査で，北側に出入口がある官舎7, 8以外の14件の住宅で庭が「マダン」に転用され，官舎2, 34以外の14件で「ゴシル」が設けられている．

「マダン」は主に敷地に南側の庭が転用されているが，使い方によって敷地の北側に「ディッマダン뒷마당」[768]，東西の道路側の小さい「マダン」が設けられた場合もある．「ディッマダン」と東西の道路側の小さい「マダン」は「ジャンドクデ장독대」[769]などの台所関係の物置が多いため台所と隣接している場合が多い．「ディッマダン」と東西の道路側の小さい「マダン」を利用しているのは，官舎15, 20, 23, 24, 27, 30, 33の6軒である．

「ゴシル」は廊下を改造し，居住棟の中央部南側に設けられている．「マダン」から入る動線は「ゴシル」に繋がり，「ゴシル」から各室へ繋がる．ソファーが置いている椅子(立)式「ゴシル」もあるが大半は床座(座)式「ゴシル」である．特に，夏の暑い時に家族が食事する場合は風通しがいい「ゴシル」を使うところが多く，官舎3, 12, 15, 23, 24, 27では「ゴシル」を広く拡張し法事を行う空間としても使っている．こうした使い方は，半内部空間である韓国の「デーチョンマル」が内部化したものといえる．

(4) 増改築

三浪津鉄道官舎での増築は，出入口の変更があった場合に数多く行われ，中でも南側に「デムン」を設けた場合に，賃貸用の別棟が新築されるなど変化の程度が大きくなっている．前述したように，斜面を削り，石垣を築いて造成した道路と敷地の間に様々な段差があるため，合筆による敷地の拡張は非常に難しいが，官舎1, 2, 10, 12, 32で一部拡張されている．2戸の住宅が棟を共有しているため片方だけの撤去が難しく，増改築は内部改造と機能の追加に伴う内部空間の拡張という建築行為が中心となっている．増築する場合，図IV-31に示しているように「マダン」と「ゴシル」が動線の主な役割を分担した上で各室に連絡する形を取っている．

[768)]「マダン」の一種．裏「マダン」の意味で，建物裏の日陰がある比較的に狭い空間のことで，一般的に「ジャンドック」(容器)を置いたり，野菜などを日陰で干す空間として使われている．

[769)] 味噌，漬物などを漬ける容器(ジャンドク)を置く台のこと．日陰があるところに設けるが，三浪津「鉄道官舎」の場合は敷地面積の制限により別棟の屋上に設けられているのも多数ある．

第 IV 章

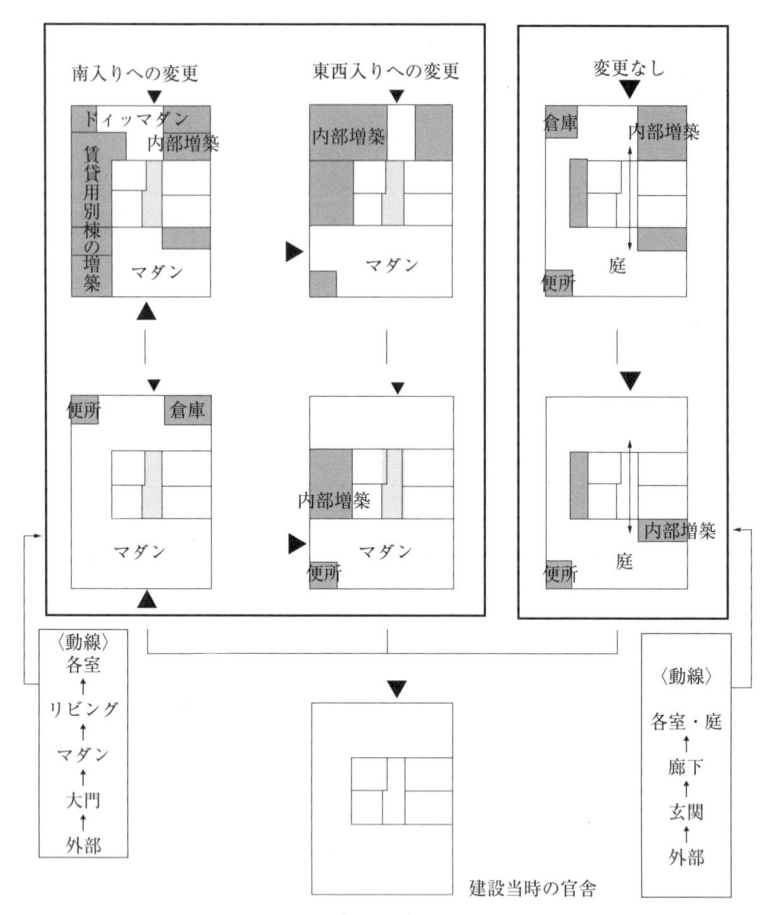

韓国鉄道町

図 IV-31　三浪津鉄道官舎・動線の変化による増築パターン

　増築は，北側に台所，便所，室内収納（家電製品，食器，法事用品などの小型のもの），「ジャンドクデ」「ホッカン」など，南側に賃貸棟，倉庫（農機具などの大型のもの）が付加されるのが一般的である．そして隣地境界線側より，道路と面している外側への東西部に増築が多く行われている．

(5) 内部空間の変化

　前述したように，三浪津鉄道官舎は二戸一型で二つの住宅が構造体を共有しているため全体の改造は難しい．一般的には，用途や位置の変化による変容が主で数多く見られる．中でも便所と台所の位置の変化が数多く見られる．また，1940年代に，「村

岡式」「川上式」「大野式」といった床暖房導入[770]によって一部の畳部屋が無くなるなど，床の形式が変化している．さらに1970年代の床暖房形式の変化によりボイラー室が追加されている．

　主屋における部屋の増築は官舎17，20，21，24，27，28，33で一室追加されるなど住戸面積の小さい8等級官舎で多く見られる．その他，別棟を建てることで不足の部屋を追加することが一般的に見られる．面積に関わらず主屋の南側に位置している部屋は韓国の夫婦部屋である「アンバン」または「クンバン큰방（大部屋）」[771]と呼ばれるようになっている．

　居住者へのヒアリング調査によると「収納空間が多い」「襖を取り外すと部屋が広く使えるため生活しやすい」「窓が多いため冬は寒いが，夏は換気性がよくて涼しくて湿気も溜まらない」といった評価が多い．そして，構造体，襖，押入などは変化させず使用しているのが一般的である．計画の段階から換気と通気を綿密に考慮して建設された「鉄道官舎」は，多湿地域である三浪津邑の気候条件に適切であったと判断される．

　以上のような空間変容のプロセスをまとめると以下のようになる．
① 韓国では，大通りと住居の間に「ゴサッ」と呼ばれる路地をつくり，居住空間への出入口である「デムン」を南側中心に設ける生活習慣を持っているため，三浪津鉄道官舎では図IV-29に示すように立地条件で位置変更が不可能な5戸と例外として，また新築の2戸[772]を除いた27戸のうち，南側に20戸，東側に3戸，西側に4戸，「デムン」の位置変更が行われている．このような「デムン」の位置の変更は，居住空間における動線を大きく変更させ，内部空間の変化まで大きく影響を与えていく．
② 三浪津鉄道官舎34戸のうち，新築の件と出入口の位置の変化が見られない7戸を除いた27戸において庭の「マダン」への転用が行われている．この「マダン」への転用は「デムン」の位置変化とともに居住空間を変化させる最も大きな要因である．「マダン」は，「鉄道官舎」での動線を線型から放射型へと変化させ，住居の中で動線を終結・分散させるとともに，増築される別棟との連絡を円満にする役割を果たしている．また，「マダン」と接している官舎主屋の南面に玄関と「ゴシル」を設け，住居空間の動線を「道路―玄関―廊下―各室―庭」から「道路―「デムン」―「マダン」―玄関―「ゴシル」―各室」へと動線の軸を変化させて

---

770)「朝鮮半島の気候に適応する設備の研究」『朝鮮と建築』1940年第3号，pp. 26-31．
771) 大きい部屋という意味で，「アンバン」の別称．夫婦部屋のことで面積や位置とは関わらないが，普通南側のリビングと台所と隣接している．両親と同居している場合は両親部屋が「クンバン」となる．
772) 二戸一型である一つの棟は，保育施設に建て替えられている．「鉄道官舎」の形態を維持しているが，外形以外の部分は完全に新しいものであるため除いている．

いる．
③詳細調査の対象である 16 戸のうち，14 戸の官舎で「ゴシル」が設けられている．
「ゴシル」は元廊下の改造と台所の位置変更によってつくられており，各室に直接面し住居内部の動線の集結・分散の機能を果たしている．夏には食事や昼寝のための空間としても利用されており，季節によっては家庭の「ジェサ（祭祀）」[773] 行う空間としても使われる「デーチョンマル」の機能も持っている．
④所有者が異なる二戸一型の住宅が棟などの構造体を共有しているため，撤去による新築が難しく，用途，位置などの変更による改築，増築を中心とした変化が一般的に行われている．南側に部屋，「ゴシル」，玄関，北側に台所，便所（風呂と一緒にある便所が大半である），収納を担当する物置場，空間を増築した例が多くある．そして各室の機能が新たに付与され，それに伴う形態の変化が起きている場合もある．
⑤主屋の拡張，別棟の増築によって官舎の形態は大きく変わっている．内部空間は「ゴシル」の出現，台所と便所の位置変更，そして南側への部屋拡張，北側への付属室の拡張などが行われ，別棟は東西の道路側に賃間や家族部屋として増築されている．元出入口の北側の門は勝手口として使われている．その結果，住居の配置は図 IV-31 に示すように敷地に対し主屋一字型から別棟が主屋を囲むロ字型の住居に変化していくのが一般的である．

一方，押入，そして天井の高い構造体などは現在も変化がほとんど起こらず，その形態や機能を残し，数多くの住居で使用されており，韓日の空間要素が融合された新たな空間がつくりだされている．

2-6 旧本町通り（駅前商店街）地区の日式住宅

「鉄道官舎」地区とは別に，三浪津の旧「本町通り」である駅前商店街には数多くの「日式住宅」が残されている．旧「本町通り」沿いに残っているのは店舗併用住宅である．多くが部分的には改造されているけれど，道路の幅，町並などの町の構成は当時の状態のままである．

旧「本町通り」の建物に関する資料は，密陽市庁が管理している建築物管理台帳[774] に限られているが，それも 1950 年に起きた朝鮮戦争時の火事によって紛失し，再記

---

773) 法事のこと．本来は 15 代目までの先祖を祭ることになっているが，家庭儀礼準則により簡略化され 3 代目までの先祖を祭ることが一般化されている．
774) 1956 年以降に新たに作成された建築物管理台帳を基に，各建築物の所有者，構造，用途，床面積，建蔽率，増改築など変容に関する情報を収集し，実測調査によって明らかになった実際の建築物との比較を行った．

三浪津の鉄道町

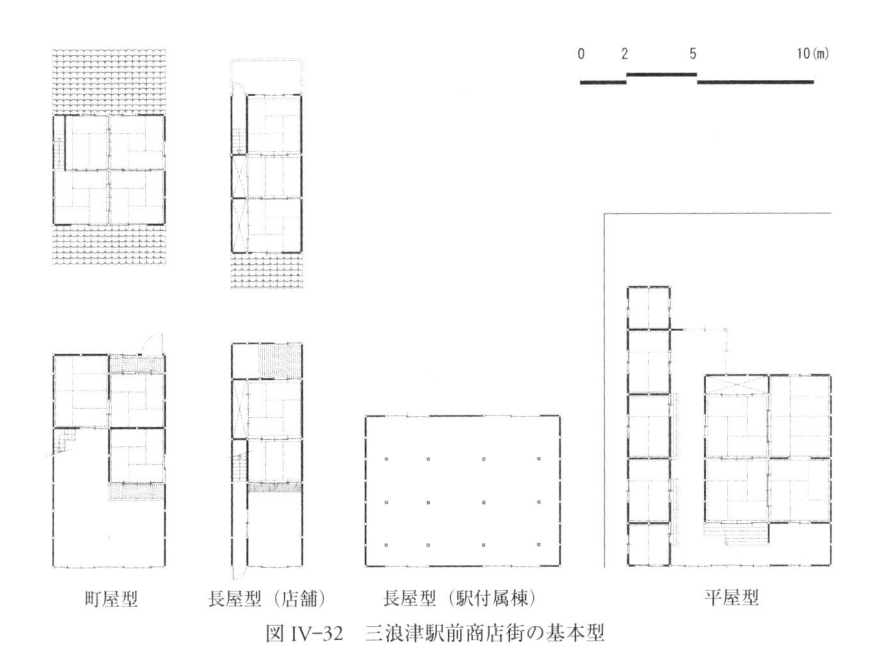

図IV-32　三浪津駅前商店街の基本型

町屋型　　　長屋型（店舗）　　長屋型（駅付属棟）　　平屋型

録されたもので全ての建築物の建設日は1955年以後と記録されている．そのため建設年ははっきりとは確定出来なかったが，駅前商店街の形成初期に建設に関わった大工へのヒアリングと土地台帳[775]，建築物管理台帳の記録をもとに推定し建設年をほぼ明らかにすることが出来た[776]．

三浪津鉄道町の現在の駅前商店街は以下のようである．

①駅前商店街は，図IV-32に示すように線路の北側を東西に走っている旧「本町通り」に沿って形成されている．両側に店舗併用住宅型の商店が並び商店街を形成しており，その昔からの町並がほとんどそのまま残っている．

②解放（1945年）以後，日本人から建築教育を受けた韓国人の大工[777]によってほとんどの建築行為が行われた．

---

775) 韓国政府文書記録保存所に保管されている1912年から1977年にわたる65年間の三浪津邑松旨里における土地台帳を基にし，土地所有者の変更，地目の変更，そして分割などの土地利用変化に関する情報を調査し，地籍図の復元とともに三浪津鉄道町の変遷を明らかにした．
776) 118軒のうち，日式住宅の構造が残っている35軒に対して実測調査およびヒアリング調査を行った．
777) 三浪津邑における近代期以後大工は，地元大工第1世代：「鉄道官舎」などの公共事業に従事した日本人の大工，第2世代：1世代大工からから建築の教育を受けた韓国人の大工，第3世代：2世代大工から学んだ大工，の系統を持ち，現在も住宅などの改修工事に日本式の間取りの寸法を使用している．

③「日式住宅」の分布については，旧「本町通り」の北側に位置している商店街が南側と比べ，比較的に払下げの時期が早かったことから少ない．北側の住宅に変化が多く，新築建物は北側に数多く位置している．

④ほとんどの商店は，本来付属の倉庫であった間口の広い一つの建物を分割して，複数の建物に変えている．

街並み景観と日式住宅

　三浪津鉄道町における商店街の形成は，1920年代半ばの'T字型'駅前道路の敷設と駅付属倉庫の建設がその起源となる．駅の建設とともに町を往来する人が増加し，商店，旅館などが立地し，徐々に商店街としての景観を整えていくのである．

　もともと旧「本町通り」沿いにあるほとんどの敷地は鉄道局の所有であり，南側街区には鉄道関連施設が多く設けられていた．そして時間の経過とともに，「本町通り」北側の鉄道局が貸家としていた建物が商店となり始める．三浪津鉄道町の駅前商店街が形成されていくのである．1930年代半ばに土地の分割が盛んに行われ，店舗併用住宅が増えている．そして，1941年から1945年の5年間にかけて商店街の土地が払い下げられ，また，元駅関連施設が賃貸されることによって本格的な商店街が形成されることになる．

　駅前商店街は，道路体系の軸となる線路に並行する旧「本町通り」(幅員11-14m)と，それに直交する隣接町への道路(幅員6-9m)のT字型が原型となり，格子状の街区を持つ「鉄道官舎」と繋がっている．特に，駅前商店街のうち旧「本町通り」に面している街区は道路に直交して細長の敷地が形成されており，その裏の街区は旧「本町通り」に直交する道路または路地をつくり全体の街区を繋げている．

　街区形態に着目すると，商店街は大きく定型街区と非定型街区という二つに分けられる．

　定型街区は旧「本町通り」に面して比較的に平坦な狭隘地に位置し，方形と台形の敷地が並び，店舗併用住宅や専用店舗の建物が建てられている．また，非定型街区は丘陵地に位置し，階段状になることが多く，敷地の形態は等高線に沿っていて主に専用住宅が立地する．

　三浪津駅前商店街を構成している「日式住宅」は，図IV-33に示すように，およそ，町屋型(戸建)，長屋型(店舗)，駅付属施設の長屋型，そして，道路の北側に多く建てられた平屋型の四つに分けられる．長屋型(駅付属棟)の場合，図IV-34に示すように2-3個の建物に分割され，新たな街並の構成要素となる．

　旧「本町通り」沿いには平屋と2階建ての「日式住宅」が数多く残っている．旧「本町通り」沿いの南側に面している建物のほとんどは元鉄道関連施設を改築した店舗併用住宅であり，商店街の町並を構成している．店舗併用住宅は平入りが一般的で，旧

2

三浪津の鉄道町

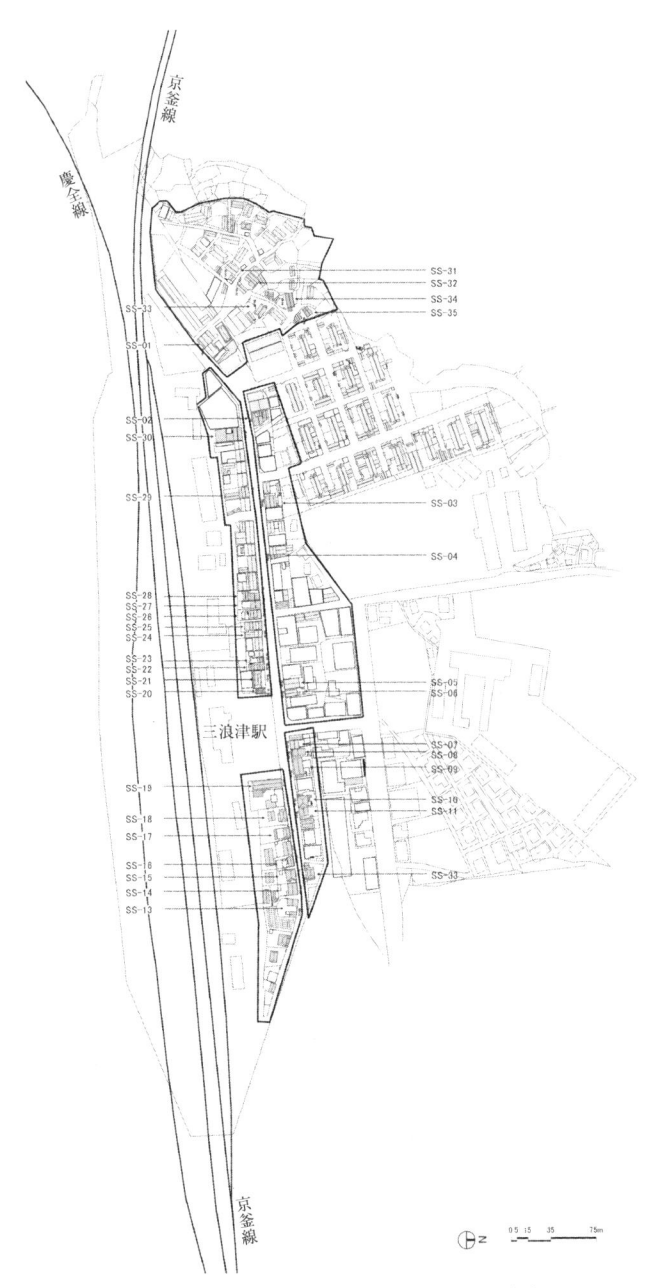

図 IV-33　三浪津鉄道官舎地区と調査対象官舎

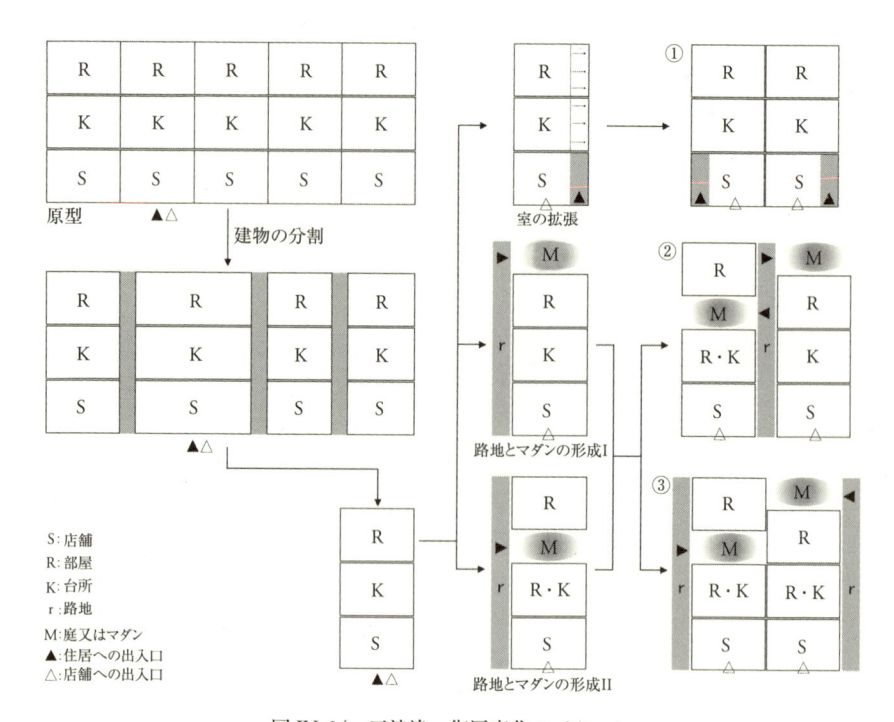

図 IV-34　三浪津・街区変化のパターン

「本町通り」に並行する街路景観を持つ．屋根は瓦葺き屋根およびトタン屋根が大半であるが，最近建物の老朽化により雨水の漏れが多発し屋根の部分をウレタンでコーティングしているケースが数多く見られる．

増改築されたものはトタン屋根を使うことから，一般的な韓国の住宅と比べ屋根の傾斜が緩やかであるのが特徴となる．トタンの使用は，低価格であることと，雨仕舞の性能が優れていることによる．

柱間をみると，3尺，1間，1間2尺，1間3尺，1間4尺，1間5尺，2間など様々な寸法が使われている．特に，原型と考えられる「日式住宅」については，1間，1間4尺，2間が，増築部分では3尺，1間2尺，1間5尺がよく使われている．

外壁は，セメントブロックあるいは板張である．1階にはアルミサッシのガラス戸が設けられているが，2階は当時のままである例が多い．

専用住宅は平屋が大半であり，駅の東側と北西側の傾斜地に多く配置されている．専用住宅の大半は，主に耕作地に近いところで広い畑がある駅の東側と果樹園がある北西側の傾斜地に集中している．旧「本町通り」沿いの西側にある専用住宅は接道す

るものが一般的であるが，前面に「マダン」を持つものもある．
　店舗併用住宅は1階の表に店舗，1階裏と2階に居住空間を持つ2階建てが一般的である．そして専用店舗は平屋が多く，広い裏の空間を作業場として使っているところが多い．店舗併用住宅と専用店舗は，主に駅と「鉄道官舎」の間の旧「本町通り」沿いに密集している．スーパーマーケット，銀行，飲食店，不動産屋，美容室，建材屋，民宿，塾，喫茶店などがあるが，比較的小規模の商業施設である．店舗併用住宅には，2階に畳部屋が当時のまま残されているものが多い．そして道路側から見ると1階正面の大半がアルミサッシの開口部に変えられており，2階の正面の建具は水平連続窓の形態を取っているものが多い．

2-6-2 日式住宅の変容

　一般に韓国の居住空間は，間口が広く，道路に接して「デムン」と「マダン」，そして奥に母屋を配置するものが多いが，日本植民地期に導入された町屋型の住宅形式は韓国居住様式に大きい影響を与えた．
　三浪津鉄道町の旧「本町通り」沿いの店舗併用住宅は，間口が狭く，奥行きが長い短冊型の敷地に店舗と住居が一体化される当時の韓国では珍しい形式である．こうした新たな住宅形式は，解放後には，韓国人によって改変（増改築）されていくことになる．
　どのような改変が行われたかについて，旧「本町通り」に残されている「日式住宅」のうち，①2階の内部空間の保存状態が良いもの，また，②建築当時の形態と改変された部分がはっきり区別出来るもの35棟について実測し，居住者および大工にヒアリングを行った（表Ⅳ-5）．その調査によると，以下のようになる．
(1) 間口による類型
　旧「本町通り」の住宅は，図Ⅳ-35に示すように，一列型，二列型，三列型，四列型，五列型の五つに分けられる．そして奥行きの間の数に注目すると二間式，三間式，四間式の三つに分けられる．また，E地区に多く分布している南側に「マダン」を持つ三間で構成される類型がある．
　三浪津鉄道町の商店街沿いには，元駅付属倉庫であった建物を改造した二列型や三列型が最も多く分布しており，道路に接する前面部に店舗，その裏側に住居を置くきわめて単純な構成を取っている．
　一列型は，本来の建物の一部，または，附属棟を増改築したものが多く，店舗機能が重視されている．住居空間が最小限化されたもので二間式と三間式が最も多い様式であり，道路側の前面部から見ると奥行きは店舗—部屋—台所，店舗—台所—部屋の構成を基本としている．一列型の居住空間は，きわめて最小限化されたため自宅は近

第 IV 章
韓国鉄道町

表 IV-5 三浪津旧本町通り・調査対象の概要

記号	地番	建築面積 (m^2)	用途	間口 (m)	奥行 (m)	構造/階数	増築構造
SS01	156-100	125.22	店舗/住宅	9.70	15.73	W/1	B
SS02	156-133	156.03	店舗/住宅	10.80	13.93	W/2	B
SS03	156-115	90.09	店舗/住宅	7.60	11.90	W/1	B
SS04	156-10	38.70	店舗/住宅	3.20	13.50	W/1	B
SS05	156-121	98.47	店舗/住宅	8.10	12.60	W/1	・
SS06	156-123	53.58	店舗	4.80	11.67	W/1	B
SS07	156-56	68.11	店舗/住宅	6.00	11.67	W/1	B
SS08	156-54	57.82	店舗/住宅	4.80	11.70	W/1	・
SS09	156-53	313.74	店舗/住宅	15.60	14.13	W/2	T
SS10	156-48	108.41	民宿/住宅	9.93	11.70	W/1	B
SS11	156-47	49.39	店舗/住宅	6.30	7.20	W/1	・
SS12	156-35	59.84	住宅	14.40	6.60	W/1	B
SS13	156-32	66.71	住宅	11.73	9.34	W/1	・
SS14	156-36	68.36	住宅	8.40	11.56	W/1	B
SS15	156-39	77.73	住宅	9.00	13.06	W/1	B
SS16	156-42	78.42	住宅	7.20	14.81	W/1	T
SS17	156-46	111.69	店舗/住宅	8.40	12.93	W/1	T
SS18	156-47	101.72	住宅	9.90	15.30	W/1	B
SS19	156-52	229.46	店舗	13.20	25.20	T/1	B
SS20	156-60	31.99	事務室	4.06	8.05	W/1	・
SS21	156-61〜65	251.22	店舗/住宅	15.00	9.98	W/2	・
SS22	156-66	97.20	店舗/住宅	4.84	13.03	W/2	B
SS23	156-67	74.58	店舗/住宅	4.00	11.10	W/2	W
SS24	156-157	61.13	店舗	5.28	11.70	W/1	B
SS25	156-72	135.34	店舗/住宅	6.68	14.80	W/2	・
SS26	156-73	313.42	店舗/住宅	7.48	16.71	W/2	B
SS27	156-74	92.02	店舗/住宅	6.00	15.85	W/1	B
SS28	156-76	98.08	店舗/住宅	5.50	16.49	W/1	B
SS29	156-83	118.86	店舗	7.30	20.20	W/1	W
SS30	316-11	263.88	店舗/住宅	10.70	22.72	W/2	W, B
SS31	324-2	103.56	住宅			W/1	B
SS32	325-8	113.70	住宅			W/1	B
SS33	322	101.52	住宅			W/1	B
SS34	325-2	85.17	住宅			W/1	B
SS35	326-3	65.28	住宅			W/1	B

※構造 − W：木造，B：セメントブロック，T：鉄筋コンクリート

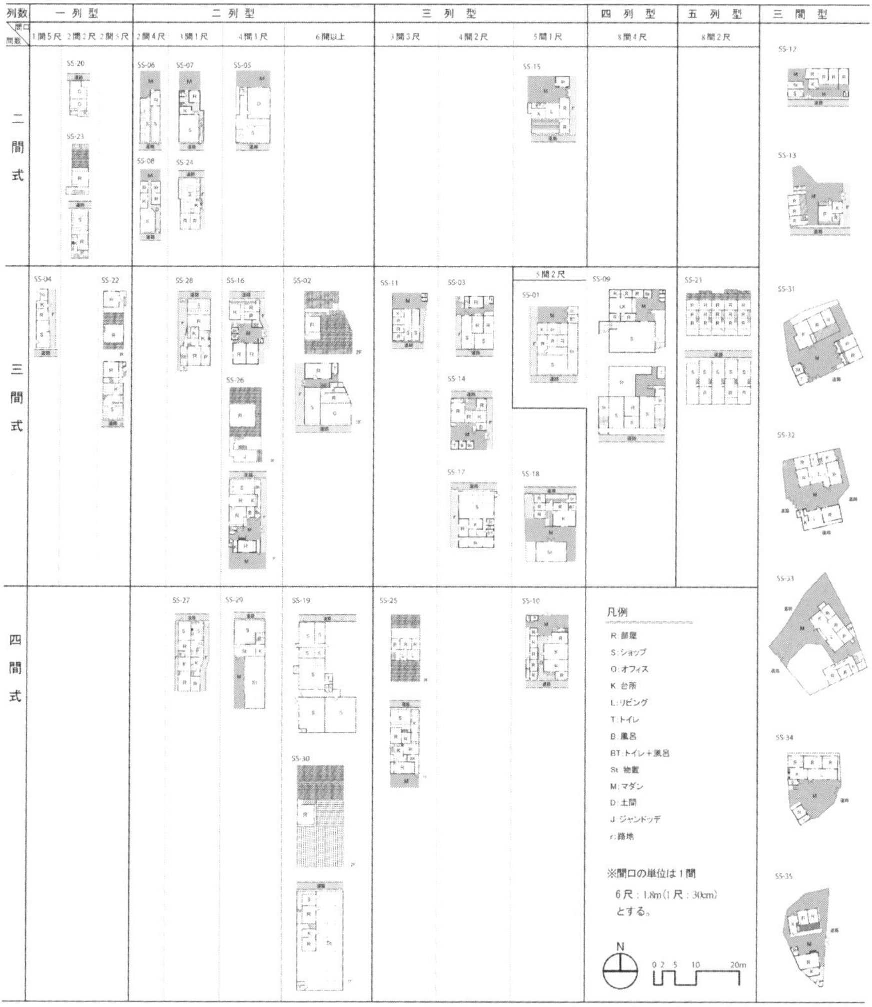

図 IV-35 「出入口動線」と「道路と母屋の関係」による類型

辺の町に置き，駅前商店の居住空間は簡易住居として使っている場合が多くある．

　実測による分析を行った一列型は図 IV-35 に示すように ss04，ss20，ss22，ss23 の 3 件があり，各自 ss04 (S-R-K-R)，ss20 (O-O-K)，ss22 (S-K-R)，ss23 (S-R-K) の住居構成を持っておりそのほとんどが旧「本町通り」に面してショップが設けられている．

　二列型と三列型は，専用住宅 (ss16)，専用店舗 (ss05，ss06，ss19，ss29)，そして店舗併用住宅 (ss02，ss07，ss08，ss14，ss15，ss18，ss24，ss26，ss27，ss28，ss29，ss30)，と構

第 IV 章
韓国鉄道町

成されており三浪津鉄道町において最も多く見られる宿泊施設 (ss10) の形式である. 特に, 間口が狭く奥行きが長い短冊型が多いため, 路地, 「ジュンジョン중정」(坪マダン)[778], 「ドゥッマダン뒷마당」[779] を設けることで生活上の制約を解決している. 奥行きは S-K-R, S-R-K, S-R-K-R, S-K-R-R の居住構成が表れている.

その住居の構成を詳しく見ると, 二列型 ss02 (O・S-R・K-M-R), ss05 (S-O-M), ss06 (S-R), ss07 (S-K-R), ss08 (S-K-R), ss16 (R・K-M-R), ss24 (R-K), ss26 (S-R・K-R-M-R-M), ss27 (S-R-K-R), ss28 (S-R-K-R), ss29 (S-R・K-St・M), ss30 (S-R-K-R), 三 列 型 ss03 (S-R-M・R), ss11 (S・R-K-M), ss14 (R-R・K-M), ss15 (S・R-R・L・K-M), ss17 (S-R・L・K-St), ss18 (R-K-M-St) であり住居の形式は二列型と三列型ともに韓国の伝統住居様式である三間式に近づいている. その変化は, 図 2-31 に示すように旧「本町通り」を軸として二列型は旧「本町通り」に垂直 (縦), 三列型は水平 (横) に三間式の住居を形成しているのが分かる. また, 四列型 ss01 (S-R-K-M), ss09 (S-St-M, < S-R-L・K-R >) と五列型 ss21 (S-R < R-K-R >) という二・三列型と比べると規模は大きいが比較的に単純な構成をしている.

特に, 三浪津鉄道町の商店街には三間式の奥行きを持つ店舗併用住宅の形式が最も多く, 最も多様な変化をしており, 路地または「マダン」を持つケースが多くある.

(2) 建物の分節化による路地と「マダン」の形成

駅前商店街にあった間口の広い長屋は, 1945 年から始まった商店街の払下げによって, 分割されていった. そのことによって, 長屋が並ぶ直線的な単純な街並は, 独立した数多くの店舗が並ぶ街並へと変わる. 駅前商店街の変遷を整理すると次のようになる.

1) 「鉄道官舎」の払下げ以前に始まった 1945 年からの払下げによって駅付属倉庫であった建物は, 一棟を複数の所有者が所有する多世帯住宅[780]へと変わった.
2) 各建物間の土地の所有権, プライバシーの確保のために建物を切断し, 隙間がつくられた.
3) 新たに現れた隙間によって「デムン」のある塀, あるいは, 路地が設けられた.
4) 路地を利用し, 住居への入口の位置変更が起き, 「ディッマダン」(裏庭) が設けられた.

---

[778] 坪「マダン」は, 日本の坪庭とほぼ同じ形態や機能を持っているが, 風水思想上に陽気を受け入れる機能をするため植栽をする場合はほとんどない. 伝統的住宅では, 女性, または, 両親の居住空間の前に設けられているのが普通であった.
[779] 主屋の背面にある「マダン」の一種で, 台所の付属機能を持っている場合が多くある. また, 室外便所, 「ホッカン」などの家族外の人にはあまり見せたくないものを置く空間としても使われている.
[780] 一つの建物に多数の世帯が居住出来るように住居空間が分割されている住宅のこと. 1972 年 12 月 30 日に制定された住宅建設促進法によって延面積 $660m^2$ 以下, 4 階建て以下の住宅を示す.

5) 旧「本町通り」の南側に位置している街区の場合，統一されたスカイラインを持っているが，分割された建物の増築状況の差によって様々な正面を持つ街並へと変化した．

居住空間内部における動線に着目してみると駅前商店街を構成している店舗併用住宅には，通り抜け型，路地型の二つを区別出来る．

①通り抜け型：二面の壁が隣接している棟と壁を共有することで店舗と居住への出入口が道路側の前面部に設けられている形式の住宅である．前面部の店舗を通り居住空間へと進入する動線を持ち，居住空間より店舗の機能を強化したのが特徴である．専用住宅であるSS01，SS09，SS25の3件を除いたSS02，SS06，SS07，SS21，SS23，SS29，SS30は店舗付属の休憩室として使われ，SS05，SS20は居住空間がなくなり店舗専用の建物と変わっている．そして，SS19は駅付属の売店として原型の外観を持ち現在も使われている．

②路地型：各棟の隙間を路地として利用し，住居への出入口の役割を果たしている．主に，路地に「デムン」が設置され，「デムン」から入ると「マダン」が設けられ居住空間の中心となっている例が多い．路地型のうちSS03，SS04，SS11は本町道路沿いの北側へ，SS13，SS14，SS15，SS16，SS17，SS18，SS22，SS24，SS26，SS27，SS28は南側に位置している街区に位置する．それは北出入からの位置変更によって居住機能を強化しようとする行為であると考えられる．そのうち，裏庭を持つ路地型の変化が目立つ中，SS13，SS14，SS15，SS16，SS18は専用住宅へと変更されている．

(3) 居住空間の変容パターン

居住空間に着目してみると，住宅の立地によって，その変容は異なる特徴を持っている．かつての街並が最も多く残され，商店街として発達している地区の店舗併用住宅は，建物の正面を「本町通り」沿いに向けており，正面側に店舗，裏の南側と2階に住居を配置している．居住部は，路地または内部に通り庭をつくり，居住空間への出入口を，北側を除いた部分に設け，道路の裏に「マダン」を設けることで住居と店舗をわけて，それぞれ独自の空間を確保している．

専用住宅への転用が多く見られる地区の店舗併用住宅は，調査対象のうち専用店舗であるSS19を除いた6軒で路地が設けられ，住居への出入動線が変更されている．また，専用住宅へと転用されたSS13，SS14，SS15，SS16，SS18は，「本町通り」沿いの母屋の南側に「マダン」が設けられ，「道路―路地―「マダン」―各室」の動線を基本軸としている．道路に面する既存の出入口は勝手口として利用されている．

「本町通り」沿いの北側に位置する店舗併用住宅は他の地区に比べ外観の変化が激しい．SS10，SS11，SS12を除いたSS01，SS02，SS03，SS04，SS05，SS06，SS07，SS08，SS09は，居住空間が最小限化され，店舗機能を持つ空間が多くなっている．

第IV章
韓国鉄道町

　非定型街区Eの住宅は，前述したように3間を基本とする．母屋の南側に「マダン」が位置し，これを基準とし「コ字型」「二字型」「L字型」の貸家，倉庫，便所など別棟の増築が行われている．

　細長い短冊型の「日式住宅」において襖が多く残されているのは，襖が「店舗―住居―「マダン」―別棟」の動線を調節する重要な役割を果たしているからである．また，A地区に集中的に縁側と中廊下が残されており，縁側は内部化された「マル」として，中廊下は「ゴシル」あるいは部屋に変更されている．

　襖と押入れ，そしてB地区の店舗併用住宅の縁側，中廊下などは形態や機能を変化させながら残されている．間口が狭くて奥行きが長い，韓国では珍しい住宅形式であったけれども，効率高い空間利用の方法として使用し続けられてきたのである．

　三浪津鉄道町の旧「本町通り」沿いに形成されている駅前商店街の街区構造および店舗併用住宅の空間構成とその変容についてまとめると以下のようになる．

①三浪津駅前商店街は，線路に並行する旧「本町通り」を軸として南北に面して形成される2列の線型の街区によって構成されている．元鉄道関連施設であった倉庫，長屋は複数の居住者に払い下げられ，建物の分割によって，間口が狭く奥行きが長い短冊型の建物に変化していった．

②駅前商店街の店舗併用住宅の大半は1945年以後から払い下げられ，以上のように，長屋型の鉄道関連施設が分割され，現在の街並となっている．これらの店舗併用住宅を間口と奥行きの特徴に着目して分析すると，一列型，二列型，三列型，四列型，五列型の間口による分類と，二間型，三間型，四間型の奥行分類による分類に分けられる．その中でも（二・三列型×三・四間式）の店舗併用住宅が最も多く，変化も最も多様に起こっている．

③建物の分割により路地をつくり，その路地を利用して建物の奥にある居住領域に「デムン」を設け，店舗と住居の出入口を分けるという変化が数多く見られる．また，居住部分では，「マダン」がつくられ，住居機能が強化されている．すなわち，「店舗―台所―部屋」という動線が「店舗―台所―部屋」と「路地―「マダン」―部屋」の二重動線構造を持つ住宅へと変容している．こうした出入口の位置変更によって，ディッマダン（裏庭）を中心とする住居空間と，旧「本町通り」に面して正面を持つ店舗空間という一つの建物の中で二つの用途が独立する韓国ではきわめて珍しい建物形式が成立してきた．

④襖と押入れ，そして縁側，中廊下などの日式空間の要素は，形態や機能を変化しながらも残されてきた．韓国住居としてはまったく新しい住宅形式として受けいれられる中で，その必要性が理解されていったものである．

IV-3　慶州の鉄道町

　本節では，慶尚北道慶州市の旧「鉄道官舎」地区を取り上げる．前節では，慶尚南道密陽市三浪津邑の「鉄道町」における都市形成と土地所有者変化を，土地台帳をもとに明らかにし，三浪津邑松旨里の都市化，「鉄道町」の形成過程，そして土地利用の変化，および「鉄道官舎」，駅前商店街の「日式住宅」の変容に関する考察を行ったが，三浪津は，まさに鉄道駅の設置とともに町が形成された歴史がある．しかし，慶州は，第Ⅱ章で詳細に明らかにしたように，韓国の代表的な古都であり，世界文化遺産にも登録された観光都市でもある．

　戦前の慶州における主な観光産業には，宿泊業，遊覧自動車業，記念品販売業などがあった．朝鮮半島での自動車による運送業は大邱と慶州，浦項を結ぶ不定期的な営業が始めである．大邱に住んでいた大塚金次郎が，1912年8月に乗合観光自動車の運営を開始したとされる[781]．「朝鮮総督府」による道路建設や市街地における道路の新設・拡幅などの道路整備によって自動車交通は，他の地域より早く発展している．昭和10年代には町と町を結ぶ乗合自動車路線が開業しており，市内には古跡遊覧のための自動車（タクシー）会社も出来ていた（口絵9b）．

　宿泊業は，主に市内と仏国寺の周辺で繁盛していた．慶州市内には植民地化前後から日本人が経営する「慶州旅館」「朝日旅館」があった．また，料理屋から転じた「柴田旅館」が有名だったと伝えられる[782]．さらに，古跡観覧車が増えるに連れ，韓国人が経営する旅館も次々と営業を始めている．

　慶州郡，慶州邑，慶州古跡保存会，一般の旅行者などがそれぞれ出した刊行物[783]に旅行ガイドとして遊覧コースがあげられている．1929年に「朝鮮総督府」鉄道局が販売した折り畳み式の「慶州図絵」を見ると，遺跡，伝説，交通，遊覧順路，旅館などの紹介とともに古跡の写真があり，英語の説明文も添えられている．中でも田中初三郎が描いたカラー版の「朝鮮古都慶州名所交通鳥瞰図」（口絵9a）は出色であり，これは慶州の町と遺跡を中心とし，遠くは旧満州，台湾，日本まで描いている図である．表紙には「京都駅鉄道案内所」や「彦根高等商業学校」のスタンプが押されており，日

---

781) 鮮交会『朝鮮交通史』(1986), p. 892.
782) 日本で出版された日本人の慶州に関する紀行文などを見ると，必ずいっていいほどその名前が登場する．
783) たとえば，慶州郡の「郡勢一班」，慶州邑の「邑勢一班」，朝鮮古跡保存会の「新羅旧都慶州古跡案内」，田中満宗の「朝鮮古跡行脚」などがある．

第 IV 章

韓国鉄道町

本の有名駅でも慶州を紹介するパンフレットが常備されていたことが分かる.

こうした韓国有数の歴史都市慶州に,日本人によってつくられた「鉄道官舎」地区は,すなわち本書でいう「鉄道町」の形成とその変容は,韓日の居住文化を比較する上できわめて興味深いと考える.

第 II 章で触れたように,慶州に関する研究や文献は非常に多いが,そのほとんどが歴史,考古学,文化遺産などの分野のものである.とりわけ,近代における慶州に関する文献は非常に少ない.日本植民地期に建設された「鉄道町」はもちろん慶州に建てられた近代建築物,「日式住宅」を含めた「日本人町」に関する研究は本書以前にはほとんどなかった.そうした中で『朝鮮鉄道線路案内』[784]と『朝鮮と建築』は本書にとって重要な資料となる.

本節では,実測調査とヒアリング調査を基に,「鉄道町」の形成と韓国人によって行われた居住空間の改変(増改築),そして,韓国の住居に新たに現れた空間の要素と機能を明らかにすることを主な視点とし,変容の要因について考察したい[785].

慶州は,国鉄京釜線の分岐地点に位置し,釜山,大邱,浦港,安東,蔚山を繋ぐ要所に位置する.慶州鉄道町には,慶州駅を中心として慶州邑城がある西側に在来市場を含む駅前商店街,東側に「鉄道官舎」地区が建設され,日本人が集中的に居住していた.しかし,慶州邑城がある西側については,観光地としての発展に従って新たに開発され,現在ではかつての街並および「日式住宅」はほとんど残されていない.慶州駅の東側にある旧「鉄道官舎」は'T字型'の主道路とそれを囲む副道路によって構成され,全体的に格子状の街区で形成されている.慶州鉄道官舎地区は,三浪津の「鉄道官舎」と同様,二戸一型の平屋で,4等級,5等級,6等級,7等級A,7等級B,8等級の五つのタイプで形成されている.建設時には全ての出入口は北側に,庭は南側に設けられていた.

---

784) 朝鮮総督府鉄道局の朝鮮総督府鉄道局出版部によって明治44年に出版された鉄道情報誌で,各地域の主要施設・人口・歴史・文化・特産物など町の情報を紹介している.
785) 慶州の鉄道町については,3回にわたって現地調査を行った.
　　第1次調査(2006年1月10-15日):現地における予備調査を行い,居住者へのヒアリング調査とともに,『慶州郡誌』,『慶州市誌』,地籍図,都市計画図などの文献収集を行った.
　　第2次調査(2006年6月2-10日):「鉄道官舎」地区の23軒の住居について実測調査を行った.また,居住者の属性(年齢,家族構成,出身地,職業,旧「鉄道官舎」への入居時期,前居住者との関係や住居の増改築に関するヒアリング調査を行った.
　　第3次調査(2006年12月1-10日,2007年8月1-10日):街区の利用上の変化における調査.三浪津「鉄道官舎」とは異なり平坦な敷地に設けられた慶州の「鉄道官舎」は,住居の内部空間だけではなく街区内道路の利用も様々な変化が見られる.そのため,冬・夏の2回に分けてその利用の様子を調査し分析を行った.

慶州の鉄道町

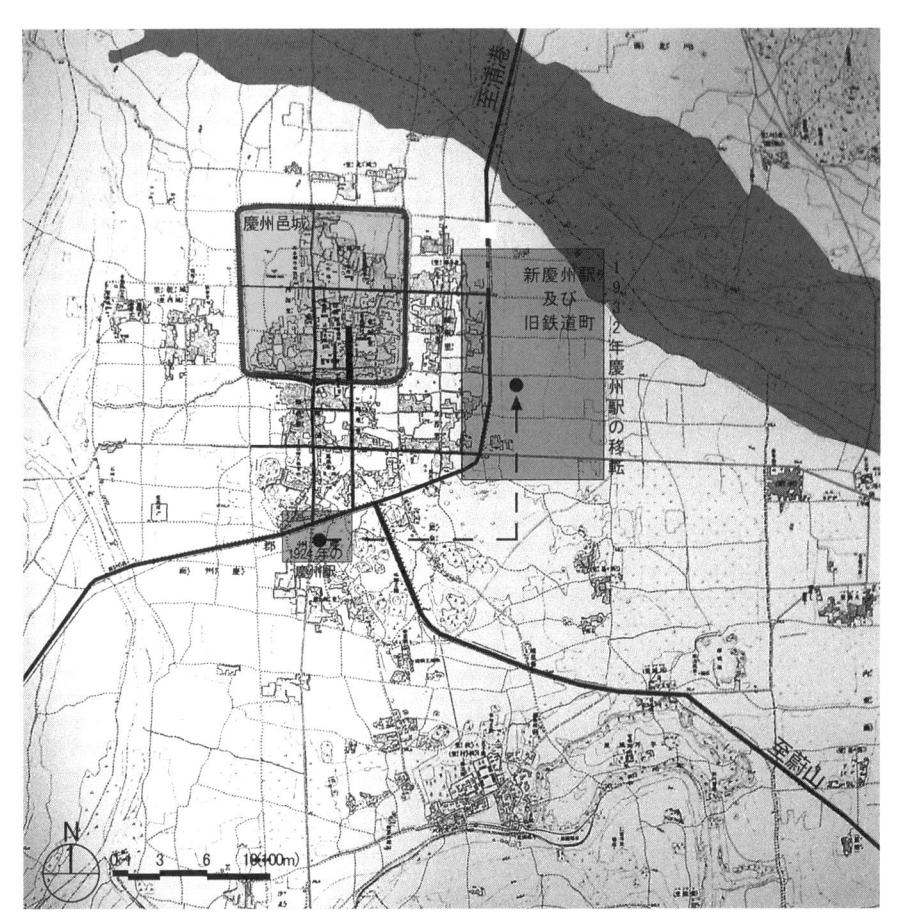

図 IV-36　鉄道敷設以前の慶州市街地図

3-1 │ 慶州鉄道町

　慶州における鉄道駅は，1924年の釜山—慶州—大邱間の鉄道敷設とともに図 IV-36に示すように慶州邑城の南側に建設された．慶州の最初の駅（図 II-15）は総督府や皇室などの要人の慶州訪問を契機に急いでつくったもので，その後文化財修復保存事業により，周辺に古墳などの遺跡が多い最初の駅を撤去し，慶州邑城の東側に移転している（1932年）．これが現在の慶州駅である．

　慶州駅の南東側に「鉄道官舎」が建設され，慶州駅と慶州邑城の間に駅前商店街が形成されることになる．慶州駅を中心として東西両側に日本人が集中的に住む「日本

人町」が形成されるのである．最初に建設された慶州駅にも駅舎や何棟かの「鉄道官舎」が建てられていたが，その痕跡や文献がほとんど残されていないため，どのような駅で「鉄道官舎」がどのような形式を採用していたかは定かではない．また，1932年に移転された現在の慶州駅の西側に位置している駅前商店街は，1970年代以降に行われた観光開発によって，ほとんどの建物が新築され，植民地時代に形成された商店街の街並および「日式住宅」は残っていない．

「鉄道官舎」は1932年から1935年にかけて37棟74戸が建設され，駅員の居住空間としてその役割を果たしてきた．「鉄道官舎」地区と駅前商店街は慶州駅と線路によって分断されており，街区構造も異なっている．

慶州駅の西側には，朝鮮時代から慶州邑城南門の前に東西軸の道路が形成されており，駅の建設とともに南北に新たな道路が整備され，その二つの直交するT字型の道路が軸になっている．近代以降の慶州は，この慶州駅と慶州邑城の間の商店街を中心として，行政，金融の中心を加えて発展することになる．東側の「鉄道官舎」地区および日本人居住地区は，ブッチョン（北川）の南側の川の氾濫原であった広くて平坦な土地に位置している．「鉄道官舎」地区は，長い間鉄道局の所有地であり，払下げ以後も，道路を含む土地は鉄道局所有であり，開発の制限も厳しく，現在も多くの「日式住宅」が残っている（図IV-37）．

3-2 慶州鉄道官舎地区

「鉄道官舎」地区は，慶州駅の南東部の東西約230m，南北約600mの平坦な土地にある．東西方向に走る旧線路であった貫通道路によって大きく南北二つに分けられ，さらに南北の各地区は十字形の主道路によって四つの街区に分かれている．すなわち，慶州鉄道官舎地区は八つの街区で構成されている（図IV-37のAからH）．

東西の貫通道路の北側に位置しているABCD街区は，1932-1933年の2年間で先行して建設され，その後1933-1935年の2年間でEFGH街区が建設された．

官舎の平面構成は，図IV-38に示すように，5等級，6等級，7等級A，7等級B，8等級官舎の五つのタイプからなっている．B街区には6等級官舎，C街区には8等級官舎，D地区には5等級官舎と6等級官舎，F街区には7等級A官舎，G街区とH街区には7等級B官舎が建設された．そしてA街区には総督府などからの中央要人の訪問のために別荘[786]が建てられその隣の敷地に地蔵堂が建てられていた．ABCD街区の配置は5等級官舎を中央に置き，それを6等級官舎と8等級官舎が囲むパター

---

786) 朝鮮総督府からの官僚または王室からの要人が慶州を訪ねた時に利用されていた宿泊施設で，「鉄道官舎」の3等級の様式を持つ建物である．安東「鉄道官舎」では，総督府から派遣された高級官僚の宿舎として使われている．

慶州の鉄道町

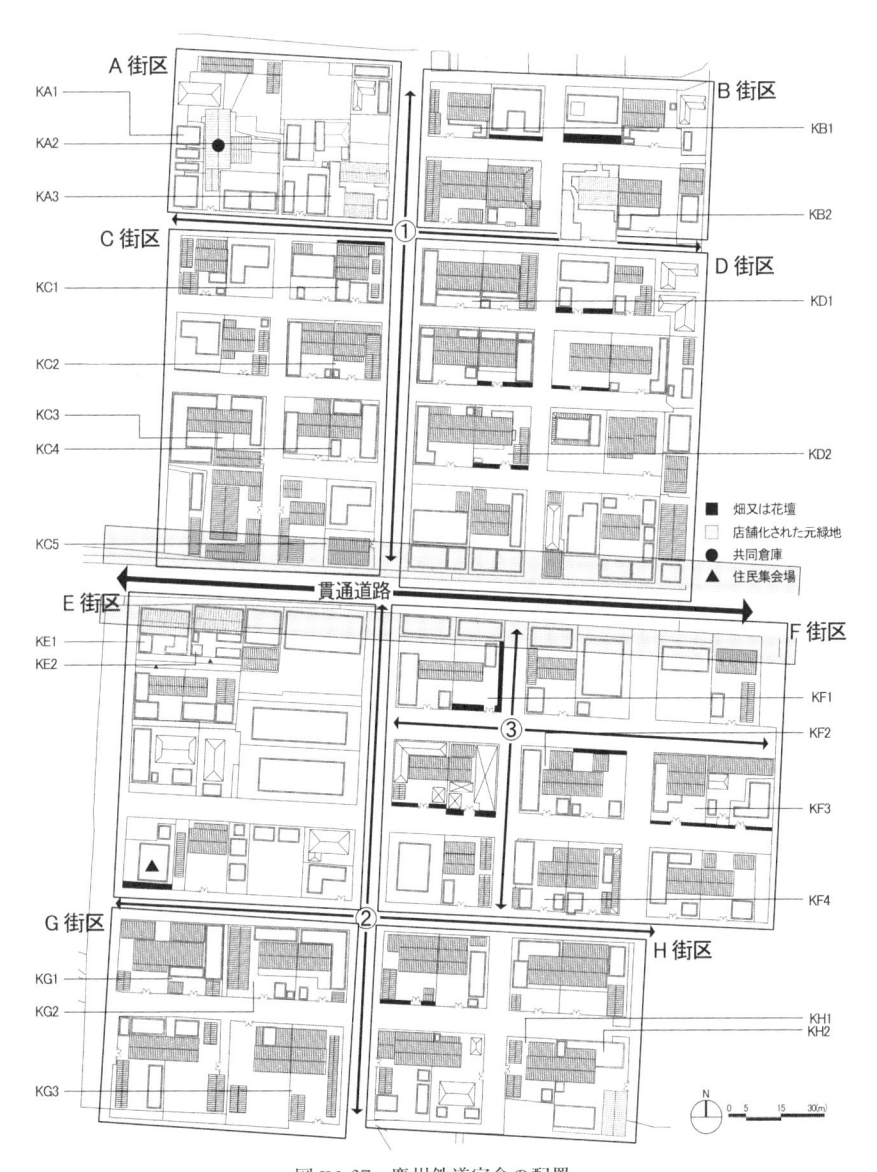

図 IV-37　慶州鉄道官舎の配置

第 IV 章
韓国鉄道町

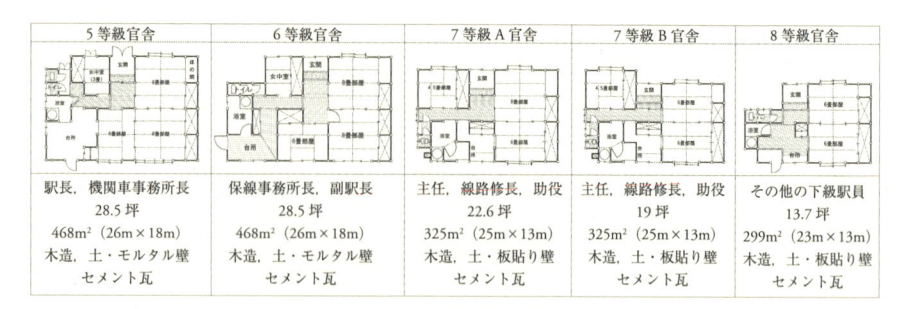

5等級官舎	6等級官舎	7等級A官舎	7等級B官舎	8等級官舎
駅長，機関車事務所長 28.5坪 468m² (26m×18m) 木造，土・モルタル壁 セメント瓦	保線事務所長，副駅長 28.5坪 468m² (26m×18m) 木造，土・モルタル壁 セメント瓦	主任，線路修長，助役 22.6坪 325m² (25m×13m) 木造，土・板貼り壁 セメント瓦	主任，線路修長，助役 19坪 325m² (25m×13m) 木造，土・板貼り壁 セメント瓦	その他の下級駅員 13.7坪 299m² (23m×13m) 木造，土・板貼り壁 セメント瓦

図 IV-38 慶州旧鉄道官舎の各等級別平面構成

ンを取っている．EFGH地区は北側に7等級A，南側に7等級Bが並ぶパターンである．AE地区は北西部に配置され，中央からの要人の宿泊のために建てられた別荘と共同施設などが設けられている．E街区に，集会場，共同倉庫が設けられていた．また，三つの共同井戸が掘られていた．

貫通道路（東一西），主道路（交差点①，②，③を通る道路），副道路（その他の格子状の道路）の幅員は各々およそ15m，8m，5mである．「鉄道官舎」は3面以上が道路に接しており，敷地境界は，60cmほどの石垣と生垣によって区切られていた．また，敷地と道路の間には溝が掘られ，生活用水や雨水を流す下水路としていた．また，貫通道路の両側には通行時に官舎を直接見通すことが出来ないように幅約5mほどの緑地が設けられていた．

出入口や玄関は全て北側に位置し，庭は南側に置かれていた．三浪津の「鉄道官舎」について指摘したように，寒い冬場に北側からの厳しい風を遮断するため，敷地に面している畑などに繋がる勝手口の利用のため，さらに，先祖の霊が通る死者の通路と認識されているといった理由で，韓国では北側からの出入を避けるのが一般的である．この北入の平面構成は，三浪津の「鉄道官舎」の場合と同様，払下げ後に居住空間が大きく変わる要因となる．

日本植民地期当時の街区構造と街路体系はほとんど変わらず残っている．ただ，変化は当然ある．1970年代半ばから実施された上下水道工事によって，下水路は埋められ，道路幅が拡張されている．飲料水のために使われていた三つの共同井戸もこの時に埋められている．また，貫通道路両側の緑地は撤去され，新たに店舗が建つなど街並にも変化は見られる．さらに，生垣の塀はほとんどコンクリートブロック塀へ変化している．と，A街区とE街区にあった共同倉庫，集会場，地蔵堂については，最近まで駅の倉庫として使われていたA街区の倉庫一棟以外は撤去され，その跡地にマンション，戸建住宅，養老院，店舗が建てられている．

表 IV-6　実測した慶州旧鉄道官舎

	建築類型	住所地	建築年度
KA1	元倉庫の空き地	慶尚北道慶州市皇吾洞 144-74 番地	1970 年
KA2	元倉庫の空き地	慶尚北道慶州市皇吾洞 144-68 番地	1970 年
KA3	共同倉庫管理室	慶尚北道慶州市皇吾洞 144-64 番地	1932 年
KB1	6 等級官舎	慶尚北道慶州市皇吾洞 144-5 番地	1933 年
KB2	6 等級官舎	慶尚北道慶州市皇吾洞 144-10 番地	1933 年
KC1	8 等級官舎	慶尚北道慶州市皇吾洞 144-16 番地	1932 年
KC2	8 等級官舎	慶尚北道慶州市皇吾洞 144-23 番地	1932 年
KC3	8 等級官舎	慶尚北道慶州市皇吾洞 144-34 番地	1932 年
KC4	8 等級官舎	慶尚北道慶州市皇吾洞 144-32 番地	1932 年
KC5	貫通道路の緑地	慶尚北道慶州市皇吾洞 144-38 番地	1933 年
KD1	5 等級官舎	慶尚北道慶州市皇吾洞 144-15 番地	1933 年
KD2	5 等級官舎	慶尚北道慶州市皇吾洞 144-30 番地	1932 年
KE1	元倉庫の空き地	慶尚北道慶州市皇吾洞 85-77 番地	1970 年
KE2	元倉庫の空き地	慶尚北道慶州市皇吾洞 85-11 番地	1970 年
KF1	7 等級 A 官舎	慶尚北道慶州市皇吾洞 85-8，85-59 番地	1934 年
KF2	7 等級 A 官舎	慶尚北道慶州市皇吾洞 85-17 番地	1934 年
KF3	7 等級 A 官舎	慶尚北道慶州市皇吾洞 85-19 番地	1934 年
KF4	7 等級 A 官舎	慶尚北道慶州市皇吾洞 85-24 番地	1934 年
KG1	7 等級 B 官舎	慶尚北道慶州市皇吾洞 85-31 番地	1935 年
KG2	7 等級 B 官舎	慶尚北道慶州市皇吾洞 85-32 番地	1935 年
KG3	7 等級 B 官舎	慶尚北道慶州市皇吾洞 85-43 番地	1935 年
KH1	7 等級 B 官舎	慶尚北道慶州市皇吾洞 85-40 番地	1935 年
KH2	7 等級 B 官舎	慶尚北道慶州市皇吾洞 85-39 番地	1935 年

3-3　慶州鉄道官舎の変容

　実測調査を行った 23 軒の官舎（表 IV-6）のうち，1970 年の払下げ以前から居住しているKF1を除いた 22 軒の居住者は全て慶州市の外部の出身者で，1980-1985 年の間に「鉄道官舎」を購入し，移住している．以前は鉄道関連に勤める人が多かったが，現居住者は，慶州郊外で農業をする人，あるいは，慶州郊外の工場などで働いている人がほとんどである．慶州市内でも比較的に住宅の価格が安く，郊外に通う交通の便もいいからである．農業を生業としているのは KB2，KD1，KD2，KF2，KF4，KG1，KG2，KG3，KH1，KH2 の 10 軒．そして，慶州郊外の工場で働くの

がKA2, KB1, KC1, KC2, KC4, KF3の6軒, そして慶州市内で商業を営むのがKC5, KE1, KE2, KF1の4軒である.

3世代の拡大家族が23世帯のうち18軒で最も多い. ただ実際は, 祖父母が孫の面倒を見ながら生活し, 郊外地域に夫婦が住むケースも少なくない. 世帯主の年齢は60-78歳であり, 主な生活費は増築した別棟を賃貸部屋として得る家賃を主な収入としている.

(1) 外部空間の変容

外部空間に着目すると, 図IV-37に示す①, ②, ③の十字形道路を除いた副道路の利用に大きな変化が現れている.

具体的に顕著なのは,「トッバッ텃밭」の形成と副道路の「ゴサッ」化である.

①「トッバッ」の形成

「トッバッ」とは, 敷地の中の余った土地を利用する菜園や花壇のことである. 普通「マダン」の一部を利用して菜園がつくられる. 調査対象地区では, 1970年代前半住宅とともに一部の道路の払下げが行われた後に, 住宅に接している街路にも「トッバッ」がつくられるようになるのである.

図IV-37に示すように, 地区内の12箇所で「トッバッ」がつくられており, そのほとんどは南側に副道路と接する敷地に集中している. 拡張された敷地利用の一つのパターンと考えられる「トッバッ」は, 副道路の平均幅が6-7mで他の地区より道路幅が広いB地区, D地区とF地区に最も多く分布し, 通行する人と触れ合う機会を増やす空間となっている (図IV-39).

こうした「トッバッ」は, 家庭で通常に食べる野菜を栽培するためにつくられたのであるが, 最近では敷地内部の「トッバッ」だけが菜園とされ, 敷地外側の「トッバッ」は花壇とする場合がほとんどである.「トッバッ」は, 新たな町の景観をつくる一つの要素としてその役割を果たしているのであるが, 日本人によってつくられた街並みに韓国風の街並みの要素を入れ込んでいく変容の一つである.

②副道路の「ゴサッ」化

「ゴサッ」は, 前述したように, 幅広い道路から敷地に入る前の「マダン」化した路地をいう.「ゴサッ」は, 子供たちの遊び場として, また,「ピョンサン」のようなストリートファニチャーなどを設けて年寄りの休憩空間として用いられる. 住民が集う一種のコミュニティ空間である.

図IV-40に示すように, 通常3-5棟ごとに1-2の「ゴサッ」が形成されており, 1-2個の井戸と洗濯場が設けられている. 慶州の「鉄道官舎」の場合は道路幅の狭い副道路を中心として「ゴサッ」が形成されており, 副道路の幅が広い南側のF地区, G地区, H地区より, B地区, C地区, D地区の副道路の「ゴサッ」化が目立つ (図IV-40). 特に, C地区にある格子状の副道路は車の通行がない「ドンネマダン」化した「ゴ

慶州の鉄道町

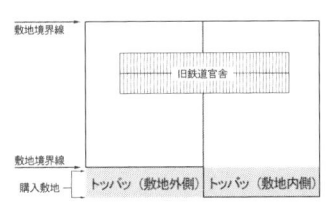

図 IV-39　「トッパッ」の形成

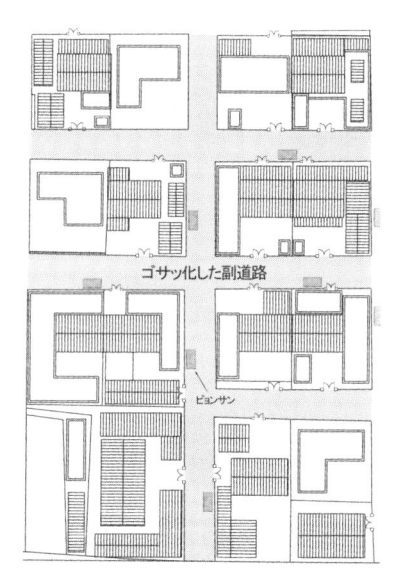

図 IV-40　副道路の「ゴサッ」化

サッ」に発達している．
(2) 出入口の位置変更

　1970年代前半に行われた「鉄道官舎」の払下げ以後，74軒のうち (2)，(3)，(10)，(15)，(17)，(36)，(44)，(45)，(53) の9軒が二戸一型の片方を撤去し新築されており，「鉄道官舎」の本来の様式を残していない．

　出入口の位置の変更パターンに着目してみると，北側の出入口をそのまま維持している (39)，(40) の2軒を除いた「鉄道官舎」のうち，東側に出入口を変更させたのが5軒，西側に変更させたのが5軒，そして南側に変更させたのが53軒など72軒のうち63軒で出入口の位置を変更している．

　出入口の位置の変化により居住空間の構成は大きく変化する．その中で最も目立つ

第 IV 章
韓国鉄道町

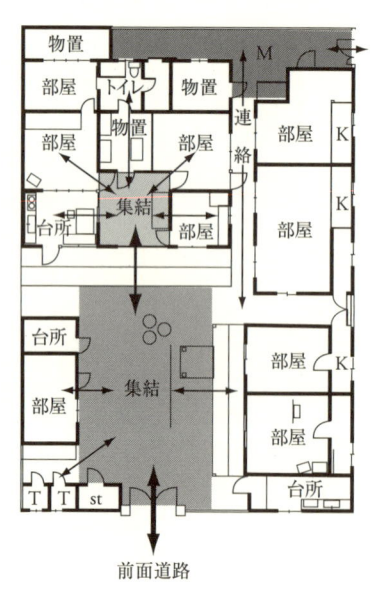

図 IV-41　マダンとリビングによる動線（KF4を例とする）

のは，主屋の南側に設けられていた庭が韓国式の多用途の外部空間である「マダン」へ変化していることである．北側にあった出入口が南側に設けられることによって庭として使われていた空間が「マダン」へ転用されるのは，三浪津の「鉄道官舎」の場合と同様である．

　出入口の位置変更により居住空間の動線に大きな変化が起き，その結果内部空間の構成や機能変更にも影響を及ぼすのである．具体的には，「マダン」が形成されることによって主屋の南中央部に中廊下を改造した「ゴシル」が設けられ，「「デムン」―「マダン」―「ゴシル」―各室」という主動線が生まれることとなる（図IV-41）．

　建物の南側にあった台所は，主屋の北側へ移される場合が多い．主屋と北側の塀の間にあった空地に増築し，台所を含めた水回りを収めるケースが多くある．すなわち，元の建物は部屋，居間などの居室として用い，増築部は，台所などの水回りや物置などの付属空間として用いる形となる．便所は室内から室外へ一旦移動し，上下水道が整備された後再び室内に設けられている．これも三浪津の場合と同様である．

　建物の増改築（表IV-7）を見ると，図IV-37に示すように賃貸棟として使われている別棟の増築がほとんどの官舎で確認出来る．北側にあった出入口は勝手口，あるいは賃貸棟の出入口として使われ，前方と背後にある住宅との連絡が容易となる．すなわち，出入口の変更は，敷地内部の空間だけではなく外部空間の要素として「ゴサッ」が現れる要因ともなる．三浪津の「鉄道官舎」においては，元の出入口である北側の

慶州の鉄道町

表 IV-7　慶州鉄道官舎・増改築の現状

	大門	リビング	台所の移動	トイレの移動 室外	トイレの移動 室内	部屋の数 本棟	部屋の数 別棟	別棟増築の位置	元出入口の用途	マダンor庭	賃貸部屋以外の別棟の用途	母屋の主な空間変動
KA1	南	・	中東	東南	・	3	・	・	・	・	・	空き地に新築
KA2	西	南	西	中南	東南	3	・	・	・	M	・	空き地に新築
KA3	東	中央	東	東南	東北	3	8	西・南	・	M	トイレ, 浴室	元倉庫管理等, 東側台所, トイレ
KB1	南	南中央	東南	東南	・	4	5	南・北・西	勝手口(台所直通)	・	・	リビング(南), 台所(南東), 部屋(北)
KB2	南	南中央	西北	西北, 西	・	3	4	西・北	勝手口	N	トイレ, 浴室, 倉庫	リビング(南), 台所(西)
KC1	南	南	中北	・	西北	3	3	東・南・北	・	・	・	リビング(南), トイレ・台所(北)
KC2	南	南	東	西南	東北, 西北	4	2	東・北	・	M	トイレ, 浴室	リビング・台所(南), 部屋(西, 北)
KC3	東	南中央	中北	・	中北, 西南	3	7	東・南・北	勝手口	・	・	リビング(南), 部屋(北)
KC4	南	南中央	西	・	中央	3	1	東・南・北	勝手口	M	事務室, 店舗	リビング・台所(南), 部屋(北)
KC5	南	・	西南	東北	・	2	・	・	・	・	・	貫通道路の緑地に店舗を新築
KD1	南	・	西	西南	・	3	・	西	勝手口	M	倉庫	台所(西), 廊下(雨)
KD2	南	南中央	中北	東	中北	3	2	東	勝手口	M	トイレ, 浴室, 倉庫	リビング(南), 台所(北), トイレ(北東)
KE1	南	南中央	中北	中南	中北	2	4	東・西・南	・	M	店舗, 倉庫	元倉庫の敷地に新築
KE2	南	・	西	東南	・	1	2	南	・	M	店舗	元倉庫の敷地に新築
KF1	南	南中央	中北	東	・	4	・	北	勝手口	M	事務室, 店舗, トイレ	リビング(南), 台所・倉庫(北)
KF2	南	南中央	東北	東	中北	3	3	西・北	・	M	店舗, 事務室, 倉庫	リビング(南), 台所・トイレ・倉庫(北)
KF3	南	南	西	中北	中央	3	3	西・北	賃貸棟入口(場所移動)	M	店舗, トイレ	リビング(南), 台所(西), 部屋・トイレ(北)
KF4	南	南中央	西	西南	中北	4	5	東・西南	賃貸棟入口(場所移動)	M	トイレ, 倉庫	リビング(南), 部屋・トイレ・倉庫(北)
KG1	南	南中央	東	東北	東南	3	5	東	勝手口	M	倉庫	リビング(南), 台所・トイレ(東), 部屋(北)
KG2	南	南中央	西	・	中央	5	4	西	・	M	倉庫	リビング・台所・部屋(南), 部屋・倉庫(北)
KG3	南	南	西南	西南	・	4	5	東	・	M	倉庫	リビング・台所・部屋(南), 部屋・台所(北)
KH1	西	・	中南	東	・	3	8	西・南	勝手口	M	倉庫	ダイニングキッチン(中央), 部屋・倉庫(北)
KH2	東	・	中南	西	・	3	7	東・南	勝手口	M/N	倉庫	台所・トイレ(南), 部屋・倉庫(北)

M：マダン　N：庭

元出入口が消滅しているケースがあったが，敷地と道路の段差がほとんどない慶州の場合にはほとんどが元の出入口を残し，勝手口・賃貸棟の出入口として使われることで「ゴサッ」の出現に繋がっている．

(3)　マダン・「ゴシル」の出現

「トッバッ」「ゴサッ」は，敷地内と外の関係に関わる変化である．居住空間の変容について，最も注目すべきことは，庭が転用された「マダン」と台所・廊下を改造した「ゴシル」の出現である．上で見てきたように，「マダン」と「ゴシル」の出現は，出入口の変更に大きく影響されている．「マダン」は前面道路から敷地内，そして屋内に入る動線をコントロールする韓国の住居においては最も重要な空間要素である．住居に関わる風水思想にも大きく関わっている．払下げ以後，入居してきた韓国人は，出入口の位置を変更し，庭を「マダン」に変えることによって，「日式住宅」から韓国式住宅への変更を試みたと考えられる．

実測調査を行った23軒のうち，西側に出入口を変更したKA2, KC3, KH1の3軒，東側に出入口を変更したKA3, KH2の2軒を除いた18軒は南側へ出入口を変更している．

興味深いのはKB2とKH2の2軒で，出入口の変更とともに庭が「マダン」へと変更され，その後再び「マダン」が庭に変更されている．これは，慶州の都市化とともに都会的生活を行う居住者には「マダン」の機能が必要でなくなった例と考えられる．また，KA1, KC1, KC3, KC5, KE2の5軒は，大規模な増築により「マダン」の機能が消失し，外部通路が「マダン」の位置に残っているだけである．以上の7軒を除いた16軒で庭が「マダン」に転用され，「マダン」本来の機能を維持している（図IV-42）．

「マダン」の種類をみると，元庭があった南側の「マダン」は，「アンマダン안마당（内庭）」[787]，主屋の背後にある「マダン」は「ディッマダン（裏庭）」[788]，東・西の道路側にある「マダン」は「ヨップマダン（横庭）」[789]と呼ばれて区別されている．KD2, KF3, KF4, KG1, KH1, KH2の「ディッマダン」は台所関係の作業や乾燥野菜などを置く空間として使われており，台所，または，台所付属倉庫と接している場合が多い．また，KB2, KD1の「ヨップマダン」は，主に「ジャンドック」[790]を置く空間としてよ

---

787) 本来は，建物で囲まれている女性の居住空間にあるのが「アンマダン」である．しかし，現在は主屋の前面にある最も大きい「マダン」をそう呼んでいる．
788) 主屋の裏側にある小さい「マダン」のこと．食材を保管するなど台所と接したところが多く，台所の付属空間として利用される場合が多い．
789) 主屋の側面にある小さい「マダン」で，小物を置いたり，キムチなどを漬けるに作業をする細長い空間．
790) 味噌，キムチなどを漬ける容器（ジャンドク）のこと．普通は，日陰があるところに設けるが，慶州「鉄道官舎」の場合は敷地面積の制限により別棟の屋上に設けることも見られる．

慶州の鉄道町

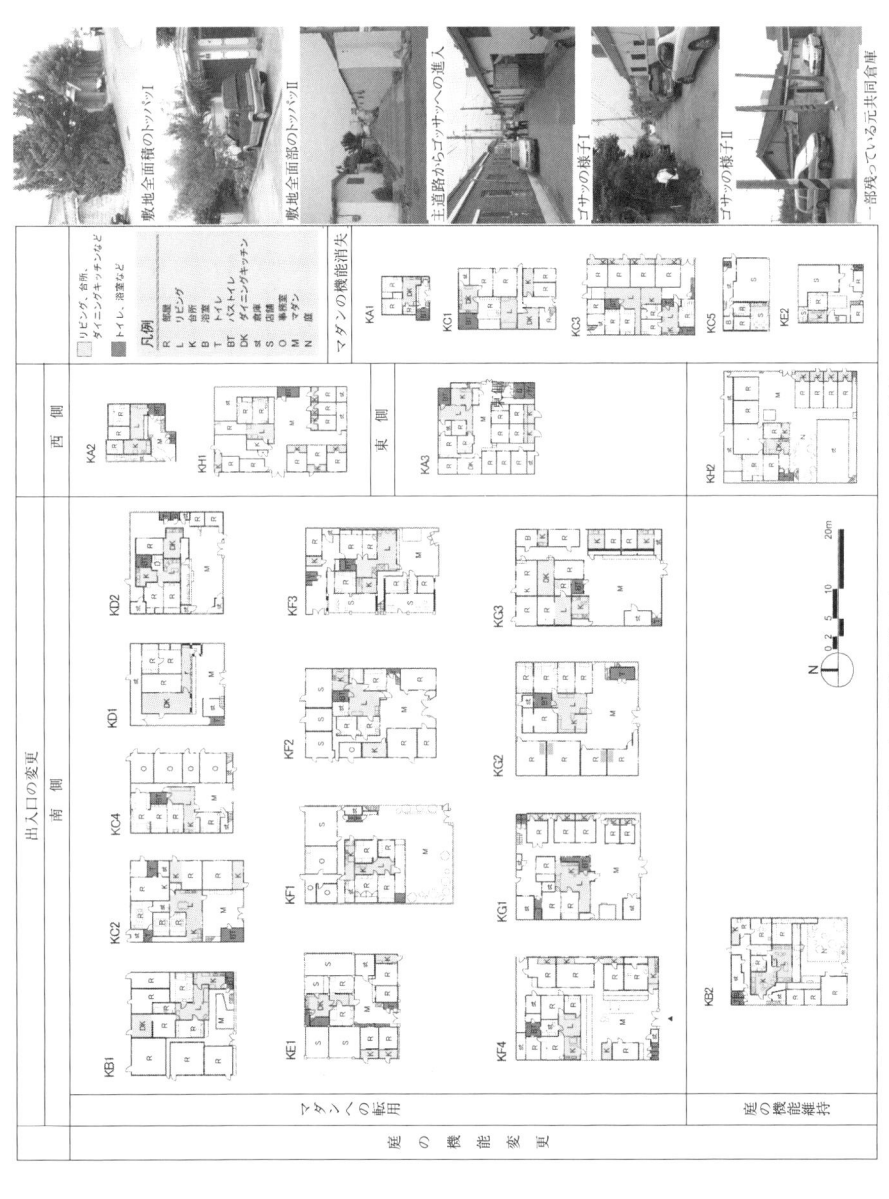

図 IV-42　居住空間変容のパターンによる類型

く使われ，水道の蛇口を設けている場合が多い．

「ゴシル」のほとんどは台所と廊下を改造，拡張したもので，住居の中央部南側に設けられ，生活の中心空間として使われている場合が多い．応接室の代わりとして来客の接待をしたり，家族が団欒したりする空間として使われている．春から秋にかけての暖かい時期には，家族が集まるのはほとんどこのリビングに集中するほど住居の中心となっており，特に夏場は風通しが最もいい「ゴシル」が寝室の代わりになる場合も多くある．

「マダン」と「ゴシル」は，動線の終結・分散の起点の役割を果たすだけではなく，多様な機能を持っており，最も利用頻度が高い居住空間となる．図Ⅳ-41 に示すように，「マダン」から始まる動線は「ゴシル」および別棟の各室へ直接繋がる．また，屋内では全ての部屋が「ゴシル」と接しており，「マダン」から入った屋内動線は「ゴシル」を通じて各室が直接に繋がっている．

「ゴシル」には，ソファーなどの椅子式の家具が置いている場合もあるが，床座式生活を基本としている．特に，家族での食事は「ゴシル」で行われているケースがほとんどである．

KA2，KA3，KB2，KC1，KC2，KF2，KG1，KG2 では，隣接した部屋との間に引き戸を設置し，「ゴシル」と繋いだ広い空間で法事などの祭祀を行っている．普段，法事などの家庭での祭事は，「デーチョンマル」，または「アンバン」で行われていたが，近年では法事などの祭事は「ゴシル」で行われているのが一般的になった[791]．

一般に増改築による居住空間の変容過程は図Ⅳ-43 に示される．すなわち，「鉄道官舎」の払下げ→主屋の一部の増改築と別棟の増築→副道路の一部購入による敷地の拡張→拡張した敷地に別棟を増築する（別棟のほとんどが賃貸用となり，「マダン」の面積が減少・機能消失）という，以下のような大きく 4 段階に分けられる．

①1 段階：建設当時

建設当時は，北側に出入口や玄関，南側に庭が設けられ，その間に主屋が位置している．また，南側の角に大型道具の収納用の倉庫が建てられている．塀はコノテカシワ[792]の生垣である．

②段階：1970 年代前半，「鉄道官舎」の払下げ以後

北側にあった出入口が南側へ移されるとともに南側の庭が「マダン」に変えられる．この変化は，居住空間の構成を変える最も重要な要因となる．続いて，主屋の一部が改造され，内部空間の構成に変化が起きる．中廊下を拡張し「ゴシル」が設けられる．それに伴い便所・台所の位置が変更される．便所は屋内から屋外移され，再び屋内の

---

[791] 朝鮮時代の「両班」住宅では「デーチョンマル」で，一般の庶民住宅では「アンバン」で行われるのが一般的であった．
[792] ヒノキ科の常緑樹．低木，または，小高木．

1段階：慶州旧鉄道官舎の建設当時
　敷地中心部に母屋を配置し，北側に出入口と玄関を，南側に後庭を配置し，倉庫を設けている．
　敷地境界の塀は扁柏の木を植えた生垣となっている．

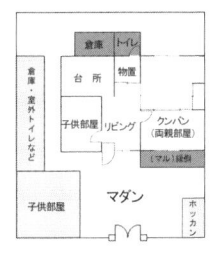

2段階：1970年代前半の払下げ実行以後
　北側にあった大門や玄関の位置が南側へと変更が行われ，南側の庭がマダンへと転用される．
　母屋に対する一部の空間拡張が行い，内部空間の構成が変化する．
　リビングの出現と台所とトイレの位置変更が目立つ．
　倉庫の改造と増築によって子供部屋および付属室を建てる．

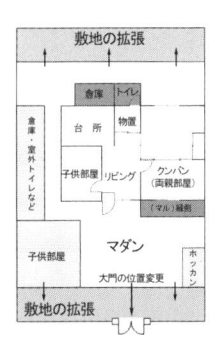

3段階：1980年代—1990年代前半
　敷地の南北にある副道路の一部を買い取り，敷地を拡張し，'トッパッ'を造る．
　大門位置の変更の有無によって'敷地内トッパッ'と'敷地外トッパッ'の二種類で分けられる．

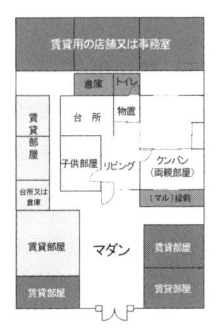

4段階：1990年代以後
　最終段階の増改築段階で，南北側を中心として激しい建築行為が行われている．
　特に，2000年度に入り慶州旧鉄道官舎における再開発の期待感によってなるべく多くの補償金をもらうため，賃貸棟（部屋，店舗，事務室）を中心として建てている．
　そのためマダンの面積が減り，その機能を失ったマダンも表れている．

図IV-43　慶州鉄道官舎・増改築のプロセス

北側へ設置される．台所は南側から北側へと移動する．また，倉庫の増改築により子供部屋を含めた付属室が建てられる．
③ 3 段階：1980 年代から 1990 年代前半
　敷地が接する南北の比較的余裕のある幅員を持つ副道路の一部を買占め，増改築により狭くなってきた敷地が拡張される．拡張された敷地には，賃貸用の別棟が建てられる．また，南側の塀と隣接したところに「トッパッ」が設けられる．「デムン」と「トッパッ」の位置によって敷地内「トッパッ」と敷地外「トッパッ」の二つに分けられる．敷地内「トッパッ」は菜園の機能を維持しているケースが多いが，敷地外「トッパッ」はほとんど花壇に変わっている．
④ 4 段階：1990 年代以後
　敷地全体に増改築が行われる．2000 年度に入り慶州の旧「鉄道官舎」地区の再開発計画が公表されると，再開発による地価の上昇と出来るだけ多くの補償金を期待して，増改築する家が多くなる．特に，別棟の増改築で賃貸部屋，店舗，事務室など収入源となる部分の増築が目立っている．増築によって敷地は建詰まり，「マダン」の面積が減少し，その機能を失ってしまうケースが出現してきている．また，「マダン」が再び庭へと変わっているケースもある．主屋では，便所と台所の位置が変えられる例が多くある．
　慶州の「鉄道官舎」では，1930 年代前半に提案された図 IV-44 のような床暖房システムを 5 等級・6 等級官舎では必ず一部屋は採用していた．また，1970 年代の払下げの初期段階でタタミはほとんど無くなり，床暖房（「オンドル」）[793]に変わっている．また，床暖房のためにボイラー室が追加されている．
　増築については，表 IV-7 に示すように，敷地面積や建蔽率の小さい下級官舎ほど追加された部屋の数が多くなっている．実測した 23 戸の中には，KH1 のように最大八つの部屋がつくられているものがある．ほとんどの住居で，面積の広狭には関わらず，主屋の南側，「ゴシル」と接している部屋を「クンバン」，または，「アンバン」と呼ぶ両親部屋に改造しているのが確認出来る．
　一方，「日式住宅」の居住空間の様々な要素の中でも，特に，襖による続き間，押入，天井の高い構造体は，韓国人にとって以前の居住空間になかった要素であるにもかかわらず，そのまま残して使用されているケースが多くある．襖を開けることによって二つ以上の空間を繋げることが出来る続き間は，法事などの祭事の時に広い空間として利用出来るため，そのまま受け入れられたものである．また，普段はその季節に使う寝具・衣類だけを部屋の中にある小さい箪笥に入れて使用し，他は「ゴバンユ방」に保管していたが，押入の導入とともにもっと多くのものが部屋の中に保管出来，部

---

793) 現在韓国でオンドルと呼ばれている床暖房は，温水をパイプで流すボイラーシステムである．

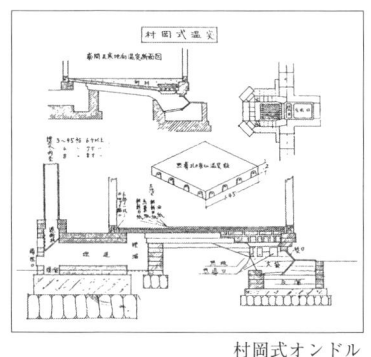

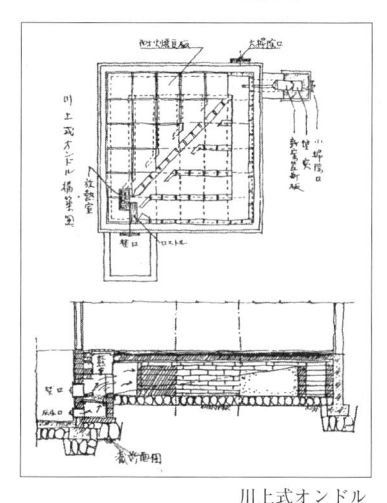

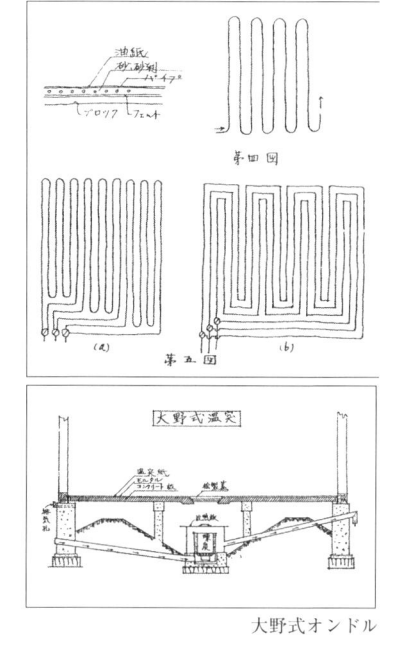

図IV-44　日本人によって提案されたオンドル

屋の中に固定式収納空間やたくさんの物が入るより大きい家具を置くようになってきたのも「日式住宅」の影響である．

　建設から約70年余りを経て，以上のような変化を重ねながらも，慶州旧鉄道官舎地区はかつての姿を現在もよくとどめている．格子状の幅広い街路網，建物の配置手法など，韓国にはなかった特徴を保っている．住民へのヒアリング調査によると，三浪津の「鉄道官舎」の場合と同様，「押入などの収納空間が多い」「襖を取り外すと部屋が広く使えるため生活しやすい」「窓が多いため冬は寒いが，夏は換気性がよくて涼しくて湿気も溜まらない」といった評価がある．また，「敷地とあまり変わらないレヴェルにある平坦な副道路は比較的に安全であるため子供たちの遊び場として相応しい」「町の人びとと触れ合ういい場所となっている」のような街区，街路の利用に関

する評価も多くある．車道・人道を分けるために，車通行の主道路と生活と密着した歩道である副道路に分けて設置した街区計画，換気と湿気を綿密に考慮した設計・計画，また，部屋の転用性，融通性は，一定程度評価されていると考えることが出来る．

IV-4　安東の鉄道町

　本節では，慶尚北道安東市の旧「鉄道官舎」地区を対象として，居住空間の構成とその変容について考察したい．安東は，韓国の中でも特に儒教的な文化が継承され，伝統的住宅や生活様式が色濃く残されている都市である．

　安東に関する研究や文献は非常に多いが，そのほとんどが朝鮮時代の「両班」住宅，寺刹，「書院」等，伝統建築の文化財調査，復元，観光資源の開発の分野に偏っており，近代期の安東に関する文献はきわめて少ない．特に，日本植民地期に形成された町並みや「鉄道町」など日本人と関連した研究はほとんど行われていない[794]．

　安東および安東鉄道官舎地区の本書における位置付けを簡単にまとめると以下のようになる．

① 安東は，朝鮮時代以来，韓国における儒教の本拠地[795]として韓国の儒林(ユリン)[796]の多くが根拠地を置いている地域であり，儒教教育を重要視し，「両班」文化を支えてきた都市である．

② 韓国の中で，現在も居住空間として使われている伝統的住宅が最も多く残されて

---

794) 本節は3回にわたる現地調査をもとにしている．調査概要は以下のようである．第1次調査（2006年9月10-14日）では，地籍図・土地台帳に基づいた予備調査と，居住者へのヒアリング調査を行うとともに，『安東市誌』，都市計画図などの文献収集を行った．第2次調査（2007年1月5-10日）では，地籍図を利用し地区全体の配置図の作成，安東旧「鉄道官舎」地区における街区構成および，「鉄道官舎」地区の28軒の住居について実測調査を行った．また，居住者の属性（年齢，家族構成，出身地，職業，旧「鉄道官舎」への入居時期，前居住者との関係）や住居の増改築に関するヒアリング調査を行った．第3次調査（2007年10月10-30日）では，町並みの構成，使用パターンに主な焦点を当て，払下げ以後韓国人の入居とともに行われた町並みの変化を約3週間にわたり住民の生活行動の分析を行った．

795) 安東は韓国の文化都市の一つであり，韓国の儒林が最も多く集まっている都市である．主に河回村，そして各家門の宗家で儒教の研究，教育するなど様々な伝統文化活動を行っている．

796) 儒教の儒学を信棒する集団のこと．「士林」사림とも呼ばれる．主に，安東に根拠地を置いている分派が多くあるが最近には自らの勢力を表すためソウルにも根拠地を置く分派もある．

いる．河回村[797]を中心に現在も「韓屋」の建築が最も活発に行われている．
③慶州とソウル（清涼里）を繋ぐ国鉄中央線[798]の中間に位置している．嶺西地域[799]で採取される鉱産物などをソウル，釜山の大都市まで運送するための拠点駅として1942年の全区間の開通とともに建設され，ソウルの龍山駅の「鉄道官舎」に次ぐ地方における最大規模の「鉄道官舎」地区が形成された都市である．
④安東駅を中心として，駅と接する北側に駅前商店街，駅の北西約1.5km付近に「鉄道官舎」地区を含む旧日本人居住地が建設されていた．
⑤「鉄道官舎」地区を含む旧日本人居住地は，朝鮮時代に安東府の監獄が置かれていた地域で，「獄街옥거리」，「獄里옥리」などと呼ばれていた．1914年行政区域統廃合時に，「獄街」と隣接する「安奇里」の一部が合併され玉洞と名称変更された．
⑥安東鉄道官舎地区は4等級，5等級の独立官舎と6等級，7等級A，7等級B，8等級の二戸一型の平屋で構成され，建設時には全ての出入口は北側に，庭は南側に設けられていた．

4-1 安東鉄道町

安東は，太白山脈が延びる地脈の上にあり，北から南へと流れてきた洛東江[800]がバンビョン川と合流して安東の西側を貫通している．慶尚北道の中心にあり，交通の要所として，東は英陽郡，青松郡，西は醴泉郡，南は義城郡，北は栄州市，奉化郡に隣接している．隣接する各郡は，古来安東文化圏とされ，現在も同じ通勤・通学圏，

---

797) 1984年1月10日重要民俗材料第122号として指定された民族的伝統と建築物がよく保存されている豊山柳氏の氏族村である．朝鮮時代に柳成龍など数多くの高位官僚を出した「両班」村で壬辰倭乱の時の被害も無く本来の風習が最もよく保存されているところだと伝わっている村である．
798) ソウル（清涼里）―慶州を繋ぐ鉄道で，総延長386.6kmで1942年4月1日全区間が開通された．韓国第2の縦貫鉄道線で沿線一帯の鉱山，農業，業の開発を目的で敷設され，韓国嶺西地方の開発に大きい影響を与えた鉄道線路である．
799) 朝鮮半島の南北を縦断する太白山脈の西側に位置する地域で，韓国の中で石炭，材木，セメントなどの資源が多い．嶺西地域に当たる行政区は，京畿道，忠清北道の東部，江原道の西部である．
800) 嶺南地域の全域を流域圏とし，その中央低地帯を南流し南海に流れている河川．江原道の咸白山から始まり朝鮮半島の南海まで流れている全長525.25kmの河川で北朝鮮にある鴨緑江の次になる朝鮮半島第2の河川である．洛東江流域の田んぼ約86万haにおける農業用水と数多くの市邑の生活用水・工業用水の水源となっている．特に，1968年に建設された南江ダムと1976年建設された安東ダムは周辺地域に電力生産および用水供給など水資源の効果的利用に貢献している．昔は，内陸地域の交通の動脈となり，曹運などの利用によって川辺に下端，亀浦，三浪津，守山，豊山，安東などの船着場が繁栄した．

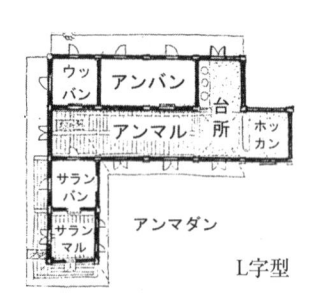

図 IV-45 安東地域の伝統的住居・L字型・ロ字型の例（姜榮煥（1989））

同じ商圏に属している．

　紀元前 57 年，念尚道士が「昌零창령(チャニョン)」国を建国し，三国時代には新羅の「古陀耶 고타야(ゴタヤ)」が古昌郡を安東府に昇格し，その後永嘉郡と改称された．朝鮮時代に入ると鎭[801]が置かれ，府使として兵馬節度副使も置かれていたが，間もなく府使は廃止されている．

　安東地域には，新羅時代からの古刹や朝鮮時代からの「両班」住宅が数多く残されている．陶山書院，屏山書院など多くの「書院」があるが，そうした「書院」は朝鮮時代に有名な儒学者を輩出し，儒教教育の拠点となっていた．また，仏教そして民俗信仰などの伝統的な文化に関わる数多くの文化財も残されていて，その数は慶州を上回っている．

　安東地域の代表的な住居は，図 IV-45 に示すように朝鮮半島中部の典型的な平面形式である「L字型」または「ロ字形」が多く，「アンチェ안채(内棟)」[802]の南側に「アンマダン」(内庭)[803]を置き，「デムン」がある道路側に「ヘンラン」を置くパターンが多い．「サランチェ사랑채(舎廊棟)」と「サランマル사랑마루(舎廊マル)」[804]が設けられ

---

801) 初めて鎭を設置したのは，新羅であり，海上防衛のために東海岸に北鎭，西海岸にはペガンジン，清海鎭，唐城鎭，穴口鎭が設置されている．高麗時代には東界16鎭，北界12鎭，そして西海には1鎭など国境地域に29箇所の鎭を集中的に設置している．II-1節「慶州邑城の空間構成」参照．

802) 一般的には一つの住宅に二つ以上の棟がある時，その奥側にある棟を示す．朝鮮時代からの「両班」住宅では，女主人が居住する棟であり，男子の出入が難く禁止されていたところである．

803) 語源は，女主人が居住する「アンチェ」の前にある「マダン」のこと．現在の一般的な意味では，主屋の前にある「マダン」を示す．

804) 「サランチェ」と「サランマル」がセットとして構成されている家長の寝室と食事室として使われている男性の空間である．「サランチェ」は，外部からのお客の宿泊，または，親戚が集まる団欒の空間でも使われている．特に，子供たちに学問・教養を教育させる空間である．裕福な家庭では独立した「サランチェ」もあったが，一般的な農家では大門の近いところに設け男性たちの空間として使われていた．

ている.

　1895年5月26日の地方制度改革により全国8道制度は廃止され，23観察府[805]が設けられる．安東には観察府が置かれ，慶尚道の東北部17郡を管轄することになる．しかし，1896年8月4日に観察府が廃止され13道制度に改変されると安東観察府は1年1箇月で廃止され安東郡に改称される．安東郡の以降の変遷は以下のようになる．

　1914年：禮安郡を編入し19個面として編成される．
　1931年：安東面を安東邑に昇格すると同時に，一部面の統廃合により1邑15個面218洞に改変される．
　1963年：安東郡安東一帯を安東市と昇格し現在に至る．

　現在，安東の市街地は，東西を貫通する国道34号線に沿って形成されている．明倫洞が安東の行政中心となっており，安東駅と市外バスターミナルがある．また，定期市場である安東旧市場と安東新市場(安東中央市場)があり，市役所，主要銀行，官公署，商店街が密集している．「鉄道官舎」が建設された太和洞は朝鮮時代からの居住地であり，北部には監獄が設置されていた．1930年代半ばに，「鉄道官舎」が建設されて住宅地として発展し，1990年代までは安東の中で最も人口が多かった地域である．しかし，1990年代後半から市街地の東側に大規模なアパート団地開発が開発され，老朽化した不良住宅が増加し，空洞化現象が進んでいる．

　安東鉄道町は，安東駅，駅前商店街，「鉄道官舎」地区，そして「営団住宅」で構成される．現在も，駅の北側には大規模な駅前商店街や在来市場があり，安東駅建設時から繁栄してきた様子を窺うことが出来る．安東鉄道町の駅建設当初に関する文献はほとんど見当たらないが，ヒアリングによると，駅の周辺には，数軒の旅館，数百軒の町屋，そして二つの市場があったという．

　安東鉄道町と安東駅の変遷過程は，図IV-46に示す通りである．1930年代前半に平和洞と玉洞の間に最初の安東駅が建設され，小規模の「鉄道官舎」が建設されたが，1930年代後半に駅は洛東江辺の現在の位置に移転される．そして，「鉄道官舎」が増設されるとともに，「営団住宅」が建設される．そしてさらに，駅前商店街の開発が行われ，大規模な「日本人町」が形成されることになるのである．

　安東駅の北側にある玉洞は，前述のように朝鮮時代の監獄があった地域で「獄街」「獄里」と呼ばれていた．比較的平坦な地域にもかかわらず，監獄の街というイメージが強く残っており，そのイメージによって当地域には居住地がほとんど形成されてこなかった．そうしたところに鉄道駅とともに「鉄道官舎」，「営団住宅」が建設され新たに「日本人町」が形成されることになる．「獄街」「獄里」は，「玉洞옥동」という新たな町に生まれ変わるのである[806]．

805) 朝鮮時代後期の地方制度で，地方観察使が職務をしたところ．
806) 1914年7月5日行政区域統廃合によって玉洞に改称．1931年4月1日安東邑制によって玉洞亭

第 IV 章

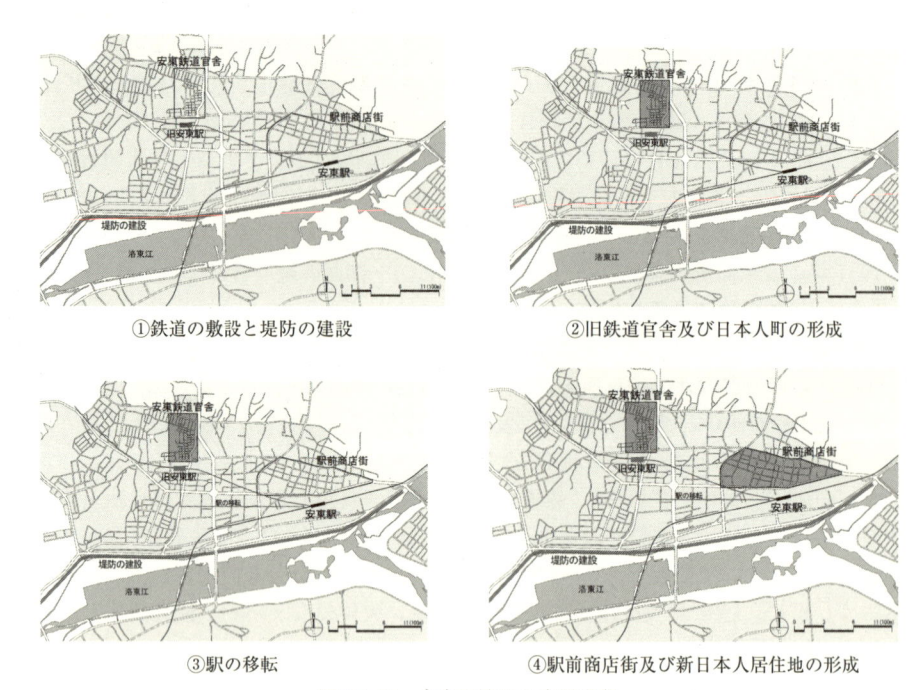

韓国鉄道町

①鉄道の敷設と堤防の建設

②旧鉄道官舎及び日本人町の形成

③駅の移転

④駅前商店街及び新日本人居住地の形成

図 IV-46　安東駅周辺の変遷過程

4-2 安東鉄道官舎地区

　玉洞には，1941-1943 年の 3 年間で約 200 戸の「鉄道官舎」が建設され，駅員の居住地となってきた．「鉄道官舎」地区は，各等級の「鉄道官舎」，鉄道病院，共同銭湯，共同井戸などで構成されており，地区の北西部に神社と推定される宗教施設の跡地がある．

　安東鉄道官舎地区（図 IV-47）は，図 IV-48 に示す「鉄道官舎」の等級，平面様式，そして建築年度によって大きく A 地区，B 地区，C 地区，D 地区の四つの街区に分けられる．

　A 地区は，下級官舎である 8 等級官舎が集中し，中央の南側に 4 戸の 7 等級 A 官舎が建設されている．A 地区の 8 等級官舎は，元は「朝鮮住宅営団」の公営住宅として建設されたが，安東駅の拡大とともに「鉄道官舎」の増設が必要となり，「鉄道官舎」として編入されたものである．そのため，他の地域の「鉄道官舎」ではほとんど使われてない平面構成をしている．

と改称されたが，1947 年日本式名称の変更によって玉洞に変更された．

4

安東の鉄道町

図 IV-47　安東旧鉄道官舎地区の配置

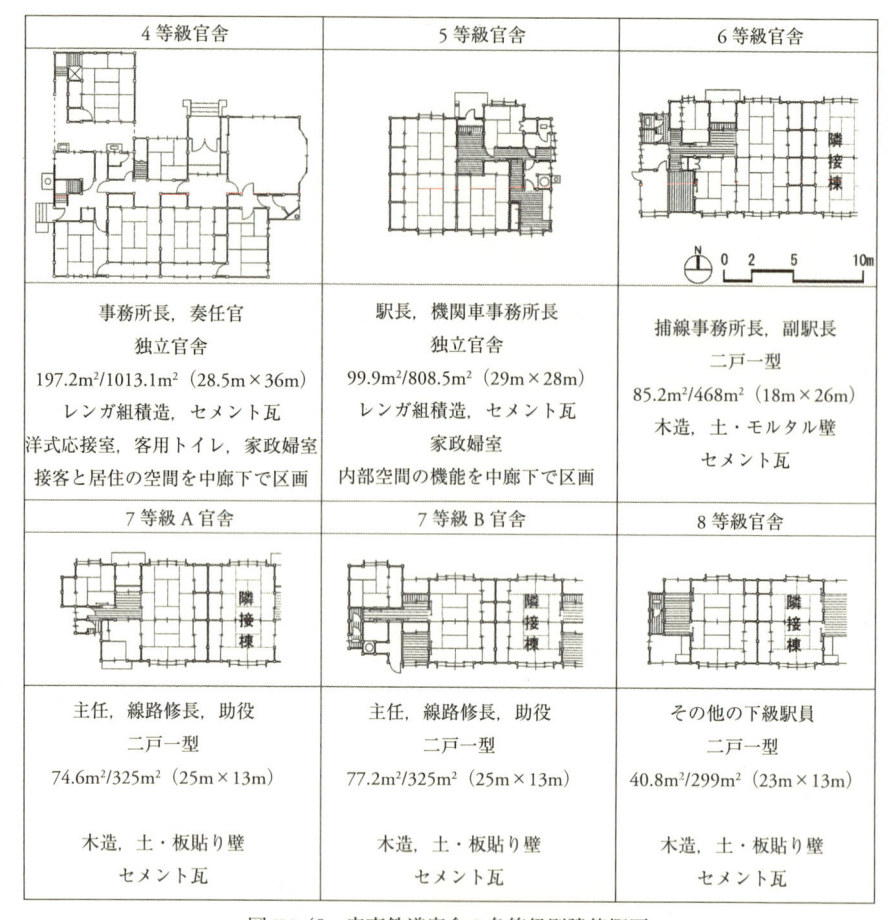

4等級官舎	5等級官舎	6等級官舎
事務所長，奏任官 独立官舎 197.2m²/1013.1m²（28.5m×36m） レンガ組積造，セメント瓦 洋式応接室，客用トイレ，家政婦室 接客と居住の空間を中廊下で区画	駅長，機関車事務所長 独立官舎 99.9m²/808.5m²（29m×28m） レンガ組積造，セメント瓦 家政婦室 内部空間の機能を中廊下で区画	捕線事務所長，副駅長 二戸一型 85.2m²/468m²（18m×26m） 木造，土・モルタル壁 セメント瓦
7等級A官舎	7等級B官舎	8等級官舎
主任，線路修長，助役 二戸一型 74.6m²/325m²（25m×13m） 木造，土・板貼り壁 セメント瓦	主任，線路修長，助役 二戸一型 77.2m²/325m²（25m×13m） 木造，土・板貼り壁 セメント瓦	その他の下級駅員 二戸一型 40.8m²/299m²（23m×13m） 木造，土・板貼り壁 セメント瓦

図 IV-48　安東鉄道官舎の各等級別建築概要

　B地区は，7等級Aと7等級Bの「鉄道官舎」が配置され，副道路は比較的広い．A地区と同様，安東駅機能の拡大とともに増設された．東側の道路沿いには視線の遮断のため樹木が植えられていた．

　西側の丘と東・南・北側の下級官舎に囲まれているC地区には，安東の最高級官舎である4等級の独立型官舎が建てられており，その南側には2棟の6等級官舎が4戸建てられている．また，4等級官舎であるAn07Kの周辺には公園などの緑地，そして共同銭湯が設けられていたが，その敷地には現在住宅が建てられ残っていない．

　D地区には，5等級の独立官舎とともに，B地区と同様，7等級Aと7等級Bが建設されている．南側の道路沿いには，B地区と同様，視線の遮断のため樹木が植えら

れていた.

　A地区, B地区, C地区, D地区全ての「鉄道官舎」は, 3面以上が道路に面しており, 出入口は北側に設けられていた. A地区の場合, 払下げ直後から各敷地の変更が激しくなり, 現在は南北端にある敷地を除いたほとんどの敷地は東西軸の副道路はなくなり, 東または西の一面だけが道路と接する街区に変わっている.

街区構造と街路体系

　安東旧「鉄道官舎」地区は, 安東駅の北西約1.5kmに位置し, 東西約270m, 南北約480mの団地規模である. 図IV-47に示すように官舎として建てられた地区が持つ軸とその軸と多少の角度差がある「朝鮮住宅営団」から編入された官舎の地区の軸の異なる二つの軸を持っている.

　A地区を除いた各地区の官舎は, 敷地を囲んでいる格子状の道路によって区画されている. 主道路は平均幅11m, B地区, C地区, D地区の南北副道路は平均約4m, 東西副道路は平均約6m, そしてA地区の南北副道路は平均約5mである.

　安東の「鉄道官舎」は, 慶州と同様比較的に平坦な敷地に建てられ, 石垣はほとんど用いられないが, 高等級官舎であるAn07K（4等級官舎）とAn21K（5等級官舎）は約1.5-3mの石垣と生垣で敷地を区画している. この2軒を除いた各官舎の敷地は, 約30-60cmほどの低い石垣で基礎を築き, 同じく生垣で敷地を区画していた. 敷地と道路の境界に溝を掘り, 生活排水や雨水を流す下水路として用いていたのは三浪津・慶州の「鉄道官舎」と同様である.

　現在は, 撤去されその痕跡が確認出来ないのが鉄道病院と共同銭湯である. 共同銭湯は, 風呂のない8等級官舎に居住する駅員のためにA地区とC地区の間の空地に設けられ, 「鉄道官舎」の住民はもちろん周辺地域の日本人が利用した公共銭湯であった.

　「鉄道官舎」地区の北西部には, 上述のように, 「鉄道官舎」と「営団住宅」の居住者たちが建て参拝をしたと伝えられている神社の跡地があり, 東側には「鉄道官舎」と「営団住宅」居住者の子供たちが通う公立普通学校があった.

　1970年代半ばから実施された上下水道工事により道路が拡張されていること, 生垣からコンクリートブロック塀へ変化するなど部分的な変化以外, 日本植民地期の街区構造と街路体系, そして全体の街並み景観の骨格は残されている.

鉄道官舎の類型と配置

　安東の「鉄道官舎」は, 図IV-48に示すように六つの標準設計図を元にしている. すなわち, 独立型の4等級, 5等級官舎, 二戸一型の6等級, 7等級A, 7等級B, 8等級官舎からなっている. 特に, A地区にある8等級官舎は, 最初は「朝鮮住宅営団」

第 IV 章
韓国鉄道町

8 等級官舎 　　　7 等級官舎 　　　6 等級官舎

5 等級官舎 　　　4 等級官舎

図 IV-49　鉄道官舎の現況

の公営住宅として建設されたが，1943 年の「鉄道官舎」の完成とその機能の拡大とともにその一部が「鉄道官舎」へと編入されたもので，建築面積は非常に狭い．5 等級官舎の平面構成は一般的に二戸一型がよく使われているが，安東の「鉄道官舎」は独立住宅として建てられているのが興味深い．また，4 等級・5 等級・6 等級の官舎には，4 畳半あるいは 3 畳の家政婦室が設けられており，専用の井戸がある（図 IV-49）．

出入口や玄関は全て北側に位置し，庭は南側に置かれていた．この北入の平面構成が，払下げ以後，居住空間が大きく変わる要因となったことは，三浪津，慶州の「鉄道官舎」と同様である．

4-3　安東鉄道官舎の変容

安東の「鉄道官舎」は，他の地域と異なって早い時期に払下げが行われた．払下げが最も早かったのは，A 地区の元「朝鮮営団住宅」の 8 等級官舎である．そのため，A 地区には，もともとの「鉄道官舎」はほとんど残っていない．大半は新しい建物に建て替わっており，街並みも相当変わっている．一方，C 地区の An21K は最近まで「鉄道官舎」として使われており，An07K は現在も安東駅長の官舎として使われ，その変化はほとんどない．かつての「日式住宅」が建ち並ぶ街並みが窺えるのは，主に 7 等級官舎が建てられている B 地区と D 地区で，1970 年代から 1980 年代にかけて払下げが行われている．全体で 28 軒の実測（表 IV-8）を行ったが，そのうち An07K，An21K を除いた 26 軒の居住者の大半が安東市の郊外から 1970 年-1980 年半ばの間に「鉄道官舎」を購入し移住している．

表IV-8　安東鉄道官舎・調査住戸の概要

	地　番	鉄道官舎の等級	家屋の形態	出入口/勝手口	M/N/m	別　　棟	L・K・DKの位置（主屋）	現在の用途
An01K	安東市平和洞 108-28	7等級A	L字型	南/北	M/m	南西：賃貸	DK（西）	H, h
An02K	安東市平和洞 100-22	8等級	L字型	南/	M/m	南西：賃貸	L（中央南），K（中央北）	H, h
An03K	安東市平和洞 100-26	8等級	コ字型	西/北	M/m	南：賃貸	L（西），K（南）	H, h
An04K	安東市平和洞 100-8	8等級	T字型	南/北	M/m	西：賃貸	DK（西）	H, h
An05K	安東市平和洞 172-26	8等級	T字型	北/南	M	南：賃貸，北：店舗	DK（西）	H, S
An06K	安東市平和洞 71-15	8等級	コ字型	南/	M	東：店舗，北：賃貸	DK（東）	H, S
An07K	安東市平和洞 71-131	4等級	・	北/	N	北西：倉庫	DK（北東）	T
An08S	安東市平和洞 71-22	新築	コ字型	東/	M	・	DK（北西）	H, h
An09S	安東市平和洞 71-245	新築	二字型	南/	M	・	K（南西），K（北東）	H, h
An10S	安東市平和洞 71-244	新築	コ字型	南/	M	・	DK（北西）	H
An11K	安東市平和洞 71-32	6等級	L字型	南/北	M/m	南東：賃貸	L（中央），K（南，北東）	H
An12K	安東市平和洞 71-34	7等級A	口字型	南/北	M/m	東北・南西：賃貸	DK（中央南）	H, h
An13S	安東市平和洞 71-285	新築	L字型	南/	M	・	DK（北西）	H
An14S	安東市平和洞 71-35	新築	コ字型	西/	M	・	DK（北東）	H
An15S	安東市平和洞 71-263	新築	コ字型	西/	M	・	DK（北東）	H
An16S	安東市平和洞 71-275	新築	L字型	南/	M	・	DK（北西）	H
An17K	安東市平和洞 71-40	7等級A	一字型	西/	M	・	DK（南西）	H
An18K	安東市平和洞 71-39	7等級A	二字型	南/北	M	北：賃貸・倉庫・トイレ，南：倉庫	L（中央南），K（中央北）	H, h
An19S	安東市平和洞 71-292	新築	L字型	南/	m	・	L（中央南），K（中央北）	
An20K	安東市平和洞 71-218	6等級	L字型	南/	M	西：店舗	L（中央南），K（南西）	H, S
An21K	安東市平和洞 71-44	5等級	・	東/北	N	北：賃貸・倉庫	L（中央南），K（中央北）	H, h
An22K	安東市平和洞 71-52	7等級A	二字型	南/北	M/m	南：賃貸，北：倉庫・トイレ	DK（中央南）	H, h
An23K	安東市平和洞 71-51	7等級A	二字型	南/北	M/m	南西：賃貸，北：トイレ・倉庫	L（中央南），K（南西）	H, h
An24K	安東市平和洞 71-53	7等級A	コ字型	南/北	M/m	南：賃貸，東：店舗，北：倉庫	DK（中央南）	H, h, S
An25K	安東市平和洞 71-58	7等級B	T字型	南/北	M/m	東：賃貸・倉庫，南：トイレ	L（中央），K（北）	
An26K	安東市平和洞 71-63	7等級B	L字型	南/北	M/m	東：店舗，西：トイレ・倉庫	DK（南東）	H, h, S
An27K	安東市平和洞 71-68	7等級B	一字型	南/北	M/m	西：賃貸・トイレ	K（中央北）	H, h
An28K	安東市平和洞 71-79	7等級B	二重L字型	東/北	M/m	南：賃貸，東：店舗	DK（中央）	H, h, S

M（マダン）m（付属マダン）N（庭）/L（リビング）DK（ダイニングキッチン）K（キッチン）/T（鉄道官舎）H（住宅）h（賃貸）S（店舗）

第 IV 章
韓国鉄道町

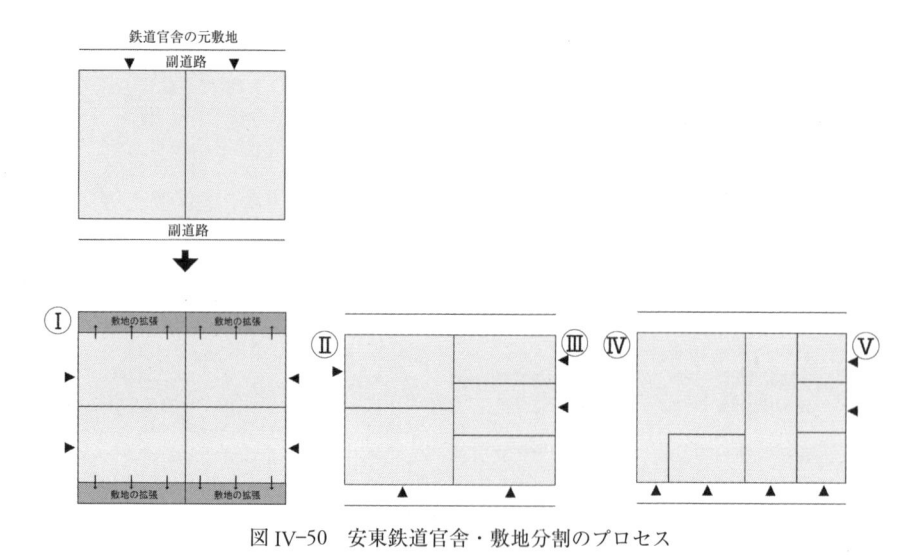

図 IV-50　安東鉄道官舎・敷地分割のプロセス

　居住者の職業は，安東市内の商店街や工場団地に勤務しているケースが最も多く，安東郊外に農地を持ち，農業を営んでいる居住者も多い．また，多くが別棟を増築して貸家とし，副収入を得ている．現在もその増築が頻繁に行っている．26 軒の世帯主の平均年齢は 59 歳で，子供は家を離れ両親だけが居住しているパターンも数多い．明倫洞や他の町と比べると平均年齢は高く高齢化した町となっている．

　安東の「鉄道官舎」における居住空間の変容は，三浪津，慶州と同様，大きく街区の変容と住居の変容に分けてみることが出来る．街区の変容については，副道路の「ゴサッ」化，「トッパッ」の出現を同じよう見ることができる．また，住居の変容では，出入口の位置変更が大きい．三浪津，慶州と少し異なった現象として見られるのは敷地の分割である．

(1) 敷地の分割

　安東鉄道官舎地区は，図 IV-50 に示すように，I, II, III, IV, V の五つのタイプに敷地の分割が行われている．この敷地の分割により数多くの官舎の建物が無くなり，図 IV-45 に示すような安東地域に典型的な L 字型，または，ロ字型の住宅が建てられることになるのである．各タイプ別の特徴を見ると以下のようになる．

　①タイプ I：主に A 地区の 8 等級官舎で最も多く見られる．敷地を 2 分割し，南北の副道路を敷地に合併している．南北の副道路はなくなり，出入口の位置は東，または，西に移転されている．L 字型の住宅が多数を占める．

　②タイプ II：7 等級官舎のある B 地区と D 地区で多く見られる．比較的余裕のある敷地であるため，タイプ I で見られる副道路の合併編入はない．南入りパター

ンは，主にロ字型またはコ字型の住宅となり，東入り・西入りのパターンは，L字型の住宅が多くを占める．
③タイプⅢ：タイプⅡを再分割したタイプで，出入口の位置とは関係なく住宅の形式はL字型が大半を占める．タイプⅡと同様，7等級官舎のあるB地区とD地区に多く見られる．
④タイプⅣ：敷地の庭を分割したタイプで，敷地の分割を行っていない「鉄道官舎」とともに原型が最もよく残されている．分割された庭には主にL字型，一字型の住宅が建てられる．
⑤タイプⅤ：A・B地区に数多く見られるパターンで，ほとんど改良「韓屋」[807]に建て替えられている．

建て替えられた「韓屋」の形態は，朝鮮半島中部地域の「L字型」を採用したパターンが110軒と最も多い．これらの「L字型」形態の住宅は，出入口に「ヘンラン」を増築することによって「コ字型」「ロ字型」と変化している．また，数多くの「鉄道官舎」も増築によって「L字型」「コ字型」「ロ字型」とその形態を変えている．

(2) 街路の「ゴサッ」化

外部空間に着目すると，B・D地区の副道路の利用に大きな変化が現れている．その外部空間の変容の特性として副道路の「ゴサッ」化をまず指摘出来る．安東鉄道官舎地区の場合，全ての道路が繋がっているため，副道路にある建物の数とは関係なく，副道路の幅が広いB地区，D地区の副道路を中心に「ゴサッ」化した副道路が現れており，D地区には安東鉄道官舎地区の中で最も大きい「ゴサッ」が形成されている．格子状の副道路には車の通行がない「ドンネマダン」化した「ゴサッ」も多く見られる．こうした「ゴサッ」は，これまで見てきたように，年寄りの休憩，談話の場や子供の遊び場として使われており，安東の場合，農繁期に農作業の仕度や収穫した農産物の乾燥などの作業場としても使われている．

官舎地区の東・南・北の大通りと接している部分には商業施設用の建物が増築され，オフィス，スーパー，米屋，塾，美容室，文房具屋などが並ぶ小規模の商店街が形成されている．そして，共同銭湯，小公園などがあったC地区には，マンション，戸建住宅，養老院，店舗が新築され，コミュニティの場としての役割がほとんど失われている．

(3) 出入口の変更と内部空間の変容

独立型官舎であるAn07K (4等級官舎)，An21K (5等級官舎) を除くと，二戸一型で

---

807) 1920年代以後，伝統的住宅の不便さを改善するために提案された改良住宅が前身．伝統「韓屋」ではない「韓屋」を改良「韓屋」と呼ぶ．あるいは，伝統「韓屋」に近代的な空間を加えた住宅をいう．半内部空間である「デーチョンマル」が室内化され，リビングとなるのが特徴である．体表的な例にソウル市北村の都市型「韓屋」がある．

第 IV 章
韓国鉄道町

ある「鉄道官舎」は，片方だけの撤去は難しく，内部改造，あるいは，機能の追加など一部増築の改造行為が主体となる．

1950年代後半から1970年代前半まで3段階にわたって行われた払下げにより，ほとんどの官舎について出入口の位置変更が確認された．安東鉄道官舎地区の全建物305軒のうち，A地区の北側の道路に面している商業施設15軒と4等級官舎An07K，7等級官舎An05K計19軒を除いた残りの286軒で北側以外に出入口を設ける出入口の位置変更が行われている．

実測調査を行った旧「鉄道官舎」28軒のうちでは，An05K，An07Kの2軒を除いた26軒で出入口の位置変更が行われている．東側への位置変更は，An08S，An21K，An28Kの3軒，西側へは，An03K，An14S，An15S，An17Kの4軒，そして以上の9軒を除いた19軒は南側へ出入口の位置の変更が行われている．

こうした出入口の位置の変化の理由，そしてその変化が居住空間の構成の変化に大きな影響を与えたことは，三浪津，慶州の「鉄道官舎」について見てきた通りである．変化の中で最も注目すべきは，庭の「マダン」への転用であり，「マダン」が形成されることによって各官舎主屋の南中央部に「ゴシル」が設けられ，「「デムン」—「マダン」—「ゴシル」—各室」という流れが主動線となるのはまったく同様である．

また，南側にあった台所は，主屋の北側へ位置が変更される場合が多く，便所は室内から室外へ一旦移動し，上下水道が整備された後，再び室内に設けられることも同様である．便所は室内から室外へ，そして再び室内へと位置変更を経たためにほとんどのところで室内・室外便所両方とも設備されている．室内便所は家主家族用であり，室外便所は貸家居住者用の共用便所である．

以上のような諸変化を出入口の位置の変更と「マダン」の有無の関係によって分類すると，図IV-51のようになる．

An03K，An08S，An09S，An10S，An12K，An13S，An14S，An15S，An22K，An23K，An24Kでは出入口の部分に「デムン」を含んだ「ヘンラン」を増築することによってL字型，コ字型の住宅に変化させている．「マダン」と「ゴシル」，増築された部分との位置関係は，表IV-8と図IV-51に示す通りである．

襖については，安東の「鉄道官舎」でも，法事など祭事の時に有効であるため使用し続けているところが多くあった（An01K，An02K，An03K，An04K，An06K，An07K，An11K，An12K，An18K，An20K，An21K，An25K，An26K，An28K）．また，新築された建物においても，襖の長所を生かし，「ゴシル」と部屋の間に襖の原理を利用した扉を付けるものがあった（An08S，An09S，An10S，An13S，An14S，An15S，An16S，An19S）．襖は，韓国住宅の内部空間の変化に大きい影響を与えてきたと考えられる．

床の間は，図IV-52に示すように，その機能や意味は無視されるが，押入とともに固定式の家具として活用されている．こうした押入や床の間の空間的使用は，韓国

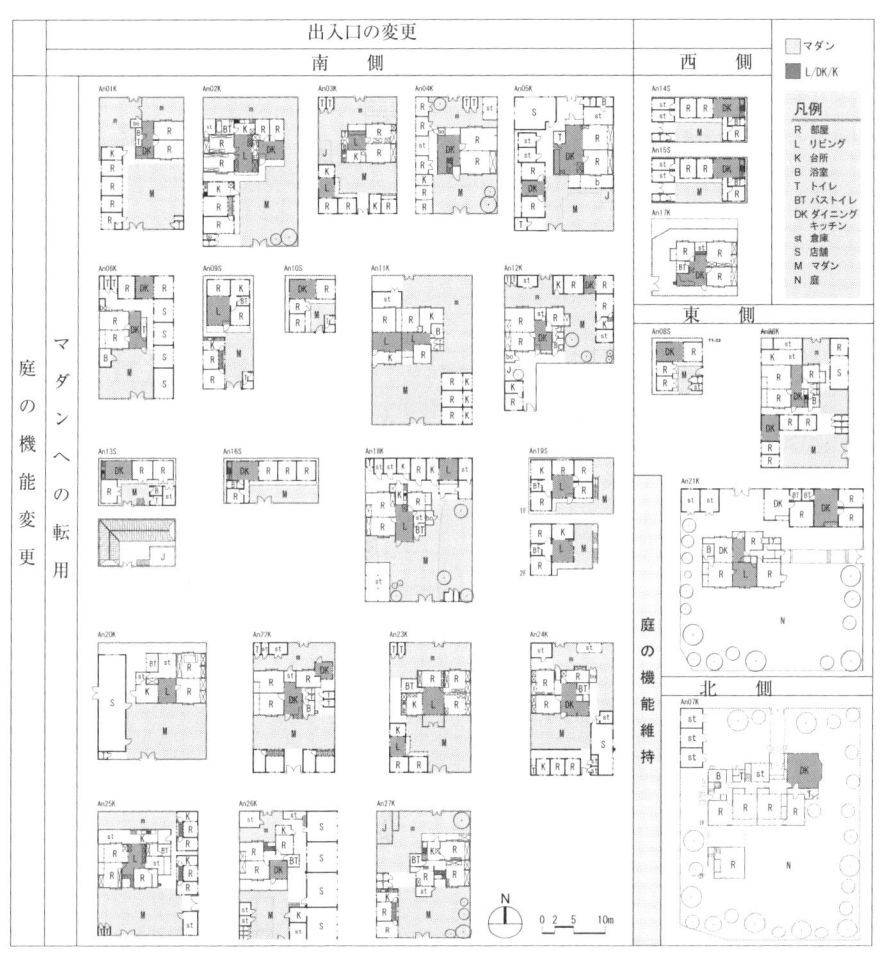

4

安東の鉄道町

図IV-51　居住空間変容のパターン（各住居の外枠線は敷地の境界線となる）

押入を改造した家具1(壁に固定)　　押入を改造した家具2(壁に固定)　　現在の一般的な家具の形態

図IV-52　押入の変容

421

の家具の形態に大きい影響を与えたのである.

(4) マダン・ゴシルの出現

実測調査をした28軒のうち,An07K,An21Kを除いた26軒で庭が「マダン」へ転用されている.また,An01K,An02K,An03K,An04K,An11K,An12K,An18K,An22K,An23K,An24K,An25K,An26K,An27K,An28Kの14軒は複数の「マダン」を持っている.

安東の「鉄道官舎」に見られる「マダン」の種類をみると,以前,庭があった南側の「マダン」は「アンマダン」,主屋の背部にある「マダン」は「ディッマダン」,東・西の道路側にある「マダン」は「ヨップマダン」と呼ばれて,それぞれ独自の機能を持っている.そもそも「アンマダン」というのは「アンチェ」の前にある「マダン」のことで,「両班」住宅では最もプライバシーの度合が強い外部空間である.「ディッマダン」は,主屋の裏側に設けられた空間である.主に,台所と直接繋がっており,冷蔵庫のなかった時代には,日陰のある涼しいところで食品を保管していた.また,「ジャンドクデ장독대」や[808]「ホッカン」が設けられており,主に主婦が家事のために良く使っている空間で,勝手口からの近所との付き合いも活発に行われる.

複数の「マダン」を持っている14軒のうち,An23Kを除いたAn01K,An02K,An03K,An04K,An11K,An12K,An18K,An22K,An24K,An25K,An26K,An27K,An28Kのディッマダンには食材を保管する「コバン(倉房)」[809]という倉庫が設けられ,台所の作業に関わる空間として使われている.そのため台所に面し,ほとんどのところで「台所―ディッマダン」,「台所―コバン(倉房)―ディッマダン」のような連絡通路が設けられている.またAn01K,An03K,はディッマダンに「トッバッ」を設けている.An02K,An03K,An11K,An12K,An18K,An23K,An24K,An27K,An28Kにあるヨップマダンは,ジャンドックを置く空間として使われ,水道の蛇口を設けているのが特徴である.ディッマダンとほぼ同じ機能を持つが,食品の保管の機能はない.図IV-53に示すように,「マダン」から始まる動線は「ゴシル」および別棟の各室へ直接繋がる.また,「ゴシル」から始まる主屋の動線は直接各室に繋がり,台所からディッマダンへの連絡通路が設けられる.「ゴシル」は廊下を改造・拡張したもので,ほとんど全ての住居の中央部南側に設けられる.また,An03K,An04K,An06K,An11K,An12K,An17K,An18K,An20K,An22K,An25K,An26K,An28Kでは襖を利用し,An08S,An09S,An10S,An14S,An15S,An16S,An19S,An23Kでは「ゴシル」と部屋の間に引き戸を設置し,2室を繋いだ続き間で法事などの祭祀を行っている.

---

[808] 味噌,キムチなどの保管場所,外部に設けられ,段々につくられる.

[809] コッカンとも呼ばれる.普段は,台所と「アンバン」の近くに設け,様々な器具や穀食を保管する空間である.

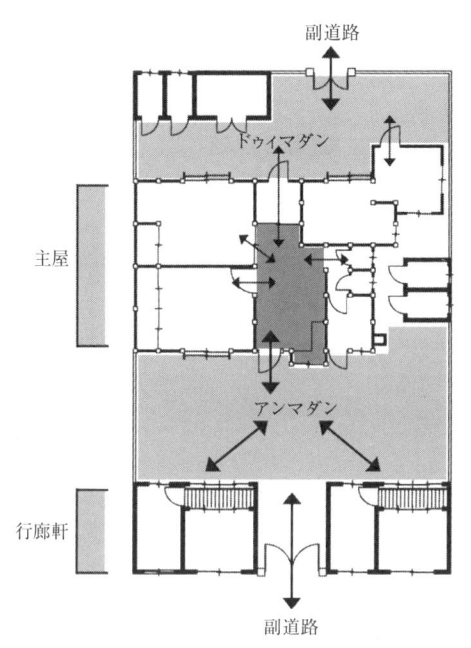

図 IV-53　マダンとリビングによる動線構造

　これまで見てきたように,「ゴシル」は, 中廊下の改造によってつくられた「デーチョンマル」の代わりになる室内化された空間である. 板張り床の「マル」ではないにもかかわらず「マル」と呼ぶ場合がある.
　安東の「鉄道官舎」は, 図IV-54に示すように, 概ね3段階の増改築のプロセスによって,「一字型」である「鉄道官舎」が朝鮮半島の中部地域の典型的住居形態である「L字型」,「コ字型」,「ロ字型」へと変化している.
　安東の「鉄道官舎」の増改築による内部空間の変化のプロセスは次のようである.
①第1段階：「鉄道官舎」建設当時
　日本人の鉄道員の住居として建設され, 出入口, 玄関は北側に, 庭は南側に設けられ, 正面は南側を向いている. 台所は庭に近い南側に置かれ, 東または西側に便所や風呂が設けられている.
②第2段階：解放以後の韓国人鉄道員の居住
　ヒアリング調査によると, 鉄道局所有で国の財産であったため, 畳部屋の「オンドル」部屋への変更以外の改変はほとんど行われない. しかし, 生活上の不便さに関する苦情が多く, 1970年代に入って, モータリゼーションの進展による鉄道利用客の減少と鉄道員の減員を背景に払下げが実行される.

第 IV 章
韓国鉄道町

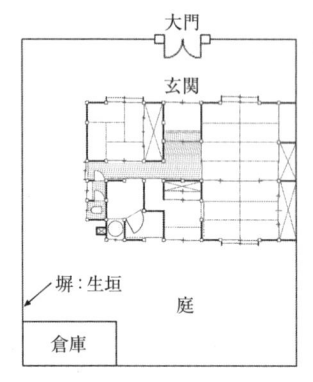

1段階：旧鉄道官舎の建設当時
敷地中心部に母屋を配置し，北側に出入口と玄関を，南側に後庭を配置し，倉庫を設けている．
敷地境界の塀は扁柏の木を植えた生垣となっている．

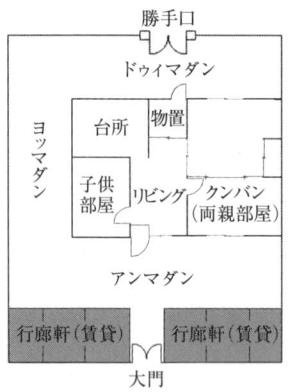

2段階：払下げ実行以後初期段階
北側にあった大門や玄関の位置が南側へと変更が行われ，南側の庭がマダンへと転用される．
母屋に対する一部の空間拡張が行い，内部空間の構成が変化する．
リビングの出現と台所とトイレの位置変更が目立つ．
倉庫の改造と増築によって子供部屋及び付属室を建てる．
特に，大門を含む行廊軒の増築が目立ち，マダンの機能を強化している．

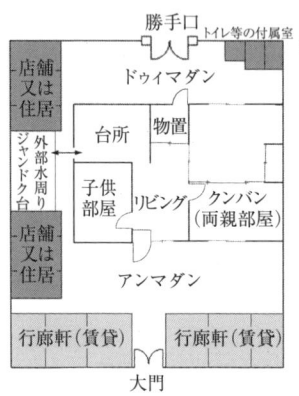

3段階：1980年代～1990年代前半
主屋の東西側に別棟を増築し，賃貸店舗，又は住居，そして一部をジャンドク台，外部水周りを設けるなど，台所の付属空間を造っている．
また，主屋と東西の別棟を繋いで'L字型'，'コ字型'の住戸形態が現れている．

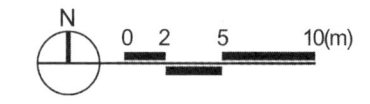

図 IV-54　安東鉄道官舎・増改築のプロセス

③第3段階：払下げ以後の韓国人の居住

払下げによる韓国人の入居によって一斉に変えられたのは，生垣であった塀のブロック塀への取替えと，北側にあった出入口と玄関の位置の変更である．入口の変更とともに，出入口に「デムン」と一体化された「ヘンラン」が建てられる．また，庭が「マダン」へと転用される．それとともに，居住空間の内部動線が変化する．廊下を改造した「ゴシル」が出現し，各室の扉と「ゴシル」が接する構造に変化する．

④第4段階：

主屋の東または西側に別棟が増築され，通路とともにヨップマダンがつくられる．こうした増築による変化は敷地面積や建蔽率の少ない下級官舎になるほど大きい．また，追加された部屋の数も多くなる傾向がある．畳はほとんど床暖房（「オンドル」）に変えられ，床暖房のためにボイラー室が付置される．このような増改築によって，「一字型」であった旧「鉄道官舎」は，「L字型」あるいは「コ字型」へ変化する．

ほとんどの住居で，面積に関わらず，主屋の南側，「ゴシル」と接している部屋が「クンバン」または「アンバン」と呼ばれる夫婦部屋となる．安東の旧「鉄道官舎」では「クンバン」より，「アンバン」が一般的に用いられるが，儒教の伝統が根強いことと関係があるであろう．

IV-5　日式住宅と韓国住宅

日本の植民地期以来，朝鮮半島に植えつけられた「日式住宅」がどのような変化の過程を経て今日に至ってきたのか，すなわち持ち込まれた「日式住宅」の居住空間にどのような変容が起こったかを見てきた．また，「日式住宅」が韓国の伝統的住宅とどのような側面で異なっているかについて，「鉄道官舎」というきわめて限定され，標準化された住宅の改変（増改築）を具体的に明らかにすることによって見てきた．また一方，「日式住宅」がどのように受け入れられ，韓国住宅の「近代化」にとってどのような役割を果たしてきたかを考察してきた．

韓国住宅の近代化の起源を，一般的に西洋諸国の影響と見る見方に対して，外来建築，外来住宅のうち，朝鮮半島に最も多く建てられた「日式住宅」に焦点を当てるのが本書であり，「日式住宅」と現在の韓国住宅との関係を，限定的ではあるが，きわめて具体的に，三浪津，慶州，安東の旧「鉄道官舎」の歴史的変容を明らかにする中で見てきたのが本章である．

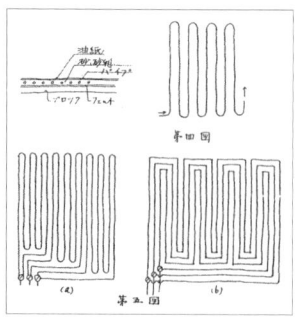

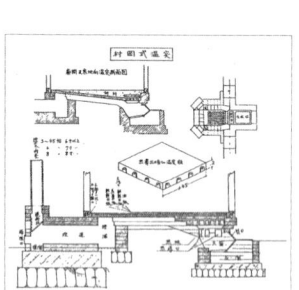

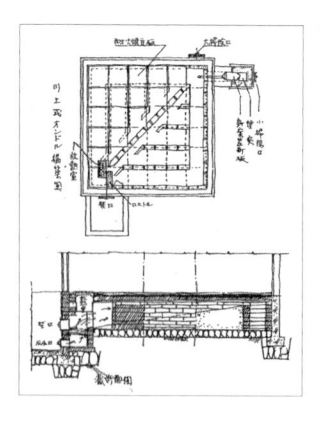

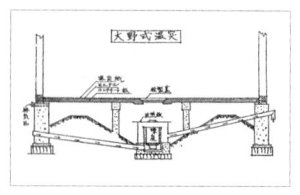

図 IV-55　官舎に採用されたオンドル（『朝鮮と建築』1940年第3号, p.26, 29, 30, 31)

5-1 | 改良オンドルと断熱壁

　日本人の入植とともに朝鮮半島の各地で建てられた「日式住宅」は，韓国特有の環境に適応するため様々な工夫を迫られる．その中で最も注目すべきものは改良「オンドル」の開発と保湿・断熱のための壁体の開発である．

改良オンドルの導入

　「オンドル」式の床暖房システムは，今日に至るまで朝鮮半島で広く使われてきている暖房法である．しかし，「オンドル」式の床暖房システムは，朝鮮半島の開港とともに新しく建てられた初期の洋式住宅や「日式住宅」のような外来住宅には採用されなかった．

　「オンドル」式の床暖房システムが再認識されたのは1920年代半ばである．朝鮮半島の気候にあわせた新たな床暖房システムとして改良「オンドル」が開発されるのである．「オンドル」は，寒冷乾燥な韓国の冬の室内保温に適した床暖房システムであり，畳を利用する「日式住宅」に「オンドル」を取り入れるために改良「オンドル」の開発が行われるのである（図 IV-55）．改良「オンドル」として，「村岡式」，「川上式」

「大野式」の3種類が開発され，公共住宅を中心に採用されることになる．

「大野式」は，煉炭を床下で燃焼させ，床下の空気を温め，鉄筋コンクリート製の床板を温める方式で，在来の方法とは大きな違いがある．初期には煉炭を部屋の中から出し入れしていたが，後には部屋の外から簡単な道具によって出し入れが出来るように工夫改良している．「村岡式」「川上式」は，「焚口」「煙道築造法」「鉄筋コンクリートの床版」，「遮断板の設置」など大野式を改良し，それぞれ特許を取ったものである．

その後，さらに室内暖房の研究が行われ，1940年代初期からは「模擬温突」方式が採用された．「模擬温突」式とは，温水または水蒸気で床を温める方法で，電熱を使うものもある．特に「川上式」は，床にパイプまたは熱線を引き，そこに温水・水蒸気・電気を流して床を暖める方式を採用する．これは今日の韓国において最も多く採用されている床暖房方式である．

村岡式は地面を一定の深さまで掘り下げ，割栗石を敷いた上で，「大溝」を煉瓦で築造し，「焚口」「灰出口」「大掃口」を設けた特殊な火床装置を設置する．「オンドル」房の床は煉瓦でつくった煙道の上に板を貼って仕上げる．床は地塗の後，上塗りを施し，下張・上張・布張・油紙張とする．煙突には特許差断板を用いる．また放熱器の下を引き上げ，小溝を掃除出来るようにしている．燃料の完全な燃焼を考え，「焚口」を低くして室の大きさによって煙道に充分な勾配を取る．その勾配は，4畳半→4.5寸，6畳→6.75寸，8畳→9寸とする．こうすると「焚口」の方へ逆流することはほとんどない．村岡式の煙道は独自に煙道上端と熱道の底を同じ高さに築造している．また，煙道の高低，熱道の長短，分岐口の広さを実験により調節して内部空間を快適にしている．川上式や大野式も一般の「日式住宅」に広く採用されていたと考えられる．

壁体の改良

「鉄道官舎」を含む「日式住宅」の朝鮮半島への導入のために，以上のような「オンドル」に関する工夫以外にも様々な研究が行われた．その中でも重要なのは断熱・防風壁の考案，研究である．

建物内部の熱が周囲の壁から流出しないようにすること，断熱性能を高めることは，重大な経済問題でもある．特に冬の朝鮮半島の気候は，中国大陸からの北風が強く，日本と比べ低温で，湿気が少ない．在来の日本式の壁構造では寒く，風が吹き込むのが大きな問題となった．そこで室内熱消失の問題を解決するために様々な実験研究が行われ，官舎など公共住宅などの建物に適応されるようになる．壁の改造は民間でも自発的に行われたが，その代表的な研究で朝鮮半島に最も大きい影響を与えたのが「XY生」氏の「住宅の壁体の構造と冬期保温の関係」[810]である．

---

810)『朝鮮と建築』第三輯第十号，1924，pp. 15-28．

「XY生」による実験は，室内温度を一定に保つよう暖めておいて暖房をやめた場合にどれだけの速度で温度が下がるか，また，冷えている室内を一定の熱の供給によって如何に速く暖められるかを，実験的に明らかにするものである．室内および壁の内部にある空気の温度，壁の中，空部における空気の温度，気象学的データを詳細に測定している．その測定を基に朝鮮半島の気候に適応出来る壁の断熱・防風構造が開発され，実際に適用されるのである．在来の「日式住宅」の壁にはなかったけれど，壁の中心部に空気層を設け，断熱性能を増加させる中空壁を利用することが経済的であるという結論は画期的である．この実験の責任者であった朴教授が取り上げた最も重要な点を要約すると次のようになる[811]．

1. 木造は煉瓦造より簡単に暖められる．煉瓦造よりもかなり暖房費が少ない．
2. パネル木造骨組壁は，法規定の3寸厚の板材を使用した木骨壁とほとんど同様に断熱性能を持っている．
3. 煉瓦壁は，壁厚を充分にすれば木骨壁と同様の断熱効果がある．
4. 中空部に鋸屑を詰めたパネル壁は，3cm圧の板材の木骨壁より断熱性が高い．
5. 英国式煉瓦1枚半の壁体は，他の煉瓦壁よりも断熱性が高い．
6. 英国式セメント造は，煉瓦造より断熱性が低い．
7. 英国式煉瓦壁の中空部に乾燥したコークスを充填したものは断熱性がかなり高くなる．
8. セメント壁を外部の壁に使用するのは断熱効果かかなり少ないのですすめられない．
9. 窓を2重にすることによって，暖房用燃料の節約が出来る．

実験壁は第1号から27号までつくられ，測定された[812]（図IV-56）．

こうした改良「オンドル」と壁に関する一連の実験は，韓国の環境に適応するため行われ，「日式住宅」を大きく変える重要な要因となったと評価される．改良「オンドル」は，ブオク（台所）または屋外に設けられたブトゥマック（火口）をなくし，土間であったブオク（台所）が室内化する要因となった．また，実験壁第10・11・12・13号は，木造建築がほとんど建てられなくなった現在韓国の住宅のレンガ造・ブロック造などの積層構造に大きな影響を与えたものである．

---

811) 『朝鮮と建築』第三輯第十一号，1924，pp. 20-21．
812) 『朝鮮と建築』第三輯第十号，1924，pp. 15-28．

日式住宅と韓国住宅

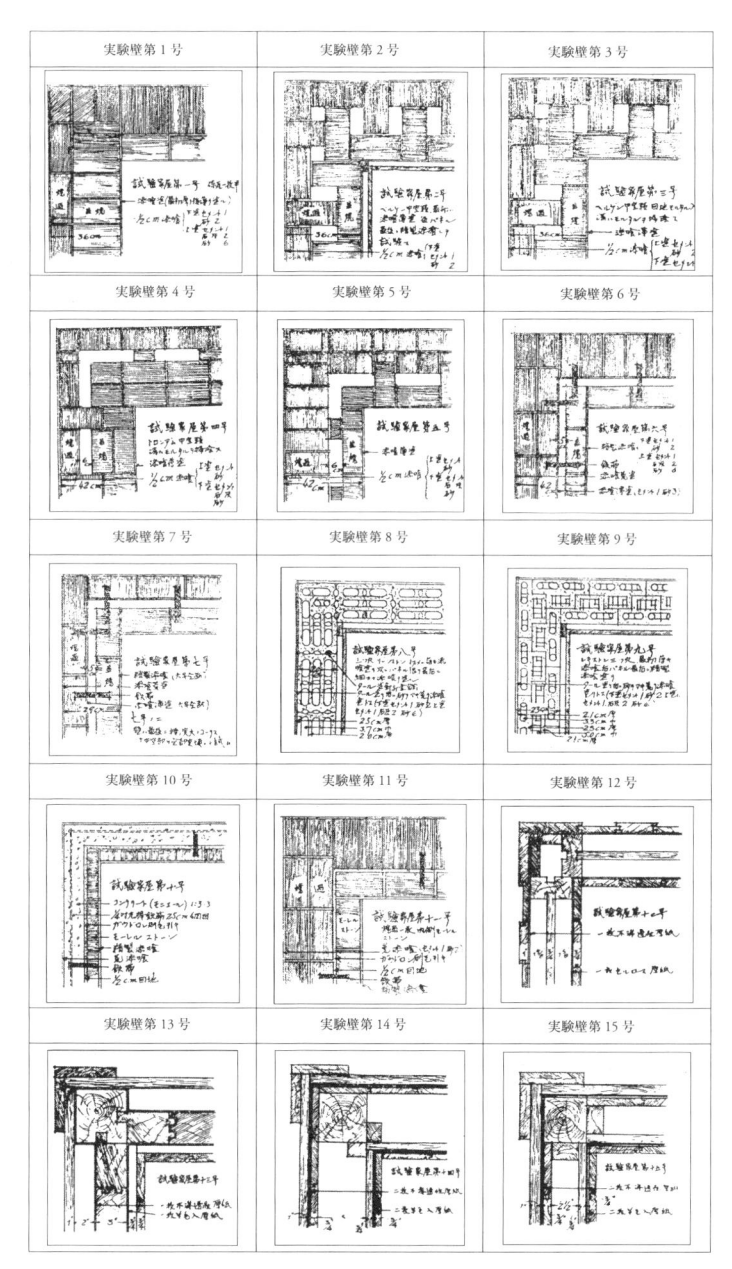

図 IV-56　YX 生氏による実験壁　(『朝鮮と建築』第三輯第十一号, 1924, pp.15-28)

第 IV 章
韓国鉄道町

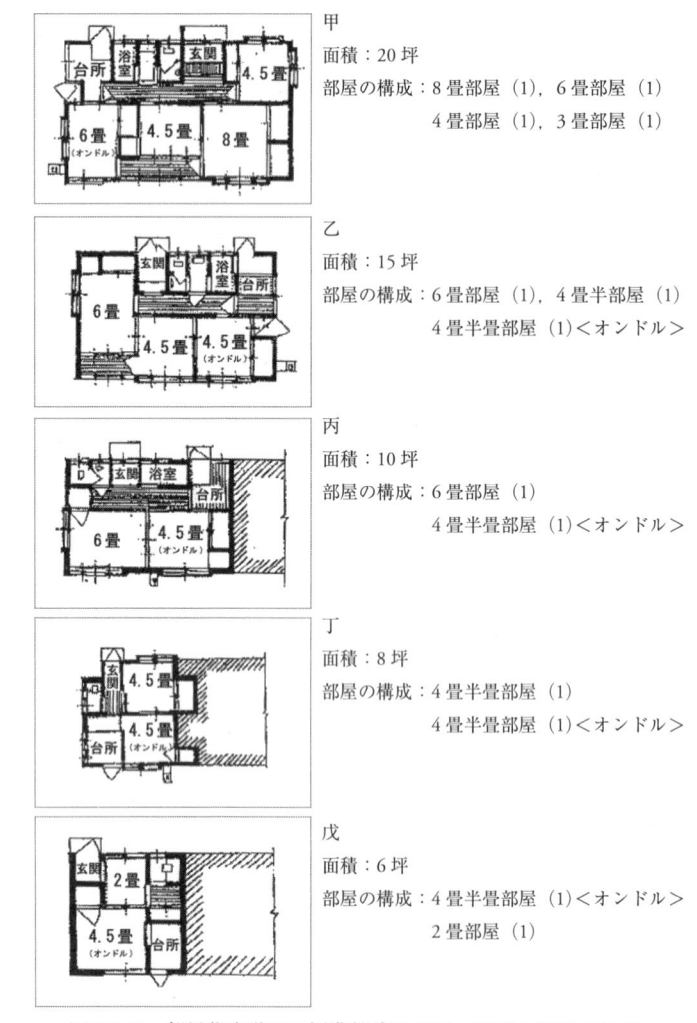

甲
面積：20 坪
部屋の構成：8 畳部屋（1），6 畳部屋（1）
4 畳部屋（1），3 畳部屋（1）

乙
面積：15 坪
部屋の構成：6 畳部屋（1），4 畳半部屋（1）
4 畳半畳部屋（1）＜オンドル＞

丙
面積：10 坪
部屋の構成：6 畳部屋（1）
4 畳半畳部屋（1）＜オンドル＞

丁
面積：8 坪
部屋の構成：4 畳半畳部屋（1）
4 畳半畳部屋（1）＜オンドル＞

戊
面積：6 坪
部屋の構成：4 畳半畳部屋（1）＜オンドル＞
2 畳部屋（1）

図 IV-57　朝鮮住宅営団の標準設計図（出典：『朝鮮と建築』1941 年）

5-2 | 韓国住宅の変容

　朝鮮半島で最初に建てられた「標準住宅」すなわち「型としての住宅」は，「朝鮮総督府」鉄道局による 3 等級，4 等級，5 等級，6 等級，7 等級甲，7 等級乙，8 等級の七つの「鉄道官舎」である．また，「朝鮮住宅営団」で開発した甲，乙，丙，丁，戊の五つの住宅型（図 IV-57）である．これらは，韓国の「近代住宅」あるいは「文化住宅」

の起源とも言われる.

「鉄道官舎」や「朝鮮営団住宅」による「日式住宅」が韓国の伝統的住宅と決定的に異なっていたその特徴の一つは,浴室や便所が室内化されており,台所も室内から直接出入出来るようになっていたことである.

①玄関の出現

玄関は,本来韓国の伝統住宅にはなかった居住空間の要素である.「朝鮮総督府」鉄道局が建設した「鉄道官舎」の全てのタイプに玄関が独立した空間として計画されている.

伝統的な韓国住宅の空間構成は,大通りから「デムン」または「ヘンラン」を通って敷地に入り,「マダン」から各室へと直接進入するという動線を持っている.「デムン」が出入口の役割を,そして部屋の前に設けられている「テッマル」[813]が玄関の役割を果たしている.

こうした伝統的な韓国住宅の空間構成は,「日式住宅」,そのモデルとしての「鉄道官舎」とともに導入された玄関とともに大きく変化する.その変化は,「デムン」—「マダン」—「マル」—「部屋」という動線構造から「デムン」—「マダン」—玄関—「ゴシル」—部屋という動線構造への変化である.この動線構造の変化は,今日に至るまで韓国の都市住宅に大きな影響を与え,ほとんどの都市住宅が「デムン」—「マダン」(または庭)—「玄関」—「ゴシル」—「部屋」の動線構造を持つようになっている.

朝鮮戦争以後に大韓住宅公社や韓国住宅金庫で開発されたモデルでは「マル」を使用した出入の平面も提示されているが,1956年から1957年にかけて大韓住宅公社によって建てられた一戸建の公社住宅は玄関を独立した一つの空間として設けている.玄関は,「鉄道官舎」および「朝鮮住宅営団」の「日式住宅」の建設によって初めて導入され,以降韓国の一般住宅にも徐々に採用されようになり,今日では玄関を設けるのが一般的になってきたのである.

②便所と浴室の屋内化

韓国の伝統的住宅で「ディッカン」と呼ばれていた便所と,独立した空間として設けられてこなかった浴室の室内化は,「鉄道官舎」が韓国伝統住宅の空間形式に与えた影響の中でも,最も大きなものであった.

鉄道局の標準設計図に見られるように,全ての官舎に室内便所があり,8等級官舎

---

813) テッマルは部屋と「マダン」の間に設けられた細長いマルである.また,「デーチョンマル」は一般的に上流住宅にあるもので,部屋と部屋,部屋とヌマルの間にある比較的大きい空間,マルバンは,壁や天井を含めた全ての部分はオンドル部屋と一緒であるが床だけが木の板で出来ている空間,テゥイマルは各部屋とデーチョン等を「マダン」とか他の部分に繋ぐ空間で壁や窓がなく,テッ柱があってその柱線にあわせテッマルを並べる.チョックマルはテッマルと同じ機能を持っているがテッ柱はない.そして,ヌマルは普通上流住宅の「サランチェ」の端に位置する.男性の象徴的,権威的な尊厳性があるところである.

の一部を除いた全ての官舎で室内に浴室が設けられている．韓国の伝統的住宅では，「ディッカン」は「デムン」付近か主屋の裏側に設けるのが一般的であった．室内便所が導入されることになっても，その位置が定着するまでには様々な混乱があった．「鉄道官舎」の払下げが実施されて以後，便所は一度外部に移されて，さらに室内化されるようになる．現在はほとんどの住居（旧官舎）に室内便所と屋外便所が併せて設けられている．

韓国の伝統的住宅における浴室は，一般的に独立した一つの空間ではなく，台所に設けられた仮設的なものであった．内部化された浴室が一般的に拡がったのは便所と同様「鉄道官舎」で採用されて以降である．

「鉄道官舎」によって導入された屋内化された便所と浴室は各々独立した空間である．現在は，屋外便所は「ホッカン」と一体化されており，室内では便所と浴室が一体化されているユニットバスとなるのが一般的である．また，ユニットバスには風呂桶（湯船）が設けられることは少なく，シャワーが一般的である．ユニットバスという形で，便座と洗面台，そしてシャワー用の蛇口がある新たな空間がその後一般化していくのである．

便所や浴室が韓国の一般住宅で屋内化されるのは，「鉄道官舎」の払下げと同じ時期である．1970年代前後に，都市住宅とともに，セマウル住宅[814]にも屋内便所や屋内浴室が設けられるようになる．この便所，浴室の屋内化は，朝鮮半島における生活空間の近代化の一つの象徴である．

③台所の変化

韓国の伝統的住宅では，台所への出入は，外部空間である「マダン」からの出入と内部空間の「アンバン」からの出入が基本で，他の部屋からの出入は出来ない．台所への出入を，「マダン」「アンバン」からとともに内部の「ゴシル」から可能にするきっかけとなったのは，「鉄道官舎」である．

伝統的な韓国住宅では，台所に接している部屋に「オンドル」を引くため，台所の床は低い土間になっている．しかし，「日式住宅」の導入以降，台所と部屋との直接的連絡が困難である従来の平面構成から，家事の便宜を図るために，台所の床高を上げ「ゴシル」が台所に繋がる平面構成へと変化するのである．屋内化された台所は，1960年代以降，公営住宅に導入され，今日に至るまで，韓国のほとんどの住宅で採用されることになる．

④押入と続き間

---

814) セマウル運動は，1970年4月22日当時の朴大統領によって始まった農村再建運動である．農村の古い村を磨いて新しい村をつくるための運動で農民に対する様々な支援が行われた．その中で老朽化した農村住宅問題に取り組んで実行されたのがセマウル住宅の建設である．その契機によって農村の住宅では，玄関，内部化された便所や浴室が導入される．

韓国の一般的な住宅では，従来，一つの部屋の面積が非常に狭く，押入のような収納空間は設けられていなかった．その一つの理由は，「オンドル」という特殊な床暖房システムのためである．

住宅を構成する部屋には，「バン（房）」と「マル」，台所，「マダン」「ゴエ（庫）」「ジャンドクデ」「チャンバン찬방」[815]，便所などがある．その中で部屋である「バン」を見ると，各部屋には壁際に小さい箪笥が置かれている以外，収納空間や家具はほとんど見当たらない．

韓国では，一般的にその季節に使われる衣類や蒲団などを部屋に置き，その他の物は物置である「ゴバンユ방（庫房）」に保管していた．押入の導入によって，部屋で衣類や蒲団の大量収納が可能になってくる．今日では押入が壁一面の大きさを持つ「ジャンロン장롱」という収納家具にその形態を変え，衣類・蒲団類は部屋の「ジャンロン」に収納されるようになってきた．本来の収納空間であった「庫」は，その姿をほとんど消している．

襖によって二つの部屋を一つに繋げる「続き間」は，一部屋当たりの面積が少ない韓国の部屋の問題点を解決した重要な工夫となる．

韓国の伝統的住宅では，「アンバン」と「コンノンバン」の間には扉で繋がる「デーチョンマル」が設けられる．既に述べたように，「デーチョンマル」は「マダン」と同様，多様に使われる．特に，法事などの祭事は「デーチョンマル」と「マダン」を利用して行われるなど，きわめて重要な空間であった．しかし，「デーチョンマル」のような一定の広さを持つ空間を確保出来なくなると，都市住宅では，「鉄道官舎」で導入された「日式住宅」の空間要素である「続き間」が用いられるようになる．「ゴシル」と「アンバン」の間に取り外せる襖を設置し，二つの空間を繋ぐことで法事などの家庭の行事を行うようになるのである．現在，「続き間」は，都市住宅をはじめ，農漁村の田舎の住宅まで広く使われている．「日式住宅」の空間要素が受容された代表的な空間が「続き間」である．

5-3 │ 日式住宅の変容

「日式住宅」の導入によって韓国の住居は大きく変化した．玄関の出現，便所と浴室の屋内化，台所の変化，押入と「続き間」などの設置などは，「日式住宅」が大きな影響を与えている．一方，韓国の伝統的住宅本来の機能を保ち続けている空間要素もある．代表的なのは，出入口の位置，「マダン」「ゴシル」の出現と部屋の配置である．また，道路の「ゴサッ」化など外部空間の利用方法である．

---

815) 料理をしたり，料理道具を保管する部屋のこと．

①出入口の位置

　植民地時代に建てられた「鉄道官舎」は，ほとんど全てが北入りである．北側からの出入は，「鉄道官舎」だけではなく「朝鮮住宅営団」の公営住宅や解放以後建設された大韓住宅公社，ICA住宅[816]，国民住宅の初期モデルにも採用されている．しかし，この北側からの出入は受け入れられず，1960年代前後からはほとんどの住宅で正面入口として南側に出入口が設けられるようになる．北入りは，韓国の生活慣習には受け入れられなかったのである．

　三浪津，慶州，安東の旧「鉄道官舎」では，北側にあった出入口のほとんど全てがその位置を変更している．南側への出入口変更が最も多く，地形的な理由で南側に設けられない場合には，東あるいは西側に設ける．当然，出入口の位置変更によって玄関の位置も「デムン」のある位置に移動される．

　韓国の伝統的住居空間では，基本的に南入口を重視してきた．すなわち，寒い冬場に北側からの厳しい風を遮断するため，また，敷地と面している畑などに繋げる勝手口の利用のため，さらには，法事の時，先祖の霊が通る死者の通路と認識されているため，北側以外に出入口を設けるのが一般的だったのである．

②「マダン」

　居住空間の変容としては，出入口の位置の変更，庭の「マダン」への転用，主屋の増改築，別棟の増築などが重要である．

　出入口は，北側から南側へと位置変更が行われるとともに「デムン」という名称に変わる．南側にあった庭は多用途空間である「マダン」に変わる．そもそも「マダン」は，韓国の住居の中心空間であり，各棟を連絡させる空間である．全ての「マダン」は，主屋の前面（南側）に位置し，付属棟によって囲まれL字型，コ字型，ロ字型の構成を採り，各棟を連絡している．

　一方，「鉄道官舎」では，「マダン」ではなく庭が主屋の南側に設けられていた．そして払下げ以後，出入口の位置変更とともに全ての住宅で庭が「マダン」へと変えられる．

　こうした庭の「マダン」への転用は，単なる空間の位置や形態の変化ではなく，その空間の機能と意味の違いによる変化である．すなわち，「鉄道官舎」の主屋の南側に設けられた庭は本来室内から眺め楽しむ空間であり，様々な植物を植えるなどの庭園的空間であったが，多様な作業が出来る，オープンな多目的空間としての「マダン」へ，「陰陽思想」による位置付けとしては「陽」の空間へ変化するのである．住宅に関わる「陰陽思想」によると，主屋が「陰」の空間で，「マダン」が「陽」の空間である．

---

816) International Corporation Administration. 公共住宅の一種で，韓国産業銀行の資金で建設された．1955年から1961年までにソウル市内で建てられた公共住宅，計1万7137棟のうち，ICA住宅は6487棟を占めた．大韓住宅営団の復興住宅は1372棟建設された．

「陰」と「陽」の間の円満な循環を図っているためには,「マダン」に植物を植えることや,大きい物を置くなどはよくないとされてきたのである.「鉄道官舎」に導入された庭のような空間は,韓国人の生活習慣にはあまり適合しなかったと考えられる.
③「ゴシル」の出現
　「鉄道官舎」は,中廊下によって部屋を繋ぐ中廊下式住宅である.こうした中廊下の形式は,解放後も1960年代まで使用される.しかし,通路の機能を持った中廊下は,「デーチョンマル」を中心としてきた韓国人の生活習慣にはあまり浸透せず,中廊下を拡張することで「デーチョンマル」の代わりとなる「ゴシル」が創出されることになる.
　「デーチョンマル」によって二つの部屋が分離されていた伝統的な韓国住宅は,「ゴシル」の出現とともに,「ゴシル」を中心とし,各部屋が「ゴシル」に面する構成へと変化した.外部空間としての「マダン」は主屋をはじめ各棟と接している.そして内部空間に「デーチョンマル」の代わりの空間として表れた「ゴシル」は,主屋の中で部屋はもちろん台所,ユニットバス,「チャンゴ창고(倉庫)」に直接面し,内部空間の動線をコントロールしている.「ゴシル」は,動線のコントロールだけではなく家族の食事空間,法事,団欒の空間などに使われる複合的な機能を持っている.
　以上のように,現代版の「マル」である「ゴシル」は,韓国住宅において複合的な機能を内在化する独特な空間となるのである.
④道路の「ゴサッ」化
　「鉄道官舎」地区は,各宅地が副道路によって囲まれ,「ゴサッ」をつくる配慮はまったくなされていない.それは,「鉄道官舎」地区だけではなく全国の住宅地でも同様である.街路の「ゴサッ」化は,「鉄道官舎」地区に限らず,韓国の各都市の居住地で見られる.「ゴサッ」は,失われつつあるコミュニティ空間の代償とも考えられる.

IV-6　鉄道町のもたらしたもの

　朝鮮半島に鉄道が初めて敷設され,その沿線に設置された鉄道駅を中心に形成されたのが「鉄道町」である.その「鉄道町」の核になったのが「鉄道官舎」が建ち並ぶ,日本人の居住した団地である.「鉄道町」をめぐって,本章で明らかにしたことをまとめると以下のようになる.
　(1)「鉄道町」は,朝鮮半島の都市の近代化に大きな影響を与えた.すなわち,半島内部の各地に近代都市が形成される大きなインパクトを与えた.農業を主とし,在来

第 IV 章
韓国鉄道町

の定期市場による交易を基本にしていた朝鮮半島の伝統的な集落あるいは「邑城」に，商店街が導入され都市化する契機となったのが「鉄道町」である．有力な「鉄道町」は，鉄道による流通業・商業・観光業などの発達とともに行政関係施設や金融機関が設置され，地方における行政，商業の中心となる．

(2) 韓国における伝統的な集落は，氏族単位の小規模な居住単位で構成されるのが一般的であった．また，川，山などの自然地形によって境界付けられるのが一般的であった．「鉄道町」は，半島内部に高密度な居住地が形成される大きなきっかけになった．地方に近代的都市施設と街路構造をもたらしたのが「鉄道町」である．

(3) 「鉄道町」における街路体系は，各都市の地形によって様々であるが，鉄道線路に並行する道路と居住地区を構成している格子型の道路が基本となっている．居住地区は，幅の広い主要道路によって大きな街区が区画され，中・小道路，そして従来の小路によって敷地割がなされている．こうした街路体系は，今日に至る韓国都市における街路体系の骨格となっている．

(4) 「鉄道町」に建てられた「日式住宅」の空間構成は，解放以降，韓国人によって改変される．その改変には，「日式住宅」を変容させた朝鮮半島における伝統住文化を見ることが出来る．「日式住宅」の変容として主要な点は，出入口の位置変更，庭の「マダン」への転用，「ゴシル」の出現，台所と便所の位置変更などである．さらに，出入口が南側に位置を変更し，「デムン」へ名称が変わったこと，本来庭であった主屋の南側にあった空間が「マダン」へと転用されたこと，中廊下を改造し「デーチョンマル」の代わりとなる「ゴシル」が出現したこと，主屋の南側にあった台所が北側に移動されたこと，室内便所が室外に移動後再び室内に入ったことなどが注目すべき点である．一般的な空間の改変としては，別棟を増築して離れを建てるもの，狭い居住空間を拡げるため道路の一部を買収し敷地を拡げたもの，既存の敷地を分割し複数の敷地となったものなどがある．別棟の増築は，離れとして増築され，貸家，または，店舗として使われている．

(5) しかし一方，現在も韓国の住文化に影響を与えている「日式住宅」の空間要素を見ることが出来る．「日式住宅」の導入によって，韓国の住居は大きく変化した．玄関の出現，便所と浴室の屋内化，台所の変化，押入と「続き間」などの設置などには，「日式住宅」が大きな影響を与えている．

(6) 朝鮮半島のほぼ全域に形成された「鉄道町」の形成とその変容の過程は，韓国の伝統的な集落が都市化されていく，一つのプロセスとして位置付けることが出来る．朝鮮半島内陸部の主要な地方都市の起源となったのは「鉄道町」であり，その核としての「鉄道官舎」地区である．

(7) 「鉄道町」は，「朝鮮市街地計画令」によって実行された明確な都市理念を持った都市計画とは異なり，鉄道局と居住者によってつくられた，都市の一要素となる計

画団地である．韓国の気候に適応するために，「日式住宅」に床暖房システムや実験壁が採用する試みがなされていることは，当然とは言え，注目すべきである．「鉄道官舎」地区は，朝鮮半島における近代的な住宅地計画の一つの先駆的例であるといっていい．しかし，その近代的な街区割りに対して，払い下げ以降韓国人が住み続ける中で，街路の「ゴサッ」化が起こり，「トッパッ」の形成がみられることは，きわめて重要なことである．

終　章

植民地遺産の現在

本書では，まず序章で本書のテーマ，問題意識，その背景について触れ，Ⅰ章で朝鮮の開国から日本による植民地支配へ至る歴史的過程を概観した上で，「開港場」「開市場」について近代都市計画の導入に関わる様相を明らかにした．続いてⅡ章において，朝鮮時代に朝鮮半島の各地に置かれていた「邑城」が，開国以降，とりわけ日本植民期においてどのように変貌してきたのかを慶州に即してみた．すなわち，「邑城」およびその周辺の空間構造を，施設の分布，その空間構成，そこで行われる祭祀などをもとに明らかにし，その変貌，変容の過程を「邑城」の解体，土地所有の変化といった多様な視点からダイナミックに描き出すことが出来た．「邑城」の解体に際して建築史学者による古蹟調査の果たした役割は，本書の一つの焦点である．
　また，Ⅲ章では，朝鮮半島の沿岸部に形成された「日本人移住漁村」の変容過程を典型的な事例を選んで明らかにした上で，「日本の居住文化」と「韓国の居住文化」という二つが，重層，反撥，交錯する「文化変容—異化と同化」について考えた．さらにⅣ章では，朝鮮半島内陸部に動脈として敷設された鉄道沿線に形成された「鉄道官舎」を核とする「鉄道町」についても，「日式住宅」で構成される街区の変容過程を明らかにした上で，「鉄道町」が韓国の都市の近代化に与えたインパクトともに，解放後における街区と住居の「韓国化」について考えた．
　あくまで臨地調査をもとにした限られた都市についての論考ではあるけれど，開国から植民地期にかけての韓国の都市景観の変貌について，一つのクリアな切断面を与えることが出来たと思う．
　「韓国併合」後100年，「解放」後65年を経て，朝鮮半島の諸都市は，南北でくっきりと相貌の違いをみせている．以下，断片的な記述とならざるをえないけれど，朝鮮半島の都市景観の現在について触れて，締めくくりとしたい．

終章

植民地遺産の現在

1 | 平壌―開城

「開港場」「開市場」となった諸都市のうち，平壌，鎮南浦[817]，義州[818]，元山[819]，城津[820]，清津[821]は，今日，北朝鮮領内に位置する．解放後の居住空間や都市景観の変化の過程を窺う手掛かりはほとんどない．

そうした中，本書の著者の一人である布野は，日本の植民地支配から解放されてほぼ半世紀の後，北朝鮮を訪れ，平壌そして開城を垣間見る機会を得た[822]．その時の旅[823]をもとに，二つのかつての王都の歴史をまず振り返ってみたい．

平壌と開城の景観は，実に対比的であった．

---

817) 現南浦特級市．1945年まで鎮南浦と称した．1979年12月龍岡郡と大安市を編入して直轄市に昇格し，平安南道から分離したが，2004年北朝鮮初の特級市に改編され，再び平安南道（道都は平城市）に編入された．平壌の外港で工業都市，現在はガラス，機械，有色金属類を中心としている．韓国との合弁企業，平和自動車が乗用車も生産している．

818) 新義州，平安北道の道都．朝鮮戦争では数回の空爆で破壊されたが復興した．鴨緑江を挟んで中華人民共和国丹東市と向かい合う国境の街で，中朝友好橋を通じて，中朝交通の要衝となっている．

819) 江原道の道庁（道人民委員会）所在地．東海沿岸港湾工業都市．軍港で，日本の新潟港に入港していた万景峰号の母港でもある．国際観光都市として開放されており，中国人の観光客が多い．

820) 現金策 김책 市．朝鮮戦争で戦死した城津出身の朝鮮人民軍司令官金策にちなんで1953年に改名された．日本植民地時代から重工業が発展しており，製鉄業は北朝鮮第一，城津製鋼所（旧）日本高周波重工業城津製鋼所などの大工場なども多い．また，水産業は東海沿岸最大を誇る．農業は果樹類の生産が中心である．

821) 咸鏡北道の道都．黄海側の南浦港と並ぶ北朝鮮最大級の港湾都市である．1945年8月13日，清津をソ連軍（赤軍）が占領し，事実上，最初に日本の統治から解放された都市となった．日本統治時代に建設された金策製鉄所（旧・日本製鐵清津製鐵所）を中心として，鉄鋼業や金属工業が中心．ソ連崩壊以降，1990年代の食糧危機，経済情勢悪化に伴い，餓死者や「コッチェビ꽃제비（浮浪児유랑아）」が数多く発生し，近年では「チャンマダン장마당（암시장，闇市場）」が規模を拡大させ，一種の市場経済化が進行しているとされる．

822) 1993年4月29日から5月4日まで，日本建築学会の朝鮮都市建築視察団の一員として，布野は北朝鮮を訪問した．朝鮮建築家同盟との学術交流が主目的であった．名古屋空港からの高麗航空のチャーター便は，直線的に飛べば二時間足らずであろうが，日本列島を北上，新潟上空を通過してウラジオストックへ，一旦ロシア領へ入って平壌へというコースであった．日程は以下の通り．第1日名古屋→平壌朝鮮建築家同盟による歓迎会．第2日平壌→開城（成均館，民俗旅館，子男山・観徳亭，善竹橋・表忠碑，南大門）→板門店．第3日平壌（廣法寺，凱旋門，牡丹峰・乙密台・七星門玉流館，万寿台，主体思想塔，メーデー・スタジアム，南里・万景台，地下鉄復興駅・栄光駅，大同門・練光寺・平壌鐘）．第4日平壌→妙香山（国際親善博物館，普賢寺，香山ホテル）．第5日平壌（人民大学習堂，白頭山建築研究所，安鶴宮跡，平壌金万有病院，平壌産院，普通門，柳京ホテル，光復通り）送別会．第6日平壌→名古屋．

823) 布野修司，「アジア都市建築紀行　北朝鮮」『廃墟とバラック ―― 建築のアジア』彰国社，1998年．布野修司「北朝鮮建築紀行」（韓三建訳），『空間』（韓国空間社）1994年1月．

凍結された開城

　平壌は，1945年にソビエト連邦軍が北緯38度線以北を占領するとソ連軍政の中心地となり，1948年の朝鮮民主主義人民共和国成立により北朝鮮の事実上の首都となった．しかし1950年に勃発した朝鮮戦争でアメリカ軍の激しい空爆を受け，韓国軍に占領されるなど，壊滅的被害を受けた．停戦後，ソ連の援助で街は急速に復興し，朝鮮人民共和国の首都として，ソ連風の「社会主義」都市として再建された[824]．

　それに対して，開城は，半世紀前の景観をそのまま凍結したかのようであった．開城の子男山（図終-1の開京図　図終-2の開城地図参照）から街を見おろすと，黒い瓦屋根の家並が一杯に拡がる．間違いなく世界遺産級である．韓国のソウルや慶州でもこんな街区は残されていない．歴史的な痕跡を一切破壊されたかつての高句麗の首都，平壌の様子からは想像出来ないことであった．

　1930年代前半の『朝鮮と建築』に，野村孝文の「開城雑記」[825]という連載記事がある．開城雑記といっても，後に『朝鮮の民家』(1981)にまとめられることになる朝鮮全体についての記述を含んでいるのであるが，開城については，池町，北本町，東本町の八つの住宅を紹介した上で，「開城が朝鮮に於ける住宅建築に於いて，可成りの発達をなして居た事を知る事が出来る」と結んでいる．写真やスケッチからは，日本植民地時代の開城の様子を窺うことが出来るが，今もその面影が残っているのである．

　平壌から開城，そして板門店へと向かうバスの車窓から窺う農村風景も，韓国の農村風景と比べるとやけにすっきりしている．辺り一面，赤い土の田圃が拡がり，小高い丘の上にのみ集落がつくられている．集落はいくつかのスタイルの住宅からなる．目につくのは，3層から5層の集合住宅である．もちろん，伝統的なスタイルと思われる平屋の農家もあるけれど，時代によってモデルを変えながら供給されてきたようだ[826]．平野部は農業生産に最大限に用い，集落は丘に建設するのが原則である．所々に小さな水力発電所を設けて地域ごとに電力をまかなう．集落の集合住宅を別とすれば，農村風景もまた半世紀前のまま凍結されたようであった．

　開城は，かつての高麗の王都である．高句麗を倒した統一新羅は，8世紀中頃までは繁栄を謳歌するが，9世紀末に至ると収拾不可能なほどに混乱し，各地での反乱の

---

824) 平安南道の道庁機能を平城市に移して直轄市となったのが1968年であり，正式に首都となったのは1972年である．
825) 『朝鮮と建築』1-5号，1932-33年．
826) "コリア・トゥデイ"1993年3月号に農村住宅の記事がある．「政府は無料で農村住宅を建設」とタイトルにあり，平壌のサムソク地区の69才の女性の「政府は私たち5人のために約100m²のモダンな3室のフラットを建てて下さった．夢のようだ．」という談話を冒頭に載せている．その記事によると，1960年に7000戸，1960年からの10年に56万戸建設されたという．1971年から76年の6年間で47万2000戸という．

終章

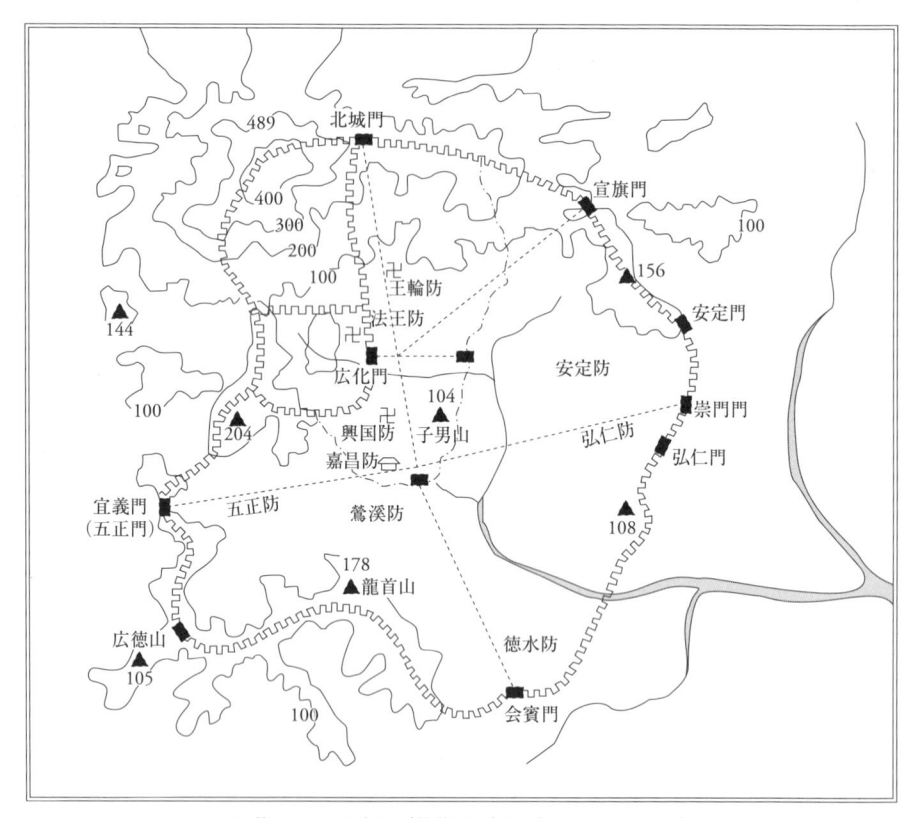

植民地遺産の現在

図終-1　開城略図（朴龍雲（1996）をもとに作成）

中から，全州地域に根拠を置いた甄萱が後百済（900）王朝を名乗り，新羅王族の末裔，弓裔が松岳（開城）を拠点として後高句麗を樹立（901），いわゆる後三国時代が到来する．この後三国時代を統一し高麗王朝を開いた（918）のが王建である．王建は高句麗の後継を自認し，契丹に滅ぼされた渤海の遺民を受け入れる（926）など，統一新羅も及ばなかったかつての三国を包括する朝鮮半島の統一を目指して，開城[827]を根拠地として王都「開京」とした．開城は，高麗後期，モンゴルの侵攻により江華への遷都を余儀なくされた30年間を除き，約500年にわたって都として栄えることになる．

　開城の空間構成については，文献も少なく，考古学的発掘資料が得られておらず不明な点が多い．『高麗史』によると，城内を5部に分け，部を坊里によって構成す

---

[827] 百済時代は「冬比忽（동비홀）城」と呼ばれており，高句麗時代を経て統一新羅の757年（景徳王16年）に地名を「開城郡」と中国風の漢字2文字に改めた．

444

図終-2　開城地図（『海東地図』，18世紀）

る，高句麗や百済でも採用された五部坊里制が採られていた．朴龍雲 (1996) や金昌賢 (2002) の研究があり復元がなされているが，方格状の条坊は確認出来ない．朝鮮の王都，漢城同様，中国都城の理念よりも風水地理説の影響が強いと考えられている．

　高麗は宋と活発に交易を行い，商業施設を持たなかった慶州とは異なり，開城には，「市廛」と呼ばれる大規模な連棟店舗街が形成されていた[828]．高麗が滅亡し，李氏朝鮮を建国した李成桂が都を現在のソウルに遷した後も，開城は重要な「邑治」であり続けた．18世紀の開城地図（海東地図）（図終-2）を見ると，二重の城壁があり，内城部分に満月台，官衙（上衙，二衙），観徳亭，外城部分に成均館，善竹橋，栄陽書院な

---

828) 開城の外港碧瀾渡を通じて揚子江河口の杭州と交易するとともに，「松房」または「松商」と呼ばれた開城商人が朝鮮半島各地で活躍した．

445

終章

植民地遺産の現在

図終-3　開城善竹橋（撮影：布野修司）　　図終-4　開城普通門（撮影：布野修司）

ど，その他南大門，東大門などが描かれている．成均館は，今は開城市博物館として使われている．善竹橋（図終-3）[829]，普通門（図終-4），表忠碑[830]など歴史的遺産も多く残されている．

朝鮮戦争において戦災を免れたのは，かつての高麗の王都であり，歴史的遺産が多かったことも関係するのであろう．開城は，最も離散家族の比率が高い，南北分断を象徴する都市である．開城は実は 38 度線の南にある．停戦協定の締結時点の戦力の配置によって国境が決定され，その結果，ある意味では偶然，開城は北朝鮮の領域に組み入れられたのである[831]．軍事境界線に最も近い主要都市であることから，開城とその周辺地域は，朝鮮民主主義人民共和国においてもどの道にも属さない「開城直轄市」として 1950 年代半ばから行政が行われてきた．

開城は，平壌の南西 60km に位置し，板門店へは 10km 弱のところにある．板門店からは，ソウルの北にある，風水地理説で言う祖山に当たる北漢山が見える．この近さと遠さと半世紀の時間は，実に数奇な歴史についての感慨を沸き立たせる．

平壌，開城，ソウルという，朝鮮半島に生起したかつての古都の現在は，韓国都市の歴史の断面を示しているのである．

---

829) 鄭夢周が李成桂によって暗殺され，政権を奪われることになった橋と伝えられる．
830) 高麗王朝に対する鄭夢周の忠誠を記念する碑．
831) 北緯 38 度線上に境界を引いた連合国による分割統治中に南北にそれぞれで政権が樹立された．北緯 38 度線以南にある開城の中心部は，その時点で韓国側の統治圏内だった．1950 年に朝鮮戦争が勃発すると，開城は真っ先に朝鮮人民軍の手に渡り，アメリカ軍を中心とした国連軍が応戦したことで一時は開城全域が南側のものとなったが，北側にも中華人民共和国から義勇軍が参戦したことで開城は再び北側のものとなり，南北の最前線は開城のすぐ南で膠着状態となった．1953 年，板門店での休戦協定締結により，朝鮮戦争は停戦（休戦）となる．それ以来，人びとの南北間の往来は途絶えた．

平壌と日本

　平壌は，かつての高句麗の首都である．古くは衛氏朝鮮の王険城が置かれ，これを征服した漢の武帝が楽浪郡治を置いた（紀元前108年）．日本人による古蹟調査がこの「楽浪郡」祉を発見し，そのアカデミックな関心をこの遺跡調査に集中することで，結果として，有史以来韓国という国は植民地支配を受けた国であったことを強調する政治的な役割を担ったことは，第Ⅰ章（3-6　古建築調査）で詳細に触れた．

　高句麗が平壌に遷都したのは427年である．高句麗の建国は，紀元前1世紀に遡るとされるが，その700年を越える歴史は，前期「卒本」[832]時代（前1世紀初—後3世紀初），中期「国内」[833]時代（3世紀初-427年），後期「平壌」時代（427-668年）に分けられる．

　高句麗が遷都した当初の王都は平壌城と呼ばれたが，現在の平壌市街地ではなく，東北郊外の大城山城および清岩里土城の一帯に位置した．王都の中心がこの大城山城一帯から，平壌市街地に移ったのは586年である．長安城とも呼ばれたことから，平壌時代は，前期平壌城時代と後期平壌城時代あるいは長安城時代に分けられる．

　この平壌城の発掘に当たったのも関野貞であり，高句麗が遷都したのは現在の市街地（当時の平壌府）であると考えられていたのを，前期，後期に分けられることを指摘して，清岩里土城を王宮址と推定したのも関野貞である[834]．関野が推定した王宮址は，その死後1938年に発掘され，寺址であると確認されている[835]．

　朝鮮民主主義人民共和国の学界は，大城山城の南麓にある安鶴宮址を前期平壌城の王宮址であると考えている[836]．しかし，訪れた時には，瓦片がそこら中に散らばっており，何の保護もなされていなかった．法隆寺の木組みを参照して復元したという大城山城の南大門（図終-5）も歴史的様式への思慮を欠いた珍妙な代物に思えた．田中俊明は，安鶴宮址は散布する瓦がほとんど高麗時代の瓦であり，また宮殿遺構の下層には5世紀後半の石室墳の基底部が残っていることから，高麗時代の1081年に造営された左右宮のうちの左宮に該当するのではないかと考えている[837]．

---

832) 卒本は建国の神話にも登場する伝説の都であるが，紀元3世紀まで存続しており，現在の中国遼寧省桓仁県にあったと考えられる．桓仁の五女山城の頂上部の城内が2003年に発掘調査され，建物址も検出された．この山城の東側に卒本があったとされ，候補地として，富爾江と渾江との合流点あたりが考えられる（田中俊明「高句麗前期王都卒本の構造」『高麗美術館研究紀要』2号，1998）．
833) 中期王都は，丸都ともいわれる．国内城は，中国吉林省集安市にある通溝城と見られている．
834) 関野貞（1941）「高勾麗の平壌及び長安城に就いて」．
835) 小泉顕夫「平壌清岩里廃寺址の調査（概報）」『昭和十三年度古蹟調査報告』（朝鮮古蹟研究会，1940），同「高句麗清岩里廃寺址の調査」『仏教芸術』33号，1958．
836) 金日成総合大学考古学および民俗学講座（1973）．
837) 田中俊明「高句麗の平壌遷都」『朝鮮学報』190輯，2004．

終章

植民地遺産の現在

図終-5　平壌大城山城南門
（撮影：布野修司）

　高句麗時代の長安城は内城・外城と北城の三つの部分からなっていたと考えられている．内城は丘陵地帯であり，現在も万寿台議事堂などがある．高麗時代には行宮の中心となり，李朝時代には平壌府の官衙が置かれていた．外城には，条坊制の痕跡も確認され，一般民の居住地である．北城は離宮である．条坊制は，不整形な外城を区画するため不規則であるが，大路は発掘で確認された箇所があり，また中路も，両側に道路界を示す石標がかつて立っていたことから確認される．60-70cmの側溝を持つ12.6-12.8mの大路が南北に3本,東西に1本走り,その中を4.2mほどの中路が通っていたことが分かっている[838]．大同江に面した外城南側の城壁は，後代にも改修されながら用いられるが，高麗時代には「羅城」と呼ばれ，朝鮮時代には「外城」と呼ばれている[839]．

　高句麗が668年に唐に滅ぼされると，唐は短期間，平壌に安東都護府を設置して半島の直接支配を図るが，新羅の抵抗により都護府を遼東に撤収する．統一新羅時代の平壌は辺境となって荒廃する．

　王建が打ち立てた高麗王朝は，高句麗の領土の回復を目標としており，また，開京（開城）と西京（平壌）が首都を置くに相応しい明堂であるという風水地理の説が唱えられ，旧都平壌を復興して「西京」とする[840]．開城（開京）を王都として三京の制度が導入され，南京を漢陽・漢城，東京を慶州とするのである．平壌もまた商業が発達し，「市廛」が形成され，「柳商」と呼ばれた平壌商人が全土で活躍している．漢城に王都

---

838) 田中俊明「高句麗長安城の規模と特徴 ── 條坊制を中心に」『白山学報』72号，2005.
839) 田中俊明「高句麗長安城の築城と遷都」（『都市と環境の歴史学第1集』 2006）
840) 12世紀には，仏教僧妙清が，風水地理説を基に，高句麗の首都であり風水上も良い「西京」に首都を遷都し，高句麗の旧領土の回復の拠点とすることを主張した．1135年，妙清は反乱（妙清の乱）を起こしたが，金富軾ら儒家の文官らの率いる軍により翌年鎮圧された．

448

が移った朝鮮時代にも，平壌は平安道の首邑であった．漢城と北京との間に位置する平安道は，冊封体制下の清との往来において，序章（1　朝鮮の開国と植民地化）で触れたように「西学」を受容する窓口となった．18世紀には，北京のキリスト教宣教師を通じてキリスト教が伝わり，信者が増加して，18世紀末には大規模な弾圧も起こっている[841]．

「壬辰倭乱」では，秀吉軍は漢城を攻略すると，北上し，平壌さらに妙香山も襲っている．小西行長が率いる一番隊が北進し，黄海道の平山，瑞興，鳳山，黄州を占領し，さらに平安道に入って中和を占領．中和で黒田長政率いる三番隊が一番隊と合流し，平壌へ進軍した．小西・黒田の軍が平壌に迫ると，漢城を逃れてきた宣祖は，明に救援を要請すべく，平壌を放棄し義州へ逃亡する．一番隊と三番隊は既に放棄されていた平壌へ入ったのであった．小西行長軍は朝鮮王朝，そして明との和平交渉を模索して平壌で北進を停止し，援軍として来た祖承訓率いる遼東の明軍を撃退している．

この時の史実はまた，日清戦争の時の日本軍の行動と重ねあわされて，植民地時代に反芻され，古蹟の帰趨に大きく影響を及ぼすことになる．たとえば，普通門は「甲」，大同門は「乙」であったのであるが，関野貞が「丙」と判定した練光亭 련광정(リョンヴァンジョン)[842]は，小西行長と沈惟敬が会見をした場所ということで保存されるのである．玄武門，七星門，牡丹台，万寿台なども，評価は「甲」「乙」ではなかった．関野の評価が撤去や解体の口実とされる一方で，その建築的，美術的価値とは関わらず，保存措置が採られた例である．

「社会主義」都市　平壌 1993

韓国併合以前，20世紀初頭までは市街地には城壁がかなり残っており，併せると23kmにもなる．II章で詳しく見たように，慶州邑城の城壁は1927年と1932年に解体されている．植民地時代の城壁の撤去の状況は不明であるが，戦災と復興の過程でほとんど消滅し，現在はわずか一部が残るのみである（図終-7）．

平壌は朝鮮戦争で壊滅的な打撃を受けた．当時の人口は約40万人とされるが，そこに42万発の爆弾を落とされたのだという．平壌は，東京が戦災によってその歴史的景観を失ったように，一旦は白紙還元され，その後復興を遂げたのである．平壌

---

841) こうした伝統を引き継ぐ平壌は，日本植民地時代には，平壌神学校などキリスト教の神学校や教会が設立され，キリスト教徒も増加して，宣教師らから「東洋のエルサレム」と呼ばれる朝鮮のキリスト教布教の中心地であった．
842) 最初に建てられたのは高麗時代の1111年で，山水亭と名付けられた．現存するものは1670年に建てられたものである．高麗の高名な詩人金黄元が，ここから望む風景の美しさを詠おうとして終日詩を練ったものの納得のいく作品がつくれず，ついに泣きながら去ったという逸話が残されている．

終章
植民地遺産の現在

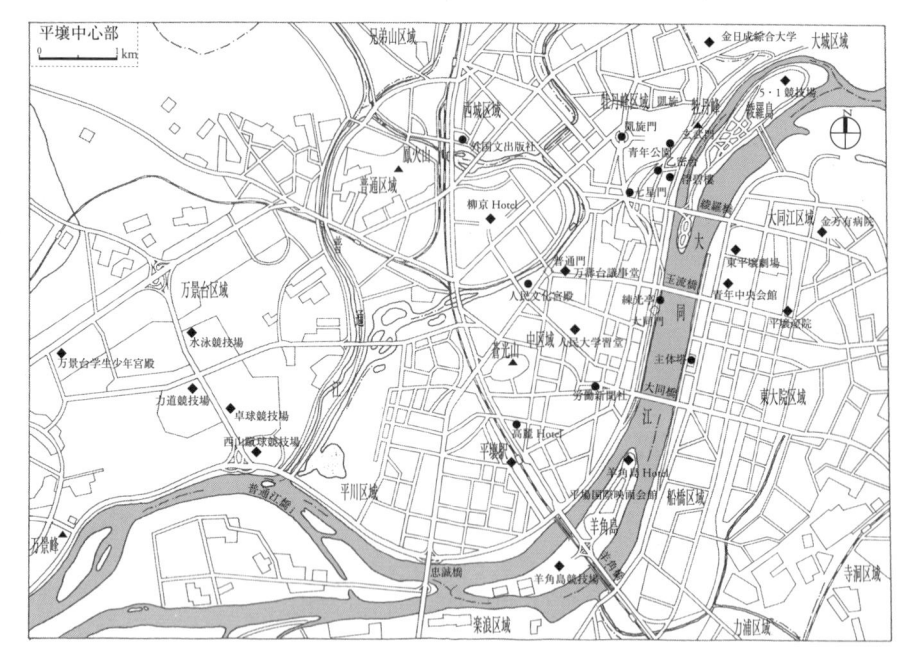

図終-6　平壌中心部（作図：韓三建）

の人口は約325万人（2008年）である．廣法寺[843]も牡丹峰(モランボン)の乙密台[844]・七星門[845]も，大同門（図終-7）[846]・練光亭・平壌鐘も普通門も全て復元されたものである．

　1993年4月29日，布野が降り立った飛行場は，平壌の南，黄州の軍用飛行場であった．核不拡散条約脱退，核査察拒否の問題，チームスピリット（日韓合同軍事演習）の問題で，平壌空港が閉鎖されていたのである．帰国時には平壌空港から帰ることが出来たのであるが，着陸した機内で押収されたパスポートは帰国まで取り上げられたままであった．

　到着した日の夜の平壌は暗かった．街灯が少なく，ネオンもほとんどない．雨のせいか人通りも少なかった．改革開放以前に中国を訪れたことのある参加者から，「10年前の（すなわち1980年代初頭の）中国のようだ」という声を聞いた．当時も，エネルギー問題が深刻であるという報道がなされていたが，電力事情の悪さははっきりと感じられた．

---

843) 高句麗第19代の広開土王が392年に創建したとされる．
844) 乙密台の春の訪れは平壌八景の一つとされている．
845) 平壌城の北門．北斗七星に因んで名付けられた．
846) 6世紀半ば平壌城の東門として建設された．

図終-7　（左上）平壌大同門（撮影：布野修司）
図終-8　（右）高麗ホテル（平壌）（撮影：布野修司）
図終-9　（左下）柳京ホテル（平壌）（撮影：布野修司）

　宿泊したホテルは，1985年に竣工した「平壌高麗평양고려ホテル」(図終-8)という平壌でも最高級のホテルで，日本人観光客はほとんどここに宿泊させられる．2002年の日朝会談の際にはプレスセンターが置かれ，総理大臣小泉純一郎もここで記者会見を開いた．ホテルの中には，別の入口から出入する，日本と変わらない居酒屋があった．45階建てのツインタワーで，500余室あり，最上階の回転展望レストランからは平壌市内を一望することが出来る．平壌の映像として，ニュースの背景にその後もしばしばみかける．ツインタワーの形態は，竣工(1987年)したばかりの東京新都庁舎を思わせた．朝鮮建築家同盟との交流会を行った白頭山建築研究所のギャラリーには，東京新都庁舎を含めた数多くの現代建築の写真が展示されていた．世界の建築情報は，タイムラグなく伝えられているのである．

　「高麗ホテル」は平壌の新しいシンボルとして建ちあがったばかりであったが，ツアー参加者の最大の関心は，未完成の「柳京류경ホテル」(図終-9)であった．ソウル・オリンピックの開催(1988年)に対抗し，北朝鮮開催の1989年の世界青年学生祭典に間に合わせようとして起工されたが，前年に建設が中止され，未完のままであっ

451

終章
植民地遺産の現在

た．105階建てで350mの巨大な高層建築は，三角形をした頂点まで見えるのであるが，上部は打ち放しコンクリートが剥き出しのままになっている．当時世界一を誇ったソウルの「63ビル」をはるかに凌駕しようとしたと喧伝された大プロジェクトである[847]．是非見たいと要望を出し続けたが最後まで叶わなかった．至るところから望めるが，観光バスは常に「柳京ホテル」を大きく迂回して近よることはなかった．「何故，完成しなかったのか．経済的な理由より，技術的な理由があるのではないか．RC造では無理ではないか．設計ミスではないか．」と繰り返し聞いたが，「必ず完成させます」というのが建築関係者の決まった答であった．最上階には，1台のクレーンが載ったままなのである[848]．このままでは雨によって，完成前に劣化してしまうのではないかと思われた．不可解であった．15年近く雨ざらし状態だったが2008年に工事を再開した．2012年の金日成生誕100周年までの完成を目指しているという．完成すれば，「台北101」を抜くのであるが，「ブルジュ・ハリファ（ドバイ）」(818m)が既にそれを追い抜いている．

現代建築としては，平壌の大同江に浮かぶ羊角島 양각도（ヤンガクト）には，ミラーグラスの「羊角島国際ホテル」(図終-10)が建設中であった．48階建て，1001の客室を持ち，平壌市内のホテルの中では，現在も一番新しく，「平壌高麗ホテル」と並んで平壌で最も高級な宿泊施設という[849]．当時竣工したばかりのコンピュータセンターもミラーグラスのファサードであったが，日本でいうと70年代にさしかかった時代のファサード表現である．フランス人建築家の設計と聞いた．

以上のような，ごくわずかな現代建築を除くと，平壌の中心部はその後も大きく変化はない．大同江の南岸に接して，平壌の中心に，金日成生誕70周年の1982年に建てられた「主体塔 주체（ジュチェ）」(高さ150m)があり，その展望台からは平壌全体を俯瞰出来る．大同江の南側には，市街地の整然とした街区割りと，決して少なくない柳の緑が点々と望める(図終-11)．ソ連風の「社会主義」都市，大型パネルを組み立ててつくられる集合住宅が建ち並ぶニュータウンの光景が拡がる．一方，北岸の旧市街は，一時代前のソビエト・ロシアの古典主義建築，いわゆる「スターリン様式」の建物が建ち並ぶ．そうした中に，人民文化宮殿，人民学習堂 인민대학습당（インミンデーハクスプタン）(図終-12)などコンクリート

---

847) 105階というのは，朝鮮労働党総書記金正日の教示があった日である10月5日に因んだとされる．
848) 一般に，建設現場に足場がほとんどない．クレーンを組立て，PCパネルを吊り上げるソビエト流の工法がとられている．鉄が少なく，SRC（鉄骨コンクリート造）はほとんどない．アスファルト防水の技術も使われないという．石化製品は外貨獲得に向けられ，国内向けには生産されないと聞いた．
849) 朝鮮民主主義人民共和国の格付けでは「特級」であり，羅先直轄市の香港資本のエンペラーホテルを除けば同国内でも最高級宿泊施設の一つである．最上階の回転展望レストランからは，同じように平壌市内を一望することが出来る．

図終-10　羊角島国際ホテル（平壌）（撮影：布野修司）　　図終-11　主体塔から南を俯瞰する（平壌）（撮影：布野修司）

の躯体に入母屋の瓦屋根を載せるいわゆる「帝冠（併合）様式」の建築が目立つ．主体塔と同様，1980年代に建てられたものである．伝統的な建築様式（屋根形態）の採用は，ポストモダン建築の趨勢と軌を一にするけれども，モダニズム建築を経験していない1980年代の中国も同様であった．建築設計教育の7割が実践教育であり，設計製図の優秀作品はそそまま建設されるという．実践家の教授，助手が指導にあたり，外部事務所がついてのことであるが，人民大学習堂もそうして建設されたという[850]．

　少し郊外にはもう少し新しい景観も出現していた．平壌の光復通り[851]には，1989年の第13回世界青年学生祭の代表団村として建てられた高層アパート群が建ち並ぶ．また，青春街[852]には，構造表現主義的な体育施設が建ち並ぶ．綾麗島（ルンラド）の15万人収容のパラシュート型屋根工法を採ったメーデー・スタジアムにしても，日本でいえば，1960年代のデザインである．平壌の地下鉄はとてつもなく深い．面白いことに地下鉄のホームのインテリア・デザインが全て変えてある．復興駅（図終-13）と栄光駅しか見られなかったのであるが，そのアールヌーボー風のデザインが面白い．

---

850) 1953年に設立された平壌建設大学には，建築学部，建築工学部，都市経営学部，建設材料学部など六つの建築関連学部があるのであるが，建築学部には建築学科，園林学科，都市計画科の三つの学科がある．定員は併せて450-500人である．建築学科は，住宅，公共建築，産業・工場，室内，古建築・建築史，建築理論・美学理論の各講座からなっている．建築工学部には，土木などエンジニア系の学科がある．併せて900人である．他に，各地方に，建築単科大学があって，建築家を養成する．大学は5年制である．優秀な人材は研究院（大学院）に進む．さらに研究院を卒業して，研究士になる道もある．普通，大学を出ると設計員の資格を受験する．六級から一級まであって，一級上がるのに三年の経験がいるという．かなり厳しい．二級以上になると，功勲設計家，さらには人民設計家となる資格が出来るという．人民設計家というのが最高位である．
851) 万景台区域に1980年代に新しく建設された街．
852) 光復街と平壌中心部の間のスポーツ村．

終章
植民地遺産の現在

図終-12 （左上）人民学習堂（平壌）（撮影：布野修司）

図終-13 （右上）地下鉄復興駅（平壌）（撮影：布野修司）

図終-14 平壌駅（撮影：布野修司）

　「高麗ホテル」のすぐ近くに平壌駅（図終-14）があって，通勤，通学の人びとでごったがえしていた．通勤の足は，バス，トロリーバス，地下鉄，そして「軌道電車」（ケドチョンチャ）である[853]．大人の間に子供の姿が多い．都心に職住近接で居住するからであろう．子供の手を引いた女性の姿も目立った．何よりも気づくのはゴミが落ちていないことである．早朝に一勢に掃除をする人びとを毎朝見かけた．また，電線の地中化が徹底して行われているのが都市の景観として大きい．日本の都市の猥雑さに見慣れていると随分すっきりした印象を受ける．看板や広告塔がほとんどないこともそうである．そして，洗濯物がまったく見られない．洗濯物はバルコニーや室内に干すことが決められている，という．

2　ソウル

　韓国の首都ソウル Seoul 서울[854]，その歴史的古都の中心を西から東へ横切るように

---

853) もともと，日本統治時代の朝鮮には，釜山・京城（現，ソウル）・平壌の 3 都市に路面電車が存在した．しかし釜山は 1968 年 5 月，ソウルは同年 11 月に戦後のモータリゼーションの発達で全廃され，朝鮮半島北部唯一の路面電車であった平壌も，1951-53 年の朝鮮戦争で破壊され，そのまま廃線となった．平壌に「軌道電車」（ケドチョンチャ）が復活するのは 1991 年である．
854) 古来朝鮮民族はこの地を「ソウル」と呼んできたとされる．また，「ソウル」の語源として，「み

清渓川청계천は流れて漢河に注ぐ．この清渓川が，大げさに言えば世界中の関心を集めている．清渓川の上を走っていた高速道路が撤去され，清流を取り戻しつつあるのである[855]．「ソウルの革命」とも言われるこの清渓川再生の経緯には，今日の韓国の都市景観をめぐる問題の大きな鍵がある．

漢城・漢陽

　ソウルは，かつての百済の都，漢城한성である．ただ，漢城が位置したのは，漢江の南側，かつては広州郡に属するいわゆる江南の地（現河南市）である．『三国史記』は，紀元前18年に高句麗から南下した始祖温祚が「河南の慰礼城」に都を定めて百済を建国したとする．そして，371年に，慰礼城から漢山へ遷都したとする．慰礼城も漢山も，同じ漢城地域にあり，ともに漢城ともよばれた[856]．江南には王陵を含む石村洞古墳群があり，近くに風納洞土城と夢村土城という二つの土城が知られている．『三国史記』の漢城陥落の記事から，北城と王の居住する南城があったことが分かるが，その北城に風納洞土城を，南城すなわち王城に夢村土城をあてる考えが一般化している[857]が，慰礼城を風納洞土城，遷都した漢城を夢村土城と考え，両者が併存したという説もある．

　漢城が475年に高句麗軍によって陥落すると，百済は熊津（公州）に遷都する．当時の蓋鹵王は殺され百済は滅んだのであるが，百済の王族が熊津で再興するのである．統一新羅時代には当初漢山州と呼ばれたが，後に漢州漢陽한양[858]と呼ばれるようになる（757年）．高麗時代になって，文宗（1046-83）の時代に三小京の一つである南京（1067年）に昇格されたことは上述の通りである[859]．

　ソウルが今日に繋がるその基礎を固めるのは，李成桂が政権を奪取し（1392年），

やこ」を意味する「徐伐（ソボル）」が転訛したという説など諸説があるがはっきりしていない．漢字表記（漢城・漢陽・京城など）には変遷があり，通常はハングルのみで表記する．中国語（漢字）表記は「首爾（Shǒu'ěr）」（簡体字「首尔」）とされる．1945年8月15日の「光復」後しばらくの間は，「ソウル」・「漢城」とともに「京城」の名称も使われていた．その後，米軍政下の1946年8月15日に「ソウル市憲章」が発表され，その第1章第1条で「京城府をソウル市と称し，特別自由市とする．」と正式に規定された．

855) 清渓川復元再生事業については，黃示其淵・邊美里・羅泰俊（周藤利一訳）（2006）が詳しい．また，（財）リバーフロント整備センター編（2005）など，清渓川に触れる著作が数多く出版されている．
856) 田中俊明「百済漢城時代における王都の変遷」『朝鮮古代研究』1号，1999．
857) 李道學「百濟漢城時期の都城制に関する検討」『韓国上古史学報』9号，1992．朴淳發「百済都城の変遷と特徴」重山鄭徳基博士華甲記念論叢刊行委員会編『重山鄭徳基博士華甲記念韓国史学論叢』（景仁文化社，1996）．
858) 「陽」が川の北側を意味することがあって，「漢水（漢江）の北側の土地」の意味でつけられた地名という．
859) 高麗時代の初期には，市域の北部は楊州，南部は広州と呼ばれた．

終章
植民地遺産の現在

1394年に開京（開城）から漢陽遷都を決行してからである．翌1395年，漢陽府は漢城府に改称され，以降，漢城は500年にわたって李氏朝鮮の都となる．

高麗時代末期になると，「漢陽明堂説」すなわち漢陽こそ高麗を世界の中心国家に飛躍させることの出来る明堂であるとする説が風水師[860]によって唱えられるようになっていた[861]．朝鮮半島の中央に位置し，漢江による水運に恵まれ，また，周囲を高山に囲まれていることで防御に適しており，風水地理説上すぐれた土地とされたのである．

『朝鮮王朝実録』によると，太祖三（1394）年に「北岳を主脈」として，「壬座丙向」（座西朝東）に従って，王宮，「宗廟」，社稷などの位置を決めている．風水地理説に基づいて位置が決められたことは明らかである．しかし，どのような空間計画が行われたかどうかは『朝鮮王朝実録』にはない．建設には30年を要したとされるが，具体的な都市空間の構成をみると，必ずしも，『周礼』考工記が理念化する中国都城がモデルとされてはいない．孫禎睦（1996）が指摘するように，王宮の左に「宗廟」，右に「社稷壇」を置いて，左祖（廟）右社の原則に従っているなど『周礼』考工記が参照されたことは確かであるが，「背水臨水」などの風水上の原則が優先されているのである．高麗時代には天を祀る圜丘壇が設けられてきたが，朝鮮時代には，天壇は設けられず，祭天の儀礼は行われなくなる．

まず，周辺の山々のうち，白岳山を「朝山」，木覚山，南山を「案山」，駱駝山，駱山を左「青龍」，仁王山を右「白虎」と見立てて，それらを繋ぐ城壁をめぐらしている．そして，城壁には四大門[862]と四小門[863]を設けている．中央には，普信閣を置き，仁義礼地信の五徳を表現し，城内は，五つの部からなり，部は坊，坊は「契」を下部単位としていた．李朝末期の時点では5部49坊からなっていたという．漢城の諸施設の配置についての風水地理説による解釈については，村山智順（1930）がある[864]．

漢城には，朝鮮時代初期に既に10万人が居住したとされるが，3代太宗（1367-1422年，在位1400-1418年）の時代に大規模な商店街が形成される．政府は「市廛」を貸与して一店舗市商品のみの販売を認める政策をとる．「市廛」あるいは「行廊」と呼ばれる連棟店舗が，今日の鍾路そして南大門路に並んだのである（図終-15）．慶州には，多くの「邑城」と同様，商店街，市場を城内に持たなかったけれど，平壌，開城，そして全州には「市廛」と同様な商店街があったとされる．

---

860) 韓国風水地理説の創唱者道詵の後継者を自認していた金謂磾．
861) 11世紀末の粛宗の時代には，宮殿を新築して王が滞在するようになっていた．
862) 興仁之門（東大門），崇礼門（南大門），敦義門（西大門），昭智門（粛靖門，北門）．
863) 恵化門（東小門），光熙門（南小門），昭義門（西小門），彰義門（北小門）．
864) 吉田光男「漢城の都市空間―近世ソウル論序説」『朝鮮史研究会論文集』第30集．

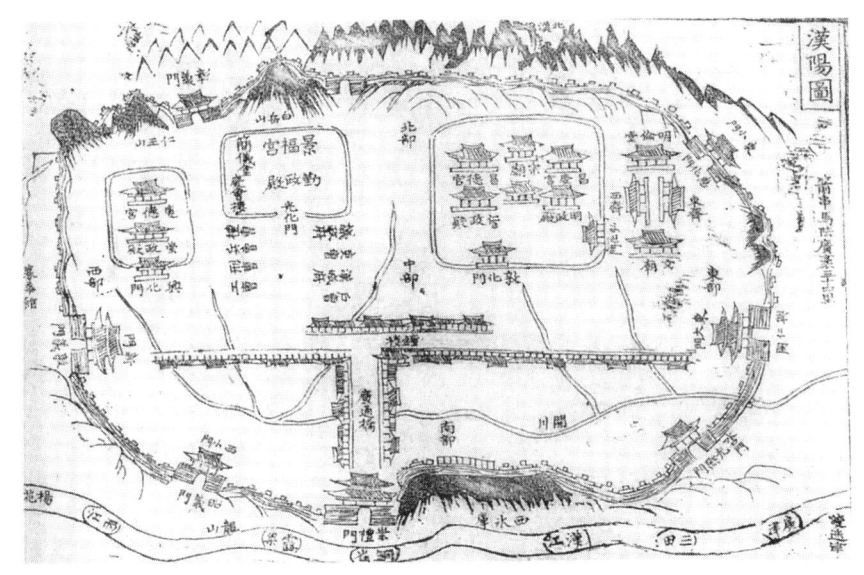

図終-15　漢陽地図（朝鮮時代後期　魏伯珪画）

景福宮と日本

「壬辰倭乱」によって，漢城は壊滅的な打撃を受けたとされる．しかし，秀吉軍の漢城攻略については，小西行長が加藤清正に先駆けて漢城入りした際，城門は堅く閉じられ，守備隊もおらず，第14代宣祖王（在位1567-1608年）は，平壌へ逃れた後であった．漢城は，「奴婢」の記録を保存していた掌隷院[865]や，武器庫などは既に略奪・放火されていた．そして，「景福宮」「昌徳宮 창덕궁」[866]「昌慶宮 창경궁」[867]の三王宮は，日本軍の入城前には既に灰燼とされていたというのが事実である．「宗廟」[868]もまた破壊され，1608年に再建されている．

---

[865]「奴婢」は，日本軍を解放軍として迎え，「奴婢」の身分台帳を保管していた掌隷院に火を放った，という．

[866] 1405年に，景福宮の離宮として創建され，李氏朝鮮第9代成宗が正宮として使用している．「壬申倭乱」で焼かれ，1623年に再建された．正門にあたる敦化門は大韓民国最古の門といわれる．また，錦川橋は大韓民国最古の橋とされる．正殿の仁政殿，国王が執務をとった宣政殿，王と王妃の寝殿だった大造殿など13棟の木造建築が現存している．宮殿の北には韓国造園技術の極致といわれる秘苑がある．

[867] 世宗元(1419)年創建，寿康宮と称したが，成宗14(1483)年の改修後，昌慶宮に改称された．南側には「宗廟」，西側には昌徳宮が隣接している．

[868] 1394年12月に着工し，翌1395年9月に完成した．現在も毎年5月に全州李氏一族が集まる「宗廟」祭礼祭が行われている．

終章

植民地遺産の現在

　大院君が朝鮮王朝の宿願として「景福宮」を再建し，「光化門」前の六曹街を復元したことは序章で触れた．すなわち，「壬辰倭乱」「丁酉再乱」以降，離宮であった「昌徳宮」が正殿に使用され，「景福宮」は19世紀半ばまで再建されなかったのである．明治維新の年 (1868年) に高宗は「景福宮」に移っている．

　再び王宮となった「景福宮」は，しかし，さらに数奇な運命を辿る．日本による朝鮮半島侵略が本格化するとともに，「景福宮」は様々な事件に巻き込まれることになる．

　序章 (1　朝鮮の開国と植民地化) でみたように，1894年に日本軍は，「景福宮」を占拠し，閔氏一派を追放，大院君を押し立てるとともに，日清戦争を勃発させる．そして翌年，「景福宮」で閔妃 (明成皇后) 殺害事件 (乙未事変) が起こる．高宗は「景福宮」を脱出，一年間ロシア公使館に身を隠した (「俄館播遷」，1896年) 後，1897年以降，改修した慶運宮[869]に居住する．こうして「景福宮」は空の王宮となってしまう．

　1910年日韓併合後，漢城府は京城（キョンソン）府に改められる[870]．漢城の解体は，しかし，それ以前から進められている．京城の城壁撤去および王宮の解体については大田秀春 (2008) が経緯を明らかにしている．

　1905年に「統監府」が設置されると日本公使林権助は南大門左右の城壁を撤去し，大通りを開設することを求めている．既に1900年4月に，城外から電気軌道が開通していたが，城壁を破壊せずに大門 (東大門，西大門) を通過させていた．「東道西器」論の開化主義者であった高宗 (1852-1919，在位1863-1907年) であるが，漢城の大改造を行ったわけではなく，鉄道敷設 (1906年) の際にも城壁の撤去を行っていない．高宗がハーグ密使事件で強制退位させられ，純宗が即位 (1907年) して以降，城壁撤去は本格化した．南大門付近の城壁がまず撤去され，続いて清渓川河口の東大門周辺にとりかかって，1908年8月頃に完了している．

　「景福宮」が大きく解体されるきっかけとなったのは，1915年に「景福宮」を舞台に開催された「始政五年記念朝鮮物産共進会」の開催である．もっとも，「景福宮」の解体は，実は，城壁撤去とともに，「韓国併合」以前から着手されていた．解体当時，「景福宮」内には，殿19，大門中門22，堂45など数多くの建造物が存在していたのであるが，いくつかの建物は，解体に先立って民間に払い下げられるのである．また，2棟の宮殿建築 (康寧殿，交泰殿) は，「昌徳宮」に移されることになる．そして，その背景には，また博覧会開催の背景には，「朝鮮総督府」の新庁舎建設があった．事実，

---

869) もともと徳寿宮といった．成宗の兄月山大君の邸宅として造営され，壬辰倭乱で義州まで逃亡した宣祖は，1593年に戦火で荒廃した景福宮の代わりの臨時の王宮とした．貞陵洞行宮と呼ばれた．光海君が「慶運宮」と命名したが，昌徳宮に移ると顧みられることなく廃墟となった．純宗が長寿を祈願して「慶運宮」を「徳寿宮」と改名し，現在に至る．

870) 1910年 (明治43年) 9月30日に公布・施行された朝鮮総督府令第7号 (地方官官制第十七条ニ依リ府及郡ノ名称及管轄区域左ノ通定ム) に基づく．

図終-16　鮮人町大部落の全景
(出典：京城名所絵葉書)

新庁舎は 1916 年に着工されるのである．博覧会の開催によって再開発あるいは開発を行うのは都市計画の常套手段である．当時，多くの朝鮮人が居住する地区が存在していたのも問題であった（図終-16）．

そして大きくクローズアップされたのが「景福宮」の正門「光化門」である．よく知られるように，「朝鮮総督府」の竣工（1926 年）が迫った 1922 年，その撤去を批判する柳宗悦の一文「失われんとする一朝鮮建築のために」[871] が大きく世論を動かすのである．建築家の今和次郎もまた「総督府庁舎は露骨すぎる」[872] と書いた．「光化門」は，東側に移築されることになり，かろうじて解体を免れたのであった．「光化門」は 1950 年 6 月，北朝鮮軍のソウル占拠の際に焼かれる．1968 年，朴正煕大統領の指示で復元されたのであるが，旧総督府の角度に合わせたために，「景福宮」の正殿の軸線とは微妙にずれていた．角度と十数メートルの位置のずれを直す復元工事は 2010 年 10 月完成の予定である．

南大門炎上

城壁が撤去される中で，城門も次々に撤去されていくのであるが，漢城の八大小門のうち，「南大門」と「東大門」だけは植民地時代末期まで完全な形で維持される．「光化門」に先だって，その撤去が問題になってきたのが「南大門」である．「南大門」は漢城の正門であるが，上述のように，「市区改正」（交通計画）上，問題になっていた．高宗にとっては，大韓帝国の存在を象徴するのが「南大門」であり，「朝鮮総督府」としては，その象徴を除去して日本支配を誇示したかったかもしれない．しかし，「南

---

871) 『朝鮮と建築』1923 年 6 月号．
872) 『改造』1922 年 9 月号．『東亜日報』1922 年 8 月 24-28 日付けで連載された．

終章
植民地遺産の現在

大門」は保存維持された．大田秀春 (2008) が，その経緯を明らかにしている．「南大門」の撤去に反対した日本人[873]が根拠としたのは，平壌でみたのと同様，「加藤清正が「南大門」を通って入城し漢城を占領した」といった「壬辰倭乱」に遡る歴史的由来であった．「東大門」が保存されたのも，「小西行長が入城して漢城を陥落された」からである．「西大門」が除去されたのは，そうした歴史的由来が無かったからである．

「壬辰倭乱」「丁酉再乱」，日本植民地期における市区改正，朝鮮戦争（韓国動乱）をくぐり抜けてきた「南大門」は，韓国の「国宝第 1 号」に指定された．

そして，解放 50 周年を迎える 1995 年を前にして，「南大門」は再びクローズアップされる．1993 年に金泳山（キムヨンサム）の大統領就任によって，初めて「文民政府」が誕生し，この金泳山政権が掲げた「歴史の建て直し」という流れの中で，「南大門」の「国宝第 1 号」指定の是非が問題となるのである．

「歴史の建て直し」政策として行われたのが植民地期における「日本」の名残の一掃，いわゆる「日帝残滓精算」である．「精算」は，韓国語の中の日本語的表現，日本語の借用など言語表現の分野において行われ，古地名の復活等様々な分野に展開されていった．そして，文化財の再評価に及ぶ．槍玉に挙がったのは「朝鮮総督府」が指定した文化財である．この「日帝指定文化財再評価作業」の過程で大きく見直されたのが，「壬辰倭乱」「丁酉再乱」時に半島南部に建設された「倭城」である．「朝鮮総督府」によって 11 箇所が「古蹟」に指定され，韓国が独立した後も 9 箇所の「倭城」が「史蹟」に指定されてきたが，これらは国の指定を解除され，道あるいは市の「文化財資料」や「記念物」に格下げされるのである[874]．

この時，「南大門」もまた，保存の経緯，位置付けから「日帝残滓」としての性格が強いとされるのである．「国宝第 1 号」という指定は，世界的な評価に値するものが相応しい[875]，という主張がなされたが，結論は，混乱を避けて指定を維持するというものであった．この議論は，大田秀春が韓国で発表した論文[876]が基になって 2003 年に再燃するが，結論は，「南大門」の「国宝第 1 号」指定は暫定的に維持するということであった (2005 年)．

そして 2008 年 2 月 10 日夜，「南大門」は放火によって炎上，基壇のみを残して焼け落ちた．

数奇な運命である．

---

873) 漢城新報社長兼日本人居留民団長であった中井喜太郎は，「南大門」の芸術的価値を充分認めながらも，歴史的事由を保存の根拠としてあげた．
874) 大田秀春「韓国における倭城研究の現状と課題」『倭城の研究』4 号，2000 年．
875) 慶州の「石窟庵」や「訓民正音」が候補とされた．
876) ソウル大学校大学院国士学科修士論文「日本の植民地朝鮮における古蹟調査と城郭政策」(2002) の一部を韓国で発表した (2003) もの．大田秀春 (2008) 第 1 章．

文化財委員会がすぐさま開かれ (2008年2月12日), 満場一致で出された結論は,「南大門を国宝第1号として維持する」であった.

「朝鮮総督府」と日帝断脈説

　金泳山政権の「歴史の建て直し」においてより大きな焦点になったのが, 旧「朝鮮総督府」庁舎である.「景福宮」内の旧「朝鮮総督府」庁舎は, 植民地支配から解放されると米軍政庁として使用され, 独立後は韓国中央政庁として使用されてきた. そして, 内部の大改修を行って1986年からは国立中央博物館に用途転用され使用されてきた. 実際に使用された期間は解放後の方が長い.

　しかし, 国立中央博物館(旧「朝鮮総督府」庁舎)は, 明らかに「日帝残滓」である. 1995年の解放50周年を迎えるに際して, また, 反日感情が高まる中で, その解体が決定されるのである.「民族の自尊心」のために,「民族精気回復」が大義とされた.

　背景にあった一つの風説が「日帝断脈説」である.

　「日帝断脈説」とは,「朝鮮総督府」は, 植民統治下の朝鮮人民の反抗を恐れ,「将軍出陣形」とか「飛龍昇天形」といった, 民族の指導的人材が生まれそうな「明堂」の気脈を断つために, 大きな鉄柱を地中深く打ち込んだり, 鉄道や道路を敷設したりして, 風水の厭勝を測った, というものである[877].

　「朝鮮総督府」庁舎は,「景福宮」の正殿である勤政殿の前面を塞ぎ, 風水説に基づく北岳山から流れて来る気脈の軸線上に位置する. これは, ソウルの脈を断つためであった, という. また, 南山に朝鮮神社(伊東忠太設計監修)を設けたのもソウルを威圧するためだ, という. とにかく,「朝鮮総督府」庁舎によって, ソウルの景観は大きく変えられ, 違和の感情が歴史的に残存し続けてきたことは疑いない.

　この「断脈説」には原型[878]があり, その再生といってもいいのであるが, 野崎充彦 (1994) によれば, 1985年には, ソウル近郊の北漢山白雲台の頂上から打ち込まれた鉄柱が見つかったとか, 開城の松岳の頂上に鉄柱を打ち込んだことがあるといったニュースが話題になってきたという. そして, 実際,「朝鮮総督府」庁舎の解体に先立って「昌慶宮」の蔵書閣が撤去される「事件」が起こっている.

　1909年,「景福宮」の解体と並行して,「統監府」は「昌慶宮」内の宮門や塀を壊して動物園と植物園をつくっている. 純宗の心を慰めるためというのが理由であるが, 1911年には博物館を建て,「昌慶苑」に改名, 一般人にも開放している. この博物館が蔵書閣である.「昌慶宮」の正殿, 明正殿わきの慈恵殿を取り壊し, 日本の城郭の天守閣をまねてつくったのが蔵書閣である. 左青龍に位置し, 右白虎にも植物標本

---

877) 野崎充彦 (1994), p.140.
878) 李重煥 (1690-1765) の『択里誌』に同様な話がある.

館を建てた，ということで，「朝鮮総督府」による朝鮮の気脈を断とうとする凶計だ，とする世論が建設当初からあり，解放後も撤去を求める声が絶えなかったというが，ついに撤去が決定される．具体的には，1984年，動物園などをソウル郊外のソウル大公園へ移転させ，「昌慶宮」を復元・整備し，再び名前を元来の昌慶宮に戻すのである．大韓民国の史跡第123号に指定されている．

「朝鮮総督府」庁舎の設計者は，プロシア生まれの建築家ゲオルク・デ・ラランデ Georg de Lalande (1872-1914年) である．1903年に来日し，他に「京都YMCA会館」(1910年)，「朝鮮ホテル」(1912年)，「三井銀行大阪支店」(1914年) などの設計で知られる．「朝鮮総督府」の設計を開始したのは1912年，1914年に完了するが，直前に急死，後を引き継いだのは日本人技師野村一郎，国枝博らである．「朝鮮総督府」は傑作であった (図終-17abc)．

保存を訴えた日本人研究者もいたが，どんな傑作であれ，壊されるべき建物はある．ポリティカル・コレクトネス (政治的正当性) の問題である．「朝鮮総督府」庁舎建設の際に，柳宗悦そして今和次郎が「光化門」の解体とともに「朝鮮総督府」の敷地選定を批判する一文を残したことが，日本人にとっては救いと言えば救いと言えるかもしれない．

当初，1995年を期して爆破解体するという予告がなされた．

しかし，そうしたセンセーショナルな措置はとられることはなく，解体された．移築され難を逃れていた「光化門」は元の位置に戻され，景福宮周辺はかつての姿を想起させる形に復元されたのである．正確に言えば，「光化門」は，既に，1968年に鉄筋コンクリート造で外観復元されたのであるが，旧「朝鮮総督府」庁舎 (韓国中央政庁) があったため正確な位置に戻されたわけではなかった．そのため2006年に撤去され，2009年に宮殿全体とともに正確な位置に戻された．2025年には「景福宮」復元事業が完了する予定である．

旧「朝鮮総督府」の中央ドームの尖塔部分は，独立記念館 (忠清南道天安市) に展示されている．

清渓川再生

再生された清渓川の，漢江の水をポンプ・アップしてつくられた新たな水源は，「景福宮」とそう離れてはいない．風水上の祖山である北岳山を焦点とする南北軸上，「景福宮」の南に位置する．そして，その南，西側には「徳寿宮」，東側向かいにはソウル市役所がある．このソウルの目抜き通りは，李氏朝鮮王朝の太祖が首都と定め，第3代太宗が遷都した時から，ソウルの中心である．市庁舎前広場は，ほんの小さな広場だけれど，ワールド・カップ・サッカー (2002年) の時に，パブリック・ビューイングの場所となって以来，ことあるごとに数十万人が蝟集する韓国一の国民統合の象徴

図終-17 （a：左）地上に置かれた朝鮮総督府の頂部．（b：右上）解体中の朝鮮総督府．（c：右下）ありし日の朝鮮総督府（国立博物館）．いずれも布野修司撮影．

的場所になっている．市庁舎は日本統治時代からの古い建物を使っていたが，隣接して新しい庁舎の建設工事を行っており，2009年に完成する予定で，新庁舎完成後は，従来の庁舎を2010年までに公共図書館として活用することになっている．

　清渓川は，北の北岳山，仁王山，漢江を背にする南山，そして東に位置する駱山（駱駝山）から流れる小川を集めて東流する．その名が，清水が流れていたかつての姿を思わせるが，実際は，朝鮮時代初期から，乾期の汚染が酷く，洪水を繰り返すことから，埋立て論があったという．偉いのは太宗で，河川を埋めるのは自然の摂理に反すると，そうしなかったという．治水，利水の悪戦苦闘があって，清渓川の原型が出来上ったのは，第10代英宗の頃（18世紀半ば）である．

　この首都ソウルのど真中を流れる清渓川が人びとの生活において大きな意味を持ってきたことは言うまでもないだろう．そして，日本統治期，さらに独立後の都市発展の過程で，その意味を失ってきたであろうことも想像に難くない．日本統治時代に，暗渠化の提案がなされ，一部実施されている．また，1958年から1978年にかけて実

終章
植民地遺産の現在

図終-18 再生された清渓川
(撮影：布野修司)

際暗渠化が行われたのである．清渓川は，上下水道，電気設備他のインフラを収めるトンネルとなるのである．それと並行して建設された (1967-1976 年) のが清渓高速道路である．清渓川は，ソウルの都市発展の軌跡をものの見事に象徴しているのである (図終-18)．

何故，復元・再生なのか．清渓川の復元・再生を掲げて市長に当選したのが，後に大韓民国大統領となる (2008 年) 李明博である．

1　都市管理のパラダイム・シフト：機能・効率から環境保護・保存へ，生活の高い質の実現，人間・環境に優しい都市
2　600 年の歴史と文化の回復：ソウルの起源，オリジナルの景観の再発見
3　安全問題の根本的解決：修復困難な高速道路，深刻化する水質汚染
4　下町の活性化：清渓川周辺の都市再開発の促進

機能性や効率ではなく環境保護と保存を唱い，都市管理のパラダイム・シフトを第1に掲げるプロジェクトの目的は分かりやすい．これが単なるお題目ではないことは事業内容が充分示している．

加えて，600 年の歴史的環境，景観を復元するという目的も，上述のような，ソウルの歴史文化的核心に位置することから明快である．「景福宮」の復元から連続する事業と考えることが出来るだろう．「景福宮」から「昌徳宮」の間には，旧漢城の北村がある．約 860 棟の「韓屋」が残っている．「冬のソナタ」の撮影地となったことから，日本でもよく知られるようになった．

一方，実際には，環境再生を目指さざるをえない直接的な理由があった．清渓高速道路 (南山一号トンネルから馬場洞まで全長 5.8km) は，建設後 20 年を経て，劣化が明らかになり (1991-92 年調査)，補修が必要となっていたのである．高速道路撤去決定の段階では，一時しのぎの補修，改修ではとても経済的にも物理的にも間に合わない

状況であった．加えて，清渓川の汚染，クロム，マンガン，鉛など重金属による汚染が大きくクローズアップされていた．すなわち，安全の問題が発端である．

しかし，だからといって，高速道路の撤去，暗渠の撤廃ということにすぐさま繋がるわけではない．莫大な損失と過去の失政を認めて，しかも，さらに大きな投資を行う決断はそう簡単ではないだろう．このプロジェクトが真に狙いとするのが清渓川周辺地区の活性化である．清渓川周辺には，50坪未満の建物が密集しており（6026棟），露店も多い（約500店）．清渓川再生を都市再生へと結びつけられるかどうか，これが今後の展開を含めて，真の評価の鍵なのである．

清渓川再生の四つの視点，目的は以上のように整理されるが，プロジェクトの実施に当たっては，さらに大きな問題がある．高速道路を撤去することが果たして可能か．交通問題が解決されなければ，絵に描いた餅である．

5　都心交通システムの再編管理

ソウル市が採ったのは，迂回道路の新設，駐車場の整備，一方通行システムの導入，曜日ごとの運転自粛制，バス，地下鉄など公共交通機関の輸送能力の増強など多岐にわたる．公共交通機関利用，不法駐停車禁止のキャンペーンも展開された．

今回の事業で，清渓川に架かる22の橋のうち，七つは歩行者専用とされた．すなわち，車依存から，歩ける都市への転換という方向も含意されているとみていい．いずれにせよ，清渓川復元は，第5の目的，都心交通システムの再編管理を前提とすることになる．清渓川再生事業が可能となったのは，この前提条件をクリア出来たからである．どんな都市でも出来るというものではおそらくない．

6　清流復元再生

さらに，清渓川の河川（流域面積61km^2，総延長13.7km，幅20-85m）としての再生も大きな問題である．清流が蘇るのでなければプロジェクトは台無しである．清渓川は，上述のように，集中豪雨の際には溢れる危険性があり（実際2001年7月，市庁周辺の中心部が洪水被害を受けている），逆に干上がる時もある．内水処理の断面を充分考慮し（200年確率で，118mm/時を想定），自ら水量を確保出来ない清渓川への用水は，高度に浄水処理を前提として漢江の水（12万t/日）および地下鉄からの地下水（2万2000t/日）が用いられることになった．この条件も，プロジェクトの成否には決定的である．漢江の存在が無ければ，成り立たなかった事業である．都市河川（平均水深40cm）ではあるが，随所にビオトープや湿地，緑地，魚道が配され，自然生態の再生も目指されている．撤去解体工事で発生する残滓物のほとんどもリサイクルされている．

7　合意形成

そして，以上に加えて，5.84kmにも及ぶ清渓川周辺住民（6万店舗，20万人）の合意が必要である．2002年7月の計画発表から着工（2003年7月1日）までに，4000回

を越えるヒアリング，説明会が行われたというが，驚くべき短期間での合意形成である．もちろん，工事中の不便のために駐車場料金を補償したり，融資による支援をしたり，移住希望者や露店商への対応など，きめ細かい具体的な対策もとられた．目的というより，合意形成は事業の前提であり，ソウル市民にとって大きな経験となりつつある．市民が一本，一本植樹する「ソウルの森」(2005年6月開園) が市民参加型の公園として実現しつつあるのも，この経験と無縁ではない．行政当局にとって，真の「住民参加」「市民参加」の実現は最大の目的なのである．それにしても，事業担当者の，この事業にかけたエネルギーは想像を絶する．

　以上の七つの目的，課題はソウルだけのものではない．世界中の都市，とりわけ歴史的な古都に共通である．だから，清渓川再生事業の衝撃は世界に拡がりつつあるのである．

　清渓川再生事業に関わってきた許火英ソウル市住宅局長は，2003年1月と2006年3月に行った事業前後のモニタリング（影響評価）結果について以下のようにいう．

　交通速度は，朝のピーク時で17-18km/時，夕方のピーク時で12km/時，とりたてて悪くなってはいないという．流入出台数は，ソウル全体の数字であるが，156万台から127万台に減った（18.6％減）．清渓川高速道路を利用していた車は1日平均10万2746台（清渓道路が6万5810台）で，10万台以上減少する効果があった．中心業務地区の地下鉄乗降客は13.7％増えた．周辺住民からの大きな反発はなく，むしろ，歩行者，商店の顧客は増えているともいう．

　交通量が減れば，環境も大きく改善されるのは道理である．大気中の二酸化窒素NO_2濃度は，69.7ppb.から46.0ppb.に減った（34％減）という．水質も100-250ppmが1-2ppm（BOD）となり，川がまさに蘇った．騒音レベルも減少，風の道が創出された．7月の気温は，1日だけの測定であるが，清渓川の街区側（摂氏36度）と川辺（摂氏28度）で大きく異なり，8度も低くなった．環境改善は，諸指標によるまでもなく，一目瞭然である．大気，水質，騒音，臭い，昼光，風などについての世論調査も8割は改善されたと判断しているという．

　自然生態環境も大きく改善されつつある．魚類は，3種から14種に，鳥類は18種に，昆虫は7種から41種に，それぞれ増えたという．生物多様性は，環境評価の大きな指標である．

　こうしてソウルの都心は，朝鮮時代に遡る清渓川の現代的蘇生によって，何かを取り戻したことになる．清渓川再生事業の評価は，しかし，そう簡単にはなしえないだろう．その真の評価は後世の歴史に委ねられている．ソウルの景観が，その今後の都市としての歩みを含めて，映し出すことになる．

3 慶州

慶州の観光都市としての性格が植民地時代に形成されたことはII章で述べた．日本人が慶州に持ち込んだ「観光都市＝慶州」という図式は，韓国が植民地支配から解放された後も受け継がれていった．

慶州観光総合開発事業

戦後の慶州における都市計画は，1952年に内務部告示25号によって確定された基本計画に始まる．その基本計画は，計画人口を8万5000人として，都市計画区域面積28.7km^2，計画街路32路線と計画公園3.65km^2，緑地地域11.08km^2，風致地域4.97km^{2}とすることを決定している[879]．そして，1967年6月15日の建設部告示420号によって都市計画を全面的に改定し，1970年1月20日の建設部告示13号によって都市計画再整備を実施する．さらに，1972年2月には「慶州観光総合開発事業」基本計画の樹立によって，当時の月城郡[880]の一部地域を慶州市に編入させ，区域を拡大，総面積299.6km^{2}として計画を確定している．この「慶州観光開発計画」は，1972年より1981年までの10年間を2段階に区分して慶州を国際的文化観光都市として発展させようとするもの[881]であった．

事業の発端は，1971年6月12日の大統領の指示である．当時の朴正熙大統領は，朝鮮半島で最初の統一国家を達成した新羅の都であった慶州を整備することで，北朝鮮との統一競争に挑む韓国の国民を統合し，統一精神を植え付けようとしたとされる．そして，観光客の誘致によって外貨の獲得を狙ったものでもあった．

朴正熙は，慶州の隣町の浦項にある製鉄工場の火入れ式に参加してソウルに戻る途中慶州に寄り，そこで「錆び付いた」慶州の町をみて官邸の青瓦台に戻り，決断したとされる．「慶州を雄大・燦爛で，精巧・潤達な進取的で余裕のある，優雅で幽玄の感じが再現出来るように開発するよう」[882]というのが指示である．この指示によって関係機関の官僚による実務作業班が構成されたのが1971年6月16日であった．国内外への諮問と現地調査をもとに，作業班によって報告書が作成され，7月16日には大統領にその結果が報告され，早くも8月13日に計画が確定されている．わずか2か月足らずで，基本計画が樹立されたのである．開発事業団の団長には大統領府である青瓦台の経済主席秘書官が就任した．

---

879) 建設部慶州地域開発建設事務所（1979），pp. 30-31.
880) 今の慶州郡.
881) 慶尚北道・東国大学新羅文化研究所（1986），p. 491.
882) 建設部慶州地域開発建設事務所（1979），p. 9.

終章
植民地遺産の現在

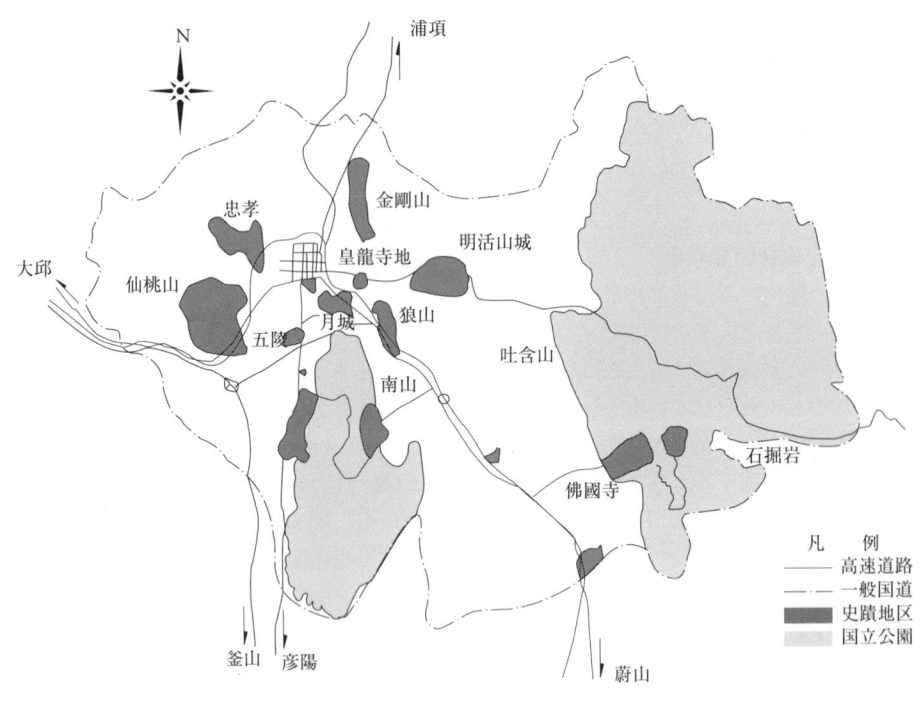

図終-19 慶州の史蹟地区と国立公園

事業の基本方向[883]は，
①慶州市一円の全ての遺跡と遺物を13の史蹟地区（図終-19）にまとめ総合的に復元・浄化する，
②慶州一帯の史蹟地整備と併せて観光都市開発を実施し，新羅の都を感じとるように造成する一方，都市の基盤施設および環境を整備する，
③観光客の急増に備えた観光客収容施設を建立する，
の三つである．

政府は，慶州観光総合開発事業を総括調整するために，1972年1月5日に建設部長官直属で「建設部地方国土建設局慶州開発工事事務所」を開所する．これは1977年に「慶州開発建設事務所」と改められ[884]，建設副技監が所長になり，その下に管理課，計画調査課，施設課と試験室が置かれた．職員は最終的に46人であった．

1972年から1979年までの間，総額760億圜（ウォン）が投入された．このうち，

---

[883] 建設部慶州地域開発建設事務所 (1979), p. 10.
[884] 建設部慶州地域開発建設事務所 (1979), p. 23.

468

実際の都市基盤整備に使われたのは全体の32％の243億圓にとどまる．一方，観光団地の開発，主に宿泊施設やゴルフ場，ショッピングセンターの建設に30％を越える231億圓が投入された．この計画で出来た「普門団地」は，もともと外国人のために建設されたが，外国人観光客が思うように誘致されず，計画は失敗に終わったとされる．

「観光開発事業」は，その後も引き続き実施されてきているが，都市整備よりは観光開発のための造成に重点が置かれてきたのは同様である．

この事業の部門別計画の中で，文化財保存と関係があるのは「史蹟地区整備」である．その原則[885]は，

①慶州一円の13の史蹟地区に含まれない単位文化財については三つの地区に区分し，それを総合的に補修，浄化する．13の地区の中の個々の文化財および指定区域から離れている文化財は個別的に補修する．
②現存の文化財は原形の保存に力を入れる一方，破損されたものは補修し，周辺環境を美化する．
③史蹟地内の不良建物は移転させ，必要な私有地は買収する．
④史蹟と史蹟の間を繋げる道路を改修または新設し，外郭部に駐車場を設置する．
⑤遺跡の中で調査発掘事業の結果，構造物の復元が可能で，その歴史的価値が大きいものは復元する．
⑥史蹟地整備事業は，1978年までに完結させるが，復元事業はその後も継続する．

当時の文化公報部が担当したこの計画による投資の実績を見ると，1972年から1979年まで63億8000万圓が投入されている[886]．現在，慶州にみる遺跡のほとんどはこの時期に整備されたものである．その事業の成果は，仏国寺復元と修理，五陵地区の整備，武烈王陵地区整備，雁鴨池・鶏林・半月城整備などである．また，同期間中に玉山書院，慶州郷校，旧博物館など13件の木造文化財の補修が行われ，完了している．これ以外にも石造文化財が15件，古墳が7箇所，王陵が15箇所，その他の遺跡が8箇所，統一殿新築などの特定事業3箇所が完成，または実施中にあった[887]．これらの遺跡の保存整備は，慶州市と郡を問わず一括的に行われたものである．

南山の聖域化

慶州の南山は新羅時代の仏教遺産の宝庫として知られ，2009年現在30件余りの指定文化財がある国立公園である．また，南山を含む「慶州歴史地区」は2000年には

---

885) 建設部慶州地域開発建設事務所（1979），p. 32.
886) 建設部慶州地域開発建設事務所（1979），p. 92.
887) 建設部慶州地域開発建設事務所（1979），pp. 469-470.

終章

植民地遺産の現在

世界文化遺産に登録された．南山の国立公園計画は植民地時代に始まったが，戦後 1968 年 12 月 23 日にようやく指定されている．指定当時の面積は 102km² である．

慶州は，II 章で見たように，植民地時代には「文化先進国」日本をうたうために，また，いわゆる「内鮮一体論」の根拠としてしばしば焦点が当てられた．慶州を韓国都市のシンボルとして扱う施策は，戦後の韓国政府にもみられ，軍人政治家の朴正熙大統領は慶州の南山を国民教育の聖地として開発を進めた．その代表的な施設が「統一殿」(図終-20)である．「統一殿」は名前通り南北統一を願う神殿である．1974 年 6 月 10 日に朴正熙は「統一殿」建立を指示する．

約 2 年後の 1976 年 4 月 22 日に工事は着工され，総面積 2 万坪の敷地に本殿，回廊，興国門，誓願門などが，仏国寺をモデルにした統一新羅の様式で設計され，1977 年 9 月 7 日に開館した．本殿には新羅の三国統一中心人物である太宗武烈王，文武王，そして金庾信将軍の肖像画を奉安し，回廊には三国統一の記録画が展示されている．そして庭先には三国統一記念碑と事績碑 3 点，そして三国統一戦争でなくなった無名勇士の碑が展示されている[888]．

この現代版神殿建立の意図は当時の政治状況から読み取れる．1960 年代末には，北朝鮮ゲリラのソウル浸透があり，1970 年代初頭には「10 月維新」，北朝鮮の洞穴発見が続いた．また大統領夫人の暗殺など，韓国は厳しい南北対立の真只中にあった．そして，政治的には 1971 年の大統領選挙で，野党の全羅道出身金大中に厳しい選挙戦の結果辛うじて当選したという背景があった．朴正熙は，金日成の北朝鮮を三国時代の高句麗に，金大中を百済とみて自分は新羅の「花郎」の末裔で現代版金庾信将軍と同一視しようとしたのである．新羅の三国統一のように，自らが南北を統一するという意志を託したのが「統一殿」建立なのである．

興味深いのは，慶州観光開発の一つの軸に，南北統一のための国民意識教化というもう一つの軸が重ねられ，そのための装置として南山整備が行われたことである．南山の聖域化もその装置の一つである．具体的には，「花郎教育院」(図終-21)[889] の建設がそれである．この建物のもともとの建設意図は，慶州市内に 40-50 人程度が収容出来る「韓屋」を用意し，真の国民精神を涵養させる修練のための道場とし，慶州一帯の名勝古跡址を巡礼する学生や一般人のための宿泊施設としようというものであった．本格的な建設計画は 1971 年 2 月 20 日に慶尚北道教育委員会が大統領に提言したことに端を発する．この提言を受けた朴正熙はその様式を伝統的様式とするよう指示し，国庫 7000 万圓(ウォン)の支援を約束する．残りの予算は慶尚北道の学生福祉基金より当て，1971 年 9 月 9 日に着工した．その設立の目的は「三国を統一し燦爛たる民族

---

888) 『朝鮮日報』，1977 年 7 月 7 日．
889) 設立当時は「花郎の家」であったが，1974 年 4 月 16 日この名称へと変わった．

図終-20　統一殿（撮影：韓三建）　　　図終-21　花郎教育院（撮影：韓三建）

文化を創造した花郎の輝かしい精神を今日の青少年が体得するようにし，民族主体性の強い真の新しい国民を育成する」[890]ことであった．この段階で観光用の宿泊施設が国民精神を涵養させる修練のための道場へと変質したのである．

『花郎教育院沿革誌』によると，現在の場所である南山の「花郎岩」の下に敷地が決められたのは1971年5月17日のことである．その決定理由としては，①市街地中心から近いため，修練生の出入りと学生送迎，物資の供給に便利，②電気や電話の架設と給水施設が容易で大規模運動場の設置が可能でありながら，非常の時患者の輸送や医者の往診に便利，③南山にはもとより新羅時代の文化遺跡が豊富で祖先の精神の体得に適している，④景観が良好で，⑤昔の花郎の修練場であり，⑥伝説，⑦風水，⑧文武王陵と仏国寺を結ぶ軸線上に位置する，ことなどがあげられている．

「花郎教育院」は，1971年8月に建築設計が完成し，全体の建物の配置は「景福宮」をモデルにしている．建物の様式は統一新羅のものにし，1973年5月30日に竣工した．敷地の総面積は4万445坪，建物面積は889.5坪で，鉄筋コンクリート式「韓屋」風の外観をしている[891]．1973年7月7日の朝鮮日報は「新羅再現，花郎の家」という見出しで，「国内最大の修練場，3泊4日間ずつ毎年1万8000余りの中・高等学生を対象に弓，射撃，プール，サッカー場などを完備，去る3日開館した花郎の家は施設の規模と水準において国内最大，最高水準の青少年修練場になる」と報道している．

「花郎教育院」の入所対象は，全国の中・高校生，在日韓国人，中・高校校長，初・中・高校教頭他一般教師である．入所者は，毎月「花郎教育院」の計画に基づいて慶尚北道教育庁によって選ばれた．学生の場合は全国の中・高校2クラス当たり1人ず

890）慶州市史編纂委員会『慶州市史II』，p. 403.
891）国家記録院文書『花郎教育院30年』，pp. 19-21.

つの比率で選ばれている．また，一般人も教育院にあるユースホステルへの入所が可能であった．教育内容は，3泊4日日程で併せて34時間，花郎精神，礼儀範節，弓道，武術，文芸などを徹底して教育するものであった[892]．

それは日本植民地時代末期の軍国主義教育と似ている．陸軍少将から大統領になった朴正熙は，慶州を南北イデオロギー対立に勝つための国民精神教育の聖域，そして神殿と位置付けたのである．このような枠組みは，慶州の文化遺産保存とは必ずしも関係しない．実際，1970年代の慶州開発では，町の中心部の整備は行われてないまま放置されることになるのである．そして，この計画と開発については，慶州市民そのものは徹底的に排除されている．朝鮮末期から約80年に及ぶ20世紀の間，慶州は2回の大きな変化を経験した．植民地支配と1970年代の観光開発がそれである．

慶州の持つ新羅の「栄光」は，植民地時代にも戦後の韓国政府においてもそれぞれの都合による思惑によって翻弄されてきた．果たして，これからの慶州はどのような道を辿っていくのであろうか，注目すべきである．

4 │ 九龍浦・栄山浦・群山

黎明の瞳

韓国のTVドラマ『黎明の瞳（여명의 눈동자）』のいくつかのシーンは，朴重信が実測した建物（九龍浦：調査対象08）の手前の路地で撮影された．「黎明の瞳」（演出：キム・ジョンハク／脚本：ソン・チナ，主演：チェ・ジェソン，チェ・シラ，パク・サンウォン）が放映されたのは，1991年10月7-1992年1月16日で，国民的人気を集めた．

ドラマは，1943年から1953年にかけて，日本の植民地時代（日帝時代）から朝鮮戦争（韓国動乱）半ばまでを背景にしている．挺身隊に嫡出されたヨオク（女性・ヒロイン），中国南京の日本陸軍15師団に配置された朝鮮人学生チェ・デチ（男性），反戦運動の疑いで拘束されたジャン・ハリム（男性）の3人が主人公で，日本植民地期，独立，韓国動乱（朝鮮戦争）に繋がる激動の韓国現代史を背景に，この3人の主人公をめぐって起きる様々な事件を通じて，イデオロギー対立の熾烈さ，過酷さを表現した愛と悲しみの物語である．

韓国MBC創立30周年を記念して制作されたこの『黎明の瞳』は，総制作費72億圜（ウォン）いう映画なみの予算を投入し，テレビドラマ史上最高の2万人余りのエキストラを動員，中国・フィリピンなどの海外ロケを敢行するなど，型破りのドラマで，1991年から1992年にかけてドラマ大賞，男女演技賞，監督賞，作品賞など数多くの賞を受賞している．

---

[892]『朝鮮日報』，1977年7月7日付け．

衝撃的だったのはヒロインが日本軍により従軍慰安婦として動員されるという設定である．ドラマが制作された背景には，盧泰愚大統領の訪日時（1990年）の「天皇の謝罪」問題，宮沢首相訪韓時（1992年）の従軍慰安婦問題があった．当時，従軍慰安婦問題が日韓間の懸案として浮上しており，『黎明の瞳』では日本軍に徴兵された朝鮮人兵士が虐待されるシーンや日本軍の兵士が従軍慰安所を利用する場面もお茶の間にそのまま放映され，韓国人の反日感情をかきたてることにもなった．続いてMBCで放映された『憤怒の王国』(1992) も，「即位の礼」に向かう天皇を狙撃するという内容を含んでおり，1990年代初頭の日韓関係がきわめて厳しい状況であったことが思い起こされる．

日本人村整備計画

　10年の時を経て，韓国KBSのTVドラマ『冬のソナタ』(監督はユン・ソクホ．2002年1月-3月の毎週月曜と火曜の夜に放送された) が，日韓ワールド・カップ（W杯）共同開催（2002年）とそれに伴う850を越える交流行事の流れの中で，日本でも放映され (NHKBS2：2003年4月-9月：2003年末に再放送：NHK総合：2004年4月-8月)，空前の韓流ブームが起こる[893]．

　もちろん，この韓流ブームにもかかわらず，日韓関係の歴史に横たわる深い溝が埋められたわけではない．しかし，韓国併合100周年を迎えて，緩やかな変化は感じることが出来る．

　かつての「日本人移住漁村」や「日式住宅」が建ち並ぶ「開港場」などを舞台の背景とした映画やTV番組には，『黎明の瞳』(TVドラマ：1991.10.07-1992.01.16 (MBC) 九龍浦) の他，『将軍の息子』(映画：(1編) 1990.06.09　ロードショー　栄山浦群山（ヒロツ家屋の前）)，『風のファイター』(映画：2004.08.12　ロードショー　群山)，『砂時計』(TVドラマ：1995.01.10-1995.02.16 (SBS) 群山)，『野人時代』(TVドラマ：2002.07.29-2003.09.30 (SBS) 群山)，『氷点』(TVドラマ：2004.10.04-2005.01.08 (MBC) 群山)，『天年鶴』(映画：2007.04.12　ロードショー　群山)，『六兄弟（韓国名：六男妹)』(映画：1998.02.04-1998.04.09 (MBC) 仁川（チャイナタウン近く)) などがある．

　「黎明の瞳」の一舞台となった九龍浦では，「日本人村」整備計画が進められつつある．III章で明らかにしたように，九龍浦には数多くの「日式住宅」が残されている．

---

[893] 遡って，日本に韓流ブームのきっかけとなったのは，1996年10月に福岡のテレビ局TXN九州が，「ミニシリーズ」という韓国ドラマ3作品を放映したこととされる．「冬のソナタ」以降，「宮」「魔王」「がんばれ！　クムスン」「19歳の純情」「恋人」「春のワルツ」「美しき日々」などの恋愛ドラマが女性の人気を集め，さらに時代劇「宮廷女官チャングムの誓い」が日本で放送されると，「ホジュン」「商道」「英雄時代」「海神」「朱蒙」「太王四神記」などの韓流時代劇も人気を集めるようになった．

九龍浦が属する浦項市は，世界第4位の粗鋼生産を誇るポスコ（旧浦項総合製鉄）の企業城下町であるが，九龍浦を観光資源に活用出来ないかと特別チームを編成，整備計画を進めつつあるのである．もちろん，この整備計画をめぐっては，市当局はきわめて慎重である．既に日本人観光客が急増しつつあり，観光客誘致には反対は少ないものの，独島（竹島）問題を抱えており，日本植民地時代の記憶が蘇るのを快く思わない人びとも少なくないからである．

現在のところ，より積極的なのが群山である．群山市は開港地としてその歴史を生かし「近代文化中心都市」の建設を目指し，約1000億圓（ウォン）を投入する予定である．この事業は，月明洞（ウォルミョンドン）の180haに，2010年から2019年の10箇年計画で近代歴史文化体験地区を造成し，近代歴史建築物の整備，近代歴史街並みの造成，近代産業遺産を活用する芸術創作ベルト化などを計画している．2009年10月16日には，近代文化中心都市の開発と未来をテーマとしたワークショップを開催し，本格的な事業推進を宣言した．170件ほどが現存する近代建築物を活用して，「近代文化都市」を新たに造成するという．旧朝鮮銀行，旧十八銀行，「日式住宅」，日式の寺院などに関する保存，整備，活用方案が含まれている．1923年に建てられた朝鮮銀行は，小説『濁流』（蔡萬植，1938）に登場する．群山市は，既に2010年度にむけて旧朝鮮銀行の復元工事費として国費3億圓を確保し，総額6億圓をかけて本格的に復元工事を進める予定である．

栄山浦も保存整備が進められつつある．羅州市は，既に，2007年，栄山浦地区を「近代歴史街並み」として，登録文化財に指定するため，文化財庁に指定申請書を提出している．指定区間は旧栄山浦船倉から精米所までの750mで，当時栄山川沿いに形成された市街地の姿と日本式家屋，商家などの100余件がその対象である．特に栄山浦の灯台は1915年につくられ，韓国雄一の内陸河川にある灯台で登録文化財129号（2004年指定）である．羅州市は，代表的な「日式住宅」を民間から購入し歴史教育場として活用する予定で，現在計画は着々と進められつつある．

5 ウトロ

最後に，「日本の中の韓国町」について触れておきたい．

朝鮮人移住漁村や「鉄道町」の調査と並行して，著者たちは，「ウトロ」地区（約2.1ha）についても調査してきた．韓日の住文化比較という視点からの調査であったが，もちろん，そのレヴェルにとどまるわけにはいかない，大きな問題が「ウトロ」にはある．布野は，1998年から2008年の10年間，宇治市の都市計画審議会の会長を務めた．以下に触れるように，「ウトロ」問題が審議会にかかることはなかったけれど，「朝鮮の中の日本」を考えながら「日本の中の韓国」である「ウトロ」の存在は常に身

近であった.

　「ウトロ」地区は宇治市伊勢田町 (51 番地) にある (図終-22ab). 伊勢田の名前は, 伊勢神宮の料田 (伊勢田) に由来する. 古来, 伊勢神宮と繋がりを持っており, 『延喜式』に既に伊勢田神社の名が見える. 中世には環濠集落を形成していたと考えられる. 近世の伊勢田村は天領であった.

　この伊勢田に, 第 2 次世界大戦中に, 国策会社「日本国際航空工業」によって京都飛行場と飛行機工場の建設が計画される. 約 2000 名の労働者が集められ, そのうちの約 1300 名が朝鮮人であったとされる. 強制徴用以前から日本に居住していた朝鮮人が中心である[894]. その朝鮮人たちが生活した飯場が「ウトロ」地区の前身である.「ウトロ」という地名は, もともとの「宇戸口」という地区名の,「口 (くち)」を「ロ (ろ)」と読み間違えたことに由来する.

　第 2 次世界大戦における日本の敗戦と同時に朝鮮人労働者の大半は帰国することになる. しかし, 帰国に当たって, 船賃がきわめて高額であり, また GHQ による無償の送還事業から漏れた人びとが残留し,「ウトロ」地区は朝鮮人の居住地として存続することになった. 日本国際航空工業の所有する私有地を不法占拠する形になる. この点は, 他の在日朝鮮人居住地区とは大きく事情を異にする.

　日本国際航空工業の合併等により,「ウトロ」地区の土地の所有権は, その後, 日産車体工機 (後, 日産車体) へと移る (1962 年 7 月).「ウトロ」地区住民は, 日本政府および日産グループに居住権の保証を要求する闘争を展開する. そして, 1980 年代には, 不法占拠であることを理由として水道 (上水) 管の敷設を認めない日産車体側と, 人権問題であるとして水道管の敷設を認めるよう要求するウトロ地区住民側が厳しく対立することになる. 結果として, 日産車体が敷設を認める (1987 年 3 月) こととなるが, 同時に日産車体は, 当時 80 世帯 380 名が居住していたウトロ地区の土地全てを「ウトロ」地区自治会長に売却する. すなわち, 日産車体は, 土地の売却によって不法占拠状態を解消することで決着を図ろうとするのである.

　問題がさらにこじれたのは, 土地購入 2 か月後に自治会長がその土地を西日本殖産という不動産会社に転売してしまったことによる. というより, きわめて不明朗な闇のやりとりによって解決が図られようとしたことになる. 時は, バブル経済華やかなりし頃で, 土地転がしが全国で横行した時期であった. 詳細は省かざるをえないが, 西日本殖産は, 住民に対して地区の土地購入または退去を求める民事訴訟を提起する (1989 年 2 月). 民事訴訟は長期化し, ようやく 2000 年 11 月に至って, 最高裁によっ

---

[894] ウトロ地区住民のつくる「ウトロ国際対策会議」は, 労働者のほとんどは国民徴用令以前に, 経済的理由などで移住してきたものであるとする. また, 韓国の国務総理傘下の「日帝強占下での強制動員被害者の真相究明委員会」の報告書 (2006 年末) もウトロ地区住民について「強制徴用者ではなく, 元から日本に居住していた朝鮮人がほとんどである」としている.

終章
植民地遺産の現在

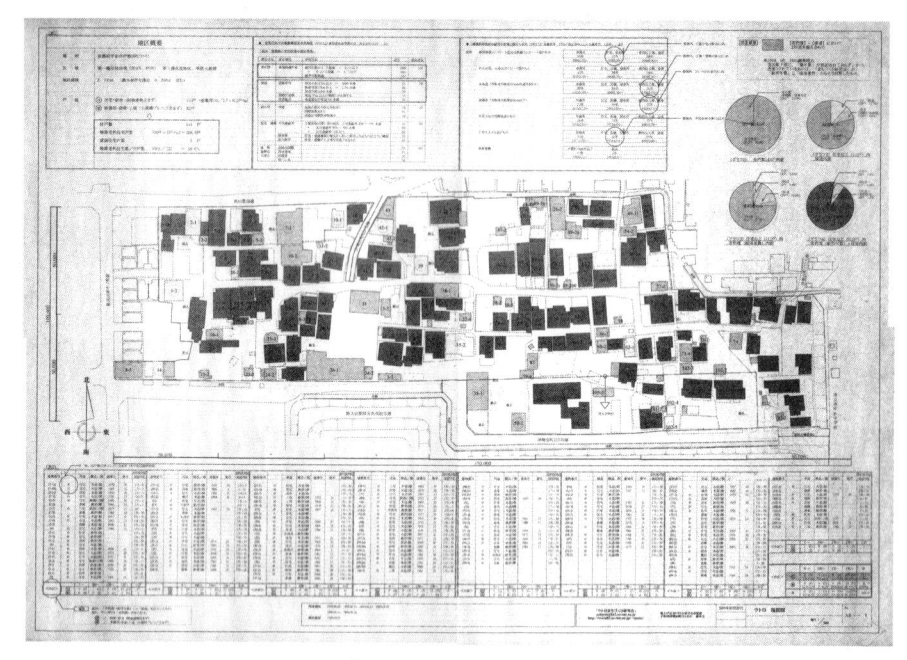

図終-22a　ウトロ地区現況図

図終-22b　ウトロ地区の景観

てウトロ地区住民側の全面敗訴が確定することになる.

　その後, 西日本殖産からある個人に所有権移転登記 (2004年1月) がなされる事件があり, 民事訴訟が再び起こされた. その個人が韓国政府にウトロ地区の土地を購入するよう要求したこともあって, また, 韓国で開かれた国際会議 (2004年9月) に「ウトロ」住民4人が出席し, ウトロ問題を訴え, 韓国の政府関係者や国会議員グループなどの視察が相次いだこともあって, 韓国政府によるウトロ地区住民への支援に関する論議が引き起こされることになる. 当時の韓国外交通商部長官であった, 現国連事務総長潘基文も, 韓国の国会で, 韓国政府によるウトロ地区住民への支援について言及している[895].

　最高裁は,「ウトロ」地区の土地の所有権移転登記は無効であり, 西日本殖産を「ウトロ」地区の土地の所有者と認めるとの判決を下す (2006年9月). そして, 土地の所有権が確定することによって, また韓国政府の支援が表明されることによって, 事態は解決に向けて動き出すことになった.

　「ウトロ」町内会が地区全体のほぼ半分を5億円で買い入れることで西日本殖産と合意に至るのは2007年9月28日である. 買収のための費用は, 韓国の市民団体による「ウトロ救援募金」が約6500万円, 韓国政府の支援金が約3億6000万円である[896].

　現在, 65世帯203人の在日韓国人住民が居住する. 65世帯のうち, (1) 大戦中に飛行場建設工事に関わった1世と子孫, (2) その親類縁者 (3) 戦後 (1945年以降) にウトロに移住してきた家族とその子孫が, それぞれ3分の1ずつを占める. 65歳以上の高齢者を含む世帯が30世帯, その中で高齢者だけの世帯が16世帯20人. 生活保護世帯が全体の約20% (宇治市平均約1%) である. 若い世代は転出し日本から生活保護を受けている高齢者が残っている.

　居住環境の改善が大きな課題であり, 地区内に公営住宅や「ウトロ記念館」を建設して欲しい, という要望が「ウトロ」町内会にはある. 国, 府, 市三者によって「ウトロ地区住環境整備検討協議会」が設置されるなど動きはあるが, 具体的な対応はこれからである. 住民たちは「ウトロ町づくり協議会」(有限責任中間法人) を設置, 地域コミュニティが主体性を発揮し, 多様な主体と連携する持続型居住を目指した住環境整備事業計画案の策定を開始したところである.

---

895) 2005年7月には, 日本の人権 NGO, 反差別国際運動 (IMADR・2005年当時の事務局長は武者小路公秀) の招聘により, 国連人権委員会任命の特別報告者・ドゥドゥ・ディエン (セネガル国籍) が日本の人権状況の調査のため来日し,「ウトロ」地区などについて調査を行い,「日本政府は, ウトロ住民と対話を始め, 住民が植民地時代に日本の戦争遂行のための労働にかり出されてこの地に住まわされた事実に照らし, 住民を強制立ち退きから保護し, 居住権を保障する適切な措置を直ちにとるべきである」と勧告している.

896) 2007年の12月に, 30億ウォンの支援に関する法案が韓国国会を通過する.

あとがき

　2010年は,「韓国併合」(韓日合邦) 100周年の年である. 日本による植民地支配は, 朝鮮半島に大きなインパクトを与え, 今なお, その痕跡を残している.

　日本の第2次世界大戦敗戦を機に朝鮮半島は植民地支配から解放される. しかし, 日本に代わって, アメリカと旧ソ連によって南北が分割占領されたために, 南北各々に政府が誕生することになった. そして, 1950年の韓国動乱(朝鮮戦争)は, 国土の壊滅的な破壊と莫大な人的被害をもたらし, 激しいイデオロギーの対立を残した. 韓国動乱を契機に分断は固定化され, 現在に至るまで厳しい対立が続いている.

　日本による植民地化によって, 朝鮮半島にそれまでまったく異なった都市が植えつけられることになる. 西欧風の建物が建ち並ぶ「開港場」や「開市場」の景観は, 日本同様, 長い間「海禁」政策を取ってきた朝鮮王朝にとってきわめて異質なものであった.

　そして, 支配国日本の資本と技術, さらに理念が根深く浸透し, 大きな歪みが戦後へと残された. 建築や都市の分野における植民地化の影響をその人的資源の供給という面からみると, 大きなマイナスは明らかである. 大韓帝国時代末期においても,「度支部建築所」の嘱託や技師のほとんどは既に日本人であり, 韓国併合以後も, 官庁など近代的な建築は全て日本人およびわずかの西欧人技師によって建築されてきた. すなわち, 半世紀にわたって日本人建築家が支配的であったため, 韓国人建築家の育成は妨げられることになった. 工業学校出身の韓国人技師が活動を開始するのは1919年以降であるが, それもほんのわずかの人数でしかない.

　植民地における都市計画は, 基本的に植民地に生活する支配者あるいは植民地本国のために行われる. 韓国の日本植民地時代もそうである. 1934年から適用および準用された朝鮮「朝鮮市街地計画令」は,「……市街地の発展よりは日本の国益, 日本人らの利益, そして侵略戦争に寄与するための制度だった」[907]. その関連法規の制定に当たっても当時の日本帝国国内の法精神と習慣と常識が優先され, 韓国人が不利な立場に置かれたことはむしろ当然であった.

　都市構造も国土計画も日本人の「好み」によってつくり上げられた. 都市計画や建築活動の対象地は朝鮮半島であっても, そのための資本, 計画, 技術, 施行などに関わる体制, 過程など全ては日本人によって担われ, 日本帝国のために行われたのである. 戦後の韓国の建築や都市システムは基本的にこの構造の上に立っている.

　しかし, 1960年代に入ると当時の軍事政権によって経済開発5ケ年計画が実施さ

---

[907] 大韓国土計画学会 (1989), p. 65.

れ，動乱による人口の移動に続いて，工業化による人口の都市集中が進行することになる．アメリカ帰りの若い研究者たちが経済開発や国土開発のブレインとなってアメリカ流の都市計画が試されるのも 1960 年代からである．もちろん，1960 年代以降に新興工業地として開発された都市とソウルの衛星都市を除けば，植民地時代の都市構造がそのまま受け継がれていった．

韓国版高度経済成長の終わる 1990 年代に入ると，土地の投機による地価の高騰と乱開発の問題，交通問題，環境問題に至る様々な都市問題が起こり，行政・学界・一般市民を問わず全ての関係者を悩ませることになった．このような問題は，程度の差はあるものの，現在では全世界が抱えている悩みでもある．

本書では，朝鮮時代末期における都市施設に着目し，それらが成立して維持されてきた仕組みと物理的構造を明らかにした上で，植民地時代におけるそれらの変容を明らかにした．植民地時代に，韓国人の意思とは無関係に行われた都市計画と諸建築活動について，それ以前の時代と照らしあわせてみることは，既に失われてしまった韓国独自の建築や都市に対する思想，概念，技法を探り出す大きな手掛かりとなるはずである．

本書のもとになっているのは，次の三つの学位請求論文である．

韓三建『韓国における邑城空間の変容に関する研究 —— 歴史都市慶州の都市変容過程を中心に』(京都大学，1993 年 12 月)

朴重信『日本植民地期における韓国の「日本人移住漁村」の形成とその変容に関する研究』(京都大学，2005 年 3 月)

趙聖民『韓国における鉄道町の形成とその変容に関する研究』(滋賀県立大学，2008 年 9 月)

本書の序章，I 章，終章を布野修司が執筆し，上記三つの学位請求論文は，それぞれ本書の II–IV 章に当たる．ただ，韓三建論文は，本書の全体を覆うフレームを持っており，その内容は，I 章，そして序章，終章にも，分割して含まれている．布野は監修者として全体に手を入れたが，韓三建も，同様に監修者としての役割を担った．本書の全体構成について，明快にその方針を提示して頂いたのは，アジアの都市研究についてこの間一貫して鼓舞し続けて頂いている京都大学学術出版会の鈴木哲也さんである．また，最後まで細部についてもアドヴァイスを頂いた．重ね重ね感謝したい．

本書の共著者である布野修司は，この 3 本の学位請求論文に指導教官として，また共同研究者として関わった．それぞれの論文の基になったほとんど全ての臨地調査をともにし，末尾にあげる論文を共同執筆した．

韓三建は，京都大学で学位取得後帰国して職を得た母校蔚山大学において趙聖民と出会い，指導教官となる．趙聖民は，韓三建の示唆を受けて日本に留学し，縁がめぐりめぐって滋賀県立大学で布野修司の指導を受けることになった．

あとがき

　朴重信は，韓国における指導教官である清洲大学の金泰永教授が京都大学への短期の留学経験があり布野修司と旧知であった関係で京都大学に留学することになった．金泰永教授は，この間，「日本近代遺産の保存と活用方案の調査研究」（1998年11月-1999年12月，韓国文化財庁）など韓国における近代都市建築遺産に関する調査研究を精力的に展開してきた．そして，朴重信論文に関連して，布野修司とも共同研究「韓国近代浦口集落の形成と変容に関する研究」（韓国学術振興財団・国際協同研究課題，研究代表者：李勲，共同研究者：布野修司，金泰永，課題番号：KRF-2003-042-D　00179, 2003年12月-2004年11月）を行うことになった．

　以上のようなネットワークをもとにした長期にわたる共同研究は，もちろん，一定の問題意識の共有のもとに展開されてきた．大きくは，韓国の近代都市史，近代都市計画史に関わる研究の一環ということになるのであるが，もっぱら焦点を当てテーマにしてきたのは，韓国における近代都市形成における「日本」という契機である．

　朝鮮半島における都市の近代化が，日本による植民地化を大きな媒介としていることは明らかであり，植民地化を問題にするのは当然の視点であったけれど，第2次世界大戦後の朝鮮半島の分断，日韓関係の歴史の中で，必ずしも十分な展開をなしえる状況になかった．

　1990年代前半に，慶州の地籍図と土地台帳を丹念に調べ，「景観の日本化」のプロセスを指摘した画期的な韓三建論文が書かれた段階でも，一般の関心はもとより，韓国の関連学会における反応もほとんどなかった．そして，「日式住宅」をめぐって，本書の直接の先行研究となる，日韓の居住文化の比較を行った「都市住居研究会」（代表：朴勇煥）の名著『異文化の葛藤と同化 ── 韓国における日式住宅』（1996）も，少なくとも，韓国では大きく着目されることはなかった．

　韓国国内で，日本植民地時代の都市建築遺産が冷静に評価されるようになったのは，「韓流ブーム」に象徴されるような日韓関係の新たな位相を迎えてからである．上述のように，20世紀末には韓国内で日本近代遺産の保存と活用方案の調査研究が展開されるようになり，「日本人移住漁村」，日本人が建設した「鉄道官舎」が建ち並ぶ「鉄道町」についての研究も，大きな抵抗を受けることなく可能となるのである．

　『異文化の葛藤と同化 ── 韓国における日式住宅』をまとめた漢陽大学建築大学学長の朴勇煥教授（2010年退官）と布野は，1970年代前半東京大学の鈴木成文研究室（建築計画研究室）で机を並べた仲である．日韓の都市建築文化をめぐって時に口角泡を飛ばして議論したことを思い出す．今や，「日式住宅」の建ち並ぶ町並みを復元する馬山，群山，九龍浦のような町もある．隔世の感がある．

　本書の一校を終えた直後，鈴木成文先生が急逝された（2010年3月7日）．真っ先に読んで欲しいと思っていた恩師だけに実に残念である．告別式で，ソウルから駆けつけた漢陽大学校建築大学学長を退任したばかりの朴勇煥教授と再会した．なつかし

あとがき

かった．本書のことを話すと，朴教授も『韓国近代住居論한국근대주거론 Theory of Korean Modern Housing』（기운당，2010）を上梓したばかりで，鈴木成文先生に推薦のまえがきを頼んで，それが鈴木成文先生の絶筆になったのだという．帰国後にすぐに送ってくれた．「はじめに，序章　朝鮮王朝の没落，1章　開港と外来建築の流入，2章　日式住宅の移植，3章　近代住居思想の展開，4章　伝統都市住居の変化，5章　混乱期の建築界の動向と都市住居の新しい類型，6章　都市住居の類型別住生活実態に関する調査研究，7章　新しい都市住居の模索と展開，終わりに」という構成の堂々たる大著である．日本植民地期への関心は完全に重なっている．そして，韓国の解放後の住居史が詳細に展開されている．残念ながら，朴教授の著書の議論を本書に反映する余裕はない．全く同じ時期に同じような作業してきたことにつくづくなんとも言えない感慨を覚える．本書への朴勇煥教授の批判が楽しみである．また，本書が韓国においても合わせて読まれることを願う．

　本書は，（財）住宅総合研究財団の 2009 年度出版助成を得て出版されたものである．末尾ながら，本書を評価して頂いた審査員の先生方とともに財団への感謝の意を表したい．

布野　修司

参考文献

1　参考図書・論文

注：リストは著者（発行者）の姓（名称）をアルファベット表記にした場合のアルファベット順に並べているが，その際，韓国人名・地名に関しては，下記のように扱った．

人　名

安 An：裵，裴 Bae：車 Cha：蔡 Che：趙 Cho：崔 Choi：敦 Don：琴 Geum：高 Go：具 Gu：郭 Gwak：韓 Han：熙，喜，熹，凞 Hee：許 Heo (Ho)：洪 Hong：赫，爀 Hyuk：印 In：張 Jang：鄭 Jeong：曹 Jo：朱 Ju：姜 Kang：金 Kim：權 Kwon：印 In：呉 O：李 Lee (Yi)：孟 Maeng：文 Mun：徐 Seo：昔，石，錫，析，碩，奭，晳 Seok：申 Sin：慎 Sin：孫 Son：宋 Song：朴 Park：柳 Ryu：元，遠，原，源，圓，沅，阮，洹 Won：延 Yeon：林 Yim：梁 Yang：尹 Yun

地　名

釜山 Busan (Pusan)：仁川 Incheon：木浦 Mokpo：群山 Gunsan：馬山 Masan：慶州 Gyeongju：朝鮮 Chosun (Joseon)：大韓民国 Daehan-minguk：嶺南 Yeoungnam：江陵 Gang Neung

A

足立栗園（1910）『朝鮮新地誌』積善館
天沼俊一（1925）「朝鮮素通り感」『朝鮮と建築』4-11，1925.11
天沼俊一（他）編（1937）『日本地理風俗大系（朝鮮地方）』城文堂新光社

An

安瑛培（1984）『韓国建築の外部空間』寶晉齊出版社
安宇植（1989）『アリラン峠の旅人たち』平凡社
安秉直・李大根・中村哲・梶村秀樹編（1990）『近代朝鮮の経済構造』日本評論社
安秉直編（2001）『韓国経済成長史』ソウル大学出版部
安志銀（1994）「地域的特性による漁村住居形態の変化」慶北大修士論文
安聲浩（1997）『日帝強占期の中複道型日式住宅の移植と影響に関する研究』釜山大学博士論文
安藤静（1933）『朝鮮地方制度改正令』朝鮮写真通信社
An Sung Ho (2001)「日帝強占期における官舎の住居史的な意味に関する研究」『大韓建築学会計画系論文集』第 17 巻 11 号，2001.11

Ao

青井哲人 (1999)「朝鮮神宮の鎮座地選定 ── 京城における日本人居住地の形成および初期市区改正との関連から」『日本建築学会計画系論文集』No. 521：211，1999.7.
青井哲人 (2005)『植民地神社と帝国日本』吉川弘文館
青井哲人 (2006)『彰化 一九〇六年』アセテート
青野正明 (2001)『朝鮮農村の民族宗教 ── 植民地期の天道教・金剛大道を中心に』社会評論社
青柳綱太郎 (1908, 1995)『韓国植民策 (名韓国植民案内) ── 朝鮮の統治と基督教 (韓国併合史研究資料・7)』輝文館，龍渓書舎
浅田喬二 (1968)『日本帝国主義と旧植民地地主制 ── 台湾・朝鮮・満州における日本人大土地所有の史的分析』御茶の水書房 (増補) 龍渓書舎
浅田喬二 (1989) (増補)『日本帝国主義と旧植民地地主制 ── 台湾・朝鮮・満州における日本人大土地所有の史的分析』龍渓書舎
浅田喬二 (1990)『日本植民地研究史論』未来社
安東誌編纂委員会『安東誌』安東文化院
浅野豊美・松田利彦 (2004)『植民地帝国日本の法的展開』信山社出版
アジア経済研究所図書資料部編 (1974)『旧植民地関係機関刊行物総合目録 ── 朝鮮編』アジア経済出版会
青山公亮 (1955)『日麗交渉史の研究』明治大学
新井宏 (1992)『まぼろしの古代尺』吉川弘文館
有光廣 (1931)「慶州の博物館」『ドルメン』1933.4
有光教一 (1932)「慶州点描」『ドルメン』1932.4
東潮・田中俊明 (1988)『韓国の古代遺跡　1　新羅編 (慶州)』中央公論社
東潮・田中俊明 (1989)『韓国の古代遺蹟　2　百済・伽倻篇』中央公論社
東潮・田中俊明 (1995)『高句麗の歴史と遺蹟』中央公論社
東潮 (1997)『高句麗考古学研究』吉川弘文館
東潮 (2006)『倭と加耶の国際環境』吉川弘文館

B

Bae

斐賢美 (1995)「朝鮮後期の復元図作成を通じるソウル都市の原型再発見に関する研究」『ソウル学研究』5，ソウル学研究所
斐賢美 (1997)「朝鮮後期ソウルの都市骨格復元に関する研究」『国土計画』32-6，大韓国土都市計画学会，1997.12
輩鐘茂 (1987)『木浦開港場研究』全南大学博士論文
裵埈晧・若山滋 (2008)「現代韓国文学にみる朝鮮戦争後の都市と建築 ──「日月」と「広場」に登場する建築空間」『日本建築学会計画系論文集』第 626 号：905，2008.4
裵埈晧・若山滋 (2009)「朴泰遠と李箱の作品における 1930 年代の「京城」と建築空間 ── 韓国文学にみる都市と建築の近代化」『日本建築学会計画系論文集』第 643 号：2139，2009.9
白種伍他編 (2004)『韓国城郭研究論著総攬』SEOGYONG MUNHWASA
斐相彦 (1923)「慶州・宜寧両郡に於ける製紙事業」『朝鮮』1923.3
潘泳煥 (1978)『韓国の城郭』世宗大王記念事業会
潘泳煥 (1991)『韓国の城郭』デウォン社

ブーケ．J. H（1943）『ジャワ村落論』（奥田他訳）中央公論社
Boeke, Julius Herman（1953）"Economics and Economic Policy of Dual Societies: as Exemplified by Indonesia", Institute of Pacific Relations, New York（邦訳は『二重経済論 —— インドネシア社会における経済構造分析』（永易啓一訳）秋蕫書房，1979）

C

Cha

車勇杰（1978）「壬辰倭乱以後の城制変化と水原城」『国訳華城々役儀軌（3）』水原市
車勇杰（1988）『高麗末・朝鮮前期対倭開放史研究』忠南大博士論文
チャガイ，ゲ・デ編（1992）『朝鮮旅行記』（井上紘一訳）（東洋文庫）平凡社

Chae

Chae Gi-Byung, Kim TaiYoung（1997）「鉄道建設における近代的都市構造の形成に関する研究」『大韓建築学会学術発表論文集』第 17 巻 2 号：607-614，1997.10
蔡熙国（1964）『大城山一帯の高句麗遺跡研究』（朝鮮民主主義人民共和国社会科学院考古学及び民俗学研究所遺蹟発掘報告第九輯）社会科学院出版社
蔡尚植（1984）「18・19 世紀同族，特殊部落の実態」『人文論叢』26 輯，釜山大

Cheol

Cheong

清州大学校・忠北大学校建築工学科（1994）『清洲近代都市住宅』清州大学校・忠北大学校
清州大学建築工学部留斎建築研究室（2003）『浦口集落実測調査報告書 10　九龍浦邑』
清州大学建築工学部留斎建築研究室（2004a）『浦口集落実測調査報告書 12　統営邑』
清州大学建築工学部留斎建築研究室（2004b）『浦口集落実測調査報告書 13　長承浦邑』
清州大学建築工学部留斎建築研究室（2004c）『浦口集落実測調査報告書 15　逢莱面・外羅老島』
千得琰（他）（2004）『南道傳統住居論』景仁文化社
チョン，ウンスク（1991）『慶州市都市形態に関する研究』ソウル大学修士論文
青瓦台（1971）『慶州観光開発計画』

Cho

趙景達（1998）『異端の民衆反乱 —— 東学と甲午農民戦争』岩波書店
趙景達（2002）『朝鮮民衆運動の展開 —— 士の論理と救済思想』岩波書店
趙景達（2008）『植民地期朝鮮の知識人と民衆　植民地近代性論批判』有志舎
趙成教（1949）『南原誌』南原郡誌編纂委員会
尹晸郁（1996）『植民地朝鮮における社会事業政策〈アジア研究所研究叢書〉』大阪経済法科大学出版部
趙寛子（2007）『植民地朝鮮／帝国日本の文化連環　ナショナリズムと反復する植民地主義』有志舎
趙聖民（2005）『日本統治期朝鮮半島における日式建築の変容に関する研究 —— 密陽市三浪津邑の元鉄道官舎の変容に就いて』滋賀県立大学修士論文
趙聖民（2008）『韓国における鉄道町の形成とその変容に関する研究』滋賀県立大学博士学位論文
趙泳鈢（1987）『慶北地方の郷校建築に関する研究』嶺南大修士論文
曹成基（2006）『韓国の民家』ハンウルアカデミー

Choi

崔昌煥 (1985)「釜山の都市変遷に関する考察 —— 解放40年を中心として」『東亞論叢』Vol. 22 No. 1

崔昌祚 (1984)『韓国の風水思想』民音社

崔昌祚 (他) (1993)『風水, 生活の地理・生命の地理』プロンナム

崔昌圭 (1973)「朝鮮朝儒学と韓民族の主体性」『斯文論叢』1輯, 斯文学会

崔会均 (1989)『地目分布による都市類型と都市特性との関係』延世大学修士論文

崔吉成編 (1994)『日本植民地と文化変容 —— 韓国・巨文島』御茶の水書房

崔吉成・原田環 (2007)『植民地の朝鮮と台湾 歴史・文化人類学的研究』(Academic series new Asia 50) 第一書房

崔文衡 (1974)『列強の東アジア政策』一潮閣

崔文衡 (1981)「ロシアの太平洋進出企図と英国の対応策」『歴史学報90集』歴史学会

崔南柱 (1973)「「新羅の魂」尋ねて半世紀 (12回)」『朝鮮日報』1973.4.25

Choi, Woo-jin (1989)『ソウル都市空間構造変遷に関する研究 —— 仁寺洞地域の形態空間を中心として』漢陽大修士論文

崔永俊 (1990)『嶺南大路・韓国古道路の歴史地理的研究』高麗大学民族文化研究所出版部

『朝鮮王朝実録』

崔鍾奭 (2007)『高麗時代「治所城」研究』ソウル大学校大学院文学博士論文

朝鮮風俗研究会 (1920)『朝鮮風俗・風景写真帖』ウツボヤ書房

朝鮮建築会 (1918-1941)『朝鮮と建築』(第1-24巻) 朝鮮建築会

朝鮮建築会 (1931)「朝鮮古建築保存に関する座談会」『朝鮮と建築』10-5:8, 1931.5

朝鮮農会 (1937)『朝鮮農業発達史』

朝鮮古跡研究会 (1937)『昭和11年度古跡調査報告』

朝鮮古跡研究会 (1938)『昭和12年度古跡調査報告』

朝鮮及び満州社 (1918)『最新朝鮮地誌』朝鮮及び満州社州出版部

朝鮮史研究会 (1974)『朝鮮の歴史』三省堂

朝鮮史研究会 (1995)『朝鮮の歴史 (新版)』三省堂

朝鮮鉄道協会誌委員会 (1927-39)『朝鮮鉄道協会誌』朝鮮鉄道協会誌

朝鮮総督府『朝鮮総督府統計年報』各年版

朝鮮総督府『朝鮮総督府施政年報』各年版

朝鮮総督府『朝鮮土地改良事業要覧』各年版

朝鮮総督府『朝鮮国勢調査報告』昭和5年, 昭和10年

朝鮮総督府『朝鮮総督府官報』各号

朝鮮総督府『人口調査報告書』各年版

朝鮮総督府 (1914)『古跡調査略報告』

朝鮮総督府 (1920)『土地制度地税制度調査報告書』

朝鮮総督府 (1921)『写真帖朝鮮』

朝鮮総督府 (1921-25)『朝鮮写真帖』

朝鮮総督府 (1923)『朝鮮総督府統計図集』

朝鮮総督府 (1924a)『朝鮮に於ける内地人』調査資料第2輯

朝鮮総督府 (1924b)『朝鮮の市場』善生永助:調査資料第8輯

朝鮮総督府 (1924c)『古跡調査特別報告第3冊 (本文上冊)』

朝鮮総督府 (1925)『朝鮮人の商業』善生永助:調査資料第11輯

朝鮮總督府（1926a）『市街地の商圏』善生永助：調査資料第 14 輯
朝鮮總督府（1926b）『朝鮮の契』善生永助：調査資料第 17 輯
朝鮮總督府（1927a）『朝鮮の物産』善生永助：調査資料第 19 輯
朝鮮總督府（1927b）『朝鮮の人口現象』調査資料第 22 輯
朝鮮總督府（1929a）『朝鮮衛生要覧』
朝鮮總督府（1929b）『朝鮮の鬼神（民間信仰第 1 部）』村山智順：調査資料第 25 輯
朝鮮總督府（1931）『朝鮮の風水（民間信仰第 2 部）』村山智順：調査資料第 31 輯
朝鮮総督府（1932）『大正 13 年度古跡調査報告第 1 冊図版』
朝鮮総督府（1933a）『朝鮮の聚落「前編・中編」』善生永助：生活状態調査（其 5）生活状態調査（其 6）調査資料第 38，39 輯
朝鮮総督府（1933b）『慶州郡』（調査資料 7 輯）
朝鮮総督府（1933c）『新羅古都　慶州古跡図集』
朝鮮総督府（1934a）『慶州郡』善生永助：生活状態調査（其 7）調査資料第 40 輯
朝鮮総督府（1934b）『朝鮮宝物古跡名勝天然記念物保存要目』
朝鮮総督府（1935a）『朝鮮の聚落「後篇」』善生永助：生活状態調査（其 8），調査資料第 41 輯
朝鮮総督府（1935b）『昭和 6 年度古跡調査報告第 1 冊』
朝鮮総督府（1937a）『昭和 7 年度古跡調査報告第 2 冊』
朝鮮総督府（1937b）『昭和 9 年度古跡調査報告第 1 冊』
朝鮮總督府（1937c）『朝鮮土木事業誌』
朝鮮總督府（1937-1944）『朝鮮水産統計』昭和 10-17 年
朝鮮總督府（1937d）『朝鮮の郷土神祀（第 1 部部落祭）』村山智順：調査資料第 44 輯
朝鮮總督府（1938a）『朝鮮の郷土神祀（第 2 部釈尊，祈雨，安宅）』村山智順：調査資料第 45 輯
朝鮮總督府（1938b）『朝鮮社会教化要覧』
朝鮮總督府（1938c）『佛国寺と石窟庵』
朝鮮總督府（1939）『昭和 10 年度朝鮮国勢調査報告　全鮮編と各道編』
朝鮮總督府（1940）『施政三十年史』
朝鮮総督府（1941）『朝鮮の郷土娯樂』
朝鮮総督府（1998）『朝鮮ノ土地制度及地税制度調査報告書』龍渓書舎
朝鮮總督府学務局社会課（1933）『昭和 7 年 12 月末調朝鮮の宗教及享祀要覧』
朝鮮總督府觀測所（1926）『近年に於ける朝鮮の風水害』
朝鮮總督府内務局（1935）『地方行政区域名称一覧』
朝鮮総督府鉄道局（1911）『朝鮮鉄道線路案内』朝鮮総督府鉄道局出版部
朝鮮総督府鉄道局（1915）『朝鮮鉄道史』
朝鮮総督府鉄道局（1923）『朝鮮鉄道史　創始時代』
朝鮮総督府鉄道局（1930）『南朝鮮鉄道案内図』
朝鮮総督府鉄道局（1937）『朝鮮交通略図』
朝鮮総督府鉄道局（1940）『朝鮮鉄道四十年略史』
朝鮮総督府殖産局（1921）『朝鮮の十大漁業』
朝鮮総督府殖産局（1922a）『朝鮮の水産業』
朝鮮総督府殖産局（1922b）『朝鮮の灌漑及開墾事業』
朝鮮総督府水産試験場（1929）『朝鮮近海海洋圖（昭和 4-5 年）』
朝鮮總督府水産試験場（1939a）『木造漁船に關する試験調査成績（特輯　第 10 號）』
朝鮮総督府水産試験場（1939b）『朝鮮魚類誌（朝鮮総督府水産試験場報告　第 6 号）』
朝鮮總督府水産試験場（1941）『朝鮮近海に於けるサバ漁場の性状（パンフレット　8）』

参考文献

朝鮮總督府水産試験場（1942a）『朝鮮近海のタラに就いて（パンフレット　9)』
朝鮮總督府水産試験場（1942b）『魚の生活（パンフレット；12)』
朝鮮總督府水産試験場（1943）『朝鮮近海平年海況圖（特輯　第8號，朝鮮海洋便覽：第2版，昭和18年版　附圖)』
朝鮮総督府臨時土地調査局（1918）『朝鮮土地調査事業報告書』
朝鮮総督府臨時土地調査局（1919）『朝鮮地誌資料』
朝鮮総督府中枢院（1940）『近代日鮮關係の研究（上巻・下巻)』
朝鮮総督府朝鮮史編輯会編（1944）『近代朝鮮史研究（朝鮮史編修会研究彙纂；第1輯)』
朝鮮総督府作製（1985）『一万分一朝鮮地形図集成』柏書房
青瓦台（1971）『慶州観光開発計画』
Chung, So-Yeon, Shin-koo Woo（2007）「釜山開港場の主要施設形成と変遷に関する研究 —— 1876年開港から1910年合邦まで」『大韓建築學會支会連合会論文集』
長節子（2002）『中世国教海域の倭と朝鮮』吉川弘文館

D

大韓建築士協会（1992）『韓国伝統建築』新正文化社
Dallton, D. J. (1949) "The Rise of Russia TH. Asia", Yale University Press, New Haven
ダレ，シャルル（1979）『朝鮮事情』（金容權訳）東洋文庫・平凡社

Don

敦永甫（1986）『巨文島風雲史』三和文化社
同時代建築研究会編（1981）『悲喜劇・1930年代の建築と文化』現代企画室
茶山研究会（1979-1985）『訳註牧民心書 I–VI』I 巻（1979a）II 巻（1979b）III 巻（1981）IV 巻（1984）V 巻（1985a）VI 巻（1985b），創作と批評社
東洋軒写真舘『朝鮮慶州』
『東京雑記』（1669）

E

エッカート，カーター・J著（2004）『日本帝国の申し子 —— 高敞の金一族と韓国資本主義の植民地起源　1876-1945』（小谷まさ代訳）草思社：Andreas Eckardt (1929) "A HISTORY OF KOREAN ART", Edward Goldston, London
江守五夫・崔龍基（1982）『韓国両班同族制の研究』第一書房

F

藤井恵介・早乙女雅博・角田真弓・西秋良宏編（2005）『関野貞アジア踏査』東京大学出版会
藤田元春（1929）『尺度綜故』刀江書院
藤森照信（1990）『明治の東京計画』岩波書店
藤森照信・汪坦（1996）『全調査東アジア近代の都市と建築』筑摩書房
藤島雅一路（1928）「最近除却されたる城門を弔ひ朝鮮古建造物保存問題に及ぶ」『朝鮮と建築』7-8：5, 1928.8.
藤島亥治郎（1976）『韓の建築文化』芸艸堂

藤島亥治郎（1930）「朝鮮建築史論」『建築雑誌』44-531」
藤島亥治郎（1931）「慶州に就いて」『朝鮮と建築』10-6，1931.10
藤田元春（1929）『尺度綜考』刀江書院
福永光司編 / 東アジア基層文化研究会（1989）『道教と東アジア ── 中国・朝鮮・日本』人文書院
布野修司（1981）『戦後建築論ノート』相模書房
布野修司（1985）『日本の住居 1985 ── 戦後 40 年の軌跡とこれからの視座』建築文化，彰国社，198512
布野修司 + アジア都市建築研究会編（1994）『建都 1200 年の京都』建築文化，彰国社
布野修司編（1995）『日本の住宅　戦後 50 年』彰国社
布野修司（1995）『戦後建築の終焉』れんが書房新社
布野修司 + 京都大学亜州都市建築研究会編（1997）『日本当代百名建築師作品選』中国建築工業出版社，北京
布野修司（1997）『住まいの夢と夢の住まい ── アジア住居論』朝日新聞社
布野修司（1998）『廃墟とバラック ── 建築のアジア』（布野修司建築論集Ⅰ）彰国社
布野修司 + アジア都市建築研究会編（2003）『アジア都市建築史』昭和堂
布野修司 + 安藤正雄監訳（2001）『植えつけられた都市 ── 英国植民都市の形成』ロバート・ホーム著，アジア都市建築研究会訳（Robert Home: Of Planting and Planning The making of British colonial cities）京都大学学術出版会
布野修司編（2005a）『近代世界システムと植民都市』京都大学学術出版会
布野修司編（2005b）『世界住居誌』昭和堂
布野修司（2006）『曼荼羅都市 ── ヒンドゥー都市の空間理念とその変容』京都大学学術出版会
Shuji Funo and M. M. Pant (2007) "Stupa & Swastika" Kyoto University Press + Singapore National University Press
布野修司 + 山根周（2008）『ムガル都市 ── イスラーム都市の空間変容』京都大学学術出版会
古庄逸夫（1924）『朝鮮地方制度講義』帝国地方制度学会（増補改訂『朝鮮地方制度概論』1963）

G

外務省通商局（1901）「韓国慶州地方状況」『通商彙纂』193 号

Gangneung

江陵文化院（1992）『写真に見る江陵瞑州の近代風物』江陵文化院
江陵文化院（2002）『韓国語訳江陵生活状態調査』
建設部慶州地域開発建設事務所（1979）『慶州観光総合開発事業誌』
『慶尚道地理志』（1425）
『慶尚道続撰地理志』（1469）

Go

高東煥（1998）「朝鮮後期ソウルの生業と経済活動」『ソウル学研究』9，ソウル学研究所
高東煥（2001）「朝鮮後期のソウルの都市化とその構造」『年報都市史研究』9，山川出版社，2001.10
高東煥（2007）『朝鮮時代ソウル都市史』太学社
高承済（1972）『植民地金融政策の史的分析』御茶の水書房
高承済（1977）『韓国村落社会史研究』一志社
高成鳳（1999）『植民地鉄道と民衆生活 ── 朝鮮・台湾・中国東北』法政大学出版局

高成鳳（2006）『植民地の鉄道』日本経済評論社
高秉雲（1987）『近代朝鮮疎開史の研究』雄山閣出版
高興郡（1991）『村由来誌』
高興郡史編集委員会（2000）『高興郡史（上・下）』高興郡
五島寧（1990）『漢城から「京城」への都市計画変容に関する研究』東京工業大学修士論文
五島寧（1992）「京城の行政区域名に関する平壌，台湾との比較研究」『日本都市計画学会学術研究論文集』
グレブスト，アーソン（1989）『悲劇の朝鮮』（河在龍・高演義訳）白帝社

Gu

具滋勲（1984）『京城府空間構造の形成変遷に関する研究』ソウル大学修士論文
琴秉洞（2006）『日本人の朝鮮観　その光と影』明石書店
群山市（1975）『群山市史』

Gwak

郭喜碩・大原一興・小滝一正・大月敏雄（2001）「分家を慣習とする村落における親子二世帯の住まい方に関する研究 ── 韓国済州島城邑民俗村を調査対象として」『日本建築学会計画系論文集』第 541 号：63, 2001.3
郭健弘（1998）『日帝下朝鮮の戦時労働政策研究』高麗大学校博士論文
国土開発研究院（1981）『住宅資料便覧』
建設部慶州地域開発建設事務所（1979）『慶州観光総合開発事業誌』

Gyeongju

慶州文化院（1990）『国訳東京通誌』
慶州古跡保存会（1921）『新羅旧跡慶州古跡案内記』
慶州古跡保存会（1926・1930-33）『朝鮮古跡図譜』3・10・11・12・13 冊
慶州古跡保存会（1931, 1933, 1934, 1937）『新羅旧都慶州古跡案内』
慶州古跡保存会（1935）『慶州の古跡』
慶州郡（1929）『慶州郡郷土史』
慶州郡（1938）『郡勢一班』
慶州邑（1940）『慶州邑勢一斑』
慶州邑（1933）『慶州邑誌』
慶州市誌編纂委員会（1971）『慶州市誌』
慶州市・特定地域総合開発推進委員会企画団（1979）『慶州旧市街地及び史跡地整備計画』（Ⅰ基本計画，Ⅱ都市設計）
慶州市（1980）『신라의 빛新羅のひかり』
慶州市（1982）『古都慶州』
慶州市（1983）『新羅文化祭学術発表会論文集』第 4 輯
慶州市（2006a）『慶州市史』Ⅰ
慶州市（2006b）『慶州市史』Ⅱ
慶州市（2006c）『慶州市史』Ⅲ
慶州市（2009）『慶州邑城整備復元基本計画』
慶州府宮室條客館（1531）『新増東国輿地勝覧』
慶州博物館（1993）『もう一度見る慶州と博物館』

慶尚北道 (1937)『慶北の商工水産』
慶尚北道 (1979)『良洞マウル調査報告書』1979
慶尚北道教育委員会 (1972)『慶北郷土資料誌』
慶尚北道史編纂委員会 (1983)『慶尚北道史』
慶尚北道・東国大新羅文化研究所 (1986)『慶州地域文化遺跡保存開発計画』
慶尚北道・慶北郷土史研究協議会 (1990)『慶北マウル誌 (上)』
慶尚南道　密陽市 (1912-77)『三浪津邑松旨里の土地台帳』国立政府文書記録保存所 (釜山)
慶州市史編纂委員会 (1971)『慶州市誌』
慶州史跡管理事務所 (1981)『慶州地区文化遺跡総合調査目録』

H

萩原彦三 (1969a)『日本統治下における朝鮮の法政』財団法人友邦協会
萩原彦三 (1969b)『朝鮮総督府官制とその行政機構』財団法人友邦協会
浜口裕子 (1996)『日本統治と東アジア社会 ── 植民地期朝鮮と満州の比較研究』勁草書房
濱田耕作 (1932)『慶州の金冠塚』慶州古跡保存会
濱田耕作 (2002)『新羅国史の研究』吉川弘文館
濱中昇 (1986)『朝鮮古代の経済と社会』法政大学出版局

Han

韓三建 (1991)『慶州邑城の空間構造に関する研究 ── 李朝末期における都市施設の復元を中心に』京都大学修士論文
韓三建 (1993)『韓国における邑城空間の変容に関する研究 ── 歴史都市慶州の都市変容過程を中心に』京都大学博士学位論文
韓三建 (2005)「関野貞と韓国建築史」『関野貞アジア踏査』東京大学総合研究博物館
韓三建 (2005)「関野貞による古建築価値判断基準いついて」『関野貞アジア踏査』東京大学総合研究博物館
韓三建 (2008)『関野貞の韓国古建築調査に関する研究 ── 1902年の日記を中心に』韓国建築歴史学会春季学術発表大会
韓旭 (1998)『中西部地方の農・漁村及び都市民家の特性に関する研究』弘益大学修士論文
韓鼎燮 (1983)「開化期以降の韓国都市計画の変遷に関する研究」『大韓建築学会誌』27巻115号, 1983.12
韓永愚 (2003)『韓国社会の歴史』(吉田光男訳) 明石書店
韓佑劤 (1970)『韓国通史』乙酉文化社
韓晳曦・飯沼二郎 (1985)『日本帝国主義下の朝鮮伝道』日本基督教団出版局
韓晳曦 (1988)『日本の朝鮮支配と宗教政策』未来社
韓永大 (1982)『朝鮮美の探究者たち』未来社
韓洪九 (2003)『韓洪九の韓国現代史 ── 韓国とはどういう国か』平凡社
韓圭高 (2001)『漁業経済史を通してみた韓国漁業制度変遷の100年』善学者
韓国交通部 (1953)『韓国交通動乱記』
韓国交通部 (1956)『韓国交通動乱記続編』
韓国交通部 (1958)『韓国交通六十年史』
韓国鉄道庁鉄道建設局 (1969)『鉄道建設史』
韓国鉄道庁 (1984)『鉄道主要年表』

韓国鉄道庁（1992）『韓国鉄道史』
韓国観光公社（1985）『韓国観光資源総覧』高麗書籍株式会社
韓国精神文化研究院（1991）『開放後都市成長と地域社会の変化』（研究論叢91-1）韓国の社会と文化第15輯
韓國情神文化研究院（1980）『傳統的生活樣式研究（上）』韓國情神文化研究院
『韓紅葉』（1909）度支部建築所發行
ハングル学会（1978）『韓国地名総覧5（慶北篇1）』
亜細亜文化社（1982）『韓国地理叢書邑誌慶尚道①（慶州府編）』
原田勝正（1981）『満鉄』岩波新書
原田環（1997）『朝鮮の開国と近代化』渓水社
長谷川好太郎編（1923）『(台湾朝鮮関東州) 全国市町村便覧』精華堂書店
橋谷弘（1990a）「1930・40年代の朝鮮社会の性格をめぐって」『朝鮮史研究会論文集』第27集，1990.3
橋谷弘（1990b）「植民地都市としてのソウル」『歴史学研究』No. 614, 歴史学研究会，1990.12
橋谷弘（1992）「NIES 都市ソウルの形成」『朝鮮史研究会論文集』第30集，1992.10
橋谷弘（1993）「植民地都市」『近代日本の軌跡　都市と民衆』吉川弘文館
橋谷弘（1999）「植民地における都市形成 ── 社会事業政策展開の背景として」『植民地社会事業関係資料集・朝鮮編』（別冊）近現代資料刊行会
橋谷弘（2004）『帝国日本と植民地都市』吉川弘文館
ハウジングスタディグループ（1987）『日本と韓国の住居の近代化過程の比較考察 ── 住様式の持続と変容』新住宅普及会住宅建築研究所
ハウジング・スタディ・グループ（1990）『韓国・現代・居住学』精興社
羽島敬彦（1986）『朝鮮における植民地幣制の形成』未来社
旗田巍（1972）『朝鮮中世社会史の研究』法政大学出版会
旗田巍（1992）『新しい朝鮮史像をもとめて』大和書房
早川紀代編（2005）『植民地と戦争責任〈戦争・暴力と女性3〉』吉川弘文館
早川紀代（2007）『東アジアの国民国家形成とジェンダー ── 女性像をめぐって』青木書店
ヘンダーソン，グレゴリー（1973）『朝鮮の政治社会』（鈴木沙雄・大塚喬重訳）サイマル出版会

Heo

許萬亨（1993）『韓国釜山の都市形成過程と都市施設に関する研究』京都大学博士論文
許粹烈（2008）『植民地朝鮮の開発と民衆　植民地近代化論，収奪論の超克』（保坂祐二訳）明石書店
許正道（2000）「20世紀初原馬山都市空間の復元的研究」『建築歴史研究』22号
許正道（2002）『近代期馬山の都市変化過程研究 ── 開港（1895年）から開放（1945年）まで』蔚山大学博士論文
許粹烈（2008）『植民地朝鮮の開発と民衆』保阪祐二訳，明石書店
許永禄（1995）「朝鮮時代都市計画の基本要素としての市廛に対する研究」『ソウル学研究』6，ソウル学研究所
樋口雄一（1986）『協和会　戦時下朝鮮人統制組織の研究』社会評論社
樋口雄一（1998）『戦時下朝鮮の農民生活誌　1939-1945』社会評論社
平井茂彦（2004）『雨森芳洲』サンライズ出版社
平井広一（1997）『日本植民地財政史研究』ミネルヴァ書房
平川祐弘（1969-97）『マッテオ・リッチ伝』1-3（東洋文庫）平凡社
平澤照雄（2001）『大恐慌期日本の経済統制』日本経済評論社

Ho

保高正記（1925）『群山開港史』群山

Hon

洪亭沃（1986）『韓国人の居住調査整及び適応に関する研究 ── 朝鮮時代から現在まで』高麗大学博士論文
洪升在（他）(1990)「朝鮮時代建築と礼制に関する研究」『大韓建築学会論文集』6-1, 1990.2
洪庸碩・初田亨（2006）「韓国・大邱における1876年から1910年までの日本人の活動と都市の近代化」『日本建築学会計画系論文集』第610号：229, 2006.12
本多健吉監修（1990）『韓国資本主義論争』世界書院
堀口大八（1944）『決戦下の輸送問題』国書出版
堀和生（1995）『朝鮮工業化の史的分析 ── 日本資本主義と植民地経済』有斐閣
堀和生・中村哲編（2004）『日本資本主義と朝鮮・台湾』京都大学学術出版会
彭沢周（1969）『明治初期日韓清関係の研究』塙書房
ハメル，ヘンドリック（1969）『朝鮮幽囚記』（生田滋訳）（東洋文庫 132）平凡社
ハルバート（1973）『朝鮮亡滅（上）古き朝鮮の終幕』（岡田丈夫訳）太平出版社（Homer B. Hulbert: The Passing of Korea, William Heinemann, London, 1906）
黄祺淵・邊美里・羅泰俊（2006）『清渓川復元 ── ソウル市民葛藤の物語 いかにしてこの大事業が成功したのか』（周藤利一訳）日韓建設工業新聞社

I

市川正明編（1980-81）『日韓外交資料』原書房
市川正明編（1983）『朝鮮独立運動』原書房
生野源太郎（1934）『鉄道貨物輸送原論』鉄道時報局
飯沼一省（1927）『都市計画の理論と法制』良書普及会
飯沼一省（1933）『都市計画の話』都市研究会
飯沼一省（1933）『地方計画論』良書普及会
飯沼一省（1934）『都市計画』常磐書房
飯沼二郎・高橋甲四郎・宮嶋博史編（1998）『朝鮮半島の農法と農民』未来社
飯沼二郎・姜在彦（1982）『植民地朝鮮の社会と抵抗』未来社
飯沼二郎（1993）『朝鮮総督府の米穀検査制度』未来社
池田宏（1919）『現代都市の要求』都市研究会
池田宏（1921）『都市計画法制要論』都市研究会
池田宏（1924）『改訂 都市経営論』都市研究会
池内宏（1931）『元寇の新研究』東洋文庫
池内宏（1960）『満鮮史研究 上世篇』吉川弘文館（再刊）
池内宏（1987）『文禄慶長の役』吉川弘文館（正編第一，初版1914年 別編第一，初版1936年）

Im

任喜敬・今井範子（1995）「韓国の都市集合住宅における住様式とその動向 ── 内房のベッド化の動向と住み方の変容」『日本建築学会計画系論文集』第473号：71, 1995.7
任昌福（1988）『韓国都市単独住宅の類型的特続性と変容性に関する研究』ソウル大学博士論文

今村鞆（1914）『朝鮮風俗集』斯道館
今西一（2007）『遊女の社会史　島原・吉原の歴史から植民地「公娼」制まで』有志舎
今村龍（1970a）『朝鮮古史の研究』国書刊行会（復刻）
今村龍（1970b）『百済史研究』国書刊行会（復刻）
今村龍（1970c）『新羅史研究』国書刊行会（復刻）
今村龍（1974）『高麗及李朝史研究』国書刊行会
今和次郎（1922）「総督府庁舎は露骨すぎる」『東亜日報』1922 年 8 月 24-28 日，『改造』1922.9

In

仁川市（1993）『仁川市史（上巻）』
仁川府（1933）『仁川府史』
印貞植（1937）『朝鮮の農業機構分析』白揚社
印貞植（1940a）『朝鮮の農業機構』白揚社
印貞植（1940b）『朝鮮の農業地帯』生活社
印貞植（1943a）『朝鮮農業再編成の研究』人文社
印貞植（1943b）『朝鮮農村襍記』東都書籍
稲垣栄三（1959）『日本の近代建築』丸善
井上秀雄（1982-83）「朝鮮城郭一覧」『朝鮮学報』103-107 輯
井上勇一（1989）『東アジア鉄道国際関係史』慶應通信社
猪又正一（1978）『私の東拓回顧録』龍渓書舎
井上茂（1936）「慶州邑」『朝鮮』254 号，1936.8
石田頼房（1982）『日本近代都市計画の百年』自治体研究社
石田頼房（1987）『日本近代都市計画史研究』柏書房
石田頼房編（1992）『未完の東京計画　実現しなかった計画の計画史』筑摩書房
石井正敏（2001）『日本渤海関係史の研究』吉川弘文館
石川栄耀（1941）『都市計画及国土計画』工業図書
石水照雄（1980）『都市の空間構造理論（叢書都市Ⅱ）』大明堂
石原憲治（1924）『現代都市の計画』洪洋社
石坂浩一編（2006）『北朝鮮を知るための 51 章』明石書店
伊丹潤（1983）『朝鮮の建築と文化』求龍堂
伊東忠太・伊東忠太建築文献編纂委員会編（1936-1937）『東洋建築の研究（伊東忠太建築文献　3-4 巻）』龍吟社
伊藤之雄・李盛煥（2009）『伊藤博文と韓国統治　初代韓国統監をめぐる百年目の検証』（シリーズ・人と文化の探究　6）ミネルヴァ書房

J

Jae

在京蓬莱面郷友会（1988）『蓬莱（羅老島）』在京蓬莱面郷友会

Jang

張東洙（1995）「ソウル昔の森の形成背景と特性に関する研究」『ソウル学研究』6，ソウル学研究所
張慶浩（1992）『韓国の伝統建築』文芸出版社
張順鏞（1976）『新羅王京の都市計画に関する研究』ソウル大学修士論文

張起仁（1976）「水原城郭の復元補修計画報告（Ⅰ，Ⅱ）」『大韓建築学会誌』20-71，72，1976.8，10
張保雄（1981）『韓国の民家研究』宝晋斎出版社（『韓国の民家』古今書院 1989）
張明洙（1994）『城郭発達と都市計画研究』学研文化社

Jeon

全甲生（2000）『巨済物語 100 選』巨済文化院

Jeong

鄭寅国（1974）『韓国建築様式論』一志社
鄭模（1991）『増改築を通じてみた日式住宅の空間的変化に関する研究』漢陽大修士論文
鄭晶仁（1991）『港湾都市の成長と内部構造に関する研究 —— 釜山市を事例として』梨花女子大修士論文
鄭在貞（1999）『ソウル大学韓国史研究叢書 6（日帝侵略と韓国の鉄道）1892 年-1945 年』ソウル大学出版部
鄭昭然（2008）『開港場の都市空間構造に関する研究 —— 釜山，仁川，木浦，群山，馬山の開港場を中心として』釜山大学修士論文
鄭在貞（1992）『日帝の韓国鉄道侵略と韓国人の対応（1892-1945 年)』ソウル大学校博士論文
鄭在貞（1999）『日帝侵略と韓国鉄道（1892-1945 年)』ソウル大学校出版部
全州市史編纂委員会（1986）『全州市史』大光出版社
チョン，ウンスク（1991）『慶州市都市形態に関する研究』ソウル大学修士論文
陣内秀信（1985）『東京の空間人類学』

Jo

曹榮煥・初田亨（2005a）「1870 年代から 1910 年代（日韓併合以前）における釜山の拡大と商工業・都市施設の分布について —— 近代期の韓国・釜山における市街地の変遷に関する研究・その 1」『日本建築学会計画系論文集』第 587 号：251，2005.1
曹榮煥・初田亨（2005b）「1910 年代から 1940 年代（日韓併合期）における釜山の拡大と商工業・都市施設の分布について —— 近代期の韓国・釜山における市街地の変遷に関する研究・その 2」『日本建築学会計画系論文集』第 594 号：237，2005.8
曹榮煥（2005）『近代の韓國釜山における市街地の變遷に關する研究』工学院大学博士論文
曹貞植・川崎清・小林正美（1990a）「韓国・河回における伝統住宅の空間構成に関する研究　住宅の類型化と空間分離の特性」『日本建築学会計画系論文報告集』第 417 号：51，1990.11
曹貞植・川崎清・小林正美（1990b）「韓国・河回の伝統的住宅における空間と生活の対応に関する研究 —— 1920-1930 年代の日常生活を中心として」『日本建築学会計画系論文報告集』第 424 号：49，1991.6

Ju

朱鍾元・梁承雨（1991）「ソウル市都心部都市形態変化過程に関する研究（I）」『国土計画』26-4，大韓国土都市計画学会，1991.11
朱鍾元・梁承雨（1995）「朝鮮後期ソウル都心部筆地の形態的特性に関する研究 —— 1912 年完成された京城府地籍原図を中心に」『国土計画』30-4，大韓国土都市計画学会，1995.8
朱南哲（1980）『韓国住宅建築』一志社（朱南哲（1981）『韓国の伝統的住宅』野村孝文訳，九州大学出版会）
朱南哲（1986）「客舎建築の研究」『大韓建築学会論文集』2 巻 3 号，1986.6

朱南哲（1987）『韓国建築意匠』一志社
朱南哲（1989）『韓国の伝統民家』アルケ
朱南哲（2001）『韓国の木造建築』ソウル大学出版部
Ju U-IL, Kim SangHo, Lee SangJung (1998)「近代化の過程で建立された晋州鉄道官舎の平面類型に関する研究」『大韓建築学会計画系論文集』第 14 巻 8 号：155-162，1998.8
在京蓬萊面郷友会（1988）『蓬萊（羅老島）』在京蓬萊面郷友会

K

梶村秀樹（1977）『朝鮮史』講談社
亀田博（1993）「新羅王京の地割り」『関西大学考古学研究室 40 周年記念行為古学論叢』関西大学文学部考古学研究室
上垣外憲一（1986）『雨森芳洲』中央公論社
神谷丹路（1994）『韓国近い昔の話 —— 植民地時代をたどる』凱風社

Kang

姜仁求（1984）『百済古墳研究』一志社
姜萬吉他（1986）『丁茶山とその時代』民音社
姜萬吉（1989）『韓国近代史』創作と批評社
姜東鎮（1979）『日本の朝鮮支配政策史研究 —— 1920 年代を中心として』東京大学出版会
姜東鎮（1980）『日帝の韓国侵略政策史』ハンギル
姜榮煥（1989）『三陟以南の東海岸地域の伝統民家に関する研究』ソウル大学博士論文
姜榮煥（1991）『韓国住居文化の歴史』枝文堂
姜榮煥（2002）『韓国住居文化の歴史』（改訂増補）技文堂
姜恵京（1993）『韓国の農村におけるコミュニティとその空間に関する研究』奈良女子大学修士論文
姜恵京・西村一朗・韓三建（1999）「韓国蔚山地域の農村集落における祭祀空間の構成に関する研究」『日本建築学会計画系論文集』第 524 号：191，1999.10
姜京男・金泰永（2004）「日本人移住漁村内一列型家屋の変容に関する研究 —— 外羅老島の築亭 1・2 区を対象として」『大韓建築学会秋季学術発表大会論文集』通巻 24 号第 2 号：773-776，2004.10
姜知辰（1990）『慶州市歴史環境保全計画 —— 路東，路西洞の古跡群を中心に』ソウル大学修士論文
姜在彦（1957）『在日朝鮮人渡航史』（『朝鮮月報』別冊）
姜在彦（1970）『朝鮮近代史研究』日本評論社
姜在彦（1973）『近代朝鮮の変革思想』日本評論社
姜在彦（1977）『朝鮮の攘夷と開化』平凡社
姜在彦（1986）『朝鮮近代史』平凡社
姜在彦（1988，1993）『玄界灘に架けた歴史 —— 歴史的接点からの日本と朝鮮』大阪書籍，朝日文庫
姜在彦（1992）『日本による朝鮮支配の 40 年』朝日新聞社
姜在彦（1998）『朝鮮近代史（増補改訂）』平凡社
姜在彦（2001）『朝鮮儒教の二千年』朝日選書
姜在彦（2008）『西洋と朝鮮 —— 異文化の出会いと格闘の歴史』朝日選書
姜泰景（1995）『東洋拓殖会社の朝鮮経済侵奪史』啓明大学校出版部
姜大敏（1992）『韓国の郷校研究』慶星大学校出版部
姜再鎬（2001）『植民地朝鮮の地方制度』東京大学出版会

姜尚中（2003）『日朝関係の克服』集英社
康炳基・崔宗鉉・林東日（1995）「都城主要施設の立地・坐向において山の導入に関する視覚的特性解釈の試論」『国土計画』30-4，大韓国土都市計画学会，1995.8
康炳基・崔宗鉉・林東日（1995，1996）「伝統空間思想に関する研究（1）/（2）」『国土計画』，大韓国土都市計画学会，1995.12/1996.2
カン，ヒルディ（2006）『植民地と戦争責任〈戦争・暴力と女性3〉』（桑畑優香訳）ブルース・インターアクションズ
韓国伝統歴史地理学会（1991）『韓国の伝統地理思想』民音社
韓国教員大学歴史教育科（2006）『韓国歴史地図』（吉田光男監訳）平凡社
韓国建築家協会編（1982）『韓国伝統木造建築図集』一志社
鹿持雅澄（1912-1914）『万葉集古義』国書刊行会
片桐正大（1994）『朝鮮木造建築の架構技術発展と様式成立に関する史的研究 ―― 遺構にみる軒組形式の分析』横浜国立大学博士論文
片岡安（1916）『現代都市之研究』建築工芸協会
片岡安（1923）『都市と建築』市民叢書刊行社
加藤覚峰（1923）「朝鮮の院館に就いて」『朝鮮』1923.1
加藤末郎（1901）「韓国移民論」『太陽』1901.9
加藤増雄（1901）「韓国移民論」『太陽』1901.1
加藤祐三編（1986）『アジアの都市と建築』鹿島出版会
河明生（1997）『韓人日本移民社会経済史』明石書店
河宇鳳（2001）『朝鮮実学者の見た近世日本』ぺりかん社
川端貢（1990）『朝鮮住宅営団の住宅に関する研究』ソウル大修士論文
河田宏（2007）『朝鮮全土を歩いた日本人　農学者・高橋昇の生涯』日本評論社
河合和男・金草雪・羽鳥敬彦・松永達（2000）『国策会社・東拓の研究』龍渓書舎
河合和男・尹明憲（1991）『植民地期の朝鮮工業〈朝鮮近代史研究双書10〉』未来社
川勝守（2004）『中国城郭都市社会史研究』汲古書院
京城都市計画研究会（1936）『朝鮮都市問題会議録』京城都市計画研究会

Ki

菊池謙譲（1896）『朝鮮王国』民有社
菊池謙譲（1913）「慶州雑記」『朝鮮』1輯，朝鮮研究会，1913.12
岸俊男（1987）『都城の生態（日本の古代第9巻）』中央公論社

Kim

Kim, Baek-young（2005）『日帝下ソウルでの植民権力の支配戦略と都市空間の政治学』ソウル大学博士論文
金奉烈（1988）『韓国の建築』空間社（1991）学芸出版社
金奉烈（1989）『朝鮮時代寺刹建築の殿閣構成と配置形式研究 ―― 教理的解釈を中心に』ソウル大学
金奉烈・申栽億（1991）『慶南の郷校建築』蔚山大学校韓国建築研究所
金富子（2005）『就学・不就学をめぐる権力関係』世織書房
金秉模（1984）「新羅王京の都市計画」『歴史都市慶州』悦話堂
金賛汀（1997）『在日コリアン100年史』三五館
金昌坤（1980）「慶州市開発規制現況と改善方案」『月刊・都市問題』15-6，1980.6
金昌賢（2002）『高麗開京の構造とその理念』新書苑

497

金鉄権（1999）『開港期・日帝強占期の釜山市街地變遷に関する研究』東亜大学修士論文
金哲洙（1982）「韓国城郭都市の発展と空間パターンに関する研究」『国土計画』17-1，大韓国土都市計画学会
金哲洙（1984）『韓国城郭都市の形成発展過程と空間構造に関する研究』弘益大
金哲洙（1984）「韓国城郭都市の空間構成原理と技法に関する研究」『国土計画』19-1，大韓国土都市計画学会
金哲洙（1985）「韓国城郭都市の空間構造に関する研究」『国土計画』20-1，大韓国土都市計画学会
金東賢（1982）『韓国木造建築技法に関する研究』弘益大
金東旭（1990）『宗廟と社稷』デウオン社
金東旭（1994）「朝鮮後期ソウルの都市・建築」『ソウル学研究』1，ソウル学研究所
金東旭（1996）『韓国建築の歴史』技文堂
金東旭（1997）「11，12世紀高麗正宮の建物構成と配置」『建築歴史研究』6-3，韓国建築歴史学会，1997.12
金東旭（1999）『朝鮮時代建築の理解』ソウル大学出版部
金東哲（2001）『朝鮮近世の御用商人 —— 貢人の研究』（吉田光男訳）法政大学出版会
金達寿（1958）『朝鮮 —— 民族・歴史・文化』岩波新書
金達寿（1972）『古代文化と「帰化人」』新人物往来社
金達寿（1973）『日本文化と朝鮮』朝鮮文化社
金達寿（1980）『古代日朝関係史入門』筑摩書房
金達寿（1983-1995）『日本の中の朝鮮文化』(1-12) 講談社
金達寿（1984）『古代日本と朝鮮文化』筑摩書房
金達寿（1985）『古代の日本と朝鮮』筑摩書房
金達寿（1986）『古代朝鮮と日本文化 —— 神々のふるさと』講談社
金達寿・谷川健一編（1986）『古代日本文化の源流』河出書房新社
金達寿（1988）『古代の日本と韓国　4』学生社
金達寿（1990）『渡来人と渡来文化』河出書房新社
金栄墩（1989）『済州城邑マウル』デウオン社
金銀眞（2005）「鍾路の変容を通してみるソウルの近代化に関する一考察 —— 大韓帝国期（1883-1910年）の新聞記事を題材に」『日本建築学会計画系論文集』第588号：251，2005.2
金銀眞（2006）「ソウルの中心地における街並みの変貌に関する一考察 —— 植民地中期以降（1920-1945年）の新聞記事を題材に」『日本建築学会計画系論文集』第609号：209，2006.11
金銀眞（2007）「ソウルの中心地における都市計画と道路改修の変化に関する考察 —— 植民地中期以降（1920-1945年）の新聞記事を題材に」『日本建築学会計画系論文集』第620号：215，2007.10
金銀重（他）（1985）「朝鮮時代書院建築に関する研究（Ⅰ，Ⅱ）」『大韓建築学会誌』29-123，124，1985.4，6
金漢重（1988）『安東誌』故郷文化社
金鴻植（1988）『民族建築論』ハンギルサ
金鴻植（他）（1990）『大韓帝国期の土地制度』民音社
金鴻植（2003）『韓国の伝統建築』現代建築社
金恵信（2005）『韓国近代美術研究 —— 植民地期「朝鮮美術展覧会」にみる異文化支配と文化表象』ブリュッケ（星雲社発売）
金憲奎・韓三建（2000）「日帝時代蔚山邑城の空間構造変化過程」『大韓建築学会論文集計画系』16巻7号
金憲奎（2000）『日帝時代蔚山邑城の空間構造の変化過程 —— 土地公簿の分析を通じて』蔚山大学

校修士論文
金憲奎 (2005a)「壬辰倭乱以後城郭都市の代案として整備された山城都市"南漢山城"に関する研究」『大韓建築学会論文集計画系』21巻11号
金憲奎 (2005b)「朝鮮朝における邑城の都市史的研究」『住宅総合研究財団研究論文集』No. 21
金憲奎 (2005c)「朝鮮王朝の防衛体制の変化に関する研究 —— 城郭の立地と整備過程を中心に」『日本建築学会計画系論文集』第588号
金憲奎 (2006)『朝鮮朝における「邑治」の成立と変容に関する研究』東京大学大学院博士論文
金憲奎 (2007a)「立地の選定要因に見る水原華城の都市建設に関する研究」『日本建築学会計画系論文集』第617号
金憲奎 (2007b)「朝鮮時代の地方都市邑治の成立と計画原理に関する研究」『建築歴史研究』第16巻2号
金憲奎 (2008a)「近代韓国における日本帝国による鉄道建設と邑治の変化に関する歴史的研究」『建築歴史研究』第17巻6号
金憲奎 (2008b)「朝鮮王朝の邑治と場市の立地関係に関する歴史的研究」『日本建築学会計画系論文集』第631号
金翼漢 (1995)『植民地期朝鮮における地方支配体制の構築過程と農村社会変動』東京大学博士論文
金一鎮 (他) (1990)「大邱地域近代商業建築の流入と変遷に関する研究」『大韓建築学会誌』6巻2号, 1990.4
Kim, In-soo (2004)『鎮海の都市形成過程に現れる近代建築に関する研究』慶南大修士論文
金在国 (2007)『日帝強占期高麗時代建築物保存研究』弘益大学博士論文
金載植他 (1991)『慶州風物地理誌』普宇文化財団
金載植・金基汶 (1991)『慶州風物地理誌』普宇文化財団
金槙夏 (2005)「近代植民都市釜山の性格に関する考察」『東北アジア文化研究』Vol. 9
金正基 (1970)『韓国住居史 (韓国文化史大系Ⅳ)』高大民族文化研究所
金正基 (1981)『韓国の古建築』近藤出版社
金日成綜合大学考古学及び民俗学講座 (1973)『大城山の高句麗遺跡』金日成綜合大学出版社
金知民 (1991)「19世紀韓国における南西海の島嶼地域の民家の類型的体系」『韓国歴史学会秋季学術発表論文集』1991.12
Kim, Jung-kyu (2007)『近代文化の都市群山 [近代建築物で見る群山の姿]』群山市文化体育課
金鍾永 (1988)『朝鮮時代官衙建築に関する研究』檀国大
Kim, Joon-bong (2000)『生態住宅と朝鮮民族の土の家』延邊科学技術大學
金俊亨 (1987)「朝鮮後期蔚山地域の郷吏層変動」『韓国史研究』56輯, 韓国史研究会, 1987.3
金峻憲 (1974)「慶州市域の首戸長系譜」『嶺大論文集 (社会科学編)』7輯, 嶺南大
Kim, Ki-ho (1996)「日帝時代初期の都市計画に関する研究 —— 京城府市区改定を中心として」『ソウル学研究』No. 6
金光彦 (2000a)『我が暮し100年の家』玄岩社
金光彦 (2000b)『韓国住居民俗誌』民音社
金光鉉 (1991)『韓国の住宅 —— 土地に刻まれた住居』丸善
Kim, Kwang-min (他) (1998)『韓國民俗學研究論著33 —— 家屋』巨山
Kim, Kwang-woo (1990)「大韓帝国時代の都市計画 —— 漢城府都市改定事業」『郷土ソウル』Vol. 50
金圭昇 (1987)『日本の植民地法制の研究 —— 在日朝鮮人の人権問題の歴史的構造』社会評論社
金玉均 (1977)『甲申日録』建国大学出版部
金洛年 (2003)『日帝下韓国経済』図書出版海南 (ヘナム)
金洛年編 (2008)『植民地期朝鮮の国民経済計算 1910-1945』(文浩一・金承美訳) 東京大学出版会

金蘭基（1989）『韓国近代化過程の建築制度と匠人活動に関する研究』弘益大学博士論文
金相希・住田昌二（1988）「韓国独立住宅における「房」と「マル」の関係・その1 ──「アンバン」と「マル」の関係」『日本建築学会計画系論文報告集』第 393 号：51，1988.11
金相希・住田昌二（1989）「韓国独立住宅における「房」と「マル」の関係・その2 ──「アンバン」と「チャグンバン」の関係」『日本建築学会計画系論文報告集』第 404 号：79，1989.10
金相希・住田昌二（1989）「韓国集合住宅における「アンバン」と「ゴシル」の関係」『日本建築学会計画系論文報告集』第 405，p. 97，1989.11
金錫淡（1949）『朝鮮経済史』博文出版社
金善範（1989）「地方都市の伝統空間保存のための基礎研究 ── 蔚山邑城と彦陽邑城を中心に」『国土計画』24-2，大韓国土都市計画学会，1989.7.
金善範（1990）『新旧都心部の空間形成に関する比較研究』ソウル大博士論文
金昇（1999）『漁村漁業制度の社会経済史的調査研究』ヒャンハ社
金善宰（1987）『韓国近代都市住宅の変遷に関する研究』ソウル大学修士論文
金成都（2003）「19 世紀から 20 世紀前半期までのソウル・京畿地域の寺院大房の外部空間に関する研究」『日本建築学会計画系論文集』第 566 号：215，2003.4
Kim, Seong-shin（1993）『19 世紀ソウルの筆致組織の特性に関する研究 ── 街路と筆致を中心として』京機大学修士論文
金新（1991）『韓国貿易史』図書出版石井
金守美・大原一興（2007）「指定文化財としての歴史的民家における住まい方 ── 韓国忠清北道に点在する民家のケーススタディー」『日本建築学会計画系論文集』第 611 号：93，2007.1
Kim Su-Young, Park Young-Hwan（2000）「解放以前における鉄道官舎の平面特性に関する研究」『大韓建築学会学術発表論文集』第 20 巻 1 号：313-316，2000.4
金修瑩（2000）『解放以前建立された鉄道官舎の供給方式と平面類型の特性に関する研究』漢陽大学修士論文
金守美・大原一興・郭喜碩・田中賢太郎（2006）「韓国の「伝統民俗村」における歴史的民家の住まい方 ── 済州道城邑村の経年的住まい方の考察」『日本建築学会計画系論文集』第 600 号：73，2006.2
金泰植（1993）『加耶同盟史』一潮閣
金宅圭（1983）「図版解説 1908 年の慶州」『新羅文化祭学術発表会論文輯』4 輯
金泰中（1990）「集慶殿（第 4 回）」『ソラボル新聞』1990.8.20-9.10
金泰永（1991）『韓国開港期外人館の建築の特性に関する研究』ソウル大学博士論文
金泰永（2003a）『韓国近代都市住宅』技文堂
金泰永（2003b）『忠北近代都市住宅』清州大学校出版部
金両基（1989）『物語　韓国史』中公新書
金義煥（1973）『釜山近代都市形成史研究』研文出版社
金儀遠（1982）「日帝下の韓国都市計画」『月刊・都市問題』17-1，1982.11
金儀遠（1983）『韓国国土開発史研究』大学図書
Kim, Yang-soon（2006）『韓国伝統生活文化』済州大学校出版部
金英達（1997）『創氏改名の研究』未来社
金龍河（1982）「仁川開港初期の市街地形成と変遷」仁荷大学修士論文
金龍河（1987）『東アジアにおける近代港灣都市の成立と展開に關する比較的研究』京都大学博士論文
Kim, yong-ha（1996）「開港と近代港湾都市への発展」『韓国学研究』Vol. 6-7　No. 1
金龍德（1978）「郷廳沿革考」『韓国史研究』21，22 輯，韓国史研究会，1978.9
Kim, Young-jeong（他）（2006）「近代港口都市群山の形成と変化 ── 空間，経済，文化」『ハンウル』

500

金容旭（1976）『韓国開港史』端文文庫
金永上 Kim, young-sang（1989）『ソウル 600 年』韓国日報社出版局
金裕聖（1987）『朝鮮時代漢陽市街の行廊建築に関する研究』延世大
金元龍（他）（1984）『歴史都市慶州』悦話堂金漢重（1988）『安東誌』故郷文化社
木宮正史（2003）『韓国』筑摩書房
木村誠（2004）『古代朝鮮の国家と社会』吉川弘文館
木村静雄（1912）『新羅旧都慶州誌』
木村健二（1983）『近代日本の地方経済と朝鮮』朝鮮問題懇話会
木村健二（1989）『在朝日本人の社会史』未来社
木村幹（2009）『近代韓国のナショナリズム』ナカニシヤ出版
北島万次（1990）『豊臣政権の対外認識と朝鮮侵略』校倉書房
吉林省文物考古研究所・集安市博物館（2004）『集安高句麗王陵』文物出版社

Ko

Ko, Seok-kyu（2004）『（近代都市木浦の）歴史・空間・文化』ソウル大学出版部
高東煥（2007）『朝鮮時代ソウル都市史』TAEHAKSA
木畑洋一・車河淳（2008）『日韓　歴史家の誕生』東京大学出版会
小林英夫編（1994）『植民地への企業進出 ── 朝鮮会社令の分析』柏書房
小早川九郎（1959）『朝鮮農業発達史政策編』友邦協会
小泉顕夫（1940）「平壌清岩里廢寺址の調査（概報）」『昭和十三年度古蹟調査報告』朝鮮古蹟研究会
小泉顕夫（1958）「高句麗清岩里廢寺址の調査」『仏教芸術』33 号
小泉顕夫（1986）『朝鮮古代遺跡の遍歴（発掘調査 30 年の回想）』六興出版
国龍会（1966）『日韓合邦秘史』上下巻，原書房復刻版
駒込武（1996）『植民地帝国日本の文化統合』岩波書店
駒井和愛（1972）『楽浪』中公新書
近藤喜博（1943）『海外神社の史的研究』明生堂書店
近藤豊（1974）『韓国建築史図録』思文閣
越沢明（1978）『植民地満州の都市計画』アジア経済研究所
越沢明（1982）『満州都市計画の研究』東京大学学位請求論文
越沢明（1986）「朝鮮半島における土地区画整備の成立起源」『日本都市計画学会学術研究論文集』
越沢明（1988）『満州国の首都計画』日本経済評論社
越沢明（1989）『哈爾浜の首都計画』総和社
越沢明（1991）『東京都市計画物語』日本経済新聞社
越沢明（1991）『東京の都市計画』岩波新書
小杉放庵（1921）「慶州記録」『中央公論』464 号，1921.9
康炳基・崔宗鉉・林東日（1995）「都城主要施設の立地・坐向において山の導入に関する視的特性解釈の試論」『国土計画』30-4，大韓国土都市計画学会，1995.8
康炳基・崔宗鉉・林東日（1995，1996）「伝統空間思想に関する研究 (1) / (2)」『国土計画』，大韓国土都市計画学会，1995.12/1996.2
小山文雄（1934）『神社と朝鮮』朝鮮仏教社
久保天随（1924）「朝鮮古都めぐり」『朝鮮』1924.11
久保田優子（2005）『植民地朝鮮の日本語教育　日本語による「同化」教育の成立過程』九州大学出版会
熊谷明泰（2004）『朝鮮総督府の「国語」政策資料』関西大学出版部

蔵田雅彦（1991）『天皇制と韓国キリスト教』新教出版社
黒瀬郁二監修（2001）『東洋拓殖会社社史集』全三巻
黒瀬郁二（2003）『東洋拓殖会社 ―― 日本帝国主義とアジア太平洋』日本経済評論社
車田篤（1931）『朝鮮地方自治制要義』朝鮮金融組合協会
車田篤（1933）『朝鮮地方自治制精義』朝鮮金融組合協会
葛生修吉（1903）『韓海通漁指針』黒龍会出版社

Kwon

権赫在（1999）『韓国地理』法文社

L

Lee

Lee, An（2005）『仁川近代都市の形成と建築 ―― 生きているドキュメント』ダインアート
李丙壽（1980）『韓国古代史研究』学生社
李采成（2005）『戦時経済と鉄道運営 ――「植民地」朝鮮から「分断」韓国への歴史的経路を探る』東京大学出版会
李昶武（1988）『朝鮮後期城邑空間構造に関する研究』ソウル大
李壽宗（1988）『韓国の伝統家屋と文化』ソウル
李大熙（1991）『李朝時代の交通史に関する研究』雄山閣出版
李童求（1989）『朝鮮時代漢陽の北村地域の都市計画に関する研究』延世大
李東植・石山修武（1996）「韓国農村の生活近代化の様相から見た集落形態の変容過程に関する研究 ―― 珍島の農村・上満萬村の事例　1900-1993 年」『日本建築学会計画系論文集』第 479 号：169, 1996.1
李東植（1997）「伝統的集落の基本構造とその共同体（門中）意識に関する研究 ―― 韓国珍島上萬村の事例」『日本建築学会計画系論文集』第 502 号：125, 1997.12
李斗烈・鄭玫静・古谷誠章（2003）「韓国南沙里における集落空間形成要素の特徴と住居の向きについて ―― 集落空間の境界の形に関する研究」『日本建築学会計画系論文集』第 569 号：7, 2003.7
李道學（1992）「百済漢城時期の都城制に関する検討」『韓国上古史学報』9 号
李錦度（2007）『朝鮮総督府建築機構の建築事業と日本人請負業者に関する研究』釜山大学博士論文
李海濬（2006）『朝鮮村落社会史の研究』（井上和枝訳）法政大学出版局
李熙奉（1992）「韓国建築歴史研究の批判と方向模索」『建築歴史研究』1-1, 建築歴史学会誌, 1992.6
李賢姫（1993）『韓国にある日式住宅の変遷とその影響に関する研究』漢陽大学博士論文
李賢姫（1994）『韓国の「日式住宅」に見る住文化の持続と変容 ―― 日本の長屋との比較文化的考察』東京大学博士論文
李鉉淙（1975）『韓国開港場研究』一潮閣
李勳相（1985）「朝鮮後期慶州の郷吏と安逸房」『歴史学報』107 輯, 歴史学会, 1985.9
李勳相（1989）「朝鮮後期の郷吏集団と仮面踊りの演行」『東亜研究』17 輯, 西江大東亜研究所, 1989.2
李勳相・孫淑景翻訳（2007）『朝鮮王朝社会の成就と帰属』一潮閣
Lee, Jae-Kook（他）（2005）『韓国住居の歴史』芸文社
Lee, Jong-han（1996）『韓国伝統家屋と精神文化』慶尚北道
李在雨（1982）「農家住宅の建築空間構成と附属舎変容に関する研究・その 1 ―― 韓国古弓院集落の場合」『日本建築学会論文報告集』第 321 号：136, 1982.11

李正秀（1987）『朝鮮時代郷校・書院建築構成形式の比較研究』ソウル大学博士論文
李正連（2008）『韓国社会教育の起源と展開　大韓帝国末期から植民地時代までを中心に』大学教育出版
李進熙（1988）『韓国の古都を行く』学生社
李鎮昊（1989）『大韓帝国地籍及び測量史』土地
Lee Jong-Hae（1981）『住宅内の生活空間に関する研究』熟明女大修士論文
李宗勲（1988）『良洞同族集落の空間構成と特性に関する研究』ソウル大
李鍾弼（他）（1975）『嶺南地方固有聚落の空間構成』嶺南大学校出版部
李存熙（1990）『朝鮮時代地方行政制度研究』一志社
李重煥（1974）『択里誌』韓国自由教育協会
李揆穆（1988）『都市と象徴』一志社
李揆穆（1994）「朝鮮後期ソウルの都市景観とそのイメージ」『ソウル学研究』1，ソウル学研究所
李揆穆・金漢倍（1994）「ソウル都市景観の変遷過程研究」『ソウル学研究』2，ソウル学研究所
李揆穆・洪允淳（2002）「漢陽原形景観の二元的重層性考察」『ソウル学研究』19，ソウル学研究所
李基白（1976）『韓国史新論』一潮閣
李基白（1990）『新修版韓国史新論』一潮閣
Lee, Ki-tae（1997）『邑治城皇祭の主宰集団の変化と祭儀伝統の創出』民俗院
李吉衍（1980）「都市の伝統性保存と開発」『月刊・都市問題』15-5，1980.5
李光魯・金泰永（1988）「韓国開港場の外人館研究（1）」『大韓建築學會論文集』Vol. 4　No. 3
李康旭（1993）『開港以後釜山の租界地に関する考察』慶星大学修士論文
李景珉（2003）『増補　朝鮮現代史の岐路』平凡社
Lee, Kyu-hwan（2002）「朝鮮市街地計画令とソウルの都市開発事業」『中央行政論集』Vol. 16　No. 2
Lee, Kyu-mok・Kim, Han-bae（1994）「ソウル都市景觀의變遷過程研究」『ソウル学研究』No. 2
李圭洙（1996）『近代朝鮮における植民地地主制と農民運動』信山社
李明善（2002）「朝鮮古蹟調査と「古蹟及遺物保存規則」について ── 植民地時代韓国における古建築物保存政策・その1)」『日本建築学会計画系論文集』第557　p. 327，2002.7
李成市（1997）『東アジアの王権と交易』吉川弘文館
李成市（1998）『古代東アジアの民族と国家』岩波書店
李スンザ（2007）『日帝強占期古跡調査事業研究』淑明女子大学博士論文
李錫浩訳（1991）『朝鮮世時記』東文選
李省展（2006）『アメリカ人宣教師と朝鮮の近代 ── ミッションスクールの生成と植民地下の葛藤』社会評論社
李相海（1994）「朝鮮初期漢陽都城の風水地理的特性」『忘れたソウル，取り戻すソウル』ソウル学研究所　LEE SANGHAE
李相泰（1998）「古地図を利用した18-19世紀ソウルの姿の再現」『ソウル学研究』11，ソウル学研究所
李用熙（1964）『巨文島占領外交綜攷』想白李相柏博士回甲記念論叢編纂委員会
李相海（1984）『朝鮮中期邑城に関する研究』ソウル大修士論文
李相海（1994）「ソウルの都市形成 ── 朝鮮時代ソウルの都市立地・都市構造・都市組織の形成背景」『東洋都市史の中のソウル』ソウル市政開発研究院
李泰鎮（1994）「朝鮮時代ソウルの都市発達段階」『ソウル学研究』1，ソウル学研究所
李泰鎮（1995）『日本の大韓帝国強占 ──「保護条約」から「併合条約」まで)』까지
李泰鎮（1998a）「韓国侵略に関連する諸条約だけが破格であった」『世界』1998.3
李泰鎮（1998b）「韓国併合は成立していない（上・下）」『世界』1998.7，8

李泰鎮 (2000a)「略式条約で国権を移譲できるのか (上・下)」『世界』2000.5, 6
李泰鎮 (2000b)『朝鮮王朝社会と儒教』(六反田豊訳) 法政大学出版会
Lee, Tae-jin (2003)「明治東京と光武　漢城 (ソウル) —— 近代都市への指向性と改造成果比較」『建築歴史研究』Vol. 12　No. 2
李完用 (1918)「土地調査の完了について」『朝鮮彙報』1918.12
季暎一・重村力 (1992)「集落立地と茅亭の位置の特性 —— 韓国・茅亭の研究」『日本建築学会計画系論文報告集』第 434 号：89, 1992.4
李用熙 (1964)『巨文島占領外交綜攷』李相佰博士環歴記念論叢
李允子 (1998)「起居様式における床座・椅子座の変遷・その 1 —— 中国・韓国・日本の比較研究 (B.C. 16C-A.D. 16C)『日本建築学会計画系論文集』第 514 号, p. 241, 1998.12
李允子 (2000)「起居様式における韓国の床坐・椅子坐の変遷・その 2 (三国時代～李朝前期) —— 中国・韓国・日本の坐り方の比較研究 (B.C. 16C-A.D. 16C)」『日本建築学会計画系論文集』第 534, p. 271　2000.8
Longford, Joseph H. (1911) The Story of Korea, Charles Scribner's sons, New York
李愚鍾 (1995)「中国と我が国の都城の計画原理および空間構造の比較に関する研究」『ソウル学研究』5, ソウル学研究所
李道學 (1992)「百済漢城時期の都城制に関する検討」『韓国上古史学報』9 号

M

Maeng

孟洪奎 (1988)『朝鮮時代城門の建築形式に関する研究』弘益大修士論文
毎日新聞社 (1978)『日本植民地史 1　朝鮮』(別冊 1 億人の昭和史) 毎日新聞社
松尾茂 (2002)『私が朝鮮半島でしたこと 1928 年 —— 1946 年』草思社
松尾宗次 (2003)「ファインスチールの歴史」『雑誌ファインスチール』第 47 巻 3 号 (通巻 529 号)：1-2
松田利彦・やまだあつし (2009)『日本の朝鮮・台湾支配と植民地官僚』思文閣出版
松村高夫 (2007)『日本帝国主義下の植民地労働史』不二出版
松本武祝 (1991)『植民地期朝鮮の水利組合事業』朝鮮近代史研究双書 8, 未来社
松本武祝 (1998)『植民地権力と朝鮮農民』社会評論社
松本武祝 (2005)『朝鮮農村の〈植民地近代〉経験』社会評論社
マッケンジー, フレデリック (1984)『朝鮮の悲劇』乙酉文化社 (Frederick A. McKenzie: The Tradgy of Korea, Hodder and Stoughton, London, 1908)
三上次男 (1966)『古代東北アジア史研究』吉川弘文館
三上次男 (1990)『高句麗と渤海』吉川弘文館
御厨貴 (1884)『首都計画の政治 —— 形成期明治国家の実像』山川出版社
閔德植 (1989)「新羅王京の都市計画に関する試考 (上)」『史叢 35』高大史学会

Miryang

密陽誌編纂委員会 (1991)『密陽誌』密陽文化院
密陽市史編纂委員会 (1991)『密陽市史』慶尚南道密陽市
宮内康・布野修司編 (1993)『現代建築 —— ポスト・モダニズムを超えて』新曜社
水谷俊博 (1997)『日本植民統治期における韓国蔚山の都市変容に関する研究 —— 土地所有及び地籍の変化を中心に』京都大学修士論文

水野直樹・藤永壯・駒込武編（2001）『日本の植民地支配 —— 肯定・賛美論を検証する』岩波ブックレット，岩波書店
民族文化推進会編（1967）『山林経済』民族文化文庫刊行会
民族文化推進会編（1971）『国訳萬機要覧（財用篇）』民族文化文庫刊行会
民族文化推進会編（1985）『国訳萬機要覧（軍政篇）』民族文化文庫刊行会
三品彰英（1937）『建国神話論考』目黒書店
三品彰英（1940）『朝鮮史概説』弘文堂書房
三品彰英（1943a）『新羅花郎の研究』三省堂
三品彰英（1943b）『日鮮神話伝説の研究』柳原書店
三品彰英（1957）『北鮮と南鮮』ハーバード・燕京・同志社東方文化講座委員会
三品彰英（1962）『日本書紀朝鮮関係記事考証　上』吉川弘文館
三品彰英（1970）『三品彰英論文集』（全6冊）平凡社
三品彰英遺撰（1975-1995）『三国遺事考証』（全5冊）塙書房
三品彰英（2002）『日本書紀朝鮮関係記事考証　下』天山社
宮嶋博史（1991）『朝鮮土地調査事業史の研究』東京大学東洋文化研究所
宮本常一（1974）『宝島民俗誌・見島の漁村』（宮本常一著作集17）未来社
三宅磐（1908）『都市の研究』実業之日本社
三宅理一（1990）『江戸の外交都市』鹿島出版会
宮嶋博史（1991）『朝鮮土地調査事業史の研究』汲戸書院
宮嶋博史・松本武祝・李栄薫・張矢遠（1992）『近代朝鮮水利組合の研究』日本評論社
宮嶋博史（1995）『両班　李朝社会の特権階層』中央公論社
宮嶋博史・李成市・尹海東・林志弦（2004）『植民地近代の視座　朝鮮と日本』岩波書店
宮田節子（1985）『朝鮮民衆と「皇民化」政策』未来社
宮崎勇熊（1905）『北韓の実業』輝文館
水田直昌（1974）『総督府時代の財政』友邦協会
木浦市（1987）『木浦市史　人文編』
森崎和江（2006）『慶州は母の呼び声　わが原郷』（MC新書009）洋泉社
森山重徳（1987）『近代日韓関係史研究 —— 朝鮮植民地化と国際関係』東京大学出版会
森山重徳（1992）『日韓併合』吉川弘文館

Mun

文化財庁（2005）『韓国の伝統家屋 —— 韓国の伝統家屋記録化報告書』
文化財管理局（1977）『文化遺跡総覧（中・下）』
文化財管理局（1985）『全国邑城調査』
文定昌（1941）『朝鮮の市場』日本評論社
文京洙（2005）『韓国現代史』岩波書店
村上重良（1970）『国家神道』岩波書店
村松伸・西澤泰彦編（1985）『東アジアの近代建築』私家版
村松貞治郎（1959）『日本近代建築技術史』地人書房
村松貞治郎（他）編（1979-82）『日本の建築・明治大正昭和』（全10巻）三省堂
村松貞治郎（1988）『日本近代建築の歴史』日本放送出版協会
村田治郎（1930）『東洋建築史系統史論』
村田治郎（1975）『北方民族の古俗』私家版
村田治郎（1972）『東洋建築史（建築学大系4）』彰国社

村山智順（1930）『朝鮮の風水』朝鮮総督府
村山智順（1938）『釈奠・祈雨・安宅』（調査資料 45 輯）朝鮮総督府

N

中井錦城（1915）『朝鮮回顧録』糖業研究会出版部
内藤正中（1993）『山陰の日朝関係史』報光社
仲尾宏（2007）『朝鮮通信史 —— 江戸日本の誠信外交』岩波新書
仲尾宏（1993）『朝鮮通信使の軌跡』（増補・前近代の日本と朝鮮），明石書店
中塚明（1977）『日本と朝鮮』三省堂
長崎総之助（1941）『戦時経済と交通運輸 —— 戦時経済国策大系　第 6 巻』産業経済学会
長島修（2000）『日本戦時企業論序説』日本経済評論社
内務省地方局有志（1907）『田園都市』博文館
永田直昌（1974）『総督府時代の財政』友邦協会
永田直昌監修（1976）『資料選集　東洋拓殖会社』友邦協会
中西章（1989）『朝鮮半島の建築』理工学社
中村亮平（1929）『慶州之美術』芸艸堂
中村栄孝（1971）『朝鮮　風土・民族・伝統』吉川弘文館
中村勝（2002）『近代日本・東アジアの在来市場と公設市場』名古屋学院大学総合研究所研究叢書 20，ハーベスト社
中村哲・安秉直編（1993）『近代朝鮮工業化の研究』日本評論社
中村哲（2006）『1930 年代の東アジア経済　東アジア資本主義形成史 2』日本評論社
中村哲（2007）『近代東アジア経済の史的構造　東アジア資本主義形成史 3』日本評論社
中村均（1994）『韓国巨文島にっぽん村 —— 海に浮かぶ共生の風景』中公新書
中村春壽（1978）『日韓古代都市計画』六興出版
中野正剛（1915）『我が観たる満鮮』政教社
中野茂樹（1990）『植民地朝鮮の残影を撮る〈岩波ブックレット〉』岩波書店
中濃教篤（1968）『近代日本の宗教と政治』アポロン社
中濃教篤（1976）『天皇制国家と植民地伝道』国書刊行会
波形昭一（1985）『日本植民地金融政策史の研究』早稲田大学出版部
波形昭一・木村健二・須永徳武監修（2001）『朝鮮運送株式会社十年史〈社史で見る日本経済史　植民地編 3〉』ゆまに書房
波形昭一・木村健二・須永徳武監修（2002）『創立三十周年記念朝鮮勧農株式会社社誌　朝鮮勧農信託株式会社定款　朝鮮土地改良株式会社誌　朝鮮開拓株式会社沿革　羅津雄基土地興業株式会社営業案内〈社史で見る日本経済史　植民地編 9〉』ゆまに書房
日本建築学会（1972）『近代日本建築学発達史』丸善
日本建築学会編（1995）『東洋建築史図集』彰国社
日本民俗建築学会（2001）『民俗建築大事典』柏書房
日本の戦争責任資料センター　アクティブ・ミュージアム「女たちの戦争と平和資料館」（2007）『ここまでわかった！　日本軍「慰安婦」制度』かもがわ出版
日本植民地教育史研究会（2000）「言語と植民地支配」『植民地教育史研究年報』第 3 号，皓星社
西垣安比古（2002）『朝鮮の「住まい」—— その方法論的究明の試み』中央公論美術出版
西川宏（1970）「日本帝国主義下における朝鮮考古学の形成」『古代東アジアにおける日朝関係』（朝鮮史研究会論文集　第 7 集）

西成田豊(1997)『在日朝鮮人の「世界」と「帝国」国家』東京大学出版会
西山夘三記念すまい・まちづくり文庫住宅営団研究会編(2001)『住宅営団戦時・戦後復興期住宅政策資料5(1)──旧植民地住宅営団の展開1,(2)──旧植民地住宅営団の展開2』日本経済評論社
西澤泰彦(1996)『海を渡った日本人建築家』彰国社
西澤泰彦(2000)『図説満鉄 「満州」の巨人』河出書房新社
西澤泰彦(2008)『日本植民地建築論』名古屋大学出版会
野村孝文(1976)『南西諸島の民家(増補版)』相模書房
野村孝文(1981)『朝鮮の民家──風土,空間,意匠』学芸出版社
農商務省商工局(1905)『韓国事情調査資料』
農商務省山林局(1905)『韓国誌』
農商務省農林局(1910)『朝鮮農業要覧』
野崎充彦(1994)『韓国の風水師たち──今よみがえる龍脈』人文書院

O

呉善花(2000)『韓国併合への道』文春新書
呉知泳(1970)『東学史・朝鮮民衆運動の記録』(梶村秀樹訳)東洋文庫・平凡社
小田省吾(1918)「慶州邑城沿革考」『朝鮮彙報』1918.9
小田幹治郎(1922)「慶州の二日」『朝鮮』1922.12
小笠原省三(1933)『海外の神社』神道評論社
小笠原省三(1953)『海外神社史』海外神社史編纂会
小川敬吉(1935)「追悼談」『朝鮮と建築』14-10:25, 1935.10
小川敬吉(K. O 生)(1937)「指定せられたる宝物建造物」『朝鮮と建築』16輯10号, 1937.10
小川敬吉(1937)「古蹟に就いての回顧」『朝鮮と建築』16-11:82-83, 1937.11
小川雄三(1914)『新羅古跡慶州案内』朝鮮新聞慶北支社
岡崎早太郎(1925)『都市計画と法制』良書普及会
大庭寛一(1896)『朝鮮論』東邦協会
大江志乃夫(他)編(1992a)『岩波講座近代日本と植民地1　植民地帝国日本』岩波書店
大江志乃夫(他)編(1992b)『岩波講座近代日本と植民地2　帝国統治の構造』岩波書店
大江志乃夫(他)編(1993a)『岩波講座近代日本と植民地7　文化のなかの植民地』岩波書店
大江志乃夫(他)編(1993b)『岩波講座近代日本と植民地3　植民地化と産業化』岩波書店
大江志乃夫(他)編(1993c)『岩波講座近代日本と植民地4　統合と支配の論理』岩波書店
大江志乃夫(他)編(1993d)『岩波講座近代日本と植民地5　膨張する帝国の人流』岩波書店
大江志乃夫(他)編(1993e)『岩波講座近代日本と植民地6　抵抗と屈従』岩波書店
大江志乃夫(他)編(1993f)『岩波講座近代日本と植民地8　アジアの冷戦と脱植民地化』岩波書店
大江志乃夫(1998)『日本植民地探訪』新潮社
大平鉄畊(1927)『朝鮮鉄道十二年計画』鮮満鉄新報社
大平鉄畊(1940)『朝鮮陸上運送統制概要』鉄道図書出版協会
大河内一雄(1978)『遙かなり大陸　わが東拓物語』龍渓書舎
大河内一雄(1982)『幻の国策会社　東洋拓殖』日本経済新聞社
大河内一雄(1991)『国策会社・東洋拓殖の終焉』續文堂出版
大坂金太郎(1931)『慶州古跡及び遺物調査書』慶州古跡保存会
大坂六村(1931)『趣味の慶州』慶州古跡保存会

大阪市社会部（1924）『朝鮮人労働者問題』弘文堂書房
大阪市社会部（1930）『なぜ朝鮮人は渡来するのか』大阪市社会部
太田秀春（他）（2004）『韓国の倭城と壬辰倭乱』岩田書院
大田秀春（2000）「韓国における倭城研究の現状と課題」『倭城の研究』4
大田秀春（2002）『日本の植民地朝鮮における古蹟調査と城郭政策』ソウル大学修士論文
太田秀春（2006）『朝鮮の役と日朝城郭史の研究 —— 異文化の遭遇・受容・変容』清文堂出版
太田秀春（2008）『近代の古蹟空間と日朝関係　倭城・顕彰・地域社会』清文堂出版
大友昌子（2007）『帝国日本の植民地社会事業政策研究 —— 台湾・朝鮮〈Minerva 社会福祉叢書 20〉』ミネルヴァ書房
岡衛治（1945）『朝鮮林業史』朝鮮山林会
岡本さえ（2008）『イエズス会と中国知識人』（世界史リブレット　109）山川出版社
奥田悌（1920）『新羅旧都慶州誌』玉村書店
小田先生頌壽記念会（1934）『小田先生頌壽記念朝鮮論集』大阪屋号書店
小田省吾（他）（1924）『朝鮮文廟及陞廡儒覧（附朝鮮儒学年表，朝鮮儒学淵源譜）』朝鮮史学会
越智唯七編（1917）『新旧対照朝鮮全道府郡面里洞名称一覧』中央市場，慶北大
小野寺二郎（1943）『朝鮮の農業計画と農業拡充問題』東都書籍

P

Park

朴東源（他）（1984）『歴史都市慶州』
朴方龍（1998）『新羅都城研究』東亜大学博士論文
朴龍雲（1996）『高麗時代開京研究』一志社
朴庚玉・持田照夫（1988）「韓国南部慶南地方の農村住宅平面構成に関する研究　南東海岸型と嶺南型の 3 間・4 間型を中心に」『日本建築学会計画系論文報告集』第 391 号：98，1988.9
朴賛弼・山田水城・古川修文（1997）「韓国済州島における城邑集落の構成について —— 風水思想からみた集住空間に関する研究・その 1」『日本建築学会計画系論文集』第 497 号：89，1997.7
朴彦坤（1992）『韓国建築史講論』文運堂
朴彦坤（1985）「韓国伝統住宅上流住宅におけるオンドルの普及過程について」『日本建築学会計画系論文報告集』第 355 号：120，1985.9
朴賢洙（1982）「日帝による村落調査活動」『人類学研究』第 2 輯，嶺南大学文化人類学研究会
朴埈相（2003）『天皇制国家形成と朝鮮植民地支配』人間の科学新社
朴準用（1967）「外交史的にみた韓末政局と巨文島事件」『法學研究』Vol. 9　No. 1
朴重信（1999）『伝統性と地域性を考慮した都市複合住宅のデザイン表現に関する研究』清州大修士論文
朴重信（2005）『日本植民地期における日本人移住漁村の形成とその変容に関する研究』京都大学博士学位論文
朴九秉（1975）『韓国漁業史』正音社
朴光淳（1981）『韓国漁業経済史研究 —— 漁業共同体論』裕豊出版社
Park, Se-hon（2000）「1920 年代京城都市計画の性格 ——「京城都市計画研究会」と '都市計画運動'」『ソウル学研究』No. 15
朴時亨（1994）『朝鮮土地制度』新書苑
朴時翼（1987）『風水地理説発生背景に関する分析研究 —— 建築への合理的な適用のために』高麗大学博士論文

Park, Tae-hwa（他）（2004）『民俗学術資料叢書 444 ── 伝統家屋 5』ウリマダント
朴炳柱・金哲洙（1984）「韓国城郭都市の空間構成原理と技法に関する研究」『国土計画』19-1，大韓国土都市計画学会
朴淳發（1996）「百済都城の変遷と特徵」重山鄭德基博士華甲紀念論叢刊行委員会編『重山鄭德基博士華甲記念韓国史学論叢』景仁文化社
ピーティー，マーク（1996）『20 世紀の日本　4　植民地 ── 帝国 50 年の興亡』浅野豊美訳，読売新聞社

R

リバーフロント整備センター編（2005）『川からの都市再生 ── 世界の先進事例から』技法堂出版
Roh, Mu-ji（1995）『韓国伝統文化の理解』正訓出版社

Ryu

柳泳秀（1989）『朝鮮時代の客舎建築に関する研究』高麗大学修士論文
柳光男（2002）『近代都市化過程にみる群山都市組織の空間的特性に関する形態学的研究』圓光大学修士論文
柳在春（2003）『韓国中世城郭史研究』景仁文化社

S

蔡錦堂（1994）『日本帝国主義下台湾の宗教政策』同成社
坂野徹（2005）『帝国日本と人類学者　1884-1952 年』勁草書房
坂本悠一・木村健二（2007）『近代植民地都市　釜山』桜井書店
坂元義種（1978）『古代東アジアの日本と朝鮮』吉川弘文館
坂元義種（1978）『百済史の研究』塙書房
阪寄雅志（2001）『渤海と古代の日本』校倉書房
崎京一（1978）『近代漁業村落の研究』御茶の水書房
早乙女雅博（1997）「関野と朝鮮古跡調査」『精神のエクスペデイシオン』東京大学出版会
佐藤生（1928）「建築会視察団慶州遊覧記」『朝鮮と建築』7-12，1928.12
佐藤信・藤田覚（2007）『前近代の日本列島と朝鮮半島』山川出版社
澤正彦（1991）『未完　朝鮮キリスト教史』日本基督教団出版局
三山面誌発刊委員会（2001）『三山面誌』三山面
三浪津地名変遷史編纂委員会（1985）『三浪津地名変遷史』慶尚南道密陽市
関一（1923）『住宅問題と都市計画』弘文堂
関一（1938）『都市計画の理論と実際』三省堂
関口欣也監修・佐藤正彦・片桐正夫編（2005）『アジア古建築の諸相 ── その過去と現状』相模書房
関野貞（1904）『韓国建築調査報告』東京帝国大学工科大学
関野貞（1910）『朝鮮芸術之研究』度支部建築所
関野貞（1912）「新羅時代の建築」『建築雑誌』第 302 号
関野貞（1913）「朝鮮東部に於ける古代文化の遺跡」『建築雑誌』318 号，1913.6
関野貞（1932）『朝鮮美術史』朝鮮史學會
関野貞（他）（1925-1927）『樂浪郡時代の遺蹟　本文，圖版上冊，圖版下冊（古蹟調査特別報告；第 4 冊）』朝鮮總督府

関野貞(1935)『支那碑碣形式の變遷』座右宝刊行会
関野貞(1940)『日本の建築と芸術』岩波書店
関野貞(1941)「高勾麗の平壤及び長安城に就いて」『朝鮮の建築と芸術』岩波書店
関野貞・竹島卓一編(1934)『熱河. 第1巻 — 第4巻』座右宝刊行会
関野貞・関野博士記念事業會編(1938)『支那の建築と藝術』岩波書店
関野貞・関野博士記念事業會編(1939)『朝鮮の建築と藝術』岩波書店
関野貞・竹島卓一(1934-1935)『遼金時代ノ建築ト其佛像 — 図版／上，下．(東方文化学院東京研究所研究報告)』東方文化學院東京研究所
塩崎誓月(1906)『最新の韓半島』青木嵩山堂
鮮交会(1986)『朝鮮交通史』
妹尾達彦(2001)『長安の都市計画』講談社

Seo

徐旺佑・韓三建(2008)「国史跡邑城における城壁の復元と整備に関する考察 — 韓国における史跡の保存整備の動向と特徴に関する研究・その1」『日本建築学会計画系論文集』第630号：1839, 2008.8
『世宗実録地理志』(1454)
成均館大学博物館(2007)『慶州新羅遺跡の昨日と今日』

Seok

昔重波(1957)『慶北画報』民主文化社
石南国(1972)『韓国の人口増加の分析』勁草書房

Seoul

ソウル特別市史編纂委員会編(1963)『ソウル特別市史 — 古蹟篇』ソウル特別市
ソウル特別市史編纂委員会編(1987)『ソウル六百年史 — 文化史蹟篇』ソウル特別市
ソウル特別市(1990)『伝統文化地帯復元・整備実施計画(案)』
ソウル特別市史編纂委員会編(1999)『ソウル建築史(ソウル歴史叢書2)』ソウル特別市
ソウル歴史博物館編(2004)『都城大地図』同博物館遺物管理課

Si

司馬遼太郎・上田正昭・金達寿(1982)『日本の朝鮮文化』中央公論社
信夫淳平(1901)『韓半島』東京堂書店
渋谷猛(1989)『韓国における日本時代の住宅に関する研究 — 住宅関係法規を資料として』神奈川大修士論文
四方博(1941)「李朝時代の都市と農村とに関する一試論 — 大丘戸籍の観察を基礎として」『京城帝大法学会論集』第12冊
四方博(1976)『朝鮮社会経済史研究』国書刊行会
沈奉謹(1995)『韓国南海沿岸城址の考古学的研究』学研文化社
沈正輔(1995)『韓国邑城の研究』学研文化社
篠田治策(1935)「追悼談」『朝鮮と建築』14-10：18, 1935.10
清水満重(1937)『植民地自治制度論』巌松堂書店
下谷政弘(1990)『戦時経済と日本企業』昭和堂
下谷政弘・長島修(1992)『戦時日本経済の研究』晃洋書房

Sim WooGab, Kang SangHoon, Yeo SangJin（2002）「日帝強占期におけるアパート建築に関する研究」
『大韓建築学会計画系論文集』第 18 巻 9 号：159-168

Sin

申榮勳（1975）『韓国とその歴史』エミレ美術館
申榮勳（1983）『韓国の暮し家（上・下）』悦和堂
申栄勲（1986）『韓国の住まい』悦話堂
申榮勳（1987）『韓屋の造営』匡祐堂
申栄勲（2005）『韓国の民家』（原題：我々が本当に知るべき我が韓屋）（西垣安比古監訳，李終姫・市岡実幸訳）法政大学出版局
申載億・金奉烈（1992）「慶州地域の亭子建築に関する研究 —— その建築的類型に関して」『工学研究論文集』23-1，蔚山大学
愼鏞廈（1991）『朝鮮土地調査事業研究』知識産業社
愼蒼宇（2008）『植民地朝鮮の警察と民衆世界「近代」と「伝統」をめぐる政治文化 1894-1919』有志舎
針贋龍（1996）『日韓併合 —— 外交文書で語る』合同出版
信夫淳平（1901）『韓半島』東京堂書店
新羅古跡保存会（1922）『新羅旧跡慶州古跡案内』

Son, Song

孫禎睦（1977）『朝鮮時代都市に関する研究』壇国大学博士論文
孫禎睦（1977）『朝鮮時代都市社会研究』一志社
孫禎睦（1982）『韓国開港期都市変化過程研究』一志社（『韓国都市変化過程研究』（松田晧平訳）耕文社，2000 年）
孫禎睦（1984）『朝鮮時代都市社会研究』一志社
孫禎睦（1986）『韓国開港期都市社会経済史研究』一志社
孫禎睦（1988）『韓国現代都市の足跡』一志社
孫禎睦（1990）『日帝強占期都市計画研究』一志社
孫禎睦（1992）『韓国地方制度・自治史研究（上）』一志社
孫禎睦（1996）『日帝強占期都市化過程研究』一志社（邦訳は『日本統治下朝鮮都市計画史研究』（西垣安比古・市岡実幸・李終姫訳）柏書房，2004 年）
孫永植（1987）『韓国城郭の研究』文化財管理局
宋丙洛編（1979）『韓国の国土・都市・環境（問題と対策）』韓国開発研究院
宋律（1998）『韓国近代建築の発展過程に関する研究』ソウル大学博士論文
宋仁豪（1990）『都市型韓屋の類型研究』ソウル大学博士論文
宋俊淑・伊藤庸一（2001）「韓国南部伝統的農村住居の空間構成と住み方の変容について」『日本建築学会計画系論文集』第 549 号：207，2001.11
Song, Seok-ki（2008）「開港都市木浦と群山の旧都心空間形成過程比較 —— 20 世紀前半期の都市拡張と機能分布を中心として」『大韓建築學會支会連合会論文集』Vol. 10　No. 2
外村大（1999）『朝鮮における域外人口移動に関する基礎研究 —— 植民地期を中心に』富士ゼロックス小林節太郎記念基金
末松保和（1954）『新羅史の諸問題』東洋文庫
末松保和（1980）『朝鮮研究文献目録（1868-1945 論文・記事篇）』汲古書院
末松保和（1996）『高麗朝史と朝鮮朝史』吉川弘文館

周藤吉之（1980）『高麗朝官僚制の研究』法政大学出版会
周藤吉之（1992）『宋・高麗制度史研究』汲古書院
菅浩二（2005）『日本統治下の海外神社　朝鮮神宮・台湾神社と祭神』弘文堂
須川英徳（1994）『李朝商業政策史研究 ―― 18・19 世紀における公権力と商業』東京大学出版会
杉原達（1998）『越境する民 ―― 近代大阪の朝鮮人史』新幹社
杉本尚次（1984）『日本の住まいの源流 [日本基層文化の探究]』文化出版局
杉山正明（2004）『モンゴル帝国と大元ウルス』京都大学出版会
杉山信三（1944）『朝鮮の石塔』吉川弘文館
杉山信三（1984）『韓国の中世建築』相模書房
砂本文彦（2007）「京城（現ソウル）の郊外住宅地形成の諸相」『日本建築学会計画系論文集』第 613 号：203, 2007.3
鈴木裕子・山下英愛・外村大（2006）『日本軍「慰安婦」関係資料集成』明石書店
崇恵殿陵保存会（1987）『崇恵殿誌』
鈴木信弘（1988）『朝鮮住宅営団の住宅に関する研究 ―― ソウル上道洞旧住宅営団をケーススタディーとして』神奈川大修士論文
鈴木靖民（1985）『古代対外関係史の研究』吉川弘文館
鈴木敬夫（1989a）『朝鮮植民地統治法の研究 ―― 治安法下の皇民化教育』北海道大学図書刊行会
鈴木敬夫（1989b）『法を通じた朝鮮植民地支配に関する研究』高麗大学民族文化研究所出版部

T

Tae

大韓国土計画学会（1989）『韓国国土・都市計画史（学会創立 30 周年記念）』
大韓住宅公社（1979）『大韓住宅公社 20 年史』
Tak, Soo-seong（他）（2000）『家屋』（韓國民俗學研究論著 79）巨山
高倉馨（1935）「朝鮮に於ける地方商・漁港修築工事の効果とその特異性の一面に就て」『朝鮮の水産』
高橋潔（2001）「関野貞を中心とした朝鮮古跡研究行程」『考古学史研究』9 号, 木曜クラブ
高橋潔（2003）「朝鮮古跡調査における小場恒吉」『考古学史研究』10 号, 木曜クラブ
高崎宗司（1993）「在朝日本人と日清戦争」『岩波講座　近代日本と植民地　5　膨張する日本の人流』岩波書店
高崎宗司（2002a）『朝鮮の土となった日本人』草風館
高崎宗司（2002b）『植民地朝鮮の日本人』岩波新書
高嶋雅明（1978）『朝鮮における植民地金融史の研究』大原新生社
高橋泰隆（1995）『日本植民地鉄道史論 ―― 台湾, 朝鮮, 満州, 華北, 華中鉄道の経営史的研究』日本経済評論社
田川孝三（1978）「郷憲と憲目」（「郷庁沿革考」『韓国史研究』21, 22 輯）韓国史研究会, 1978.9
武田幸男（1989）『高句麗史と東アジア』岩波書店
武田幸男編（2000）『朝鮮史』山川出版社
武田幸夫（1983）「学習院大学蔵朝鮮戸籍大帳の基礎的研究 ―― 19 世紀・慶尚道鎮海県の戸籍大帳を通じて」『調査研究報告』No. 13, 学習院大学東洋文化研究所
武田幸夫編（1990）「朝鮮後期の慶尚道丹城県における社会動態の研究（Ⅰ）」『調査研究報告』No. 27, 学習院大学東洋文化研究所
滝沢秀樹（1978）『日本資本主義と蚕糸業』未来社
滝沢秀樹（1988）『韓国社会の転換』御茶の水書房

滝沢秀樹（1992）『韓国へのさまざまな旅』御茶の水書房
滝沢秀樹（2000）『アジアのなかの韓国社会』御茶の水書房
滝沢秀樹（2005）『中国朝鮮族への旅』御茶の水書房
滝沢秀樹（2008）『朝鮮民族の近代国家形成史序説 —— 中国東北と南北朝鮮』御茶の水書房
武田幸男編（2000）『朝鮮史』山川出版社
武田久吉（1933）「南鮮の市と旅舎」『ドルメン』1933.5
田村明（1992）『江戸東京まちづくり物語』時事通信社
田村晃一（2001）『楽浪と高句麗の考古学』同成社
田代和生（1987）『近世日朝貿易における朝鮮米輸入と倭館桝 —— 対馬島文書からみた日韓計量法の相違』日韓文化交流基金
田代和生（2002）『倭館　鎖国時代の日本人町』文春新書
田中清志（1925）『大阪の都市計画』日下書店
田中俊明（1985）「高句麗長安城城壁石刻の基礎的研究」『史林』68巻4号
田中俊明（1988）「朝鮮三国の都城制と東アジア」『古代の日本と東アジア』小学館
田中俊明（1990）「王都としての泗？城に対する予備的考察」『百済研究』21輯
田中俊明（1992）『大加耶連盟の興亡と「任那」』吉川弘文館
田中俊明（1994）「高句麗の興起と玄菟郡」『朝鮮文化研究』（東京大学朝鮮文化研究室紀要）創刊号
田中俊明（1997）「百済後期王都泗ひ城をめぐる諸問題」堅田直先生古希記念論文集刊行会編『堅田直先生古希記念論文集』真陽社
田中俊明（1998）「高句麗前期王都卒本の構造」『高麗美術館研究紀要』2号
田中俊明（1999）「百済漢城時代における王都の変遷」『朝鮮古代研究』1号
田中俊明（2004）「高句麗の平壌遷都」『朝鮮学報』190輯
田中俊明（2005）「高句麗長安城の規模と特徴 —— 條坊制を中心に」『白山学報』72号
田中俊明（2006）「高句麗長安城の築城と遷都」『都市と環境の歴史学』（第1集）（妹尾達彦編，中央大学文学部東洋史学研究室）←※発行者
田中俊明編（2008）『朝鮮の歴史 —— 先史から現代』昭和堂
田中俊明（2009）『古代の日本と加耶』山川出版社
田中萬宗（1930）『朝鮮古跡行脚』泰東書院
田保橋潔（1940）『近代日鮮関係の研究』朝鮮総督府
田保橋潔（1944）『朝鮮統治史論稿』朝鮮史編修会（成進文化社復刊1972）
田内武編（1925）『朝鮮施政拾五年史』朝鮮毎日新聞社
鉄道庁広報担当官室（1999）『韓国鉄道100年史』
鉄道院（1919）『朝鮮満州支那案内』丁末出版社
飛田雄一（1991）『日帝下の朝鮮農民運動』未来社
東京市区改正委員会編（1919）『東京市区改正事業誌』
東京市政調査会（1929）『本邦都市計画事業と其財政』
徳永勳美（1907）『韓国総覧』博文館
戸汁薫雄ほか（1912）『朝鮮最近史』蓬山堂
外村大（2004）『在日朝鮮人社会の歴史学的研究 —— 形成・構造・変容』緑陰書房
富井正憲（1988-1989）『朝鮮住宅営団の住宅に関する研究 —— ソウルに現存する旧営団住宅を中心として』住宅研究年報，住宅研究総合財団
都市住宅研究会（1996）『異文化の葛藤と同化』凸版印刷株式会社
都市史図集編纂委員会編（1999）『都市史図集』彰国社
豊田四郎（1917）「朝鮮の地籍図に就いて」『金融と経済』3号，朝鮮経済協会，1919.7

恒（常）屋盛服（1901）『朝鮮開化史』民俗文化（1995）

U

内田好昭（1998）「'韓国建築調査報告'を読む」『考古学史研究』8号，木曜クラブ
内田好昭（2001）「日本統治下の朝鮮半島における考古学的発掘調査（上）」『考古学史研究』9号，木曜クラブ
上田義雄（1926）『慶北写真便覧』
上田雄（2002）『渤海史の研究』明石書店
海野福寿（1992）『日清・日露戦争』（日本の歴史 18）集英社
海野福寿（1995）『韓国併合』岩波新書
海野福寿（他）編（1995）『日韓協約と韓国併合 ── 朝鮮植民地支配の合法性を問う』明石書店
海野福寿編（1998）『韓国併合始末 関係資料』不二出版
海野福寿（2000）『韓国併合史の研究』岩波書店
海野福寿編（2003）『外交資料 ── 韓国併合』上下
海野福寿（2004）『伊藤博文と韓国併合』青木書店

W

和田一郎（1920）『朝鮮の土地及び地税制度調査報告書』朝鮮総督府
和田春樹（2002）『朝鮮戦争全史』岩波書店
渡辺学編（1968）『朝鮮近代史』勁草書房
渡辺勝美（1941）『朝鮮開国外交史研究』東光堂書店
渡辺俊一（1985）『比較都市計画序説 ── イギリス・アメリカの土地利用規制』三省堂
渡辺俊一（1993）『「都市計画」の誕生 ── 国際比較からみた日本近代都市計画』柏書房
渡辺俊一編（1999）『市民参加のまちづくり ── マスタープランづくりの現場から』学芸出版社
渡辺俊一・原田純孝編（2005）『アメリカ・イギリスの現代都市計画と住宅問題 ── 自治体・市場・コミュニティ関係の新展開』東京大学社会科学研究所
渡辺俊夫編（1990）『概説 韓国経済』有斐閣選書
Waterson, R. (1990) "THE LIVING HOUSE: An Anthropology of Architecture in South-East Asia", Oxford University Press（『生きている住まい ── 東南アジア建築人類学』（ロクサーナ・ウオータソン，布野修司（監訳）＋アジア都市建築研究会，学芸出版社，1997.3）

Won

元永喜（1977）『韓国地籍史』普門出版社
元永喜（1979）『地籍学原論』弘益文化社
元裕漢（1969）『巨文島事件』新丘文化社
元裕漢（1983）『英国軍の巨文島占領事件』国防部戦史編纂委員会
元永煥（1990）『朝鮮時代漢城府研究』江原大学校出版部
元載淵（2000）「1880年代門戸開放と漢城府南門内明礼坊一帯の社会・経済的変化」『ソウル学研究』14，ソウル学研究所

Woo

禹成勲（1996）『新羅王京慶州の都市計画に関する研究』成均館大学修士論文

禹成勲（2007）『高麗の都城開京に関する都市史的研究』東京大学博士論文

Y

八木信雄（1978）『日本と韓国』日韓文化協会
藪景三（1994）『朝鮮総督府の歴史』明石書店
山口豊正（1914）『朝鮮之研究』巖末堂
山口正之（1967, 1985）『朝鮮西教史——朝鮮キリスト教の文化史的研究』雄山閣，御茶の水書房
山田公平（1991）『近代日本の国民国家と地方自治』名古屋大学出版会
山田修（1991）『韓国古寺探訪の魅力　古建築と石塔』学芸出版社
山田昭次・古庄正・樋口雄一（2005）『朝鮮人戦時労働動員』岩波書店
山辺健太郎（1966）『日韓併合小史』岩波書店
山辺健太郎（1971）『日本統治下の朝鮮』岩波新書
山辺健太郎（1973）『日本の韓国併合』太平出版社
山道襄一（1911）『朝鮮半島』日韓書房
山本庫太郎（1904）『朝鮮移住案内』民友社
山本孝文（2001）『百済泗ひ期石室墳と政治・社会相研究』忠南大学校大学院修士論文
山本孝文（2005）『韓国古代律令の考古学的研究』釜山大学校大学院博士論文
山本有造（1992）『日本植民地経済史研究』名古屋大学出版会
山本有造（1995）『「満州国」の研究』緑蔭書房
柳宗悦（1923）「失われんとする一朝鮮建築のために」『朝鮮と建築』1923.6
矢守一彦（1970）『都市プランの研究』大明堂
矢守一彦（1987）『城下町の地域構造』（日本城郭史研究叢書第12巻）名著出版
山崎林太郎（1912）『欧米都市の研究』博文館
山内弘一（2003）『朝鮮からみた華夷思想』山川出版社

Yeo

Yeom, Bok-kyu（2004）「植民地近代の空間形成——近代ソウルの都市計画と都市空間の形成・変容・拡張」『文化科学』Vol. - No. 39
余尚珍（2005）『朝鮮時代客舎の営建と性格変化』ソウル大学博士論文

Yeon

延済振（他）（1988）「ソウル市韓屋地区内建築物の特性及び保全方向に関する研究（Ⅱ）」『大韓建築学会論文集』4-5
延済振（他）（1989）「ソウル市韓屋地区内建築物の特性及び保全方向に関する研究（Ⅲ）」『大韓建築学会論文集』5-6
Yeum, Mi-gyeung（2008）「開港場の形成と木浦の植民都市化，そして日常生活の再編」『湖南文化研究』Vol. 42

Yeungnam

嶺南大人文科学研究所（1989）『慶北礼樂誌』嶺南大学校

Yim

林炳潤（1971）『植民地における商業的農業の展開』東京大学出版会

林采成（2002）『戦時下朝鮮国鉄の組織的対応 ── 「植民地」から「分析」への歴史的経路を探って』東京大学博士論文
林采成（2005）『戦時経済と鉄道運営 ── 「植民地」朝鮮から「分断」韓国への歴史的経路を探る』東京大学出版会
林忠伸・金奉烈（1990）『屏山書院』蔚山大学建築学科
林ドンヒ（1990）『祖上祭礼』デウオン社
林鍾国（1987）『ソウル城下に漢江は流れる』平凡社
横井時敬（1913）『都会と田舎』成美堂
横手真一（1926）『朝鮮鉄道の運転』三協商会
楊寛（1993）『中国古代都城制度史研究』上海古籍出版社
楊普景（1994）「ソウルの空間拡大と市民の暮らし」『ソウル学研究』1，ソウル学研究所

Yong

梁尚湖（1993）『韓國近代の都市史研究　開港時期（1876-1910）外國人居留地を對象にして ── 韓國近代建築史としての都市史研究を目指して』東京大学博士論文
梁会洙（1967）『韓国農村の村落構造』アジア問題研究所
米山裕・河原典史（2007）『日系人の経験と国際移動　在外日本人・移民の近現代史』人文書院
米田美代治（1944）『朝鮮上代建築の研究』秋田屋
Yoo, Kyoung-hee（1986）『ソウル市の河系変化過程に関する研究 ── 都城地域を中心として』梨花女子大学修士論文
吉田敬市（1954）『朝鮮水産開発史』朝水会
吉田初三郎（1929）『朝鮮古都慶州名所交通鳥瞰図』朝鮮総督府鉄道局
吉田忠史（1991）『日本住宅営団の住宅地および住宅の計画とその後の変容について ── 日本・韓国・台湾旧住宅営団に関する住宅計画論的比較研究』神奈川大博士論文
吉田光男（1992）「漢城の都市空間 ── 近世ソウル論序説」『朝鮮史研究会論文集』第 30 集，1992.10
吉田光男編（2000）『朝鮮の歴史と社会』放送大学教育振興会
吉野誠（2004）『東アジア史の中の日本と朝鮮』明石書店
善生永助（1934）「慶州地方の同族部落」『朝鮮』224 号，1934.1
善生永助（1943）『朝鮮の姓氏と同族部落』刀江書院

Yu

友邦協会（1966）『朝鮮の土地調査』（友邦シリーズ第 1 号）
友邦協会（1968）『李朝時代の財政』
友邦協会（1969）『朝鮮総督府官制とその行政機構会誌』
友邦協会（1974a）『統監府時代の財政』
友邦協会（1974b）『総督府時代の財政』

Yun

尹熙勉（1985）「慶州司馬所に関する一考察」『歴史教育』37・38 合輯，歴史教育研究会，1985.11
尹仁石（1990）『韓国における近代建築の受容及び発展過程に関する研究』東京大学博士論文
尹一柱（1966）『韓国・洋式建築八〇年 ── 解放前編』冶庭文化社
尹一柱教授論文集編纂会（1988）『韓国近代建築史研究』技文堂
尹張燮（1990）『韓国建築史論』技文堂

尹張燮（1997）『韓国建築史』尹張燮・柳沢俊彦訳，丸善
尹張燮（2003）『韓国の建築』西垣安比古訳中央公論美術出版
尹定燮（1992）『都市計画史概論』文運堂
尹定燮（1991）『新編都市計画』文運堂
尹定燮・金善範（1987）「地方都市の伝統空間保存のための基礎的研究（1）── 蔚山・蔚州地方の城郭を中心に」『国土計画』22-3，大韓国土都市計画学会，1987.7
尹晸郁（1996）『植民地朝鮮における社会事業政策〈アジア研究所研究叢書〉』大阪経済法科大学出版部
尹正淑（1985）『開港が近代都市形成に及ぼした歴史地理學的研究 ── 群山港을 中心으로』梨花女子大学修士論文
尹明淑（2003）『日本の軍隊慰安所制度と朝鮮人軍隊慰安婦』明石書店
尹武炳（1972）『歴史都市慶州の保存に関する調査』科学技術処
尹武炳（1987）「新羅王京の坊制」『斗渓李丙燾博士九旬記念韓国史学論叢』斗渓李丙燾博士九旬紀念韓國史學論叢刊行委員會
呂博東（2002）『日帝の朝鮮漁業支配と移住漁村形成』寶庫社
国史編纂委員会（1979）『輿地図書（上・下）』
迎日郡史編集委員会（1990）『迎日郡史』迎日郡

Z

全国都市問題会議事務局（1936）『第6回総会要録』
全国都市問題会議（1938）『都市計画の基本問題』全国都市問題会議事務局
全国都市問題会議（1938）『都市の經費問題』全国都市問題会議事務局
芮明海（1991）「朝鮮時代の密陽邑城に関する基礎研究（1）」『国土計画』26-2，大韓国土都市計画学会，1991.5

517

2　関連論文

韓三建・布野修司 (1999)「日本植民統治期における韓国蔚山・旧邑城地区の土地利用の変化に関する研究」『日本建築学会計画系論文集』第 520 号：219-226

朴重信・金泰永 (2000)「伝統性と地域性を考慮した中小都市型複合住宅の改造及び新築事例に関する研究 ── 韓国・清州地域を中心として」『韓国農村建築学会論文集』第 2 巻第 3 号：65-76

韓三建・布野修司 (2000)「日本植民統治期における韓国慶州・旧邑城地区の土地所有の変化に関する研究」『日本建築学会計画系論文集』第 538 号：149-156

朴重信・布野修司 (2004a)「日本植民地期における韓国の日本人移住漁村の形成に関する研究—巨文島・巨文港を対象として」『日本建築学会計画系論文集』第 577 号：105-110

朴重信・布野修司 (2004b)「日本植民地期における韓国・巨文島の日式住宅の空間構成と変容」『日本建築学会計画系論文集』第 581 号：55-60

朴重信・金泰永・李勲 (2004)「韓国近代期日本人移住漁村の浦口集落構造と住居形態に関する研究 ── 慶南の統営・長承浦を対象として」『大韓建築学会論文集（計画系）』第 193 号：131-138, 2004.11

朴重信・金泰永・布野修司 (2005)「韓国・九龍浦の日本人移住漁村の居住空間構成とその変容」『日本建築学会計画系論文集』第 595 号：95-100, 2005.9.

朴重信・金泰永・李勲・布野修司 (2005)「韓国・外羅老島の日本人移住漁村の居住空間構成とその変容」『日本建築学会計画系論文集』第 595 号：101-106, 2005.9

趙聖民・布野修司・韓三建 (2006)「日本植民統治期における韓国密陽・三浪津邑の都市形成と土地所有変化に関する考察 ── 旧日本人町に着目して」『日本建築学会計画系論文集』第 607 号：79-86, 2006.9

趙聖民・布野修司 (2007a)「韓国慶州における旧鉄道官舎地区の居住空間の変容に関する考察」『日本建築学会計画系論文集』第 619 号：17-23, 2007.9

趙聖民・朴重信・金泰永・布野修司 (2007)「韓国密陽・三浪津における旧日本人居住地の形成と旧鉄道官舎の変容に関する考察」『日本建築学会計画系論文集』第 615 号：21-27, 2007.5

趙聖民・布野修司 (2007b)「韓国慶州における旧鉄道官舎地区の居住空間の変容に関する考察」『日本建築学会計画系論文集』第 619 号：17-23, 2007.9

趙聖民・朴重信・布野修司 (2007)「韓国密陽・三浪津における駅前商店街の形成と居住空間の変容に関する考察」『日本建築学会計画系論文集』第 620 号：9-15, 2007.10

趙聖民・布野修司 (2007c)「韓国安東における旧鉄道官舎地区の居住空間の変容に関する考察」『日本建築学会計画系論文集』第 622 号：17-23, 2007.12

徐旺佑・韓三建 (2008)「国史跡邑城における城壁の復元と整備に関する考察 ── 韓国における史跡の保存整備の動向と特徴に関する研究・その 1」『日本建築学会計画系論文集』第 630 号：1839, 2008.8

朴重信・趙聖民・金泰永 (2007)「在日韓国人集落の形成と居住形態に関する研究 ── 京都のウトロ 51 番地を対象として」『大韓建築学会論文集』pp. 197-204, 2007.12

姜京男・朴重信・金泰永 (2005)「列型家屋の変容様相に関する研究 ── 外羅老島の築亭 1・2 区の日本人移住漁村を対象として」『大韓建築学会論文集』pp. 129-136, 2005.2

3　会議論文

韓三建（1991a）「慶州邑城の空間構造に関する研究・その 1 ── 李朝末期における都市施設の復元を中心に」『日本建築学会研究報告集（計画系）』1991.5

韓三建（1991b）「慶州邑城の空間構造に関する研究・その 2 ── 李朝末期における都市施設の復元を中心に」『日本建築学会大会学術講演梗概集』

韓三建（1992a）「韓国における廟建築に関する研究・その 1 ── 慶州市の崇恵殿を事例として」『日本建築学会大会学術講演梗概集』

韓三建（1992b）「韓国における廟建築に関する研究・その 2 ── 崇恵殿の春享大祭を事例として」『日本建築学会大会学術講演梗概集』

韓三建（1993a）「慶州の日本植民地統治期における都市変容に関する研究・その 1」『日本建築学会研究報告集（関東支部計画系）』

韓三建（1993b）「慶州の日本植民地統治期における都市変容に関する研究・その 2 ── 邑城の城壁撤去とその跡地利用について」『日本建築学会研究報告集（近畿支部計画系）』

韓三建（1993c）「韓国における廟建築に関する研究・その 3 ── 慶州市内崇恵殿の焚香礼をを事例として」『日本建築学会大会学術講演梗概集』

布野修司（1993）「東南アジアの土俗建築」韓国蔚山大学国際シンポジウム，1993.3.19

布野修司（1994）「北朝鮮建築事情」（『空間』誌（韓国）サマースクール報告「北朝鮮の建築事情」，ソウル空間社，1993.8.2）『空間』1994.1

布野修司（1998）「アジア都市建築紀行　北朝鮮」『廃墟とバラック ── 建築のアジア』（布野修司建築論集Ⅰ）彰国社

朴重信・金泰永（1997）「建築における中間的領域の存在形態と意識に関する研究 ── 寺利開心寺を事例として」『大韓建築学会秋季学術発表大会論文集』第 17 巻 2 号：482-492，1997.10

Park, Chungshin and Shuji Funo (2002) A Study on the formation and change of a fishing village colony on Geomun island in Korea, Proceedings of the 4th International Symposium on Architectural Interchange in Asia, AIJ, "Global Environment and Diversity of Asian Architecture", September 17-19, 2002, Chongqing, China.

韓承旭・朴重信・布野修司（2003）「日本植民地期における韓国の日本人移住漁村について・その 1　形成過程とその背景」『日本建築学会大会学術講演梗概集』pp. 523-524，2003.9

朴重信・布野修司（2003）「日本植民地期における韓国の日本人移住漁村について・その 2　巨文島（ゴムンド）の事例」『日本建築学会大会学術講演梗概集』pp. 525-526，2003.9

朴重信・金泰永・李勲（2004）「韓国近代期浦口集落の形成過程と類型に関する研究」『大韓建築学会春季学術発表大会論文集』pp. 543-546，2004.4

朴重信・布野修司（2004）「日本植民地期における韓国の日本人移住漁村について・その 3　九龍浦（グリョンポ）の事例」『日本建築学会大会学術講演梗概集』pp. 709-710，2004.8

Park, Chungshin and Shuji Funo (2004) Spatial formation and transformation of Japanese housing colony in Geomun-do island, Korea, Proceedings of the 5th International Symposium on Architectural Interchange in Asia, AIJ, 25 May, "Global Environment and Diversity of Asian Architecture", June 1-4, 2004, Matsue, Japan.

Han, Seoungwook and Shuji Funo (2004) Considerations on the improvement of residential area. -The case study of Korean resident in Japan-, Proceedings of the 5th International Symposium on Architectural Interchange in Asia, AIJ, 25 May, "Global Environment and Diversity of Asian Architecture", June 1-4, 2004, Matsue, Japan.

布野修司（2004）植民都市の文化変容―土着と外来―都市住居の形成　殖民都市的文化轉化：本土與外來-以城市居住形式為中心論述-,「第二回被殖民都市與建築-本土文化與殖民文化-」國際學術研討會, 台湾中央研究院台湾史研究所, 2004（民国93), 2004.11.24

Shuji Funo (2006) Colonial Urban Heritage and Asian Urban Traditions, Urban-Cultural Research Center, Graduate School of Literature and Human Sciences, The 21st Century COE Program, International Symposium, Osaka City University, 1st Oct. (2006 大阪市立大学大学院文学研究科，COE 国際シンポジウム　2006.10.1)

Shuji Funo (2006) Towards an Architecture based on Vernacular Values in the Regions: On Paradigm of Asian Studies for Architecture and Urban Planning, Keynote Speech, The 6th International Symposium on Architectural Interchange in Asia, "A + T: Neo-Value in Asian Architecture", 〜ctober 25-28, 2006, Daegu Convention Center, Daegu, Korea

Park, Chung-Shin, Sung-Min Cho and Shuji Funo (2006) Formation and Residential Quarter Organization of a Korean Resident Village in UTORO of Kyoto, Japan: Poster Sessions, PS1-6: The 6th International Symposium on Architectural Interchange in Asia, "A + T: Neo-Value in Asian Architecture", October 25-28, 2006, Daegu Convention Center, Daegu, Korea.

Park, Chung-Shin, Sung-Min Cho and Shuji Funo (2006) Formation and Residential Quarter Organization of a Korean Resident Village in UTORO of Kyoto, Japan, <Poster Sessions>, Proceeding of the 6th International Symposium on Architectural Interchange in Asia, "A + T: Neo-Value in Asian Architecture"AIJ, October 25-28, 2006, Daegu Convention Center, Daegu, Korea

趙聖民・朴重信・布野修司（2006）「韓国密陽市三浪津邑鉄道官舎の形成と空間変容に関する考察―― 三浪津鉄道官舎の形成と空間変容を中心として」『日本建築学術会学会講演会梗概集』pp. 139-140，2006.9.7-9

趙聖民・朴重信・布野修司（2006）「韓国密陽市三浪津邑鉄道官舎の形成と空間変容に関する考察―― 三浪津鉄道官舎の形成と空間変容を中心として」『日本建築学会大会学術講演既集』pp. 139-140，2006.9

朴重信・趙聖民・金泰永・布野修司（2006）「日本植民地期における韓国の河川の日本人移住漁村について・その1 ── 密陽の三浪津邑の事例」『日本建築学会大会学術講演既集』pp. 603-604, 2006.9

朴重信・趙聖民・金泰永（2006）「密陽三浪津邑において鉄道官舎の形成と変容」『大韓建築学会学術発表大会論文集』pp. 529-532，2006.10

中濱春洋・趙聖民・布野修司（2007）「韓国安東における旧鉄道官舎地区の居住空間の変容に関する考察・その1 ── 安東旧鉄道町の街区構造について」『日本建築学会大会（福岡）学術講演梗概集』5016

趙聖民・中濱春洋・布野修司（2007）「韓国安東における旧鉄道官舎地区の居住空間の変容に関する考察・その2 ── 旧鉄道官舎の居住空間変容」『日本建築学会大会（福岡）学術講演梗概集』5017

中貴志・趙聖民・布野修司（2007）「ウトロ地区（宇治市）における居住空間とその変容に関する研究」『日本建築学会大会（福岡）学術講演梗概集』5700

中濱春洋・趙聖民・布野修司（2007）「韓国安東における旧鉄道官舎地区の居住空間の変容に関する考察・その1 ── 安東旧鉄道町の街区構造について」『日本建築学会大会学術講演既集』pp. 31-32，2007.9

趙聖民・中濱春洋・布野修司（2007）「韓国安東における旧鉄道官舎地区の居住空間の変容に関する考察・その2 —— 旧鉄道官舎の居住空間変容」『日本建築学会大会学術講演梗集』pp. 33-34, 2007.9

中貴志・趙聖民・布野修司（2007）「ウトロ地区（宇治市）における居住空間とその変容に関する研究」『日本建築学会大会学術講演梗集』pp. 231-232, 2007.9

関連年表　1863-1950

年	王・統監・総督・首相	中国・朝鮮・韓国	日本・欧米	都市・建築
1863	高宗（1852-1919；1863-1907）：高宗即位　大院君執権		04 新選組結成（近藤勇）：07 奇兵隊結成（高杉晋作）：07 薩英戦争：米 01 奴隷解放宣言：英 01 ロンドン地下鉄開通	沿海州南部に朝鮮人村落建設（13戸）
1864		東学教主　崔済愚死刑：07 洪秀全死去：太平天国滅亡	06 江戸幕府海軍操練所設置：07 池田屋事件：09 英米仏蘭四国連合艦隊下関砲撃：10 第一インターナショナル結成	鐘閣（ソウル），詳雲寺極楽殿（ソウル北漢山）
1865		景福宮再建着工（-68）：備辺使廃止	01 奇兵隊決起：04 リンカーン暗殺	景福宮再建
1866		10 丙寅洋擾（仏艦隊江華島攻撃）	03 薩長同盟成立：08 徳川家茂死去	北扉故宅重建（慶北星州一墻）
1867			02 明治天皇即位：11 大政奉還	南大門再建（ソウル），景福宮の勤政殿，勤政門，慶會樓再建（ソウル）
1868	明治天皇即位	オッペルト南延君墓盗掘事件	01 王政復古：05 江戸城開城：10 元号明治：11 東京遷都	景福宮の集玉齋再建（ソウル）
1869	明治維新		01 樋口哲四郎朝鮮派遣：06 榎本武揚五稜郭開城　戊辰戦争終結：08 東京招魂社建立：米 05 大陸横断鉄道開通：11 スエズ運河開通：版籍奉還	東大門再建（ソウル）
1870		露イリ地方占拠	01 大教宣布の詔：07 普仏戦争：09 伊統一	雲峴宮（大院君自宅）の二老堂，老樂堂建設（ソウル）
1871		07 辛未洋擾（米艦隊江華島攻撃）：斥和碑建立：戸布制実施：書院撤廃	08 廃藩置県：09 日清修好条規・通商章程印：03 パリ・コミューン：04 独帝国憲法発布	書院撤廃令発布によって全国で書院47箇所のみを残す
1872			09 花房義質朝鮮派遣：草梁倭館接収日本公館設置：09 学制公布：09 新橋横浜間鉄道開通：12 太陽暦採用	
1873	高宗親政宣布	大院君失脚：陝西甘粛イスラーム平定	徴兵令公布：地租改正：06 第一国立銀行設立：10 西郷隆盛下野	景福宮の乾清宮（ソウル）
1874		清　徳宗光緒帝即位（1874-1908）西太后摂政	05-10 日本軍台湾出兵	白麟濟家屋（ソウル嘉會洞）
1875		09　江華島事件	01 清朝同治帝死去：02 森山茂理事官釜山着任 09 帰国：12 参議黒田清隆朝鮮派遣全権大使に任命	
1876		02 江華島・日朝修好会談：02.27朝修好条規（日韓修好条規）調印：08日朝通商章程調印：0824 釜山開港	01 森有礼李鴻章と会談：清国朝鮮政府に開国勧告	
1877		0130 釜山日本専管居留地設定	02 西南戦争：インド帝国（1877-1947）：露土戦争（1877-78）	01 釜山日本租界地設定
1878		1106 日本代理公使花房義質武力示威	05 大久保利通暗殺	
1879		清露イリ還付条約	04 琉球藩廃止沖縄県設置：06 東京招魂社靖国神社と改称	釜山日本管理官廳建立（釜山）；韓国最初の西洋式建物
1880		0501 元山開港　日本専管居留地設定：05.28-08.28 修信使金弘集日本視察：清独条約・清米条約	05 花房義質弁理公使：12 朝鮮国王に国書奉呈	元山日本領事館開設（元山）
1881		01 統理機務衙門設置：02 調査視察団（紳士遊覧団）日本派遣：02 清露イリ条約：03 辛巳衛生斥邪運動（嶺南万人疏）：05 別枝軍設置：09 領選使清派遣	10 自由党結成：02 パナマ運河工事開始：	
1882		0723 壬午軍乱：09 朝清商民水陸貿易章程調印：米英独修好通商条約：漢城開市場：1006 龍山開市場	03 上野動物園開園	
1883		0101 仁川開港 0930 日本専管居留地設定：0725「在朝鮮国日本人通商章程」締結（日本漁民の韓半島沿海通魚正式認定）	11 鹿鳴館開館	仁川日本領事館開設（仁川）
1884		06 朝伊修好通商条約調印：0707 朝露修好通商条約調印：11 清仏戦争：1204 甲申政変：井上馨外務卿特派全権大使として朝鮮派遣		漢城日本公使館開設（ソウル），纛沙廠開設（ソウル），釜山日本領事館開設（釜山），世昌洋行社宅（仁川）
1885	首相01：伊藤博文：第一次伊藤内閣（1885年12月22日-1888年4月30日）	0109 漢城条約調印：0415 英海軍巨島占拠：0418 清仏天津条約締結	12 印第一回国民会議開催：	ロシア公使館（ソウル）
1886		06 朝仏修好通商条約調印	01 英ビルマ併合	
1887		清　徳宗光緒帝親政：12 清葡萄牙通商条約締結マカオ割譲：	12 仏領インドシナ連邦成立（-1945）	1009　貞洞第一教會（ソウル），培材學堂堂舎と塾舎
1888	首相02：黒田清隆（1888年4月30日-1888年4月30日）	0820 慶興開市場：朝露通商条約締結		
1889	首相03：山縣有朋：第一次山縣内閣（1889年12月24日-1891年5月）	1212「日朝両国通漁章程」締結	0602 大日本帝国憲法公布：03 清光緒帝親政：05 パリ万国博	明洞聖堂主教館（ソウル），大佛ホテル（仁川）

年	日本政治	朝鮮	国際・日本	建築・その他
1890		「日本朝鮮両国通漁規則」公布	01 自由党結成：11 第1回帝国議会召集	ロシア公使館（ソウル），第18銀行（仁川），仁川内洞聖公會聖堂（仁川）
1891	首相04：松方正義：第一次松方内閣（1891年5月6日-1892年8月8日）		05 大津事件	龍山神学校（ソウル）
1892	首相05：伊藤博文：第二次伊藤内閣（1892年8月8日-1896年8月31日）			藥峴聖堂（ソウル），第58銀行（仁川）
1893				日本公使館（ソウル）
1894		02 古阜で民乱：0504 東学農民軍全州占領（甲午農民戦争）：0610 全州和約締結：06 清・日本朝鮮出兵：0723 日本軍王宮占拠：0725 日清戦争勃発：0727 軍国機務処設置　金弘集政権樹立：10 第二次東学農民運動		
1895		英国艦隊巨文島占拠（-87）：1008 乙未事変（閔妃殺害）	04.17 日清講和条約調印：04.23 三国干渉：1230 断髪令公布	
1896	首相06：松方正義：第二次松方内閣（1896年9月18日-1898年1月12日）	01.01 新暦採用：年号＝建陽：02.01 俄館播遷：0211 露館播遷（高宗露公使館へ）　金弘集政権終結：0804 行政区画改編（勅令第36号地方制度改正/23府→13道）		日本漢城領事館（ソウル）
1897		0220 国王王宮復帰：0814 年号＝光武：1001 木浦・鎮南浦開港　1016 各国共同租界設定：10.12　高宗皇帝即位　1014 国号＝大韓帝国：遠洋漁業奨励補助法	「遠洋漁業奨励保護法」発布（法律第45号）	獨立門（ソウル），仁川沓洞聖堂（仁川），仁川英国領事館（仁川），フランス公使館開設（ソウル）
1898	首相07：伊藤博文：第三次伊藤内閣（1898年1月12日-1898年6月30日）：首相08：大隈重信：第一次大隈内閣（1898年6月30日-1898年11月8日）首相09：山縣有朋：第二次山縣内閣（1898年11月8日-1900年10月19日）		04 米西戦争勃発	明洞聖堂（ソウル），貞洞教会（ソウル）
1899		0501 群山・城津・馬山開港　0602 各国共同租界設定：05.17 西大門―洪陵間電車開通：09.18 仁川―鷺梁津京仁鉄道完工：1113 平壤開市場	09 韓清通商条約調印	梨花學堂本館（ソウル），第一銀行（仁川）
1900	06 義和団事件：首相10：伊藤博文：第四次伊藤内閣（1900年10月19日-1901年5月10日）	0705 京仁鉄道開通　0330「巨済島不租借に関する韓露条約」締結：05「朝鮮海通魚組合連合会」設立：		德寿宮重建，靜觀軒（ソウル），漢江鉄橋（ソウル），木浦日本領事館（木浦）
1901	首相11：桂太郎：第一次桂内閣（1901年6月2日-1906年1月7日）	0212 貨幣条令公布　金本位制採用		德寿宮重明殿（ソウル），英国公使館開設（ソウル）
1902		03.20 ソウル・仁川間電話開通：0517 馬山日本専管居留地設定：0521 第一銀行銀行券発行：12 ハワイ移民120人：朝鮮海通漁組合連合会設立	0125 第1回日英同盟協約調印：「外国領海水産組合法」制定	05　大邱大聖堂（大邱），德寿宮の中和殿再建（ソウル）
1903		10 京釜鉄道株式会社　京仁鉄道（ソウル―仁川）買収：12 ソウル・釜山間鉄道速成工事着手	07 東清鉄道（露）全線開通	0601 八尾島灯台（仁川）：韓国最初の灯台
1904		0103 馬山線（三浪津―馬山）着工（19050526竣工）：0209　日露戦争勃発：02.23 日韓議定書調印：0225 義州開市場：0323　龍巖浦開港：08.22 第一次日韓協約制定：1110 京釜鉄道完工：京元線（ソウル―元山）測量工事着手（1914年0816全通）1101 韓国往来日本人の旅券制度廃止		德寿宮の咸寧殿と昔御堂再建（ソウル），セブランス病院（ソウル）
1905	統監：伊藤博文	0306 メキシコ移民1033人：11.17 第2次日韓協約（乙巳条約）調印：韓国統監府及び理事庁官制公布：統監伊藤博文就任：	0812 第二次日英同盟：0905 ポーツマス条約	ベルギー領事館（ソウル）
1906	首相12：西園寺公望：第一次西園寺内閣（1906年1月7日-1908年7月14日）	0201 統監府開庁：0302 伊藤博文統監ソウル着任：0403 京義鉄道全通：0404 大韓自強会結成：1031　韓国・土地家屋証明規則公布（外国人の不動産所有制限事実上撤廃）	06 鉄道公有法成立：11 南満州鉄道会社設立	09 統監府内，度支部所管建築所設立
1907	純宋（1874-1926：1907-1910）：0802 年号を隆熙に改元	04 新民会結成：0614 李完用内閣成立：0625 ハーグ密使事件：0724　第3次日韓協約：08.01 大韓帝国軍隊解散：1223 裁判所構成法施行	0728 日露通商航海条約・漁業協約調印	西大門刑務所（ソウル），元曉路聖堂（ソウル），工業伝習所（ソウル），フランス公使館移転開設（ソウル）
1908	0704 第一次西園寺内閣総辞職：首相13：桂太郎：第二次桂内閣（1908年7月14日-1911年8月30日）	0107 清津開港：0901 韓国私立学校令公布：1031 日韓漁業協約調印：1107 韓国漁業法制定・発布：1121 漁業法施行細則発布：1228 東洋拓殖会社設立	02 日米紳士協定	大韓医院本館（ソウル），西北学会本館（ソウル）

年	総督・首相	朝鮮	日本・世界	建築・都市
1929	総督：斎藤実（192908-3106）；首相27：濱口雄幸：濱口内閣（1929年7月2日-1931年4月14日）	0114 元山ゼネスト（-0406）；1103 光州学生運動（-193003）		東洋拓殖株式會社釜山支店（釜山），湖南銀行木浦支店（木浦）
1930		0530 間島5.30蜂起；1201 朝鮮総督府地方官官制中改正（勅令第234号）1229 邑面及び邑面長に関する規定発布	01 金輸出解禁；ロンドン軍縮会議	03 京城都市計画第三次案；『京城都市計画書』，三越百貨店京城支店（ソウル）
1931	総督：宇垣一成（193106-3608）；首相28：若槻禮次郎：第二次若槻内閣（1931年4月14日-1931年12月13日）；首相29：犬養毅：犬養内閣（1931年12月13日-1932年5月16日）	0401 邑制実施；0702 万宝山事件；0918 満州事変		10 京城帝國大学本館（ソウル）
1932	首相30：齋藤實：齋藤内閣（1932年5月26日-1934年7月8日）	11 韓国対日戦線統一同盟組織（上海）	05 5.15事件	忠南道庁（大田）
1933		0307 農山漁村振興運動開始；朝鮮語学会ハングル正書法統一案	03 国際連盟脱退	02 南旨鉄橋開通（慶南）
1934	首相31：岡田啓介：岡田内閣（1934年7月8日-1936年3月9日）	05 震檀学会創立	12 ワシントン条約破棄	0620 朝鮮市街地計画令；0727 同施行規則発布；1120 羅津市街地計画令適用；『京城府行政区域拡張調査書』
1935		09 各学校に神社参拝強要		京城中央電話局・京城府民館（ソウル），第一銀行本店（ソウル），梨花女子専門学校のパイパーホール，ケイスホール，体育館（ソウル）
1936	総督：南次郎（193608-4205）；首相32：廣田弘毅：廣田内閣（1936年3月9日-1937年2月2日）	0505 在満韓人祖国光復会結成；08 神社規則改定	2.26 2.26事件；11日 独防共協定	0326 京城市街地計画令適用；清津市街地計画令適用；0420 城津市街地計画令適用，明治座・黄金座（ソウル）
1937	首相33：林銑十郎：林内閣（1937年2月2日-1937年6月4日）；首相34 近衛文麿：第一次近衛内閣（1937年6月4日-1939年1月5日）	0707 盧溝橋事件；日中戦争開戦；ソ連朝鮮人20万人中央アジアに強制移住；10「皇国臣民の誓詞」制定	11日 独伊防共協定	0323 大邱・木浦・釜山・新義州市街地計画令適用；0412 仁川市街地計画令適用；0430 平壌・咸興市街地計画令適用；04 防空法，京城消防署・和信百貨店（ソウル），普成専門學校本館（ソウル），和信百貨店（ソウル），大田公立実科学校講堂（大田），漢銀行大田支店（大田）
1938		0226 陸軍特別志願兵令公布；04 小学校令公布 日本語限定；0707 国民精神総動員朝鮮連盟創立	04 国家総動員法公布；12 東亜新秩序建設声明	0216 羅南市街地計画令適用；0507 元山市街地計画令適用；0509 全州・群山・春川・市街地計画令適用；0512 大田市街地計画令適用；1111 開城市街地計画令適用/李王家美術館（ソウル），京機高校本館（ソウル），京橋荘（ソウル）
1939	首相35：平沼騏一郎：平沼内閣（1939年1月5日-1939年8月30日）；首相36：阿部信行：阿部内閣（1939年8月30日-1940年1月16日）		07 日米通商条約破棄	0617 鎮南浦市街地計画令適用；1031 清州・扶余・光州・海州・興南市街地計画令適用；「扶余神都計画」1106 揚市市街地計画令適用；1107 多獅島市街地計画令適用/朝鮮総督府美術館・泰和基督教社會館（ソウル）
1940	首相37：米内光政：米内内閣（1940年1月16日-1940年7月22日）；首相38：近衛文麿：第二次近衛内閣（1940年7月22日-1941年7月18日）	0211 創氏改名実施；0810「東亜日報」「朝鮮日報」強制廃刊；0917 臨時政府韓国光復軍創設	09 北部仏印進駐；日独伊三国軍事同盟	0119 京仁市街地計画令適用；0731 扶余神宮着工；1021 吉州市街地計画令適用；1210 江陵市街地計画令適用；磯村英一『防空都市の研究』
1941	首相39：近衛文麿：第三次近衛内閣（1941年7月18日-1941年10月18日）	03 国民学校規定 朝鮮語授業の全廃；12.08 真珠湾攻撃；太平洋戦争勃発；1209 臨時政府対日宣戦布告；小学校国民学校に改称	04 日ソ中立条約；1208 日本軍真珠湾攻撃；太平洋戦争勃発	0127 普州市街地計画令適用；0128 安東・洪原市街地計画令適用；0129 麗水市街地計画令適用；0219 堤川市街地計画令適用；0405 保山市街地計画令適用；0412 順天市街地計画令適用；0419 馬山市街地計画令適用；0426 三陟・墨湖・端川市街地計画令適用；0623 高原市街地計画令適用/<建築朝鮮>創刊
1942	総督：小磯国昭（194205-4407）；首相40：東条英機：東條内閣（1941年10月18日-1944年7月22日）	0508 朝鮮人徴兵実施閣議決定；07 華北朝鮮独立同盟結成	06-07 ミッドウェー海戦	0708 満浦市街地計画令適用；，京城帝國大学理工学部本館（ソウル）
1943		03.01 徴兵制公布；0722 学徒戦時動員体制確立要綱発表	02 ガダルカナル撤退；12 学徒出陣	
1944	総督：安部信行（194407-4509）；首相41：小磯國昭：小磯内閣（1944年7月22日-1945年4月7日）	0208 全面徴用開始；0401 徴兵検査開始；0823 女子挺身隊勤労令公布	06 米軍サイパン上陸；10-12 レイテ作戦	0810 水原・三千浦市街地計画令適用；石川栄耀『皇国都市の建設』『国防と都市計画』
1945	首相42：鈴木貫太郎：鈴木貫太郎内閣（1945年4月7日-1945年8月17日）；首相43：東久邇宮稔彦王：東久邇宮内閣（1945年8月17日-1945年10月9日）；首相44：幣原喜重郎：幣原内閣（1945年10月9日-1946年5月22日）	02 臨時政府日独に宣戦布告；08.15 日本無条件降伏；朝鮮解放（光復）；朝鮮建国準備委員会結成；0824 ソ連軍平壌進駐 09.06 朝鮮人民共和国樹立宣布；09.09 米軍政実施；09.16 韓国民主党結成；10.16 李承晩帰国；1025 李承晩独立促成中央協議会	03 東京大空襲；04 米軍沖縄本島上陸；05 独無条件降伏；0806 広島・0809 長崎原爆投下；0808 ソ連宣戦布告；0814 ポツダム宣言受諾 0815 無条件降伏；0830 マッカーサー着任；0902 GHQ設置；「満州国」消滅	
1946	首相45：吉田茂：第一次吉田内閣（1946年5月22日-1947年5月24日）	03 第一次米ソ共同委員会；06 李承晩単独政府樹立主張	01 天皇人間宣言；02 第一次農地改革；04 極東軍事判開廷；1103 日本国憲法公布；12 第一次インドシナ半島	11 朝鮮建築技術団主催自作農家住宅懸賞設計開催（ソウル）

年	首相/総督	朝鮮関連事項	日本・国際関連事項	建築・都市関連
1909		0614 伊藤博文統監辞任：日本韓国併合の方針閣議決定：0901 平南線（平壌—鎮南浦）着工（1910年1106完工）：1026 安重根 伊藤博文暗殺：1214 一進会 韓日合邦声明書：1216 韓国鉄道管理局設置		耕地整理法
1910	総督：寺内正毅（191010-16）	0314 土地調査局官制 土地調査事業開始（-1918.11）：0326 安重根死刑執行：0630 憲兵検察制度発足：0822 韓国併合条約調印：0823 韓国土地調査法公布：0829 国号＝朝鮮：0930 朝鮮総督府官制公布：1004 韓国内閣解散式挙行：10 平南線開通：1229 会社令公布	06 大逆事件：07 日露協約	昌徳宮の愛蓮亭再建（ソウル），徳寿宮の石造殿（ソウル），雲峴宮の李堈邸（ソウル），釜山税関（釜山），宣教師スウィッツ住宅，チャムニス住宅，ブレア住宅（大邱）
1911	首相14：西園寺公望：第二次西園寺内閣（1911年8月30日-1912年12月21日）	0823 朝鮮教育令公布	09 関税自主権回復	蓮山洞驛給水塔（論山）
1912	首相15：桂太郎：第三次桂内閣（1912年12月21日-1913年2月20日）	0101 日本標準時採用：03 群山線開通：08 土地調査令交付	07 大正天皇即位	1007 朝鮮総督府市区改正調令第9号：1106 京城市区改修予定路線31路線発布（告示第78号），朝鮮銀行本店（ソウル），培材學堂東館（ソウル），群山臨陂駅（群山）
1913	首相16：山本権兵衛：第一次山本内閣（1913年2月20日-1914年4月16日）			0225 市街地建築取締規則（総督府令第11号）：0717 告示第220号 対象市街地指定 京城府内全域・龍山面・漢芝面全域・仁昌面一部・崇信面一部
1914	首相17：大隈重信：第二次大隈内閣（1914年4月16日-1916年10月9日）	01 湖南線鉄道完工：0301 地方行政区画改正（12府218郡2517面）：08 京元線鉄道完工	0823 対独宣戦布告：09 日本軍山東上陸	1014 地方市区改正ニ撤スル件（通牒第369号），朝鮮ホテル（ソウル），全州殿洞聖堂（全州），オウェン記念閣（光州）
1915			01 対中21箇条要求	朝鮮総督府博物館（ソウル），栄山浦灯台（羅州）：韓国雄一の川辺に立地する灯台
1916	総督：長谷川好道（191610-1908）：首相18：寺内正毅：寺内内閣（1916年10月9日-1918年9月29日）			
1917		0801 満鉄京城管理局設置：1001 指定面制度施行	1107 ロシア11月革命	
1918	首相19：原敬：原内閣（1918年9月29日-1921年11月4日）	02 書堂規則制定：0626 韓人社会党結成（ハバロフスク）：08 新韓青年党結成（上海）	07 日本軍シベリア出兵：08 米騒動	05 朝鮮林野調査令公布，朝鮮殖産銀行（ソウル）
1919	総督：斎藤実（191908-2712）	0121 高宗死去：0208 朝鮮人留学生独立宣言書（東京）：0301 三・一運動起こる：0411 大韓民国臨時政府樹立（上海）宣言：07 朝鮮神宮建立：09.02 成立：1005 京城紡績株式会社設立	06 ヴェルサイユ条約調印	04 都市計画法制定施行（日本）：市街地建築物法，京城公会堂
1920	首相20：高橋是清：高橋内閣（1921年11月13日-1922年6月12日）	01『朝鮮日報』『東亜日報』発行許可：04 朝鮮労働共済会創立：10 青山里戦闘：1227 総督府産米増殖計画立案	01 国際連盟正式加入	昌徳宮大造殿移築（ソウル），天道教中央教会（ソウル），朝鮮銀行大邱支店（大邱）
1921		04 朝鮮施設鉄道補助法：0926 釜山埠頭労働者ゼネスト	04 メートル法採用：21日英同盟破棄	0827 京城都市計画研究会創立：朝鮮総督府「朝鮮都市計画令」立案
1922	首相21：加藤友三郎：加藤友三郎内閣（1922年6月12日-1923年8月24日）	0206 朝鮮教育令改正（内鮮共学方針採用）：1123 朝鮮民立期成会組織	02 ワシントン海軍縮条約：10 シベリア撤兵	『元山都市計画現況調査書』『元山都市計画説明書』：08『大邱都市計画概要』，朝陽会館（大邱）
1923	首相22：山本権兵衛：第二次山本内閣（1923年9月2日-1924年1月7日）	0425 衡平社創設	0901 関東大震災：朝鮮人虐殺	大邱商業学校本館（大邱），晋州駅車両整備庫（晋州）
1924	首相23：清浦奎吾：清浦内閣（1924年1月7日-1924年6月11日）：首相24：加藤高明：加藤高明内閣（1924年6月11日-1926年1月28日）	0417 朝鮮労農総同盟結成（ソウル）：05 京城帝国大学予科開校		延禧専門学校アペンジェーラ館，アンドウド館（ソウル），大邱府立図書館（大邱），仁川郵便局（仁川）
1925	首相25：若槻禮次郎：第一次若槻内閣（1926年1月30日-1927年4月20日）	0417 朝鮮共産党結成：0508 治安維持法公布：08 プロレタリア芸術同盟組織	01 日ソ国交回復：04 治安維持法公布：05 普通選挙法公布	ソウル駅（塚本靖，ゲオルグ・デ・ランデ）：1981年8月25日大韓民国の史跡第284号，朝鮮神宮（ソウル，伊東忠太），全南道庁本館（光州）
1926		0401 京城帝国大学開校：06.10 6.10万歳運動	12 昭和天皇即位	京城都市計画第一次案，朝鮮総督府庁舎（ソウル），ソウル聖公会聖堂（ソウル），東亜日報社屋（ソウル）慶南道知事官舎（釜山）
1927	総督：山梨半造（192712-2908）：首相26：田中義一：田中義一内閣（1927年4月20日-1929年7月2日）	0215 新幹会結成：京城放送局ラジオ放送開始：0502 朝鮮窒素肥料株式会社設立	03 金融恐慌：06 ジュネーブ軍縮会議	京城都市計画第二次案
1928		1227 コミンテルン朝鮮共産党承認取消	02 第一回普通選挙	09『京城都市計画調査書』，京城裁判所・京城帝国大学法文学部本館，京城電気株式会社本館（ソウル）

年				
1947	首相46：片山潜：片山内閣（1947年5月24日-1948年3月10日）	02 北朝鮮人民委員会成立：02 南朝鮮過渡政府成立：05 第二次米ソ共同委員会：07 米ソ共同委員会決裂	03 教育基本法公布：04 独占禁止法・地方自治法公布	0320 ＜朝鮮建築＞創刊
1948	首相47：芦田均：芦田内閣（1948年3月10日-1948年10月15日）：首相48：吉田茂：第二次吉田内閣（1948年10月15日-1949年2月16日）	02 南朝鮮でゼネスト：04 済州島人民蜂起（四・三事件）：0510 38度線以南単独選挙実施：0815 大韓民国政府樹立宣布：09 朝鮮民主主義人民共和国樹立：12 ソ連軍撤退	01 帝銀事件：11 極東軍事裁判終結	
1949		06 米軍撤退：1001 中華人民共和国成立		
1950		0625 朝鮮戦争勃発（19530727 休戦協定調印）：09 国連軍仁川上陸：10 中国人民義勇軍参戦	08 警察予備隊発足	

索　引（事項／地名・建造物名等／人名）

原則として韓国の事柄は，漢字で表記した場合も韓国語読みで記載したが，日本の学校教育などで一般に日本語読みされている事柄や，日韓で概ね共通している概念に関しては日本語流の読みとし，すべて「五十音順」で掲載した。したがって，「江華島条約」は「こうかとうじょうやく」だが，地名としての「江華島」は「カンファド」として掲載されている。また干支に基づいた事項名も，日本語の読みとした。韓国語には参考までに（　）内にカナを付した。

■事項

俄館播遷（アクアンパチョン）　17, 23, 458
校倉造（井籠組）　37
アヘン戦争　249
アンチェ　410, 422
アンバン　36-37, 320, 406, 425
アンバン（クンバン）　36
アンマダン　402, 410, 422
椅子座　36
一明両暗　37
乙巳条約　18　→日韓協約（第2次）
一視同仁　9
乙未義兵　17
乙未事変　458
陰陽思想　434
外官（ウエガン）　53
邑（ウプ）　90, 208
邑治（ウプチ）　7, 48, 56, 115
邑会（ウプフエ）　83
衛氏朝鮮　447
衛正斥邪　14, 16
営団住宅　244
遠洋漁業奨励補助法　227
王京　46
オーストロネシア　37
獄街（オクゴリ）　409
獄里（オクリ）　409
押入　320, 436
オンドル　36-38, 145, 178, 212, 305-306, 319-320, 342, 425, 428

オンドル・バン　37
開港場　6, 22-24, 33, 38-39, 43, 62-63, 72, 74-75, 77, 89-90, 92, 97, 101, 116, 227, 319, 441-442
開市場　6, 22-23, 33, 39, 43, 62-63, 70-71, 75, 77, 89-90, 92, 97, 101, 116, 230, 319, 441-442
家屋建築仮規則　67
科挙　48, 50, 78, 140, 146, 216
炕（カン）　36
韓国漁業法　228
韓国統監府　228
韓国通漁法　228
韓国併合（韓日合邦）　7, 18, 26, 69, 75-76, 84, 86-87, 99-101, 103, 105, 225, 441, 458
関釜連絡線　33
契（キェ）　52, 55, 175, 456
金氏　209
己酉条約　66
旧本新参　16
強制連行　31
共同租界　6, 23, 63, 69-72
漁業法施行細則　228
居留地　6　→租界
居留民団　24
京義線（キョンイソン）　18, 29, 75, 321, 323-324　→鉄道
京仁線（キョンインソン）　24, 29, 320-321

529

索引

→鉄道
京元線（キョンウオンソン）（京元鉄道）　29, 323-324　→鉄道
慶尚北道（キョンサンプクド）　79
京釜線（キョンブソン）（京釜鉄道）　18, 24, 29, 320-321, 324, 350, 355　→鉄道
観察使（クアンチャルサ）　22, 53, 78, 121
闕（クオル）　130
公奴婢　52, 136　→奴婢
金冠塚（クムカンチョン）　176, 179, 210
郡（グン）　25, 53, 56, 59, 78-79, 81, 95
軍校（クンギョ）　54
郡守（グンス）　53, 78-80
クンバン　406, 425
郡県制（グンヒョンジェ）　25
京城　→ソウル
京城帝国大学　30
客舎（ゲクサ）　5, 49, 61, 79, 99, 104-106, 108, 205, 209, 211
玄関　319
遣新羅使　249
遣隋使　249
遣唐使　249
江華島条約（丙子修好条約）　6, 16, 63, 320
甲午改革　17, 52
皇国史観　35
甲午更張　17, 78
甲申政変　15, 17, 22, 71
光武改革　17
皇民化　31
皇民化教育　34
皇民化政策　31, 35
国学　119, 144
戸口帳籍　60
国民徴用令　31
古建築調査　85
ゴサッ　375, 398, 400, 419, 435, 437
ゴシル　305, 319-320, 379, 400, 406, 420, 422-423, 425, 435-436
国家総動員法　31
骨品制　119, 140
コバン　422
巨文島（コムンド）事件　71
胡乱（丙子胡乱）　11
ゴルマル　36-37

コンノンバン（ジャグンバン）　36-37, 320
在朝鮮国日本人民通商章程　227
在日朝鮮人　30
社稷（サジク）　46
社稷壇（サジクダン）　49, 61, 99, 142-143, 209
座首　55
左祖右社　61
士大夫（サデブ）　49
司馬所（サマソ）　151
三浦（サムポ）　59　→地名索引の
サランチェ　410
サランバン　37
サランマル　410
士林（サリム）　50-51
使令（サリョン）　54
三・一運動　29
『三国志』　356
場市（ザンシ）　59-60, 136-138
常民（サンミン）　49, 52, 60, 78, 135, 145
市街整備　98
市街整理　97
稷（ジク）　142
市区改正　62-63, 86-88, 160, 459-460
市廛（シジョン）　60, 448, 456
室内便所　319　→便所
指定港　253
指定面　81-83, 87
私奴婢　52　→奴婢
資本主義論争　8
下関条約　17
シャーマン号事件　14
ジャンドクデ　377, 422, 433
ジャンドック　402, 422
自由移住漁村　225, 232-233, 306
十字街　128
周尺　128
『周礼』考工記　47, 61, 128, 456
儒教　5, 48
首府　81
儒林　408
中人（ジュンイン）　60, 98, 135
ジュンジョン　388　→中庭
書院　14, 49-51, 99, 107, 119, 150, 209, 212-

530

215, 221
下水道事業　87
障子　37
条坊制　448
植民地化　7
殿（ジョン）　130
全羅線（ジョンラソン）　350, 355　→鉄道
鎮（ジン）　121
津（ジン）　239
鎮衛（ジンウイ）　79
壬午軍変（壬午軍乱）　15-16, 20, 22
真骨（ジンゴル）　119, 140　→骨品制
壬戌民乱　13-14
壬辰倭乱　131, 144, 171, 449, 458, 460
　　→倭乱（朝鮮出兵）
辛未洋擾　14
鎮営（ジンヨン）　79
守令（スリョン）　5, 53-56, 62, 80, 133, 138, 143, 146, 208
崇信殿（スンシンジョン）　209
崇徳殿（スンドクジョン）　209
崇恵殿（スンヒェジョン）　209, 215-216, 218, 221
西学　12-13
西教　12-13
星湖学　12
勢道政治　14, 51
性理学　48, 208
全州和約　17
専用住宅　256, 300
創氏改名　31, 35, 358
租界　63
城（ソン）　239
聖骨（ソンゴル）　119, 140　→骨品制
成川客舎（ソンチョンゲクサ）　105
城隍壇（ソンフアンダン）　61-62, 99, 142, 144, 209

第1次世界大戦　29
台所　319
高床　36-37
度支部　94, 109　→朝鮮総督府
市街地建築取締規則　87-88
市街地建築物法　87, 89
地尺　124

チャイナタウン（中華街）　34
参奉（チャムボン）　215-216
チャンゴ　435
チャンパン　433
中体西用　16
中央線（チュンアンソン）　324, 350
朝清商民水陸貿易章程　16
朝鮮市街地計画令　33, 62-63, 86, 88-90, 116, 436
朝鮮住宅営団　39, 244
朝鮮出兵　→倭乱
朝鮮神宮　100
朝鮮水産組合　230, 312
朝鮮営団住宅　431
朝鮮戦争（韓国動乱）　446, 460
朝鮮総督府　27-28, 85-88, 94, 98, 100, 107-111, 122, 141, 208-210, 221, 225, 321, 324, 341, 458-462
　　朝鮮総督府令　81, 83
　　度支部　94, 10
朝鮮通信使　66
朝米修好通商条約　16
草梁（チョリャン）倭館　16, 66　→倭館
天壇（チョンダン）　456
賤民（チョンミン）　49, 60, 78, 98, 214
続き間　320, 436
ティ　37-38
ディッカン　319, 431
ディッマダン　377, 388, 402, 422
丁未条約　18　→日韓協約（第3次）
丁酉再乱　11, 132, 460, 458　→倭乱（朝鮮出兵）
鉄道
　京義線（キョンイソン）　18, 29, 75, 321, 323-324
　京仁線（キョンインソン）　24, 29, 320-321
　京元線（キョンウオンソン）（京元鉄道）　29, 323-324
　京釜線（キョンブソン）（京釜鉄道）　18, 24, 29, 320-321, 324, 350, 355
　全羅線（ジョンラソン）　350, 355　→鉄道
　東海南部線（ドンヘナンブソン）　350, 355　→鉄道

531

索 引

咸鏡線（ハムキョンソン）　323-324
　　→鉄道
湖南線（ホナムソン）　29, 323, 350, 355
　　→鉄道
南満州鉄道　37　→鉄道
鉄道官舎　5-6, 319-320, 341, 368-369, 399-400, 432, 441
鉄道町　5-6, 24, 32-33, 319, 355, 368, 441
テツマル　36, 37, 431
デーチョン　36-37
デーチョンマル　36-37, 320, 423, 435-436
大都護府（デドホブ）　25, 78
大都督府（デドドクブ）　120
デムン　319, 368, 379, 410, 420, 425, 434, 436
電気事業　87
天主教　167
天津条約　13, 17
天道教　167
店舗併用住宅　300
天理教　167
島（ド）　95
道（ド）　25, 53, 55, 79, 81, 95
東学　13-14, 17
東学農民戦争（甲午農民戦争）　17
同化政策　9, 34
統監府　24, 103, 171, 228, 458, 461
統監部　83-84, 94, 99, 101, 109, 184, 209, 320, 341
ドゥマダン　388
東道開化（東道西器）　16-17
東方遙拝　31
豆毛浦（ドウモポ）倭館　66　→倭館
東洋拓殖会社　25, 27, 141, 195, 221, 227, 230
都市計画法　88-89
土地改良　30
土地区画整理　63, 122
土地区画整理事業　62
土地測量事業　83
土地調査局　27
土地調査事業　27, 84-85
トッパッ　398, 422, 437
都護府（ドホブ）　25, 78
統（トン）　25, 56

洞（ドン）　56, 80, 188
ドンネマダン　398, 419
東軒（ドンフオン）　5, 49, 61, 211
東海南部線（ドンヘナンブソン）　350, 355
　　→鉄道

内鮮一体　31
中庭　388
南京条約　13
二重経済構造　34
日英同盟　18
日米修好通商条約　13
日米和親条約　249
日露議定書　18
日露協約　18
日露戦争　17-18, 23, 25, 210, 227, 324
日露和親条約　249
日韓議定書　18, 75, 227　→日韓協約（第1次）
日韓協約
　　日韓協約（第1次）　18, 227
　　日韓協約（第2次）　18, 227　→乙巳条約
　　日韓協約（第3次）　18　→丁未条約
日韓漁業協定　228
日式住宅　6-7, 19, 38-39, 225, 277, 305, 319-320, 441
日清戦争　17, 23, 71, 320, 458
日朝修好条規（日韓修好条規）　15, 18, 227, 243
日帝強占期　7
日帝断脈説　461
日本人移住漁村　5-7, 22, 24, 33, 74, 225, 230, 277, 304-306, 441
日本植民地　32
日本人居留民会　71
日本人商業議会　71
日本人町　5, 7
日本人村　5, 7
日本専管居留地　6, 16, 63, 66-67, 69, 74, 77
日本朝鮮両国通漁規則　227
奴婢　51-52, 60, 99, 135
　　公奴婢　52, 136
　　私奴婢　52
ヌマル　36

532

索　引

陵（ヌン）　157
乃而浦（ネイポ）倭館（薺浦倭館）　66, 77
　　→倭館
農事改良　30
ノルマル　37
老論（ノロン）　12, 51
農荘（ノンジャン）　51

咸鏡線（ハムキョンソン）　323-324　→鉄道
パン　37-38, 433
パンアッカン　367
韓屋（ハンオク）　38, 71
方伯（パンベク）　53
郷案（ヒャンアン）　55
郷任（ヒャンイム）　55
郷校（ヒャンギョ）　54, 107, 119, 145, 150, 218
郷族（ヒャンゾク）　55
郷庁（ヒャンチョン）　150
郷吏（ヒャンニ）　49, 52, 54-55, 60, 79, 135-136, 138, 146, 163, 208, 221
郷学（ヒャンハク）　144
郷約（ヒャンヤク）　50, 52, 55
廟　107
県（ヒョン）　25, 53, 59, 78
県令（ヒョンニョン）　53
府（プ）　25, 53-54, 59, 78-79, 81, 83, 87, 90, 95, 145
風水地理説　46-47, 61, 445, 456
プオク　36, 38, 428
複合社会　34
フクパタク　36
府司（プサ）　79
富山浦（プサンポ）倭館　66　→倭館
襖　320, 420
府制（プゼ）　81
プトゥマック　428
武班　49, 51, 135　→両班
冬のソナタ　464
府尹（プユン）　53, 121, 144
文班　49, 51, 135　→両班
文禄・慶長の役　→倭乱（朝鮮出兵）, 壬辰倭乱, 丁酉再乱
丙寅洋擾　14
北京条約　13

便所　420, 432
　　室内便所　319
行廊（ヘンナン）　319, 410, 420, 425, 431, 456
変法開化　16-17

戸（ホ）　25
歩（ボ）　128
砲艦外交　16
坊里制　445
補助移住漁村　225, 227-228, 230-233, 306
ホッカン　375, 422
湖南線（ホナムソン）　29, 323, 350, 355
　　→鉄道
布帛尺（ポベクチョク）　124
本町通り　175-176, 265, 277, 367-368

マウル　139
マダン　36, 239, 305, 319-320, 368, 379, 400, 402, 420, 422, 425, 433-434, 436
マル　36-38, 148, 155, 212, 305, 319, 423, 433
満州事変　29, 31, 88, 357
味鄒王陵（ミチュワンヌン）　209, 219, 221
南満州鉄道　37　→鉄道
身分制度　208
面（ミョン）　25, 56, 79-81, 87, 208
面制（ミョンジェ）　81, 83
面長（ミョンジャン）　81
明堂（ミョンダン）　448
面里制（ミョンニジェ）　56
閔（ミン）氏　17
閔（ミン）氏政権　15-17
文廟（ムンミョ）　49, 61, 105, 142, 209
明治維新　16, 458
牧（モク）　25, 53-54, 78
牧使（モクサ）　53
『牧民心書』（モクミンシムショ）　145
門閥政治　14

約正（ヤクジョン）　50
量案（ヤンアン）　84
量田（ヤンジョン）　14
両班（ヤンバン）　5, 48-52, 54-55, 60, 78, 140-141, 145, 150, 209, 215, 221

533

邑城　5-7, 43, 49, 56-61, 97-99, 101, 107, 115, 195, 208-209, 221, 319, 441　→邑（ウプ），邑治（ウプチ）
床座　36
六曹（ユクジョ）　54
六房（ユクバン）　54
柳商（ユサン）　448
留守府（ユスブ）　25, 57, 78, 120
留郷所（ユヒャンソ）　54-55
洋務運動　16
浴室　432
女垣（ヨダム）　59
厲壇（ヨダン）　61, 99, 142-144, 209
ヨップマダン　402, 422, 425
塩浦（ヨムポ）倭館　66　→倭館
煙道（ヨンド）　36

里（リ）　25, 56, 80, 136

李氏朝鮮　18, 65
礼制　48-49
廊下　319
廬溝橋事件　31
ロシア革命　29

倭館　20, 65-66, 70
　草梁（チョリャン）倭館　16, 66
　豆毛浦（ドウモポ）倭館　66
　乃而浦（ネイポ）倭館（薺浦倭館）　66, 77
　富山浦（プサンポ）倭館　66
　塩浦（ヨムポ）倭館　66
倭寇　57, 65
倭城　460
倭乱（朝鮮出兵）　357　→朝鮮出兵

■地名・国名・建造物・古蹟名

愛知県　308
青森　74
牙山湾（アサン）　17
安鶴宮（アナックン）　447
雁鴨池（アンアプチ）　187
鞍山　33
安州（アンジュ）　332
安東（アンドン）　5, 33, 89, 120
裡里（イリ）　324, 332
一勝閣（イルソンカク）　121
石見　315
仁川（インチョン）　6, 16-17, 22, 24-25, 32-34, 39, 62-63, 67, 69-70, 72, 74, 92, 232, 321, 328
義州（ウィジュ）　6, 23, 71-72, 75, 442
外羅老島（ウエナラド）　5, 225, 232, 246, 308
月城（ウォルソン）　46
元山（ウォンサン）　6, 16, 23, 25, 33, 63, 67, 69-70, 75, 232, 276, 324, 328, 442
ウトロ　474
蔚山（ウルサン）　33, 46, 57, 60, 232

鬱陵島（ウルルンド）　276, 315
雄基（ウンギ）　76, 232
熊津（ウンジン）　45, 455
熊川（ウンチョン）　76
愛媛県　24, 69, 74-75, 309, 311-312, 315-316
愛媛村　24
大分県　22, 307, 311, 315
大阪府　312
岡山県　69, 74-75, 308, 311, 313-315
岡山村　26
隠岐　315, 316
烏竹軒（オチュクホン）　106
彦陽（オニャン）　212, 357　→蔚山
香川県　69, 75, 309, 311, 313-315
合浦（ハッポ）　74-75
駕鶴楼（ガハクル）　108
伽耶（加耶）　63, 76
江原道（カンウォンド）　232
江景（カンギョン）　75, 332
江口（カング）　315
江界（カンゲ）　332

534

索 引

江陵（カンヌン）　89
江華島（カンファド）　16
甘浦（カンポ）　172, 232, 235, 313
基隆　33
契丹　444
金泉（キムチョン）　332
金海（キメ）　63, 357
京都府　315
兼二浦（キョミポ）　332
慶運宮（キョンウングン）　17, 458　→徳寿宮
京畿道（キョンギド）　101
慶尚道（キョンサンド）　124, 357
慶州（キョンジュ）　5, 7, 22, 33, 44-45, 79, 83, 87, 99, 115-117, 119-120, 169, 210, 212, 214-215, 350, 355, 443, 445, 456, 467
慶興（キョンフン）　6, 332
景福宮（キョンボックン）　14, 61, 457-459, 461-462
吉州（キルジュ）　89
金官国　63
光州（クァンジュ）　81, 87, 89, 243, 324
光熙門（クァンヒムン）　111
百済　43, 45, 74, 444
熊本県　69, 75, 307, 311, 315
錦江（クムガン）　23
琴湖（クムホ）　350
九龍浦（クリュンポ）　5, 225, 232, 235, 246, 276-277, 314, 474
亀蓮（クリョン）　267
光化門（クヮンファムン）　14, 458-459, 462
群山（クンサン）　6, 23, 25, 39, 71, 74-75, 232, 243, 307, 474
勤政殿（クンジョンジョン）　49
勤政門（クンジョンムン）　49
郡仙（グンソン）　168
慶州神社　163　→慶州（キョンジュ）
京城（漢城）　25, 33, 39, 97, 320-321, 323, 332, 458　→ソウル、漢城（ハンソン）
開京（ケギョン）　→開城（ケソン）
開城（ケソン）　23, 33, 44-47, 87, 89, 332, 442, 444-445, 456, 461
高原（コウォン）　89
黄海　17
高句麗　43, 106, 443-444, 447

高知県　308
高麗　101, 115, 444
谷城（コクソン）　324
巨済島（コジェド）　24, 232, 312
古陀耶（コタヤ）　410
五島　18
巨文島（コムンド）　5, 26, 225, 232, 246, 309
境　315
佐賀県　69, 74, 309, 315
思政殿（サジョンジョン）　49
慈恵殿（ザヒェジョン）　461
三陟（サムチョク）　326
三浪津（サムナンジン）　5, 23, 355-356, 368-369, 400
沙里院（サリウォン）　332
斯爐国（サロクック）　119
尚州（サンジュ）　332
三千浦（サムチョンポ）　89, 235, 310
山南道（サンナムド）　357
紫禁城　43
新安州（シナンジュ）　332
新義州（シニジュ）　25, 332
新義州駅　75
始興（シフン）　332
島根県　25, 310-313, 315-316
下関　321
壮佐里（ジャンジャリ）　310
新羅　43, 46, 76, 101, 109, 115, 120
新京（長春）　33
全羅道（ジョルラド）　124
全州（ジョンジュ）　57, 81, 83, 87, 89, 98, 168
定州（ジョンジュ）　332
宗廟（ジョンミョ）　46-47, 49, 139, 214, 218, 456-457
晋州（ジンジュ）　89, 324, 332
鎮南浦（ジンナンポ）　6, 23, 25, 71-72, 74, 232, 442
新昌（シンチャン）　235
新北青（シンプクチョン）　168
新浦（シンポ）　235
水原（スウォン）　89, 168, 243, 332
水原城　108
順天（スンチョン）　57, 89, 324, 332
石窟庵　105, 163, 180, 182, 187, 210

535

所安島（ソアンド）　308
ソウル　32, 44, 47-48, 62, 92, 97, 101, 108-109, 111, 214, 218, 321, 332, 443, 454
石岩里（ソクアムリ）　105
束草（ソクチョ）　235
紹修書院（ソスソウォン）　108
西水羅（ソスラ）　232
松岳（ソンアク）　444　→開城
成均館（ソンギュングァン）　445
城山浦（ソンサンポ）　307
宣州（ソンジュ）　332
善竹橋（ソンジュクギョ）　445
松亭里（ソンジョンニ）　324
松旨里（ソンジリ）　355, 357, 369
城津（ソンジン）　6, 23, 71, 74-75, 442
城浦（ソンポ）　312
大韓帝国　17-18, 23, 26, 98, 195
大韓民国　8
台南　33
台北　33
大連　33
高雄　33
多大浦（タデポ）　312
脱解王（タルヘワン）陵　187
端川（タンチョン）　89
済州島（チェジュド）　11, 232, 307
堤川（チェチョン）　89
済物浦（チェムルポ）　69
鎮海（チネ）　24, 39, 76-77, 312
千葉県　24
千葉村　24
掌隷院（チャンイェウォン）　457
昌慶苑（チャンギョンウォン）　461
昌慶宮（チャンギョングン）　457, 461-462
長箭（チャンジョン）　232, 235
長承浦（チャンスンポ）　24, 233, 235, 311
長生浦（チャンセンポ）　233
昌徳宮（チャンドクン）　457
昌寧（チャンニョン）　410
竹西楼（チュクソル）　108
注文津（チュムンジン）　232, 235, 316
忠州（チュンジュ）　332
朝鮮人民共和国　8
朝鮮神社　461
鳥致院（チョチウォン）　24, 332

清渓川（チョンゲチョン）　455, 458, 462, 464
清州（チョンジュ）　89
清津（チョンジン）　6, 76, 232, 328, 442
清凉里（チョンニャンニ）　324
対馬　18, 20, 23
対馬　66
大邱（大丘　デグ）　25, 57, 60, 83, 89, 98, 169, 171, 176, 198, 326, 332, 350, 355
大田（デジョン）　24, 87, 332
大同江（デドンガン）　14
大黒山島（デフクサンド）　232
唐　109
統一新羅　76, 115, 119, 444
徳島県　311-312
徳寿宮（トクスグン）　111, 462
陶山書院（ドサンソウォン）　108, 410
鳥取県　314
道洞港（トドンハン）　315
富山県　315
統一殿（トンイルジョン）　470
東京館（ドンギョンクアン）　205
東町（ドンジョン）　308
東大門（ドンデムン）　105, 458-460
東莱（ドンネ）　57
東軒（ドンフォン）　121, 133
東幕（ドンマク）　326
統営（トンヨン）　232-233, 235, 313
　　　　統営邑　310
長崎県　11, 18, 20, 22, 69, 75, 307, 309, 311-314
洛東江（ナクトンガン）　355
羅州（ナジュ）　57, 332, 474
南原（ナムウォン）　168, 332
南山（ナムサン）　469
南大門（ナムデムン）　97, 456, 458-460
南陽（ナムヤン）　168
羅老島（ナロド）　232
南海（ナムヘ）　227
乃而浦（ネイポ）
鷺梁津（ノリャンジン）　321
鶴山（ハクサン）　326
漢陽（ハニャン）　448, 455-456　→ソウル
咸鏡道（ハムキョンド）　232
咸興（ハムフン）　81, 87, 89, 332

索引

ハルピン　33
半月城（パンウォルソン）　187
方漁津（バンオジン）　232-233, 235, 275, 312
漢江（ハンガン）　462
漢川（ハンガン）　235
漢城（ハンソン）　6, 17, 20, 23-24, 43, 70-71, 448, 455, 459　→ソウル
兵庫県　311
屛山書院（ビョンサンソウォン）　410
平壌（ピョンヤン）　6, 23-25, 33, 44-45, 71-72, 74, 83, 108-109, 332, 442-443, 447, 456
広島県　22, 75, 307-311, 313
華城（ファソン）　57, 59, 98　→水原城
皇龍寺（ファリョンサ）　187
黄州（ファンジュ）　332
会寧（フェリョン）　332
北嶽山（ブクアクサン）　462-463
福井県　313-314
福岡県　22, 74, 307, 309, 311-313, 315-316
黒山島（フクサンド）　232
北青（プクチョン）　332
釜山（プサン）　6, 14, 16, 18, 20, 24-25, 32-33, 39, 62-63, 65-66, 69-70, 74, 77, 92, 169, 214, 227, 276, 320-321, 328, 350, 355
撫順　33
浮石寺（プソクサ）　106
厚浦（フポ）　235
扶餘　44-45, 63, 89
芙蓉堂（プヨンダン）　108
仏国寺（ブルグクサ）　105, 169, 172, 180, 182, 187
豊基（プンギ）　350
興南（フンナム）　33, 89
芬皇寺（ブンファンサ）　187
恵山真（ヘサンジン）　332
海州（ヘジュ）　81, 89
恵化門（ヘファムン）　111
奉天　33
法隆寺　447
渤海　444
浦項（ポハン）　232, 235, 276, 314, 474
法聖浦（ポプソンポ）　233

洪原（ホンウォン）　89
本渓湖　33
洪城（ホンソン）　57
奉徳寺（ポンドクサ）　105
馬山（マサン）　6, 23-25, 71, 74-75, 232, 324
馬山浦（マサンポ）　74
満州　25, 32
満浦（マンポ）　89
三重県　312, 314, 316
弥助里（ミジョリ）　309
明川（ミョンチョン）　168
妙香山（ミョヒャンサン）　449
明堂（ミョンダン）　456
明正殿（ミョンジョンジョン）　461
密陽（ミリャン）　108, 357
密城郡（ミルソングン）　357
武烈王（ムヨルワン）陵　187
無量寿殿（ムリャンスジョン）　106
梅原（メウォン）　326
牧之島（モクジド）（絶影島）　20
木浦（モッポ）　6, 23, 25, 39, 71-72, 74, 232, 328
山口県　22, 69, 74, 309-311, 313-315
楊花津（ヤンファジン）　70-71
襄陽　326
欲知島（ヨクチド）　311
麗水（ヨス）　89, 233, 235, 250, 324
米子　315
龍巌浦（ヨンアンポ）　6, 71-72, 75
龍山（ヨンサン）　6, 25, 39, 70-71, 323-324, 332, 341
　　龍山書院　212, 214-215
栄山浦（ヨンサンポ）　474
嶺東道（ヨンドンド）　357
嶺南楼（ヨンナムル）　108
嶺南道（ヨンナンド）　357
塩浦（ヨムポ）　65
楽浪郡　109, 447
羅津（ラジン）　76, 89
羅南（ラナム）　76-77, 89, 332
遼東半島　17
和歌山県　316
倭国　63

537

■人名索引

有光教一　178
李瀷（イ・イク）　12
李成桂（イ・ソンゲ）　455
伊東忠太　37
伊藤博文　18, 228
今西龍　178, 181
宇垣一成　184
梅原末治　178
大倉喜八郎　20
大野栄太郎　251
岡倉天心　103
加藤清正　460
木村忠太郎　250–251
九鬼隆一　103
黒田清隆　16
小泉顕夫　178
小磯国昭　184
高宗（コジョン）　15, 17, 458
小西行長　460
小山光正　250–251
今和次郎　459, 462
斉藤忠　178
四方博　57, 60
シャール，A.　11
関野貞　37, 44, 98, 101, 103, 209–210, 449
曾彌荒助　184
崔吉成（チェ・キルソン）　250

崔済愚（チェ・ジェウ）　13
妻木頼黄　101
大院君（デウォングン）　10, 16–17, 458
寺内正毅　18, 163, 184, 243
ドーウェル，W.　249
豊臣秀吉　131, 144, 180, 357
野村孝文　38
朴正熙（パクチョンヒ）　459
花房義質　20
浜田耕作　178
ハメル，H.　11
原田淑人　178
藤島亥治郎　37–38, 44, 110, 178
藤田元春　44
プチャーチン，W.　249
ペリー，C.　249
ホンギョンネ・洪景来（ホン・ギョンネ）　13
閔妃（ミンビ）　15, 17, 23, 458
村田治郎　37
モース，J. R.　321
柳宗悦　462
ラランデ，G. de　462
リッチ，M.　11
ロドリゲス，J.　11
王建（ワンゴン）　444

목 차

    2-3　삼랑진 철도마을의 공간구조　366
    2-4　삼랑진 철도관사　368
    2-5　삼랑진 철도관사의 변용　373
    2-6　구본정통 (역전상점가) 지구의 일식주택　380

IV-3　경주의 철도마을　391

    3-1　경주의 철도마을　393
    3-2　경주 철도관사 지구　394
    3-3　경주 철도관사의 변용　397

IV-4　안동의 철도마을　408

    4-1　안동의 철도마을　409
    4-2　안동 철도관사 지구　412
    4-3　안동 철도관사의 변용　416

IV-5　일식주택과 한국주택　425

    5-1　개량온돌 및 단열벽　426
    5-2　한국주택의 변용　430
    5-3　일식주택의 변용　433

IV-6　철도마을이 미친 영향　435

종　장　식민지 유산의 현재 ─────── 439
    1　평양-개성　442
    2　서울　454
    3　경주　467
    4　구룡포·영산포·군산　472
    5　우토로　474

맺는말　479
참고문헌　483
관련논문　518
회의논문　519
연　표　523
색　인　529

1-1　일본인 이주어촌의 성립배경　227
1-2　어업의 근대화와 주요어항　233
1-3　일본인 이주어촌의 공간구조　239
1-4　일본인 이주어촌과 일식주택　243

III-2　「낙도」의 이주어촌 : 거문도　246

2-1　거문도　247
2-2　마을의 공간구조　252
2-3　거문도의 일식주택　256
2-4　일식주택의 변용　263

III-3　「연안」의 이주어촌 : 구룡포　265

3-1　구룡포 일본인 이주어촌　267
3-2　마을의 공간구조　277
3-3　주거유형과 변용프로세스　279

III-4　「하구」의 이주어촌 : 외나로도　283

4-1　외나로도 일본인 이주어촌　296
4-2　마을의 공간구조　298
4-4　주거유형과 변용프로세스　300

III-5　일본인이주어촌이 미친 영향　304

Appendix 2　저명어항의 발전과정　307

제Ⅳ장　한국의 철도마을 ──────── 317

IV-1　철도 부설과 철도마을의 형성　320

1-1　철도 부설　320
1-2　철도마을　327
1-3　철도관사　335

IV-2　삼랑진의 철도마을　355

2-1　밀양시 삼랑진읍　356
2-2　삼랑진 (송지리) 의 토지소유　359

목 차

제Ⅱ장 경주읍성 ─────────────────────── 113

Ⅱ-1 경주읍성의 공간구성 119

1-1 축성 122
1-2 가로체계 126
1-3 각종 시설 130

Ⅱ-2 경주읍성과 지역 제례공간 139

2-1 삼단 142
2-2 향교·문묘 144
2-3 서원 147
2-4 소학당·육영재·사마소 150
2-5 진산 152
2-6 삼전 153
2-7 미추왕릉 158

Ⅱ-3 읍성공간의 변용 160

3-1 읍성 해체 160
3-2 일본인 이주 171
3-3 고적조사와 보존활동 178
3-4 관광지 경주 183

Ⅱ-4 토지소유 변화 188

4-1 지적도를 이용한 읍성 내부 복원 188
4-2 사정 시점의 토지소유상황 193
4-3 리(里) 별 토지소유 형태 198
4-4 일본인 소유지와 조선인 소유지 203

Ⅱ-5 경주-신라와 식민지 유산 사이에서 207

Appendix 1 경주의 지역제례 212

제Ⅲ장 한국의 일본인이주어촌 ─────────────── 223

Ⅲ-1 일본인 이주어촌의 성립과 발전 227

표지그림　i
도표리스트　xv

서　장　한국 속의 일본과 경관의 일본화 ──────────────── 3

　글머리에　5

　1　조선의 개국과 식민지화　7

　2　식민지 조선과 일본인　18

　3　일본식민지 도시　32

　4　온돌과 마루, 그리고 일식주택　36

제Ⅰ장　한국 근대도시의 형성 ────────────────── 41

　Ⅰ-1　한국도시의 원형　43

　　1-1　조선의 도성　43
　　1-2　조선왕조 사회와 지방제도　48
　　1-3　읍성　56

　Ⅰ-2　개항장과 개시장　62

　Ⅰ-3　근대도시계획 도입　78

　　3-1　지방제도 개혁　78
　　3-2　토지조사사업　83
　　3-3　시구개정과 조선시가지계획령　86
　　3-4　토목·영선 조직　93
　　3-5　읍성 해체　97
　　3-6　고건축 조사　101

한국 근대도시경관의 형성

목 차

한국 근대도시경관의 형성

일본인 이주어촌과 철도도시

Formation of Modern Korean Urban Landscape
Spatial Formation and Transformation of Japanese Colonial Settlements in Korea

후노 슈우지 한삼건 박중신 조성민

【著者紹介】

布野　修司（Shuji Funo）

滋賀県立大学大学院環境科学研究科教授
1949年，松江市生まれ．工学博士（東京大学）．建築学，都市計画学専攻．東京大学工学研究科博士課程中途退学．京都大学大学院工学研究科助教授を経て現職．
『インドネシアにおける居住環境の変容とその整備手法に関する研究』で日本建築学会賞を受賞（1991年）．また，『近代世界システムと植民都市』（編著，京都大学学術出版会，2005年）で，日本都市計画学会論文賞を受賞（2006年）．
主な著書
『カンポンの世界』（パルコ出版，1991年），『住まいの夢と夢の住まい：アジア住居論』（朝日新聞社，1997年），『曼荼羅都市』（京都大学学術出版会，2006年），"*Stupa & Swastika*" Kyoto University Press + Singapore National University Press, 2007（M.M.Pantとの共著），『ムガル都市：イスラーム都市の空間変容』（京都大学学術出版会，2008年，山根周との共著）など．

韓　三建（Samgeon Han）

韓国・蔚山大学建築学部教授
1958年，蔚山市生まれ．蔚山大学卒業．京都大学工学研究科博士後期課程修了．工学博士（京都大学）．建築学，都市計画学専攻．
主な著書
『蔚州郡の祭堂』（蔚州文化院，2000年，姜恵京との共著），『蔚州郡誌』（蔚州郡，2002年），『地域性を生かした都市デザイン』（蔚山大学出版部，2004年），『韓国建築踏査手帳』（ドンニョク出版社，2006年，共著），『建築概論』（蔚山大学出版部，2006年，共著）など．

朴　重信（Chungshin Park）

韓国・清州大学大学院建築工学科特任教授
1970年，韓国ソウル生まれ．清州大学卒業．京都大学工学研究科博士後期課程修了．博士（工学）（京都大学）．生活空間学専攻．滋賀県立大学大学院環境科学研究科外国人特別研究員（JSPS）を経て現職．
学位請求論文『日本植民地における韓国の日本人移住漁村の形成と変容に関する研究』（2005年）。
主な著書
『世界住居誌』（布野修司編，昭和堂，2005年）

趙　聖民（Cho Sungmin）

韓国・蔚山大学校建築大学・都市建築研究所研究員
1974年，韓国蔚山市生まれ．蔚山大学卒業．滋賀県立大学大学院環境科学研究科博士後期課程修了．博士（環境科学）（滋賀県立大学）．建築学，都市計画学専攻．
学位請求論文『日本植民地期における韓国・鉄道町の形成とその変容に関する研究』(2008年)．

韓国近代都市景観の形成──日本人移住漁村と鉄道町
© S. Funo, S. Han, C. Park, S. Cho 2010

2010年5月30日　初版第一刷発行

著者　布　野　修　司
　　　韓　　三　　建
　　　朴　　重　　信
　　　趙　　聖　　民

発行人　加　藤　重　樹

発行所　京都大学学術出版会
　　　　京都市左京区吉田河原町15-9
　　　　京大会館内（〒606-8305）
　　　　電　話（075）761-6182
　　　　FAX（075）761-6190
　　　　URL　http://www.kyoto-up.or.jp
　　　　振替 01000-8-64677

ISBN 978-4-87698-967-6
Printed in Japan

印刷・製本　㈱クイックス
定価はカバーに表示してあります